DICTIONNAIRE

DES

SCIENCES NATURELLES.

TOME XXV.

LAA = LEO.

DICTIONNAIRE

DES

SCIENCES NATURELLES,

DANS LEQUEL

ON TRAITE MÉTHODIQUEMENT DES DIFFÉRENS ÊTRES DE LA NATURE, CONSIDÉRÉS SOIT EN EUX-MÊMES, D'APRÈS L'ÉTAT ACTUEL DE NOS CONNOISSANCES, SOIT RELATIVEMENT A L'UTILITÉ QU'EN PEUVENT RETIRER LA MÉDECINE, L'AGRICULTURE, LE COMMERCE ET LES ARTS.

SUIVI D'UNE BIOGRAPHIE DES PLUS CÉLÈBRES NATURALISTES.

Ouvrage destiné aux médecins, aux agriculteurs, aux commerçans, aux artistes, aux manufacturiers, et à tous ceux qui ont intérêt à connoître les productions de la nature, leurs caractères génériques et spécifiques, leur lieu natal, leurs propriétés et leurs usages.

PAR

Plusieurs Professeurs du Jardin du Roi, et des principales Écoles de Paris.

TOME VINGT-CINQUIÈME.

F. G. LEVRAULT, Editeur, à STRASBOURG, et rue des Fossés M. le Prince, n.º 31, à PARIS.

LE NORMANT, rue de Seine, N.º 8, à PARIS.

1822.

Liste des Auteurs par ordre de Matières.

Physique générale.

M. LACROIX, membre de l'Académie des Sciences et professeur au Collége de France. (L.)

Chimie.

M. CHEVREUL, professeur au Collége royal de Charlemagne. (Cu.)

Minéralogie et Géologie.

M. BRONGNIART, membre de l'Académie des Sciences, professeur à la Faculté des Sciences. (B.)

M. BROCHANT DE VILLIERS, membre de l'Académie des Sciences. (B. de V.)

M. DEFRANCE, membre de plusieurs Sociétés savantes. (D. F.)

Botanique.

M. DESFONTAINES, membre de l'Académie des Sciences. (Desf.)

M. DE JUSSIEU, membre de l'Académie des Sciences, professeur au Jardin du Roi. (J.)

M. MIRBEL, membre de l'Académie des Sciences, professeur à la Faculté des Sciences. (B. M.)

M. HENRI CASSINI, membre de la Société philomatique de Paris. (H. Cass.)

M. LEMAN, membre de la Société philomatique de Paris. (Lem.)

M. LOISELEUR DESLONGCHAMPS, Docteur en médecine, membre de plusieurs Sociétés savantes. (L. D.)

M. MASSEY. (Mass.)

M. POIRET, membre de plusieurs Sociétés savantes et littéraires, continuateur de l'Encyclopédie botanique. (Poir.)

M. DE TUSSAC, membre de plusieurs Sociétés savantes, auteur de la Flore des Antilles. (De T.)

Zoologie générale, Anatomie et Physiologie.

M. G. CUVIER, membre et secrétaire perpétuel de l'Académie des Sciences, prof. au Jardin du Roi, etc. (G. C. ou CV. ou C.)

Mammifères.

M. GEOFFROI, membre de l'Académie des Sciences, professeur au Jardin du Roi. (G.)

Oiseaux.

M. DUMONT, membre de plusieurs Sociétés savantes. (Ch. D.)

Reptiles et Poissons.

M. DE LACÉPÈDE, membre de l'Académie des Sciences, professeur au Jardin du Roi. (L. L.)

M. DUMERIL, membre de l'Académie des Sciences, professeur à l'École de médecine. (C. D.)

M. CLOQUET, Docteur en médecine. (H. C.)

Insectes.

M. DUMERIL, membre de l'Académie des Sciences, professeur à l'École de médecine. (C. D.)

Crustacés.

M. W. E. LEACH, membre de la Société royale de Londres, Correspondant du Muséum d'histoire naturelle de France. (W. E. L.)

Mollusques, Vers et Zoophytes.

M. DE BLAINVILLE, professeur à la Faculté des Sciences. (De B.)

M. TURPIN, naturaliste, est chargé de l'exécution des dessins et de la direction de la gravure.

MM. DE HUMBOLDT et RAMOND donneront quelques articles sur les objets nouveaux qu'ils ont observés dans leurs voyages, ou sur les sujets dont ils se sont plus particulièrement occupés. M. DE CANDOLLE nous a fait la même promesse.

M. F. CUVIER est chargé de la direction générale de l'ouvrage, et il coopérera aux articles généraux de zoologie et à l'histoire des mammifères. (F. C.)

DICTIONNAIRE

DES

SCIENCES NATURELLES.

LAB

LAAJA. (*Bot.*) Voyez Loœja. (J.)

LAART. (*Ornith.*) Le grèbe que, suivant le Père Feuillée, les habitans de l'île Saint-Thomas nomment *duc-laart*, et qui a la pointe du bec légèrement courbée, est le *colymbus thomensis*, Gmel. (Ch. D.)

LAB. (*Ornith.*) Voyez Labbe. (Ch. D.)

LABAÇA (*Bot.*), nom portugais d'une patience, *rumex crispus*, cité par M. Vandelli. (J.)

LABA-LABA. (*Bot.*) Les Galibis de la Guiane nomment ainsi l'arbre dont Aublet a fait son *qualea rosea*. (J.)

LABANCO. (*Ornith.*) On lit dans les Mémoires de don Ulloa sur l'Amérique, tom. 1, p. 191, de la traduction françoise de Lefebvre de Villebrune, que le Haut-Pérou offre, parmi les *patos* ou canards de cette contrée, des espèces nommées *labancos*, *patillos* et *gallaretas*, qui se trouvent aussi dans les contrées froides de l'Amérique septentrionale. (Ch. D.)

LABARIN. (*Conchyl.*) Adanson, Sénég., pag. 105, pl. 7, donne ce nom à une espèce de buccin que Linnæus regarde comme une variété de son *buccinum hyppocastanum* qui paroît être une espèce de turbinelle des conchyliologistes modernes. (De B.)

LABARRA. (*Erpétol.*) Le docteur Bancroft, dans son Histoire de la Guiane, a nommé *petit labarra* un serpent très-venimeux, et qui paroît être celui que nous avons décrit sous le nom d'*élaps galonné*. Voyez Elaps. (H. C.)

25.   1

LABATIA. (*Bot.*) Ce genre de Swartz paroît le même que le *pouteria* d'Aublet, ou *chœtocarpus* de Schreber, qui appartient à la famille des ébénacées. (J.)

LABBE. (*Ornith.*) Ce nom, qui s'écrit aussi *lab* et *labben*, a été donné par les pêcheurs suédois à un oiseau palmipède, de la famille des longipennes, auquel d'autres ont imposé celui de *strund-jager*, qui se traduit par stercoraire, d'après l'opinion où ils étoient que cet oiseau mangeoit la fiente des mouettes, et notamment de la petite espèce appelée kutgeghef, laquelle il poursuit en effet, pour la forcer à lâcher le poisson qu'elle tient dans le bec, ou à vomir celui qu'elle a déjà avalé, et qu'il saisit avec adresse ; mais il est assez étonnant que le nom de *stercoraire*, qui supposeroit l'habitude de se nourrir d'excrémens, ait été aussi légèrement adopté. Les observateurs qui ont supposé ce fait ont, sans doute, été trompés par la double circonstance que le poisson, qui réfléchit la lumière, paroît toujours blanc en l'air, et qu'à cause de la roideur du vol de la mouette, il semble tomber derrière elle. Aussi Buffon n'a-t-il pas hésité à rejeter une dénomination propre à induire en erreur sur le naturel de l'oiseau ; et, quoique plusieurs ornithologistes aient continué d'en faire usage, on croit devoir préférer ici celle de *labbe*, en conservant, avec Illiger, le mot grec *lestris* pour nom générique.

Les labbes ont la taille et les traits des mouettes, mais ils en diffèrent en ce que leur bec est presque cylindrique et couvert, à la base de sa partie supérieure, d'une membrane qui s'étend jusqu'aux narines; tandis que celui des goélands et des mouettes est nu et comprimé latéralement. Les autres caractères du genre sont d'avoir le bec robuste, de grandeur médiocre; la mandibule supérieure armée d'un onglet qui paroît surajouté, et qui rapproche le bec du labbe de celui du pétrel, quoique les narines ne forment pas des tubes comme chez celui-ci : ces narines, situées vers la pointe du bec, étroites et fermées par derrière, sont diagonalement percées de part en part, la mandibule inférieure forme un angle saillant. La langue est cannelée et légèrement bifide à la pointe. Les pieds sont grêles et nus au-dessus du genou; les tarses sont longs; les trois doigts de devant sont palmés, et les extérieurs sont en outre bordés d'une membrane ; le doigt postérieur, fort petit, ne porte à

terre que sur le bout. Les ongles sont grands et crochus. Les
ailes ont la première rémige la plus longue.

Les labbes sont des oiseaux courageux qui harcèlent sans
cesse les mouettes, et se nourrissent le plus souvent des alimens
qu'ils les obligent de dégorger, én se posant sur leur dos et leur
donnant des coups de bec; mais ils se nourrissent aussi de poissons qu'ils prennent eux-mêmes, de mollusques et de la chair
des cétacés morts. Les parties les plus septentrionales de l'Europe, de l'Asie et de l'Amérique sont celles qu'ils habitent :
quoique le plus souvent dans la haute-mer, ils fréquentent aussi
les rivages. C'est en automne et en hiver qu'ils s'écartent des
pôles, et qu'on en voit aux Orcades, aux Hébrides et sur les
côtes d'Angleterre, de France, etc. Mauduyt rapporte, dans
l'Encyclopédie méthodique, qu'on lui en a présenté, au mois
de septembre, un qui s'étoit accroché au même hameçon
que le poisson par lui avalé, et qui avoit été pris dans la Seine,
non loin de Paris.

Ces oiseaux, presque toujours en l'air, et qui ont le vol si
puissant que les vents les plus forts ne les empêchent pas de
se diriger avec justesse sur leur proie, ne peuvent être appro-
chés et tirés que difficilement. Ils paroissent n'être sujets, chaque
année, qu'à une seule mue, et il n'existe pas de différence
marquée entre les sexes, quoique leurs principales couleurs,
qui sont le brun et le blanc, soient sujettes à d'assez grandes
variations. Les individus qui ont le plus de blanc aux parties
inférieures, sont ceux dont la livrée est la plus parfaite. Chez
les jeunes, les plumes du dos sont bordées de roux, avec des
taches irrégulières, et le dessous du corps offre des raies
plus ou moins nombreuses : le dessous des doigts et les membranes latérales sont aussi plus blancs.

Les auteurs ne sont pas d'accord sur les espèces dont le
genre est composé, et leur habitation ordinaire vers les pôles
ne permet pas, en effet, de les étudier avec assez de soin pour
s'assurer si les individus dont on n'a eu occasion d'examiner
que peu de dépouilles, ne sont pas de simples variétés d'âge.
C'est ainsi qu'un caractère qui sembleroit devoir être tranché
pour la distinction des espèces, celui de la longueur respective des pennes caudales, cesse de l'être par les variations
qu'éprouvent les filets intermédiaires, et parce que ces filets

existant dans chaque espèce , on ne peut en tirer que des inductions relatives et proportionnelles, à moins qu'à leur étendue on ne joigne la considération des barbes arrondies ou effilées. Une dénomination tenant aux habitudes qu'on ne sauroit, d'un autre côté, employer comme désignation d'espèce, est celle de parasite , puisqu'elle est commune au genre entier.

Dans l'état actuel de nos connoissances sur les labbes ou stercoraires, M. Vieillot en admet quatre espèces, que M. Temminck réduit à trois ; et M. Cuvier ne fait mention que de deux, qui même ne forment que des états différens d'une seule espèce, suivant le naturaliste hollandois.

La première espèce que décrivent MM. Vieillot et Temminck, étoit restée placée, dans les ouvrages d'ornithologie, avec les grandes mouettes ; c'étoit le goéland brun de Buffon, *larus catarractes*, Linn.; stercoraire cataracte, Temm.; LABBE CATA-RACTE, Dum.; *Lestris catarractes*. Cet oiseau, long de vingt à vingt et un pouces , de l'extrémité du bec à celle de la penne latérale de la queue, et dont le tarse, peu rugueux dans sa partie postérieure, est élevé d'environ trente lignes, a des filets larges jusques au bout, qui n'excèdent les autres pennes caudales que de trois, quatre ou cinq pouces. La tête et le tour des yeux sont d'un brun foncé ; le cou et le dessous du corps d'un gris rougeâtre, avec des nuances d'un brun clair ; le dos et les scapulaires d'un roux mat ; les couvertures des ailes, leurs pennes secondaires et celles de la queue brunes ; les rémiges, blanches jusqu'à la moitié de leur longueur, sont d'un brun foncé dans le reste ; les tiges de ces rémiges et des rectrices sont blanches ; les pieds et les ongles, aigus et robustes, sont noirs, ainsi que le bec, qui est brun à sa base ; l'iris est de cette dernière couleur.

Cette espèce, qui ne s'éloigne guère du pôle arctique, est abondante aux Orcades, aux Hébrides et dans l'Amérique septentrionale. C'est au même oiseau que les Anglois ont donné le nom de *poule du Port-Egmont*, et d'autres navigateurs celui de *cordonnier* ; il niche en grandes bandes aux îles Malouines et à la Terre de Feu, dans les lieux élevés, parmi les herbes et les bruyères. Sa ponte consiste en trois ou quatre œufs, très-pointus, de couleur olivâtre, avec de grandes taches brunes. La voracité de ce labbe est telle qu'il se brise la tête en se pré-

cipitant sur les planches auxquelles les pêcheurs ont attaché
du poisson pour l'attirer : il vit aussi de mollusques, et se jette
sur les charognes de cétacés : on prétend même qu'il dérobe
aussi les œufs d'autres oiseaux de mer.

Le LABBE A LONGUE QUEUE, Buff., pl. enl., 762, qu'on peut
appeler *lestris longicaudus*, est le *larus parasiticus*, Gmel. Cette
espèce, à laquelle MM. Temminck et Boié, son correspondant,
appliquent également l'épithète *parasiticus*, dont on a fait voir
l'inconvenance, a quatorze ou quinze pouces de longueur,
mesurée, comme on l'a déjà dit, depuis le bout du bec
jusqu'à la plus latérale des pennes de la queue, et le tarse n'est
élevé que de dix-neuf lignes; les deux filets qui excèdent les
autres pennes de moitié, diminuent sensiblement de largeur
et sont fort étroits à la pointe. Les vieux des deux sexes, en
livrée parfaite, ont le front blanchâtre ; le sommet de la tête
est couvert, jusqu'à l'occiput, d'une sorte de calotte noirâtre;
le dessous des yeux, la gorge, la poitrine et le ventre sont
blancs, et l'on voit sur les flancs quelques nuances cendrées ;
le dos, les ailes et la queue sont d'un brun cendré très-foncé,
qui devient noirâtre sur le bout des pennes alaires et caudales;
la base du bec est bleuâtre et la pointe noire; l'iris est brun,
et les pieds sont très-noirs. Dans leur moyen âge, les parties
supérieures sont d'un brun cendré, qui s'éclaircit dessous le
corps, et ne présente aucune tache. Dans leur jeunesse, le
sommet de la tête est d'un gris foncé, les côtés et la partie
supérieure du cou sont d'un gris clair, parsemé de taches brunes,
longitudinales; il y a une tache noire en avant des yeux; l'abdomen et les plumes anales sont rayés transversalement ; la
queue est arrondie; les tarses sont d'un cendré bleuâtre; la
base des doigts et les membranes sont blanches; l'ongle postérieur est souvent de la même couleur. C'est alors, selon M. Temminck, le *larus crepidatus* de Gmelin, le *catarracta cepphus* de
Brunnich, le stercoraire labbe de M. Vieillot, et le labbe à
courte queue de M. Cuvier, 991.ᵉ pl. enl. de Buffon, et 149.ᵉ
d'Edwards.

Les bords de la Baltique, la Norwège et la Suède sont les
lieux qui paroissent les plus fréquentés par cette espèce, qu'on
voit souvent dans l'intérieur des terres, sur les rivières et les
lacs, et dont quelques jeunes se rencontrent accidentellement

en Allemagne, en Hollande et en France. Outre les petits poissons qu'ils forcent les sternes et les mouettes de dégorger, M. Temminck dit qu'ils se nourrissent de certains insectes et de mollusques, particulièrement de l'*helix janthina*. Leur nid, pratiqué dans la mousse, près des rivages de la mer, contient trois ou quatre œufs fort pointus, dont le fond est olivâtre, avec des taches brunes.

La troisième espèce de M. Temminck est le STERCORAIRE POMARIN, *lestris pomarinus*, qu'on pourroit aussi nommer *lestris brevicaudus*, par opposition à l'espèce précédente. Celle-ci, dont la longueur est de quinze ou seize pouces, a les filets de la queue larges jusqu'au bout, où ils sont arrondis. Ces filets n'excèdent les autres pennes caudales que de deux ou trois pouces, et le tarse est élevé de vingt-trois lignes. Ces circonstances, qu'un grand nombre d'individus fournis par M. Boié ont mis M. Temminck à portée de constater, sont les bases principales sur lesquelles il s'est fondé pour établir l'espèce dont il s'agit, qui, chez les vieux des deux sexes, se reconnoît d'ailleurs en ce qu'elle a la tête, le dos, les ailes et la queue d'un brun très-foncé et sans nuances; les plumes du cou et de la nuque sont longues, subulées et d'un jaune lustré; la gorge et le ventre sont blancs; des taches brunes forment un large collier sur la poitrine: et d'autres sont disposées transversalement sur les flancs et les plumes anales; les deux filets conservent la même largeur jusqu'au bout, qui est arrondi. Le bec, olivâtre, est noir à la pointe; l'iris est d'un brun jaunâtre, et les pieds sont très-noirs, ainsi que les membranes. Les deux sexes, dans leur moyen âge, ont tout le corps d'un brun très-foncé, à l'exception des plumes du cou et de la nuque qui, plus longues et subulées comme chez les vieux, jettent des reflets jaunâtres; les filets, moins longs, ont aussi la même largeur dans toute leur étendue. Enfin, chez les jeunes de l'année, les plumes de la tête et du cou, qui sont d'un brun terne, se terminent par un liséré plus clair: il y a un espace noir en avant des yeux; les plumes dorsales, d'un brun foncé, sont bordées de roux, couleur qui forme des zigzags sur le ventre, et l'on voit de larges bandes noirâtres et rousses sur les plumes uropygiales et anales; l'ongle postérieur est blanc, et les filets ne dépassent encore les autres pennes caudales que d'un demi-pouce.

Cet oiseau, qui habite vers le pôle arctique, et se nourrit comme ses congénères, est le même que le stercoraire rayé de Brisson. On trouve la figure du jeune de l'année et d'un individu plus âgé, dans les Oiseaux d'Allemagne de Meyer, v. 2, Heft. 20. Son nid, composé d'herbes et de mousses entrelacées grossièrement, est placé sur les rochers ou sur des monticules dans des terrains marécageux. La femelle y pond deux ou trois œufs très-pointus, dont le fond est d'un cendré olivâtre avec quelques taches noirâtres. (Ch. D.)

LABBERDAN. (*Ichthyol.*) Les flibustiers hollandois donnent ce nom au cabéliau. (H. C.)

LABDANUM. (*Bot.*) Voyez Ladanum. (J.)

LABEC ou LABESK (*Ornith.*), nom polonois du cygne, *anas cygnus*, Linn. (Ch. D.)

LABELLE. (*Bot.*) Dans la plupart des orchides, les divisions supérieures de l'enveloppe florale, ordinairement dressées, sont désignées collectivement par le nom de *casque;* et la division inférieure, de forme variable et ordinairement pendante, a reçu le nom de labelle, ou tablier. (Mass.)

LABEN. (*Bot.*) Rochon, dans son Voyage à Madagascar, cite un arbre de ce nom, très-élevé, qui croît sur le bord de la mer, et dont le bois, très-dur, sert aux ouvrages de menuiserie. Son fruit, de la forme d'une olive, renferme une amande blanche, huileuse, et d'un goût délicieux. Nous pensons que c'est une espèce de calaba, *calophyllum*, ou d'un genre voisin. (J.)

LABEO. (*Ichthyol.*) C'est ainsi que Gaza traduit χαλλὼν ou χελὼν, nom grec d'un poisson, dans Aristote. Ce poisson paroît être le même que le *chalux* de Rondelet. Voyez Chaluc. (H. C.)

LABÉON, *Labeo.* (*Ichthyol.*) M. G. Cuvier a, sous ce nom, séparé du grand genre des cyprins de Linnæus et de la plupart des ichthyologistes, un certain nombre de poissons, dont il a formé un sous-genre, ou plutôt un véritable genre, avec les caractères suivans :

Ventre arrondi; nageoire du dos unique, longue, sans épine, de même que la nageoire anale; pas de barbillons; lèvres charnues, très-épaisses, protractiles.

Le genre Labéon appartient à la famille des gymnopomes

de M. Duméril, à celle des cyprins de M. Cuvier. A l'aide des caractéres que nous venons de faire connoître, on le distinguera facilement des Hydrargyres, qui ont des dénts; des Carpes, qui ont le second rayon de la nageoire dorsale épineux; des Barbeaux, des Goujons, des Tanches, des Brêmes, des Ables, qui ont cette même nageoire courte; des Stoléphores, qui n'ont pas les lèvres extensibles; des Athérines, qui ont deux nageoires dorsales, et enfin des Clupées, des Anchois, des Serpes, etc., qui ont le ventre caréné. (Voyez ces différens noms de genres, et le mot Gymnopomes.)

Tous les labéons sont étrangers. Parmi eux nous signalerons:

La Roussarde : *Labeo niloticus. Cyprinus niloticus*, Forsk., Geoff. Nageoire anale de moitié au moins plus courte que celle du dos; catopes aigus; nageoire caudale bifide; teinte générale roussâtre.

Le nom spécifique de ce poisson indique assez qu'il vit dans le Nil.

Forskal pense qu'il ne faut point le confondre avec une espèce d'Egypte aussi, et dont a parlé Hasselquist, sous le nom de *cyprinus rufescens.*

Le Labéon vulgaire :*Labeo vulgaris. Cyprinus labeo*, Pallas, Linn. Ecailles grandes; ouverture de la bouche au-dessous du museau; second rayon de la nageoire dorsale très-fort; tête épaisse; museau arrondi; nageoire caudale brune; nageoires pectorales rouges, de même que l'anale et les catopes; taille d'environ trois pieds.

On rencontre ce poisson, dont la chair passe pour excellente, dans les fleuves pierreux et rapides de la Daurie, qui portent le tribut de leurs eaux au grand Océan boréal, et où il vit en troupes nombreuses.

Le Labéon frangé : *Labeo fimbriatus. Cyprinus fimbriatus*, Bloch, 409. Lèvres découpées en forme de frange; la supérieure garnie de petites verrues; deux orifices à chaque narine; ligne latérale rapprochée du dos; tête petite; iris argentin et entouré de deux cercles rouges; dos et nageoires d'une teinte violette; ventre blanc; tronc parsemé de points rouges.

On a pêché ce poisson dans les eaux douces de la côte du

Malabar, où il est nommé *solkondei*, en langue tamulique. Sa chair est bonne à manger; et, lorsqu'il a été élevé dans un étang, il peut peser jusqu'à six et huit livres. (H. C.)

LABER. (*Bot.*) Suivant Daléchamps, les interprètes de Sérapion, ancien médecin arabe, ont dit mal à propos qu'il donnoit ce nom à l'aloès, qui est le CEBAR des Arabes. Voyez ce mot. (J.)

LABERDAN. (*Ichthyol.*) Voyez LABBERDAN. (H. C.)

LABEUM (*Bot.*), nom de la seconde division du genre *Polyporus* de Fries, qui comprend les espèces à chapeau fixé, par le côté, à un stipe long, semblable à un manche. Voyez POLYPORUS. (LEM.)

LABIATIFLORES. (*Bot.*) M. Lagasca publia, en 1811, dans les *Amenidades naturales de las Espanas*, imprimées à Orihuela, un Mémoire intitulé Dissertation sur un nouvel ordre de plantes de la classe des composées. Cet opuscule avoit été rédigé en 1805, et communiqué, au commencement de 1808, à quelques botanistes françois.

Dans ce Mémoire, le botaniste espagnol établit, entre les chicoracées et les corymbifères, un ordre intermédiaire, qu'il nomme *chœnanthophoræ*, et dont le caractère essentiel est d'avoir le limbe de la corolle divisé en deux lèvres, dont l'extérieure est plus large que l'intérieure. Il distingue dans cet ordre trois sortes de calathides : 1.º celles dont toutes les fleurs sont égales, ou presque égales, en longueur; 2.º celles dont les fleurs sont d'autant plus longues qu'elles sont plus extérieures, comme dans les chicoracées; 3.º celles qui ont un disque composé de fleurs égales entre elles, et une couronne de fleurs beaucoup plus longues. En conséquence, M. Lagasca divise ses chénautophores en trois sections. La première, caractérisée par la calathide radiatiforme, équaliflore, ou subéqualiflore, est sous-divisée en deux parties : l'une comprenant les genres à clinanthe inappendiculé, *Perezia, Leucheria, Lasiorrhiza, Dolichlasium, Proustia, Panargyrus, Pamphalea, Caloptilium, Nassauvia;* l'autre comprenant les genres à clinanthe appendiculé, *Triptilion, Trixis, Martrasia, Jungia, Polyachyrus.* La seconde section, caractérisée par la calathide radiée, comprend les genres *Mutisia, Chœtanthera, Aphyllocaulon, Perdicium, Chaptalia, Diacantha.* La troisième section, intitulée chénantophores anomales, et caractérisée par la calathide radiée, à disque régulariflore, et à couronne biliguliflore, comprend les genres *Bacasia*, *Barnadesia*, *Onoseris*, *Denekia*.

M. Decandolle a publié, en 1812, dans le tome XIX des Annales du Muséum d'Histoire naturelle, un Mémoire sur les composées à corolles labiées, ou labiatiflores. Ce Mémoire avoit été lu à la première classe de l'Institut, le 18 janvier 1808; mais, quelque temps après, l'auteur ayant eu en communication le travail de M. Lagasca, employa les observations de celui-ci pour compléter son Mémoire, qui n'a été publié que d'après cette nouvelle rédaction.

Le botaniste françois nomme *labiatifloræ* le groupe désigné par le botaniste espagnol sous le nom de *chænanthophoræ*. Il intercale ce groupe entre les chicoracées et les cinarocéphales, et le caractérise comme M. Lagasca. Il distingue dans les labiatiflores, trois sortes de corolles : 1.° les corolles à lèvre extérieure à quatre dents, à lèvre intérieure réduite à un seul filet; 2.° les corolles à lèvre extérieure à trois dents, à lèvre intérieure divisée jusqu'à sa base en deux filets; 3.° les corolles à lèvre extérieure à trois dents, à lèvre intérieure à deux dents. Il remarque, en outre, deux dégénérescences, dont la première a lieu lorsque la corolle centrale est régulière, et la seconde, lorsque les corolles marginales n'ont point de lèvre intérieure.

M. Decandolle prétend que toutes les labiatiflores bien constatées sont originaires du nouveau continent, et que, à l'exception du *chaptalia*, elles sont toutes de l'Amérique méridionale.

Il divise ce groupe en quatre sections. La première, caractérisée par les corolles à lèvre intérieure simple, filiforme, l'extérieure à quatre dents, comprend les genres *Barnadesia* et *Bacazia*. La seconde section, caractérisée par les corolles à lèvre intérieure partagée en deux lanières filiformes, est sous-divisée en trois parties : l'une comprenant les genres à aigrette plumeuse et sessile, *Mutisia*, *Dumerilia*, *Chabræa*; une autre comprenant les genres à aigrette pileuse et sessile, *Chætan-thera*, *Homoianthus*, *Plazia*, *Onoseris*, *Clarionea*, *Leucaeria*, *Chaptalia*; la dernière comprenant le genre *Dolichlasium*, à aigrette pileuse et stipitée. La troisième section, caractérisée par les corolles à lèvre extérieure tridentée, l'intérieure bidentée ou presqu'entière, est sous-divisée en trois parties: l'une comprenant les genres à aigrette pileuse, *Perdicium*, *Trixis*, *Proustia*, *Nassauvia*; une autre comprenant les genres à aigrette plumeuse, *Sphærocephalus*, *Panargyrum*, *Triptilium*, *Jungia*; la dernière comprenant le genre *Pamphalea*, à aigrette nulle. La quatrième section comprend les labiatiflores douteuses, *denekia*, *disparago*, *polyachurus*, *leria*.

Dans notre troisième Mémoire sur les synanthérées, lu à l'Institut, le 19 décembre 1814, nous avons admis, pour la première fois, et provisoirement, les labiatiflores, comme une tribu intermédiaire entre celle des lactucées et celle des carduacées. Mais, à cette époque, nous n'avions point encore observé ces plantes avec assez de soin, et notre opinion, fondée sur un examen très-superficiel, se réduisoit à de simples conjectures, ainsi que nous le déclarions dans ce Mémoire. En 1816, nous publiâmes, dans le troisième cahier des planches de ce Dictionnaire, un tableau exprimant les affinités des tribus naturelles de la famille des synanthérées, suivant notre méthode de classification. On y voit une tribu des mutisiées placée entre celle des lactucées et celle des carlinées; et deux lignes ponctuées indiquent, l'une que les mutisiées pourroient être placées entre les tussilaginées et les sénécionées, l'autre que les mutisiées semblent avoir quelque affinité avec certaines arctotidées. Dans notre quatrième Mémoire sur les synanthérées, lu à l'Académie des Sciences, le 11 novembre 1816, nous présentâmes une tribu des mutisiées et une tribu des nassauviées, placées entre celle des tussilaginées et celle des sénécionées. Dans le VIII.ᵉ volume de ce Dictionnaire, publié en août 1817, nous avons fait connoître, dans notre article CHÉNANTOPHORES (pag. 393), les caractères et la composition de nos deux tribus des mutisiées et des nassauviées, confondues ensemble par MM. Lagasca et Decandolle, et mêlées par eux avec des genres qui appartiennent à d'autres groupes naturels. Enfin, dans notre sixième Mémoire sur les synanthérées, publié dans le Journal de Physique de février et mars 1819, nous avons décrit complétement les caractères des deux tribus dont il s'agit; et ces descriptions se trouvent reproduites dans le tome XX de ce Dictionnaire, pag. 378 et 379.

M. Kunth, dans le quatrième volume des *Nova Genera et Species plantarum*, publié en 1820, présente un groupe intitulé *Onoseridæ*, comprenant, dit-il, la plupart des labiatiflores. Il n'assigne à ce groupe aucun caractère, et lui attribue les six genres *Leria*, *Chaptalia*, *Onoseris*, *Isotypus*, *Homanthis*, *Mutisia*. Les onosérides de M. Kunth sont une portion de sa section des carduacées, et elles se trouvent placées entre la section des chicoracées et les barnadésies qui sont une autre portion de la section des carduacées. Les barnadésies de M. Kunth paroissent correspondre à notre tribu des carlinées. Ses onosérides correspondent à notre tribu des mutisiées, et tous les genres qu'il y comprend avoient été indiqués par nous, en 1817, dans le VIII.ᵉ volume de ce Dictionnaire, comme appartenant à nos mutisiées; d'où nous pouvons conclure que l'établissement de ce groupe n'est point dû à M. Kunth. La seule chose qui soit de lui, c'est la substitution du nom d'onosérides à celui de mutisiées, et l'omission des caractères distinctifs que nous avions assignés à cette tribu. Le placement des onosérides entre les chicoracées et les barnadésies est très-bien fondé, sous beaucoup de rapports; mais nous l'avions opéré avant M. Kunth, en rangeant d'abord les mutisiées entre les lactucées et les carlinées. En disant que nous avions indiqué, comme appartenant aux mutisiées, tous les genres rapportés par M. Kunth aux onosérides, nous aurions dû excepter l'*isotypus*, nouveau genre que nous ne pouvions pas citer, puisqu'il n'existoit pas alors, et l'*homanthis*, que nous avions rapporté sous le nom d'*homoianthus*, aux nassauviées, parce qu'en effet il appartient à cette tribu, et non point à celle des mutisiées. Notre tribu des nassauviées, qui paroît très-naturelle et bien caractérisée, est dispersée, par M. Kunth, dans trois sections différentes, et qui sont toutes les trois bien distinctes de cette tribu. Ainsi, ce botaniste rapporte l'*homanthis* aux onosérides, le *triptilium* aux barnadésies, le *trixis* et le *dumerilia* aux jacobées. (Voyez, dans le Journal de Physique de juillet 1819, notre Analyse critique et raisonnée du quatrième volume de l'ouvrage de M. Kunth.)

Il seroit beaucoup trop long de discuter ici avec détail les opinions de MM. Lagasca, Decandolle et Kunth, sur les labiatiflores. Bornons-nous à indiquer sommairement les principales sources des erreurs dans lesquelles sont tombés, selon nous, ces botanistes. 1.º Ils n'ont donné aucune attention à la structure du style, qui leur auroit appris à distinguer les mutisiées et les nassauviées. 2.º Ils ont confondu la corolle labiée, qui est exclusivement propre aux nassauviées et aux mutisiées, avec les corolles biligulées et ringentes, qui se rencontrent dans d'autres tribus. Cette confusion leur a fait admettre parmi les labiatiflores des genres étrangers à ce groupe, et la plupart des botanistes en ont conclu que ce groupe n'étoit point naturel. Pour qu'une corolle de synanthérée puisse être proprement dite labiée, deux conditions sont absolument essentielles : l'une est que cette corolle soit accompagnée d'étamines parfaites ; l'autre est que la lèvre extérieure comprenne les trois cinquièmes, et l'intérieure les deux autres cinquièmes de la partie supérieure du limbe. La corolle labiée diffère de la corolle biligulée, comme la corolle fendue des lactucées diffère des corolles ligulées composant la couronne des calathides radiées. Or, nous avons démontré de la manière la plus évidente combien étoit abusive la confusion des corolles fendues avec les corolles ligulées. (Voyez notre article Flosculeuses, tom. XVII, pag. 160.) Quant aux corolles ringentes, si l'on persiste à vouloir les confondre avec les corolles labiées, il faudra aussi leur associer les corolles obringentes, ce qui amènera nécessairement la plupart des carduinées dans le groupe des labiatiflores. Nous croyons donc avoir perfectionné la connoissance de ce groupe, non seulement par l'addition de plusieurs nouveaux genres, et par la rectification de la plupart des genres anciens, mais encore, et surtout, par l'analyse exacte du style et de la corolle. Cependant nous aimons à reconnoître que M. Lagasca s'est approché de la vérité d'aussi près qu'il étoit possible de le faire, en négligeant l'étude minutieuse de la corolle et du style. Terminons cet article en faisant remarquer que l'observation géographique de M. Decandolle a cessé d'être exacte, depuis que nous avons reconnu plusieurs mutisiées parmi les plantes d'Afrique. (H. Cass.)

LABIDE, *Labidus.* (*Entom.*) C'est un nom donné par Jurine, dans son Histoire des Hyménoptères, à un genre d'insectes de cet ordre, et de la famille des myrmèges. Autant qu'on puisse le croire par la description que cet auteur a faite de deux individus mâles qu'il avoit reçus de Surinam, et qu'il n'a pas figurés, il est probable que le nom de *labidus* est tiré du mot grec λαβίς, qui signifie une tenaille, parce qu'il a des mandibules très-grandes, avec une seule dent. (C. D.)

LABIDOURES ou FORFICULES. (*Entom.*) C'est le nom sous lequel nous avons désigné une petite famille d'insectes de l'ordre des orthoptères, qui comprend le seul genre de perce-oreilles. (Voyez FORFICULE.) Le mot labidoures signifie queue en tenailles, de λαβίς-ίδος, tenaille, et de ερα, queue.

Cette famille se distingue de celles des grylloïdes, des blattes et des anomides par les caractères suivans : D'abord, les cuisses postérieures sont simples et de la même longueur que les autres, ce qui n'est pas dans les sauterelles; ensuite, les articles aux tarses sont au nombre de trois seulement, et non de cinq, comme dans les mantes et les blattes ; de plus, les antennes sont en forme de fil, c'est-à-dire de même grosseur dans toute leur longueur, et l'abdomen est terminé, comme le nom l'indique, par une sorte de pince. Pour éviter les répétitions, nous ne donnerons pas ici d'autres détails, nous renvoyons à l'article cité plus haut. (C. D.)

LABIÉE COROLLE. (*Bot.*) Corolle monopétale dont le tube est plus ou moins courbé, la gorge dilatée, et le limbe divisé en deux lobes principaux disposés l'un au-dessus de l'autre comme deux lèvres (sauge, romarin, *lamium, dracocephalum*, etc. etc.) Lorsque la gorge, au lieu d'être ouverte, est fermée par un renflement de la lèvre inférieure, la corolle labiée est dite personée, ou en mufle ou en masque. Telle est celle de l'*antirrhinum*, etc. (MASS.) .

LABIÉES. (*Bot.*) Cette famille de plantes tire son nom de la forme de sa corolle, dont le limbe est divisé ordinairement en deux lèvres. C'est une de celles qui sont regardées comme les plus naturelles, avouées de tous les botanistes, et que les auteurs de méthodes ont généralement cherché à conserver dans leurs classifications. Elle forme dans celle de Tournefort la classe des monopétales irrégulières labiées ; dans celle de Linnæus, la première division de sa didynamie. Dans celle qui est fondée sur les affinités, elle fait partie de la classe des hypocorollées ou dicotylédones monopétales à corolle insérée sous l'ovaire.

Son caractère général est composé des suivans : Un calice monosépale, ordinairement tubulé, et divisé par le haut en cinq parties, tantôt égales, tantôt inégales et formant deux lèvres opposées ; une corolle hypogyne, tubulée, à limbe ordinairement divisé en deux lèvres ; quatre étamines distinctes, insérées au tube de la corolle, sous sa lèvre supérieure, dont deux à filets plus longs, et deux à filets plus petits : ces dernières avortent dans quelques genres ; anthères biloculaires, un peu alongées, portées sur l'extrémité des filets ; un ovaire libre quadrilobé ; un style simple, s'élevant du milieu des quatre lobes ; un stigmate bifide ; un fruit composé de quatre graines nues, ou autrement, quatre capsules indéhiscentes et monospermes (nommées cariopses par quelques auteurs), attachées contre la base élargie du style ; embryon des graines droit, à radicule descendante et à cotylédons droits, sans périsperme (à moins qu'on ne prenne pour tel le tégument intérieur de la graine, quelquefois un peu épaissi ou tapissé d'une substance blanche).

Les plantes de cette famille sont des herbes, ou plus rarement des arbrisseaux ; leurs tiges sont ordinairement ramifiées, à rameaux toujours opposés et quadrangulaires ; les feuilles sont opposées, ou très-rarement verticillées trois à trois ; les fleurs, également opposées, nues, ou plus souvent accompagnées de bractées ou de soies, terminales ou axillaires, sont ou solitaires ou disposées en anneaux, en épis, en corymbe, en panicule.

Les caractères énoncés sont tellement uniformes dans toutes les labiées, qu'on pourroit les considérer presque comme un seul genre très-nombreux en espèces, et que, pour distribuer ces espèces en genres, on est forcé de recourir à des caractères minutieux. Il est encore très-difficile d'établir, dans cette grande série, des sections très-naturelles. Tournefort fonde les siennes sur la forme de la corolle. Linnæus sépare dans deux classes distinctes les labiées à deux étamines, qu'il place dans sa diandrie, et celles plus nombreuses, à quatre étamines, qui font partie de sa didynamie. Pour subdiviser ces dernières, il détache d'abord les genres dont la corolle n'a qu'une lèvre inférieure ; puis il divise ceux à corolle bilabiée, d'après le calice à cinq divisions égales dans les uns, à deux lèvres distinctes dans les autres. Les divisions proposées par Adanson, fondées sur la présence ou absence des bractées, sont peut-être plus naturelles; mais, pour les préférer, il faudroit refondre beaucoup de genres de Linnæus, maintenant adoptés. On est donc obligé, à raison de cette adoption provisoire, de suivre encore pour le moment l'ordre qu'il a établi, en réunissant néanmoins les labiées de sa diandrie à celles de sa didynamie, et supprimant la section des corolles unilabiées qui ne contient que le genre *Ajuga*.

Dans la première, caractérisée par deux seules étamines fertiles, sont les genres *Lycopus*, *Amethystea*, *Cunila*, *Ziziphora*, *Monarda*, *Westringia* de M. Smith, *Rosmarinus*, *Salvia*, *Colinsonia*, *Hoslundia* de Vahl, *Microcorys* de M. Brown.

La seconde, à quatre étamines fertiles, et un calice à cinq divisions, comprend les genres *Hemigenia*, *Hemiandra* et *Anisomeles* de M. Brown, *Ajuga*, *Tenerium*, *Isanthus* de M. Michaux, *Satureia*, *Hyssopus*, *Pogostemum* de M. Desfontaines, *Barbula* de Loureiro, *Bistropogon* de Lhéritier, *Nepeta*, *Hyptis* de Jacquin, *Perilla*, *Lavandula*, *Sideritis*, *Mentha*, *Glecoma*, *Lamium*, *Galeopsis*, *Betonica*, *Stachys*, *Zietenia* de Gleditsch, *Ballota*, *Marrubium*, *Leonurus*, *Leucas* de Burmann, *Phlomis*, *Molucella*, *Rizoa* de Cavanilles, *Pycnanthemum* de Michaux, auquel est réuni le *Brachystemum* du même.

A la troisième section, dont les fleurs ont quatre étamines fertiles et un calice à deux lèvres, se rattachent les genres *Clinopodium*, *Origanum*, *Gardoquia* de la Flore du Pérou, *Thymus*, *Thymbra*, *Dentidia* de Lourciro, *Melissa*, *Dracocephalum*, *Horminum*, *Melittis*, *Lepechinia* de Willdenow, *Plectranthus* de Lhéritier, qui étoit le *Germanea* de M. de Lamarck, *Ocimum*, *Coleus* de Loureiro, *Brunella*, *Scutellaria*, *Perilomia* de MM. Humboldt et Kunth, *Chilodia* et *Cryphia* de M. Brown, *Prasium*, *Prostanthera* de M. Labillardière, *Platostoma* de Beauvois, *Trichostema*, *Phryma*. (J.)

LABIO. (*Conchyl*) Genre de coquilles établi par M. Ocken, dans son Système d'Histoire naturelle, pour quelques espèces de *turbo* de Linnæus et de la plupart des conchyliologistes modernes. Les caractères qu'il assigne à ce genre sont : Bouche de la coquille ronde, non ombiliquée; le manteau de l'animal pourvu d'appendices; les tentacules sur le cou; la verge libre. Les espèces que M. Ocken rapporte à ce genre sont : le *turbo tesselatus*, l'*osilin* d'Adanson et les *turbo labio*, *vestiarius*, *tuber* et *zizyphus*. Voyez Toupie et Turbo. (De B.)

LABIUM ou LABRUM-VENERIS. (*Bot.*) La cardère sauvage (*dipsacus sylvestris*, Linn.) portoit ce nom chez les Romains, et beaucoup d'auteurs, parmi ceux qui ont précédé Linnæus, ont encore désigné cette plante sous ce nom. (L. D.)

LABLAB (*Bot.*), nom égyptien, cité par P. Alpin, d'une espèce de dolic, *dolichos lablab* de Linnæus, dont Adanson et Mœnch font leur genre *Lablab*, remarquable par le hile de la graine, muni d'une callosité fongueuse prolongée sur le côté. On le trouve aussi sous le nom de *leplah*, cité par C. Bauhin. (J.)

LABODA (*Bot.*), nom hongrois de l'arroche, *atriplex*, suivant Mentzel. (J.)

LABRADORISCHE-HORNBLENDE. (*Min.*) On a désigné, quelque temps, sous ce nom étranger, faute d'en avoir un qui appartint à toutes les langues, un minéral auquel M. Haüy a donné le nom d'Hyperstène, après avoir reconnu qu'il formoit une espèce distincte (voyez ce mot), et que les minéralogistes de l'école de Werner appellent actuellement Paulite. (B.)

LABRADORITE. (*Min.*) M. de la Metherie qui a trop souvent cru mettre quelque chose de lui dans la science, en donnant des noms substantifs à des minéraux qui ne sont quelquefois que des variétés de troisième ordre, a nommé *labradorite* le felspath à reflets opalins, parce que les premiers échantillons de cette belle variété ont été rapportés du Labrador, où on les trouve en morceaux épars sur la côte. Voyez Felspath opalin. (B.)

LABRAX. (*Ichthyol.*) Ce mot a, en ichthyologie, plusieurs acceptions différentes. Klein en a fait le nom d'un genre de son neuvième groupe, genre dont nous avons exposé les caractères dans ce Dictionnaire, tom. XXII, pag. 456. Mais, dès les temps les plus reculés, Aristote, Ælien, Athénée avoient désigné le *loup de mer* par le mot λάϐραξ, qu'Ovide, Pline et Varron ont rendu par celui de *lupus*, que Linnæus et les autres ichthyologistes ont adopté comme dénomination spécifique. (Voyez Centropome, Loup de mer et l'Ersèque.)

Plus récemment, Pallas a établi, sous ce même nom de *labrax*, un genre de poissons des mers du Kamtschatka, reconnoissables à leur corps assez long, garni d'écailles ciliées; à leur tête petite et sans armure; à leur bouche peu fendue, armée de petites dents coniques, inégales; à leurs lèvres charnues; à leur nageoire dorsale s'étendant tout le long du dos; à plusieurs séries de pores longitudinales et semblant faire autant de lignes latérales.

Ce genre n'a point été généralement admis. M. Cuvier le place, en hésitant, près des scares, à la fin de la famille des labroïdes. On peut consulter, à ce sujet, Pallas et Tilésius, dans les Mémoires de l'Académie de Pétersbourg, tom. II. (H. C.)

LABRE. (*Entom.*) La lèvre supérieure, dans les insectes à mâchoires, porte, en latin, le nom de *labrum seu labium superius*, tandis que l'inférieure est appelée tout simplement la lèvre, *labium*. Voyez Bouche et Insectes. (C. D.)

LABRE, *Labrus.* (*Ichthyol.*) On désigne, sous ce nom, un des genres de poissons les plus nombreux en espèces, établi primitivement par Artédi, et reconnoissable aux caractères suivans:

Ni épines, ni dentelures aux opercules et aux préopercules; corps oblong, alongé, écailleux; lèvres doubles et charnues; nageoire dorsale unique; museau comprimé; dents maxillaires sur un seul rang, coniques et plus longues au milieu et en avant; dents pharyngiennes cylindriques, mousses, disposées en forme de pavé, les supérieures sur deux grandes plaques, les inférieures sur une seule, qui correspond aux deux autres; queue sans appendices; joues et opercules couvertes d'écailles; ligne latérale droite, ou à peu près.

A l'aide de ces notes et des caractères exposés à l'article Léiopomes, on distinguera facilement les labres des Girelles, qui ont la tête entièrement lisse et sans écailles, et la ligne latérale coudée; des Crénilabres, qui ont les bords de leurs opercules dentelés; des Sublets, qui joignent à ce dernier caractère celui d'avoir une bouche très-protractile; des Chéilines, qui ont des appendices écailleux à la queue; des Ophicéphales et des Chéilions, qui ont le museau aplati; des Mulets, des Diptérodons et des Chéilodiptères, qui ont deux nageoires dorsales; des Hologymnoses, qui paroissent alépidotes; des Spares, qui ont les dents maxillaires sur un double

ràng; des Filous, qui peuvent donner une extrême extension
à leur bouche; des Gomphoses, dont le museau osseux est
prolongé en tube; des Hiatulés, qui n'ont pas de nageoire
anale ; des Plectorhinques, qui ont les lèvres plissées ; des Po-
gonias, qui les ont barbues; des Chromis, qui ont les dents en
velours; des Scares, dont les mâchoires, convexes et arrondies, sont garnies de dents disposées en écailles et comme
imbriquées d'avant en arrière. (Voyez ces différens noms de
genres, et Léiopomes.)

Les labres appartiennent à la famille que M. Duméril a désignée par ce dernier nom, et forment le type de celle des labroïdes
de M. Cuvier. Le genre qui les renferme, excessivement nombreux dans le *Systema Naturæ* du célèbre professeur d'Upsal,
a été le réceptacle d'une foule d'espèces mal déterminées jusqu'au moment où M. de Lacépède a entrepris de faire cesser
la confusion dont il étoit l'objet, et en a séparé les Hiatules,
les Trichopodes, les Chéilines, les Chéilodiptères, les Lutjans.
Avant lui, Forskal avoit, le premier, déjà détaché les Scares
des poissons qui nous occupent. Mais, depuis cette époque,
de nouvelles coupes encore ont été faites dans le grand groupe
des labres, et M. Cuvier, en particulier, en a retiré les Chromis, les Gibelles, les Crénilabres et les Cicles en partie, les
Sublets et les Filous. (Voyez ces différens mots.) Bloch, enfin,
a aussi établi des divisions utiles.

Tel qu'il est encore aujourd'hui cependant, le genre dont
il s'agit contient une multitude de poissons disséminés sur
tout le globe, au Nord, au Midi, dans les mers, dans les lacs,
dans les fleuves, auprès des rivages brûlans de Surinam ou des
Indes orientales, et dans le voisinage des îles de glaces amon-
celées sur les côtes de la Norwège ou du Groenland, non
loin de la Caroline, et dans les eaux qui baignent la Chine
et le Japon, dans la mer Rouge et dans l'Océan d'Ecosse.

La Nature n'a accordé aux labres ni la grandeur, ni la force,
ni la puissance, dit M. de Lacépède, mais ils ont reçu en partage des proportions agréables, des mouvemens agiles, des
rames rapides ; mais toutes les couleurs de l'arc céleste leur
ont été données pour leur parure. Les nuances les plus variées,
les tons les plus vifs leur ont été prodigués, en effet. Tantôt
dispersés, tantôt réunis en troupes plus ou moins nombreuses,

ces poissons élégans et brillans se nourrissent de mollusques et de crustacés, et semblent préférer d'ailleurs le voisinage des rochers sur lesquels ne viennent point se briser les vagues écumantes. C'est dans ces retraites paisibles, que tapissent des touffes de plantes marines, qu'ils viennent établir leur demeure d'amour.

Leur chair est en général d'une saveur assez agréable, mais ils sont assez peu connus dans les poissonneries.

On les divise en plusieurs sections, avec assez d'avantage pour la détermination des espèces, de la manière suivante.

§. 1. *Nageoire caudale rectiligne, arrondie ou lancéolée.*

La Vieille, *Labrus vetula*. Museau dénué d'écailles semblables à celles du dos; nageoire caudale arrondie et couverte d'écailles; tête cunéiforme; bouche petite; opercules écailleuses; ligne latérale rapprochée du dos; mâchoires égales; dents pointues et peu serrées; point de pores à la tête.

Le labre vieille, dont la taille ordinaire est d'un pied environ, est agréablement varié d'orangé et de bleu; sa tête est rougeâtre; son dos, couleur de plomb; ses côtés orangés offrent des taches de la même teinte; ses nageoires sont bleuâtres; et, parmi elles, les catopes, l'anale et la caudale ont une bordure noire; les deux dernières et la dorsale sont, en outre, parsemées de petites taches en forme de gouttelettes. L'iris est bleu.

On trouve ce poisson dans les mers du Nord, près des côtes de Norwège et sur les rivages occidentaux de la France, à Granville, en particulier, où on le nomme *vrac*, et à Tréguier, où il est appelé *crahatte*. Sa chair est d'une saveur agréable; et, en Basse-Bretagne, on en fait des salaisons.

Le Labre microlépidote; *Labrus microlepidotus*, Bloch, 292. Écailles très-petites; tête étroite et sans écailles jusqu'aux opercules; bouche petite; ligne latérale rapprochée du dos; pas de pores à la tête; dents aiguës et écartées les unes des autres; nageoire caudale arrondie.

Ou ne sait encore quelle est la patrie de ce poisson, que Bloch a décrit le premier. Sa partie supérieure est d'un jaune brun; l'inférieure est argentée; l'iris de l'œil est formé d'un cercle jaune étroit et d'une zone d'argent plus large.

Son nom spécifique indique, du reste, la petitesse des

écailles qui recouvrent son corps. Il est tiré du grec μικρος, petit, et λεπις, écaille.

Le LABRE BOISÉ; *Labrus tessellatus*, Bloch, 291. Tête et opercules presqu'entièrement dénuées d'écailles semblables à celles du dos, excepté dans une petite place auprès des yeux; plusieurs pores muqueux au-dessous des narines; écailles petites et molles; corps alongé; nageoire caudale arrondie; bouche petite.

Ce poisson, que Bloch a décrit d'après un individu qu'il avoit reçu des mers de la Norwège, a le dos violet; les côtés argentés; la poitrine et la queue bleues, de même que les nageoires pectorales et caudale; les catopes noirs; les nageoires dorsale et anale variées de jaune, de bleu et de brun; les opercules et la poitrine tachetées de brun, et le corps comme marqueté de plus grandes taches.

Le LABRE A GOUTTELETTES; *Labrus guttulatus*, Bloch, 287, fig. 2. Nageoire caudale arrondie; écailles dures et couvertes d'une membrane; museau obtus; ligne latérale rapprochée du dos et arquée vers son extrémité; dos brun; côtés bleus; ventre blanchâtre; tête bleue, et parsemée, comme les flancs et la nageoire anale, de taches arrondies d'une teinte d'argent; des taches jaunes sur la nageoire du dos; point de pores à la tête.

Patrie inconnue.

Le LABRE ARISTÉ; *Labrus aristatus*, Lacép. Corps ovale et comprimé; écailles courtes et relevées chacune par deux arêtes; dents écartées; les deux moyennes inférieures plus avancées que les autres; des stries transversales sur le corps.

Sparrmann a découvert ce poisson dans les mers de la Chine (*Amœnitat. Acad.*, vol. 7, pag. 505), et Bonnaterre l'a figuré dans les planches de l'Encyclopédie méthodique.

Le BERGYLTE, ou le LABRE TACHETÉ: *Labrus maculatus*, Bloch, 294; *Labrus bergylta*, Ascagne, pl. 1. Nageoire caudale arrondie; tête alongée, garnie de pores; écailles lisses et grandes; les derniers rayons des nageoires dorsale et anale beaucoup plus longs que les autres; trois tubercules osseux et garnis de dents courtes et arrondies dans l'intérieur même de la bouche.

La teinte générale du bergylte est le brun, et ce brun est mêlé de jaune sur les opercules. Des raies brunes et bleues sont disposées alternativement sur sa poitrine; toutes ses nageoires ont des taches d'un brun luisant, sur un fond jaune teinté de violet. L'iris est doré, et les couleurs du mâle sont plus vives que celles de la femelle.

Ce poisson habite les mers du nord de l'Europe, et se nourrit de crustacés et de petits coquillages. On le pêche sur les basfonds, où il atteint la taille d'environ quinze pouces. Sa chair est abondante, grasse, et d'une saveur agréable.

En Norwège, on le nomme *Berg-gylle*, et en Danemarck, on l'appelle *see carpe*, c'est-à-dire, *carpe de mer*.

Le LABRE HASSEK; *Labrus inermis*, Forsk. Corps très-alongé; une raie longitudinale et mouchetée de noir de chaque côté; le dos brun et des taches blanchâtres sur les flancs; des gouttelettes violettes sur la tête et autour de la bouche; mâchoire supérieure plus longue que l'inférieure; les deux dents mitoyennes crochues et plus grosses que les autres qui sont toutes droites; opercules en partie écailleuses.

Ce poisson a été vu par Forskal dans la mer Rouge. Il atteint la longueur d'un pied; mais il n'a guère que deux pouces de largeur. Les Arabes le nomment *ghassec*.

Le COCK; *Labrus coquus*, Linn. Nageoire caudale arrondie; dos nuancé de pourpre et de bleu foncé; ventre jaune.

Ce poisson, d'une fort petite taille, est très-commun sur les côtes du pays de Cornouailles, où les habitans le nomment *cock*.

Le LABRE PONCTUÉ : *Labrus punctatus*, Linn.; Bloch, 295. Toutes les nageoires pointues, excepté la caudale, qui est arrondie; ligne latérale interrompue; de petites écailles sur une partie de la dorsale et de l'anale; point de pores à la tête.

Ce labre est brun, et couvert d'un grand nombre de points d'un gris très-foncé, ou noirâtres, qui forment neuf raies longitudinales, et trois taches rondes de chaque côté de l'animal; il est d'ailleurs remarquable, en ce que plusieurs des rayons de la nageoire dorsale sont beaucoup plus longs que les autres.

Il habite les rivières de l'Amérique méridionale, et les eaux de la mer équatoriale qui baignent Surinam.

Le PAON DE MER; *Labrus pavo*, Linn. Corps et queue alongés et comprimés; nageoires pectorales arrondies : rayons des nageoires dorsale et anale d'autant plus longs qu'ils sont plus éloignés de la tête. Taille de neuf pouces à un pied.

La magnificence de la parure de ce poisson est des plus grandes, et justifie le nom par lequel on le désigne généralement. De ses écailles polies, on voit jaillir autant de feux, que des plumes chatoyantes de l'oiseau chéri de Junon. Toutes les couleurs de l'arc-en-ciel, tous ses reflets étincelans et ses nuances changeantes sont étalés avec pompe à la surface de son corps. Sa partie supérieure, d'un vert mêlé de jaune, est parsemée de taches rouges et bleues qui semblent autant de rubis et de saphirs incrustés. Des taches rouges et bleues aussi, mais plus petites, scintillent également sur les opercules, sur la nageoire caudale et sur celle de l'anus, qui est violette. Les catopes sont d'un rouge vif. Le devant de la nageoire dorsale est d'un bleu mêlé de pourpre; deux taches brunes sont placées de chaque côté du corps, l'une auprès de chaque pectorale, l'autre dans le voisinage de la queue.

Cet assortiment de couleurs si splendide et si agréable est complété par des reflets dorés, argentés, rouges, orangés ou jaunes, étendus par grandes plaques, ou disséminés en traits légers.

La bonté de la chair de ce poisson ne répond pas, au reste, à la beauté de sa parure. Elle est molle et visqueuse.

On pêche le labre paon dans la mer Méditerranée, et particulièrement auprès des côtes de Syrie. Les Languedociens le connoissent sous les noms de *tourd* et de *paon*; mais, à Nice, on l'appelle *sero*.

Le LABRE BORDÉ; *Labrus marginalis*, Linn. Teinte générale brune; nageoires du dos et de la poitrine bordées de roux; nageoire caudale tronquée.

Ce poisson habite l'océan Atlantique. On n'a aucun autre détail sur lui. Lœfling en a parlé, mais sans rien dire de plus que ce que l'on trouve à son sujet dans le *Systema Naturæ* de Linnæus. Les Espagnols le nomment *mero*.

Le LABRE ROUILLÉ; *Labrus ferrugineus*, Linn. Corps et queue couleur de rouille et sans taches. Nageoire caudale non échancrée.

De la mer des Indes.

Le LABRE ŒILLÉ; *Labrus ocellaris*, Linn. Rayons de la nageoire du dos terminés chacun par un filament; une tache bordée auprès de la nageoire caudale, qui est entière.

Patrie inconnue. Peut-être ce poisson n'est-il que le *lutjanus occellaris* de Risso, et, par conséquent, un crénilabre.

Le LABRE LOUCHE, *Labrus luscus*, Linn. Nageoire caudale non fourchue, mais arrondie; teinte générale jaunâtre; nageoires dorées; dessus de l'œil noir.

Des mers de l'Amérique et des environs de Nice. Selon M. Risso, on le prend en juin et en décembre à Villefranche.

Le LABRE TRIPLE-TACHE : *Labrus trimaculatus*, Artéd.; *Labrus carneus*, Ascagne, XIII; Bloch, 289. Ecailles grandes, réfléchissant diverses nuances d'un beau rouge; dents antérieures plus longues et plus fortes que les autres; trois grandes taches noires de chaque côté; deux à la partie postérieure de la nageoire dorsale, et l'autre près de la nageoire caudale, qui est courte et arrondie, comme toutes les autres nageoires; point de pores à la tête.

Ce poisson habite les mers du Nord, près de la Norwège et du Danemarck. Il se nourrit d'animaux à coquilles, et sa chair passe pour délicieuse. Ascagne et Bloch l'ont figuré.

Le LABRE CORNUBIEN; *Labrus cornubius*, Linn. Museau en forme de boutoir; nageoire caudale rectiligne; premiers rayons de la dorsale tachetés de noir; une tache noire sur la queue. Taille de cinq à six pouces au plus.

Il est commun sur les côtes de la Grande-Bretagne. Les habitans de Cornouailles, en particulier, le nomment GOLDSINNY. (Voyez ce mot.) On peut rapporter ce poisson aux crénilabres aussi bien qu'aux labres proprement dits.

Le LABRE MÊLÉ; *Labrus mixtus*, Linn. Mâchoires hérissées de dents très-longues sur le devant; ventre jaune; dos bleu, avec des nuances de brun et de jaune et des reflets dorés; tête bleue, traversée de lignes violettes; yeux bruns, à iris rougeâtre; nageoire anale colorée de jaune et de violet; catopes azurés; pectorales orangées; caudale d'un violet clair à l'extrémité; taille de dix à douze pouces.

Ce poisson habite la mer Méditerranée, et fréquente spécialement les côtes de Nice, où on le nomme *verdoun*. Les couleurs de la femelle sont plus ternes et plus foncées que celles du mâle.

Le Labre cendré : *Labrus cinereus*, Lacép. ; *Labrus griseus*, Linn. Bouche étroite ; dents petites ; celles de devant plus longues ; dos gris, parsemé de points d'une teinte plus foncée ; nageoires rougeâtres, avec des taches d'un jaune obscur ; des raies bleues sur les côtés de la tête ; iris de couleur verte ; une tache auprès de la nageoire caudale. .

Il vit dans les eaux de la mer Méditerranée. Gmelin, qui lui a conservé le nom spécifique de *griseus*, imposé par Linnæus, a employé deux fois ce nom pour des labres, savoir : pour la cinquième et la soixante-quatrième des espèces admises par lui dans le genre. Cette espèce me paroît d'ailleurs devoir être le même poisson que le crénilabre cendré, décrit tom. XI, pag. 384 de ce Dictionnaire, ou, du moins, elle s'en rapproche beaucoup.

Le Labre jaunatre ; *Labrus fulvus*, Linn. Ouverture de la bouche large ; trois ou quatre grosses dents à l'extrémité de la mâchoire supérieure ; de petites dents au palais ; mâchoire inférieure plus avancée que la supérieure, et garnie d'un double rang de petites dents ; écailles minces ; un fort aiguillon à la nageoire caudale ; teinte générale orangée ; iris des yeux rouge.

On pêche cette espèce dans les mers de l'Amérique septentrionale. Catesby l'a figurée, vol. 2, pl. 10, n.º 2.

Le Labre rone ; *Labrus rone*, Lacép. Nageoire caudale rectiligne ; dorsale étendue depuis la nuque jusqu'auprès de la caudale ; corps ovale ; tête conique ; taille d'environ six pouces.

Le labre rone se trouve particulièrement dans les mers de la Norwège. Les rayons de sa nageoire dorsale sont garnis d'un ou deux filamens ; son dos est d'un rouge foncé, avec des taches ou des raies vertes ; son ventre est d'un rouge mêlé de jaune ; ses nageoires sont parsemées de taches vertes.

Ce poisson, qu'en Danemarck on nomme *skrand karasse*, a été figuré par Ascagne, cah. 2, pl. 14.

Le Labre fuligineux ; *Labrus fuliginosus*, Lacép. Mâchoire supérieure un peu plus courte que l'inférieure ; les deux premières dents de chaque mâchoire un peu plus alongées que les autres ; iris d'un jaune doré ; nageoire dorsale d'un pourpre noir, avec quelques points bleuâtres ; nageoires pectorales rougeâtres, avec une tache noire à leur base ; catopes variés de bleu, de pourpre, de noir et de verdâtre; anale d'un bleu noir; caudale d'un vert mêlé de brun; une petite tache noire à l'extrémité de chaque ligne latérale; tête variée de vert, de rouge et de jaune.

Le labre fuligineux vit au milieu des rochers qui environnent les îles de Madagascar, de France et de Bourbon, où il a été observé par le voyageur Commerson.

Le LABRE BRUN; *Labrus fuscus*, Lacép. Les deux dents antérieures de chaque mâchoire plus longues que les autres; des rugosités disposées en rayons auprès des yeux; nageoire caudale rectiligne, et en partie couverte d'écailles; tête et dos bruns; nageoires dorsale, anale et caudale bordées de vert; catopes verdâtres; pectorales jaunes à la base, et brunes à l'extrémité; deux raies vertes, larges et longitudinales de chaque côté du corps; des traits colorés et semblables à des caractères chinois, le long de la ligne latérale.

Ce poisson a été vu par Commerson encore dans les mêmes lieux que le précédent.

Le LABRE ÉCHIQUIER; *Labrus centiquadrus*, Lacép. Les quatre dents antérieures de la mâchoire supérieure, et les deux moyennes de l'inférieure plus alongées que les autres; toute la surface du corps et de la queue peinte en petits espaces alternativement blanchâtres et d'un noir pourpré; tête variée de rouge; des points et des lignes rouges sur les nageoires dorsale et anale; caudale jaunâtre; une tache noire sur chacune des pectorales.

Ce labre habite les mêmes rochers que les deux précédens. Commerson l'a aussi découvert.

Le LABRE LARGE-QUEUE; *Labrus macrourus*, Lacép. Museau petit et avancé; dents grandes, fortes et triangulaires; nageoire caudale très-longue, très-large et rectiligne; un grand nombre de petites raies longitudinales sur le dos; une tache à l'origine de la nageoire dorsale; presque toute la queue, l'anale et l'extrémité de la nageoire du dos d'une couleur foncée.

Observé par Commerson dans le grand Océan équatorial.

Le LABRE PAROTIQUE; *Labrus paroticus*, Linn. Nageoire caudale arrondie et non échancrée; les deux dents antérieures de la mâchoire supérieure plus grandes que les autres; des gris; ventre blanchâtre; nageoires rousses; opercules d'un bleu céleste.

De la mer des Indes.

Le Bergsnyltre: *Labrus bergsnyltrus*, Lacép.; *Labrus suillus*, Linn. Rayons de la nageoire dorsale garnis de filamens; teinte générale violette; mâchoire inférieure et nageoires pectorales d'un beau jaune; une tache noire sur la queue.

Ce poisson vient de l'océan Atlantique boréal. En Suède, on le nomme *bergsnultra*, et en Norwège *blagylta.*

Le Guaze; *Labrus guaza*, Linn. Nageoire caudale arrondie et composée de rayons plus longs que la membrane qui les réunit; teinte générale brune.

Il vit dans l'Océan.

La Tanche de mer, ou le Labre tancoïde: *Labrus tancoides*, Lacép.; *Labrus tinca*, Linn. Museau recourbé vers le haut; caudale arrondie en arc; teinte générale d'un rouge nuageux, avec des raies nombreuses bleues et jaunes; nageoires pectorales d'un beau jaune doré; iris doré ou bleu.

Ce poisson habite communément dans les profondes anfractuosités des rochers qui ceignent les rivages britanniques, et, en Angleterre, on le nomme *wrasse* ou *grwach.* Sa longueur ordinaire est d'environ neuf pouces, et il porte dans la bouche quatre tubercules osseux et hérissés de petites dents.

Au rapport de Willughby, sa chair n'est ni délicate ni saine. Ce poisson nous paroît d'ailleurs le même que celui dont nous avons parlé sous le nom de crénilabre tancoïde.

Le Labre double-tache; *Labrus bimaculatus*, Linn. Toutes les nageoires pointues, à l'exception de la caudale qui est arrondie; rayons de la nageoire du dos terminés par un filament, de même que les deux premiers de chaque catope; nageoire anale lancéolée; dorsale falciforme; museau oblong; bouche médiocre; lèvres épaisses; yeux gris; prunelle noire; taille de six à huit pouces environ.

Ce poisson a été observé sur les côtes de la mer Méditerranée, et non loin des rivages de la Grande-Bretagne. Il porte, sur chacun de ses côtés, une tache brune près de la queue.

Le Labre ossiphage; *Labrus ossiphagus*, Linn. Lèvres plissées; museau avancé; mâchoire de dessus un peu plus longue que celle de dessous ; dents fort grosses sur le devant ; dos de couleur de bistre ; ventre beaucoup plus clair et mêlé de jaunâtre ; yeux d'un brun rougeâtre ; nageoires vertes, un peu azurées aux extrémités ; taille de douze à quinze pouces.

On trouve ce labre dans la mer Méditerranée. Il fréquente les rivages de Nice, au mois de mars, et y est appelé, dans le langage du pays, *tourdou.*

Le Labre onite ; *Labrus onitis*, Linn. Nageoire caudale arrondie et jaune ; couleur générale brune ; partie inférieure tachetée de gris et de brun ; des filamens aux rayons de la nageoire dorsale.

Patrie inconnue.

Le Labre perroquet : *Labrus psittacus*, Linn. Couleur générale verte ; ventre jaune ; une raie longitudinale bleue de chaque côté du corps ; quelques taches bleues sur le ventre.

De la mer Méditerranée.

Le Labre tourd ; *Labrus turdus*, Linn. Corps et queue alongés ; dents antérieures plus grandes que les autres ; museau avancé ; lèvres plissées ; ligne latérale courbe ; yeux jaunâtres, à iris argenté ; dos jaune, avec des taches blanches ou vertes, quelques taches noires sur le sommet de la tête ; des filets rouges sur les tempes ; ventre argenté, avec des veines rouges ; catopes et nageoires dorsale, anale et caudale rouges et tachetés de blanc ; nageoires pectorales d'un jaune pâle ; le long de la ligne latérale, une raie formée de points bleus et rougeâtres, et placée au-dessus de plusieurs autres raies longitudinales, composées de petites taches blanches et vertes ; des taches blanches, bordées d'or, au-dessous du museau.

Ce poisson habite la mer Méditerranée, et a ordinairement onze pouces de longueur. A Nice, on l'appelle *sero*, de même que le paon de mer. Willughby a remarqué que le linge ou le papier dont on l'enveloppe, quand il est encore frais, se teint de la couleur verte de ses écailles.

Le Labre cinq-épines : *Labrus pentacanthus*, Lacép.; *Labrus exoletus*, Linn. Les cinq premiers rayons de la nageoire anale épineux ; un des rayons de celle du dos terminé en un long filament ; corps et queue bleus ou rayés de bleu.

De la mer de Glace qui sépare la Norwège du Groenland.

Le Labre chinois ; *Labrus chinensis*, Gmel. Des filamens aux

rayons de la nageoire du dos; sommet de la tête très-obtus;
teinte générale livide.

Des côtes de la Chine.

Le Labre du Japon, *Labrus japonicus*, Houtt. Des filamens
aux rayons de la nageoire du dos; dents petites et aiguës; teinte
générale d'un jaune foncé.

Houttuyn, qui a découvert ce poisson dans les mers du Japon, l'a décrit dans les Actes de Haarlem, tom. II, pag. 324.

Le Labre linéaire; *Labrus linearis*, Linn. Nageoire dorsale
très-longue; corps alongé, très-comprimé; nageoires pectorales
lancéolées; dents antérieures plus grandes que les autres; couleur blanche ou blanchâtre.

Des rivages de l'Amérique méridionale.

Le Labre lunulé : *Labrus lunulatus*, Forsk.; Linn. Ecailles
larges et striées en creux; nageoires pectorales et caudale arrondies; couleur générale d'un brun verdâtre, avec des bandes
transversales plus foncées; un croissant jaune et bordé de noir
sur le bord postérieur de chaque opercule; deux taches jaunes
sur la membrane branchiale, qui est verte; tête et poitrine parsemées de taches rouges; chaque écaille marquée d'un trait violet transversal.

Forskal a observé ce labre à Dsjedda, sur les côtes d'Arabie,
où il vit au milieu des rochers, et où les Arabes, qui le nomment
abou djabbe, le prennent à la ligne.

Le Labre varié : *Labrus variegatus*, Lacép.; *Labrus vittatus*,
Walb. Nageoire caudale arrondie; corps et queue alongés;
opercules grises et rayées de jaune; teinte générale rouge;
quatre raies longitudinales olivâtres, et quatre raies bleues de
chaque côté du corps. Nageoire dorsale bleue à son origine,
ensuite blanche, et enfin rouge; caudale bleue en haut, et jaune
en bas; anales et catopes bleus à leur sommet.

Ce poisson vit dans les mers de la Grande-Bretagne, et particulièrement près des îles de Skerry. M. Risso l'a aussi vu sur
la côte de Nice, où on le nomme *tenco*.

Le Labre Giofredi; *Labrus Giofredi*, Risso. Museau pointu
et noirâtre; dents isolées, plus longues en avant; nageoire
caudale rectiligne; dos d'un beau rouge de corail, qui se
change sur les flancs en jaune doré, et passe à l'argent azuré
sur le ventre; yeux d'un rouge vif, à iris doré; opercules mar-

quées d'une tache d'un bleu chatoyant; nageoires teintes de rouge, de jaune et de violet.

Ce labre parvient à la taille d'un pied environ. On en doit la connoissance à un zélé naturaliste de Nice, M. Risso, qui lui a donné pour nom spécifique celui du savant historiographe du département des Alpes maritimes. Il vit au milieu des rochers qui bordent la côte de ce département. Les habitans le nomment *girella*.

Le LABRE MAILLÉ : *Labrus reticulatus*, Lacép.; *Labrus venosus*, Linn. Corps comprimé et ovale; teinte générale d'un vert tendre, avec de petites veines rouges qui, en s'entrelaçant, forment des espèces de mailles; une tache noire sur chaque opercule et sur la nageoire dorsale, qui offre d'ailleurs des bandes et des filamens rouges. Taille de trois pouces environ.

De la mer Méditerranée. C'est probablement un CRÉNILABRE. (Voyez ce mot.)

Le LABRE A GOUTTES; *Labrus guttatus*, Linn. Teinte générale d'un rouge pâle, sur lequel sont répandus des taches noires et des points blancs disposés avec ordre; une tache plus grande que les autres à la base de la nageoire de la queue; deux traits noirs et obliques au-dessus des yeux; toutes les nageoires rousses, à l'exception de l'anale et des catopes qui offrent une teinte verte chez quelques individus; des taches blanches sur la nageoire anale.

Ce poisson ne devient pas plus grand que le précédent, et, comme lui, habite la mer Méditerranée. Il pourroit bien être un crénilabre aussi.

Le CANUDE : *Labrus cynædus*, Linn.; *Labrus cinædus*, Lacép. Nageoire dorsale étendue depuis la nuque jusqu'à la caudale; gueule petite; dents petites, serrées, crénelées ou lobées; dos d'un rouge pourpré; ventre jaune.

On prend ce poisson dans la mer Méditerranée, surtout aux environs des côtes de la Grèce, car il se présente assez rarement sur celles de France et d'Italie. Il parvient ordinairement à la taille d'un pied environ, et a une chair d'une saveur agréable, molle, tendre, friable, facile à digérer, comme celle de tous les poissons saxatiles en général.

Dès le temps d'Aristote et d'Athénée, le canude étoit connu

des Grecs qui le nommoient αλφηστικος ou αλφηστης. Pline lui
a donné le nom de *cynædus*, qui, comme celui des Grecs,
semble dériver de la coutume où sont les canudes de nager
habituellement deux à deux à la suite l'un de l'autre, *libidinis
ut causâ*, comme dit Rondelet.

Cet auteur attribue, en outre, au bouillon fait avec les
canudes, une propriété relâchante.

A Nice, le peuple appelle le canude *rouquié*.

Le LABRE A RAIES BLANCHES, *Labrus albo vittatus*. Corps alongé;
nageoire caudale arrondie ; lèvres très-épaisses; teinte générale d'un jaune sale, avec trois bandes blanches le long du
corps ; catopes lancéolés; nageoires pectorales triangulaires.

On ne connoît point la patrie du labre à raies blanches.
C'est Koelreuter qui l'a fait connoître dans les Nouveaux Mémoires de l'Académie de Pétersbourg, d'après un individu qui
n'avoit que trois pouces cinq lignes de longueur.

Le LABRE BLEU; *Labrus cœruleus*, Lacép. Couleur générale
bleue, avec des taches jaunes et des raies bleuâtres; une
grande tache bleue, foncée sur le devant de la nageoire dorsale;
les catopes, l'anale et la caudale bordés de la même teinte.

Ce labre a les dents de devant plus longues que les autres,
et atteint la taille de dix pouces. Il se plaît sur les rives de
l'Angleterre, de la Norwège et du Danemarck. Dans ce dernier
pays, on le nomme *blaastal* ou *blaustak*. Ascagne l'a figuré,
cah. 2, pl. 5, sous le nom de *paon bleu*. M. Risso en parle aussi
comme se trouvant sur les côtes de Nice, où on l'appelle *tourdou bleu*.

Le LABRE RAYÉ; *Labrus lineatus*, Pennant. Dents antérieures
plus longues que les autres; museau alongé ; nuque un peu
relevée et convexe; nageoire caudale arrondie; dos rougeâtre;
côtés bleus; poitrine jaune; ventre d'un bleu pâle; quatre raies
vertes et longitudinales de chaque côté du corps ; iris doré;
prunelle bleuâtre; nageoire dorsale aurore, bordée de bleu,
avec une longue tache indigo à son origine; catopes d'un jaune
foncé et tachetés de bleu; pectorales jaunes; caudale jaunâtre,
pointillée de bleu. Taille de dix à onze pouces.

Ce labre paroît exister à la fois, et sur les côtes de la Grande-
Bretagne, et sur celles des Alpes maritimes. Je doute cependant qu'il y ait identité parfaite entre les individus de ces deux

localités, indiquées par Pennant, d'une part, et par M. Risso, de l'autre.

Le Ballan; *Labrus ballan*, Pennant. Nageoire caudale arrondie; un sillon sur la tête; une petite cavité rayonnée sur chaque opercule; fond jaune, avec des taches orangées; une rainure profonde entre les nageoires du dos et de la queue; nageoires de couleur d'ambre; la dorsale pointillée d'outremer.

Ce poisson, de la taille de six à huit pouces, habite les mêmes mers que le précédent. Je ferai à son égard la même réflexion que pour le labre rayé. On le nomme à Nice *tenco*.

Le Digramme; *Labrus digramma*, Lacép. Mâchoire inférieure un peu plus avancée que la supérieure; les deux dents de devant plus grandes que les autres; ligne latérale double; nageoire caudale arrondie.

Ce labre a été vu par Commerson dans le grand Océan équatorial.

Le Labre Diane; *Labrus Diana*, Lacép. Nageoire dorsale offrant trois portions distinctes; caudale arrondie; quatre grandes dents au bout de la mâchoire supérieure; deux grandes dents seulement au bout de l'inférieure; une dent grande et tournée en avant à chaque coin de l'ouverture de la bouche; un petit croissant d'une couleur foncée sur chaque écaille.

Comme la tête et les opercules de cette espèce sont dépourvues d'écailles, je ne la place ici qu'avec doute, et pense qu'elle doit plutôt appartenir aux Girelles. (Voyez ce mot.)

Le labre Diane habite la grande mer.

Le Labre macrodonte; *Labrus macrodontus*, Lacép. Nageoire caudale arrondie; les derniers rayons des nageoires dorsale et anale plus longs que les premiers; écailles assez grandes; quatre dents fortes et crochues à l'extrémité de chaque mâchoire; une dent, forte et crochue aussi, tournée en avant auprès de chaque coin de l'ouverture de la bouche.

On ne connoît point la patrie de ce poisson.

Le Labre neustrien; *Labrus Neustriæ*, Lacép. Nageoire caudale arrondie; dents égales, fortes et séparées les unes des autres; dos marbré d'aurore, de brun et de verdâtre; côtés marbrés d'aurore, de brun et de blanc.

Suivant Noël de la Morinière, qui vient de mourir en Norwège au milieu de ses recherches d'ichthyologie, et qui a fait connoître cette espèce à M. de Lacépède, on prend le labre neustrien sur les côtes de la Haute-Normandie. Les pêcheurs des environs de Fécamp l'appellent la *grande vieille*, ou la *bandoulière marbrée*.

Le LABRE CALOPS; *Labrus calops*, Lacép. Œil très-grand et très-brillant, à iris d'un noir éclatant; écailles fortes et larges; dos brunâtre; une tache grande et brune auprès de chaque nageoire pectorale.

Ce labre est assez commun à Dieppe, où les pêcheurs le nomment *la brune*. Comme sa tête est dépourvue d'écailles, je crois qu'il conviendroit de le ranger parmi les GIRELLES. (Voyez ce mot.) On en doit également la connoissance à Noël de la Morinière.

Le LABRE ENSANGLANTÉ; *Labrus cruentatus*, Lacép. Dents courtes, égales, séparées les unes des autres; mâchoire inférieure plus avancée que la supérieure; œil très-grand; ligne latérale très-voisine du dos; nageoire caudale arrondie; teinte générale argentée, avec des taches très-grandes, irrégulières et couleur de sang; nageoires dorées.

Ce labre habite les mers d'Amérique, où il a été dessiné par le P. Plumier.

Le LABRE PERRUCHE, *Labrus psittaculus*. Nageoire dorsale très-basse et à peu près d'égale hauteur dans toute son étendue; mâchoires égales; ouverture de la bouche très-étroite; nageoire caudale arrondie; couleur générale verte; trois raies longitudinales rouges de chaque côté; une raie rouge et longitudinale aussi sur la nageoire dorsale, qui est jaune; anale également jaune et bordée de rouge, de même que la caudale, qui offre quatre ou cinq bandes courtes, concentriques, inégales en largeur, et rouges et bleues alternativement : une bande noire sur chaque œil.

Il se trouve avec le précédent, et a été pareillement dessiné par Plumier.

Le KEKLIK, *Labrus keklik*, Lacép.; *Labrus perdica*, Forsk. Nageoire caudale rectiligne; opercules terminées par un prolongement arrondi; dessus de la tête brun, et le dessous roussâtre; trois raies longitudinales de chaque côté; celle du milieu, blanche et dentelée; la supérieure presque effacée; l'inférieure, plus large et jaune; une tache bleue sur l'opercule et à la base des nageoires pectorales ; nageoires anale et dorsale , rouges.

Ce labre paroît avoir été pris quelquefois dans la mer Rouge, mais il fréquente plus habituellement le canal de Constantinople. Les Turcs lui donnent le nom de *keklik baluk*, et les Grecs celui de *perdika*.

Le COMBRE; *Labrus comber*, Linn. Nageoire caudale lancéolée; opercules terminées par un prolongement arrondi ; dos rouge ; une raie longitudinale et arrondie de chaque côté; ventre d'un jaune clair; nageoires rougeâtres.

Il habite dans les mers Britanniques. *Comber* est le nom par lequel le désignent les Anglois.

§. II. *Nageoire de la queue trilobée.*

Le LABRE DEUX-CROISSANS; *Labrus bilunulatus*, Lacép. Point de pores à la tête; quatre grandes dents à chacune des mâchoires, dont l'inférieure est plus avancée que la supérieure; une petite tache sur un grand nombre d'écailles ; une grande tache de chaque côté vers l'extrémité de la nageoire dorsale.

M. de Lacépède a décrit et figuré cette espèce, ainsi que la suivante, d'après les dessins de Commerson, qui les a vues dans la mer des Indes.

Le LABRE TRILOBÉ; *Labrus trilobatus*, Lacép. Nageoire dorsale longue et basse; dents grandes, fortes et presque égales; ligne latérale ramifiée et droite; des taches nuageuses.

Le LABRE ANNELÉ; *Labrus annulatus*, Lacép. Dents petites et égales; opercules terminées un peu en pointe ; écailles difficiles à voir; dix-neuf bandes transversales, égales, régulières et enveloppant le corps en manière d'anneaux ; une grande tache en croissant vers la base de la nageoire caudale; une raie oblique au-dessus de chacun des yeux.

Ce labre a été découvert encore dans le grand Océan équatorial par l'infatigable Commerson.

§. III. *Nageoire de la queue fourchue ou en croissant.*

Le LABRE MOUCHE OU OPERCULÉ; *Labrus operculatus*, Linn. Forme d'un parallélogramme alongé; sommet de la nageoire dorsale prolongé en un filament; nageoire caudale échancrée;

une tache brune vers l'extrémité de chaque opercule; dix bandes transversales brunes sur le corps; de petites taches noires sur le derrière de la tête.

On trouve cette espèce dans les mers de l'Asie, et particu_lièrement dans le grand golfe de l'Inde.

Le LABRE A OREILLES; *Labrus auritus*, Linn. Chaque opercule terminée par une membrane noire, et prolongée en forme de nageoire arrondie à l'extrémité. Iris des yeux jaune.

Des eaux douces et des mers de l'Amérique septentrionale.

Le LABRE FAUCHEUR; *Labrus falcatus*, Linn. Nageoires dorsale et anale falciformes; corps aussi large que celui de la brême; dents aiguës; couleur argentée; catopes petits.

Des rivières et des lacs de l'Amérique septentrionale, et de la mer qui baigne les côtes de cette contrée.

L'OYÈNE; *Labrus oyena*, Forsk. Les deux lobes de la nageoire caudale lancéolés; mâchoires égales; dents nombreuses et très-courtes; lèvre supérieure rétractile; dos arqué; ventre droit; corps oblong; écailles larges, arrondies sur leurs bords, et couvertes de stries saillantes, rayonnées; teinte générale argentée; nageoires d'un vert de mer; la dorsale bordée de noir.

La mer Rouge nourrit ce poisson, que Forskal a observé à Suez et à Dsjedda, où il se tient sur les fonds sablonneux. Si quelque bruit vient à l'épouvanter, il s'enfonce dans le sable, s'y couche sur le côté, et évite ainsi les filets des pêcheurs ou toute autre cause de danger.

Le LABRE HÉRISSÉ; *Labrus hirsutus*, Lacép. Nageoire caudale en croissant; six grandes dents à la mâchoire supérieure; ligne latérale hérissée de petits piquans; douze raies longitudinales de chaque côté; quatre autres raies longitudinales aussi sur la nuque; dos parsemé de points; une large bande transversale sur la queue : point de pores à la tête.

Il a été trouvé par Commerson dans le grand golfe de l'Inde.

Le LABRE LISSE; *Labrus lævis*, Lacép. Point de pores à la tête; mâchoire inférieure un peu plus longue que la supérieure; dents grandes, recourbées et égales; nageoire caudale un peu en croissant; écailles difficilement visibles; cinq grandes taches ou bandes transversales.

Ce labre a été trouvé par Commerson dans le même lieu que le précédent, et décrit, d'après ses dessins, par M. de Lacépède.

M. Cuvier croit qu'il est le même animal que le *bodian cyclostome*, et paroît disposé à le ranger avec celui-ci, dans son genre *Plectropome*.

Le LABRE MÉLAGASTRE ; *Labrus melagaster*, Bloch, 296, fig. 1. Catopes alongés ; tête courte ; bouche très-petite ; mâchoires égales ; dents pointues et presque imperceptibles ; yeux grands à iris doré ; ligne latérale interrompue vers la fin de la nageoire dorsale ; nageoire caudale en croissant ; point de pores à la tête.

Bloch indique Surinam pour la patrie de cette espèce, qu'il nous a fait connoître.

Le LABRE CAPPA : *Labrus cappa*, Lacép. ; *Sciæna cappa*, Gmel. Un double rang d'écailles sur les côtés de la tête ; corps ovale ; yeux grands ; nageoire caudale échancrée ; nageoire dorsale pouvant se loger dans un sillon.

De la mer Méditerranée.

Le LABRE LÉPISME : *Labrus lepisma*, Lacép. ; *sciæna lepisma*; Gmel. Nageoire du dos pouvant se coucher dans un sillon longitudinal, muni de chaque côté d'une pièce ou feuille écailleuse.

On ne connoît point la patrie de ce poisson, sur le compte duquel on ne sait guère que le peu que Linnæus nous en a appris. Aussi nous pensons avec Walbaum, que le défaut de bonne description rend encore cette espèce fort douteuse.

Le LABRE ARGENTÉ : *Labrus argentatus*, Lacép. ; *Sciæna argentata*, Linn. Lèvre inférieure plus longue que la supérieure ; pièce postérieure de chaque opercule anguleuse du côté de la queue ; dents d'autant plus grandes, qu'elles sont plus éloignées du bout du museau ; écailles brunâtres et bordées d'argent; une bandelette bleue au-dessous de chaque œil ; nageoires d'un brun roussâtre, à l'exception de celle du dos qui est colorée en vert de mer et entourée d'un liséré roux clair.

· Forskal a observé ce labre dans la mer d'Arabie, de même que les deux suivans.

Le LABRE NÉBULEUX : *Labrus nebulosus*, Lacép. ; *Sciæna nebulosa*, Linn. Les rayons des nageoires terminés par des filamens;

queue fourchue ; corps couvert de bleu et de brun jaunâtre disposés par grandes taches nuageuses.

Les Arabes nomment ce poisson *schaur* et *bonkose*.

Il en existe une variété qui offre des raies longitudinales d'un violet clair. C'est l'*abou-hamrur* des Arabes.

Le Labre grisatre : *Labrus cinerascens*, Lacép.; *Sciœna cinerascens*, Forsk.; Linn. Nageoires du dos et de l'anus prolongées et anguleuses vers la caudale, qui est échancrée ; corps ovalaire, alongé; teinte générale d'un gris tirant sur le vert, avec des raies longitudinales jaunes et un liséré blanc autour des pectorales.

Ce labre est le *tahmel* des Arabes.

Le Labre Thunberg : *Labrus Thunberg*, Lacép.; *Sciœna fusca*, Thunb. Rayons de la nageoire dorsale plus hauts que la membrane qui les unit; mâchoire inférieure plus longue que la supérieure ; écailles brunes, bordées de blanc.

Thunberg a découvert ce poisson dans les mers orageuses du Japon.

Le Grison : *Labrus griseus*, Lacép.; Gmel. Nageoire caudale en croissant peu échancré ; deux grandes dents à chaque mâchoire; museau pointu ; bouche large ; pas de nageoires pectorales ; teinte générale grise.

Ce labre, de l'Amérique septentrionale, a été décrit par Catesby, et passe dans le pays pour un assez bon mets. M. Bosc cependant, qui en a mangé plusieurs fois en Caroline où il parvient à un pied et demi de long, a trouvé sa chair molle et sans saveur. C'est le *mangrove snapper* des Anglo-Américains.

Le Labre fauve ; *Labrus rufus*, Linn. Nageoire caudale en croissant; mâchoire inférieure prolongée ; dents antérieures de la mâchoire d'en haut plus longues que les autres : teinte générale d'un roux plus ou moins mêlé de jaune ou d'orangé.

La Caroline est la patrie de ce labre, qui atteint jusqu'à deux pieds de longueur.

Le Labre de Ceilan; *Labrus zeilanicus*, Linn. Nageoire caudale en croissant, jaune, rayée de rouge et bleue à la base; tête bleue ; nageoires dorsale et anale violettes et bordées de vert; dos vert; ventre d'un pourpre blanchâtre ; des raies de pourpre sur chaque opercule.

On trouve ce poisson sur les côtes de l'île dont il porte le nom. Il est bon à manger, et les Chingulois l'appellent *dschiraa malu*. C'est le *papagaay visch* des habitans de Batavia.

Le LABRE DEMI-ROUGE : *Labrus semi-ruber*, Lacép.; *Labrus hemichrysus*, Commers. Des écailles sur la base de la partie postérieure de la nageoire dorsale; quatre dents plus grandes que les autres à la mâchoire supérieure; la moitié antérieure du corps rouge; la postérieure jaune.

Ce labre a été observé par le voyageur Commerson dans la poissonnerie de Rio-Janeiro.

Le LABRE TÉTRACANTHE; *Labrus tetracanthus*, Lacép. Lèvre supérieure large, épaisse et plissée; les rayons de la nageoire anale et une partie de ceux de la dorsale, terminés par des filamens; trois rangées longitudinales de points noirs sur la dorsale; nageoire caudale en croissant; une rangée de points sur la partie postérieure de la nageoire anale.

Patrie inconnue.

Le LABRE MACROCÉPHALE; *Labrus macrocephalus*, Lacép. Tête grosse; nuque et entre-deux des yeux très-élevés; mâchoire inférieure plus avancée; dents crochues, égales, très-écartées; nageoire caudale à deux lobes arrondis; nageoires pectorales trapézoïdes.

Patrie inconnue. Commerson paroît toutefois avoir observé cette espèce dans le grand golfe de l'Inde ou dans l'Océan pacifique.

Le LABRE DE PLUMIER; *Labrus Plumierii*, Lacép. Des raies bleues sur la tête; le corps argenté et parsemé de taches bleues et de taches couleur d'or; nageoires dorées; une bande transversale et courbée sur la caudale; ligne latérale dorée.

Il a été dessiné en Amérique par le P. Plumier.

Le LABRE DE GOUAN; *Labrus Gouanii*, Lacép. Chaque opercule terminée par une prolongation large et arrondie; ligne latérale insensible; un appendice pointu entre les catopes; nageoire caudale en croissant; dents crochues.

On ne connoît point la patrie de ce poisson. Il faisoit partie de la collection cédée à la France naguère par la Hollande.

Le LABRE A RAIES ROUGES; *Labrus rubrolineatus*, Lacép. Mâchoire supérieure plus longue; dents alongées, séparées, et seulement au nombre de quatre à chaque mâchoire; teinte générale d'un brun plus ou moins foncé; onze ou douze raies

rouges longitudinales de chaque côté; une tache œillée à l'origine de la dorsale; une autre tache fort grande à la base de la
caudale qui est en croissant; nageoires pectorales d'un rouge
incarnat.

Ce Labre a été découvert par Commerson au milieu des
syrtes et des rochers de corail qui environnent les îles de
Bourbon et de Madagascar. (H. C.)

LABRE ADRIATIQUE, *Labrus adriaticus*. (*Ichthyol.*) Gmelin
a désigné sous ce nom un poisson qui paroît être le même que
l'*hépate* des ichthyologistes et que l'*holocentre siagonote* de
François de Laroche. Voyez Serran. (H. C.)

LABRE ANEI. (*Ichthyol.*) Voyez Johnius et Sciène. (C. H.)

LABRE ANGULEUX; *Labrus angulosus*, Lacép. Voyez Holocentre. (H. C.)

LABRE BIFASCIÉ, *Labrus bifasciatus*. (*Ichthyol.*) Voyez
Girelle. (H. C.)

LABRE BIVITTÉ, *Labrus bivittatus*. (*Ichthyol.*) Voyez Girelle. (H. C.)

LABRE BOHAR, *Labrus bohar*, Lacép. (*Ichthyol.*) Voyez
Diacope. (H. C.)

LABRE BOSSU, *Labrus gibbus*, Lacép. (*Ichthyol.*) Voyez
Diacope. (H. C.)

LABRE BRASILIEN, *Labrus brasiliensis*. (*Ichthyol.*) Voyez
Girelle. (H. C.)

LABRE CARUT, *Labrus carutta*. (*Ichthyol.*) Voyez Johnius
et Sciène. (H. C.)

LABRE CHAPELET, Lacép. (*Ichthyol.*) Voyez Daurade.
(H. C.)

LABRE CHLOROPTÈRE (*Ichthyol.*) Voyez Girelle. (H. C.)

LABRE COMMERSONNIEN. (*Ichthyol.*) Voyez Pristipome.
(H. C.)

LABRE CYANOCÉPHALE. (*Ichthyol.*) Voyez Girelle.
(H. C.)

LABRE FILAMENTEUX. (*Ichthyol.*) Voyez Chromis. (H. C.)

LABRE FOURCHE. (*Ichthyol.*) Voyez Cichle. (H. C.)

LABRE HÉBRAIQUE. (*Ichthyol.*) Voyez Girelle. (H. C.)

LABRE HÉPATE. (*Ichthyol.*) Voyez Serran. (H. C.)

LABRE HOLOLÉPIDOTE. (*Ichthyol.*) Voyez Cichle. (H. C.)

LABRE HUIT-RAIES. (*Ichthyol.*) Voyez Diacope. (H. C.)

LABRE IRIS. (*Ichthyol.*) Voyez Canthère. (H. C.)

LABRE JACULATEUR. (*Ichthyol.*) Voyez Archer dans le Supplément du second volume de ce Dictionnaire. (H. C.)

LABRE KASMIRA. (*Ichthyol.*) Voyez Diacope. (H. C.)

LABRE LÉOPARD. (*Ichthyol.*) Voyez Bodian. (H. C.)

LABRE LAPINE (*Ichthyol.*) Voyez Crénilabre. (H. C.)

LABRE LARGE RAIE. (*Ichthyol.*) Voyez Cheilion. (H. C.)

LABRE LISSE. (*Ichthyol.*) Voyez Plectropome. (H. C.)

LABRE LUNAIRE. (*Ichthyol.*) Voyez Girelle. (H. C.)

LABRE LONG MUSEAU. (*Ichthyol.*) Voyez Picarel. (H. C.)

LABRE MACROGASTÈRE. (*Ichthyol.*) Voyez Glyphisodon. (H. C.)

LABRE MALAPTÈRE. (*Ichthyol.*) Voyez Girelle. (H. C.)

LABRE MACROLÉPIDOTE. (*Ichthyol.*) Voyez Girelle. (H. C.)

LABRE MACROPTÈRE. (*Ichthyol.*) Voyez Canthère. (H. C.)

LABRE MALAPTÉRONOTE. (*Ichthyol.*) Voyez Girelle. (H. C.)

LABRE MÉLOPS. (*Ichthyol.*) Voyez Crénilabre. (H. C.)

LABRE MERLE. (*Ichthyol.*) Voyez Crénilabre. (H. C.)

LABRE MARBRÉ. (*Ichthyol.*) Voyez Cirrhite. (H. C.)

LABRE MOUCHETÉ. (*Ichthyol.*) Voyez Bodian. (H. C.)

LABRE NILOTIQUE. (*Ichthyol.*) Voyez Chromis. (H. C.)

LABRE DE NORWÈGE, *Labrus norwegicus,* Schn. (*Ichthyol.*) Voyez Crénilabre. (H. C.)

LABRE PARTÈRE. (*Ichthyol.*) Voyez Girelle. (H. C.)

LABRE PEINT. (*Ichthyol.*) Voyez Girelle. (H. C.)

LABRE PONCTUÉ. (*Ichthyol.*) Voyez Chromis. (H. C.)

LABRE QUINZE ÉPINES. (*Ichthyol.*) Voyez Chromis. (H. C.)

LABRE SAGITTAIRE. (*Ichthyol.*) Voyez Archer dans le Supplément du second volume de ce Dictionnaire. (H. C.)

LABRE SCARE. (*Ichthyol.*) Voyez Chéiline. (H. C.)

LABRE SPAROIDE. (*Ichthyol.*) Voyez Canthère. (H. C.)

LABRE A SIX BANDES. (*Ichthyol.*) Voyez Glyphisodon. (H. C.)

LABRE TÉNIOURE. (*Ichthyol.*) Voyez Girelle. (H. C.)

LABRE TRICHOPTÈRE. (*Ichthyol.*) Voyez Trichopode. (Ch. C.)

LABRE UNIMACULÉ. (*Ichthyol.*) Voyez Pristipome. (H. C.)

LABRE VERT. (*Ichthyol.*) Voyez CRÉNILABRE et GIRELLE. (H. C.)

LABRE VIOLET, *Labrus violaceus.* (*Ichthyol.*) M. Schneider a donné ce nom au poisson que nous avons décrit sous celui de CRÉNILABRE DE LINKE, tom. XI, pag. 391 de ce Dictionnaire. (H. C.)

LABROIDES. (*Ichthyol.*) M. G. Cuvier a donné ce nom à la troisième famille de ses poissons acanthoptérigiens. Ceux de ces poissons qui la composent sont facilement reconnoissables à leur corps oblong, écailleux; à leur nageoire dorsale unique et soutenue en avant par des épines fortes, garnies le plus souvent chacune d'un lambeau membraneux; à leurs mâchoires couvertes par des lèvres charnues; à leurs os pharyngiens au nombre de trois, deux supérieurs soutenus par le crâne, un inférieur grand, et tous les trois armés de dents tantôt en pavé, tantôt en pointes ou en lames, mais généralement plus fortes qu'à l'ordinaire; à leur canal intestinal sans ou avec deux cœcums très-petits et à leur forte vessie natatoire.

C'est à cette famille qu'appartiennent les genres GIRELLE, LABRE, CRÉNILABRE, CHÉILINE, FILOU, GOMPHOSE, RASON, CHROMIS, PLÉSIOPS, SCARE et LABRAX. Voyez ces mots. (H. C.)

LABRUSCA. (*Bot.*) On trouve sous ce nom, dans les poëtes latins, dans Tragus et Daléchamps, la vigne sauvage qui croît dans les buissons et les haies, et qui, dans quelques lieux de la France, est nommée *lambrunche*, et selon M. Decandolle, *lambrouche* ou *lambrot*, selon M. Bosc, *lambrus*. Linnæus a mal à propos transporté cette dénomination à une espèce de vigne qui croît naturellement dans l'Amérique septentrionale, et principalement dans la Virginie. (J.)

LA-BUON. (*Bot.*) Suivant Loureiro, c'est le nom d'une espèce de baquois qui croît à la Cochinchine, et dont les feuilles très-longues sont employées à divers usages par les habitans du pays.

LABURNUM. (*Bot.*) Dans Pline, ce nom est celui d'un arbre qui croît dans les Alpes, dont le bois est blanc, dur, et dont les fleurs, longues d'une coudée, ne sont point touchées par les abeilles. Les modernes ont rapporté ce nom à une espèce de cytise (*cytisus laburnum*, Linn.), quoique cette dernière, quant à la couleur de son bois, ne convienne pas du tout au *laburnum* de Pline. (L. D.)

LABUT. (*Ornith.*) L'oiseau, désigné par ce nom en Illyrie, est le cygne, *anas cygnus*, Linn. (Ch. D.)

LABYRINTHE. (*Bot.*) C'est le nom vulgaire de plusieurs champignons coriaces du genre *Dædalea*. Leur partie inférieure est alvéolée irrégulièrement, de manière à imiter un labyrinthe. Le *dædalea quercina*, Pers., est le labyrinthe ordinaire : c'est aussi le labyrinthe-étrille de Paulet. (Trait. Champ., 2, p. 75, pl. 1, fig. 1-2.)

Le Labyrinthe-chapeau de Paulet (l. c., p. 76, pl. 2, fig. 2, 3, 4) est une plante plus rare que la précédente; on la trouve sur les troncs des chênes. Elle est légère comme le liége, plus régulièrement arrondie, légèrement zonée en dessus, et marquée en dessous d'alvéoles presque carrées. C'en est sans doute une variété.

Le Labyrinthe-rocher de Paulet (l. c., pl. 2, fig. 7) est encore une variété du labyrinthe ordinaire qui est composée de plusieurs pièces, et dont la surface inférieure est taillée une partie en lames ou feuillets, et une autre en pointes ou lames anguleuses, formant comme des pointes de rocher. Voyez Dædalea. (Lem.)

LABYRINTHE. (*Conchyl.*) Coquille univalve du genre Cadran.

LAC. (*Phys. et Géol.*) Voyez Eau, tom. XIV, pag. 47. (L. C.)

LACARA (*Bot.*) Voyez Lacatha, Mahaler. (J.)

LACATEA. (*Bot.*) Salisbury (*Parad.*, tab. 56) a établi, sous ce nom, un genre particulier pour le *gordonia pubescens*, Lamk., trop foiblement caractérisé pour être séparé des *gordonia*. Voyez Gordon. (Poir.)

LACATHA. (*Bot.*) Suivant Daléchamps et C. Bauhin, le *lacara* ou *lacatha* de Théophraste est le même végétal que le *vaccinium* de Pline, qui n'est point notre airelle, mais qui est le mahaleb, *prunus mahaleb*. (J.)

LACCA. (*Bot.*) Dans l'*Herb. Amboin.*, on trouve, sous le nom de *lacca herba*, la balsamine ordinaire, *impatiens balsamina* de Linnæus. On ne la confondra pas avec la lacque, *lacca*, substance résineuse déposée par un insecte du genre *Coccus*, sur les rameaux de quelques arbres étrangers. (J.)

LACCA ou LACQUE. (*Entom.*) Substance résineuse que l'on récolte principalement dans la Cochinchine. On en retire aux Indes une matière colorante rouge, qui sert en teinture, et une autre matière soluble dans l'alcool, qui est employée pour donner du brillant au bois, comme un très-beau vernis. Voyez LAQUE. (C. D.)

LACÉPÉDÉA. (*Bot.*) Genre de plantes dicotylédones, à fleurs complètes, polypétalées, régulières, de la famille des *hippocratées*, de la *pentandrie monogynie* de Linnæus, offrant pour caractère essentiel : Un calice à cinq divisions profondes, concaves, inégales ; cinq pétales médiocrement onguiculés ; cinq étamines libres, placées entre le calice et un disque à dix lobes ; les anthères à deux loges, s'ouvrant dans leur longueur ; un ovaire supérieur ; un style à trois sillons ; un stigmate à trois lobes. Le fruit est une baie elliptique, surmontée de trois pointes formées par le style partagé en trois, à trois loges polyspermes.

Ce genre, dédié à M. le comte de Lacépède, a été établi par M. Kunth, pour un arbre du Mexique découvert par MM. Humboldt et Bonpland. Ses feuilles sont opposées, accompagnées de stipules ; les fleurs blanches, odorantes, munies de bractées et disposées en panicule terminal. Ce genre ne comprend encore qu'une seule espèce.

LACÉPÉDÉA ODORANT ; *Lacepedea insignis*, Kunth, *in* Humb. et Bonpl. *Nov. Gen.*, vol. 5, pag. 143, tab. 444. Arbre de vingt à vingt-cinq pieds, dont les rameaux sont bruns, glabres, cylindriques, garnis de feuilles pétiolées, opposées, oblongues, acuminées, glabres, coriaces, longues d'environ quatre pouces ; deux petites stipules brunes, ovales, caduques. Les fleurs sont disposées en panicules terminaux, solitaires ; leurs ramifications opposées, accompagnées de petites bractées ovales-oblongues, glabres, ciliées à leur bord : ces fleurs sont blanches, pédicellées ; elles répandent une odeur suave d'aubépine. Leur calice est glabre, à cinq découpures concaves, en bosse à leur base, ciliées et frangées à leurs bords ; les deux extérieures un peu plus courtes ; les pétales ovales-oblongs, obtus, un peu crénelés, à peine plus longs que le calice ; les étamines de la longueur de la corolle, alternes avec les pétales ; les anthères bifides au sommet ; un disque charnu, à dix lobes, placé à la base d'un ovaire sessile, ovale, conique, pileux; trois styles réunis en un seul jusque vers la maturité du fruit. Celui-ci est une baie glabre, elliptique, de la grosseur d'un pois, à trois loges, dont deux sont quelquefois vides; les semences dures, petites, réniformes. Cette plante croit au Mexique, proche Xalapa. (Poir.)

LACERON (*Bot.*), nom vulgaire du *sonchus oleraceus.* (H. Cass.)

LACERT (*Ichthyol.*), nom du callionyme-lyre, sur les côtes de France. Voyez CALLIONYME. (H. C.)

LACERTA. (*Erpét.*) Voyez Lézard. (H.C.)

LACERTIENS. (*Erpétol.*) M. G. Cuvier donne ce nom à la seconde famille des reptiles sauriens, celle dont le type est formé par le genre Lézard, en latin *lacerta.* On distingue facilement les lacertiens des autres sauriens à leur langue mince, extensible, terminée par deux longs filets, comme celle des vipères etdes couleuvres; à leur corps alongé; à leurs pieds munis de cinq doigts séparés, inégaux et armés d'ongles; à leurs écailles disposées sous le ventre et autour de la queue, par bandes transversales et parallèles; à leur tympan membraneux et à fleur de tête; à leurs fausses côtes qui ne forment point un cercle entier; à la double verge des individus mâles; à leur anus transversal; à leur marche rapide.

C'est à cette famille que se rapportent les MONITORS, les DRAGONNES, les SAUVE-GARDES, les AMÉIVA, les LÉZARDS, les TAKYDROMES. Voyez ces mots. (H. C.)

LACET. (*Ichthyol.*) Aux Indes, on nomme quelquefois ainsi le remora, *echeneis remora*, Linn. Voyez ECHÉNÉIDE. (H. C.)

LACET. (*Chasse.*) On a déjà expliqué, au mot COLLET, en quoi diffèrent ces deux piéges, dont l'un exige la présence de celui qui le tend pour en faire usage, et dont l'autre, une fois tendu, agit sans son concours. L'auteur de l'Aviceptologie françoise représente chacun d'eux dans des figures particulières. Le lacet ne s'emploie que dans le temps des couvées et pour prendre les oiseaux dans leur nid. On attache, à cet effet, un fil, un crin, une petite ficelle ou une sorte de lacet de toilette, suivant la grosseur de l'oiseau, à une branche derrière le nid, dont les bords s'entourent d'un nœud coulant; et, se cachant ensuite à une certaine distance, en tenant à la main l'autre bout de la ficelle, on la tire lorsqu'on a lieu de penser que l'oiseau est revenu sur son nid : il se trouve ordinairement pris par le cou; mais, outre que ce sont le plus souvent les femelles qui sont victimes de cette ruse, elle détruit une nichée tout entière, et si cette chasse se pratique sans égards par les enfans, le naturaliste qui veut, par ce moyen, se procurer la connoissance des sexes des diverses espèces, ne doit s'en servir qu'avec beaucoup de discrétion. (Ch. D.)

LACET DE MER ou LACET DE NEPTUNE. (*Bot.*) Noms vulgaires du *fucus filum*, Linn. (voyez à l'article Chorda). Il paroît qu'on le donne aussi à d'autres productions végétales marines, du même genre, qu'on rencontre flottantes dans la haute-mer. (Lem.)

LACHE. (*Ichthyol.*) A Agde, suivant Rondelet, on donne ce nom au poisson que cet auteur a décrit sous le nom de *célerin*, et qui paroît être la sardine. Voyez Célerin et Clupée. (H. C.)

LACHÉNALE, *Lachenalia*. (*Bot.*) Genre de plantes monocotylédones, à fleurs incomplètes, de la famille des *asphodéliacées*, de l'*hexandrie monogynie* de Linnæus, offrant pour caractère essentiel : Une corolle campanulée, tubuleuse, à six pétales connivens, dont trois extérieurs plus courts ; point de calice ; six étamines attachées au réceptacle ; un ovaire supérieur, trigone ; un style ; un stigmate simple. Le fruit est une capsule trigone, à trois valves, à trois loges, renfermant des semences nombreuses et aplaties.

Ce genre, très-rapproché des jacinthes, s'en distingue particulièrement, par ses trois pétales extérieurs plus courts, par ses capsules contenant des semences nombreuses. Il renferme aujourd'hui un assez grand nombre d'espèces, presque toutes d'un aspect très-agréable, dont plusieurs sont cultivées dans les jardins des curieux et dans ceux de botanique. Ce sont des plantes bulbeuses, toutes originaires du cap de Bonne-Espérance, à feuilles simples, radicales, engaînées à leur base : leur tige ou hampe se termine par des fleurs disposées en épi, en grappe ou quelquefois en panicule. Leur culture exige la serre tempérée ou d'orangerie, non qu'elles craignent beaucoup le froid, mais parce qu'elles fleurissent pendant l'hiver ; elles se reproduisent aisément par les caïeux qui naissent de leurs oignons. On les tient dans des pots de terre légère et substantielle : au reste leur culture ne diffère point de celle des jacinthes. Ce genre a été dédié à M. de la Chenal, botaniste distingué de la Suisse.

LACHÉNALE TRICOLORE : *Lachenalia tricolor*, Jacq., *Icon. rar.*, 1, tab. 61 ; *Phormium aloides*, Linn. fils, *Supp.*, 205. Cette belle plante est originaire du cap de Bonne-Espérance, cultivée au Jardin du Roi. Sa racine est bulbeuse, et pousse deux ou trois feuilles linéaires, lancéolées, engaînées à leur base, mouchetées de brun à leur face supérieure, ainsi que la tige vers sa base ; elle s'élève à la hauteur d'un pied, et supporte à son sommet des fleurs pédicellées pendantes, formant une grappe terminale ; les corolles sont infundibuliformes, presque cylindriques, variées de jaune, de couleur orangée et de pourpre ; les pétales intérieurs presque une fois plus longs que les extérieurs, teints de pourpre à leur sommet.

LACHÉNALE PALE : *Lachenalia pallida*, Willd., *Spec.*, 2, p. 172 ; *Lachenalia mediana*, Jacq., *Icon. rar.*, 2, tab. 392. Ses feuilles sont linéaires, oblongues, point tachetées ; les tiges nues, cylindriques, anguleuses vers leur sommet, les fleurs terminales un peu pédonculées, presque campanulées ; les pétales extérieurs d'un blanc pâle, obtus, rapprochés en un tube alongé, saillans en dehors par une bosse bleuâtre, marqués au-dessous de leur sommet, d'une saillie verdâtre ; les intérieurs plus longs, étalés, obtus, en ovale renversé, blanchâtres, d'un vert-pâle sur leur carène. Cette plante est cultivée au Jardin du Roi ; elle est originaire du cap de Bonne-Espérance.

LACHÉNALE A FEUILLES ÉTROITES ; *Lachenalia angustifolia*, Jacq., *Icon. rar.*, 2, tab. 581. Cette plante a des tiges droites, cylindriques, tachetées de rouge. Ses feuilles sont presque linéaires, fort étroites, subulées, à demi cylindriques, canaliculées en dessus, sans taches, plus longues que les tiges ; les fleurs disposées en grappes terminales, médiocrement pédonculées ; la corolle campanulée ; les pétales blancs, étalés, marqués d'une tache jaunâtre ; les pétales internes en ovale renversé, plus longs que les extérieurs, obtus à leur sommet. Cette espèce, cultivée au Jardin du Roi, est originaire du cap de Bonne-Espérance.

LACHÉNALE SOUILLÉE : *Lachenalia contaminata*, Ait., Hort. Kew.; *Lachenalia orthopetala*, Jacq., *Icon. rar.*, 2, tab. 383. Cette espèce, originaire du cap de Bonne-Espérance, a des tiges droites, à peine hautes d'un demi-pied, marquées de taches d'un rouge terne, ainsi que les feuilles ; celles-ci sont linéaires, glabres, subulées, canaliculées, plus longues que les tiges. Les fleurs sont droites, nombreuses, disposées en une grappe terminale ; la corolle cylindrique ; les pétales extérieurs réunis en tube, relevés en bosse en dehors, blancs, alongés, obtus, rougeâtres vers leurs sommet ; les pétales intérieurs inégaux, plus longs, droits, lancéolés, rougeâtres sur leur carène et vers leur sommet.

LACHÉNALE NAINE : *Lachenalia pusilla*, Jacq., *Icon. rar.*, 2, tab. 385. Cette plante est remarquable par sa petitesse : Sa tige est très-courte, presque nulle ; ses feuilles nombreuses, étalées, linéaires, elliptiques, rétrécies, canaliculées à leur base, puis planes, alongées, presque ensiformes, parsemées de taches rouges ; les fleurs disposées en grappes ; la corolle cylindrique, blanchâtre ; les pétales intérieurs droits, plus longs que les extérieurs ; les étamines saillantes. Cette plante croît au cap de Bonne-Espérance.

LACHÉNALE ODORANTE ; *Lachenalia fragrans*, Jacq., *Hort. Schœnbr.*, 1, tab. 82. Espèce intéressante par l'odeur agréable qui s'exhale de ses fleurs. Ses tiges sont droites, deux fois plus longues que les feuilles, glabres, cylindriques ; les feuilles linéaires-lancéolées, presque planes, rétrécies à leur base, parsemées de taches ; les fleurs presque campanulées, horizontales, pédonculées ; la corolle blanche ; les pétales extérieurs marqués d'une tache rouge au-dessous de leur sommet ; les intérieurs obtus ; les étamines saillantes.

LACHÉNALE BLEU-POURPRE : *Lachenalia purpureo-cærulea*, Jacq., *Icon*, 2, tab. 388 ; Andr., *Bot. Repos.*, tab. 251. Cette espèce, cultivée dans plusieurs jardins, pousse de son oignon, trois ou quatres feuilles engaînées, d'un beau vert intérieurement, pourprées à l'extérieur, larges, lancéolées, aiguës, roulées en dedans à leur extrémité. Du centre des feuilles s'élève une tige cylindrique, flexueuse à sa base, d'un vert-pâle, terminée par un épi de fleurs nombreuses, très-odorantes, pédicellées, assez grosses, d'un bleu pâle à leur base, s'évasant en six pétales de couleur violette, dont les trois intérieurs sont plus longs. Jacquin en cite une variété (*Icon. rar.*, 2, tab. 389) sous le nom de *lachenalia unicolor*, dont la corolle est violette, avec des taches d'un violet foncé sur les pétales intérieurs.

LACHÉNALE A FLEURS PENDANTES : *Lachenalia pendula*, Jacq., *Icon. rar.*, 400 ; Redout., *Lil.*, 52 ; Andr., *Bot. Repos.*, tab. 51 ; *Phormium bulbiferum*, Cyrill., *Neap.* 1, tab. 12. Du centre de feuilles larges, lancéolées, s'élève une tige pointillée de rouge à sa base, verte dans son milieu, pourprée vers le sommet, soutenant une grappe de fleurs pendantes, pédicellées, dont la corolle est cylindrique ; les pétales extérieurs rouges, un peu obtus au sommet ; les intérieurs cunéiformes à leur base, obtus, jaunâtres, violets à leur sommet. Le *lachenalia quadricolor*, Jacq., *Icon. rar.*, 12, tab. 396, et Andr., *Bot. Repos.*, tab. 2, ne paroît être qu'une variété de la précédente, à feuilles plus étroites ; les pétales extérieurs d'un rouge vif, verdâtres au sommet ; les intérieurs jaunâtres, d'un rouge de sang au sommet.

LACHÉNALE A FLEURS DE LIS ; *Lachenalia liliiflora*, Jacq., *Icon. rar.*, tab. 387. Cette belle espèce offre, dans la couleur de ses fleurs, la blancheur des lis ; elles en ont un peu la forme. Les tiges sont droites, glabres, cylindriques, anguleuses et tachetées vers leur sommet ; les feuilles alongées, lancéolées, couvertes à leur face de pustules nombreuses ; les fleurs terminales, établies, pédonculées ; la corolle très-blanche, un peu campanulée ; les pétales presque linéaires, un peu ouverts, réfléchis en dehors ; les trois intérieurs un peu émoussés.

LACHÉNALE A FEUILLES EN LANCE ; *Lachenalia lanceæfolia*, Jacq., *Icon. rar.*, 2, tab. 402. Cette plante, cultivée au Jardin du Roi, est originaire du cap de Bonne-Espérance. Ses tiges sont couchées ; ses feuilles très-larges, étalées sur la terre, ovales, acuminées, presque lancéolées, couvertes de taches et comme panachées ; les fleurs disposées en grappes terminales ; la corolle très ouverte, presque campanulée ; les pétales presque égaux, linéaires, obtus, d'un jaune-verdâtre, bruns ou de couleur purpurine ; les pédoncules trois fois plus longs que la corolle.

LACHÉNALE A UNE FEUILLE ; *Lachenalia unifolia*, Jacq., *Hort.*

Schœnbr., 1, tab. 83. Cette espèce ne présente ordinairement à la base d'une tige cylindrique et ponctuée, qu'une seule feuille linéaire, lancéolée, roulée en gaîne à sa base, point tachetée, mais traversée, à sa partie inférieure, par des stries purpurines. Les fleurs sont disposées en une grappe lâche et terminale ; la corolle est cylindrique ; les pétales extérieurs blancs à leur base, puis bleuâtres, ponctués de pourpre vers leur sommet ; les pétales intérieurs blancs, obtus, inégaux.

On connoît et même l'on cultive encore beaucoup d'autres espèces, qui ne sont guère moins intéressantes que celles qui viennent d'être mentionnées : il est aussi très-probable qu'on a présenté comme espèces plusieurs de ces plantes qui ne sont que des variétés obtenues par la culture. (Poir.)

LACHERI (*Bot.*), nom brame du *todda-vaddi* du Malabar, qui est l'*oxalis sensitiva*. C'est probablement le même que Mentzel cite sous celui de *ladschini*. (J.)

LACHÉSIS, *Lachesis*. (*Erpétol.*) Ce nom, qui, dans la mythologie des Grecs, étoit celui de l'une des Parques qui tiennent entre leurs mains le fil de nos destinées, a été donné par feu Daudin à un genre de reptiles ophidiens venimeux, qu'il a formé aux dépens des scytales, et que l'on peut reconnoître aux caractères suivans :

Des crochets venimeux; des plaques entières sous le corps et la queue; point de fossettes derrière les narines; queue sans grelots , terminée par quatre rangées d'écailles pointues; anus simple et transversal.

Le genre Lachésis appartient à la famille des hétérodermes; mais il n'a point été généralement admis. MM. Cuvier et Duméril, en particulier, le confondent avec celui des scytales, et, de l'aveu même de Daudin, il a les plus grands rapports avec les crotales.

Deux espèces seulement ont été par lui placées dans ce genre.

Le Lachésis muet : *Lachesis mutus* , Daudin; *Crotalus mutus* , Linn.; *Scytale à chaîne*, Latreille; *Coluber Alecto* , Sh. D'un gris pâle; une ligne dorsale de taches rhomboïdales noirâtres, unies les unes aux autres par des lignes noirâtres aussi; côtés non ponctués; queue formant un sixième de la longueur totale.

25.   4

Linnæus paroît être le seul naturaliste qui, pendant long-temps, ait décrit ce reptile d'après nature. Il assure que ses crochets à venin sont d'une grandeur démesurée, et il l'a rangé parmi les crotales, malgré l'absence des grelots à la queue. Daubenton et M. de Lacépède en ont fait un boa, et M. Latreille l'a regardé comme un scytale véritable.

Quoi qu'il en soit, le lachésis muet habite la Guiane et les parties les plus chaudes de l'Amérique méridionale, où il parvient à la taille de sept ou huit pieds de longueur, et où, quoique assez rare, il est extrêmement redouté.

Le Lachésis sombre; *Lachesis ater*, Daudin. Brun en dessus, cendré pâle en dessous; une rangée de taches noires, arrondies, rapprochées les unes des autres sur tout le dos et la queue; deux lignes longitudinales noirâtres de chaque côté de la tête; flancs parsemés de petites taches et de points noirâtres.

Ce serpent, décrit par Daudin, le premier, a été trouvé à Surinam, par Marin Debaise. Il se nourrit d'oiseaux, de grenouilles et de petits quadrupèdes. (H. C.)

LACHETA (*Bot.*), nom languedocien du seneçon ordinaire et des diverses espèces de laitron, suivant Gouan. (J.)

LACHIA (*Ichthyol.*), nom que l'on donne à Rome à l'alose, suivant Rondelet. Voyez Clupée. (H. C.)

LACHNÉE, *Lachnæa*. (*Bot.*) Genre de plantes dicotylédones, à fleurs incomplètes, de la famille des *thymélées*, de l'*octandrie monogynie* de Linnæus, offrant pour caractère essentiel : Un calice grêle, alongé, tubulé, pétaliforme; le limbe à quatre lobes inégaux ; huit étamines saillantes, attachées au tube du calice; les anthères droites; un ovaire supérieur ; un style latéral; le stigmate en tête. Le fruit consiste en une semence ovale, enveloppée par la base du calice convertie en baie.

Ce genre est composé d'arbustes d'un aspect élégant, tous originaires du cap de Bonne-Espérance ; leurs feuilles sont simples, éparses ou imbriquées; leurs fleurs ramassées en tête terminale. On en cultive quelques espèces dans les jardins de botanique, telles que le *lachnæa conglomerata* et le *lachnæa eriocephala*. Elles exigent de la terre de bruyère et la serre tempérée : on les multiplie de boutures faites au printemps, sur couche et sous châssis.

Lachnée a feuilles de buis : *Lachnœa buxifolia*, Linn. fils, *Supp.*, 224 ; Lamk., *Ill. gen.*, tab. 292, fig. 1. Arbrisseau à tige glabre, rougeâtre, très-bien distingué des suivans par ses feuilles ovales, très-entières, glabres à leurs deux faces, sessiles, imbriquées, de couleur glauque, à peine longues d'un pouce. Les fleurs sont blanchâtres, un peu velues, réunies en une tête sessile, terminale ; le calice velu ; le tube long de quatre lignes ; les divisions du limbe, aiguës, inégales, plus courtes que le tube.

Lachnée a tête laineuse : *Lachnœa eriocephala*, Linn. ; Lamk., *Ill. gen.*, tab. 292, fig. 2 ; Andr., *Bot. Repos.*, tab. 104 ; *Botan. Magaz.*, tab. 1295 ; Gærtn. fils, *Carpol.*, tab. 215. Ses tiges sont brunes, ligneuses, hautes d'environ un pied ; les rameaux effilés ; les feuilles petites, nombreuses, trigones, linéaires, sur quatre rangs, longues de trois lignes ; les fleurs blanchâtres, ramassées en une tête terminale, très-tomenteuse ; sous chaque tête de fleurs un involucre composé de quatre ou cinq bractées élargies, membraneuses, ovales, concaves, obtuses, très-velues à leurs bords ; les calices laineux ; les divisions du limbe presque aussi longues que le tube, inégales, lancéolées.

Lachnée phyliçoïde : *Lachnœa phylicoides*, Lamk., *Dict.* et *Ill. gen.*, tab. 292, fig. 3 ; *Lachnœa conglomerata ?* Linn. Arbuste très-rameux, dont les rameaux sont droits, grêles, un peu pubescens à leur sommet ; les feuilles linéaires, glabres, lâchement imbriquées ; les fleurs blanches, réunies en petites têtes cotonneuses terminales, de la grosseur d'un pois, formant par leur réunion un corymbe presque ombelliforme. (Poir.)

LACHNOSPERME, *Lachnospermum*. (*Bot.*) [*Cinarocéphales*, Juss.=*Syngénésie polygamie égale*, Lin.] Ce genre de plantes, établi en 1803, par Willdenow, dans son *Species plantarum*, appartient à l'ordre des synanthérées, et probablement à notre tribu naturelle des carlinées. Voici ses caractères, que nous n'avons point observés, mais que nous empruntons à l'auteur du genre.

Calathide incouronnée, équaliflore, pluriflore, régulariflore, androgyniflore. Péricline cylindracé, formé de squames imbriquées, appliquées, ovales, tomenteuses, surmontées d'un appendice étalé, subulé, nu. Clinanthe garni de fimbrilles piliformes, très-longues. Fruits velus, dépourvus d'aigrette.

On ne connoît, jusqu'à présent, qu'une seule espèce de ce genre.

Lachnosperme a feuilles de bruyère : *Lachnospermum ericifolium*, Willd.; *Stæhelina fasciculata*, Thunb.; *Serratula fasciculata*, Poir. C'est un arbuste à rameaux divergens, roides, tomenteux; ses feuilles sont longues d'une demi-ligne, fasciculées, cylindriques, tomenteuses; les calathides, grandes comme celles du *stæhelina fruticosa*, sont solitaires, ou quelquefois géminées, au sommet des petits rameaux, et courtement pédonculées.

Cette plante a été trouvée au cap de Bonne-Espérance, par Thunberg qui l'attribua au genre *Stæhelina*, dans son *Prodromus plantarum capensium*. Willdenow en a fait son genre *Lachnospermum*, qu'il a placé, dans le texte de son ouvrage, entre le *stæhelina* et l'*haynea*; et, dans la Table méthodique, entre le *stobæa* et le *barnadesia*. M. Poiret rapporte la même plante au genre *Serratula*. M. Persoon considère le *lachnospermum* comme un sous-genre faisant partie du genre *Stæhelina*. M. Decandolle, en adoptant le genre *Lachnospermum*, déclare, dans son second Mémoire sur les composées, que la place de ce genre est encore indécise pour lui. M. de Jussieu, dans une liste manuscrite qu'il a bien voulu nous communiquer, en 1816, classe le *lachnospermum* entre le *xeranthemum* et le *tessaria*, dans l'ordre des cinarocéphales, et dans la section caractérisée par le péricline non épineux.

Quoique nous n'ayons point vu le *lachnospermum*, nous sommes intimement convaincu qu'il appartient, soit à la tribu des carlinées, soit à celle des inulées. Ces deux tribus ont beaucoup d'affinité, mais elles diffèrent essentiellement par la structure du style, que Willdenow a malheureusement négligé de décrire. Cependant, comme ce botaniste attribue au *Lachnospermum* un clinanthe garni de très-longues fimbrilles, s'il n'a pas pris pour des fimbrilles les poils dont il paroît que les fruits sont hérissés, il est infiniment probable que ce genre est une carlinée voisine de notre genre *Dicoma*. Dans le cas contraire, ce seroit une inulée gnaphaliée, qu'il faudroit placer entre les deux genres *Syncarpha* et *Faustula*.

(Voyez nos articles Dicome, tom. XIII, pag. 194; Faustule , tom. XVI, pag. 251; et Inulées, tom. XXIII.

Le genre *Carlowizia* faisant partie de la même tribu que celle à laquelle nous croyons pouvoir rapporter le *lachnospermum*, nous profitons de cette occasion pour donner une description qui complétera et rectifiera notre article Carlowizia, trop superficiellement traité dans ce Dictionnaire (tom. VII, pag. 111).

Carlowizia corymbosa, H. Cass. (Bull. des Sc., 1820, pag. 123.) Tige ligneuse, rameuse, épaisse, cylindrique, tomenteuse, grisâtre. Dernières branches simples, longues d'un pied, épaisses , cylindriques, couvertes d'un coton jaunâtre, et garnies d'un bout à l'autre de feuilles extrêmement rapprochées. Feuilles alternes-spiralées, sessiles, demi-amplexicaules, longues de quatre à cinq pouces, larges de neuf lignes, étroites-lancéolées, épaisses, coriaces; la face supérieure glabre et luisante; la face inférieure tomenteuse et jaune, munie d'une grosse nervure médiaire; la partie basilaire garnie, sur ses bords, de longues épines rapprochées; les côtés bordés de quelques dents très-petites, terminées chacune par une petite épine; le sommet terminé par une épine. Calathides nombreuses, disposées en corymbe, au sommet de chaque branche, et portées sur des pédoncules (ou rameaux pédonculiformes) garnis de quelques petites feuilles ovales, entières. Chaque calathide, large d'un pouce, et composée de fleurs à corolle jaunâtre, est environnée d'un involucre inséré autour de la base du péricline, auquel il est parfaitement égal en hauteur, et composé de bractées foliiformes, disposées sur un ou deux rangs circulaires, ovales, entières, terminées par une épine. Calathide orbiculaire, incouronnée, équaliflore, multiflore, régulariflore, androgyniflore. Péricline un peu supérieur aux fleurs, subcampaniforme, composé de squames irrégulièrement bi-trisériées, à peu près égales, appliquées; les extérieures ovales-lancéolées, coriaces, surmontées d'un appendice spiniforme, étalé; les intérieures oblongues, surmontées d'un appendice radiant, scarieux, brun, linéaire-subulé, denticulé. Clinanthe large, planiuscule, garni de fimbrilles supérieures aux fleurs, très-inégales et dissemblables; les unes filiformes , les autres laminées et subulées, la plupart laminées inférieurement et fili-

formes supérieurement; presque toutes entre-greffées inférieurement en lames coriaces qui forment, par leur réunion ou
leur rapprochement, des étuis engaînant les fleurs. Ovaires
courts, hérissés de longs poils couchés; aigrette composée de
squamellules unisériées, filiformes, hérissées de longues barbes
capillaires, et entre-greffées inférieurement en faisceaux composés chacun de trois squamellules. Nous avons observé et décrit cette belle plante dans l'herbier de M. Desfontaines, sur
un échantillon recueilli aux Canaries, et donné par Broussonnet. Il est indubitable qu'elle constitue une espèce très-dis-
tincte du *carlowizia salicifolia*, dont elle diffère principalement par la disposition des calathides en corymbe, par
la brièveté de leur involucre, par le rapprochement des
feuilles sur les branches, et par les dentelures de ces feuilles.
(H. Cass.)

LACHNOSTOME, *Lachnostoma*. (*Bot.*) Genre de plantes
dicotylédones, à fleurs complètes, monopétalées, de la famille
des *apocynées*, de la *pentandrie digynie* de Linnæus, offrant
pour caractère essentiel : Un calice à cinq divisions profondes ;
une corolle presque en soucoupe à tube court, barbu à son
orifice ; le limbe à cinq divisions ; une couronne à cinq folioles
bilobées ; cinq filamens rapprochés en un tube pentagone ; les
anthères terminées par une membrane ; paquets de pollen pendans, comprimés, attachés latéralement par leur sommet rétréci. Deux ovaires ; les styles alongés ; le stigmate pelté. Deux
follicules.

Ce genre se rapproche des *cynanchum ;* il s'en distingue par
les filamens des étamines soudés sur le tube de la corolle, dont
l'orifice est barbu. Ce dernier caractère lui a fait donner le
nom de *Lachnostomum*, composé de deux mots grecs, λαχνη ,
lanugo (laine), et στομα, *orificium* (bouche). Il n'est encore
composé que d'une seule espèce, à tige grimpante, à feuilles
opposées. Les fleurs sont géminées, rapprochées presque en
ombelle, formant une grappe latérale, axillaire.

Lachnostome tigré ; *Lachnostomum tigrinum*, Kunth, *in*
Humb. et Bonpl., *Nov. Gen.*, vol. 3, pag. 199, tab. 232. Ses
tiges grimpantes se divisent en rameaux presque anguleux,
couverts de poils touffus, couleur de rouille, garnis de feuilles
pétiolées, opposées, oblongues, elliptiques, acuminées, longues

de quatre à cinq pouces, larges de deux, pileuses à leurs deux faces, hérissées en dessous d'un duvet ferrugineux. Les fleurs sont disposées en grappes ombelliformes, longuement pédonculées; le pédoncule commun pileux, long de deux pouces; les pédicelles géminés; le calice hérissé, à cinq divisions planes, lancéolées, un peu aiguës, de la longueur du tube de la corolle. Celle-ci est velue en dehors; les divisions du limbe ovales-oblongues, aiguës, parsemées à l'intérieur de taches en réseau; la couronne insérée à l'orifice de la corolle, soudée par sa base au tube des filaméns, à cinq folioles charnues, divisées au sommet en deux lobes en croissant. Cette plante a été découverte par MM. Humboldt et Bonpland proche *Santa fe de Bogota*, dans l'Amérique méridionale. (Poir.)

LACHNUM. (*Bot.*) Retz, dans sa seconde édition de la Flore de Scandinavie, forme un genre particulier du *peziza virginea*, Pers., espèce de champignon qui diffère de ses congénères par son port semblable à celui d'un petit agaric. Il nomme ce genre *Lachnum*, parce que l'espèce est toute velue. Persoon n'a pas jugé devoir le conserver, mais Fries le rétablit avec le même nom qui, dans ses Observations, est écrit *lachman*, sans doute par erreur typographique. M. Persoon persiste de nouveau à supprimer ce genre : cependant il le reconnoît dans sa Mycologie européenne, comme formant une subdivision du genre *Peziza*. Voyez Peziza. (Lem.)

LACHOUSCLO (*Bot.*), nom donné par les Provençaux, suivant Garidel, à tous les tithymales, à cause du suc laiteux qu'ils rendent. (J.)

LACHTAK. (*Mamm.*) Espèce de phoque des mers du Kamtschatka plutôt indiquée que décrite par Krascheninnikow, et rapportée par Erxleben au *phoca barbata*. (F. C.)

LACHUGA (*Bot.*), nom languedocien de la laitue ordinaire, cité par Gouan. En Provence, elle est nommée *lachuguo*, suivant Garidel. (J.)

LACHUGUETA (*Bot.*), nom languedocien de la mâche, *valerianella*, selon Gouan. (J.)

LACIS. (*Bot.*) Schreber et Willdenow ont publié, sous ce nom, le *mourera* d'Aublet, qui est le *stengelia* de Necker, et que M. Lamarck croit devoir être voisin du *bocconia* dans les papavéracées. Il a peut-être plus d'affinité avec la famille des podostémées. (J.)

LACINIÆ (*Bot.*) d'Hermolaüs. Espèce de champignon du genre Bolet, très rameuse et bonne à manger. C'est le GALLINACCIA (voyez ce mot) de Porta. (Lem.)

LACISTÈME, *Lacistema.* (*Bot.*) Genre de plantes dicotylédones, à fleurs amentacées, de la famille des *urticées*, de la *monandrie trigynie* de Linnæus, offrant pour caractère essentiel : Des fleurs en chatons composés d'écailles imbriquées ; trois écailles inégales pour calice ; une corolle monopétale, à quatre divisions ; un appendice fendu latéralement, entourant l'ovaire ; un filament bifide ; un ovaire supérieur, globuleux ; point de style ; trois stigmates fort petits, divergens. Le fruit est une petite capsule charnue, à une seule loge, s'ouvrant latéralement ; environ deux semences pendantes, pédicellées.

Ce genre a été établi pour un arbrisseau découvert par Swartz dans l'Amérique méridionale. Les fleurs sont axillaires, réunies en chatons fasciculés. Il ne renferme jusqu'à présent qu'une seule espèce.

LACISTÈME A FEUILLES DE MYRICA : *Lacistema myricoides*, Swartz, *Prodr.*, 12, et *Flor. Ind. Occid.*, 2, pag. 1093 ; Vahl, *Enum. Plant.*, 1, pag. 18 ; *Piper aggregatum*, Berg., *in Act. Helv.*, 7, pag. 131, tab. 10 ; *Nematospermum lævigatum*, Rich., *Act. Soc. Linn. Paris.*, 1, pag. 105. Arbrisseau dont la tige se divise en rameaux glabres, un peu comprimés vers leur sommet, garnis de feuilles alternes, pétiolées, glabres, ovales-lancéolées, longues de deux à quatre pouces, obscurément dentées vers leur sommet. Les fleurs sont réunies, dans les aisselles des feuilles, en petits chatons sessiles, cylindriques, au nombre de quatre à huit, à peine de la longueur des pétioles. Leur calice est composé de trois écailles, dont deux latérales très-petites ; la corolle est fort petite, attachée à la base de la plus grande écaille ; un appendice coloré, membraneux, fendu latéralement ; un filament bifide, ascendant, opposé à la grande écaille. Le fruit est une petite capsule rougeâtre, obtuse au sommet, turbinée à sa base, obscurément trigone, a une seule loge, renfermant ordinairement deux semences ovales, environnées d'un peu de substance pulpeuse, traversées par un sillon, pendantes, et attachées au réceptacle par un filet. Cette plante croît à la Jamaïque, à Cayenne et à Surinam. (Poir.)

LACMUS (*Bot.*), un des noms cités dans l'*Apparatus medicaminum* de Murray, pour le tournesol, *croton tinctorium*. (J.)

LACQUE. (*Chim.*) Voyez LAQUE. (CH.)

LACQUE (*Bot.*), nom vulgaire de l'espèce commune de *phytolacca*. Quelques personnes nomment aussi lacque en herbe la morelle douceamère, *solanum dulcamara*. (J.)

LACRYMA JOBI, CHRISTI. (*Bot.*) Voyez LARME DE JOB. (J.)

LACRYMA JOPPI. (*Bot.*) Anguillara nomme ainsi le staphylin ou né-coupé, *staphylea pinnata*, qui, selon Matthiole, est le *coulcoul* et le *hebulben* des Turcs. (J.)

LACRYMARIA. (*Bot.*) Heister donne ce nom au genre Coix, Linn. Voyez LACMILLE. (LEM.)

LAC SANCTÆ MARIÆ (*Bot.*), ancien nom du *carduus marianus*, Lin. (H. CASS.)

LACTARIA et LACTIFLUUS. (*Bot.*) Noms donnés par M. Persoon à la division de son genre *Agaricus* (voyez FONGE), qui renferme les espèces gorgées d'un suc semblable à du lait : il les désigne en françois par *lactaires* ou *agarics lactésiens*, et y rapporte les *poivrés laiteux* de Paulet. (Voyez LAITEUX.) Son lactaire doré est l'*agaricus lactifluus aureus*, Hoffm., et la rougeole à lait doux de Paulet. Il est sans doute aussi le même que le *lattajuolo doux* de Micheli. Voyez LATTAJUOLO. (LEM.)

LACTARIA. (*Bot.*) Guilandinus, cité par C. Bauhin, croyoit que cette plante de Pline étoit l'espèce d'épervière, nommée maintenant *hieracium sabaudum*. On trouve dans Daléchamps, sous le même nom, des tithymales, plantes laiteuses. (J.)

LACTARIA SALUBRIS. (*Bot.*) C'est le *cerbera salutaris* de Loureiro dans Rumphius, *Amb.*, 3, tom. 84. (LEM.)

LACTARIOLA. (*Bot.*) Césalpin décrit, sous ce nom, le *picris hieracoides*, de la famille des chicoracées. (J.)

LACTATES. (*Chim.*) Combinaisons salines de l'acide lactique avec les bases salifiables. Voyez LACTIQUE [*Acide.*] (CH.)

LACTÉ (*Erpétol.*), nom spécifique d'un élaps que nous avons décrit, tom. XIV, pag. 288 de ce Dictionnaire. (H. C.)

LACTERON. (*Bot.*) Voyez CRESPINULUS. (J.)

LAC TIGRIDIS. (*Bot.*) Voyez LAIT DE TIGRE. (LEM.)

LACTIQUE [Acide]. (*Chim.*) Schèele a obtenu cet acide du petit lait, en le traitant de la manière suivante.

Il abandonna du lait à lui-même, pendant l'été. Au bout de quatorze jours, le lait s'étoit aigri et épaissi. Il le filtra; il eut ainsi un *petit lait aigri*, qui contenoit avec l'acide lactique libre, du *lactate de potasse*, de *l'acide acétique*, du *fromage*, du *sucre de lait*, du *chlorure de potassium*, du *phosphate de chaux*. Ayant fait réduire le petit lait au huitième de son volume, le fromage fut coagulé, l'acide acétique fut volatilisé; il sépara le précipité par la filtration. En neutralisant la liqueur filtrée par l'eau de chaux, il précipita le phosphate de chaux; il filtra la liqueur, l'étendit de trois fois son volume d'eau, précipita la chaux par l'acide oxalique, filtra la liqueur, la réduisit par l'évaporation à la consistance du miel, puis il y appliqua l'alcool rectifié. Le sucre de lait et le chlorure de potassium furent séparés, tandis que l'acide lactique fut dissous. En distillant ensuite le liquide alcoolique, il obtint un acide doué des propriétés suivantes.

Il ne cristallise pas, quand il est le plus concentré possible : il est épais et visqueux. Dans cet état, la chaleur le liquéfie; il donne à la distillation, de l'eau, un acide foible que Schèele compare au produit acide du tartre, de l'huile, du gaz acide carbonique, un gaz inflammable et un peu de charbon.

Il forme avec la potasse et la soude des sels incristallisables, déliquescens et solubles dans l'alcool.

Le lactate d'ammoniaque est déliquescent, et l'action de la chaleur en sépare la plus grande partie de la base, avant que l'acide soit altéré.

Les lactates de baryte, de chaux et d'alumine sont déliquescens.

Le lactate de magnésie est déliquescent; cependant, sa solution donne de petits cristaux.

L'acide lactique dissout le fer et le zinc. Il y a dégagement de gaz hydrogène. Le lactate de fer est brun et ne cristallise pas; le lactate de zinc, au contraire, cristallise.

Digéré sur le cuivre, il se colore en bleu, puis en vert, et enfin en brun; le lactate de cuivre ne cristallise pas.

Digéré sur le plomb, pendant quelques jours, il en dissout une portion. Ce lactate ne cristallise pas.

Digéré sur l'étain, il n'en dissout qu'une trace qu'on peut y démontrer par le chlorure d'or.

L'acide lactique n'attaque pas le bismuth, le cobalt, l'antimoine, l'argent, le mercure et l'or.

Il seroit à désirer qu'on préparât l'acide lactique avec le lactate de zinc cristallisé plusieurs fois, et qu'on en étudiât les propriétés comparativement avec l'acide obtenu par le procédé de Schèele. Nous sommes certain que ce dernier contient avec l'acide une matière organique colorée. M. Berzélius dit que l'acide lactique existe dans tous les liquides animaux. En effet, nous avons eu plusieurs occasions d'observer, dans l'analyse de plusieurs de ces liquides, un acide incristallisable doué de la plupart des propriétés de l'acide lactique de Schèele; mais nous n'osons pas affirmer que l'existence de cet acide soit suffisamment établie comme espèce particulière. (Cʜ.)

LACTUCA. (*Bot.*) Ce nom, chez les anciens, étoit donné, non seulement aux vraies laitues, mais encore à d'autres plantes des genres voisins, telles que le *prenanthes*, le *hieracium*, le laitron, et de plus à d'autres pareillement laiteuses et bonnes à manger, comme le *phyteuma*. Il a encore été donné à la mâche, *valerianella*, à des ulves dites *laitues de mer* par les habitans des côtes maritimes qui les mangent en salade, à des *potamogeton* dits vulgairement laitues de grenouilles. Le *hieracium dubium* est nommé *lactucella* par Camerarius. (J.)

LACTUCA. (*Bot.*) Voyez Lᴀɪᴛᴜᴇ. (H. Cᴀss.)

LACTUCÉES, *Lactuceæ.* (*Bot.*) C'est la première des vingt tribus naturelles dont se compose l'ordre des synanthérées, suivant notre méthode de classification. Nous avons déjà présenté (tom. XX, pag. 555) la description complète des caractères de cette tribu. Mais nous n'avions point encore exposé méthodiquement la série de tous les genres qui lui appartiennent. C'est l'objet du présent article.

§. I. *Tableau méthodique des genres.*

I.ʳᵉ *Tribu.* Les Lᴀᴄᴛᴜᴄᴇ́ᴇs (*Lactuceæ*).

Cicoracea. Cæsalp. (1583) — *Lactescentes non papposæ et papposæ.* Moris. (1680) —*Herbæ flore composito planifolio, naturâ plerumque pleno, lactescentes.* Ray. (1682) — *Cichoraceæ lactes-*

centes. Magn. (1689) — *Compositi irregulares.* Riv. (1690) — *Herbæ et suffrutices flore semiflosculoso.* Tourn. (1694) — *Gumnomonospermæ flore composito, planipetalæ.* Boerh. (1710) — *Lingulatifloris classis.* Ponted. (1720) — *Cichoraceæ.* Vaill. (1721) — *Syngenesiæ polygamiæ æqualis sectio prima.* Lin. (1735) — *Compositæ lingulatæ.* Ludw. (1747) — *Compositi semiflosculosi.* Lin. (1751) — *Cichoraceæ.* Bern. Juss. (1759 ined.) — *Semiflosculosæ.* Berkh. (1760) — *Lactucæ.* Adans. (1763) — *Cichoraceæ.* A. L. Juss. (1789) — *Compositifloræ ligulatæ.* Gærtn. (1791) — *Glossariphytum.* Neck. (1791) — *Flores compositi corollulis omnibus ligulatis.* Mœnch. (1794) — *Lactuceæ.* H. Cass. (1812) — *Cichoraceæ.* Kunth. (1820).

(Voyez les caractères de la tribu des Lactucées, tom. XX, pag. 355.)

Première Section.

LACTUCÉES-PROTOTYPES (*Lactuceæ-Archetypæ*).

Caractères ordinaires. Fruit aplati ou tétragone ; aigrette blanche, de squamellules filiformes très-foibles, à barbellules rares et peu saillantes. Corolle garnie, sur sa partie moyenne, de poils longs et fins.

I. Prototypes anomales. Clinanthe squamellifère.

1. * SCOLYMUS. = *Scolymi sp.* Tourn. (1694) — Vaill. — Lin. — *Scolymus angiospermos.* Gærtn. — *Scolymus.* H. Cass. Bull. mars 1818. p. 33.

2. * MYSCOLUS. = *Scolymi sp.* Tourn. — Vaill. — Lin. — *Scolymus gymnospermos.* Gærtn. — *Myscolus.* H. Cass. Bull. mars 1818. p. 33.

II. Prototypes anomales. Aigrette barbée.

3. * UROSPERMUM. = *Hieracii et Sonchi sp.* Tourn. — *Tragopogonoides.* Vaill. (1721) — *Tragopogonis sp.* Lin. — Adans. — Gærtn. — Mœnch. — *Urospermum.* Scop. (1777) — Juss. — Neck. — Desf. — Decand. — *Urospermi sp.* Vent. — *Arnopogon.* Willd. (1803) — Pers.

III. Prototypes vraies. Aigrette barbellulée.

4. * PICRIDIUM. = *Sonchi sp.* Tourn. — Lin. (1737) — Lam.

— Alli. — Gærtn. — Willd. — *Crepis.* Vaill. (1721. benè.). (non Lin.) — *Scorzoneræ sp.* Lin. (1748) — *Hieracii sp.* Adans. — *Reichardia.* Roth (1782 aut 1787) — Mœnch. (1794) — *Scorzoneræ ? sp.* Juss. (1789) — *Picridium.* Desf. (1799) — Decand. (1805) — Pers. (1807).

5. * Launæa. = *Launæa.* H. Cass. Dict.

6. * Sonchus. = *Sonchi sp.* Tourn. — Gærtn. — Willd. — *Sonchus.* Vaill. (1721. benè.) — Lin. — *Hieracii sp.* Adans.

7.* Lactuca. = *Lactuca.* Tourn. (1694) — Vaill. (1721. benè.) — Lin. — Juss. — Gærtn. — H. Cass. Dict.

8.* Chondrilla. = *Chondrillæ sp.* Tourn. — *Chondrilla.* Vaill. (1721) — Lin. — Adans. — Gærtn. — Mœnch. — H. Cass. Dict. v. 9. p. 64. — *Chondrilla et ? Willemetia.* Neck.

9.* Prenanthes. = *Chondrillæ sp.* Tourn. — *Prenanthes.* Vaill. (1721) — Lin. — Adans. — Gærtn. — Mœnch.

Seconde Section.

Lactucées-Crépidées (*Lactuceæ-Crepideæ*).

Caractères ordinaires. Fruit alongé, plus ou moins aminci vers le haut; aigrette blanche (quelquefois nulle), de squamellules filiformes, grêles, peu barbellulées, quelquefois barbées. Péricline de squames unisériées; entouré à la base de squamules surnuméraires.

I. Aigrette nulle.

10. * Lampsana. = *Lampsana et Dentis leonis sp.* Tourn. (1694) — *Lampsana et Taraxaconastri sp.* Vaill. (1721) — *Leontodontoides.* Micheli (1729) — *Lapsanæ et Hyoseridis sp.* Lin. — *Lapsanæ sp.* Adans. — *Lampsana et Hyoseridis sp.* Juss. — *Lapsana.* Gærtn. (1791) — *Lampsana et Aposeris.* Neck. — *Lampsana.* Mœnch.

11. * Rhagadiolus. = *Rhagadiolus.* Tourn. (1694) — Vaill. — Juss. — Gærtn. — Neck. — Mœnch. — Willd. — Decand. — Pers. — (non *Rhagadiolus.* Alli.) — *Lapsanæ sp.* Lin. — Adans.

12. * Koelpinia. = *Koelpinia.* Pallas (1776) — H. Cass. Dict. v. 24. p. 482. — *Lapsanæ sp.* Lin. fil. — *Rhagadioli sp.* Schreb. — Willd.

II. Aigrette barbellulée.

13.* ZACINTHA. = *Zacintha.* Tourn. (1694) — Vaill. — Adans. — Gærtn. — Schreb. — Mœnch. — Willd. — Decand. — Pers. — Desf. — *Lapsanæ sp.* Lin. (1737) — Lam. — *Rhagadioli sp.* Alli. (1785) — *Hedypnoidis sp.* Juss. (1789).

14.* NEMAUCHENES. = *Hieracioidis sp.* Vaill. — *Crepidis sp.* Lin. — *Nemauchenes.* H. Cass. Bull. mai 1818. p. 77.

15.* GATYONA. = *Crepidis sp.* Lin. — Decand. — *Pieridis sp.* Desf. — *Gatyona.* H. Cass. Bull. nov. 1818. p. 168. Dict. v. 18. p. 184.

16.* HOSTIA. = *Hieracii sp.* Tourn. — *Hieracioidis sp.* Vaill. — *Crepidis sp.* Lin. — Juss. — Gærtn. — *Crenami sp.* Adans. — *Closirospermi sp.* Neck. — *Hostia.* Mœnch. (1802) — H. Cass. Dict. v. 21. p. 442. — *Barkhausiæ sp.* Decand. — *Wibelia.*

17.* BARKHAUSIA. = *Hieracii sp.* Tourn. — *Hieracioidis sp.* Vaill. (1721) — *Crepidis sp.* Lin. (1737) — Juss. — Gærtn. — *Crenami sp.* Adans. — *Closirospermum.* Neck. (1791) — *Barkhausia.* Mœnch. (1794) — Decand.

18.* CATONIA. = *Hieracii sp.* Tourn. — Lin. — *Catonia.* Mœnch. (1794) — H. Cass. Dict. v. 7. p. 274 — *Lepicaune.* Lapeyr. (1813) — H. Cass. Dict.

19.* CREPIS. = *Hieracii sp.* Tourn. — *Hieracioidis sp.* Vaill. (1721) — *Crepidis et Leontodontis sp.* Lin. (1737) — Juss. — Gærtn. — *? Tolpidis sp.* Adans. — *Crepis.* Mœnch. (1794) — Decand. — H. Cass. Dict. v. 11. p. 395.

20.* INTYBELLIA. = *Lagoseridis sp.* Marsch. (1819) — *Intybellia.* H. Cass. Bull. 1821. p. 124. Dict. v. 23. p.　.

21.* PTEROTHECA. = *? Hieracii sp.* Lin. — *Crepidis sp.* Gouan. — Lam. (1778) — Alli. — Willd. — Pers. — *Andryalæ sp.* Lam. (1783) — Vill. — Decand. — *Pterotheca.* H. Cass. Bull. déc. 1816. p. 200. Bull. 1821. p. 125 — *Lagoseridis sp.* Marsch. (1819).

22.* IXERIS. = *Ixeris.* H. Cass. Bull. 1821. p. 173. Dict. v. 24. p. 49.

23.* TARAXACUM. = *Dentis-leonis sp.* Tourn. — Vaill. — *Leontodontis sp.* Lin. — ? Neck. — *Taraxacum.* Hall. (1742 et 1768) — Juss. — Mœnch. — Desf. — Decand. — *Leontodon.* Adans. (1763) — Huds. — Gærtn. — Schreb. — Smith — Willd. — Pers. — *Hedypnois.* Scop. (1772). (non Tourn. nec Smith).

III. Aigrette barbée.

24. * Helminthia. = *Hieracii sp.* Tourn.—*Helminthothecæ sp.* Vaill. (1721)—*Hieraciastrum.* Heister — *Picridis sp.* Lin. — *Crenamisp.* Adans.—*Helmintia.* Juss. (1789)—Gærtn.—Mœnch. — *Helminthia.* Decand. — Pers. — H. Cass. Dict. v. 20. p. 493.

25. * Picris. = *Hieracii sp.* Tourn. — *Helminthothecæ sp.* Vaill. (1721) — *Picridis sp.* Lin. — *Crenami sp.* Adans. — *Picris.* Juss. (1789) — Gærtn. — Neck. — Mœnch.

26. † Medicusia. = *Crepidis sp.* Lin. — *Hedypnoidis sp.* Juss. — *Medicusia.* Mœnch. (1794). •

Troisième Section.

Lactucéfs-Hiéraciées (*Lactuceœ-Hieracieœ*).

Caractères ordinaires. Fruit court, aminci à la base, tronqué au sommet; aigrette (quelquefois nulle ou stéphanoïde) de squamellules filiformes, fortes, roides, très-barbellulées, quelquefois accompagnées de squamellules paléiformes.

27. * Hieracium. = *Hieracii et Dentis - leonis sp.* Tourn. — *Hieracium et Pilosella.* Vaill. — *Hieracium.* Lin. (1737) — H. Cass. Dict. v. 15. p. 37.— *Hieracii sp.* Adans. — *Hieracium, Aracium et? Miegia.* Neck. — *Hieracium et Hieracioides.* Mœnch.

28. * Schmidtia. = *Schmidtia.* Mœnch (1802) — *Hieracium fruticosum.* Willd.

29. * Drepania. = *Hieracii sp.* Lin. (1737) — *Swertia.* Ludw. (1737) — Alli. (1785) — *Crepidis sp.* Lin. (1748) — *Tolpis aut? Tolpidis sp.* Adans. (1763. malè.) — *Drepania.* Juss. (1789. benè.) — Desf. — Decand. — H. Cass. Dict. v. 13. p. 506. — *Tolpis.* Gærtn. (1791. benè.) — Pers.— *Chatelania.* Neck. (1791. benè.).

30. * Krigia. = *Hyoseridis sp.* Gron. — Lin. — Gærtn. — Mich. — Pers. — *Krigia.* Schreb. (1791) — Willd. (1803) — H. Cass. Dict. v. 24. p. 508.

31. * Arnoseris. = *Hyoseridis sp.* Lin. — *Lampsanœ sp.* Hall. — Alli. — Lam. — Decand. — *Arnoseris.* Gærtn. (1791).

32. * Hispidella. = *Hispidella.* Barnad. ined. — Lam. (1789) —H. Cass. Dict. v. 21. p. 247. — *Soldevilla.* Lag. (1806 et 1816) —Pers. (1807) — *Arctotidis sp.* Juss. ined.

33. †? Moscharia. = *Moscharia.* Ruiz et Pav. (1794).

34. * Rothia. = *Voightia*. Roth (1790) --- *Rothia*. Schreb. (1791) — Gærtn. (1791) — Roth (1797) — Willd. (1805) — (non *Rothia*. Lam. 1792) — *Andryalæ sp.* Pers. (1807).

35. * Andryala. = *Hieracii sp.* Tourn. — *Eriophorus*. Vaill. (1721) — *Andryala*. Lin. (1737) — Gærtn. — *Forneum*. Adans. (1763).

Quatrième Section.

Lactucées-Scorzonérées (*Lactuceæ-Scorzonereæ*).

Caractères ordinaires. Fruit cylindracé; aigrette composée de squamellules à partie inférieure laminée, à partie moyenne épaisse et ordinairement barbée, à partie supérieure grêle et barbellulée. Corolle souvent pourvue, entre le tube et le limbe, d'une rangée transversale de poils longs, épais, coniques, charnus, disposés en demi-cercle sur le côté intérieur.

I. Scorzonérées vraies. Aigrette barbée. Clinanthe squamellifère.

36. † Robertia. = *Novum genus*. Rich. ined. — *Seriolæ sp.* Lois. (1807) — *Robertia*. Decand. (1815). (non Mérat).

37. * Seriola. = *Hieracii sp.* Tourn. — *Achyrophorus*. Vaill. (1721). (non Gærtn.) — *Hypochæridis sp.* Lin. (1737). — *Seriola*. Lin. (1754) — Gærtn. — *Achyrophori sp.* Adans. — Scop.

38. * Porcellites. = *Hieracii sp.* Tourn. — *Hypochæridis sp.* Vaill. (1721) — Lin. — *Achyrophori sp.* Adans. — Scop. — *Achyrophorus*. Gærtn. (1791). (non *Achyrophorus*. Vaill.) — *Hypochæris*. Mœnch. (non Gærtn.) — *Porcellites*. H. Cass. Dict.

39. * Hypochæris. = *Hieracii sp.* Tourn. — *Hypochæridis sp.* Vaill. (1721) — Lin. — *Achyrophori sp.* Adans. — Scop. — *Hypochæris*. Gærtn. (1791). — H. Cass. Dict. v. 22. p. 366.

40. * Geropogon. = *Tragopogonis sp.* Tourn. — Ray — Vaill. — Lin. (1748) — Adans. — *Geropogon*. Lin. (1752) — Gærtn. — H. Cass. Dict. v. 18. p. 498.

II. Scorzonérées vraies. Aigrette barbée. Clinanthe nu.

41. * Tragopogon. = *Tragopogon*. Tourn. (1694) — Vaill. — Neck. — *Tragopogonis sp.* Lin. — Adans. — Juss. — Gærtn. — Mœnch. — *Tragopogonis et Urospermi sp.* Vent.

42. * THRINCIA. = *Dentis-leonis sp.* Tourn. — *Taraxaconoidis sp.* Vaill.—*Leontodontis sp.* Lin.—Juss.—*Hedypnoidis sp.* Huds. — Smith — *Rhagadioli sp.* Alli. — *Hyoseridis? sp.* Gærtn. (1791) — *Apargiæ sp.* Mœnch. — *Colobium.* Roth. (1796) — *Thrincia.* Roth (1797) — Willd. — Decand. — Pers.

43. * LEONTODON. = *Dentis-leonis sp.* Tourn. — *Taraxaconoides.* Vaill. (1721) — *Leontodontis sp.* Lin. — *Hedypnois.* Huds. (1762) — Smith — *Virea.* Adans. (1763) — Gærtn. — *Virea et Apargia.* Scop. (1777)—*Leontodon.* Juss. (1789)—*Apargia.* Schreb. (1791) — Hoffm. — *Antodon et? Plancia.* Neck. (1791) — *Apargia et Scorzoneroides.* Mœnch (1794).

44. * PODOSPERMUM = *Scorzoneræ sp.* Tourn.—Lin.—Adans. —Juss. — Mœnch—*Scorzoneroides.* Vaill. (1721). (non Mœnch) —*Scorzoneræ? sp.* Gærtn. (1791)—*Podospermum.* Decand.(1805). (non *Podosperma.* Labill. 1806).

45. * SCORZONERA. = *Scorzoneræ sp.* Tourn.—Lin.—Adans. —Juss. — Gærtn. — Mœnch — *Scorzonera.* Vaill. (1721) —Decand. (1805).

46. * LASIOSPORA. = *Scorsoneræ sp.* Willd. — Marsch. — *Lasiospermum.* Fischer (1812. non sufficienter.). (non *Lasiospermum.* Lag. 1805 et 1816. sufficienter.) — *Lasiospora.* H. Cass. Dict.

III. Scorzonérées vraies. Aigrette barbellulée. Clinanthe nu.

47. * GELASIA. =? *Scorzonera villosa.* Scop.—? *Tragopogon calyculatus.* Jacq.—? *Geropogon calyculatum.* Lin.— *Gelasia.* H. Cass. Bull. mars 1818. p. 33. Dict. v. 18. p. 285.

48. †? AGOSERIS. = *Troximi sp.* Gærtn. — Pursh — *Agoseris.* Rafin. Journ. de Phys. (1819).

49. †? TROXIMON. = *Tragopogonis sp.* Lin. — *Troximi sp.* Gærtn. (1791) — Pers. — *Adopogon.* Neck. (1791).

50. * HYOSERIS. = *Dentis-leonis sp.* Tourn. — *Taraxaconastrum.* Vaill. (1721) — *Hyoseridis sp.* Lin. — Lam. — Mœnch — Decand. — Pers. — *Trinciatellæ sp.* Adans. — *Rhagadioli sp.* Alli. — *Hyoseris.* Juss. (1789) — Willd. — H. Cass. Dict. v. 22. p. 338. — *Hedypnois et Hyoseridis sp.* Gærtn. — *Achyrastrum.* Neck.

51. * HEDYPNOIS. = *Hedypnois.* Tourn. (1694). (non Huds. nec Smith) — Willd. — H. Cass. Dict. v. 20. p. 337. — *Rha-*

gadioloides. Vaill. (1721) — *Lapsanœ sp.* Lin. (1748) — *Hyose-ridis sp.* Lin. (1753) — Gærtn. — Mœnch. — Lam. — Decand. — Pers. — *Trinciatellœ et Zacinthœ sp.* Adans. — *Rhagadioli sp.* Alli. — *Hedypnoidis sp.* Juss. (1789). — *Hyoseris.* Neck.

IV. Scorzonérées anomales. Aigrette de squamellules paléi-formes, ou barbées au sommet. Clinanthe nu ou fimbrillé.

52. * HYMENONEMA.═*Scorzonerœ sp.* Tourn. (1703)—Juss.— Desf. — Willd. — Pers. — *Catananches sp.* Vaill. (1721) — Lin. — Miller — *Hymenomena.* H. Cass. Bull. févr. 1817. p. 34. Dict. v. 22. p. 316.

53. * CATANANCE. ═ *Catanance.* Tourn. (1694) — Adans. — *Catananches sp.* Vaill. — Lin. — *Catananche.* Juss. — Gærtn. — Willd. — Pers. — H. Cass. Dict. v. 7. p. 265.

54. * CICHORIUM. ═ *Cichorium.* Tourn. (1694) — Vaill. — Lin. — H. Cass. Dict. v. 8. p. 525.

§. II. Analyse du Tableau précédent.

I. De toutes les tribus qui composent l'ordre des synanthérées, celle des lactucées est la plus naturelle, la mieux caractérisée, la plus facile à distinguer. C'est aussi la seule qui ait été recon-nue par tous les botanistes qui se sont occupés de la classifica-tion des plantes. Cæsalpin, qui a publié son admirable ouvrage en 1583, peut être considéré comme le fondateur de ce groupe qu'il nommoit *cicoracea.* « Ce sont, dit-il (*lib.* 13, *cap.* 1, « *pag.* 506), des plantes rafraîchissantes, à cause du fluide « aqueux dont elles abondent; la plupart contiennent un suc « laiteux, surtout lorsque leur tige s'est développée, et, à « cette époque, elles sont plus amères et moins propres à nous « servir d'alimens; toutes ont la fleur composée de nombreuses « folioles jaunes ou bleues; leurs graines sont, pour la plu- « part, aigrettées. »

II. La tribu des lactucées, moins nombreuse que celle des inulées, qui est elle-même moins nombreuse que celle des hélianthées, comprend un plus grand nombre de genres qu'aucune des dix-sept autres tribus; et ce nombre est tel, qu'il importe de diviser la tribu en sections.

Tournefort en avoit formé deux : la première comprenant

huit genres à fruit aigretté; la seconde comprenant six genres
à fruit inaigretté, suivant l'auteur. Mais il faut remarquer que
ce botaniste ne considéroit comme une aigrette que celle qui
est composée de squamellules filiformes, et non pas celle qui
est composée de squamellules paléiformes.

Vaillant distribuoit ses vingt-six genres de lactucées ou chi‑
coracées en cinq sections : 1.° chicoracées à hampe; 2.° chicora‑
cées à tige, à clinanthe nu, à ovaires pourvus d'une aigrette
simple; 3.° chicoracées à tige, à clinanthe nu, à ovaires pourvus
d'une aigrette plumeuse; 4.° chicoracées à tige, à clinanthe nu ,
à ovaires inaigrettés; 5.° chicoracées à tige, à clinanthe fim‑
brillé ou squamellé.

M. de Jussieu, qui admet, dans ses *Genera plantarum*, vingt‑
cinq genres de lactucées, les divise en cinq sections : 1.° cli‑
nanthe nu, fruit inaigretté; 2.° clinanthe nu, fruit à aigrette
pileuse; 3.° clinanthe nu, fruit à aigrette plumeuse; 4.° clinanthe
squamellé ou fimbrillé, aigrette plumeuse ou pileuse; 5.° cli‑
nanthe squamellé, aigrette aristée, dentée ou nulle.

Gærtner divise d'abord ses vingt-neuf genres en deux sec‑
tions : la première caractérisée par les fruits tous uniformes;
la seconde caractérisée par les fruits dissemblables, soit que
leurs différences existent en eux - mêmes ou dans leurs ai‑
grettes. Il sous-divise ensuite la première section en quatre
parties distinguées par l'aigrette nulle, paléacée, capillaire,
ou plumeuse. Ces quatre parties sont encore subdivisées d'a‑
près le clinanthe nu ou paléacé, et d'après l'aigrette sessile ou
stipitée.

Mœnch, qui a décrit trente-deux genres, a fondé sa pre‑
mière division en deux sections, sur le péricline formé de
squames égales, souvent accompagné de squamules surnumé‑
raires, dans la première section, et formé de squames imbri‑
quées, dans la seconde. Chacune des deux sections est divisée et
sousdivisée en plusieurs parties, caractérisées d'abord par le cli‑
nanthe nu, fimbrillé ou squamellé, ensuite par l'aigrette nulle,
sessile, stipitée, pileuse, plumeuse, aristée, paléacée, dissem‑
blable sur les différens fruits d'une même calathide.

M. Gochnat a publié, en 1808, un opuscule sur les lactucées,
dont il reconnoit trente-six genres, qu'il distribue en cinq sec‑
tions: 1.° aigrette plumeuse; 2.° aigrette pileuse; 3.° aigrette pa‑

5.

léacée ; 4.° aigrette des fruits extérieurs différente de celle des fruits intérieurs ; 5.° aigrette nulle.

III. Le groupe dont il s'agit a été nommé *cicoracea* ou *cichoraceæ*, par Cæsalpin, Vaillant et les Jussieu ; il a été nommé *lactescentes* par Morison, et *lactucæ* par Adanson. Le nom de *lactuceæ*, que nous avons adopté, et qui se rapproche des dénominations employées par Morison et Adanson, nous paroît préférable à celui de *cichoraceæ*, 1.° parce que le genre *Cichorium* est un genre anomal, ayant peu d'affinité avec les autres genres, et qui doit être placé à une extrémité de la série ; 2.° parce que le genre *Lactuca* comprend l'espèce la plus utile, la plus connue, la plus anciennement cultivée et la plus variée de toutes les plantes du groupe ; 3.° parce que ce nom a l'avantage de rappeler un caractère remarquable de la tribu qu'il désigne ; 4.° enfin, parce que le nom de *lactuceæ* est plus doux à prononcer et plus agréable à l'oreille que celui de *cichoraceæ*.

IV. L'ordre des synanthérées est une de ces familles en groupe, que M. Mirbel a judicieusement distinguées des familles par enchaînement. Nous pensons que ces dernières peuvent être représentées par une ligne droite, et les autres par une ligne circulaire qui rapproche immédiatement les deux extrémités de la série. En disposant ainsi nos vingt tribus, celle des lactucées devient intermédiaire entre celle des vernoniées, qui est la vingtième et dernière de la série, et celle des carlinées, qui est la seconde.

L'affinité des lactucées et des vernoniées nous semble bien établie, 1.° par la structure du style, qui est semblable dans ces deux tribus ; 2.° par la corolle qui, chez les vernoniées, est quelquefois palmée, et par conséquent très-voisine de la corolle fendue ; 3.° par la calathide radiatiforme de quelques vernoniées ; 4.° par le suc laiteux du *gundelia*.

L'affinité des lactucées et des carlinées peut être fondée 1.° sur l'analogie du style des carlinées avec celui de quelques lactucées ; 2.° sur la corolle de quelques carlinées, qui, étant ringente ou palmée, diffère peu d'une corolle fendue ; 3.° sur le péricline de quelques lactucées, pourvu d'appendices scarieux, comme celui de beaucoup de carlinées ; 4.° sur le suc de quelques carlinées.

Cependant, nous ne dissimulons pas qu'on pourroit fort bien intercaler les mutisiées et les nassauviées entre les lactucées et les carlinées. Nous avions d'abord adopté cette disposition, à laquelle nous avons ensuite cru devoir renoncer pour des motifs que nous avons exposés ailleurs.

V. La place des lactucées étant fixée entre les vernoniées et les carlinées, il devenoit convenable de commencer la série des lactucées par le genre *Scolymus* qui a quelque affinité avec le genre *Gundelia*; et de la terminer par les genres *Catanance* et *Cichorium*, qui ont quelque affinité avec certaines carlinées.

VI. On distingue facilement la tribu des lactucées par la corolle contenant des étamines parfaites, et dont cependant le limbe est fendu d'un bout à l'autre, sur le côté intérieur. Presque tous les botanistes se sont bornés, pour la caractériser, à dire que la calathide étoit entièrement composée de fleurs ligulées ou de demi-fleurons, confondant ainsi très-mal à propos les fleurs de cette tribu avec les fleurs extérieures des calathides radiées, qui sont d'une nature très-différente. Pontedera est le seul qui ait reconnu ces deux sortes de fleurs, sans remarquer cependant toutes les différences qui les distinguent essentiellement. Ce botaniste nommoit les fleurs des lactucées. *lingulées*, et il n'appliquoit le nom de demi-fleurons qu'aux fleurs extérieures des calathides radiées. Une distinction aussi judicieuse a été négligée, jusqu'à l'époque où nous l'avons rattachée à une distinction beaucoup plus générale établie par nous sur les différences très-importantes que nous avons démontrées entre les corolles masculines ou staminées, et les corolles non masculines ou instaminées. Nous avons, en outre, complété les caractères de la tribu des lactucées, en faisant connoître ceux que présentent le style, les étamines, le fruit, ainsi que la disposition *radiatiforme* des corolles dans la calathide, disposition que d'autres botanistes avoient déjà indiquée par les mots de *corolla imbricata*. Mais l'expression d'imbriquée étant inapplicable au cas où la calathide ne contient qu'une seule rangée circulaire de fleurs, nous avons dû préférer l'expression de radiatiforme.

VII. La tribu des lactucées étant la plus naturelle, est par cela même la plus difficile à diviser en sections naturelles, ce qui rend très-difficile aussi la disposition naturelle des genres en série. Mais, en revanche, rien n'est plus facile que de les distribuer artificiellement, et c'est à quoi s'est borné le travail de tous nos prédécesseurs. Une autre tàche nous étoit imposée : nous n'avons rien négligé pour la remplir, et pourtant, nous sommes loin d'être satisfait du résultat de nos pénibles efforts.

Pour obtenir ce résultat, nous avons étudié successivement, dans tous les genres de lactucées et dans plusieurs espèces de chaque genre : 1.° le style, 2.° les étamines, 3.° la corolle, 4.° le fruit et son aigrette, 5.° le péricline, 6.° le clinanthe, 7.° le port.

1.° Le style des lactucées nous a présenté quelques modifications rares et légères, qui s'écartent peu du type général de sa structure dans cette tribu. Ordinairement ses deux stigmatophores sont longs, demi-cylindriques, arqués en dehors. Quelquefois ils sont très-courts, un peu élargis et aplatis en forme de spatule, et dressés ou peu divergens. Quelquefois ils sont arqués en dedans, auquel cas les papilles stigmatiques n'occupent qu'une bande longitudinale, au milieu de la face plane intérieure; mais cette direction anomale des stigmatophores est vague et peu constante. Les papilles stigmatiques sont tantôt très-saillantes, tantôt presque insensibles. Les collecteurs ordinairement piliformes et quelquefois noirâtres, sont dans certains cas réduits à de petites aspérités.

2.° Les étamines sont diversement modifiées dans leur article anthérifère, leur appendice apicilaire, et leurs appendices basilaires. Les modifications de l'article anthérifère sont extrêmement légères, peu constantes et de nulle importance : cet article, ordinairement conforme au filet, est long ou court, quelquefois épaissi dans le milieu, en forme de fuseau, ou dans le bas, en forme de balustre. L'appendice apicilaire, ordinairement ligulé, à bords parallèles, et terminé au sommet en demi-cercle, est quelquefois très-long, d'autres fois très-court, semi-orbiculaire, tronqué, échancré, bilobé; quelquefois sa partie supérieure est parabolique; mais toutes ces modifications de l'appendice apicilaire méritent peu d'être considérées, parce qu'en général on ne les retrouve point constamment dans toutes les espèces d'un même genre, ou les individus d'une même espèce, ni souvent dans toutes les fleurs d'un même individu. Les appendices basilaires éprouvent des modifications nombreuses, mais légères, fugitives, incertaines, indéterminées, difficiles à bien discerner, et encore moins constantes que celles des autres parties de l'étamine.

Les anthères sont quelquefois de couleur orangée, brune, noirâtre, ou de deux couleurs jaune et noire. Le connectif est rarement hérissé de très-longs poils, sur sa face extérieure. Le pollen est jaune ou blanc, selon que la corolle est jaune ou de toute autre couleur.

3.° La corolle n'est modifiée notablement que par l'absence ou la présence, la nature et la disposition des poils qu'elle porte. Sous ce rapport, on peut distinguer les corolles entièrement glabres; les corolles pourvues de poils épars sur la partie supérieure du tube et sur la partie inférieure du limbe; les corolles garnies, sur leur partie moyenne, d'une large touffe circulaire ou demi-circulaire de poils longs et fins, souvent flexueux; les corolles pourvues, entre le tube et le limbe, d'une rangée transversale de poils longs, épais, coniques, charnus, disposés ordinairement en demi-cercle, sur le côté intérieur. Ces considérations peuvent fournir de bons caractères génériques, sous-génériques et spécifiques : elles peuvent même indiquer souvent les affinités des genres; mais elles sont insuffisantes pour caractériser les sections naturelles, car la pubescence de la corolle est quelquefois différente chez des lactucées évidemment analogues, et semblable chez des lactucées peu rapprochées par l'ensemble des affinités. Néanmoins, on ne doit pas négliger ces caractères qui nous ont été utiles, malgré leur incertitude, leurs anomalies et leurs exceptions.

4.° Le fruit et son aigrette offrent de nombreuses modifications bien distinctes et faciles à observer, mais qui n'ont pas toutes, à beaucoup près, la même valeur. Celles auxquelles les botanistes se sont jusqu'ici presqu'exclusivement attachés, sont tout à la fois les plus apparentes et les moins importantes. A l'égard du fruit, ils ont principalement considéré s'il étoit ou non aminci vers le haut, en un col long et grêle, qu'ils ont mal à propos attribué à l'aigrette, en le considérant comme le support de celle-ci. A l'égard de l'aigrette, ils ont principalement considéré si elle étoit simple ou plumeuse, c'est à-dire, si les pièces qui la composent étoient ou non garnies de longues barbes latérales.

Nous remarquons, dans la tribu des lactucées, des fruits cylindriques, et comme tronqués aux deux bouts; des fruits obovoïdes, tronqués au sommet, et un peu amincis vers la base; des fruits longs, étroits, subcylindracés, longuement ovoïdes, ou fusiformes, plus ou moins amincis et prolongés en col vers le sommet; des fruits tétragones, ou à quatre côtes longitudinales saillantes; des fruits aplatis sur deux faces latérales, ou sur deux faces intérieure et extérieure.

L'aigrette est nulle, ou stéphanoïde, ou composée de squamellules. Celles-ci sont filiformes d'un bout à l'autre, ou laminées vers la base et filiformes du reste, ou paléiformes en totalité ou seulement en leur partie inférieure. Les squamellules filiformes sont très-fines, molles et blanches; ou épaisses, roides et d'une nuance autre que le blanc pur; elles sont barbées ou barbellulées; et, dans ce dernier cas, les barbellules sont rares et peu saillantes, ou nombreuses, rapprochées, fortes et un peu longues.

5.° Le péricline est de trois sortes : tantôt il est composé de squames égales, unisériées, ordinairement libres, quelquefois entre-greffées en leur partie inférieure; tantôt il est double, c'est-à-dire, composé de squames égales, unisériées, et entouré à la base de squamules surnuméraires; tantôt il est composé de squames inégales, imbriquées régulièrement ou irrégulièrement.

6.° Le clinanthe offre quatre modifications : la première a lieu lorsqu'il est absolument nu, c'est-à-dire, dépourvu de toute espèce d'appendice; la seconde, lorsqu'il est presque nu, c'est-à-dire, alvéolé ou fovéolé, à cloisons irrégulières, interrompues, courtes, charnues, dentées; ou bien parsemé de papilles épaisses ou de fimbrilles très-courtes; la troisième, quand il porte de longues fimbrilles irrégulièrement interposées entre les fleurs; la quatrième enfin, quand il est garni de squamelles dont chacune accompagne extérieurement une fleur.

Le clinanthe est plan, ou presque plan chez toutes les lactucées, excepté dans notre genre *Scolymus*, où il est conique-ovoïde, élevé.

7.° Le port des lactucées est principalement modifié par la présence d'une vraie tige rameuse, garnie de feuilles et portant plusieurs calathides ; et par celle d'une ou plusieurs hampes simples, dénuées de feuilles, portant une seule calathide terminale, et entourées à la base de feuilles radicales. Il importe aussi de distinguer les feuilles munies d'une seule nervure médiaire et ramifiée, lesquelles sont presque toujours plus ou moins découpées sur les côtés ; et les feuilles munies de plusieurs nervures longitudinales, parallèles et simples, lesquelles feuilles sont presque toujours très-entières, étroites et longues. Vaillant, si injustement décrié par Adanson, et dont l'étonnante sagacité n'est presque jamais en défaut, a fondé sur cette seule considération deux genres excellens, le *Tragopogo-noides* et le *Scorzoneroides*, que les botanistes modernes ont reproduits, sous les noms d'*Urospermum* et de *Podospermum*, en leur donnant d'autres caractères.

VIII. Nous venons de passer rapidement en revue tous les principaux matériaux qu'il est possible d'employer pour l'établissement d'une classification naturelle des lactucées. La grande difficulté est de les mettre en œuvre, de les choisir, de les subordonner, et de les combiner de manière à en tirer un parti satisfaisant. Les botanistes qui se persuadent qu'on peut *à priori* déterminer exactement la valeur de chaque caractère, en considérant l'importance des différens organes et de leurs modifications, éprouveroient, sans doute, peu d'embarras. Quant à nous, qui regardons cette prétention comme une chimère, nous avons dû opérer par tâtonnement, et sacrifier aux affinités tous les avantages d'une classification régulière, uniforme, exacte, simple et facile, que nous n'avons jamais su rencontrer. Les obstacles que nous avons éprouvés dérivent principalement de ce principe trop méconnu, et que nous ne cessons de proclamer, que le même caractère n'a pas toujours la même valeur chez les différens végétaux où il se trouve.

Analysons successivement les quatre sections naturelles que nous avons formées.

1.° La première est celle des lactucées-prototypes, ainsi nommée parce que le genre *Lactuca* en fait partie.

Dans cette section, le style n'offre aucune modification,

excepté chez une espèce de *lactuca*, dont les stigmatophores sont très-courts. Ceux du *launæa* sont noirâtres.

Les anthères des *scolymus* et *myscolus* sont pourvues de longs poils capillaires. Les autres modifications des étamines, dans cette section, ne méritent pas d'être notées.

Une large touffe circulaire, ou demi-circulaire, de poils longs et fins, souvent flexueux et articulés, occupe ordinairement le sommet du tube et la base du limbe de la corolle. Dans l'*urospermum*, la base de ces poils est très-épaisse et charnue. Dans le *picridium* et dans quelques *sonchus*, ces poils semblent composés chacun de deux ou trois poils entre-greffés, inégaux, articulés. La corolle du *launæa* est dépourvue de poils.

Le fruit est ordinairement aplati sur deux faces, et de figure ovale, elliptique, ou obovale. Il est obcomprimé, dans les *scolymus* et *myscolus*; comprimé bilatéralement, dans l'*urospermum*. Les différens fruits d'une même calathide sont les uns comprimés, les autres obcomprimés, dans les *sonchus* et *lactuca*. Le *picridium* a l'ovaire cylindracé et d'abord dépourvu de côtes; mais ensuite il s'y développe quatre énormes côtes ayant une figure très-remarquable. La forme tétragone de ce fruit se concilie bien avec la forme aplatie ordinairement propre à cette section, car le fruit de quelques *sonchus* et *lactuca* offre une côte sur le milieu de chacune des deux faces, et une sur chaque arête. Dans les *chondrilla* et *prenanthes*, la forme du fruit, n'étant pas manifestement aplatie ni tétragone, s'éloigne du type de la section. Le fruit du *launæa* n'a pas été observé en état de maturité, c'est pourquoi sa forme est douteuse.

Le sommet du fruit se prolonge en un col, chez les *scolymus, urospermum, lactuca, chondrilla*. Le col du *scolymus* est court et gros. Celui de l'*urospermum* est très-remarquable et fort différent de presque tous ceux qu'on observe chez les lactucées, où, cette partie étant la prolongation de la partie supérieure du péricarpe, la cavité du col est la suite de celle qui contient la graine. Ici, il y a une sorte de diaphragme, ou de cloison transversale, séparant la cavité du péricarpe de celle du col, et formant une articulation entre ces deux parties; d'où nous avons conclu que le col de l'*urospermum* n'étoit qu'un développement insolite de la base du bourrelet apicilaire. Nous avons lieu de croire que le col est articulé de la même manière, sur le péricarpe, dans les *lactuca* et *chondrilla:* mais nous n'osons pas l'affirmer.

L'aigrette est ordinairement blanche et composée de squamellules filiformes très-foibles, pourvues de barbellules rares et peu saillantes; mais le *scolymus* a une aigrette stéphanoïde; le *myscolus* a deux squamellules longues, nues inférieurement, garnies supérieurement de très-longues barbellules, et quelquefois une troisième squamellule courte et le rudiment d'une quatrième, ce qui prouve dans son fruit la réunion de la forme aplatie et de la forme tétragone ; l'*urospermum* a une aigrette de squamellules fortes et garnies de barbes et de barbellules. Les squamellules du *launœa* sont presque nues sur leur partie inférieure, et médiocrement barbellulées sur leur partie supérieure.

Le clinanthe est ordinairement plan et nu, large ou étroit. Mais le *scolymus* a le clinanthe conique-ovoïde élevé; le *scolymus* et le *myscolus* ont le clinanthe squamellifère ; celui de l'*urospermum* porte de courtes fimbrilles piliformes; quelques *sonchus* ont le clinanthe un peu alvéolé, à cloisons irrégulières, charnues.

Le péricline est formé de squames imbriquées, dans les *scolymus*, *myscolus*, *picridium*, *launœa*, *sonchus*, *lactuca*; de squames unisériées, et accompagnées de squamules surnuméraires, dans les *chondrilla* et *prenanthes ;* de squames unisériées, et entre-greffées inférieurement, dans l'*urospermum*.

Toutes les lactucées-prototypes ont une tige rameuse, foliifère et polycalathide ; leurs feuilles sont munies d'une seule nervure médiaire ramifiée; elles sont épineuses chez les *scolymus*, *myscolus*, plusieurs *lactuca* et quelques *sonchus*. Plusieurs lactucées-prototypes ont souvent les feuilles tordues à la base, en sorte que leur plan est perpendiculaire à l'horizon. Les corolles sont quelquefois bleues ou purpurines, dans les genres *Sonchus*, *Lactuca*, *Prenanthes*. Le port du *launœa* est très-remarquable, et ne ressemble à celui d'aucune autre lactucée.

Nous considérons comme des prototypes anomales, les *scolymus*, *myscolus* et *urospermum*, qui s'éloignent des prototypes vraies par le port et par quelques caractères, mais qui nous semblent ne pas pouvoir être classées aussi convenablement dans aucune autre section. La place que nous avons assignée au *launæa* ne pourra être définitivement confirmée que par l'examen du fruit mûr. Les *chondrilla* et *prenanthes*, qui terminent la section des prototypes, ont de l'affinité avec les premiers genres de la section suivante.

2.° Les lactucées - crépidées constituent notre seconde section.

Le style a souvent ses stigmatophores irrégulièrement arqués en dedans, chez les *nemauchenes*, *barkhausia*, *catonia*, *helminthia*. Les collecteurs sont noirâtres chez l'*ixeris* et le *taraxacum*.

Les étamines de l'*ixeris* ont l'anthère noirâtre. L'article anthérifère est souvent un peu épaissi, dans cette section.

La corolle porte ordinairement des poils inégaux, irrégulièrement et variablement épars sur la partie supérieure du tube et sur la partie inférieure du limbe. Mais les *rhagadiolus*, *koelpinia*, *ixeris* ont la corolle glabre ; elle est presque glabre, ou seulement garnie sur le tube de petits poils fins et courts, dans les *lampsana*, excepté le *lampsana fœtida* ; les *pterotheca* et *intybellia* ont, comme les lactucées-prototypes, une touffe de poils très-longs, très-fins, flexueux, occupant le sommet du tube et la base du limbe ; l'*helminthia*, le *picris* et le *lampsana fœtida* ont, comme la plupart des scorzonérées, de gros et longs poils coniques, charnus, rangés entre le tube et le limbe.

Le fruit est ordinairement long, étroit, subcylindracé, longuement ovoïde, fusiforme, ou obclavé, plus ou moins aminci vers le sommet. Le *barkhausia* peut être cité comme offrant le type de cette forme, dont la plupart des autres genres se rapprochent plus ou moins. Mais quelques genres s'écartent un peu de ce type : ainsi, le fruit est long, étroit, un peu épaissi vers le haut, souvent un peu aplati irrégulièrement, dans le *lampsana* ; long, étroit, subcylindracé, ūn peu aminci vers le haut, dans les *rhagadiolus* et *koelpinia*. Le fruit de ces deux derniers genres a un véritable col, puisque le péricarpe se prolonge au-dessus de la partie occupée par la graine ; mais ce col ne se distingue pas extérieurement par un étrécissement notable et subit. Le fruit du *zacintha* est épaissi vers le haut, gibbeux au sommet, ayant l'aréole apicilaire très-oblique-intérieure ; le fruit de l'*helminthia* est comprimé bilatéralement, et offre une ressemblance extérieure avec celui de l'*urospermum* ; le

fruit du *catonia* paroît être quelquefois à peu près tétragone.
Il résulte de la forme ordinaire du fruit des crépidées, que
dans la plupart de ces plantes, la partie supérieure ou le sommet du fruit doit figurer un col plus ou moins manifeste et
plus ou moins distinct, selon qu'il est plus ou moins long et
mince. Ce col est nul, ou presque nul, ou peu reconnoissable
extérieurement, chez les *lampsana*, *rhagadiolus*, *koelpinia*, *zacintha*, *catonia*, *crepis*, *intybellia*, *picris*, *medicusia*. Les crépidées à col manifeste ont souvent cette partie nulle ou presque
nulle sur les fruits extérieurs.

L'aigrette est exactement intermédiaire par sa nature entre
celle des lactucées-prototypes, dont les squamellules sont très-
foibles et à peine barbellulées, et celle des hiéraciées, dont
les squamellules sont fortes et très-barbellulées. Mais les *helminthia*, *picris* et *medicusia*, ayant les squamellules assez fortes
et barbées, s'écartent un peu par là du type ordinaire des
crépidées, et méritent de former à la fin de cette section, une
sous-division particulière. Une autre sous-division, placée au
commencement, comprend les *lampsana*, *rhagadiolus*, *koelpinia*, dont l'aigrette est nulle.

Le péricline des crépidées est constamment double, ou
formé de squames unisériées, entourées à la base de squamules
surnuméraires ; mais ce caractère devient quelquefois un peu
équivoque, lorsque les squamules surnuméraires sont longues,
ou très-inégales, ou disposées sur plusieurs rangs. Dans les
rhagadiolus et *koelpinia*, les squames du péricline sont concaves, ordinairement gibbeuses, enveloppant ou embrassant
plus ou moins complétement les fruits extérieurs, qui sont
ordinairement, comme elles, plus ou moins arqués ; elles s'en-
durcissent, à l'époque de la maturité, et s'étalent horizontalement avec les fruits qu'elles contiennent, et qui sont très-
fortement adhérens au clinanthe. Les *zacintha*, *nemauchenes*,
gatyona, *hostia* et quelques *barkhausia* ont aussi plus ou moins
les squames convaves, gibbeuses, enveloppantes ou embrassantes, et endurcies après la fleuraison.

Le clinanthe est ordinairement presque nu, c'est-à-dire,
fovéolé ou alvéolé, à cloisons dentées, à papilles ou à fimbrilles très-courtes ; quelquefois il est absolument nu, comme
dans les *lampsana*, *rhagadiolus*, *koelpinia*, *zacintha*, *ixeris*, *tara-*

xacum. Il est, au contraire, garni de très-longues fimbrilles, dans les *intybellia* et *pterotheca.*

La tige est rameuse, polycalathide, et ordinairement foliifère, chez toutes les crépidées, excepté chez les *taraxacum,* le *crepis aurea* et le *lampsana fœtida,* qui n'ont que des hampes simples, nues, monocalathides, et des feuilles radicales. Les feuilles sont toutes, ou presque toutes, radicales chez les *intybellia* et *pterotheca,* qui ont cependant une tige rameuse et polycalathide. Toutes les crépidées ont leurs feuilles munies d'une seule nervure médiaire ramifiée. Les corolles sont d'une belle couleur orangée dans le *crepis aurea,* de couleur rose dans le *barkhausia rubra* et dans l'*intybellia;* les autres crépidées ont souvent les corolles extérieures plus ou moins rougeâtres en dessous.

3.° La section des lactucées-hiéraciées suit immédiatement la précédente.

Le style est plus ou moins anomal, dans les *drepania, hispidella, moscharia.* Celui du *drepania* a les stigmatophores très-courts et un peu élargis, comme dans le *catanance;* les collecteurs y sont réduits à de petites aspérités. Les stigmatophores de l'*hispidella* sont excessivement courts. Ceux du *moscharia* sont presque dressés. Les collecteurs sont souvent noirâtres, dans le genre *Hieracium.*

Les étamines de la plupart des espèces d'*hieracium* ont l'appendice apicilaire parabolique. Celui du *drepania* est épais, charnu, ou coriace.

La corolle a ordinairement de longs poils fins, articulés, variablement et irrégulièrement disposés sur la partie supérieure du tube, ou sur la partie inférieure du limbe. La face intérieure du limbe est souvent papillulée dans le *drepania.* Les auteurs du genre *Moscharia* lui attribuent des corolles à trois dents, au lieu de cinq, ce qui est sans doute une erreur, si, comme nous le supposons, ce genre appartient à la tribu des lactucées.

Le fruit des hiéraciées est plus ou moins court, obovoïde, ou obpyramidal, un peu aminci vers la base qui est souvent arrondie, et plus large au sommet qui est comme tronqué, et souvent entouré d'un bourrelet. La forme de ce fruit est incompatible avec l'existence d'un col. Les côtes qui couvrent sa

surface, se prolongent quelquefois au sommet en petites cornes
saillantes. Le bourrelet apicilaire de l'*arnoseris* est saillant en
dessus, et imite une très-petite aigrette stéphanoïde.

L'aigrette n'est point d'un blanc pur, comme celle des crépidées, et surtout celle des prototypes; mais elle est ou devient grisâtre, jaunâtre, ou roussâtre; ses squamellules, ordinairement peu nombreuses, sont filiformes, fortes, roides,
très-barbellulées. La plupart des squamellules avortent chez
les *schmidtia* et *drepania*; elles avortent toutes complétement
sur tous les fruits de l'*hispidella* et de l'*arnoseris*, sur les fruits
intérieurs du *moscharia*, sur les fruits extérieurs du *rothia*.
Les auteurs du genre *Moscharia* disent que l'aigrette des
fruits extérieurs est courte et plumeuse. La présence d'une
aigrette sur les fruits extérieurs avec son absence sur les fruits
intérieurs, est une singularité très-remarquable. L'aigrette du
krigia est composée de squamellules paléiformes et de squamellules filiformes.

Le péricline des *hieracium* est formé de squames inégales,
paucisériées, irrégulièrement imbriquées; celui des *schmidtia*,
drepania, *arnoseris*, est double ou formé de squames égales,
unisériées, et de squamules surnuméraires; celui du *krigia*,
de l'*hispidella*, du *moscharia*, du *rothia* et de l'*andryala*, est
formé de squames à peu près égales, subunisériées. Les squames
des *krigia*, *arnoseris*, *hispidella* sont entre-greffées inférieurement; celles des *arnoseris*, *moscharia*, *rothia*, *andryala*, sont
plus ou moins concaves, embrassantes ou enveloppantes.

Le clinanthe des *hieracium*, *schmidtia*, *drepania*, *arnoseris*,
est alvéolé, à cloisons charnues, dentées; celui de l'*hispidella*
est alvéolé, à cloisons prolongées en membranes qui se divisent
en lanières fimbrilliformes; celui du *moscharia* est garni de
squamelles dissemblables; celui du *rothia* est garni de squamelles vers sa circonférence, et de fimbrilles sur son milieu;
celui de l'*andryala* est alvéolé, à cloisons portant des fimbrilles
plus ou moins longues; celui du *krigia* est absolument nu.

La plupart des hiéraciées ont une tige rameuse, foliifère et
polycalathide; plusieurs ont des hampes, ou de fausses hampes
intermédiaires entre la vraie tige et la hampe véritable. Leur
pubescence est souvent remarquable, tantôt par la couleur
noire des poils, tantôt par leur structure rameuse, tantôt par

la présence de poils épars, très-longs et très-roides, ou par celle de poils laineux ou de poils tomenteux. Les corolles sont quelquefois orangées, ou d'un rouge brun, ou bien, au contraire, d'un jaune très-pâle, dans les genres *Hieracium* et *Drepania*. Les feuilles ont une seule nervure médiaire ramifiée. Le support de la calathide est quelquefois renflé au sommet.

Cette petite section est très-naturelle, suffisamment distincte, et assez bien caractérisée. Elle nous semble convenablement placée entre les crépidées et les scorzonérées. Le genre *Moscharia* ne nous est connu que par la description de Ruiz et Pavon, laquelle présente quelques particularités fort extraordinaires, qui nous inspirent du doute sur son exactitude, ainsi que sur la classification de ce genre.

4.° Notre quatrième et dernière section est celle des lactucées-scorzonérées.

Le style du *geropogon*, de l'*hyoseris* et de quelques *leontodon* a ses stigmatophores arqués en dedans. Celui du *tragopogon* a pour collecteurs des aspérités aculéiformes. Le style des *hymenonema* a des stigmatophores laminés, larges, presque membraneux, spatulés. Celui des *catanance* a des stigmatophores courts, larges, épaissis, garnis de collecteurs plus petits et plus rapprochés que sur le style.

Les étamines ont souvent l'article anthérifère un peu épaissi. L'appendice apicilaire est souvent très-court, et tronqué ou échancré au sommet, dans le genre *tragopogon;* il est souvent très-court, mais arrondi, dans plusieurs autres.

La corolle des *seriola*, *porcellites*, *hypochæris*, *tragopogon*, *thrincia*, *leontodon*, *podospermum*, *scorzonera*, *hyoseris*, *hedypnois*, est presque toujours pourvue, entre le tube et le limbe, d'une rangée transversale de poils longs, épais, coniques, charnus, colorés, disposés en demi-cercle sur le côté intérieur. Mais la corolle des *gelasia* et *geropogon* est glabre; celle du *lasiospora* n'a que quelques poils épars sur le tube et le limbe; celle des *catanance* et *cichorium* a le limbe et la partie supérieure du tube très-garnis de longs poils fins. Quelques autres scorzonérées appartenant aux genres *Porcellites*, *Thrincia*, *Leontodon*, *Podospermum*, offrent diverses modifications dans la pubescence de leur corolle. Celle du *scorzonera hispanica* a des poils sur la face intérieure de son limbe.

Le fruit est en général cylindracé, mais avec les modifications suivantes, qui ne sont pas toujours bien distinctes : il est
comme tronqué au sommet, chez les *robertia*, *podospermum*,
scorzonera, *lasiospora*, *gelasia*, *agoseris*, *troximon*, *hymenonema*;
aminci et prolongé supérieurement en col, chez les *seriola*, *porcellites*, *hypochæris*, *geropogon*, *tragopogon*, *thrincia*; intermédiaire entre ces deux formes, chez les *leontodon*, *hyoseris*, *hedypnois*; presque obovoïde et tronqué au sommet, chez les *catatance* et *cichorium*. Sa base est tantôt tronquée, tantôt arrondie ou amincie. Dans les *geropogon*, *hedypnois*, *hyoseris*, les
fruits extérieurs sont plus ou moins fortement adhérens au
clinanthe par une large aréole basilaire, tandis que les fruits
intérieurs, dont l'aréole basilaire est étroite, se détachent facilement. Le *geropogon* offre une particularité plus extraordinaire, en ce que ses fruits extérieurs sont plus longs que les
intérieurs, ce qui est l'inverse d'une disposition très-fréquente.
Le sommet du fruit est couronné de poils frisés, chez les *tragopogon*, *leontodon autumnale*, *scorzonera*. Le fruit est plus ou
moins complétement hérissé de poils, chez les *lasiospora*, *hymenonema*, *catanance*. Celui du *podospermum* est remarquable
par un pied long, fongueux, devenant creux à la maturité, mais
dont la cavité ne communique point avec celle qui contient
la graine : ce pied est produit par le développement insolite
du bourrelet basilaire, tout comme le col de l'*urospermum* est
produit par le développement insolite du bourrelet apicilaire.
Le péricarpe du *cichorium*, à sa maturité parfaite, devient quelquefois, à sa base, déhiscent et comme valvé.

L'aigrette est composée de squamellules filiformes, épaisses,
point blanches, souvent charnues et un peu verdâtres pendant la fleuraison, pourvues de longues barbes capillaires,
leur base est plus ou moins élargie en forme de lame; leur
sommet est aminci et seulement barbellulé. Telle est la structure ordinaire, offerte surtout par les squamellules intérieures
de l'aigrette : mais cette structure éprouve des modifications
notables. Les squamellules barbées sont souvent accompagnées
d'autres squamellules plus courtes, plus grêles, et seulement
barbellulées, chez les *seriola*, *hypochæris*, *leontodon*. Les squamellules laminées en leur partie inférieure, sont accompagnées
de squamellules filiformes dans l'*hyoseris*, courtes, linéaires et

tronquées sur les fruits intérieurs de l'*hedypnois*. Les squamellules ne sont pas sensiblement élargies ou laminées à la base, chez les *porcellites*, *hypochœris* et quelques autres scorzonérées. L'aigrette est quelquefois blanche. L'aigrette des fruits extérieurs diffère de celle des fruits intérieurs, chez les *geropogon*, *thrincia*, *hedypnois*. Toutes les squamellules sont dépourvues de barbes, chez les *gelasia* (1), *agoseris*, *troximon*, *hyoseris*, *hedypnois*. Celles de l'*hymenonema* sont barbées en haut, et barbellulées en bas, ce qui est précisément l'inverse de la disposition ordinaire. Les squamellules des *catanance* ont leur partie inférieure paléiforme, très-large, et leur partie supérieure filiforme, barbellulée. L'aigrette des *cichorium* est très-courte, composée de squamellules plurisériées, régulièrement imbriquées, paléiformes ou laminées, les extérieures souvent presque filiformes.

Le péricline est formé de squames égales, unisériées, chez les *robertia*, *seriola*, *geropogon*, *tragopogon*, *troximon*; il est double ou formé de squames unisériées et de squamules surnuméraires chez les *thrincia*, *hyoseris*, *hedypnois*, *cichorium*; il est imbriqué régulièrement ou irrégulièrement, chez les *porcellites*, *hypochœris*, *leontodon*, *podospermum*, *scorzonera*, *lasiospora*, *gelasia*, *agoseris*, *hymenonema*, *catanance*. Mais ces trois modifications du

---

(1) Le TRAGOPOGON CALYCULATUS de Jacquin, dont on a fait, je ne sais pourquoi, un GEROPOGON, n'est assurément ni un GÉROPOGON, ni un TRAGOPOGON. Nous avons tout lieu de croire que son aigrette n'est pas plumeuse, et que par conséquent c'est une espèce de GELASIA, peu différente de notre GELASIA VILLOSA, et qu'on pourroit nommer GELASIA JACQUINI. Dans le cas contraire, ce seroit un SCORZONERA. Nous avons observé une plante qui ne nous a paru différer de notre GELASIA VILLOSA que par l'aigrette extrêmement plumeuse sur les jeunes ovaires et sur les fruits avortés ou stériles, aussi bien que sur les fruits mûrs et fertiles. Peut-on supposer que c'est la même espèce dont l'aigrette est tantôt simple et tantôt plumeuse? S'il en étoit ainsi, ce qui est peu croyable, le genre GELASIA ne différeroit du SCORZONERA que par la structure du péricline. Si au contraire les caractères de l'aigrette sont invariables dans ces plantes, il faudra peut-être créer un nouveau genre ou sous-genre intermédiaire entre le GELASIA dont il différeroit par l'aigrette plumeuse, et le SCORZONERA dont il différeroit par cette disposition du péricline que les botanistes nomment CALYX CALYCULATUS.

péricline se confondent souvent, dans cette section, par des nuances intermédiaires. Les squames des *hyoseris* et *hedypnois* sont concaves, gibbeuses, enveloppantes ou embrassantes, et endurcies après la fleuraison. Le péricline des *catanance* est très-remarquable par de grands appendices scarieux, qui n'existent chez aucune autre lactucée, et qui concourent, avec d'autres caractères, pour faire placer ce genre auprès des carlinées.

Le clinanthe est garni de squámelles chez les *robertia*, *seriola*, *porcellites*, *hypochœris*, *geropogon*; il est absolument nu, chez les *tragopogon*, *podospermum*, *scorzonera*, *lasiospora*, *gelasia*, *agoseris*, *troximon*, *hyoseris*, *hedypnois*, *hymenonema*; il est presque nu, c'est-à-dire, alvéolé, à cloisons charnues, dentées, quelquefois surmontées de courtes fimbrilles piliformes, chez les *thrincia*, *leontodon*, *cichorium*. Celui des *catanance* est un peu convexe, et garni de longues fimbrilles inégales, filiformes, libres. Il paroit que les squamelles du *geropogon* avortent quelquefois, auquel cas son clinanthe devient absolument nu.

Les scorzonérées ont souvent une racine perpendiculaire, longue, forte, cylindrique. Leur tige est ordinairement peu rameuse, pourvue de quelques feuilles, et portant un petit nombre de calathides assez grandes. Les *robertia*, les *thrincia*, la plupart des *leontodon*, les *agoseris* et *hyoseris*, ont des hampes simples, nues, monocalathides, et toutes les feuilles radicales. Les feuilles des *geropogon*, *tragopogon*, *scorzonera*, *lasiospora*, *gelasia* et de la plupart des *agoseris* et *troximon*, sont munies de plusieurs nervures longitudinales, parallèles et simples, d'où il suit qu'elles sont entières, étroites et longues. Quelques autres scorzonérées, telles que les *podospermum* et *catanance*, ont des feuilles assez analogues aux précédentes. Mais les autres plantes de cette section ont des feuilles à une seule nervure médiaire ramifiée, ce qui est la structure ordinaire dans la tribu des lactucées. Le support de la calathide est quelquefois renflé au sommet. Les corolles des genres *Geropogon*, *Tragopogon*, *Scorzonera*, *Catanance*, *Cichorium*, sont dans toutes ou plusieurs espèces, de couleur rose, violette ou bleue.

Cette section est naturelle et convenablement placée, mais foiblement caractérisée, et par conséquent peu distincte. Les trois autres sections ont à peu près les mêmes qualités bonnes et mauvaises. Les premiers genres de celle-ci ont de l'affinité avec quelques hiéraciées. Ses derniers genres s'éloignent un peu des autres lactucées, et semblent se rapprocher de certaines carlinées par plusieurs caractères. La section dont il s'agit étant la plus nombreuse, a dû être subdivisée : mais les sous-divisions que nous avons été forcé d'admettre sont artificielles, et elles interrompent ou dérangent un peu la série naturelle des genres. Par exemple, la distinction des scorzonérées à clinanthe squamellifère et à clinanthe nu, sépare le *geropogon* du *tragopogon;* la distinction des scorzonérées à aigrette barbée et à aigrette barbellulée, sépare le *gelasia* du *scorzonera.* Nous avons du doute sur la classification des *agoseris* et *troximon*, que nous ne connoissons pas suffisamment parce que nous ne les avons point vus.

Il y a entre la section des scorzonérées et la tribu des mutisiées, certains rapports d'affinité, qui pourroient déterminer à placer les mutisiées à la suite des lactucées, comme nous avions fait d'abord.

IX. Il résulte de cette analyse de nos quatre sections, qu'elles sont fondées sur l'ensemble des affinités, et principalement sur la considération 1.° de la forme du fruit, 2.° de la vigueur des squamellules de l'aigrette, 3.° des poils de la corolle, 4.° de la structure du péricline. Mais les caractères puisés par nous dans ces quatre considérations, se réduisent à des modifications légères et peu distinctes; ils n'ont pas tous et toujours la même valeur dans les quatre sections et dans tous les genres de chacune d'elles; enfin, ils sont sujets à exceptions, parce que nous les subordonnons à l'ensemble des affinités, qui doit constamment prévaloir dans la classification naturelle. C'est pourquoi nous les présentons comme des caractères ordinaires, et non comme des caractères exacts.

Le fruit est aplati ou tétragone, chez les prototypes; alongé et plus ou moins aminci vers le haut, chez les crépidées; court, aminci à la base, tronqué au sommet, chez les hiéraciées; cylindracé et diversement modifié, chez les scorzonérées.

Les squamellules de l'aigrette sont très-foibles, chez les prototypes; moins foibles, chez les crépidées; plus fortes, chez les hiéraciées; très-fortes, chez les scorzonérées.

Les poils de la corolle sont longs, fins, et disposés en touffe autour du sommet du tube et de la base du limbe, chez les prototypes; ils sont variables, chez les crépidées et chez les hiéraciées; ils sont longs, épais, coniques, charnus, colorés, disposés entre le tube et le limbe, sur le côté intérieur, en un seul rang transversal, demi-circulaire, chez les scorzonérées.

Le péricline est variable, chez les prototypes; il est formé de squames unisériées, et entouré à la base de squamules surnuméraires, chez les crépidées; il est variable, chez les hiéraciées et chez les scorzonérées.

En considérant d'une manière générale la série des quatre sections, on peut reconnoître une progression croissante dans la vigueur des organes floraux, qui acquièrent plus de force dans la seconde section que dans la première, dans la troisième que dans la seconde, dans la quatrième que dans la troisième.

Cela est conforme à la théorie que nous avons ébauchée dans notre Mémoire sur la Phytonomie, publié dans le Journal de Physique de mai 1821, où nous avons établi que toutes les différences qui existent entre les végétaux résultent uniquement de l'inégalité des forces d'accroissement et de la disposition des forces prépondérantes, de leur distribution et de leur direction. Notre Mémoire sur la Graminologie, publié dans le Journal de Physique de novembre et décembre 1820, offroit aussi (pag. 457) quelque chose d'applicable au sujet dont il s'agit. Les observations et les idées nouvelles contenues dans les deux Mémoires que nous venons de citer, ont eu le même sort que presque tous nos autres travaux, c'est-à-dire qu'on n'a pas daigné leur accorder la moindre attention; elles auroient obtenu sans doute plus de succès, si elles eussent été présentées par tout autre que par nous; et nous espérons bien que tôt ou tard quelque botaniste, s'emparant de nos observations et de nos idées, les reproduira sans nous citer, et leur conciliera un accueil plus favorable, par ce moyen facile dont l'efficacité a déjà été éprouvée.

X. Notre tableau des lactucées comprend cinquante-quatre genres, dont neuf ont été institués par nous, sous les noms de *Myscolus, Launæa, Nemauchenes, Galyona, Intybellia, Ptero-*

theca, *Ixeris*, *Gelasia*, *Hymenonema*. Deux autres genres, qui ne nous appartiennent pas , ont reçu de nous des noms nouveaux : l'un est le genre *Porcellites*, que Gærtner, son auteur, avoit nommé *achyrophorus ;* mais ce nom ayant été appliqué , avant lui, par Vaillant, à un autre genre voisin, maintenant nommé *Seriola*, pourroit produire quelque confusion, et d'ailleurs, il ne convient pas aussi bien au *porcellites*, dont l'aigrette n'est pas du tout paléacée, qu'au *seriola*, dont il pouvoit exprimer la nature de l'aigrette, en même temps que celle des appendices du clinanthe. L'autre genre est le *Lasiospora*, nommé *lasiospermum* par son auteur, M. Fischer, qui n'a encore publié que le nom générique, sans aucune description des caractères, tandis qu'un autre genre de synanthérées a déjà été publié par M. Lagasca, sous le même nom de *lasiospermum*, avec une description suffisante.

Nous n'ignorons point que, parmi les cinquante-quatre genres admis par nous, il en est beaucoup qui doivent être considérés seulement comme des sous-genres. Mais nous pensons qu'il est utile, pour le but que nous nous proposons, de présenter dans notre tableau la série complète et naturelle de tous ces petits groupes d'espèces, en laissant à d'autres botanistes le soin de les réunir, ou de les subordonner.

XI. L'astérisque placé à la suite du numéro d'ordre, indique qu'une ou plusieurs espèces du genre ont été étudiées par nous-même sur des individus vivans ou secs. La croix indique, au contraire, que nous n'avons pu, jusqu'à présent , étudier le genre dont il s'agit que sur les descriptions presque toujours insuffisantes, publiées par d'autres botanistes. Le point d'interrogation placé immédiatement avant le titre du genre, signifie que nous avons du doute sur la classification de ce genre. Le même signe, placé immédiatement avant un synonyme, témoigne nos doutes sur cette partie de la synonymie ; mais, lorsque ce signe est placé dans la synonymie, après le nom générique, cela veut dire que l'auteur cité a douté lui-même que les plantes dont il s'agit appartinssent au genre auquel il les a attribuées. Nous avons noté ainsi que les genres *Thrincia* et *Podospermum* avoient été entrevus et indiqués par Gærtner, et le genre *Picridium* par M. de Jussieu. C'est un moyen facile de rendre à chacun ce qui lui appartient. Dans le même but de fixer le droit légitime des inventeurs, nous avons fait connoître la date précise de l'établissement des genres, par des chiffres compris entre deux parenthèses, à la suite du nom de l'auteur; et nous y avons quelquefois ajouté les mots *bené* ou *malé*, pour indiquer les bonnes ou les mauvaises descriptions. Quand un même nom générique a été appliqué à des genres différens, nous avons soin d'en avertir, pour prévenir la confusion. Les abréviations Bull. et Dict., placées à la suite du nom, des genres que nous avons établis ou rectifiés, désignent le *Bulletin des Sciences par la Société Philomathique de Paris*, et le *Dictionnaire des Sciences naturelles.*

Notre article Inulées (tom. XXIII.) contient des discussions applicables à notre tableau des lactucées, mais que nous ne devons pas reproduire ici, parce que le lecteur peut recourir à l'article que nous venons de citer.

XII. Dans le Bulletin des Sciences de 1821, pag. 188, nous avons publié, sous le titre de Tableau méthodique des genres de la tribu des Lactucées, un premier essai, qui diffère de celui que nous présentons ici, en ce que nous admettions alors cinq sections au lieu de quatre.

La section des lactucées-hyoséridées, que nous avons supprimée depuis cette époque, comprenoit les genres *Lampsana*, *Rhagadiolus*, *Koelpinia*, que nous attribuons maintenant aux crépidées; les *arnoseris* et *krigia*, que nous attribuons aux hiéraciées; les *hyoseris* et *hedypnois*, que nous attribuons aux scorzonérées.

Cette section, placée entre celle des lactucées-prototypes et celle des lactucées-crépidées, étoit caractérisée ainsi : Fruit alongé; aigrette nulle, ou stéphanoïde, ou composée de squamellules paléiformes, souvent accompagnées de squamellules filiformes. Péricline de squames unisériées; ordinairement entouré à la base de squamules surnuméraires.

Les premiers genres des hyoséridées ont de l'affinité avec les derniers genres des prototypes; les derniers genres des hyoséridées ont quelque affinité avec certaines crépidées telles que le *Zacintha*; et tous les genres des hyoséridées semblent avoir plus ou moins d'affinité entre eux. C'est ce qui nous avoit d'abord décidé à former cette section, et à l'interposer entre les prototypes et les crépidées. Mais nous avons ensuite reconnu qu'il falloit la supprimer, parce qu'elle sépare deux groupes qui doivent se suivre immédiatement et interrompt ainsi la série naturelle, qu'elle est très-foiblement caractérisée et peu distincte des autres, que les genres qui la composent présentent des différences notables, et que certaines affinités confirmées par des caractères positifs, les attirent en différens sens vers d'autres groupes.

Nous pensons donc que la nouvelle disposition adoptée par nous dans cet article est préférable à celle que nous avions précédemment proposée dans le Bulletin des Sciences. Mais nous sommes loin de croire que notre distribution actuelle ne soit plus susceptible d'aucune amélioration. Quelques genres pourront être avantageusement transférés d'une section dans une autre, ou mieux distribués dans leurs propres sections. Les classifications artificielles sont invariables, comme les caractères arbitrairement choisis, sur lesquels elles sont fondées ; mais la classification naturelle étant basée bien plus sur l'ensemble des affinités que sur des caractères fixés *à priori*, doit nécessairement éprouver des modifications, à mesure que les observations se multiplient et deviennent plus exactes.

Nous ne devons pas terminer cet article sans avertir que notre classification des lactucées exige des réformes dans la composition de certains genres, où les botanistes peu attentifs aux affinités naturelles ont souvent mêlé des plantes appartenant à différentes sections. Citons pour exemple le *leontodon aureum* de Linnæus, que les modernes attribuent d'un commun accord et avec beaucoup d'assurance au genre *Hieracium*. Cette plante, que nous avons soigneusement observée, est pourtant une crépidée indubitable, car son fruit est alongé, aminci vers le haut, et son aigrette est blanche, composée de squamellules filiformes, grêles, peu barbellulées ; son péricline est formé de squames unisériées, et entouré à la base de squamules surnuméraires ; enfin, son clinanthe est presque nu. Ce n'est donc ni un *leontodon*, ni un *hieracium*, ni une *andryala*, mais bien un véritable *crepis*, que nous nommons *crepis aurea*, et que nous plaçons auprès du *crepis biennis*. Cet exemple, pris au hasard, peut servir à démontrer l'utilité des caractères qui forment la base de notre classification des lactucées, et qui avoient été négligés jusqu'à présent. Cependant, nous désespérons de faire comprendre nos idées à ceux qui se persuadent qu'il n'y a presque point de différence entre les genres *Hieracium* et *Crepis*, entre les genres *Catonia* et *Hieracium*, entre les genres *Arnoseris* et *Lampsana*, entre les genres *Hyoseris* et *Krigia*, entre les genres *Aster* et *Inula*, entre les genres *Baccharis* et *Conyza*, entre les genres *Liatris* et *Vernonia*, et beaucoup d'autres rapprochés par les caractères techniques, éloignés par les rapports naturels. En effet, comment ces botanistes pourroient-ils consentir à rapporter à des tribus ou à des sections différentes des genres qu'ils distinguent à peine, parce qu'ils ne veulent observer que les caractères les plus apparens? Assurément toute notre classification des synanthérées doit être à leurs yeux le plus extravagant des systèmes qui peuvent germer dans un cerveau malade. (H. Cass.)

LACTUCELLA (*Bot.*), nom italien des laitrons. (Lem.)

LACULLA (*Bot.*), nom ancien de la fougère dans l'Egypte, suivant Mentzel. (J.)

LACUNES. (*Bot.*) Le tissu cellulaire des végétaux, vu au microscope, paroît formé de cellules régulières ordinairement en forme d'hexagones et de cellules alongées en forme de tubes. Le tissu à cellules régulières se déchire quelquefois, et, par sa rupture, laisse dans l'intérieur du végétal des vides plus ou moins considérables, également de forme régulière. M. Mirbel nomme ces cavités des *lacunes*. Elles sont ordinairement visibles à l'œil nu. L'*equisetum*, par exemple, le *sparganium*, la gratiole, etc., en ont de remarquables. Dans ces plantes naturellement plongées dans l'eau, les lacunes sont remplies d'air. Celles qu'on observe dans les sumacs, dans les pins, les sapins, les mélèzes, les euphorbes, etc., sont remplies de sucs propres. La moelle du noyer, du phytolacca, de plusieurs ombellifères, etc., s'ouvre, de distance en distance, par des lacunes transversales, à mesure que la tige s'élève, de manière que le canal médullaire est partagé en une multitude de petites loges par une suite de diaphragmes.

Ces cavités accidentelles sont nommées, par Grew, ouvertures de la moelle; par M. Rudolphi, vaisseaux pneumatiques; par M. Link, réservoirs d'air accidentels; par M. Décandolle, cavités aériennes. (Mass.)

LACUTURRIS. (*Bot.*) Dodoens donnoit ce nom à l'espèce

ou variété de chou, que Tournefort a nommée chou de Milan ou de Savoie. (J.)

LADA. (*Bot.*) Nom malais du poivre rond, suivant Clusius. Celui du poivre long est *lada pandjang* ou *tsjabe*. Le même est nommé, à Java, *tabu* ou *tjabe* suivant Rumph, *lada-jura* suivant Burmann. Daléchamps cite aussi, sous le nom de lada de Chypre, l'arbrisseau nommé ci-après *ladany*. (J.)

LADA-CHILI. (*Bot.*) Bontius rapporte que l'on appelle ainsi, dans l'île de Java, le piment frutescent, *capium frutesoens*, Linn., qui porte le nom de *lat-tsiao* dans la Cochinchine.

LADANUM. (*Bot.*) Pline donnoit ce nom à une plante des champs, qu'il indique comme laxative : c'est une espèce de galéope, *galeopsis ladanum*, très-commune dans les blés.

On connoît encore, sous les noms de *ladanum* et *labdanum*, une substance résineuse que l'on recueille sur diverses espèces de ciste qui croissent dans les îles et sur les bords de la Méditerranée. Voyez Ciste de Crète et Ladany. (J.)

LADANY. (*Bot.*) Nom donné dans l'île de Chypre, suivant Pokocke, à l'arbrisseau qui fournit le *ladanum*, lequel est un ciste, nommé par Linnæus *cistus creticus*. On sait que cette substance gluante, qui suinte sur les feuilles de l'arbrisseau, s'attache à la barbe des chèvres qui viennent brouter ces feuilles, et qu'on les en dépouille ensuite avec soin. On la ramasse aussi avec des espèces de râteaux, auxquels on attache de longues lanières de cuir. On passe ce râteau sur les cistes rapprochés les uns des autres : le *ladanum* s'attache aux lanières sur lesquelles on a soin de l'enlever. (J.)

LADDANG PADDEE. (*Bot.*) Ce nom, qui signifie dans l'Inde riz de montagne, est donné à une espèce de riz qui croît sur les montagnes, dans les bons terrains auparavant couverts de bois, et contenant beaucoup de terreau résultant du détriment des feuilles. On ne sait pas encore déterminer si ce riz, qui croît dans les terrains secs, est congénère du riz ordinaire, ou s'il appartient à un genre différent. (J.)

LADEGI INDI. (*Bot.*) Daléchamps cite, sous ce nom, le *malabathrum* de Matthiole, espèce de cannellier, déjà mentionné dans ce Dictionnaire sous celui de Cadegi Indi. Voyez ce mot. (J.)

LADEN-PAROUTI. (*Bot.*) Voyez Parouti. (J.)

LADICH (*Bot.*), nom de la canneberge, *vaccinium oxycoccus*, dans la Laponie, suivant Linnæus. (J.)

LADIERNA. (*Bot.*) Voyez PIADERA. (J.)

LADSCHINI. (*Bot.*) Voyez LACHERI. (J.)

LÆBACH-EL-DJEBBEL. (*Bot.*) Nom arabe du *lœba* de Forskal, réuni au genre *Menispermum*. Cet auteur cite aussi celui de *lœbach* pour l'acacia LEBBECK. Voyez ce mot. (J.)

LÆDOS ou LÆDUS. (*Ornith.*) Aristote, en parlant de cet oiseau, liv. 1, chap. 1, lui donne pour demeure les rochers et les montagnes; mais Camus, son traducteur, observe qu'il y a, dans sa dénomination même, des variantes qui ne permettent pas de former des conjectures sur son rapport avec une espèce connue. (CH. D.)

LÆHLAH, LÆHLECH. (*Bot.*) Noms arabes du *scolymus*, suivant Forskal. Le premier de ces noms est aussi donné au *scolymus maculatus* par M. Delile, au *carduus syriacus* par Forskal. Le *catanance* jaune est nommé *lœhlœh*. (J.)

LÆKIADUDRA. (*Ornith.*) L'oiseau que l'on nomme ainsi en Islande est, selon Othon Muller, n.° 200, le *tringa littorea*, Linn., ou chevalier varié de Buffon. (CH. D.)

LAEMMER-GEIER (*Ornith.*), nom allemand du gypaète des Alpes ou vautour des agneaux, *vultur* et *falco barbatus*, Linn., Gmel., *gypaetus*, Vieill., et *phene*, Sav. (CH. D.)

LAEMODIPODES, *Laemodiopoda*. (*Crust.*) Ordre de crustacés établi par M. Latreille, correspondant à la section des isapodes cystibranches du même auteur, dans le Règne animal de M. Cuvier. (DESM.)

LAENNÉCIE, *Laennecia*. (*Bot.*) [*Corymbifères*, Juss. = *Syngénésie polygamie superflue*, Linn.] Ce nouveau genre de plantes, que nous proposons ici, et que nous dédions au savant médecin Laënnec, appartient à l'ordre des synanthérées, et à notre tribu naturelle des astérées, dans laquelle il est exactement intermédiaire entre notre genre *Dimorphanthes*, dont il diffère par l'aigrette double, et notre genre *Diplopappus*, dont il diffère par la calathide discoïde. Voici les caractères génériques du *laennecia*, que nous n'avons point observés, mais que nous empruntons à une description de M. Kunth, ou plutôt à l'excellente figure de M. Turpin, qui accompagne cette description.

Calathide discoïde : disque pauciflore, régulariflore, andro-gyni-mascu'iflore ; couronne multisériée, multiflore, tubuli-flore, féminiflore. Péricline hémisphérique, égal aux fleurs ; formé de squames paucisériées, irrégulièrement imbriquées, appliquées, lancéolées, membraneuses sur les bords. Clinanthe planiuscule et nu. Fruits obovales-oblongs, comprimés bilaté-ralement, bordés d'un bourrelet hispide sur chaque arête ex-térieure et intérieure ; aigrette double : l'extérieure courte, composée de squamellules laminées, subulées ; l'intérieure longue, composée de squamellules filiformes, barbellulées. Co-rolles de la couronne tubuleuses, très-courtes, grêles.

Nous ne connoissons qu'une espèce de ce genre ; mais il est très-probable que plusieurs des nombreuses plantes mal à pro-pos attribuées par les botanistes au genre *Conyza*, appartiennent réellement à celui-ci.

LAENNÉCIE FAUX-GNAPHALE : *Laennecia gnaphalioides*, H. Cass. ; *Conyza gnaphalioides*, Kunth, *Nov. Gen. et Sp. pl.*, tom. IV, p. 73 (édit. in-4.°), tab. 527. C'est une plante herbacée, a racine vivace, pivotante, très-rameuse, produisant de nom-breuses tiges étalées ou dressées, longues de cinq ou six pouces, rameuses, cylindriques, laineuses et blanchâtres, très garnies de feuilles ; celles-ci sont alternes, sessiles, longues de dix lignes, linéaires, presque pinnatifides, laineuses et blanches comme la tige ; les calathides hautes de trois lignes, et com-posées de fleurs probablement jaunâtres dans le disque, sont solitaires au sommet des tiges et des rameaux qui forment une sorte de panicule. Cette plante a été trouvée par MM. de Humboldt et Bonpland, en Amérique, dans la province de Cu-mana, où elle fleurissoit en septembre.

Quoique M. Kunth n'ait point parlé, dans sa description, de la petite aigrette extérieure, qui distingue ce genre du *Dimor-phanthes*, l'existence de ce caractère ne sauroit être douteuse, puisque l'habile dessinateur, M. Turpin, dont l'exactitude n'est pas suspecte, l'a exprimé très-clairement dans la figure. Les fleurs du disque étant très-peu nombreuses, comparative-ment à celles de la couronne, cela nous porte à croire que les premières sont le plus souvent mâles, bien que M. Kunth les décrive comme étant hermaphrodites.

Ce botaniste, n'ayant aucun égard aux caractères floraux

qui servent de base à notre classification naturelle des synanthérées, a décrit, sous le nom générique de *conyza*, dix-huit
espèces, dont aucune assurément n'est congénère du *conyza
squarrosa*, le vrai type du genre, et dont probablement aucune
n'appartient à la tribu des inulées qui revendique le véritable
conyza. La plupart des *conyza* de M. Kunth sont des astérées, du
genre *Dimorphanthes* ou du genre *Laennecia*.

Le *laennecia* étant intermédiaire entre les *dimorphanthes* et
les *diplopappus*, nous profitons de cette occasion pour donner
ici un supplément à nos articles sur ces deux genres.

Aux quatre espèces de *dimorphanthes*, que nous avons
décrites (tom. XlII, pag. 255), il faut ajouter les trois suivantes, qui sont trop remarquables pour être omises dans ce
Dictionnaire.

Dimorphanthes procera, H. Cass. (Bull. des Sc. 1821, pag. 175.)
Plante herbacée, à racine vivace. Tiges hautes de plus de trois
pieds et demi, dressées, simples, ramifiées seulement au sommet,
épaisses, cylindriques, un peu anguleuses, striées, couvertes
de poils un peu roides. Feuilles alternes, sessiles, semi-amplexicaules, étalées, variables, longues d'environ un demi-
pied, larges de six à dix-huit lignes, hérissées sur les deux
faces et sur les bords de poils un peu roides : les unes longues,
étroites, presque linéaires, très-entières sur les bords, obtuses
au sommet; les autres oblongues-lancéolées, tantôt simplement dentées, tantôt presque pinnatifides. Calathides larges
de huit lignes, hautes de six lignes, pédonculées (la terminale
sessile), disposées au sommet des tiges en panicule corymbiforme, à ramifications pubescentes, accompagnées de bractées
foliacées, longues, étroites, linéaires-subulées. Corolles jaunâtres.

Calathide discoïde: disque large, multiflore, régulariflore,
androgyniflore; couronne plurisériée, multiflore, tubuliflore,
féminiflore. Péricline hémisphérique-campanulé, inférieur
aux fleurs; formé de squames irrégulièrement imbriquées,
appliquées, linéaires-subulées, coriaces-foliacées. Clinanthe
très-large, plan, hérissé de papilles inégales, irrégulières,
épaisses, coniques, charnues. Ovaires oblongs, comprimés bilatéralement, hispidules, bordés d'un bourrelet sur chaque
arête extérieure et intérieure; aigrette longue, composée de

squamellules inégales, unisériées, filiformes, barbellulées. Corolles de la couronne tubuleuses, longues, grêles, bi-tridentées au sommet, ou tronquées obliquement, ou terminées irrégulièrement et variablement. Styles d'astérée.

Nous avons décrit cette belle espèce sur un individu vivant, cultivé au Jardin du Roi, où il fleurissoit à la fin de juillet. Nous ignorons son origine.

Dimorphanthes stipulacea, H. Cass. (Bull. des Sc. 1821, pag. 176.) Plante un peu visqueuse, à poils glanduleux, exhalant, lorsqu'on la froisse, une odeur assez analogue à celle du *nepeta cataria*. Tiges herbacées, paroissant un peu ligneuses à la base, irrégulièrement dressées, très-rameuses, diffuses, hautes de plus de deux pieds, cylindriques, striées, velues. Feuilles alternes, étalées, analogues à celles de l'ortie et de beaucoup de labiées : pétiole long d'un pouce, ayant à sa base deux appendices stipuliformes; limbe long de deux pouces, large d'un pouce et demi, ovale, subcordiforme, pubescent sur les deux faces, ridé, nervé, irrégulièrement et inégalement denté ou lobé, quelquefois ayant à sa base deux lobes en oreillettes, formés par deux incisions plus profondes. Calathides subglobuleuses, de trois lignes de diamètre, peu nombreuses, disposées en panicules terminales très-irrégulières. Corolles jaunes en préfleuraison, devenant jaunes-pâles ou blanchâtres en fleuraison.

Calathide discoïde : disque multiflore, régulariflore, androgyni-masculiflore; couronne multisériée, multiflore, ambiguïflore, féminiflore. Péricline subhémisphérique, très-inférieur aux fleurs; formé de squames paucisériées, inégales, irrégulièrement imbriquées, appliquées, oblongues, coriaces-foliacées, aiguës et rougeâtres au sommet. Clinanthe convexe, simple et nu, sous la couronne; plan ou concave, profondément alvéolé, à cloisons charnues, dentées, sous le disque. Ovaires de la couronne obovales-oblongs, comprimés bilatéralement, glabriuscules, bordés d'un bourrelet; aigrette composée de squamellules unisériées, filiformes, barbellulées. Ovaires du disque oblongs, irréguliers, glabriuscules, munis de plusieurs côtes, aigrettés comme les ovaires de la couronne, mais paroissant être stériles, quoique le stigmate soit bien conformé. Corolles de la couronne à limbe liguliforme, beaucoup plus court que le style, nullement radiant, irrégulier, semi-avorté, souvent presqu'entièrement avorté.

Nous avons décrit cette espèce sur un individu vivant, cultivé au Jardin du Roi, où il fleurissoit à la fin d'août. On croit qu'il vient du Brésil.

Dimorphanthes angustifolia, H. Cass.; *An? Erigeron linifolium*, Willd., *Sp. pl.*, tom. 3, pars 3, pag. 1955. Tige herbacée, dressée, haute de plus d'un pied, rameuse, striée, très-garnie de poils longs, fins, blancs, étalés. Feuilles alternes, sessiles, inégales, longues, étroites, linéaires, entières, garnies de poils courts sur les deux faces, et munies de poils roides sur les bords; on trouve rarement quelques feuilles plus larges et un peu dentées irrégulièrement. Calathides nombreuses, disposées en panicule terminale au sommet de la tige et des rameaux; chacune d'elles portée par un pédoncule long et grêle, souvent pourvu en son milieu d'une très-petite bractéole, et naissant dans l'aisselle d'une petite feuille linéaire, très-étroite.

Calathide discoïde, cylindracée et haute de deux lignes pendant la fécondation, ovoïde et plus grande après cette époque. Disque multiflore, régulariflore, androgyniflore; couronne multisériée, multiflore, tubuliflore, féminiflore, égale au disque pendant la fécondation, supérieure au disque après cette époque. Péricline cylindracé et à peu près égal aux fleurs pendant la fécondation, ovoïde, renflé et inférieur aux fleurs de la couronne après cette époque; squames du péricline inégales, paucisériées, irrégulièrement imbriquées, appliquées, étroites, linéaires, uninervées, hispides, à sommet subulé, membraneux, rougeâtre. Clinanthe plan, nu, fovéolé sous le disque, ponctué sous la couronne. Ovaires du disque et de la couronne, oblongs, comprimés bilatéralement, hispides; aigrette longue, composée de squamellules filiformes, barbellulées. Corolles du disque, à cinq divisions, d'abord jaunes, puis verdâtres. Corolles de la couronne, tubuleuses, jamais ligulées, longues, grêles, s'alongeant après la fécondation, terminées par trois dents longues, aiguës, subulées. Les stigmatophores un peu saillans au-dessus de la corolle femelle, pendant la fécondation, y sont entièrement inclus ensuite, par l'effet de l'alongement de cette corolle, et présentent ainsi la même singularité que nous avons observée dans le *gymnarrhena*. (Voyez tom. XX, pag. 114.)

Nous avons fait cette description sur des individus vivans, cultivés au Jardin du Roi, où ils fleurissoient en juillet et août.

Outre les trois espèces nouvelles que nous venons de décrire, et celles que nous avions antérieurement décrites ou indiquées, nous attribuons encore, avec plus ou moins d'assurance, au genre *Dimorphanthes*, les *conyza myosotifolia, coronopifolia, hispida, obtusa, sophiæfolia, pulchella, apurensis, floribunda, thesiifolia*, nommés ainsi par M. Kunth, dans ses *Nova Genera et Species plantarum*.

Nous avons décrit (tom. XIII, pag. 309) quatre espèces de *diplopappus*, auxquelles il faut ajouter : 1.° le *diplostephium lavandulifolium* de M. Kunth, que nous nommons *diplopappus lavandulifolius*, parce que notre genre *Diplopappus* a été fait et publié avant le genre *Diplostephium* de ce botaniste; 2.° l'*erigeron delphinifolium* de Willdenow, que nous nommons *diplopappus delphinifolius*, et que nous allons décrire ci-dessous; 3.° l'*erigeron gnaphalioides* de M. Kunth, que nous nommons *diplopappus gnaphalioides*, et qui se rapproche beaucoup du *laennecia*, par sa couronne plurisériée, à languettes courtes; 4.° l'*erigeron pubescens* du même botaniste, que nous nommons *diplopappus pubescens*, et qui paroît avoir beaucoup de rapports avec le précédent.

Le genre *Diplopappus*, ainsi composé, doit être divisé en deux sections : la première intitulée *asteroides*, ou vrais *diplopappus*, caractérisée par le péricline réellement imbriqué, et la couronne unisériée, à languettes moins étroites et ordinairement jaunes, comprend les *diplopappus lanatus, intermedius, villosus, lavandulifolius;* la seconde intitulée *erigeroides*, ou faux *diplopappus*, caractérisée par le péricline de squames ordinairement à peu près égales, et la couronne souvent plurisériée, multiflore, à languettes très-étroites et blanches, comprend les *diplopappus dubius, delphinifolius, pubescens, gnaphalioides*.

Diplopappus delphinifolius, H. Cass.; *Erigeron delphinifolium*, Willd.. *Hort. Berol.*, n.° 90. Plante herbacée, bisannuelle. Tiges hautes de près de deux pieds, dressées, rameuses, cylindriques,

striées, hispides. Feuilles alternes, sessiles, semi-amplexicaules, longues de trois pouces et demi, linéaires, d'un vert
cendré, hispidules sur les deux faces, pinnatifides, ou bipin-
natifides, à pinnules linéaires, un peu aiguës au sommet. Calathides penchées avant la fleuraison, larges de plus d'un pouce,
solitaires au sommet de rameaux simples, pédonculiformes,
munis de quelques petites feuilles linéaires, formant par leur
assemblage une sorte de panicule corymbiforme, terminale;
disque jaune; couronne blanche.

Calathide radiée : disque multiflore, régulariflore, androgyniflore; couronne uni-bisériée, multiflore, liguliflore, féminiflore. Péricline orbiculaire, convexe, subhémisphérique,
égal aux fleurs du disque; formé de squames bi-trisériées, à
peu près égales, appliquées, linéaires, aiguës, coriaces-foliacées. Clinanthe large, plan, un peu fovéolé. Ovaires du disque
et de la couronne oblongs, comprimés bilatéralement, hispidules, à aigrette double : l'extérieure très-courte, presque stéphanoïde, composée de rudimens de squamellules paléiformes,
unisériées; l'intérieure longue, caduque, composée de squamellules peu nombreuses, unisériées, distancées, filiformes,
barbellulées. Corolles de la couronne à languette longue,
étroite, linéaire.

Nous avons fait cette description sur des individus vivans,
cultivés au Jardin du Roi, où ils fleurissoient au mois de
juin. Cette espèce est voisine de notre *diplopappus dubius*
(*aster annuus*, Linn.), quoique, dans celle-ci, l'aigrette
intérieure soit complétement avortée sur les fruits de la couronne.

Puisque nous nous sommes permis cette digression, nous
pouvons bien la prolonger un peu, pour rectifier et compléter notre article Félicie (tom. XVI, pag. 314), en décrivant
une plante fort remarquable, qui appartient à la même tribu
que les *laennecia*, *dimorphanthes* et *diplopappus*.

Felicia brachyglossa, H. Cass. (*Aster cymbalariæ*, Willd.)
Plante herbacée, haute de cinq ou six pouces, plus ou moins
velue sur toutes ses parties. Tiges dressées ou étalées, très-rameuses, diffuses, cylindriques, à rameaux opposés, divergens.
Feuilles constamment opposées, étalées, très-inégales, variables,
un peu épaisses, à pétiole long, linéaire, à limbe suborbi-

culaire, ordinairement découpé sur les bords en trois ou cinq dents ou lobes, par des incisions plus ou moins profondes. Calathides hautes de trois lignes, larges de quatre lignes, solitaires au sommet de pédoncules terminaux, longs d'environ deux pouces, grêles, nus, roides, cylindriques. Disque jaune, large de deux lignes; couronne blanche, souvent un peu rosée, large d'une ligne.

Calathide courtement radiée : disque multiflore, régulariflore, androgyniflore; couronne courte, unisériée, continue, multiflore, liguliflore, féminiflore. Péricline hémisphéricocylindracé, poilu, inférieur aux fleurs du disque; formé de squames paucisériées, irrégulièrement imbriquées, appliquées, étroites, oblongues-lancéolées, ou presque linéaires, subcoriaces, les intérieures à bords latéraux membraneux. Clinanthe planiuscule, absolument nu, à peine fovéolé. Fruits pédicellulés, comprimés bilatéralement, obovales-oblongs, noirâtres, hispides, bordés d'un bourrelet sur chacune des deux arètes intérieure et extérieure, et surmontés d'un petit bourrelet apicilaire; aigrette blanche, arquée en dedans, presque aussi longue que le fruit, composée de squamellules unisériées, égales, filiformes, très-barbellulées. Corolles du disque à cinq divisions. Corolles de la couronne à languette un peu arquée en dehors, elliptique, ordinairement bidentée au sommet, longue d'une ligne, large de près d'une demiligne.

Nous avons fait cette description sur un individu vivant, cultivé au Jardin du Roi, et qui étoit bien certainement herbacé, et haut seulement de cinq ou six pouces; mais on nous assure que cette même plante s'élève beaucoup plus haut, qu'elle vit plusieurs années, et qu'elle devient un peu ligneuse. Nous connoissons quelques autres synanthérées du cap de Bonne-Espérance, qu'on a décrites tantôt comme des herbes, tantôt comme des arbustes, suivant l'époque où on les a observées; parce qu'elles fleurissent dès leur première année, lorsqu'elles sont encore basses et tendres, et qu'elles continuent de végéter et de fleurir les années suivantes, en élevant leur tige qui acquiert une consistance ligneuse.

Si l'on compare les caractères génériques de la plante que nous venons de décrire, avec ceux que nous avons attri-

bués au sous-genre *Felicia*, et qui ont été décrits principalement sur le *felicia fragilis*, on ne trouvera de différence
notable qu'à l'égard du péricline qui est ici à peu près semblable à celui du *felicia dubia*. On remarquera aussi sans
doute l'affinité du *felicia brachyglossa* avec les *eurybia* et les
erigeron.

La *conyza chrysocomoides* de la Flore Atlantique est une
quatrième espèce de *felicia*, que nous nommons *felicia Fontanesii* (1). Sa calathide est ordinairement radiée, à languettes
étroites et longues; son péricline, hémisphérico-cylindracé et
presque égal aux fleurs du disque, est formé de squames imbriquées, appliquées, oblongues-lancéolées, coriaces; le clinanthe est plan, fovéolé, parsemé de poils; les ovaires sont
très-comprimés, obovales-oblongs, hispides; leur aigrette est
blanche, un peu caduque, composée de squamellules égales,
unisériées, filiformes, très-barbellulées, barbellées et comme
plumeuses au sommet. Cette quatrième espèce, qui se rapproche beaucoup des *eurybia*, s'éloigne un peu des trois autres
felicia, en ce que sa calathide est quelquefois discoïde par
l'avortement des languettes, que toutes ses feuilles sont
alternes, que ses pédoncules paroissent quelquefois être garnis de feuilles, leur partie supérieure nue étant alors peu
alongée, et qu'elle habite le nord de l'Afrique. Mais, sur
tout le reste, elle est parfaitement analogue aux autres *felicia*, et il est très-possible que ses premières feuilles soient
opposées, comme dans le *felicia fragilis*, et qu'on retrouve
dans l'Afrique australe le *felicia Fontanesii*.

Quoi qu'il en soit, nous pensons qu'en modifiant un peu les
caractères génériques du *felicia*, pour les rendre moins restrictifs et plus exactement applicables aux quatre espèces, ce
sous-genre mérite d'être conservé, parce qu'il réunit plusieurs

---

(1) La plante dont nous parlons ici est l'ASTER CHRYSOCOMOIDES cultivé
au Jardin du Roi, et nous supposons, sur la foi de M. Desfontaines, que
c'est la même espèce que la CONYZA CHRYSOCOMOIDES de la Flore Atlantique. Cependant nous osons en douter, parce que la radiation de cet
ASTER paroit très-constante, et que ses calathides sont portées sur de
longs pédoncules nus. Si nos doutes se confirmoient, la plante de la
Flore atlantique seroit probablement un DIMORPHANTHES, malgré quelques
différences.

espèces habitant la même partie du globe, à feuilles ordinairement opposées, à calathides solitaires au sommet de longs pédoncules nus, terminaux, à péricline formé de squames étroites, appliquées, à clinanthe tout-à-fait nu, à fruits très-comprimés, obovales, à aigrette blanche, composée de squamellules égales, très-barbellulées. Nous ne dissimulons pas que ces caractères du *felicia* diffèrent peu de ceux de l'*eurybia*; mais le *felicia* et l'*eurybia* ne sont que des sous-genres utiles à établir dans un genre aussi nombreux que l'*Aster*; et la plupart des genres dont se compose un groupe très-naturel, ne diffèrent que par des nuances qui se confondent souvent sur les limites de chacun d'eux. Remarquez aussi que les caractères des genres ou sous-genres, comme ceux de tous les autres groupes naturels, ne peuvent pas toujours s'appliquer avec une exactitude parfaite à toutes les plantes qu'il convient cependant de leur attribuer. L'ensemble des affinités doit constamment prévaloir sur les caractères techniques, qu'il faut seulement considérer comme les indices de ces affinités, et comme des indices souvent trompeurs. (H. Cass.)

LÆPHET (*Bot.*), nom hébreu de la rave, *rapa*, cité par Mentzel. (J.)

LAERKA (*Ornith.*), nom suédois de l'alouette commune, *alauda arvensis*, Linn. (Ch. D.)

LAET, *Laetia.* (*Bot.*) Genre de plantes dicotylédones, à fleurs complètes, polypétalées, régulières, de la famille des *liliacées*, de la *polyandrie monogynie* de Linnæus, offrant pour caractère essentiel : Un calice à cinq divisions profondes ; cinq pétales (quelquefois nuls) ; des étamines nombreuses, insérées sur le réceptacle ; un ovaire supérieur ; un style ; un stigmate. Le fruit consiste en une capsule charnue, à trois valves, à une seule loge polysperme ; les semences anguleuses, enveloppées d'un arille pulpeux.

Ce genre comprend des arbrisseaux, tous originaires de l'Amérique méridionale, à feuilles alternes ; les pédoncules axillaires, chargés de quelques fleurs pédicellées.

Laet de Carthagène : *Laetia completa*, Linn.; Jacq., *Amer.*, 167, tab. 183, fig. 60. Arbrisseau très-rameux, d'environ neuf à dix pieds de haut. Les rameaux sont garnis de feuilles alternes, médiocrement pétiolées, ovales, oblongues, un peu obtuses, glabres, dentées à leur contour. Les fleurs, au nombre de trois ou quatre, sont placées sur un pédoncule commun, axillaire et cotonneux. Le calice est coloré; la corolle de la longueur du calice; l'ovaire arrondi. Le fruit est une capsule presque ovale, obtuse, cotonneuse. Cette plante croît dans les bois, aux environs de Carthagène.

Laet multiflore: *Laetia thamnia*, Swartz, *Flor. Ind. occid.*, 2, pag. 950; *Thamnia foliis ovatis*, etc., Brown, *Jam.*, 245. Cet arbrisseau s'élève à la hauteur de cinq pieds. Ses rameaux sont glabres, flexueux, garnis de feuilles oblongues, glabres, luisantes, d'un vert-gai, à peine crénelées; les pédoncules plus courts que les feuilles, dichotomes au sommet, chargés de plusieurs fleurs d'un blanc rougeâtre, dépourvues de corolle; le calice partagé en quatre folioles, les deux extérieures plus grandes, purpurines; les deux intérieures blanchâtres, caduques; les filamens pubescens; une capsule ovale, presque tétragone; l'arille des semences pourpre. Cette plante croît à la Jamaïque sur les côtes maritimes.

Laet apétale : *Laetia apetala*, Linn.; Jacq., *Amer.*, 167, tab. 108; *Guidonia laetia*, Lœfl., *Itin.*, 190.; Swartz, *Obs.*, 219. Arbre d'environ vingt pieds, dont les rameaux étalés sont garnis de feuilles ovales, obtuses, longues d'un pouce et demi, à dentelures très-fines, ferrugineuses; les pédoncules axillaires, chargés de deux ou trois fleurs blanches pédicellées, odorantes, dépourvues de corolle; les fruits glabres, médiocrement trigones. Cette plante croît dans les forêts, aux environs de Carthagène.

Le laetia guidonia a été transporté par Swartz dans le genre *Samyda*. Voyez Samyde. (Poir.)

LAETJI. (*Bot.*) L'arbre de ce nom, cité par Osbeck, est le même que le Litchi de la Chine. Voyez ce mot. (J.)

LAFFA. (*Bot.*) Flacourt dit que c'est un arbre de Madagascar, dont on tire des filamens semblables à ceux que fournit le pite d'Amérique, *agave*. L'on peut croire que c'est une espèce du même genre. Les Nègres de cette île l'emploient pour leurs lignes à pêcher, qui ont la solidité des crins de cheval. (J.)

LAFOENSIA. (*Bot.*) Ce genre de M. Vandelli doit être réuni au *munchausia* de Linnæus, quoiqu'il ait, suivant la description de l'auteur, dix pétales au lieu de six, et que d'autres parties de la fructification diffèrent aussi dans le nombre. (J.)

LAF-UL. (*Ornith.*) Voyez LAUHOL. (CH. D.)

LAGANITE. (*Foss.*) Ce nom a été donné autrefois à des pierres figurées en relief comme des gaufres. Nous ne voyons parmi les fossiles que certaines grandes astrées dont les lames de chacune des étoiles ont disparu, auxquelles ce nom puisse convenir. (D. F.)

LAGANSA, CALAGANSA (*Bot.*), noms malais, cités par Rumph, du *cleome icosandra*, espèce de mozambé. (J.)

LAGANUM. (*Foss.*) Gualtieri a donné ce nom à celles des scutelles fossiles, qui ont la forme d'un beignet. On en trouve de cette espèce dans la Touraine. Voyez SCUTELLE FOSSILE (D. F.)

LAGAR. (*Conchyl.*) Adanson, Sénég., pag. 191, pl. 13, désigne ainsi une espèce de nérite que Linnæus nomme *nerita promontorii*. (DE B.)

LAGARDO (*Erpétol.*), nom que les Portugais donnent au CAÏMAN. Voyez ce mot. (H. C.)

LAGARTOR. (*Erpétol.*) Voyez LAGARDO. (H. C.)

LAGASCA. (*Bot.*) Voyez LAGASCÉE. (H. CASS.)

, LAGASCÉE, *Noccæa.* (*Bot.*) [*Corymbifères*, Juss. = *Syngénésie polygamie séparée*, Linn.] Ce genre de plantes appartient à l'ordre des synanthérées, et à notre tribu naturelle des vernoniées. Voici ses caractères, tels que nous les avons observés sur plusieurs individus vivans de *noccæa mollis*, cultivés au Jardin du Roi.

Calathide uniflore, régulariflore, androgyniflore. Péricline inférieur à la fleur, cylindracé, tubulé, anguleux, plécolépide; formé de quatre ou cinq squames unisériées, linéaires-subulées, membraneuses-foliacées, entre-greffées inférieurement, libres supérieurement. Clinanthe très-petit, un peu saillant en forme de stipe. Ovaire un peu comprimé bilatéralement, alongé, un peu élargi vers le haut qui est subtétragone et velu; aigrette stéphanoïde, très-courte, annulaire, membraneuse, mince, laciniée, frangée, hérissée en dehors de longs poils fins, et paroissant elle-même formée de poils entre-greffés. Corolle à tube court, cylindrique, glabre, muni de nervures saillantes; à limbe subcampanulé, hérissé supérieu-

rement de longs poils subulés et de quelques poils courts
capités; sa partie indivise munie de dix nervures, dont cinq
surnuméraires non prolongées dans les divisions, qui sont
ovales, papillulées sur la face intérieure, munies chacune de
deux nervures très-intramarginales. Etamines à filet hérissé
de papilles cylindriques, à anthère noirâtre, à pollen blanc.
Style de vernoniée, articulé, par sa base, sur un nectaire
cylindrique, blanc. = Capitule très-irrégulier, composé de
calathides nombreuses, courtement pédicellées. Involucre
composé de bractées foliiformes, subunisériées, très-inégales,
très-irrégulièrement disposées. Calathiphore irrégulier, planiuscule, hérissé de poils.

Nous connoissons cinq espèces de *noccæa*.

LAGASCÉE MOLLE : *Noccæa mollis*, Jacq., *Fragm. Botan.*,
fasc. 4, pag. 58, tab. 85, fig. 1; *Lagasca mollis*, Cavan., *Anal. de
Cienc. nat.*, vol. 6, pag. 333, tab. 44. C'est une plante herbacée, à racine annuelle suivant les uns, vivace selon d'autres,
produisant des tiges hautes d'un pied et demi, dressées, rameuses, anguleuses, striées, pubescentes, à rameaux alongés,
étalés; les feuilles, opposées sur la tige, alternes sur les rameaux, sont étalées, a pétiole long d'un pouce, à limbe long
d'un pouce et demi, ovale, lancéolé, presque rhomboïdal,
ou deltoïde, cunéiforme ou cordiforme à la base, acuminé au
sommet, un peu denté, comme triplinervé, mou, pubescent,
blanchâtre, ou d'un vert très-pâle; les capitules, composés
de calathides uniflores, extrêmement nombreuses, sont solitaires au sommet de longs rameaux pédonculiformes, terminaux ou latéraux, nus ou pourvus de quelques petites feuilles;
l'involucre est composé d'environ six bractées foliiformes, très-
inégales, irrégulières, subtomenteuses; les périclines sont folia-
cés, verdâtres, noirâtres en haut, très-hispides en dehors,
partagés supérieurement en quatre ou cinq divisions demi-
lancéolées, hispides sur les deux faces; les corolles ont le
tube verdâtre, et le limbe blanc-rosé à nervures rougeâtres.
Cette plante habite l'île de Cuba, où elle fleurit au mois de
mars; on la trouve sur des collines sèches. Dans nos jardins de
botanique, où on la cultive en pleine terre, elle fleurit depuis
le mois d'août jusqu'au mois d'octobre.

LAGASCÉE ROIDE; *Noccæa rigida*, Cavan., *Icon. et Descr. plant.*, vol. 3, pag. 12, tab. 224. La tige est ligneuse, haute de quatre pieds, rameuse, un peu tétragone et rougeâtre; les feuilles sont opposées, connées à la base, à pétiole court, épais, à limbe ovale-aigu, denté en scie, coriace, d'un vert foncé; les capitules, composés de calathides uniflores, sont rassemblés en groupe au sommet des rameaux, dans les aisselles des feuilles qui sont rapprochées sur cette partie; l'involucre, long d'environ un pouce, est oblong, composé de six à huit bractées entre-greffées à la base, inégales, irrégulièrement disposées, lancéolées, un peu velues; le calathiphore est alvéolé, à cloisons ciliées; les périclines sont tubuleux, très-poilus, formés de cinq squames un peu inégales, très-aiguës, entre-greffées, libres au sommet; les corolles ont le tube un peu violet, et le limbe blanc; les anthères sont violettes, ainsi que les stigmatophores; les fruits sont cylindracés, et couronnés d'une aigrette de poils très-courts, dont deux opposés sont plus longs. Cet arbuste habite le Mexique.

Lagascée rouge : *Noccœa rubra*, H. Cass.; *Lagascea rubra*, Kunth, *Nov. Gen. et Sp. pl.*, tom. 4, pag. 24 (ed. in-4.°), tab. 311. Arbrisseau de six à dix pieds, à rameaux anguleux, glabres, bruns; feuilles presque opposées, à pétiole court, très-élargi à la base, à limbe long de quatre pouces, large de près de deux pouces, elliptique, obtus, à peine denticulé, roide, coriace, comme triplinervé, scabre sur les deux faces; capitules disposés en corymbes simples et feuillés au sommet des rameaux; chaque capitule composé de dix à vingt calathides uniflores, longues de huit à neuf lignes, portées par un calathiphore poilu, et entourées d'un involucre d'environ six bractées à peu près égales, longues d'un demi-pouce, lancéolées, aiguës, très-entières, membraneuses, poilues; périclines tubuleux, laineux, formés de cinq squames entre-greffées, libres au sommet; corolles rouges; ovaires comprimés, glabres, lisses, surmontés d'une aigrette stéphanoïde, membraneuse, partagée presque jusqu'à sa base en deux ou quatre divisions linéaires-subulées, pubescentes. Cette espèce et les deux suivantes ont été découvertes, dans le Mexique, par MM. de Humboldt et Bonpland.

Lagascée a feuilles d'hélianthe : *Noccœa helianthifolia*, H. Cass.; *Lagascea helianthifolia*, Kunth, *loco suprà citato*. Sous-arbrisseau, à feuilles sessiles, amplexicaules, oblongues, échancrées en cœur à la base, un peu acuminées au sommet, dentées en scie, roides, coriaces, très-scabres en dessus, un peu scabres en dessous; à capitules presque corymbés. L'aigrette est analogue à celle du *noccæa mollis*, dans cette espèce et la suivante.

LAGASCÉE ODORANTE : *Noccæa suaveolens*, H. Cass.; *Lagascea suaveolens*, Kunth, *loco suprà citato*. Sous-arbrisseau très-rapproché du précédent, dont il n'est peut-être qu'une variété, à feuilles sessiles, amplexicaules, oblongues, acuminées, dentées en scie vers le haut, roides, coriaces, très-scabres en dessus, garnies en dessous de poils très-mous, à capitules paniculés ou corymbés. Les corolles, qui sont blanches, comme dans la précédente espèce, exhalent une odeur agréable.

Cavanilles a établi, en 1794, dans le troisième volume de ses *Icones et Descriptiones plantarum*, un genre *Nocca*, dédié à un botaniste de ce nom, et composé d'une seule espèce, qui est le *noccæa rigida*. Il décrit l'involucre du capitule comme un calice commun monophylle, profondément découpé; et le péricline des calathides uniflores comme un vrai calice monophylle, d'où il conclut que l'ovaire est supère, et que ce genre est voisin du *laxmannia* de Forster. Le même auteur, Cavanilles, a proposé, dans le sixième volume des *Anales de ciencias naturales*, un genre *Lagasca*, dédié au célèbre botaniste de ce nom, et composé d'une seule espèce, qui est le *noccæa mollis*. Il décrit l'involucre du capitule comme un calice commun, c'est-à-dire, comme un péricline; et le vrai péricline des calathides uniflores est considéré par lui comme la surface de l'ovaire et du fruit, auquel il attribue en conséquence une aigrette composée de quatre arêtes. Jacquin, en 1805, dans ses *Fragmenta Botanica*, a reconnu, dans cette dernière plante, l'existence d'une enveloppe particulière, engaînant l'ovaire de chaque fleur sans y adhérer; et c'est pourquoi il a très-justement attribué le *lagasca* de Cavanilles au genre *nocca* ou *noccæa* du même auteur. Mais Jacquin a eu tort de considérer l'enveloppe dont il s'agit comme un périanthe propre ou calice infère, et de dire l'ovaire supère et la corolle infère. Il paroît qu'en 1806, M. le comte Henckel de Donnersmarck a donné dans ses *Adumbrationes plantarum nonnullarum Horti Halensis*, une description détaillée du *lagasca* de Cavanilles, et y a vu, comme Jacquin, un calice monophylle propre à chaque fleur. Willdenow, en 1807, dans les Mémoires de la Société des Naturalistes de Berlin, observe que ce calice n'est point monophylle, mais composé de cinq pièces cohérentes, et que le réceptacle, c'est-à-dire, le calathiphore, est velu. Il remarque aussi que le nom générique de *lagasca* doit être modifié en celui de *lagascea*, sous lequel il a décrit assez exactement ce genre, en 1809, dans son *Enumeratio plantarum Horti Regii Berolinensis*, en employant pour cette description ses propres observations et celles de M. Henckel. M. Desvaux, en 1808, dans le tome premier du Journal de Botanique, a confirmé l'exactitude de l'observation de Jacquin sur l'existence d'une enveloppe uniflore dans le *noccæa mollis*. Mais M. Desvaux, croyant que le *nocca* de Cavanilles et son *lagasca* étoient deux genres différens, a rétabli pour la seconde plante le nom générique de *lagasca* que Jacquin lui avoit ôté. M. Desvaux nomme involucre, ce qui veut dire pour lui calice commun, l'involucre du capitule; et il nomme involucelle le péricline des calathides uniflores; il prétend que les glandes stigmatiques recouvrent une partie du style jusqu'au-dessous de ses incisions; en conséquence, il attribue la plante dont il s'agit à la monostigmatie de M. Richard, caractérisée par un seul stigmate, et aux échinopsidées du même auteur, caractérisées par les fleurs pourvues d'involucelles; enfin, il dit que ce genre doit être placé près de l'*echinops*. M. Poiret, en 1813, dans le troisième volume des Supplémens du Dictionnaire de Botanique de l'Encyclopédie méthodique, admet, comme M. Desvaux, la distinction des genres *Nocca* et *Lagasca*; et il considère, à l'exemple de Cavanilles, le péricline des calathides uniflores du *lagasca* comme un péricarpe surmonté de quatre ou cinq arêtes, parce que cette partie enveloppe le fruit et persiste avec lui. Mais M. Poiret a reconnu l'affinité de cette plante avec l'*elephantopus*. Dans notre premier Mémoire sur les Synanthérées, lu à l'Institut, le 6 avril 1812, et publié dans le Journal de Physique de février, mars et avril 1813, nous avons expressément classé le *lagasca* dans notre tribu naturelle des vernoniées, en faisant connoître la structure du style des plantes de cette tribu. Dans notre troisième Mémoire, nous avons remarqué que l'ovaire de chaque fleur du *lagasca* étoit engaîné dans un étui complet, absolument analogue à celui des dispacées. Dans une liste manuscrite, que M. de Jussieu nous a communiquée en 1816, nous trouvons le genre *Nocca* placé entre le *jaumea* et le *vernonia*, dans la première section des corymbifères, et le genre *Lagasca* placé entre le *melananthera* et le *marshallia*, dans la sixième section du même ordre. M. Robert Brown, en 1817, dans ses Observations sur les Composées (Journal de Physique, tom. 86, pag. 398 et 412), démontre fort bien, par l'ordre d'épanouissement du centre à la circonférence, que le *lagasca* a un capitule composé de plusieurs calathides uniflores ayant chacune un péricline qu'il nomme involucre; mais il assimile cet involucre, ou péricline, aux écailles qui enveloppent l'ovaire de l'*echinops*. M. Kunth, dans le quatrième volume de ses *Nova Genera et Species plantarum*, publié en 1820, a décrit, sous le nom générique de *lagascea*, trois espèces nouvelles, qui sont les *noccæa rubra*, *helianthifolia*, *suaveolens*. Ce botaniste place, comme M. Poiret, le *lagascea* auprès de l'*elephantopus;* mais il attribue les deux genres à ses carduacées échinopsidées, ce qui prouve qu'il leur suppose de l'affinité avec l'*echinops* et le *carduus*.

Quoique nous n'ayons observé que la première des cinq espèces de *noccæa* décrites dans cet article, il est très-évident pour nous qu'elles sont parfaitement congénères, malgré quelques légères différences qui paroissent exister dans l'aigrette et l'involucre du *noccæa rigida*, et dans l'aigrette du *noccæa rubra*. Nous tenons donc pour certain que le *nocca* de Cavanilles et le *lagasca* du même auteur, décrits si différemment par ce botaniste, ne forment qu'un seul et même genre, qu'il convient, selon nous, de nommer *nocca*, ou plutôt *noccæa*. Nos motifs pour préférer ce nom à celui de *lagascea*, sont : 1.° que les caractères génériques tracés par l'auteur du genre, sous le titre de *nocca*, sont infiniment plus exacts que ceux qu'il a tracés sous le titre de *lagasca;* 2.° que nous croyons, sans pouvoir l'affirmer, que le *lagasca* n'a été publié qu'après le *nocca;* 3.° que, dès l'année 1805, Jacquin a décrit le *lagasca* sous le nom de *noccæa;* 4.° que l'adoption du nom de *noccæa* ne lèse point les droits de Cavanilles, inventeur du genre, et auteur du nom adopté par nous; qu'elle rend justice à Jacquin, qui a rectifié l'erreur grossière de Cavanilles; qu'elle conserve aux deux premières espèces d'anciennes dénominations, et qu'elle change seulement les dénominations très-récentes des trois dernières espèces. Cependant, comme il est bien probable que le nom générique de *lagascea*, maintenant usité, prévaudra, en dépit de la raison et de la justice, cela nous a décidé à décrire dans ce Dictionnaire le genre *Noccœa*, sous le titre françois de Lagascée.

Le genre *Noccœa* ou *Lagascœa* fait indubitablement partie de notre tribu naturelle des vernoniées, dans laquelle il est voisin du *rolandra*, du *corymbium*, du *gundelia*; mais il n'appartient certainement pas à la même tribu que l'*echinops*, quoique ce dernier genre ait quelque affinité avec ceux que nous venons de citer. Le *noccœa mollis* a les étamines semblables à celles du *balbisia*, la corolle analogue à celle des *stevia*, et le port du *melananthera*.

Terminons cet article par la réfutation de quelques unes des erreurs auxquelles a donné lieu le genre dont il s'agit.

La plus grave est sans doute celle de Cavanilles, qui a pris le péricline de son *lagasca* pour la surface même de l'ovaire. Il est surprenant que, depuis la rectification de cette erreur par Jacquin et d'autres botanistes, M. Poiret ait persisté à considérer la partie en question comme un péricarpe. Sans doute, cette partie fait office de péricarpe; mais, en botanique, si l'on veut être exact, et ne pas tomber dans la plus étrange confusion, la dénomination ou la qualification des organes doit être fondée uniquement sur leur origine, leur situation, leur structure, et non pas sur leur emploi, parce que chez les végétaux, presque tous les différens organes peuvent se suppléer mutuellement dans l'usage auquel chacun d'eux est le plus ordinairement consacré. Le système contraire est subversif de la science importante des affinités.

C'est encore pour avoir méconnu ces principes, que Cavanilles considérant comme un vrai calice le péricline de son *nocca*, y voit un ovaire supère, et trouve de l'affinité avec le *laxmannia*, genre fondé par Georges Forster sur une autre erreur ayant le même résultat.

M. R. Brown, incapable de commettre d'aussi lourdes fautes, s'est pourtant trompé, selon nous, en assimilant le péricline du *lagasca* aux écailles qui enveloppent l'ovaire de l'echinops, et qui ne peuvent être considérées comme un vrai péricline, puisqu'elles sont implantées sur l'ovaire, bien au-dessus de son aréole basilaire. (Voyez tom. XX, pag. 362.) Ce botaniste a paru nous blâmer d'avoir comparé le péricline du *lagasca* à l'étui qui engaîne l'ovaire de la scabieuse : cependant cette comparaison est parfaitement exacte, puisque M. Brown regarde lui-même avec raison l'étui des dipsacées comme un péricline uniflore.

M. Desvaux, fortement imbu de la doctrine de M. Richard, et prenant, comme lui, les collecteurs pour des glandes stigmatiques, a cru que le *lagasca* n'avoit qu'un seul stigmate divisé supérieurement en deux lanières; mais nous avons déjà plusieurs fois démontré la source de cette erreur.

La plupart des autres méprises signalées précédemment seroient presque toujours évitées, si l'on adoptoit les distinctions que nous avons établies (tom. X, pag. 142) entre la calathide et le capitule, entre le clinanthe et le calathiphore, entre le péricline et l'involucre. Les périphrases dont on peut se servir pour exprimer les mêmes choses, sans employer ces nouveaux termes, ne peuvent jamais être aussi exactes ni d'un usage aussi commode. (H. Cass.)

LAGENA. (*Conchyl.*) Nom de genre établi par Klein, *Tentam. ostracol.*, pag. 49, pour quelques espèces de buccins qui ont, pour lui, la forme d'une bouteille, qui sont ventrues, dont la spire est courte et la columelle représente un peu le cou d'une oie. Il me paroît y rapporter une espèce de tonne. (De B.)

LAGENIFERA. (*Bot.*) Voyez Lagénophore. (H. Cass.)

LAGENITE. (*Foss.*) Nom sous lequel les anciens oryctographes désignoient des concrétions, ou des corps fossiles dont les formes générales étoient celles d'une phiole ou d'une bouteille. Telles sont, par exemple, les pétrifications d'alcyons, des environs de Montpellier. (Desm.)

LAGÉNOPHORE, *Lagenophora*. (*Bot.*) [*Corymbifères*, Juss. = *Syngénésie polygamie nécessaire*, Linn.] Ce genre de plantes, que nous avons proposé dans le Bulletin des Sciences de décembre 1816, sous le nom de *lagenifera*, auquel nous avons substitué celui de *lagenophora*, dans le Bulletin de mars 1818, appartient à l'ordre des synanthérées et à notre tribu naturelle des astérées. Voici les caractères génériques, que nous avons observés, dans l'herbier de M. Jussieu, sur les deux espèces du genre, et plus particulièrement sur la première.

Calathide radiée ; disque pauciflore, régulariflore, masculiflore ; couronne unisériée, liguliflore, féminiflore. Péricline irrégulier, à peu près égal aux fleurs du disque ; formé de squames subbisériées, un peu inégales, oblongues-aiguës, à partie inférieure appliquée, coriace, à partie supérieure inappliquée, submembraneuse, colorée. Clinanthe plan, inappendiculé. Ovaires de la couronne très-grands, comprimés bilatéralement, obovales, prolongés supérieurement en un col court, cylindrique, terminé par un bourrelet, sans aigrette. Faux-ovaires du disque nuls. Corolles de la couronne à tube presque nul, à languette longue.

LAGÉNOPHORE DE COMMERSON : *Lagenophora Commersonii*, H. Cass.; *Aster nudicaulis*, Commers., ined.; Lamk., Encycl.; *Calendula pumila*, Forst. ; *Calendula magellanica*, Willd. ; *Calendula pusilla*, Petit-Thouars, Flore de Tristan d'Acugna, p. 40, tab. 9. C'est une plante herbacée, probablement vivace, presque entièrement glabre ; sa tige grêle, cylindrique, glabre, rampante, produit des racines, des feuilles et des rameaux ascendans, hauts de deux à trois pouces, dont la partie inférieure ascendante est beaucoup plus courte, garnie de feuilles, et dont la partie supérieure dressée, est beaucoup plus longue, grêle, nue, scapiforme ; les feuilles sont alternes, très-inégales ; les plus grandes longues de sept lignes, larges de deux lignes, à partie inférieure pétioliforme, à partie supérieure cunéiforme, obovale ou subspatulée, parsemée de quelques poils rares, et bordée surtout vers le sommet de quelques grosses dents arrondies ; les calathides, larges de quatre à cinq lignes, sont solitaires au sommet des rameaux scapiformes ; les corolles du disque sont jaunes, purpurines au sommet ; celles de la couronne sont entièrement purpurines. Nous avons fait cette description sur des échantillons secs recueillis par Commerson, en 1768, sur la terre Magellanique. Ce naturaliste croyoit que la plante dont il s'agit étoit voisine de l'*aster chinensis*, et que ces deux espèces devoient peut-être former ensemble un nouveau genre : mais, quoique de la même tribu, elles ne sont assurément pas congénères. (Voyez notre article Callistemma, tom. VI, Supplément, pag. 45.)

Lagénophore de Labillardière : *Lagenophora Billardieri*, H. Cass.; *Bellis stipitata*, Labill., *Nov. Holl. pl. Spec.* Feuilles toutes radicales, ou presque radicales, longues de six à neuf lignes, larges de deux lignes, ou deux lignes et demie, oblongues-lancéolées, étrécies inférieurement, comme lyrées, ou bordées de grosses dents, et poilues sur les deux faces; hampe dressée, haute de plus de deux pouces, glabriuscule, garnie de quelques petites bractées subulées; calathide large d'environ cinq lignes, solitaire au sommet de la hampe, et composée de fleurs jaunes ou rougeâtres. Nous avons fait cette description sur des échantillons secs, recueillis par M. Labillardière, au cap Van-Diémen.

Ce genre et plusieurs autres peuvent servir à prouver que les botanistes ont tort de considérer le col du fruit comme appartenant à l'aigrette et formant son support; car ici le col existe sans aigrette.

Le nom générique de *lagenophora* est composé de deux mots grecs, qui signifient porte-bouteilles, parce que les fruits surmontés de leur col ressemblent à des bouteilles prolongées en goulot.

Notre genre est voisin du *Bellis*, dont il diffère beaucoup cependant par le disque masculiflore, le péricline irrégulier, le clinanthe non conique, les fruits collifères; il diffère de l'*aster* par le disque masculiflore, les fruits collifères et inaigrettés; il diffère du *calendula*, qui d'ailleurs n'est pas de la même tribu naturelle, par la structure du péricline et la forme des fruits. Mais les botanistes qui, n'ayant point égard aux affinités naturelles et aux caractères minutieux qui les dénotent, se bornent à un examen superficiel, doivent sans aucun doute, rapprocher le *lagenophora* du *calendula*. (H. Cass.)

LAGÉNULE, *Lagenula*. (*Bot.*) Genre de plantes dicotylédones, à fleurs complètes, monopétalées, régulières, dont la famille naturelle n'est pas encore déterminée. Il appartient à la *tétrandrie monogynie* de Linnæus, et offre pour caractère essentiel : Un calice inférieur, à quatre folioles; une corolle monopétale, charnue, à quatre lobes; quatre étamines; un ovaire supérieur; un style; un stigmate simple. Le fruit est une baie à deux loges, à deux semences.

LAGÉNULE PÉDIAIRE; *Lagenula pedata*, Lour., *Flor. Cochin.*, 1, pag. 111. Arbrisseau d'une médiocre grandeur, dont les tiges sont rameuses, grimpantes en forme de vrilles; les feuilles pédiaires, composées de cinq folioles ovales, crénelées, tomenteuses. Les fleurs sont d'un blanc-verdâtre, presque terminales, disposées en grappes étalées, médiocrement ramifiées. Leur calice est composé de quatre folioles ovales, alongées, persistantes, réfléchies; la corolle (nectaire selon Loureiro) partagée en quatre lobes droits, charnus, connivens; les filamens des étamines, subulés, de la longueur du calice; les anthères ovales, tombantes. L'ovaire est renfermé dans la corolle, surmonté d'un style épais, plus court que les étamines. Le fruit est une petite baie resserrée à sa partie supérieure en forme de bouteille, à deux loges, à deux semences convexes d'un côté, anguleuses de l'autre. Cette plante croît à la Cochinchine, sur les montagnes. (POIR.)

LAGENULE, *Lagenula*. (*Conchyl.*) Sous ce nom, M. Denys de Montfort, *Conchyl. System.*, tom. 1, pag. 311, a établi un genre, avec un petit corps microscopique que Soldani a figuré (Test., tab. 120, vas. 248. z.), et dont il est fort difficile de se faire une idée assez juste, pour y retrouver les caractères que le conchyliologiste que nous venons de citer d'abord assigne à ce genre. Si l'on s'en rapporte à la figure, c'est un petit corps ovale, partagé, comme une orange, par de petites côtes feuilletées, et porté sur une sorte de cou dont les lignes ou cloisons sont au contraire horizontales. Il est irisé et a été trouvé dans les sables de Rimini. M. Denys de Montfort le nomme *lagenula flosculosa*, le LAGÉNULE FLEURI. (DE B.)

LAGERSTROME, *Lagerstroemia*. (*Bot.*) Genre de plantes dicotylédones, à fleurs complètes, polypétalées, régulières, de la famille des *lythraires*, de la *polyandrie monogynie* de Linnæus, offrant pour caractère essentiel : Un calice campanulé, à six divisions; six pétales onguiculés; des étamines nombreuses; un ovaire supérieur; le style courbé. Le fruit est une capsule à six loges polyspermes.

Ce genre comprend des arbrisseaux, la plupart originaires des Indes orientales; leurs feuilles sont simples, alternes;

les fleurs disposées en panicules terminaux, d'un aspect agréable. On en cultive quelques espèces dans les jardins de botanique, particulièrement le lagerstrome des Indes. Leur multiplication a lieu par rejets, par marcottes et par boutures ; les deux premières opérations se font au printemps, celle des marcottes quand la végétation commence à se développer. On les tient d'abord sur couche et sous châssis. Il leur faut une terre substantielle et la serre chaude pendant l'hiver. Le genre *Munchausia* a été réuni à celui-ci par la plupart des auteurs modernes, ainsi que le *Lafoensia* de Vandelli, et l'*Adamboe* de Rhéede.

Lagerstrome des Indes : *Lagerstroemia indica*, Linn.; Lamk., *Ill. gen.*, tab. 473, fig. 1; *Botan. Magaz.*, tab 405; *Tsjinkin*, Rumph, *Amboin.*, 7, pag. 61, tab. 28; *Sibi*, Kæmpf., *Amœn.*, 855. Bel arbrisseau de la Chine et du Japon, de l'aspect d'un grenadier, distingué par l'éclat et la beauté de ses fleurs, et surtout par la longueur des onglets. Ses tiges sont hautes d'environ six pieds ; ses rameaux bruns ou rougeâtres, un peu anguleux ; ses feuilles alternes, quelquefois opposées, presque sessiles, ovales, entières, rudes sur leurs bords, longues d'un pouce ; les fleurs d'un rouge vif ou d'un pourpre éclatant, disposées en un panicule terminal ; leur calice glabre, campanulé ; les pétales ovales, ondulés sur les bords ; les onglets filiformes ; six étamines plus longues que les autres. Le fruit est une petite capsule ovale, arrondie, mutique.

Lagerstrome a petites fleurs ; *Lagerstroemia parviflora*, Roxb., *Corom.*, 1, pag. 48, tab. 66. Arbrisseau des Indes orientales, dont les tiges sont glabres, cylindriques ; les feuilles opposées, presque sessiles, ovales, lancéolées, obtuses ; les pédoncules axillaires, presque solitaires, portant une petite grappe de flenrs pédicellées, opposées; la corolle est petite ; les pétales arrondis, denticulés à leurs bords ; six étamines plus longues que les autres. Cette plante croît sur les montagnes.

Lagerstrome a grandes feuilles : *Lagestroemia munchausia*, Lamk., Encycl. et *Ill. gen.*, 673, fig. 2; *Munchausia speciosa*, Linn.; *Lafoensia*, Vandell., *Flor.* Arbrisseau d'environ sept pieds, dont les rameaux sont cylindriques ; les feuilles grandes, alternes, un peu pétiolées, ovales-oblongues, acuminées, très-

25.   8

entières, glabres, plus pâles en dessous; les fleurs grandes et belles, d'un pourpre bleuâtre, disposées en une grappe droite, terminale; leur calice turbiné, couvert d'un duvet court, cotonneux; l'onglet plus court que la lame. Cette plante croît sur la côte de Malabar, dans l'île de Java et aux Philippines. Le genre *Calyplectus* de la Flore du Pérou, ne paroit être qu'une variété de cette espèce, qui en diffère par ses pétales, au nombre de dix ou douze. (Voyez CALYPLECTE.)

LAGERSTROME DE LA REINE: *Lagerstroemia reginæ*, Roxb., Cor., 1, pag. 46, tab. 65; *Adamboa glabra*, Lamk., Dict., 1, pag. 39; *Adamboe*, Rhèede, *Malab.*, 4, tab. 20 et 21. Arbrisseau d'environ sept à huit pieds, très-rameux, garni de feuilles alternes, ovales-oblongues, glabres, coriaces, entières, un peu rudes, longues de six à sept pouces. Les fleurs sont fort belles, assez grandes, purpurines, semblables à des roses; les pétales arrondis et subulés, les capsules d'un vert brun et luisant, longues d'un pouce. Cette plante croît aux bords des rivières, dans les terrains sablonneux et pierreux, sur la côte de Malabar.

LAGERSTROME HÉRISSÉ: *Lagerstroemia hirsuta*, Lamk., Encycl., l. c.; *Katou adamboe*, Rhèede, *Malab.*, 4, tab. 22. Cet arbrisseau s'élève à la hauteur de neuf ou dix pieds. Ses rameaux sont velus, ainsi que les feuilles. Celles-ci sont très-médiocrement pétiolées, oblongues, pubescentes, longues d'environ huit pouces. Les fleurs sont purpurines, disposées en panicule terminale; les pétales ovales, aiguës, point ondulés; leur calice à six ou sept divisions; les capsules hérissées de poils fins, s'ouvrant en six ou sept battans. Cette plante croît au Malabar dans les lieux montagneux. (POIR.)

LAGET, *Lagetta*. (*Bot.*) Genre de plantes dicotylédones, à fleurs incomplètes, de la famille des *thymélées*, de l'*octandrie monogynie* de Linnæus, offrant pour caractère essentiel: Un calice tubulé, resserré à son orifice; le limbe à quatre divisions; point de corolle; quatre glandes pétaliformes attachées au sommet du tube du calice; huit étamines; un ovaire supérieur; le style court. Le fruit est un drupe pisiforme et monosperme.

LAGET A DENTELLE: *Lagetta lintearia*, Lamk., Encycl. et *Ill. gen.*, tab. 289; *Daphne lagetto*, Swartz, *Flor. Ind. occid.*, 2, pag. 680;

Frutex foliis majoribus, etc., Brow., *Jam.*, tab. 31, fig. 5; *Lau-rifolia arbor*, etc., Sloan., *Jam. Hist.*, 2, pag. 22, tab. 168, fig. 1, 2, 3; vulgairement Bois a dentelle, Nicols., *Saint-Doming.*, 172, tab. 1, fig. 1. Arbrisseau très-remarquable par la nature de sa seconde écorce, c'est-à-dire par celle qui est placée entre l'aubier et l'écorce extérieure. Elle est composée de plusieurs couches, qui, lorsqu'on les détache, sont susceptibles de s'étendre en un réseau clair, blanc, assez fort, presque sem-blable à une dentelle ou plutôt à une belle gaze. Cet arbris-seau s'élève à douze ou quinze pieds; il se divise en ra-meaux glabres, cylindriques, garnis de feuilles alternes, glabres, ovales, aiguës, longues au moins de trois pouces, entières, luisantes à leurs deux faces; les pétioles très-courts. Les fleurs sont disposées en grappes paniculées, terminales. Leur calice est tubulé, caduc; il contient quatre glandes assez sem-blables à de petits pétales; les étamines sont très-courtes; l'ovaire ovale, inférieur. Le fruit est un petit drupe globu-leux, velu, de la grosseur d'un pois, contenant une semence aiguë aux deux bouts, environnée de pulpe.

Cette plante croit sur les hautes montagnes, à Saint-Do-mingue, à la Jamaïque. Au rapport de Nicolson, le bois est compacte, jaunâtre; la moelle d'un brun-pâle. On emploie quelquefois son écorce par curiosité, pour faire des cocardes, des manchettes et même des garnitures de robes. Pour les blan-chir, il suffit de les agiter dans un bocal avec de l'eau de savon. Les Nègres s'en servent pour faire leurs nattes; on l'emploie aussi pour faire des licous dans les quartiers où il n'y a point de pitte.

Laget de Malabar : *Lagetta malabarica*, Poir.; *Cansjera ma-labarica*, Lamk., *Ill. gen.*, tab. 289, fig. 1; *Tsjeracaniram*, Rhèede, *Malab.*, 7, tab. 2; *Daphne polystachia*, Willd., *Spec.*, 2, pag. 420; Laurelle de Malabar, Lamk., Encycl. Cette plante pourroit bien appartenir aux *Daphne*, en supposant qu'elle soit privée de glandes, un des caractères qui distingue les *daphne* des *lagetta*. Ses tiges sont ligneuses, sarmenteuses, et s'élèvent, en grimpant, jusqu'à la hauteur de dix à douze pieds; les rameaux un peu veloutés et grisâtres, garnis de feuilles alternes, ovales, aiguës, glabres, entières, longues d'environ deux pouces. Les fleurs sont petites, disposées en grappes simples, réunies deux ou trois ensemble dans chaque aisselle des feuilles. Leur calice est urcéolé, à quatre dents; point de corolle; quatre étamines situées à l'orifice du calice; écailles très-petites, qui sont ou des glandes ou des étamines avortées; l'ovaire très-petit; le style court; le stigmate en tête. Le fruit est une petite baie ovale, arrondie, monosperme, mucronée au sommet. Cette plante croît sur la côte de Malabar.

Le *scheru-valli-caniram*, Rhèede, *Malab.*, 7, tab. 4, et Lamk., *Ill. gen.*, tab. 289, fig. 2, n'est qu'une variété de la même espèce, que Willdenow a distinguée sous le nom de *daphne monostachya*. Elle n'en diffère que par ses épis solitaires et non fasciculés. (Poir.)

LAGETTO. (*Bot.*) Voyez Laget a dentelle, à l'article Laget. (Lem.)

LAGOCÉPHALE (*Ichthyol.*), nom spécifique d'un gobie que nous avons décrit, tom. XIX, pag. 141 de ce Dictionnaire. (H. C.)

LAGOCHIMICA. (*Bot.*) C. Bauhin dit que Belli lui avoit envoyé de Crète, sous ce nom, des graines d'une espèce de jacée, qui est peut-être le *dorycnium* de Dioscoride. (J.)

LAGOCHYMENI. (*Bot.*) Ce nom, dans l'île de Lemnos, signifie chambre de lièvre. Il est donné à une plante que Matthiole, Daléchamps et C. Bauhin regardent comme un cumin. Tournefort, la jugeant différente, en avoit fait son *cuminoides*, genre d'ombellifère que Linnæus a adopté, en substituant à ce nom celui de *lagoecia*, tiré du premier nom grec. (J.)

LAGOCHIMITHIA. (*Bot.*) Voyez Heliochrysos. (J.)

LAGOCHYMITIA (*Bot.*), nom grec cité par Adanson, comme synonyme du *tanacetum annuum*, Linn. (H. Cass.)

LAGOECIE (*Bot.*), *Lagœcia*, Linn. Genre de plantes dicotylédones, de la famille des *ombellifères*, Juss , et de la *pentandrie monogynie* de Linnæus; dont les principaux caractères sont les suivans: Ombelle simple, multiflore, glomérulée; collerette générale à neuf folioles ailées ou pectinées ; collerettes partielles uniflores, à quatre folioles pectinées, capillacées, comme plumeuses; calice à cinq découpures multifides, capillacées; cinq pétales bicornes; cinq étamines; un ovaire inférieur, surmonté d'un style à stigmate simple; une graine solitaire, ovale-oblongue, couronnée par le calice. Ce genre ne comprend qu'une espèce.

Lagoecie cuminoïde : vulgairement, Cumin batard ; *Lagœcia cuminoides*, Linn., *Spec.*, 294 ; Lamk., *Ill. gen.*, tab. 142 ; *Cuminum sylvestre primum*, Matth., *Valgr.*, 759 ; Dod., *Pempt.*, 300. Sa racine est annuelle, fibreuse ; elle produit une tige glabre, haute d'un pied ou environ, rameuse dans sa partie supérieure, garnie de feuilles alternes, alongées, ailées, à pétiole membraneux, amplexicaule, et à pinnules courtes, incisées, dentées. Les fleurs sont disposées, au sommet de la tige ou des rameaux, en ombelles solitaires, penchées avant la floraison, et formant chacune une sorte de tête très-velue ou presque laineuse. Cette plante croît naturellement dans le Levant, les îles de l'Archipel et dans l'Afrique septentrionale. Elle a une odeur légèrement aromatique, analogue à celle de la carotte. (L. D.)

LAGOIS. (*Ichthyol.*) Chez les anciens Romains, on désignoit par ce nom un poisson des contrées étrangères, comme le témoigne assez ce vers d'Horace :

Nec scarus, aut poterit peregrina juvare lagois.

Aujourd'hui, on ne sait à quelle espèce rapporter cette dénomination. (H. C.)

LAGOMYS. (*Mamm.*) Les rongeurs du genre *Pika* ont été ainsi nommés par MM. Cuvier et Geoffroy. (Desm.)

LAGON. Voyez Lagoni. (Desm.)

LAGONDI. (*Bot.*) Nom malais de deux arbrisseaux que Rumph désigne sous celui de *lagondium*, et qui sont des gattiliers, *vitex trifolia* et *vitex negundo*. C'est la première de ces espèces qui est aussi le *lagondie* de Sumatra, cité par Marsden, dont les feuilles ont une odeur forte et aromatique. Il est employé, dans cette île, comme antiseptique, et substitué au quinquina pour le traitement des fièvres. Les mêmes vertus lui sont attribuées par Rhèede, sur la côte Malabare, où il est nommé *cara-nosi*. Le *lagondi* des Philippines, mentionné par Camelli, est le même, et y jouit d'une réputation encore plus étendue, qui le fait croire propre pour toutes les maladies. (J.)

LAGONEN. (*Ichthyol.*) Un des noms suisses de la vaudoise, lorsque ce poisson approche de son entier développement.

Voyez Able, dans le Supplément du Ier volume de ce Dictionnaire. (H. C.)

LAGONI. (*Min.*) Ce nom italien, qui même n'est employé
qu'en Toscane avec la signification sous laquelle nous allons le
considérer, n'a pas de traduction en françois, et cependant il
désigne un phénomène géologique très-intéressant, qui n'est
probablement pas restreint au sol de la Toscane.

Les lagonis du Volterranais et du Siennois sont proprement, comme nous le dit M. Santi, des amas plus ou moins
grands d'une eau bourbeuse et noirâtre, agitée par une
ébullition apparente, et d'où s'exhalent continuellement avec
impétuosité et un bruit qui s'entend très-loin, des vapeurs très-
visibles et très-odorantes.

Le phénomène principal, quoique ce ne soit pas lui qui
donne le nom au lieu où on l'observe, est un dégagement
perpétuel de vapeur d'eau bouillante, dégagement qui se fait
avec une telle force dans quelques lieux, qu'il produit un bruit
semblable à celui de la vapeur s'échappant par la soupape des
machines à feu, mais beaucoup plus fort, puisqu'on l'entend
d'une demi-lieue. La force de ce dégagement n'a pas été mesurée; on peut cependant en donner une idée en disant qu'on
n'est parvenu par aucun moyen à fermer une seule des principales issues de la vapeur, et que des tonneaux chargés de
pierres, enfoncés avec force dans certaines ouvertures pour
arrêter le dégagement pendant certains travaux, ont été repoussés et lancés au bout de quelques momens à une très-
grande élévation dans l'air, et cependant les ouvertures et
fentes par lesquelles ce violent dégagement s'opère sont très-
nombreuses dans un même espace d'ailleurs assez circonscrit.
Que les lieux d'où les vapeurs s'échappent soient dans une
vallée ou sur le pied d'une colline, on y remarque toujours
des excavations qui sont plus ou moins remplies d'eau ou de
limon grisâtre. Quelquefois cependant, et ce cas est le plus
rare, ces vapeurs sortent de fentes entre des rochers situés sur
le penchant de collines et à peu de distance des grandes ouvertures; mais, en s'approchant de ces fentes, on entend dans
leur intérieur une sorte de claplotement qui indique qu'il y a
de l'eau dans leur fond, et que les vapeurs l'agitent en la
traversant.

Quelle que soit la sécheresse du pays ou celle de la saison, ces lieux sont toujours ou pleins de masses boueuses ou au moins très-humides ; car cette humidité ne vient pas des pluies ou des sources du voisinage , mais de la condensation des vapeurs aqueuses, en quoi le phénomène consiste principalement.

Ainsi , ce n'est pas des eaux que s'élèvent les vapeurs, c'est du sein de la terre ; et les eaux qu'elles traversent sont dues à ces vapeurs, loin d'en être le produit.

Mais ces vapeurs ne sont pas elles-mêmes de l'eau pure ; elles sont, au contraire, très-composées. Les odeurs qu'elles répandent suffisent presque pour indiquer cette composition. On y distingue celles du soufre, du gaz hydrogène sulfuré et du bitume. L'analyse a fait reconnoître dans l'eau qui résulte de leur condensation, des sulfates de fer, de chaux, de magnésie , d'ammoniaque, et notamment de l'acide boracique. Les parois des fissures des rochers par où elles s'échappent sont couvertes de cristaux de soufre et de sulfate de chaux.

Nous disons que toutes ces matières, à l'exception du sulfate de chaux, viennent des vapeurs et non du sol. Il est aisé de s'en assurer en examinant celui-ci.

C'est un terrain, ou de sédiment inférieur, ou même de transition , qui est composé uniquement de psammite calcaire (macigno), de calcaire compacte brun , commun, avec des lits peu épais et souvent interrompus de silex corné, de marne calcaire et d'argile schisteuse. Ce terrain ne montre aucun indice des matières renfermées dans les vapeurs ou dans les eaux, ni aucun gîte de minerais qui puisse les fournir (1). On n'y voit non plus aucun débris de corps organisé. Il n'y a pas de doute que c'est au-dessous de ces roches, qu'on peut rapporter tout au plus aux derniers dépôts des terrains de transition, qu'est situé le foyer de production du gaz hydrogène sulfuré, et des vapeurs aqueuses boracifères ; mais nous ne pouvons dire si

____

(1) Je dois avertir que cette description qui présente des généralités si nombreuses et en apparence si exclusives, n'est faite cependant que sur l'examen détaillé des lagonis de Monte-Cerboli, et sur l'aperçu de ceux de Castel-Nuovo : mais M. Santi qui a visité et décrit presque tous les autres , M. Mascagni qui en a parlé avec quelques détails, nous apprennent qu'ils présentent tous cette même généralité de phénomènes.

c'est immédiatement au-dessous de ces roches d'agrégation, et à une profondeur beaucoup plus considérable, et par conséquent encore au-dessous de roches plus anciennes. Tout ce que nous pouvons affirmer, c'est que ce foyer est au moins inférieur aux assises les plus inférieures du terrain de sédiment inférieur, de celui dans lequel est placé le calcaire qu'on désigne sous le nom de *calcaire alpin*.

Ces montagnes, celles surtout de Monte-Cerboli et de Castel-Nuovo, présentent encore quelques considérations géologiques assez remarquables.

Elles offrent un aspect de bouleversement, d'inclinaison et de chute de couches qui semblent assez bien s'accorder avec l'idée de grandes cavités souterraines, laboratoire où se préparent ces décompositions et d'où se dégagent ces gaz, et dans lesquelles les couches seroient tombées, du moins en partie.

Ces foyers, comme tous ceux d'où se dégagent les gaz et les matières minérales fondues qui constituent les volcans, semblent placés sur une même ligne, et comme à la base d'une longue fente. Quoique les lagonis de Monte-Cerboli n'aient pas une grande étendue, l'aire dans laquelle ils sont disposés offre la forme d'un ellipsoïde de deux cents mètres de long sur cent mètres de large. Les fumaroles (*fumachi*) et les lagonis de Castel-Nuovo sont situés dans le fond et vers le col d'une vallée étroite et profonde, et presque tous rangés en ligne dans le fond de cette vallée, qui peut être considérée comme l'ouverture supérieure d'une autre grande fente.

L'altération que ces gaz et vapeurs dissolvantes ont fait éprouver aux roches qu'elles traversent n'est pas moins remarquable. Ces roches, généralement calcaires, sont comme corrodées sur les parois des fentes; leur texture est devenue plus lâche, leur couleur grise est altérée et passe au rouge ocreux; mais cette couleur rouge, en pénétrant plus ou moins dans les roches, en y pénétrant surtout plus profondément à l'aide des fissures qui y existent, y produit des commencemens de dessins ruiniformes. Ce phénomène semble indiquer la manière dont la pierre ruiniforme des environs de Florence a pu être formée, et la cause qui a pu lui donner naissance.

Cette présomption a d'autant plus de poids, que la pierre de Florence, qui ne se trouve pas uniquement près de cette ville, appartient, comme nous le dirons ailleurs, à ce même terrain, c'est-à-dire à cette même formation, et qu'elle se présente dans un lieu (les environs de la Tolfa, près Civita-Vecchia), où des phénomènes semblables à ceux des lagonis du Siennois doivent avoir agi autrefois avec une puissance encore plus grande.

Enfin, ces parois sont, comme nous l'avons déjà indiqué, tapissées de soufre, de sulfate de fer, de sulfate de chaux mêlé d'autres sulfates et même d'acide boracique, le tout souillé par la boue qui constitue les lagonis proprement dits. On a des preuves dans ces lieux mêmes (près de Castel-Nuovo) de l'existence d'anciennes fumaroles ayant produit des lagonis, de leur changement de position, ou même de leur extinction totale.

Ainsi on voit, près de Castel-Nuovo, des rochers presque verticaux, de psammite (macigno) anciennement altéré par les gaz qui l'ont traversé. Il est d'un blanc de neige et ressemble de loin à du marbre blanc ; il est couvert d'efflorescences de sels alumineux, et fait à peine un peu d'effervescence dans l'acide nitrique.

Tels sont les principaux phénomènes qui constituent ce que l'on appelle en Toscane des *lagonis*. On voit que ces phénomènes considérés par eux-mêmes, et d'une manière isolée ou absolue, offrent déjà des faits géologiques et chimiques assez intéressans, mais quand on les rapproche d'autres faits ou phénomènes géologiques, ils acquièrent encore plus d'intérêt par les rapports qu'ils montrent entre eux, et par les faits qu'on peut y lier.

Le terrain n'est nullement volcanique dans l'acception ordinaire de ce mot : on ne voit ni sur les lieux mêmes, ni dans les environs, *aucune ancienne trace volcanisée, aucune terre, aucun tuf volcanique,* et nous ne savons ce qui peut avoir porté M. Patrin à admettre cette sorte de terrain ; mais si le terrain n'a aucun caractère volcanique, il n'en est pas de même de ces phénomènes : ils représentent en petit ceux qu'on observe dans les volcans, tels sont la chaleur, le dégagement violent et avec bruit de vapeurs souterraines, le gaz hydrogène, le gaz sulfureux, le soufre et l'acide boracique trouvé si abondamment à l'ouverture du Stromboli, regardé par tous les géognostes comme un véritable volcan. C'est une production de différens sels, et notamment de sulfates de chaux, de fer et d'alumine. Les phénomènes principaux sont donc les mêmes, ce sont comme dans les volcans, dégagemens violens de gaz et de vapeurs résultant d'actions chimiques qui ont lieu dans l'intérieur de la terre, au-dessous du terrain ancien, production de chaleur et épanchement à la surface du sol de matières plus ou moins altérées. Seulement, comme je viens de le dire, tous ces phénomènes ont lieu sur une très-petite échelle, la chaleur n'est pas élevée au point de fondre les matières terreuses, et au lieu de laves incandescentes, ce ne sont que des eaux boueuses et bouillantes qui sont épanchées (1).

Les lieux que je viens de décrire ou de citer, sont loin de tous terrains volcaniques ou volcanisés; mais si on se rapproche de ces terrains, ces mêmes phénomènes ou du moins leur résultat se représentent et semblent avoir eu plus d'intensité. Ainsi on retrouve aux environs de la Tolfa, assez près des terrains de trachyte et de basalte du lac de Bracciano et des pays voisins, le même sol fondamental de calcaire compacte et de psammite macigno, et la pierre ruiniforme de Florence, et l'alunite en abondance. Tout le terrain dans les environs semble indiquer la présence et l'action ancienne des mêmes phénomènes; tels sont les gypses qui recouvrent dans quelques lieux soit le calcaire, soit la serpentine, et les marnes argileuses que les pluies délayent et rendent à leur premier état boueux. Elles coulent alors le long des collines et forment en grand des ravins et des buttes de vases comme on les voit en petit sur les bords des lagonis actuels. Ces vases, par leur abondance, leur mollesse et leur profondeur souvent considérable, rendent l'approche des lagonis très-dangereuse, si on s'y engage sans précaution et sans guide, car non seulement on peut s'enfoncer et être englouti dans cette vase bouillante, mais encore être asphyxié par les vapeurs qui s'en dégagent, et qui viennent envelopper, au moindre changement de vent, le curieux imprudent.

Enfin on attribue, et ce n'est peut-être pas sans raison, le

---

(1) M. le D.ʳ Santi a fait remarquer de quelle importance est l'observation de ces phénomènes, pour nous donner une idée de ce qui se passe dans les entrailles de la terre. (VIAGGIO TERZO, pag. 252, note 1.)

mauvais air qui règne dans les Maremmes (c'est ainsi qu'on nomme cette partie du Volterranais qui descend vers la mer), aux émanations gazeuses des lagonis qui sont si répandus sur cette partie de la Toscane. (B.)

LAGOPÈDE. (*Ornith.*) Les oiseaux auxquels ce nom a été donné, sont de l'ordre des gallinacés et de la famille des plumipèdes. La plupart des naturalistes les ont réunis aux *tétras* ; mais M. Vieillot en a formé un genre particulier sous la dénomination latine de *lagopus*, et en se fondant pour cela sur la considération que leurs doigts sont emplumés comme les tarses, et que leur pouce, très-court et articulé sur le côté interne du tarse, ne porte à terre que par son extrémité, il avoue que l'on pourroit se borner à faire des lagopèdes et des gélinottes, de simples sections dans le genre Tétras. M. Cuvier, après avoir observé également que les tétras proprement dits ont les doigts nus, et que leur queue est carrée ou fourchue, tandis qu'elle est carrée ou arrondie chez les lagopèdes, ne trouve point dans ces circonstances de motifs suffisans pour isoler ceux-ci. Il en est de même de M. Temminck, et ce sera, en conséquence, sous le mot TÉTRAS qu'on donnera la description des deux ou trois lagopèdes connus. (Ch. D.)

LAGOPODE. (*Entom.*) Ce mot, qui signifie patte de lièvre, a été donné, comme nom spécifique, à quelques espèces d'insectes, et en particulier au mâle de l'abeille empileuse ou financière, *apis centuncularis*, *lagopoda*. (C. D.)

LAGOPODIUM. (*Bot.*) Tabernæmontanus cite ce nom pour la vulnéraire, *anthyllis vulneraria*, et Gerard pour le *trifolium arvense*. Voyez LAGOPYRON. (J.)

LAGOPUS (*Bot.*) Ce nom grec, qui signifie patte de lièvre, est donné par des auteurs anciens à diverses espèces de trèfle, dont l'épi de fleurs, un peu velu, présente la forme d'une patte velue. Tragus le cite aussi, soit pour le lotier ordinaire, *lotus corniculatus*, soit pour le pied-de-chat, *gnaphalium dioicum*. Voyez LAGOPYRON. (J.)

LAGOPUS. (*Ornith.*) Nom latin du lagopède, regardé par Picot de la Peyrouse et par Mauduyt comme identique avec l'*attagas* ou *attagen* des anciens. Martial, dans une épigramme du livre 7, n.º 86, appelle le hibou, *strix bubo*, Linn., *lagopus aurita*. (Ch. D.)

LAGOPYRON. (*Bot.*) Gesner, cité par C. Bauhin, croit que la plante ainsi nommée par Hippocrate, est le pied-de-chat, *gnaphalium dioicum*. Ailleurs, C. Bauhin croit que ce *lagopyron* est le même que le *lagopus* de Dioscoride et de Pline, le *lagopodium* de Gerard, lequel est le trèfle patte-de-lièvre, *trifolium arvense* de Linnæus. Il dit encore que le *gnaphalium* ici mentionné est aussi nommé *lagopus* par Tragus. (J.)

LAGORTILLA (*Bot.*), nom espagnol d'une espèce de *swertia* du Pérou, ainsi étiquetée dans l'herbier de Joseph de Jussieu. (J.)

LAGOSERIS. (*Bot.*) Dans le troisième volume, publié en 1819, de la *Flora Taurico-Caucasica* de M. Marschall, nous trouvons un genre *Lagoseris* appartenant à l'ordre des synanthérées et à la tribu naturelle des lactucées. L'auteur le caractérise ainsi : *Receptaculum paleaceum, paleis capillaribus ; calyx calyculatus ; pappus pilosus , sessilis*. Deux espèces sont attribuées à ce genre par M. Marschall : la première est le *crepis nemausensis* de Gouan ; la seconde est l'*hieracium purpureum* de Willdenow, que M. Marschall avoit nommé, en 1808, dans son second volume, *crepis purpurea*. Il paroît que, dans l'intervalle de temps écoulé entre la publication du second volume et celle du troisième, c'est-à-dire, entre 1808 et 1819, M. Marschall avoit déjà proposé le genre *Lagoseris*, dans un ouvrage intitulé *Centuriæ plantarum rariorum rossicarum*, que nous ne connoissons point, et dont nous ignorons la date de publication. Cette date est probablement antérieure à 1812, car, dans la seconde édition du Catalogue du Jardin de Gorenki, publiée en 1812, nous trouvons le *Lagoseris* de M. Marschall. Mais, à cette époque, l'auteur du genre n'y rapportoit que le *crepis purpurea*, et ce n'est qu'en 1819 qu'il y a joint le *crepis nemausensis*.

Dans le Bulletin des Sciences de décembre 1816, pag. 200, nous avons proposé le genre *Pterotheca*, en lui donnant pour type le *crepis nemausensis*, et en lui attribuant pour caractères un péricline double comme le *crepis*, un clinanthe fimbrillé comme l'*andryala*, et les fruits marginaux non aigrettés, courts, arqués, munis sur la face intérieure de trois à cinq ailes membraneuses. Dans le Bulletin de 1821, pag. 124, nous avons présenté une description complète et très-détaillée des caractères génériques du *pterotheca*; et nous avons en même temps proposé un autre genre nommé *intybellia*, qui a été décrit depuis, sous le même titre, dans ce Dictionnaire. A cette époque, nous ne connoissions point encore le *lagoseris* de M. Marschall : mais, ayant parcouru dernièrement le troisième volume de son ouvrage, nous avons reconnu que notre *pterotheca* étoit le *lagoseris nemausensis*, et notre *intybellia* le *lagoseris taurica* de ce botaniste.

Les détails qu'on vient de lire nous ont paru nécessaires pour nous mettre à l'abri du reproche de plagiat. Les remarques suivantes expliquent pourquoi nous persistons à conserver nos genres *Pterotheca* et *Intybellia*, malgré l'antériorité de date acquise au *lagoseris*.

Les botanistes qui liront attentivement notre Mémoire, dans le Bulletin des Sciences de 1821, pag. 124, se convaincront aisément que le *pterotheca* et l'*intybellia*, quoiqu'immédiatement voisins, diffèrent génériquement. En effet, dans l'*intybellia*, tous les fruits de la calathide sont uniformes, aigrettés, non ailés, et incollifères ; dans le *pterotheca*, les fruits marginaux sont inaigrettés et munis sur leur face intérieure de trois à cinq ailes longitudinales très-saillantes, tandis que les autres fruits sont cylindriques et un peu amincis supérieurement en un col court portant une aigrette. Le *pterotheca* ayant été publié en 1816, et n'ayant reçu le nom de *lagoseris* qu'en 1819, doit donc conserver son premier nom.

On pourroit, avec plus d'apparence de justice, supprimer notre *intybellia*, surtout si l'on admet qu'il ne faut consulter que les dates, sans avoir aucun égard à l'exactitude des descriptions. En rejetant ce principe injuste et déraisonnable, nous conservons l'*intybellia* et nous supprimons le *lagoseris*. Ceux qui compareront la description de M. Marschall avec la nôtre, et qui seront exempts de préventions défavorables contre nous, reconnoîtront peut-être que notre prétention n'est pas aussi mal fondée qu'elle paroît l'être au premier abord. (H. Cass.)

LAGOTIS (*Bot.*) Ce genre, établi par Gærtner (*Act. Petrop.*, 14, pag. 533, tab. 18), nommé par Pallas *gymnandra* (*Itin.*, 3, pag. 710, tab. X, fig. 1), est le *rhinanthus diandra*, Linn., *Supp.* M. de Jussieu le réunit au *bartsia*, dont il forme un genre particulier en réunissant le *starbia* de Petit-Thouars. Ce genre diffère peu des *rhinanthus* (cocrête). Il s'en distingue particulièrement par deux étamines, au lieu de quatre.

Le lagotis glauque (*lagotis glauca*) est une petite plante haute de trois pouces, dont la tige est simple, glabre, cylindrique, pourvue de deux feuilles radicales, un peu épaisses, ovales, entières ou un peu dentées; deux autres caulinaires, alternes, sessiles, ovales. Les fleurs sont disposées en épis composés de verticilles très-serrés, avec des bractées bleuâtres; le calice comprimé, coloré, à trois dents; les deux latérales échancrées; la corolle d'un blanc-clair; la lèvre inférieure divisée en deux ou trois lobes. Le fruit consiste en une capsule comprimée, munie de quatre dents à son sommet. Cette plante croit au Kamtschatka, sur la pente des rochers exposés au nord. (Poir.)

LAGOTRICHE (*Mamm.*), *Lagotrix*, Geoffr. M Geoffroy Saint-Hilaire a établi ce genre de quadrumanes, d'après deux animaux, dont un ne lui étoit connu que par une peau bourrée, et l'autre par les notes curieuses que M. de Humboldt a publiées dans ses recherches de zoologie, sur l'animal qu'il appelle capparo. Ce genre a pour caractères : Une tête ronde, un museau saillant et un angle facial d'environ cinquante degrés; un os hyoïde peu apparent au dehors; les quatre extrémités pentadactyles; des poils moelleux et fins, et des ongles pliés en gouttière et courts. Ces animaux sont de l'Amérique méridionale.

Le Grison; *Lagotrix canus*, Geoffr. Pelage gris, olivâtre; la tête, les mains et la queue gris roux; poils courts.

Le Capparo; *Lagotrix Humboldtii*, Geoffr. M. de Humboldt a trouvé ce singe, qu'il dit avoir beaucoup de rapport avec les sapajous, à Saint-Fernando, sur les bords du Guoviaré, qui se jette dans l'Orénoque. Sa queue est prenante, nue et calleuse en dessous. Cet animal, qui est très-doux, a la tête fort grosse; son pelage est gris jaunâtre uniforme; l'extrémité des poils est noire; sous la poitrine, les poils sont plus touffus et plus foncés que sur le dos. La queue est un peu plus longue que le corps. Cette espèce vit en grandes troupes. (F. C.)

LAGRIE; *Lagria.* (*Entom.*) Fabricius a nommé ainsi un genre d'insectes coléoptères, à tarses irréguliers, c'est-à-dire, au nombre de quatre postérieurement, tandis que les deux autres paires en ont cinq, et par conséquent du sous-ordre des hétéromérés, et de la famille des vésicans ou épispastiques, autrement dit, à élytres molles, flexibles.

Ce nom, dont l'étymologie est obscure comme la plupart de ceux que Fabricius a introduits dans la science, souvent en les dénaturant volontairement, viendroit-il, comme le pense Olivier, du mot grec λαχνη, qui indiqueroit le nom d'une espèce appelée pubescente par Linnæus? Ce terme grec signifie en effet un duvet, *hirsuties*, *lanugo*. Avant Fabricius, la principale espèce, le type de ce genre, avoit été placée par Linnæus, tantôt dans le genre Chrysomèle, tantôt dans celui des méloès. Geoffroy en avoit fait une cantharide, et De Géer un ténébrion ; Paykull en a ensuite séparé, avec raison, quelques espèces sous le nom de dasytes, parce qu'ils ont cinq articles à tous les tarses.

Dans l'état actuel de la science, il est facile de distinguer les lagries de toutes les autres espèces de la famille des épispastiques, en les comparant, comme nous allons le faire. D'abord, les *lagries ont les antennes en chapelet non coudées, à articles irréguliers, dont le dernier est plus alongé, et dont le corselet est plus étroit que les élytres.*

Les cérocomes et les mylabres ont les antennes en masse. Les cantharides, les zonites et les apales les ont en fil. Tous les autres genres ont les antennes en chapelet; mais dans les notoxes et les anthices, les articulations sont égales entre elles, et régulières; dans les méloès, elles sont comme rompues ou coudées au milieu. (Voyez, dans l'Atlas de ce Dictionnaire, la planche qui représente les coléoptères vésicans, n.° 12, VIIIe livraison, et en particulier le n.° 2.)

On ne connoît pas les mœurs ni les métamorphoses des lagries. On trouve, principalement sur les fleurs, les insectes parfaits, dans les bois, ou dans les prairies voisines des bois.

Les espèces principales de ce genre sont les suivantes :

1. La LAGRIE HÉRISSÉE, *Lagria hirta*.

C'est la cantharide noire, à élytres jaunes de Geoffroy, n.° 6, pag. 344, du tom. I, figurée par Olivier, tom. III, Coléopt., n.° 49, fig. 2, *a. b. c.*

Elle est noire, velue; ses élytres sont jaunâtres, et son corselet arrondi.

C'est un insecte commun aux environs de Paris. On le trouve sur les ombellifères, les fleurs des caryophyllées, dans le voisinage des bois.

2. La LAGRIE LIVIDE, *Lagria livida.*

Elle ressemble à la précédente : elle est un peu plus petite, et ses pattes sont livides. (C. D.)

LAGUNA. (*Bot.*) Cavanilles nommoit ainsi un genre de plante malvacée, qui est maintenant le *lagunœa* de Schreber, Ventenat et Willdenow, et auquel ce dernier réunit avec raison le *solandra* de Murray. (J.)

LAGUNÆA. (*Bot.*) Ce genre de Loureiro rentre dans le POLYGONUM. (Voyez ce mot.) (POIR.)

LAGUNCULARIA. (*Bot.*) Gærtner fils nomme ainsi le mangle gris, *conocarpus racemosa* de Linnæus, qui n'appartient ni au genre, ni à la famille du *conocarpus*, et doit plutôt être placé dans les myrobolanées. Cependant, s'il a des pétales très-petits, comme l'annonce Swartz, il devra être placé dans le même ordre que le *combretum*, et il aidera peut-être à prouver que le *combretum* et les genres qui s'en rapprochent, devront être réunis aux myrobolanées, conformément à l'opinion émise par M. R. Brown, quoiqu'ils aient des pétales dont les myrobolanées sont dépourvues, et qu'ils n'aient pas, comme elles, les lobes de l'embryon roulés autour de la radicule. Ce genre a reçu de M. Richard le nom de *sphœnocarpus* qui paroît lui convenir mieux. (J.)

LAGUNEZIA. (*Bot.*) Scopoli avoit substitué ce nom à celui du *racoubea* d'Aublet. L'un et l'autre doivent être supprimés, et réunis à l'*homalium* de Jacquin, genre placé à la suite des rosacées. (J.)

LAGUNOA, *Lagunoa.* (*Bot.*) Genre de plantes dicotylédones, à fleurs incomplètes, monoïques, de la famille des *sapindacées*, de la *monoécie polyandrie* de Linnæus, offrant pour caractère essentiel : Des fleurs monoïques. Dans les fleurs mâles, calice à cinq divisions ; l'inférieure prolongée jusqu'à la base du calice ; point de corolle ; huit étamines inclinées. Dans les fleurs femelles, le calice comme dans les mâles; point de corolle ; un ovaire supérieur ; un style ; une capsule renflée, à trois coques, à trois valves; les semences globuleuses.

LAGUNOA LUISANT : *Lagunoa nitida*, Poir.; *Llagunoa*, Ruiz et

Pav., *Syst. Flor. Pér.*, pag. 252 ; *Amirola nitida*, Pers., *Synops.*, pl. 2 , pag. 565. Arbre du Pérou qui s'élève à la hauteur de vingt-cinq ou trente pieds. Ses rameaux sont garnis de feuilles simples, pétiolées, quelquefois ternées, ovales, luisantes, dentées en scie ; les pétioles épaissis à leurs deux extrémités. Ses fleurs sont monoïques, dépourvues de corolle. Le fruit est une cap-sule à trois coques, contenant des semences noires, luisantes, globuleuses. Les habitans du Pérou en font des chapelets.

Peut-être faudroit-il rapporter à cette espèce le *llagunoa pru-nifolia*, Kunth, *in* Humb. et Bonpl. *Nov. Gen.*, 5, pag. 131. Ses rameaux sont hérissés, un peu verruqueux, blanchâtres et tomenteux dans leur jeunesse ; les feuilles ovales, elliptiques, aiguës, finement dentées, un peu hérissées en dessous, longues de deux pouces ; les capsules un peu globuleuses, trigones, hérissées, à trois loges, de la grosseur du fruit du prunellier. Cette plante croît proche Loxa, dans la Nouvelle-Grenade.

Lagunoa mou : *Lagunoa mollis*, Poir.; *Llagunoa mollis*, Kunth, *in* Humb. et Bonpl. *Nov. Gen.*, 5 , pag. 131, tab. 442, fig. 1, 2. Cet arbrisseau, très-voisin du précédent, en diffère par ses feuilles beaucoup plus grandes, dentées en scie, hérissées en dessus, blanchâtres et tomenteuses en dessous. Les rameaux sont lisses, anguleux dans leur jeunesse, couverts d'un duvet mou et blanchâtre ; les feuilles pétiolées, longues de trois pouces, les pédoncules solitaires, axillaires et tomenteux ; les supérieurs chargés de trois à sept fleurs mâles ; les inférieurs de fleurs fe-melles ; les calices tomenteux, ferrugineux, à cinq divisions ovales, acuminées, presque égales ; huit étamines placées au centre de la fleur. Les fruits sont bruns, hérissés ; les semences noirâtres, lisses, globuleuses. Cette plante croît aux mêmes lieux que la précédente. (Poir.)

LAGURE. (*Entom.*) Nom spécifique d'une espèce de scolo-pendre, dite à pinceaux, par Geoffroy. C'est le genre Pollyxène. (C. D.)

LAGURIER (*Bot.*), *Lagurus*, Linn. Genre de plantes mo-nocotylédones de la famille des graminées, Juss., et de la *triandrie digynie*, Linn., dont les principaux caractères sont les suivans : Calice de deux glumes presques égales, linéaires, uniflores, terminées par une arête plumeuse ; corolle de deux balles, dont l'intérieure terminée par deux arêtes, et portant sur son dos une troisième arête plus longue que les deux premières; trois étamines; un ovaire supérieur, surmonté de deux styles à stigmates velus; une graine non sillonnée; fleurs disposées en panicule resserrée en épi ovale.

On ne rapporte plus qu'une seule espèce à ce genre; la seconde que Linnæus lui avoit adjointe, fait maintenant partie du genre *Imperata*.

LAGURIER OVALE: vulgairement, QUEUE DE LAPIN; *Lagurus ovatus*, Linn., *Spec.*, 119; Schreb., *Gram.*, 1, pag. 143, t. 19, fig. 3. Sa racine, qui est fibreuse et annuelle, produit un ou plusieurs chaumes redressés, hauts de six pouces à un pied, garnis de quelques feuilles pubescentes. Ses fleurs sont d'un vert blanchâtre, portées plusieurs ensemble sur des pédoncules assez courts, et resserrées en épi ovale, très-velu. Cette plante croît dans les champs du midi de la France et de l'Europe. (L. D.)

LAGURUS (*Bot.*), voyez LAGURIER. Quelques espèces de barbon (*andropogon*) portent ce nom dans l'ouvrage de Gronovius sur les plantes de Virginie. (LEM.)

LAHANAH. (*Bot.*) Voyez LANNAH. (J.)

LAHAUJUNG. (*Ornith.*) L'oiseau connu sous ce nom, dans l'Inde, et que Latham a décrit, d'après un simple dessin, est un héron de grande taille, *ardea indica*. (CH. D.)

LAHMER. (*Entom.*) Ce nom est indiqué comme celui qu'on donne, en Allemagne, au charançon ou lixe paraplectique, dont la larve se nourrit dans l'intérieur des tiges du *phellandrium aquaticum*. (C. D.)

LAHUCHAL (*Bot.*), nom péruvien d'une espèce de *ferraria* de l'herbier du Pérou de Dombey, non encore publiée. (J.)

LAHUL. (*Ornith.*) Le guignard, *charadrius morinellus*, Linn., est ainsi nommé en Laponie. (CH. D.)

LAICHE (*Icht.*), nom que l'on donne dans quelques endroits aux lombrics, ou vers de terre. (DESM.)

LAICHE (*Bot.*), *Carex*, Linn. Genre de plantes monocotylédones, de la famille des cypéracées, Juss., et de la *monoécie triandrie* du système sexuel, dont les principaux caractères sont d'avoir des fleurs glumacées, monoïques, plus rarement dioïques, imbriquées autour d'un axe commun, et disposées sur un ou plusieurs épis. Les fleurs mâles tantôt mêlées avec les femelles sur les mêmes épis, tantôt formant des épis distincts et séparés, ont trois étamines; les fleurs femelles ont un ovaire enveloppé à sa base par une écaille urcéolée, et surmonté d'un style à deux ou trois stigmates. Le fruit est une graine enveloppée dans une sorte de capsule formée par l'écaille urcéolée, qui a pris de l'accroissement après la floraison.

Les laiches sont des herbes à racines vivaces, souvent traçantes; dont les feuilles sont dures, presque toujours bordées de dents très-fines et très-acérées, qui les rendent coupantes; dont les tiges cylindriques ou triangulaires portent, dans leur partie supérieure, les fleurs disposées en un ou plusieurs épis. Les espèces sont très-nombreuses dans ce genre; on en connoît près de trois cents répandues dans les différentes contrées du globe, et principalement dans les climats tempérés : en Europe seulement on en compte environ cent cinquante. On les trouve dans toutes les natures de terrain, mais le plus grand nombre des espèces habite dans les lieux marécageux ou sur le bord des eaux.

Ces plantes sont en général peu utiles; elles ne fournissent qu'un fourrage grossier, peu savoureux et peu nourrissant, surtout lorsque leur fleur est passée et quand elles sont sèches. De tous les bestiaux, les vaches les mangent avec moins de répugnance, quand elles sont vertes; les chevaux n'en veulent point, à moins qu'ils ne soient pressés par la faim, et elles sont nuisibles aux moutons. Les grandes espèces se coupent pour former de la litière et pour faire du fumier. Celles à racines longues, traçantes, fibreuses et entrelacées, contribuent à fixer les terrains sablonneux et à défendre les terres des bords des rivières en les retenant contre l'action des eaux. Les racines des laiches et leurs feuilles, qui ne se décomposent que lentement, sont un des moyens employés par la nature pour exhausser le sol des marais et pour le transformer en tourbe.

Les espèces, comme nous venons de le dire, étant très-nombreuses dans ce genre, sont, par cela même, très-difficiles à bien reconnoître; les botanistes, pour en aider la détermination, les ont divisées d'après le nombre d'épis, d'après le sexe de ces épis composés de fleurs mâles ou femelles, d'après le nombre des stigmates dans ces derniers, et enfin d'après les capsules glabres ou velues. Comme l'énumération de toutes les espèces seroit ici superflue, nous nous bornerons à en mentionner une ou deux par section.

A. * *Un seul épi simple, dioïque ; deux stigmates.*

LAÎCHE DE LINNÆUS : *Carex Linnæi*, Degl., *in* Lois. *Flor. Gall.*, 627 ; *Carex dioica*, Linn., *Spec.*, 1379 ; Schk., *Caric.*, n.° 1, tab. A, fig. 1. Sa racine est rampante ; ses feuilles sont droites, glabres, fines, presque triangulaires ; la tige est glabre, haute de quatre à six pouces ; elle porte à son sommet, dans les individus mâles, un épi droit, cylindrique ; dans les femelles un épi plus court et plus ovale ; les capsules sont renflées, striées, redressées, dentelées en leurs bords, entières à leur sommet. Cette plante croît dans les prés tourbeux ; elle fleurit en mai et juin.

** *Un seul épi simple, androgyn ; deux stigmates.*

LAÎCHE PUCE : *Carex pulicaris*, Linn., *Spec.*, 1380 ; Leers, *Flor. Herb.*, 198, tab. 14, fig. 1 ; Schk., *Caric.*, n.° 3, tab. A, fig. 3. Sa racine est fibreuse ; elle produit des feuilles fines, glabres, droites, un peu plus courtes que la tige qui est grêle, cylindrique, haute de quatre à huit pouces, et qui se termine par un épi cylindrique, composé, au sommet, de fleurs mâles serrées, et à la base, de fleurs femelles écartées ; les capsules sont oblongues, unies, luisantes, amincies à leurs deux extrémités, déjetées en bas lors de leur maturité. Cette espèce se trouve dans les prés marécageux et dans les tourbières ; elle fleurit en mai et juin.

*** *Un seul épi simple, androgyn ; trois stigmates.*

LAÎCHE PAUCIFLORE : *Carex pauciflora*, Lightf., *Scot.*, 2, p. 543, tab. 6, fig. 2 ; Schk., *Caric.*, n.° 4, tab. A, fig. 4. Sa racine est flexueuse ; elle donne naissance à une tige simple, grêle, presque triangulaire, haute de deux à six pouces, garnie à sa base de trois à quatre feuilles roides, linéaires, et terminée par un épi blanchâtre, composé de quatre à cinq fleurs, dont les deux supérieures sont mâles et les deux ou trois inférieures femelles ; les capsules sont oblongues, pointues, sillonnées, pendantes lors de leur maturité. Cette plante croit dans les prés marécageux des montagnes alpines ; elle fleurit en mai et juin.

B. * *Plusieurs épis androgyns, mâles au sommet; trois stigmates.*

Laîche courbée : *Carex curvula*, All., *Flor. Ped.*, n.° 2295, tab. 92, fig. 3 ; Schk., *Caric.*, n.° 25, tab. D et Hh, fig. 17. Sa racine forme une touffe de fibres longues et épaisses, qui donne nais ance à de petits gazons composés de feuilles linéaires, presque cylindriques, dures, du milieu desquelles s'élèvent plusieurs tiges, souvent courbées, hautes de quatre à huit pouces, terminées par cinq ou six épillets si rapprochés les uns des autres qu'ils paroissent ne former qu'un seul épi ; chacun d'eux sort de l'aisselle d'une bractée membraneuse, brune, concave, pointue, et il est composé de quatre fleurs, les deux supérieures mâles et les autres femelles. Cette espèce croît dans les pâturages élevés des Alpes ; elle fleurit en juin et juillet.

** *Plusieurs épis androgyns, mâles au sommet; deux stigmates.*

Laîche jaunatre : *Carex vulpina*, Linn., *Spec.*, 1382 ; Leers, *Flor. Herb.*, 199, tab. 14, fig. 5 ; Schk., *Caric*, n.° 10, tab. C, fig. 10. Sa racine est fibreuse ; elle forme une touffe épaisse et produit des feuilles alongées, rudes en leurs bords et sur le dos ; les tiges sont fermes, droites, triangulaires, un peu plus courtes que les feuilles, hautes d'un pied à quinze pouces, terminées par un épi alongé, composé de plusieurs épillets ovales, plus ou moins serrés les uns contre les autres ; chacun d'eux est placé dans l'aisselle d'une bractée membraneuse et très-élargie dans le bas, se terminant subitement par une fo'iole sétacée ; les capsules sont comprimées, un peu coniques, divergentes à leur maturité, pointues à leur sommet et fendues en deux. Cette espèce croît dans les marais et sur les bords des rivières ; elle fleurit en avril et mai.

Laîche écartée : *Carex divulsa*, Good, *Trans. Linn.*, 2, p. 160, Schk., *Caric.*, n.° 12, tab. Dd et Ww, fig. 89. Sa racine, qui est fibreuse, produit des feuilles alongées, étroites, rudes en leurs bords, et une tige grêle, triangulaire, haute de dix à quinze pouces, ordinairement plus courte que les feuilles, terminée par un épi alongé, formé de cinq à huit épillets, ovales, sessiles, écartés entre eux, surtout les inférieurs ; les écailles sont blanchâtres, plus longues que les capsules glabres, bidentées à leur sommet. Cette plante croit dans les bois humides, et elle fleurit en mai et juin.

*** *Plusieurs épis androgyns , femelles au sommet ; deux stigmates.*

LAÎCHE DE SCHREBER : *Carex Schreberi*, Willd., Spec., 3, p. 225 ; Schk., *Caric.*, n.° 30, tab. B, fig. 9. Sa racine, qui est très-longue, rampante, produit çà et là des tiges droites, grêles, hautes de six à dix pouces, garnies, à leur base , de feuilles très-étroites, et terminées par un épi composé de quatre à six épillets roussâtres, femelles dans leur partie supérieure, mâles dans leur moitié inférieure, accompagnés de bractées lancéolées, acérées, un peu plus courtes que les épillets eux-mêmes ; les capsules sont ovoïdes, nues en leurs bords, bifides à leur sommet. Cette espèce se trouve assez communément dans les pâturages secs et découverts, au bord des bois ; elle fleurit en avril et mai.

LAÎCHE FAUX SOUCHET : *Carex cyperoides*, Linn., *Supp.*, 413 ; Schk., *Caric.*, n.° 28 , tab. A, fig. 5. Sa racine, qui est fibreuse, produit plusieurs tiges droites, triangulaires, hautes de huit à douze pouces, garnies de quelques feuilles alongées, rudes sur les bords, et portant dans leur partie supérieure plusieurs épillets réunis en tête serrée, accompagnée par trois à quatre bractées foliacées, plus ou moins longues et formant une sorte d'involucre ; les capsules sont pédicellées, très-alongées, terminées par deux pointes. Cette plante croit au bord des rivières et des étangs ; elle fleurit au printemps et à l'automne.

**** *Plusieurs épis androgyns et unisexuels ; deux stigmates.*

LAÎCHE DES SABLES : *Carex arenaria*, Linn., *Spec.*, 1381 ; Schk., *Caric.*, n.° 8, tab. B et Dd, fig. 6. Sa racine est longue, rampante, garnie de filamens verticillés ; elle produit, très-rapprochées les unes des autres , plusieurs tiges triangulaires, hautes de huit à dix pouces, et munies à leur base de feuilles longues, étroites, un peu rudes sur les bords ; le sommet de chaque tige est terminé par un épi oblong, formé de six à huit épillets, ayant chacun à leur base une bractée aiguë, et dont les inférieurs sont femelles, les moyens androgyns et les supérieurs mâles ; les capsules sont ovales, acérées, comprimées, munies de deux ailes membraneuses dans leur partie supérieure, et fourchues au sommet. Cette plante croît dans les dunes et dans. les sables des bords de la mer en Italie, en France, en Hollande, en Allemagne, etc. Elle fleurit en mai et juin. Les racines de la laîche des sables ont une odeur agréable, comme aromatique et une saveur douceâtre, légèrement balsamique; on les a recommandées en médecine comme diurétiques et sudorifiques. On n'en fait que peu ou point d'usage en France; mais elles sont beaucoup plus usitées en Allemagne et en Prusse, où elles sont connues dans les pharmacies sous le nom de salsepareille d'Allemagne.

C. * *Plusieurs épis unisexuels; deux stigmates.*

LAÎCHE EN GAZON : *Carex cæspitosa*, Linn., *Spec.*, 1388; Schk., *Caric.*, n.º 48, tab. Aa et Bb, fig. 85. Sa racine est rampante; elle produit plusieurs tiges à trois angles aigus, d'une hauteur variable depuis quatre à cinq pouces jusqu'à quinze, et garnies de feuilles droites, un peu molles; ses tiges sont le plus souvent terminées par un seul épi mâle, au-dessous duquel sont situés deux à trois épis femelles, cylindriques, sessiles, rapprochés ou éloignés les uns des autres, ordinairement bigarrés de noir et de vert. Cette espèce croît dans les lieux marécageux et dans les bois humides; elle fleurit en avril et mai.

** *Plusieurs épis unisexuels; un seul mâle; trois stigmates; capsules glabres ou seulement hispides sur les angles.*

LAÎCHE JAUNE: *Carex flava*, Linn., *Spec.*, 1384 ; Leers, *Flor.. Herb.*, 202, tab. 15, fig. 6; Schk., *Caric.*, n.º 60, tab. H, fig. 56. Sa racine est fibreuse, en touffe; elle produit une tige droite, triangulaire, haute de huit à douze pouces, garnie inférieurement de feuilles planes, engaînantes, d'un vert-jaunâtre; les épis sont le plus souvent au nombre de quatre, l'un terminal, grêle, mâle, jaunâtre; les autres femelles, sessiles ou légèrement pédonculés; les capsules sont ventrues, relevées de côtes et terminées en bec fendu au sommet. Cette laîche croît dans les marais ombragés; elle fleurit en avril et mai.

LAÎCHE A FEUILLES DE SOUCHET: *Carex pseudo-cyperus*, Linn.,. *Spec.*, 1387; Schk., *Caric.*, n.º 95, tab. Mm, fig. 102. Sa racine, qui est fibreuse, donne naissance à une tige droite, haute.

d'un pied et demi à deux pieds, à trois angles aigus et rudes; ses feuilles sont larges, canaliculées, rudes sur le dos et sur les bords, une fois plus longues que les tiges; les épis sont au nombre de quatre à cinq, pédicellés, axillaires, cylindriques, dont le supérieur mâle, roussâtre, quelquefois fructifère à son extrémité; les trois ou quatre autres sont femelles, rapprochés, pendans, à écailles ciliées; les capsules sont lancéolées, striées, fourchues au sommet. On trouve cette espèce dans les bois humides, sur les bords des rivières et des fossés; elle fleurit en juin et juillet.

Laîche élevée; *Carex maxima*, Scop., *Flor. Carn.*, n.° 1166; *Carex pendula*, Schk., *Caric.*, n.° 85, tab. Q, fig. 60. Sa racine est fibreuse, épaisse; elle produit une tige triangulaire, glabre, haute de trois à quatre pieds, garnie de feuilles larges, un peu glauques, rudes sur le dos et sur les bords, plus courtes que la tige; les épis sont au nombre de cinq à sept, cylindriques, longs de trois à quatre pouces, le supérieur terminal et mâle, les inférieurs femelles, portés sur des pédoncules grêles, droits pendant la floraison, et pendans lors de la maturité des capsules qui sont ovoïdes, terminées par une pointe tronquée. Cette plante croît dans les bois humides; elle fleurit en mai et juin.

*** *Plusieurs épis unisexuels; les mâles au nombre de deux ou plus; trois stigmates; capsules glabres ou seulement hispides sur les angles.*

Laîche des marais: *Carex paludosa*, Good, *Trans. Linn.*, 2, pag. 202; Schk., *Caric.*, n.° 101, tab. Oo et Vv, fig. 103. Sa racine est rampante et stolonifère; elle pousse des tiges droites, fermes, hautes de deux à trois pieds, à trois angles tranchans, garnies de feuilles assez larges, courbées en carène, rudes sur les bords; les épis mâles sont rapprochés au sommet des tiges, au nombre de deux à quatre, d'une couleur rousse-brunâtre, et ils ont leurs écailles obtuses; les femelles, communément au nombre de trois, sont axillaires roides, quelquefois staminifères à leur sommet, à écailles acérées; les capsules sont ovales-oblongues, terminées par un bec court, un peu fendu au sommet. Cette espèce est commune sur les bords des fossés, des étangs et des rivières; elle fleurit en mai et juin.

Laîche des rives: *Carex riparia*, Curt., *Lond. Fasc.*, 4, t. 60; Schk., *Caric.*, n.° 102, tab. Qq et Rr, fig. 105. Cette laîche diffère de la précédente par ses épis mâles à écailles très-acérées; par ses épis femelles plus courts et plus épais ; par ses capsules terminées en un bec alongé au sommet en deux pointes divergentes. Elle se trouve dans les mêmes lieux , et fleurit en avril et mai.

**** *Plusieurs épis unisexuels ; un seul mâle ; trois stigmates; capsules velues ou pubescentes sur toutes leurs faces.*

Laîche cotonneuse : *Carex tomentosa*, Linn., *Mant.*, 123, Schk., *Caric.*, n.° 57, tab. F, fig. 28. Sa racine est rampante, elle produit çà et là des tiges grêles, droites, triangulaires, hautes de huit à douze pouces, garnies, dans leur partie inférieure, de quelques feuilles courtes, et terminées par deux à trois épis rapprochés, dont le supérieur est mâle, grêle, roussâtre ; les épis femelles sont ovales, obtus, portés sur de très-courts pédoncules ; les capsules sont cotonneuses, presque globuleuses, à peines pointues au sommet, et de la longueur des écailles. Cette plante croît dans les prés et dans les buissons ; elle fleurit en avril et mai.

***** *Plusieurs épis unisexuels, les mâles au nombre de deux ou plus ; trois stigmates ; capsules velues ou pubescentes sur toutes leurs faces.*

Laîche glauque: *Carex glauca*, Scop., *Flor. Carn.*, n.° 1157 ; *Carex recurva*, Willd., *Spec.*, 4, pag. 298; *Carex flacca*, Schk., *Caric.*, n.° 98, tab. O, P, fig. 57, a, b, et tab. Zz, fig. 113. Sa racine est grêle, rampante, stolonifère ; elle produit des tiges hautes de six à quinze pouces, souvent arquées, garnies de feuilles glauques, droites, un peu canaliculées, très-rudes en leurs bords ; les épis mâles sont le plus souvent au nombre de deux, redressés, à écailles obtuses ; les femelles au nombre de deux à trois sont cylindriques, pédonculés, pendans lors de leur maturité, et à écailles aiguës ; les capsules sont turbinées, sans nervures, légèrement pubescentes, entieres à leur sommet. Cette espèce est commune dans les pâturages et dans les bois humides ; elle fleurit en mai et juin. (L. D.)

LAICTERON. (*Bot.*) Voyez Laiteron. (Desm.)

LAIE. (*Mamm.*) On désigne par ce nom la femelle du sanglier commun. (DESM.)

LAINE, *Lana*. (*Mamm.*) Ce nom est donné communément aux poils épais et frisés de quelques mammifères, et particulièrement à celui des moutons. Le nom de *jare* est réservé aux grands poils qui traversent la laine de ces derniers animaux, et qui sont seuls visibles au dehors. Voyez le mot POILS où l'on traitera de la laine considérée d'une manière générale. (DESM.)

LAINE. (*Chim.*) M. Vauquelin la considère comme étant analogue aux cheveux, c'est-à-dire, comme du mucus uni à une huile qui lui donne de la souplesse. (CH.)

LAINE DE LEIBO. (*Bot.*) Dans la partie du Recueil des Voyages, où il est fait mention des pays situés au nord de l'Amérique méridionale, il est question d'un duvet de ce nom, de couleur rougeâtre, fourni par le fruit d'un arbre de moyenne grandeur, et qui est si fin, que les habitans du lieu négligent de le filer, à cause des difficultés qu'ils éprouvent pour cette filature. On peut présumer que cet arbre est une espèce de fromager, *bombax*. (J.)

LAINE PHILOSOPHIQUE. (*Chim.*) Les anciens chimistes donnoient ce nom à l'oxide de zinc préparé par le feu. C'est d'après la forme floconneuse et la blancheur de ce produit qu'ils avoient été conduits à trouver de l'analogie entre cette substance et la laine. (CH.)

LAINE DE SALAMANDRE. (*Min.*) Les jongleurs ont donné ce nom à l'amianthe. (DESM.)

LAINETTE. (*Bot.*) Bridel donne ce nom aux mousses du genre LASIA. Voyez ce mot. (LEM.)

LAISSERON. (*Bot.*) Voyez LAITERON. (LEM.)

LAISSES DE MER. (*Géol.*) Terme vulgaire pour désigner les terrains que la mer laisse à découvert. Ces terrains sont pour la plupart des dépôts de toutes sortes de nature accumulés par les eaux de la mer, en peu de mots, des alluvions ou des terrains de transport. (LEM.)

LAIT. (*Chim.*) Quoique le lait des différentes espèces de mammifères ne soit pas identique, et que celui d'une même femelle présente des différences dans ses propriétés, suivant l'époque de la lactation, et suivant les rapports de l'animal avec les corps extérieurs, cependant ce liquide est doué d'un ensemble de propriétés qui nous le fait distinguer des autres liquides organiques. Ainsi, il est toujours plus ou moins opaque, d'un blanc plus ou moins pur; il est légèrement visqueux, plus dense que l'eau; il a une saveur douce, sucrée, et généralement une odeur agréable.

Nous examinerons les propriétés que l'on a reconnues au lait de diverses espèces d'animaux. Nous aurions désiré présenter à nos lecteurs une analyse du lait, telle que nous concevons la possibilité de la faire, et telle que nous espérons de la publier un jour; mais le temps nous a manqué pour achever les recherches que nous avons entreprises, depuis quelques années, sur ce sujet important.

Lait de vache.

On le considère généralement comme étant formé, 1.º de *beurre*; 2.º de *fromage pur* (caseum); 3.º de *sucre de lait*; 4.º d'un *acide libre*, qui, suivant Schéele et M. Berzélius, est le lactique, et l'acétique, suivant Fourcroy, M. Vauquelin et M. Thénard; 5.º de *lactate de fer*; 6.º d'*acétate de potasse*; 7.º de *phosphate de potasse*; 8.º de *phosphate de chaux*; 9.º de *phosphate de magnésie*; 10.º de *chlorure de potassium*; 11.º d'*eau*.

Propriétés physiques. Le lait de vache est d'un blanc qui tire légèrement sur le bleuâtre. Brisson lui a trouvé une densité de 1,0324; mais sa densité doit varier, puisqu'on observe qu'en fractionnant le lait d'une même traite, les dernières portions contiennent plus de beurre que les premières, et, comme on sait, le beurre est plus léger que la partie aqueuse du lait, et, à plus forte raison, que le *caseum*.

Propriétés chimiques.

Séparation du lait abandonné à lui-même en plusieurs substances.

Le lait, abandonné à lui-même dans un lieu dont la température est de 10 à 12^d, 5, se divise en deux portions. La crême, plus légère que la partie aqueuse où elle est simplement suspendue, et non dissoute, s'élève au-dessus de cette dernière. Si, après avoir ôté la crême, on abandonne la partie aqueuse à la réaction spontanée de ses élémens, on observe que le lait s'aigrit, surtout si la température s'élève à 25^d; il s'y forme un *coagulum* qui se sépare peu à peu d'un liquide jaune-ver-dâtre, qu'on nomme *serum du lait*, ou *petit lait*.

Nous allons reprendre successivement l'examen de la *crême*, du *fromage* et du *petit lait*.

A *Crême.*

La crême est formée de serum, de fromage et de beurre. Il suffit de l'agiter pour préparer le *beurre frais*. Le liquide séparé du lait est appelé *lait de beurre*. Il a beaucoup d'analo-gie avec le lait écrémé, parce qu'il retient la plus grande par-tie du fromage de la crême.

Le beurre frais n'est pas le beurre pur, car il peut conte-nir pour 100 parties, ainsi que nous nous en sommes assuré par l'expérience, jusqu'à 16 parties de *lait de beurre*. On sépare ce liquide du beurre, en tenant les matières en fusion pendant un temps suffisant pour que le lait de beurre se dépose au fond des vases. C'est en cela que consiste la préparation du *beurre fondu.*

Le beurre séparé du *lait de beurre* est une des substances organiques les plus compliquées, d'après nos expériences, puisque nous l'avons trouvé formé, 1.° de *stéarine*; 2.° d'*élaïne*; 3.° d'un *principe colorant jaune*; 4.° d'une *huile* qui a les pro-priétés physiques de l'élaïne, mais qui s'en distingue en ce qu'elle donne par la saponification, outre du principe doux et des acides margarique et oléique, trois acides gras, vola-tiles, que nous avons appelés *butirique*, *caprique* et *caproïque.* Peut-être cette huile est-elle formée de trois huiles distinctes.

B *Fromage.*

On pense assez généralement que le fromage est en suspension dans le lait, et qu'il suffit d'un léger développement d'acide dans le serum pour que le fromage se sépare de ce liquide, sous la forme de grumeaux qui contiennent une quantité no-table de phosphate de chaux. Si nous n'osons pas dire que *tout* le fromage est en solution dans le lait, *nous pouvons assu-rer que la plus grande partie de cette substance s'y trouve à cet état.* C'est le résultat d'une expérience très-simple, que nous avons faite il y a long-temps, mais que nous ne publierons qu'avec toutes les recherches que nous avons entreprises sur le lait.

Notre opinion est d'ailleurs conforme à celle de M. Berzélius ; nous dirons seulement que le fromage obtenu par la coagulation spontanée du lait retient toujours du beurre , et que c'est cette substance qui s'est opposée jusqu'ici à ce qu'on reconnût bien les propriétés qui sont essentielles au fromage. Celui-ci, à l'état de pureté, est très-soluble dans l'eau, de laquelle il se sépare par la chaleur , à la manière de l'albumine, mais son coagulum ne nous a pas paru avoir autant de consistance que le blanc d'œuf cuit, quoique nous soyons disposé à admettre l'opinion de Schèele, sur l'identité de ces deux substances.

B Serum.

Le serum est acide. Suivant Schéele , il doit cette propriété à de l'acide lactique. (Voyez LACTIQUE *Acide.*) Il contient du fromage et du sucre de lait, outre la plus grande partie des sels que nous avons dit se trouver dans le lait.

Composition de la crême d'une densité de 1,0244, suivant M. Berzélius.

Petit lait	920
Beurre	45
Fromage	35
	1000

La crême contenoit environ 12,5 de matière solide pour 100.

Composition du lait, après la séparation de la crême. La densité du liquide étoit de 1,033.

Eau	928,75
Fromage avec quelques traces de beurre	28,00
Sucre de lait	35,00
Chlorure de potassium	1,70
Phosphate de potasse	0,25
Acide lactique, acétate de potasse avec un vestige de lactate de fer	6,00
Phosphates terreux	0,50
	1000,20

Le fromage incinéré a donné pour 100 parties 6,5 parties de phosphates de chaux et de magnésie , mêlées de chaux pure.

Le lait qu'on abandonne à lui-même dans un vaisseau fermé, à une température de 18 à 20^d, laisse dégager de l'acide carbonique. Il se coagule, et il se produit en même temps un acide liquide et de l'alcool. Mais celui-ci n'est développé en quantité bien notable qu'au vingtième jour, suivant l'observation de MM. Parmentier et Deyeux.

Action de la chaleur.

Le lait récent, exposé à une chaleur graduée jusqu'à bouillir, ne se coagule pas, mais il se recouvre de pellicules qui sont principalement formées de fromage et de crême. Ce sont ces pellicules qui rendent le lait susceptible de déborder les vases dans lesquels on le fait chauffer, lorsque ces vases sont presque remplis de liquide. (Voyez Détonation.)

Le lait qui a été chauffé jusqu'à 100^d se conserve plus long-temps sans altération que celui qui n'a pas éprouvé l'action du feu.

Le lait ancien peut se coaguler par la chaleur seule. C'est ce qu'on observe surtout en été.

Action des acides.

En général, ils coagulent le lait en s'unissant au fromage. (Voyez Fromage.) Leur action est augmentée par l'élévation de la température.

C'est au moyen de l'acide acétique, ou du surtartrate de potasse, que l'on prépare le *petit lait* des pharmacies. Pour cela, on prend 1 litre de lait écrêmé ; ou en porte la température de 95 à 98^d, puis on y mêle quelques grammes de vinaigre, ou une quantité équivalente de surtartrate de potasse. La coagulation a lieu. On passe le liquide dans un tamis de crin assez fin pour retenir le fromage ; on ajoute au liquide un blanc d'œuf dissous dans trois à quatre fois son poids d'eau ; on le fait bouillir, puis on le jette sur un filtre de papier gris.

Les substances astringentes coagulent le lait en se combinant au fromage.

Action des alcalis très-solubles.

La potasse , la soude et l'ammoniaque ne coagulent pas le lait. On observe même qu'ils redissolvent le fromage que les acides ont coagulé.

Action des sels neutres, de la gomme et du sucre.

Schéele a dit qu'en saturant le lait bouillant d'un sel neutre quelconque, on précipite le fromage, et que le sucre et la gomme produisent le même effet.

MM. Parmentier et Deyeux, à qui on doit un excellent ouvrage sur le lait, prétendent que tous les sels neutres indistinctement ne coagulent pas le lait. Ainsi ils assurent que les phosphates de potasse, de soude et de chaux, les nitrates de potasse, de soude, de chaux et de magnésie, les chlorures de potassium et de sodium, les acétates de potasse et de soude, n'ont aucune action, tandis que la plupart des sulfates et l'hydrochlorate d'ammoniaque en ont une très-prononcée.

Action de l'alcool et de l'éther hydratique.

L'alcool coagule le lait.

On a généralement attribué la cause de cet effet à une simple affinité de l'alcool pour l'eau ; mais nous pensons qu'il faut tenir compte d'une action que l'alcool exerce sur le fromage, action qui est analogue à celle qu'il exerce sur l'albumine.

L'éther hydratique nous a paru coaguler le lait. Si nous ne nous sommes pas trompé, ce liquide agiroit de la même manière que sur l'albumine.

LAIT DE BREBIS.

Sa densité est de 1,0409. (Brisson.)

MM. Parmentier et Deyeux disent qu'il diffère du précédent, 1.° par l'odeur; 2.° en ce que le beurre qu'il donne est plus fusible et plus abondant; 3.° en ce que son fromage a un aspect plus gras.

LAIT DE CHÈVRE.

Sa densité est de 1,0340. (Brisson.)

Il a une odeur de chèvre ; il donne une crême épaisse, qui fournit un beurre ferme, blanc, moins abondant que celui des laits de brebis et de vache ; au contraire, il donne davantage de serum, et le coagulé qui se forme dans le lait qui est exposé à une température un peu chaude, est gélatineux, et a plus de consistance que le coagulum des laits de vache et de brebis. (Parmentier et Deyeux.)

LAIT DE FEMME.

Sa densité est de 1,0203. (Brisson.)

Il a beaucoup d'analogie avec le lait de vache; cependant son fromage paroit avoir plus de disposition à se séparer du serum. Ce fromage est d'ailleurs peu abondant; il est visqueux, non gélatineux et tremblant; il n'est coagulé que par les acides concentrés. (Parmentier et Deyeux.)

Il y a des crêmes de lait de femme qui ne donnent pas de beurre par la percussion, tandis que d'autres en fournissent.

LAIT D'ANESSE.

Sa densité est de 1,0355. (Brisson.)

Il a cela de commun avec le précédent, qu'il est peu riche en fromage, et que celui-ci se sépare facilement du serum.

Sa crême est peu épaisse; elle donne un beurre blanc, fade et peu consistant. (Parmentier et Deyeux.)

LAIT DE JUMENT.

Sa densité est de 1,0346.

Il est moins fluide que les laits de femme et d'ânesse.

L'acide acétique et le surtartrate en précipitent du fromage, sous forme de petits flocons. On n'y trouve en général que de foibles proportions de beurre et de fromage.

Il contient du sulfate de chaux. (Parmentier et Deyeux.)

Observation. Notre travail sur le beurre nous a prouvé que les différens degrés de fluidité des beurres tiennent au rapport qui se trouve entre la stéarine d'une part, et d'une autre part l'élaïne, et cette huile qui donne des acides volatiles par la saponification. Nous avons vu que le beurre de vache de Chigny, en Champagne, préparé en automne, pendant un temps très-sec, contenoit beaucoup plus de stéarine et moins de principe colorant que des beurres préparés avec des laits fournis par des vaches qui avoient été nourries dans des provinces abondantes en fourrages. Le beurre de chèvre nous a fourni une proportion d'acides caproïque et caprique sensiblement plus forte que celle obtenue du beurre de vache, et il est remarquable que ces acides, surtout le caprique, ont précisément l'odeur de la chèvre.

Nous avons toute raison de penser que c'est au développement des acides que les beurres, et par suite les laits, doivent en partie au moins l'odeur qui les distingue. (Ch.)

LAIT BATTU. (*Bot.*) C'est l'un des noms vulgaires de la fumeterre. (Lem.)

LAIT D'ANE. (*Bot.*) Voyez Laiteron. (Lem.)

LAIT DE CHAUX. (*Chim.*) Quand on délaye de la chaux dans une proportion d'eau qui est insuffisante pour la dissoudre complètement, on a un liquide blanc, opaque, que l'on a nommé *lait de chaux.* Par suite de cette nomenclature on a appelé *crême de chaux,* la pellicule de sous-carbonate de chaux qui se forme à la surface du lait de chaux ou de l'eau de chaux filtrée, lorsque ces matières sont exposées au contact du gaz acide carbonique. L'expression de *lait de chaux* est encore usitée. (Ch.)

LAIT DE COCHON. (*Bot.*) Thuillier, dans sa Flore des environs de Paris (2.ᵉ édit., pag. 411), emploie cette dénomination, comme nom vulgaire du genre *Hyoseris.* Il seroit plus exact de dire laitue de cochon, ou chicorée de cochon, ce qui est la traduction françoise du nom grec *hyoseris.* (H. Cass.)

LAIT DE COULEUVRE. (*Bot.*) Dans quelques cantons on donne ce nom à l'euphorbe cyprès. (L. D.)

LAIT DORÉ. (*Bot.*) Agaric de la famille des laiteux de Paulet, et qu'il décrit dans son Trait., 2, pag. 171, pl. 71, fig. 1-4. C'est aussi l'un de ses *rougillons* ou *briquetés.* Ce champignon a un suc jaune très-âcre et gluant; cependant il n'a point nui aux animaux auxquels Paulet en a fait m inger. Il paroît voisin de l'*agaricus deliciosus,* Linn., et de l'*agaricus theiogalus,* Bull. Cette espèce a deux ou trois pouces de hauteur; elle est couleur d'orange ou de safran clair, marquée de zones ou bandes légères de même couleur. Le chapeau a deux pouces de diamètre; il est festonné et comme languetté sur les bords, et irrégulièrement enfoncé dans le centre : le stipe a un peu la forme d'une cheville. Il ne faut pas confondre cette espèce avec le Lactaire doré. Voyez ce mot. (Lem.)

LAIT DE LUNE ou LAIT DE MONTAGNE. (*Min.*) C'est du

calcaire crayeux délayé par les eaux qui suintent dans les fissures des montagnes, et qui, en se déposant sur leurs parois et s'y desséchant, forme deux autres concrétions aussi ridiculement désignées par les noms de *farine fossile* et *d'agaric minéral*. Voyez CHAUX CARBONATÉE. (B.)

LAIT D'OISEAU (*Bot.*), nom vulgaire de l'ornithogale blanc. (L. D.)

LAIT DE POULE. (*Bot.*) Voyez LAIT D'OISEAU. (LEM.)

LAIT DE SAINTE MARIE ; *Lac Mariæ.* (*Bot.*) C'est le CHARDON MARIE. (LEM.)

LAIT DE SOUFRE. (*Chim.*) C'est le liquide opaque, blanc, que l'on obtient en versant un acide dans une dissolution aqueuse de sulfure hydrogène de potasse, de soude ou d'ammoniaque, assez étendue pour tenir quelque temps le soufre en suspension. (CH.)

LAIT DE TIGRE. (*Bot.*) Voyez FO-LIM. (LEM.)

LAIT VÉGÉTAL. (*Chim.*) Cette expression a été appliquée à des sucs végétaux très-différens, mais qui ont cela de commun, qu'ils ressemblent au lait par leur aspect, et qu'abandonnés à eux-mêmes, ils se recouvrent presque tous d'une pellicule huileuse, et finissent par se coaguler. Si quelques uns ont encore cette analogie avec le lait, qu'ils peuvent servir à la nourriture de l'homme, il en est un plus grand nombre qui ont des propriétés délétères. En définitive, un *lait végétal* est un suc aqueux qui tient naturellement en suspension une matière huileuse, et quelquefois une matière azotée. (CH.)

LAIT VIRGINAL. (*Chim.*) Nom que les parfumeurs ont donné au liquide résultant du mélange de la solution alcoolique de benjoin avec l'eau. C'est la résine très-divisée et tenue en suspension qui rend ce liquide laiteux. (CH.)

LAITANCE. (*Ichthyol.*) C'est ainsi que l'on nomme généralement et d'une manière collective, les testicules des poissons, autres que les raies et les squales, testicules dont la structure est bien différente de celle des organes analogues dans les classes supérieures des animaux. Ils se présentent sous l'aspect de deux grands sacs, en partie membraneux, en partie glanduleux, de forme régulière, cylindriques, coniques ou divisés en lobes, dont le volume augmente singulièrement dans le temps du frai, et qui sont remplis, à cette époque, d'une ma-

tière blanchâtre, opaque et laiteuse. Ils ne paroissent essentiellement composés que de cellules dont les parois, formées
d'une membrane très-délicate, sécrètent le fluide séminal. Ils
se réunissent par leur extrémité postérieure, et s'ouvrent au
dehors par un orifice commun situé en arrière de celui de
l'anus, et par lequel sort également l'urine.

Examinée au microscope, la laitance des poissons paroît composée d'une multitude de globules arrondis et d'une telle
quantité d'animalcules, que Leuwenhœck a estimé que la
laite d'une seule morue en contenoit environ 150,000,000,000
vivans, et différens pourtant des animalcules du sperme des
autres poissons.

La double laitance de beaucoup de poissons a souvent,
comme dans la carpe, par exemple, des dimensions considérables eu égard au volume absolu du corps, et est constamment
ou à peu près placée le long du dos, de manière à ce que
chacun de ses deux lobes égale presque la longueur de l'abdomen.

Pour être plus simples en apparence que les testicules des
autres animaux vertébrés, ceux des poissons n'en ont pas
moins une influence remarquable sur toute l'économie. Comme
par la castration, on rend plus délicate la chair des mammifères et des oiseaux, de même, en enlevant la laitance aux
poissons, on les engraisse, et on leur donne une meilleure saveur. C'est une opération qu'a imaginée un pêcheur anglois,
nommé Samuel Tull, et sur laquelle Hans Sloane a consigné
des détails dans les Transactions philosophiques de la Société
royale de Londres. Nous aurons occasion de revenir sur ce
sujet dans notre article Poissons; mais il est facile de concevoir
comment la tuméfaction de ces organes au moment du frai
doit, en concentrant sur eux les forces de la vie, en accumulant
dans leur intérieur les produits de la nutrition presque tout
entiers, enchaîner une partie des forces des poissons, émousser
quelques unes de leurs facultés, diminuer la masse des autres
organes de leur économie.

Dans beaucoup de poissons, la laitance est un aliment très-
estimé. On sait communément quel prix les gourmets attachent
à celle des carpes, des harengs, des maquereaux.

Enfin, il est des animaux rangés universellement parmi les

poissons et dont la laitance cependant n'a point encore été aperçue par les observateurs. Sans un fait particulier, que MM. Desmoulins et Magendie viennent de communiquer tout récemment à l'Académie royale des sciences, on ne connoîtroit pas encore, par exemple, le mâle de la lamproie. (H. C.)

LAITE. (*Ichthyol.*) Voyez Laitance. (H. C.)

LAITE DE CARPE. (*Chim.*) L'analyse que Fourcroy et M. Vauquelin ont faite de la laite de carpe, est remarquable en ce qu'elle a offert le premier exemple d'une matière organique dont le phosphore est un des élémens.

La laite est formée d'oxigène, d'azote, de phosphore, de carbone et d'hydrogène. Elle contient en outre une foible proportion de phosphate de chaux, de magnésie, de potasse et de soude.

Elle ne cède à l'eau ni acide phosphorique ni phosphate d'ammoniaque; elle est sans action sur le papier tournesol.

Lorsqu'on la distille dans une cornue de grès, elle donne, outre les produits des matières organiques azotées, une quantité notable de phosphore. Enfin, calcinée dans un creuset de platine, elle fournit un charbon qui brûle en produisant de l'acide phosphorique. On peut séparer cet acide du charbon qui n'est pas consumé, au moyen de l'eau chaude. Le résidu lavé, exposé de nouveau au feu, donne une nouvelle quantité d'acide, et la proportion qu'on en obtient surpasse beaucoup celle qui est nécessaire pour neutraliser les bases salifiables de la laite. (Cʜ.)

LAITERON. (*Bot.*) Voyez Laitron. (H. Cass.)

LAITEUX ou POIVRÉ LAITEUX. (*Bot.*) Famille de champignons établie par Paulet, qui n'est qu'une division du genre *Agaricus*, Linn., division que Persoon désigne par les noms de lactaires ou d'agarics lactésiens. Les espèces qui la composent se font remarquer par la liqueur laiteuse qui coule en gouttes, lorsqu'on les entame : cette liqueur a une saveur piquante, comme celle du poivre. Ces champignons ont un stipe court et un chapeau qui se creuse pour prendre la forme de soucoupe ou d'entonnoir. Leur substance est ferme, cassante : ils ont la surface sèche et un peu rude au toucher. Les feuillets sont fins et d'inégale longueur. On connoît ces champignons dans les campagnes sous les noms de *prévat* et d'*eauburon*, comme pour dire *poivre a* et *eau boiront*, à cause de leur saveur piquante et de la forme du chapeau qui lui permet de retenir l'eau de la pluie. Ils ne contiennent pas de principe délétère, mais cependant peuvent nuire quand ils ne sont pas corrigés par des moyens convenables; ils sont généralement indigestes.

Paulet en décrit dix espèces, savoir:

Le LAITEUX POIVRÉ BLANC, Paulet, Trait., 2, p. 164, pl. 68, fig. 1-4. C'est l'*agaricus acris* de Bulliard, décrit à l'article FONGE, sous le n.° 8 ; le *fongo peperone* des Italiens, et l'*agaricus piperatus* de quelques auteurs.

Le LAITEUX POIVRÉ NOIR ÉCHANCRÉ, Paulet, 2, p. 168, pl. 69, fig. 1. Suivant Paulet, il ne diffère du précédent que par sa couleur noirâtre et par sa petitesse. Son chapeau n'est pas exactement circulaire, mais un peu réniforme; ses feuillets sont fins, d'un roux sale ou foncé : sa chair est un peu grenue. Il jette un lait extrêmement âcre ; cependant, donné aux animaux, il ne leur a pas nui. On le trouve en automne à Bondy, près Paris.

Le LAITEUX POIVRÉ NOIR CERCLÉ, Paul., Tr., 2, p. 168, pl. 69, fig. 2. Champignon sec, dur, presque ligneux, à suc laiteux, âcre, et chair blanche, grenue; il est brun, presque noir; les feuillets sont roux, sales et sombres; le dessus du chapeau est très-rude au toucher et comme ridé. Lorsque le champignon sort de terre, il a les bords du chapeau roulés en dessous; il prend ensuite la forme de soucoupe : il n'est point malfaisant. On le trouve dans les bois à Bondy.

Le LAITEUX POIVRÉ VERT, Paul., 2, p. 168, pl. 69, fig. 3-4; vulgairement le MAUVAIS PRÉVAT. Il est plus haut que les précédens, plus irrégulier, d'une couleur verdâtre en dessous, et à surface ordinairement sale et terreuse. Ses feuillets sont d'un blanc sale ou roussâtres, inégaux, fins ou serrés. Ce champignon croît particulièrement dans le bois de Vincennes, en automne, sur les terres noirâtres formées de sables et de débris de feuilles pourries de bouleau et de chêne. Lorsqu'on l'entame, il laisse fluer un suc brûlant; cependant il n'est point malfaisant. Paulet dit en avoir mangé, et il ajoute : Je l'ai trouvé moins amer et plus agréable au goût que le laiteux poivré blanc.

Le MOUTON ZONÉ, Paul., 2, p. 169, pl. 70, fig. 1-3; qui est l'agaric meurtrier de Bulliard. (Voyez FONGE, n.° 11.) Paulet

contre l'opinion de Bulliard, assure qu'il n'est point dangereux, qu'il n'incommode pas les animaux, et qu'on le mange
dans quelques campagnes. Préparé avec du beurre et du sel, ce
champignon a été trouvé par lui plus agréable que le laiteux
poivré blanc.

Le Laiteux zoné de Vaillant, Paul., 2, p. 170, p. 70, fig. 3-4.,
qui répond à l'*agaricus zonarius*, Decand. (Voyez Foncé, n.° 9.)
Ses qualités sont à peu près les mêmes que celles des précédens.

Le Lait doré. (Voyez cet article.)

Le Laiteux-cheville, Paul., Trait., 2, p. 172, pl. 72, fig. 1-2;
qui, avec sa variété, le *laiteux en nombril*, aussi de Paulet,
l. c., fig. 3-4, forme le groupe qu'il désigne par gris et roux,
acres et laiteux. (Voyez cet article.)

Le Champignon du Cerf (voyez ce mot), ou le *petit moulon*.

Le Laiteux pointu rougissant, Paul., 2, p. 173, pl. 72, fig. 7-8,
et poivré a lait pointu, l. c., 1, p. 567, n.° 199. Il est blanc,
et se fait remarquer par la disposition de son chapeau dont le
centre, d'abord élevé en pointe aiguë, se creuse ensuite en
coupe. Son suc est d'un beau rouge de carmin, âcre et brûlant.
Sa chair, d'abord blanche, rougit à l'air. Voici ce que Paulet
rapporte sur ce champignon :

« M. Pico, médecin de Turin, a donné une observation sur
les effets de ce champignon, dans les Mémoires de la Société de
médecine de 1780 à 1782, dont le résultat est qu'il est d'un usage
très-malfaisant, quoiqu'un seigneur russe ait assuré qu'on le
mange en Moscovie, ainsi que le laiteux-poivré blanc, dont
on met en salaison une grande quantité pour le carême. Ce
médecin dit qu'en ayant donné à un chien, haché avec de la
viande, l'animal périt de gangrène au bout de douze heures.
Ces deux assertions, qui semblent contradictoires, peuvent
être vraies l'une et l'autre, si l'on fait attention que ce champignon à suc brûlant et changeant tel que celui-ci, donné cru
sans correctif et en grande quantité à un animal, peut causer
une inflammation telle qu'il en résulte un état gangréneux, et
qu'il est possible en même temps que ce même champignon cuit,
ou corrigé avec la saumure ou tout autre correctif, cesse
d'être malfaisant. Cette espèce est bien plus rare en France
qu'en Italie et dans le Piémont. » (Lem.)

LAITEUX D'ÉTÉ et LAITEUX DOUX. (*Bot.*) Voyez LATTA-
JUOLO. (LEM.)

LAITIER. (*Chim.*) Matière vitreuse de nature variable, qui
se forme lorsqu'on traite les mines de fer dans les hauts four-
naux. (Voyez FONTE DE FER, tom. 17, pag. 221.) Quelques personnes font dériver l'expression de *laitier* du mot *lait*, parce
que, disent-elles, les matières auxquelles on l'applique ont
un aspect blanchâtre, opalin, qui rappelle celui du lait. (Cʜ.)

LAITIER DES VOLCANS. (Min.) On appelle ainsi les produits volcaniques fondus en verres bruns ou colorés, bulleux
ou compactes, et qui ont toute l'apparence des laitiers de
forge. Voyez LAVE. (B.)

LAITON. (*Chim.*) Alliage de cuivre et de zinc. Voyez CUIVRE.
(Cʜ.)

LAITRON, *Sonchus*. (*Bot.*) [*Chicoracées*, Juss. = *Syngénésie polygamie égale*, Linn.] Ce genre de plantes appartient à
l'ordre des synanthérées, à la tribu naturelle des lactucées, et
à notre section des lactucées-prototypes, dans laquelle nous
l'avons placé entre les deux genres *Picridium* et *Lactuca*. Voici
les caractères génériques du *sonchus*, tels que nous les avons
observés sur des individus vivans de la plupart des espèces de
ce genre.

Calathide incouronnée, radiatiforme, multiflore, fissiflore,
androgyniflore. Péricline campanulé, inférieur aux fleurs
extérieures; formé de squames imbriquées, appliquées, oblongues-lancéolées, obtuses, un peu membraneuses sur les
bords. Clinanthe un peu concave, tantôt absolument nu, tantôt presque nu, c'est-à-dire, alvéolé, ou garni de lamelles ou
de papilles. Ovaires obovales, comprimés ou obcomprimés,
toujours dépourvus de col, quelquefois munis d'une bordure
sur chacune des deux arêtes; aigrette composée de squamellules nombreuses, inégales, filiformes, barbellulées.

On connoit environ trente espèces de *sonchus* : nous n'en
décrirons que cinq, qui nous paroissent être les plus intéressantes.

LAITRON DES POTAGERS; *Sonchus oleraceus*, Linn. C'est une
plante herbacée, annuelle, haute d'un à deux pieds; à racine
fusiforme; à tige rameuse, cylindrique, glabre, tendre, creuse
et fragile; ses feuilles sont alternes, embrassantes, lisses, très-

variables, ordinairement roncinées, à lobes aigus et dentés, le terminal fort grand et triangulaire; les calathides, composées de fleurs d'un jaune pâle, sont portées sur des pédoncules d'abord cotonneux, puis glabres, disposés à peu près en cyme ou en ombelle au sommet de la tige et des branches; les périclines sont glabres. Cette espèce est très-commune, surtout dans les jardins-potagers, où elle fleurit pendant tout l'été. On trouve, dans les lieux secs et incultes, une variété remarquable par ses feuilles roides, et crépues ou ondulées sur les bords qui sont garnis de petites dents spinescentes. Les lapins, les vaches, les chevaux, les moutons et les chèvres aiment beaucoup ce laitron, nommé aussi laceron, qui est amer, et contient un suc laiteux très-abondant; les hommes peuvent s'en nourrir, lorsqu'il est jeune, en le faisant cuire, ou même en le mangeant cru comme de la salade.

LAITRON DES CHAMPS; *Sonchus arvensis*, Linn. La racine est vivace, rampante, charnue, laiteuse; la tige est herbacée, haute d'environ trois pieds, dressée, presque simple, à peu près cylindrique, fistuleuse; les feuilles sont alternes, embrassantes, roncinées, glabres, cordiformes à la base, un peu aiguës au sommet, bordées de petites dents spinescentes; les calathides, composées de fleurs d'un jaune doré, sont grandes, peu nombreuses, et disposées au sommet de la tige en une sorte d'ombelle, dont les pédoncules, ainsi que les périclines, sont hérissés de poils capités, jaunâtres ou bruns. Cette plante est assez commune dans les champs argilleux, où elle fleurit en juin et juillet.

LAITRON DES MARAIS; *Sonchus palustris*, Linn. Une racine vivace, rameuse, point rampante, produit de fortes tiges hautes d'environ six pieds, dressées, presque simples, anguleuses, tubulées; les feuilles sont alternes, embrassantes, roncinées, glabres, sagittées à la base, aiguës au sommet, bordées de petites dents roides; les calathides, composées de fleurs d'un jaune pâle, sont nombreuses, moins grandes que dans l'espèce précédente, et disposées en une panicule terminale, ombelliforme, dont les pédoncules et les périclines sont très-chargés de poils capités et noirâtres. Ce laitron fleurit en juin et juillet sur le bord des étangs, et dans les lieux aquatiques.

LAITRON DE PLUMIER; *Sonchus Plumieri*, Linn. Cette plante

herbacée, à racine vivace, est toute glabre, et acquiert au moins trois pieds de hauteur; ses feuilles inférieures, longues d'un pied et demi, sont découpées sur chaque côté en quatre ou six divisions, et terminées par un très-grand lobe presque triangulaire; les feuilles supérieures sont petites, embrassantes à la base, très-aiguës au sommet; les calathides, composées d'un petit nombre de fleurs bleues ou lilas, sont grandes et disposées en une panicule terminale corymbiforme, dont les pédoncules et les périclines sont dépourvus de poils, ce qui fait distinguer facilement cette espèce du *sonchus alpinus*, Willd.; le péricline exsude des gouttelettes d'un suc laiteux qui se concrète et brunit à l'air. Ce beau laitron se trouve en France, dans les lieux ombragés et parmi les rochers des hautes montagnes du Forez, du Lyonnois, des Alpes, des Pyrénées, des Vosges, du Mont-d'Or, où il fleurit en juillet et août. Nous avons remarqué que les ovaires étoient munis d'une bordure linéaire sur chacune de leurs deux arêtes; mais nous n'avons point vu qu'ils fussent prolongés supérieurement en un col, comme le prétendent quelques botanistes; si leur observation étoit exacte, cette plante ne seroit point un *sonchus*, mais un *lactuca*.

Laitron arbrisseau; *Sonchus fruticosus*, Willd. La tige, dans cette espèce, est ligneuse, épaisse, comme spongieuse, haute d'un à deux pieds, dressée, nue, cylindrique, à écorce grise; elle porte toute l'année, autour de son sommet, des feuilles rassemblées en rosette, sessiles, grandes, alongées, lancéolées, roncinées, dentées, glabres comme toute la plante: les calathides, composées de fleurs d'un jaune doré, sont grandes et disposées en larges corymbes au sommet des rameaux; les pédoncules sont rameux et pourvus de quelques bractées squamiformes; les périclines sont épais. Ce laitron habite les roches élevées de l'île de Madère, où il fut découvert par Masson, qui l'introduisit en Europe, en 1777. On le cultive en France, en le serrant dans l'orangerie pendant l'hiver; il fleurit au printemps, et se multiplie par ses graines, ou au moyen des drageons et des boutures. Nous avons observé, sur cette espèce remarquable, que les étamines étoient quelquefois plus ou moins complètement monadelphes; que le limbe de la corolle paroissoit n'être point fendu jusqu'à sa base; que le clinanthe étoit toujours alvéolé, à cloisons charnues, prolongées en laniéres subulées, fimbrilliformes ; et que les squames du péricline étoient appliquées, comme dans les autres espèces du genre, quoique les botanistes disent que ce péricline est squarreux, ce qui semble indiquer que les squames sont réfléchies.

Le nom générique de *sonchus*, employé par Théophraste, Dioscoride, Pline, vient, dit-on, d'un mot grec qui signifie creux, et qui exprime que les tiges sont fistuleuses. Tournefort a mal caractérisé ce genre, en ne le fondant que sur la forme du péricline, et il y a confondu les *picridium* et un *urospermum*. Vaillant, avec son exactitude et sa sagacité ordinaires, a reconnu que le vrai caractère du *sonchus* consistoit dans la forme des ovaires, qui sont ovales, aplatis et dépourvus de col, et que le genre *Lactuca* n'en différoit que par l'existence d'un col. Cet excellent botaniste, dont les précieuses observations ont été trop long-temps négligées, a établi sous d'autres noms les genres *Picridium* et *Urospermum*, que son prédécesseur avoit mal à propos rangés parmi les *sonchus*. Linnæus, n'ayant pas senti toute la justesse des distinctions de Vaillant, et considérant plutôt le péricline que les fruits, a d'abord admis, comme Tournefort, le *picridium* dans le genre *Sonchus;* mais ensuite, il l'en a exclu, pour l'attribuer au *scorzonera* où il est encore bien plus mal placé. Adanson, méconnoissant sur ce point les affinités naturelles, réunit au genre *Hieracium* les *sonchus* et *picridium*. Gærtner, dont l'attention étoit principalement dirigée sur les fruits, a cependant rapporté les *picridium* au genre *Sonchus.*

Quant à nous, adoptant à cet égard toutes les dispositions de Vaillant, nous plaçons le genre *Sonchus* entre le *picridium*, dont il diffère par ses fruits ovales, aplatis, et le *lactuca* dont il diffère par ses fruits dépourvus de col.

Quelques espèces de *sonchus* ont les fruits couronnés au sommet par un bourrelet très-élevé, dont le bord supérieur est frangé et imite une petite aigrette extérieure. Ce caractère, que nous avons observé, et que Gærtner avoit aperçu avant nous, suffiroit peut-être pour établir un genre ou un sous-genre intermédiaire entre le *sonchus* et le *lactuca*. (H. CASS.)

LAITUE, *Lactuca*. (*Bot.*) [*Chicoracées*, Juss.= *Syngénésie po-*

lygamie égale, Linn.] Ce genre de plantes appartient à l'ordre des synanthérées, à la tribu naturelle des lactucées, et à notre section des lactucées-prototypes, dans laquelle nous l'avons placé entre les deux genres *Sonchus* et *Chondrilla*. Voici les caractéres génériques du *lactuca*, tels que nous les avons observés sur des individus vivans de la plupart des espèces de ce genre.

Calathide incouronnée, radiatiforme, pluriflore, fissiflore, androgyniflore. Péricline subcylindracé, inférieur aux fleurs extérieures; formé de squames imbriquées, appliquées : les extérieures ovales, les intérieures oblongues. Clinanthe plan, inappendiculé. Ovaires comprimés ou obcomprimés, orbiculaires ou elliptiques, quelquefois munis d'une bordure sur chacune des deux arêtes, toujours pourvus d'un col articulé par sa base, d'abord court et gros, terminé par un bourrelet, puis long et grêle; aigrette composée de squamellules nombreuses, inégales, filiformes, barbellulées.

On connoît environ vingt espèces de *lactuca*; nous en décrirons cinq, dont une est cultivée dans nos jardins-potagers, et les quatre autres sont indigènes dans les environs de Paris.

Laitue cultivée; *lactuca sativa*, Linn. C'est une plante herbacée, annuelle, entièrement glabre, sans épines, et remplie d'un suc laiteux lorsqu'elle est développée; sa tige, haute d'environ deux pieds, est dressée, cylindrique, épaisse, glauque, simple inférieurement, ramifiée supérieurement en panicule; les feuilles inférieures sont sessiles, embrassantes, oblongues, obovales, étrécies vers la base, arrondies au sommet, ondulées sur les bords; les feuilles supérieures, graduellement plus petites, sont sessiles, embrassantes, cordiformes, denticulées; les calathides, composées de fleurs d'un jaune pâle, sont petites, nombreuses, dressées, et disposées en un grand corymbe irrégulier, terminal. Cette plante fleurit en juin et juillet.

On ignore le lieu où cette espèce croît spontanément, et d'où elle a pu être originairement transplantée dans les jardins. Quelques botanistes croient qu'elle a été obtenue par la culture d'une espèce voisine, telle que le *lactuca quercina*, ou le *lactuca virosa*; et il n'est guère douteux que nos laitues comestibles, qui fournissent un aliment si agréable et si salutaire, deviendroient, comme les autres espèces, narcotiques et vénéneuses, si on cessoit de les cultiver, ou même si on les mangeoit crues, à l'époque de leur fleuraison, lorsqu'elles abondent en suc laiteux. Quoi qu'il en soit, la culture des laitues paroît remonter à une haute antiquité, et elle a produit, dit-on, cent cinquante variétés, qu'on peut cependant réduire à trois races principales, qui ne diffèrent essentiellement que dans le premier âge, mais qui se perpétuent constamment dans les jardins par la génération sexuelle.

La première est la laitue pommée (*lactuca sativa capitata*), qui, avant de développer sa tige, offre une large touffe de feuilles arrondies, concaves, ondulées, bosselées, pressées les unes sur les autres, et formant ensemble une tête arrondie comme un chou; les feuilles intérieures étant privées de lumière, restent étiolées, c'est-à-dire blanchâtres ou jaunâtres, tendres, douces, presque insipides. Cette race est la plus nombreuse en variétés, parmi lesquelles on distingue comme les meilleures celles dont les feuilles ont les côtes rougeâtres ou sont panachées de taches rouges.

La seconde race est la laitue frisée (*lactuca sativa crispa*), dont les feuilles découpées, dentées et crépues sur les bords, ne forment pas, comme dans la première race, une tête arrondie en pomme. Cette race est moins généralement cultivée que les deux autres.

La troisième est la laitue romaine (*lactuca sativa longifolia*), dont les feuilles sont alongées, étrécies vers la base, arrondies et concaves au sommet, presque lisses, c'est-à-dire, non bosselées ni ondulées, dressées, formant un assemblage oblong, obovoïde, peu compacte. Cette dernière race est la plus estimée; on recherche surtout la variété à feuilles teintes ou panachées de rouge, qui est la meilleure de toutes les laitues, mais dont la culture exige des soins particuliers.

On cultive aux environs du Mans, sous le nom de laitue-épinard ou laitue-chicorée, une laitue que les agronomes considèrent comme une simple variété de la seconde race, mais qui est qualifiée d'espèce distincte par quelques botanistes qui la nomment *lactuca laciniata* ou *palmata*. Ses feuilles

ne forment jamais la tête; elles sont pinnatifides, à lobes écartés, oblongs, obtus, très-peu dentelés; cette plante est bisannuelle, selon M. Decandolle; et on peut couper plusieurs fois
le même pied, qui reproduit de nouvelles feuilles après cette
opération.

Les laitues craignent le froid et se plaisent dans une terre
douce, ameublie, chaude, amendée avec du terreau de
couches. Il faut les arroser quand elles sont jeunes, et les garantir des limaces. Pour favoriser l'étiolement des feuilles
intérieures et retarder le développement de la tige, ce qui
est le but de la culture de ces plantes, on serre avec un lien
de paille l'assemblage des feuilles. Les variétés les moins pré-
coces ne se sèment qu'au mois d'avril, en pleine terre, et
n'ont pas besoin d'être transplantées; elles succèdent à celles
qu'on a semées sur couches, dès le commencement du printemps, et qu'on a bientôt ensuite transplantées en pleine
terre. Mais, pour obtenir des primeurs, on a dû semer, au
mois d'août de l'année précédente, sur une plate-bande de
terre bonne et légère, certaines variétés de la première race,
et les transplanter dans une terre amendée, au pied d'un mur
exposé au midi, où elles ont été abritées des grands froids,
durant l'hiver; aussitôt après cette saison rigoureuse, elles
ont été transplantées une seconde fois sur une couche nouvelle où elles ont formé la pomme. L'emploi des cloches de
verre et des châssis, pour garantir les jeunes plants des gelées
et des pluies froides, assure le succès du jardinier jaloux de
satisfaire la bizarre fantaisie des amateurs, qui préfèrent une
production médiocre, mais très-hâtive et chèrement achetée,
à celles que la nature nous prodigue en abondance, et douées
des meilleures qualités, dans une saison plus propice.

On mange les laitues cuites et assaisonnées de diverses manières, ou crues, en salade; pour ce dernier usage, qui est
le plus commun, on emploie quelquefois au printemps les
jeunes plants qui sont encore loin de blanchir et de former la
pomme. Les Romains, dont l'exemple est meilleur à suivre
sur ce point que sur plusieurs autres, faisoient une grande
consommation de laitues. En effet, on ne sauroit trop recom-
mander l'usage de cet aliment, surtout aux tempéramens
bilieux et robustes; car la laitue est émolliente, rafraîchis-

sante, calmante; elle tempère la soif, procure le sommeil, prévient la constipation, facilite l'écoulement des urines. Les graines peuvent fournir par expression une huile dont on se sert, en Egypte, pour la préparation des alimens.

Laitue sauvage: *Lactuca sylvestris*, Lam., Encycl.; Decand., Fl. Fr.; *Lactuca scariola*, Linn. Cette plante herbacée, annuelle suivant les uns, bisannuelle selon d'autres, a une tige haute de deux à trois pieds, dressée, ramifiée supérieurement, cylindrique, dure, glabre, lisse, blanchâtre; les feuilles sont alternes, sessiles, embrassantes, alongées, sagittées à la base, aiguës au sommet, ordinairement pinnatifides, bordées de quelques dents spinescentes, glabres, mais garnies en dessous d'une série d'épines rangées comme les dents d'un peigne sur la nervure médiaire; les feuilles inférieures sont comme tordues à leur base, en sorte que leur plan se trouve dirigé verticalement; les calathides, composées de fleurs d'un jaune pâle, sont petites, peu nombreuses, et disposées en une panicule terminale, alongée, garnie de bractées. Cette laitue habite les lieux incultes et pierreux, où elle fleurit en juillet, elle est un peu moins narcotique que l'espèce suivante. L'une et l'autre étoient nommées *lactuca sylvestris*, par la plupart des anciens botanistes. Linnæus a donné à celle-ci le nom de *lactuca scariola*, qui peut avoir l'inconvénient de faire prendre cette plante dangereuse, ou au moins très-suspecte, pour la scariole ou escarolle, qui est une variété très-salubre de la chicorée endive. C'est pourquoi nous préférons, comme MM. de Lamarck et Decandolle, l'ancien nom de *lactuca sylvestris*.

Laitue fétide: *Lactuca virosa*, Linn. Elle est annuelle ou bisannuelle, et très-analogue à la précédente, dont elle ne seroit qu'une variété, selon quelques botanistes. Elle en diffère cependant par ses feuilles beaucoup moins découpées, obtuses au sommet; les inférieures non lobées, mais seulement sinuées et dentelées, et conservant toujours la direction horizontale. Elle habite à peu près les mêmes lieux que l'autre espèce, et fleurit à la même époque : mais ses propriétés sont plus énergiques, et elle est décidément vénéneuse; son suc laiteux, qui se coagule et contient de la résine, est d'une odeur nauséabonde, d'une saveur âcre, très-amère, et d'une qualité narcotique fort semblable à celle de l'opium. Ses feuilles sont quelquefois parsemées de taches d'un rouge brun, ce qu'on observe aussi dans l'espèce précédente.

LAITUE A FEUILLES DE SAULE; *Lactuca saligna*, Linn. Cette laitue est annuelle, d'autres disent bisannuelle; sa tige, haute d'environ trois pieds, est dressée, simple ou rameuse, dure, lisse, glabre et glauque, ou blanchâtre; ses feuilles sont alternes, sessiles, alongées, étroites, linéaires, hastées à la base, glabres, à nervure médiaire tantôt épineuse en dessous, tantôt nue; les inférieures sont pinnatifides vers la base, les autres très-entières; les calathides, composées de fleurs jaunâtres, sont petites, point étalées, disposées en longues grappes. On trouve le plus souvent cette plante sur les terrains arides, pierreux et calcaires, où elle fleurit en juillet. Linnæus dit que ses feuilles sont dirigées verticalement à peu près comme dans le *lactuca sylvestris*.

LAITUE VIVACE; *Lactuca perennis*, Linn. Celle-ci est entièrement glabre, lisse, glauque et sans épines; sa racine est vivace; sa tige herbacée, haute d'environ deux pieds, est dressée, ramifiée supérieurement; les feuilles inférieures sont profondément pinnatifides, à divisions linéaires, pointues, dentées sur un côté; les supérieures sont étroites, lancéolées, lobées vers la base; les calathides, composées de fleurs bleues ou violettes, sont grandes et disposées en une panicule terminale, lâche et corymbiforme. Cette belle espèce de laitue fleurit en juillet, et n'est pas rare dans les champs cultivés.

Tournefort avoit mal défini le genre *lactuca*, en ne le caractérisant que par la forme et la structure du péricline, à quoi il ajoutoit la considération du port de la plante. Vaillant a donné le vrai caractère du genre, qu'il a trouvé dans la conformation du fruit ovale, aplati et prolongé supérieurement en un col; et il a reconnu que l'existence de ce col étoit la seule chose qui pût distinguer nettement le *lactuca* du *sonchus*. (Voyez notre article LAITRON.)

Le genre *Lactuca* étant placé entre le *sonchus* et le *chondrilla*, se distingue du premier par ses fruits collifères, et du second par son péricline imbriqué.

En décrivant les caractères génériques du *lactuca*, nous avons dit que le col de l'ovaire étoit articulé par sa base : cela nous a paru très-manifeste sur les ovaires du *lactuca perennis*, observés pendant la fleuraison ; et il est bien probable que la même chose a lieu dans les autres espèces où elle est moins apparente. Ce caractère seroit très-important à vérifier, parce qu'il fixeroit le genre *Urospermum* dans la section des lactucées-prototypes où nous l'avons classé avec doute. (Voyez notre article LACTUCÉES.) Nous avons observé que les ovaires de plusieurs *lactuca* étoient, comme ceux de quelques *sonchus*, munis d'une bordure plane et linéaire sur chacune de leurs deux arêtes. Une espèce de *lactuca* nous a offert des stigmatophores remarquables par leur brièveté.

Le nom générique de *lactuca* est dérivé du mot latin *lac*, qui signifie lait, parce que le suc de ces plantes ressemble à cette liqueur animale, ou peut-être, comme le dit Tournefort, parce qu'on attribuoit aux laitues la propriété de procurer beaucoup de lait aux nourrices. (H. CASS.)

LAITUE. (*Conchyl.*) L'un des noms vulgaires d'une coquille du genre ROCHER, *murex saxatis*. (DESM.)

LAITUE D'ANE. (*Bot.*) Aux environs de Florence on donne ce nom au drypis épineux. (LEM.)

C'est aussi le nom qu'on donne vulgairement à la cardère sauvage. (L. D.)

LAITUE DE BREBIS (*Bot.*), un des noms vulgaires de la mâche potagère. (L. D.)

LAITUE DE BRUYÈRE. (*Bot.*) C'est la laitue vivace, *lactuca perennis*. (LEM.)

LAITUE DE CHÈVRE. (*Bot.*) Pline appelle *lactuca caprina* une espèce d'euphorbe. (LEM.)

LAITUE DE CHIEN. (*Bot.*) Dans quelques cantons on nomme ainsi le pissenlit. (L. D.)

LAITUE DE COCHON ou DE PORC. (*Bot.*) C'est l'hypochaeride fétide. (LEM.)

LAITUE DE GRENOUILLES (*Bot.*), nom vulgaire du potamot crépu. (L. D.)

LAITUE DE LIÈVRE (*Bot.*); *Lactuca leporina* d'Apulée. C'est probablement une espèce de liondent ou de laitron. (LEM.)

C'est aussi le nom vulgaire du *sonchus oleraceus*, Linn. (H. CASS.)

LAITUE MARINE (*Bot.*), de Celse. C'est la même plante que la laitue de chèvre de Pline. (Lem.)

LAITUE DE MER. (*Bot.*) On donne ce nom, sur les côtes de l'Océan et de la Méditerranée, à des espèces d'*ulva* foliacées et vertes, qui ont par là quelque ressemblance avec les feuilles de la laitue cultivée. (Lem.)

LAITUE DE MER. (*Zooph.*) Nom vulgaire d'une espèce de madrepore. (Lem.)

LAITUE DE MURAILLE (*Bot.*), *Lactuca murorum*, Césalpin. Cette plante paroît être une variété du laiteron des potagers. (Lem.)

LAITUE SAUVAGE (*Bot.*), nom vulgaire des *prenanthes*. (H. Cass.)

LAITUE TREMBLANTE. (*Bot.*) C'est l'ulve marine. Voyez Laitue de mer. (Lem.)

LAITUES. (*Bot.*) Adanson nommoit ainsi la première des dix sections qu'il a formées dans l'ordre des synanthérées. Cette section, placée par lui auprès de celle des échinopes, où il admet les trois genres *Echinopus*, *Gundelia*, *Sphæranthus*, correspond exactement aux semi-flosculeuses de Tournefort, aux chicoracées de Vaillant et des Jussieu, et à notre tribu des lactucées. Adanson, ne subdivisant aucune de ses sections en plusieurs groupes, s'est contenté de ranger en une série continue les dix-huit genres qu'il admet dans la section des laitues, et qu'il nomme et dispose ainsi : *Hieracium*, *Scorzonera*, *Tolpis*, *Virca*, *Prenanthes*, *Zacintha*, *Trinciatella*, *Lapsana*, *Crenamum*, *Chondrilla*, *Lactuca*, *Leontodon*, *Tragopogon*, *Forneum*, *Achyrophorus*, *Catanance*, *Cichorium*, *Scolymus*. Cette distribution nous paroît peu conforme aux affinités naturelles. Voyez notre article Lactucées. (H. Cass.)

LAIUS ou LAIOS. (*Ornith.*) Aristote, liv. 9, chap. 19, cite cet oiseau comme ayant de la ressemblance avec le merle noir, mais étant un peu plus petit, ayant le bec d'une autre couleur, et faisant sa demeure sur les rochers. Il existe un merle de roche, qui est, en effet, plus petit que le merle commun, et qui n'a pas le bec semblable; mais Camus a, comme pour le *lædus*, trouvé en cet endroit le texte fort incertain, et n'a pas cru devoir former de conjectures au sujet de cet oiseau. (Ch. D.)

LAK (*Ichthyol.*), nom que les Nègres donnent à l'*elops saurus* de Bloch. Voyez Elope. (H. C.)

LA-KI. (*Ornith.*) Le P. Magalhaens, dans sa Relation de la Chine, parle de cet oiseau, dont le nom exprime *bec-de-cire*, en des termes qui ont pu faire regarder son récit comme fabuleux, si au lieu d'y voir tout simplement les fruits d'une éducation particulière, on a supposé que les talens merveilleux possédés par ce volatile, étoient un attribut naturel de l'espèce. Cet individu avoit acquis une docilité telle qu'il mettoit un casque, manioit une lance, une épée ou une enseigne faite exprès pour lui; il jouoit aux échecs et charmoit les spectateurs par la vivacité de ses mouvemens et la grâce de ses actions. Il n'y avoit là rien qui dût plus étonner que les particularités dont nous sommes chaque jour témoins à l'égard de serins et d'autres petits oiseaux dociles et instruits à ces sortes d'exercices. Si le Père Duhalde n'a point parlé de celui dont il s'agit, quoiqu'il ait tant emprunté à son confrère, ce n'est vraisemblablement pas, comme on le suppose dans l'Histoire générale des Voyages, tom. 6, in-4.°, pag. 489, parce qu'il aura douté de la réalité de ces faits prétendus incroyables, mais parce qu'il ne les aura pas jugés dignes d'une mention spéciale, surtout dans le chapitre où il s'agissoit de donner des notions sur les oiseaux du pays, dont plusieurs devoient être susceptibles de la même instruction. Des naturalistes, ne s'arrêtant qu'à la circonstance tirée de la couleur du bec, ont supposé que le la-ki étoit le sénégali rayé, *loxia astrild*, Linn., *wax-bill* ou bec-de-cire d'Edwards, ainsi nommé à cause de son bec de couleur de laque ou de cire d'Espagne; mais ils n'ont pas fait attention à la grosseur de l'oiseau, comparée à celle du merle, laquelle seule détruit toute idée de rapprochement. Si le mot la-ki est le nom réel d'un oiseau de la Chine, on n'a donc pas de données suffisantes pour en faire l'application à une espèce connue; mais, d'une autre part, il n'y a point de motifs pour en nier l'existence. (Ch. D.)

LAKINIA. (*Bot.*) Voyez Babela. (J.)

LAKTAK. (*Mamm.*) Phoque des mers du Kamstchatka, indiqué par Krascheninnikow, ayant jusqu'à douze pieds de longueur et huit cents livres de poids. On le prend vers le 56e degré de latitude. (Desm.)

LALAN (*Bot.*), nom malais, suivant Rumph , d'une plante graminée, qui est son *gramen caricosum* , et que Linnæus et Burmann rapportent à l'*andropogon caricosum*. C'est le même que M. Marsden cite, à Sumatra, sous le nom de *lallang*, qui y est très abondant dans les lieux découverts, comme si on l'eût cultivé. On cherche, au contraire, à le détruire par le labour, et alors il est remplacé naturellement sans semis par une autre graminée, beaucoup plus fine, que quelques habitans prenoient pour la même un peu dénaturée : mais M. Marsden ajoute que celle-ci est le *gramen aciculatum* de Rumph. Linnæus confond ce gramen avec son *panicum colonum ;* mais Loureiro affirme qu'il est différent, et il en fait un genre distinct, sous le nom de *raphis trivialis.* (J.)

LALE (*Bot.*), nom sous lequel, au rapport de Daléchamps, avoit été envoyée primitivement en Flandre la couronne impériale, *fritillaria imperialis* de-Linnæus. (J.)

LALE-VITSIT. (*Bot.*) Le poivre blanc est ainsi nommé, suivant Flacourt, à Madagascar, où il est très-abondant. (J.)

LALIA (*Bot.*) , un des noms malais cités par Rumph pour une espèce ou variété de badamier, *terminalia catappa.* (J.)

LALLANG. (*Bot.*) Voyez LALAN. (J.)

LALO et CARALOU', ou CALALOU. (*Bot.*) C'est, dans les îles, le nom d'une préparation alimentaire qu'on fait avec la ketmie comestible ou gombo. (LEM.) .

LALONDA (*Bot.*), nom donné dans l'île de Madagascar, suivant Flacourt, à une espèce de jasmin. Une autre est nommée *lalonda-secats* , c'est-à-dire jasmin bâtard. (J.)

LAMA. (*Bot.*) Pline, en parlant du mastic, dit qu'il y en a un qui provient d'une plante épineuse de l'Inde, croissant aussi dans l'Arabie, que l'on nomme *lama*, et il n'ajoute rien de plus sur cet article. (J.)

LAMA, *Lacma.* (*Mamm.*) Ce nom, qui se prononce en mouillant *l*, est péruvien, et paroit avoir été donné originairement comme nom générique, à tous les animaux couverts d'une toison. Les Européens l'appliquèrent à un animal ruminant, voisin des chameaux, et qui étoit une des bêtes de somme de l'Amérique méridionale. Depuis, il a été étendu à plusieurs espèces voisines de la première qui l'avoit reçu, et est ainsi redevenu nom de genre.

Les lamas ne sont pas des animaux bien connus. Les naturalistes ne sont point d'accord sur le nombre des espèces que forment ces animaux. Quelques uns l'ont porté à cinq ; d'autres l'ont réduit à deux, et la question est d'autant plus difficile à résoudre, que plusieurs de ces espèces sont à l'état domestique, et ont donné naissance à des variétés assez différentes de leur souche primitive, et qui portent des noms différens. Les animaux de ce genre nécessitent donc de nouvelles recherches et de nouvelles observations, non seulement pour établir les espèces entre lesquelles ils doivent se partager, mais encore pour établir leurs caractères communs et spécifiques avec exactitude. Nous en avons vu trois espèces bien distinctes : ce sont elles seules qui nous fourniront les caractères génériques et particuliers que nous allons faire connoître.

Les lamas ont une ressemblance générale de caractère et de conformation avec les chameaux et les dromadaires, sans avoir leur physionomie indolente et stupide. Leur port et leurs oreilles longues, étroites, pointues et très-mobiles annoncent de la vivacité dans les sentimens, et leur regard fait supposer de la pénétration et de la douceur ; leurs allures, sans être légères, sont franches et assurées ; ils ont de la timidité, sans être peureux ; ils prennent facilement confiance en ceux qui les soignent, et paroissent même susceptibles d'une profonde affection, comme, au reste, la plupart des animaux naturellement portés à vivre réunis. Leur tête ne paroît pas avoir la même pesanteur que celle des dromadaires, et leur dos n'est point chargé de la masse de graisse, de la lourde bosse qui couvre le dos de ces derniers animaux. Mais les caractères principaux par lesquels ils se distinguent organiquement des chameaux, consistent dans la conformation de leurs doigts qui ne sont point réunis en dessous par une semelle calleuse ; et dans la privation du renflement particulier de la panse, qui paroît servir aux chameaux de réservoir d'eau, et qui rend ces animaux si précieux pour voyager dans les déserts. Du reste, les lamas et les chameaux ont le même système de dentition et les mêmes organes des sens, de sorte que leurs différences, dans les principes de nos méthodes, ne font des uns que des sous-genres, par rapport aux autres. Aussi renvoyons-nous à notre article Chameau, pour tout ce qui concerne les caractères génériques. On connoît très-peu les mœurs des lamas; on sait que ce sont des animaux sobres, assez dociles, qui ne manquent point d'intelligence, et qui vivent naturellement en troupes, sur les revers des montagnes des Andes, dans les régions plus ou moins froides et élevées; mais on ne nous a point encore appris les circonstances relatives à leur reproduction, la manière dont ils se recherchent, leur mode d'accouplement, la durée de la gestation, le part, les soins de l'allaitement, etc.; circonstances qui sont l'objet principal de la vie des animaux, après celles qui se rapportent à leur manière de se nourrir et de se conserver individuellement.

Le LAMA : *Camelus glama*, Linn.; Gmel.; *Llama*, Erxl.; *Llacma*, Cuv.; etc.; Buff., Suppl. VI, pl. 27; Animaux de la Ménagerie; G. Cuvier, Hist. nat. des Mamm.; F. Cuv., Hist. nat. des Mamm., etc., paroît être une espèce entièrement domestique; car M. de Humboldt pense que ceux que l'on rencontre à l'état sauvage proviennent d'individus échappés à la domesticité, et rentrés dans l'état de nature. C'est pourquoi ses caractères spécifiques ne peuvent être donnés avec une grande précision, parce que les individus, sous ce rapport, forment plusieurs races parmi lesquelles il est difficile de reconnoître la race primitive, celle dont toutes les autres sont originaires. A en juger par les individus qui ont été décrits en Amérique, et par ceux qu'on a vus en Europe, ce sont les teintes brunes qui se rencontrent le plus fréquemment sur le pelage de ces animaux; mais il y en a, dit-on, de tout noirs, et même de blancs. Buffon en a décrit un qui a vécu plusieurs années à l'école vétérinaire d'Alfort, et dont la couleur étoit d'un brun vineux, avec une ligne plus foncée, le long du dos; et d'autres individus mâles et femelles qu'on a vus à Malmaison étoient bruns, avec des parties blanches de formes irrégulières, sur la tête et les jambes. La nature des poils paroît avoir aussi éprouvé des modifications; ils sont beaucoup plus fournis, plus longs et plus fins chez les uns que chez les autres; mais chez tous ils sont plus longs et plus frisés sur le corps, que sur la tête, le cou et les jambes. Ils ont cependant de commun des callosités sur le sternum, les genoux et les carpes; et il paroît que leur verge, dans l'état ordinaire et de repos, se dirige en arrière, caractère qui rapproche encore le lama des chameaux : aussi leur manière de s'accoupler est-elle absolument la même. Les femelles ont deux mamelles.

Le naturel du lama est doux et patient. Les Péruviens n'avoient pas d'autres bêtes de somme; mais leur usage a beaucoup diminué, depuis que les chevaux ont été introduits en Amérique, où ils se sont multipliés, à l'état sauvage, d'une manière prodigieuse. Cependant on s'en sert encore dans les montagnes et les chemins difficiles, pour le transport des fardeaux, à cause de la sûreté de leur marche; mais elle est lente, et il est, dit-on, impossible de l'accélérer. Lorsque, par la violence, on veut presser les lamas, ils se laissent tomber, s'obstinent à rester couchés, et on s'expose ainsi à les perdre. Ceux qui sont en liberté sont conduits par leur instinct à toujours déposer au même endroit leurs excrémens, comme, au reste, les chevaux et plusieurs antilopes, ce qui fait connoître les lieux où les races sauvages se rassemblent, et donne aux chasseurs les moyens de disposer avec succès leurs piéges. On tire un parti utile de leur peau et de leurs poils, et les jeunes offrent une chair tendre et succulente. Les lamas sont de la grandeur d'un cheval de moyenne taille; ils ont environ quatre pieds de hauteur au garrot, et cinq de longueur, du poitrail à la queue qui est très-courte.

L'ALPACA; *Camelus paco*, F. Cuv., Hist. nat. des Mamm. Cet animal, qui avoit été vaguement indiqué par les voyageurs et par quelques naturalistes, n'étoit réellement pas connu, lorsque nous en donnâmes une description, dans la trente-troisième livraison de notre Histoire naturelle des Mammifères, d'après un individu femelle que la Ménagerie du Roi a possédé. Voici l'extrait de cette description :

L'alpaca diffère du lama par l'absence de toute callosité sur le sternum, quoique cet animal ait toutes les habitudes du lama, et s'appuie sur le sol, comme lui et comme les chameaux. Sa couleur générale, c'est-à-dire, celle du cou, du dos, des flancs, de la poitrine est d'un beau fauve; la queue est brune ; la tête généralement grise, sauf le chanfrein, qui a une teinte plus foncée, et la partie postérieure des joues, qui est roussâtre et où se remarque aussi une petite tache blanche. Le côté externe des oreilles est d'un gris plus pâle que le chanfrein, et les poils du front, qui sont très-longs, en comparaison de ceux de la face, sont d'un brun noir. Le dessus du cou et le long du dos paroissent d'un fauve plus pâle que les parties environnantes, et le dessous de la gorge est presque blanc. Les jambes extérieurement sont du fauve du corps; mais elles sont grises à leurs côtés antérieur et intérieur. Les cuisses en dessus ne diffèrent point du fauve des parties voisines; en dessous elles sont très blanches, et tout le ventre est également blanc.

Le pelage est remarquable par son épaisseur et sa finesse. Toute la face, jusqu'à la partie postérieure des mâchoires, est revêtue d'un poil très-court et très-lisse qui permet aux formes de la tête de se dessiner nettement. A partir du front, les poils s'alongent beaucoup sur les côtés du cou, les épaules, le dos, les flancs, la croupe, les cuisses, la queue, et tombent de chaque côté du corps en longues mèches, cachant toutes les formes de ces parties, et donnant à l'animal une apparence épaisse et lourde qui n'est point dans ses proportions réelles; aussi ses mouvemens sont-ils, en général, faciles et légers. La face interne des cuisses et le ventre sont nus. Ces longs poils composent une toison dont l'industrie pourroit tirer un heureux parti; car ils sont presque tous de nature laineuse. Les poils soyeux sont en si petite quantité, qu'on les découvre à peine, surtout vers les côtés du corps. Les premiers sont d'une finesse et d'une élasticité qui les égalent presque à ceux de Cachemire, et ils sont beaucoup plus longs; leur longueur dépasse souvent un pied; ils sont aussi beaucoup moins colorés que les soyeux; un grand nombre même sont entièrement blancs. Mais les poils soyeux revêtent exclusivement les parties rases, telles que la face, les membres, etc. etc.

Notre alpaca avoit trois pieds de hauteur au garrot, et trois pieds six pouces de longueur, du poitrail à la queue qui ne descendoit que jusqu'au milieu des cuisses; il étoit d'un naturel fort doux; mais, lorsqu'on le tourmentoit, il frappoit du pied de derrière, ou souffloit fortement, ce qui le faisoit lancer de la salive. Il galoppoit pour courir, et ne trottoit point. Sa voix étoit un petit cri très-doux et approchant du foible bêlement d'une brebis. Ce seroit un des animaux les plus utiles à naturaliser chez nous ; et les tentatives que l'on feroit pour cela ne pourroient être couronnées que du plus heureux succès. Il y a des alpacas noirs; on en a eu plusieurs de cette couleur en Espagne, où l'on avoit fait venir, dans la vue de les acclimater, plusieurs individus de cette espèce et de celle de la vigogne.

La Vigogne: *Camelus vicugna*, Gmel.; Buff., Suppl. VI, pl. 28, pag. 216. Cette espèce est la plus célèbre des trois de ce genre, à cause de la finesse de sa toison dont on fait de très-belles étoffes. C'est elle qui habite sur les pointes les plus élevées des montagnes. Elle est d'une taille moins grande que le lama et que l'alpaca. Buffon, qui a donné la description et la figure d'un individu mâle qui se trouvoit, en 1774, à l'école vétérinaire d'Alfort, nous apprend que sa hauteur au garrot étoit de deux pieds, quatre pouces, neuf lignes; et, comme elle s'y trouvoit en même temps qu'un lama, voici la comparaison qu'il en fait et la description qu'il en donne. « La vigogne a beaucoup de rapport, et même de ressemblance avec le lama; mais elle est d'une forme plus légère. Ses jambes sont plus longues, à proportion de son corps, plus menues et mieux faites que celles du lama; sa tête, qu'elle porte droite et haute, sur un cou long et délié, lui donne un air de légèreté, même dans l'état de repos; elle est aussi plus courte, à proportion, que la tête du lama; elle est large au front et étroite à l'ouverture de la bouche, ce qui rend la physionomie de cet animal fine et vive, et cette vivacité de physionomie est encore augmentée par ses beaux yeux noirs dont l'orbite est fort grande, ayant seize lignes de longueur; l'os supérieur de l'orbite est fort relevé, et la paupière inférieure est blanche; le nez est aplati, et les naseaux, qui sont écartés l'un de l'autre, sont, comme les lèvres, d'une couleur brune, mêlée de gris, la lèvre supérieure est fendue comme celle du lama, etc.

« La vigogne porte aussi les oreilles droites, longues et se terminant en pointe; elles sont nues en dedans, et couvertes en dehors d'un poil court; la plus grande partie du corps de l'animal est d'un brun rougeâtre, tirant sur le vineux, et le reste est de couleur isabelle; le dessous de la mâchoire est d'un blanc jaune; la poitrine, le dessous du ventre, le dedans des cuisses et le dessous de la queue sont blancs; la laine qui pend sous la poitrine a trois pouces de longueur, et celle qui couvre le corps n'a guère qu'un pouce; l'extrémité de la queue est garnie de longue laine, etc. Elle urine en arrière. »

Cet animal n'étoit point d'un naturel aussi doux que le lama; cependant il avoit les mêmes besoins et les mêmes habitudes que lui.

Sa toison est en Amérique l'objet d'un commerce assez considérable; mais les naturels, peuplades sauvages et imprévoyantes, et les colons, qui pour la plupart ne font point de l'Amérique leur patrie, coupent l'arbre par la racine pour en avoir le fruit : au lieu de former des troupeaux de vigognes, et de les tondre comme nos troupeaux de moutons, ils les chassent et les égorgent. Des hommes amis de leur pays ont souvent réclamé contre cet usage absurde et barbare, et ont fait sentir tous les avantages qu'il y auroit à introduire les vigognes dans notre économie rurale; mais ils ont été contredits par l'ignorance et le préjugé, et c'est l'ignorance et le préjugé qui, malheureusement, se sont trouvés d'accord avec les intérêts de la puissance. Buffon en rapporte un bel exemple dans l'article que nous venons d'extraire. Dès cette époque, les mêmes tentatives ont été renouvelées plusieurs fois, et les mêmes difficultés se sont reproduites; et rien, jusqu'à présent, ne permet de supposer que la sottise sera moins persévérante que la philantropie. (F. C.)

LAMAN. (*Bot.*) A Saint-Domingue, suivant Desportes et Nicolson, on nomme ainsi la morelle ordinaire, *solanum nigrum*, ou une espèce voisine : c'est l'*aguara-quya* des Caraïbes. (J.)

LAMANDA. (*Erpétol.*) Séba a parlé, sous ce nom et sous celui de roi des serpens, d'un reptile ophidien de Java, remarquable par la disposition et l'éclat de ses couleurs, et long de sept à huit pieds. Il paroitroit assez que ce doit être une espèce de Python ou de Boa. Voyez ces mots. (H. C.)

LAMANTIN. (*Mamm.*) Nom corrompu de celui de *manati*, donné par les colons américains à un grand mammifère aquatique, désigné aussi sous les noms de bœuf marin, de vache marine, etc., et classé par M. G. Cuvier (Règ. Anim.) parmi ses sétacés herbivores, c'est-à-dire, près du dugong et du stelier, avec lesquels il s'est trouvé long-temps réuni à côté du morse, sous la dénomination générique de *trichechus*.

A l'état adulte, les lamantins manquent d'incisives et de canines, et n'ont que neuf molaires à chaque côté des deux mâchoires. Ces dents ont des racines distinctes ; les supérieures ont leur couronne formée de deux collines transversales, présentant à leur sortie de l'alvéole, trois mamelons obtus qui s'usent par la mastication, et sont bordées, en avant et en arrière, de deux crêtes crénelées.

Les molaires inférieures ne diffèrent de celles-ci qu'en ce que la crête antérieure n'existe plus, et que, par contre, la postérieure s'est développée au point de former une troisième colline presqu'aussi forte, mais moins haute que les deux autres. Selon M. de Blainville, le fœtus du lamantin auroit de plus deux incisives supérieures et deux inférieures.

L'estomac est divisé en deux poches, avec lesquelles communiquent trois petits appendices en forme de cœcums, dont un s'ouvre dans la cavité supérieure, et les deux autres dans l'inférieure : le cœcum est court et divisé en deux branches, et le colon est boursouflé.

Ces animaux sont privés des membres postérieurs, dont on n'aperçoit pas même de rudimens à l'intérieur, et les antérieurs sont formés d'un avant-bras court, terminé par une main en forme de nageoire, dans laquelle les doigts se trouvent engagés, et ne se manifestent au dehors que par quatre ongles plats attachés au bord de la nageoire : à l'intérieur cependant, ces membres sont munis de l'appareil osseux qui soutient ces mêmes organes chez tous les mammifères, et les doigts eux-mêmes, au nombre de quatre, sont munis chacun de leurs trois phalanges.

La queue est large, aplatie horizontalement et d'une forme oblongue.

Le prépuce forme une légère saillie, et le gland est, comme chez l'halicorn ou dugong, terminé par deux lèvres frangées, d'entre lesquelles sort une éminence conique, à la pointe de laquelle se trouve l'orifice de l'urètre.

Les mamelles sont au nombre de deux, et situées entre les nageoires. L'œil est petit et placé vers le haut de la tête ; les narines sont petites, semi-lunaires et dirigées en avant ; l'oreille n'est qu'un trou presque imperceptible ; la lèvre supérieure est fendue et garnie de soies ou moustaches grosses et courtes ; et la peau est épaisse, légèrement chagrinée, et portant çà et là quelques poils isolés.

Les lamantins vivent sur les côtes de l'océan Atlantique, fréquentent l'embouchure des grands fleuves, et les remontent même souvent fort haut, s'avançant, selon la Condamine, à plus de mille lieues dans les terres ; ils sont essentiellement herbivores, se rassemblent en troupes nombreuses, et paroissent avoir un caractère doux et sociable. Les femelles mettent bas un ou deux petits, et la durée de la gestation est, dit-on, d'un an.

On n'a encore nettement caractérisé dans ce genre que deux espèces.

Le LAMANTIN D'AMÉRIQUE : *Manatus americanus*, Buff., tom. 13, pl. 57 ; G. Cuv., Ann. du Mus., tom. 13, pl. 19, fig. 1, 2, 3. L'adulte a quelquefois plus de vingt pieds de longueur, et pèse souvent huit milliers. Un fœtus de cette espèce, que *nous avons* été à portée d'observer, avoit quatorze pouces de longueur totale ; la tête avoit quatre pouces cinq lignes du museau à l'occiput ; la distance du museau au trou auditif étoit de trois pouces deux lignes, et celle du museau à l'œil se trouvoit d'un pouce six lignes ; la queue étoit longue de trois pouces quatre lignes, et large d'environ deux pouces ; la partie externe des membres antérieurs avoit trois pouces sept lignes ; l'avant-bras un pouce sept lignes, et la main deux pouces ; les yeux étoient très-petits ; les oreilles s'ouvroient par un trou si petit, qu'à peine auroit-on pu y introduire un cheveu ; ce trou d'ailleurs paroissoit caché par l'épiderme, et ne se voyoit que lorsque celui-ci étoit enlevé ; les narines étoient moyennes, en forme de croissant, rapprochées l'une de l'autre, et placées à la partie supérieure du museau. La tête étoit grosse, épaisse, renflée à sa partie supérieure, aplatie au-dessus des yeux, et terminée par un museau gros, saillant, arrondi en dessus, aplati en avant et renflé sur les côtés ; la lèvre supérieure étoit entièrement divisée en deux portions distinctes, garnies à leur bord interne de courtes et fortes soies jaunes, roides. épaisses et presque semblables à des piquants ; le menton étoit court et gros, et la lèvre inférieure avoit ses bords arrondis et garnis de soies semblables à celles de la lèvre supérieure, mais plus courtes; tout le museau étoit ridé et garni de poils gonflés et presque laineux, peu nombreux; assez longs et de couleur de chanvre. Le cou étoit excessivement court, mais cependant assez distinct. Les membres antérieurs sont presque sous la tête, et ne laissent paroître au dehors qu'un avant-bras court, comprimé, terminé par une main en forme de nageoire oblongue et aplatie, formée par quatre doigts enveloppés par la peau, et dont celui du milieu et les deux latéraux étoient seuls terminés par un ongle court, plat, arrondi et brunâtre, l'externe ne paroissant pas être ongulé. Le corps étoit épais, court, arrondi et terminé par une queue épaisse à l'origine, qui s'aplatissoit extrêmement et s'élargissoit en une expansion membrano-cartilagineuse, de forme ovale-arrondie. La peau étoit brune, épaisse, fortement ridée, et garnie de poils gauffrés, extrêmement rares et d'une couleur grise.

Cette espèce fréquente les côtes de l'Amérique méridionale que baigne l'océan Atlantique, et remonte fréquemment les fleuves qui s'y rendent.

La seconde espèce, ou le

LAMANTIN DU SÉNÉGAL; *Manatus senegalensis*, G. Cuv., Ann. du Mus., tom. 13, pl. 19, fig. 4 et 5, dont on ne connoit encore bien que la tête osseuse, paroît être une espèce distincte qu'on n'a encore pu observer qu'au Sénégal.

Adanson (Buff., tom. 13, pag. 590) ne lui donne que huit pieds de long, et le décrit comme ayant une tête conique, des yeux ronds et très-petits, avec l'iris d'un bleu foncé, un museau cylindrique; des lèvres charnues et fort épaisses; pas de trou visible pour l'ouverture des oreilles; quatre ongles au bord des nageoires, et une queue horizontale en forme de pelle de four; la peau est un cuir épais d'un cendré noir.

Les Nègres l'appellent, selon lui, *lercon*.

Ce lamantin a la tête osseuse plus courte et plus large au total que celle du lamantin d'Amérique. Sa mâchoire inférieure est aussi beaucoup plus arrondie, et la supérieure, comme tout le reste de la tête, beaucoup moins étroite et moins longue que chez le dernier. (F. C.)

LAMANTIN. (*Foss.*) On a trouvé quelques débris d'os fossiles, qui ont été reconnus par M. G. Cuvier pour appartenir à des lamantins. Les portions principales ont été découvertes par M. Renou, professeur d'histoire naturelle, dans un calcaire coquillier très-grossier, dont se composent une partie des coteaux qui bordent la rivière de Layon, dans le département de Maine et Loire ; elles consistent en des fragmens de tête, de membres antérieurs et de côtes, et elles étoient accompagnés de fragmens qui paroissent avoir appartenu à des os de phoques et de cétacés. Les uns et les autres étoient changés en un calcaire ferrugineux rongeàtre, dans lequel M. Chevreul a trouvé du fluate de chaux.

Ces débris de lamantins diffèrent assez des parties analogues que présentent les espèces connues, pour qu'on puisse en inférer qu'ils appartenoient à une autre espèce, peut-être même à une espèce perdue, comme tous les mammifères qui jusqu'à présent se sont trouvés dans les dépôts marins analogues à ceux où ces débris de lamantins ont été découverts. Cette espèce paroît avoir été remarquable par sa grandeur, et les formes particulières de sa tête.

D'autres débris de lamantins, mais bien moins caractérisés que les premiers, puisqu'ils ne consistent qu'en des débris de côtes, ont été trouvés par M. Dargelas, à Capian, distant d'environ quinze lieues de Bordeaux. Ils étoient aussi dans un calcaire marin grossier, et changés, comme les premiers, en calcaire rougeàtre.

Enfin on a encore trouvé des fragmens de côtes de lamantins à Marly, dans les fouilles qui ont été faites pour l'établissement de la nouvelle machine hydraulique que l'on construit près de ce village. Ils étoient renfermés dans l'argile plastique qui se rencontre généralement au-dessus de la craie partout où cette espèce de calcaire se trouve dans les environs de Paris. C'est à M. l'ingénieur Brard que la découverte de ces fragmens fossiles est due.

Ces différens détails sont extraits des Mémoires de M. G. Cuvier sur les fossiles. (F. C.)

LAMANTIN DES ANTILLES. (*Mamm.*) Buffon parle de deux lamantins des Antilles, un grand et un petit. Tous les deux se rapportent à l'espèce du lamantin d'Amérique. (Desm.)

LAMANTIN DES GRANDES INDES de Buffon. (*Mamm.*) C'est le dugong. (Desm.)

LAMANTIN DU KAMTSCHATKA. (*Mamm.*) Voyez l'article Stellère. (Desm.)

LAMARCK. (*Ichthyol.*) M. de Lacépède et M. Risso ont donné, l'un à un holacanthe, l'autre à un lutjan, ce nom spécifique, qui rappelle celui d'un célèbre professeur de Paris. Voyez Holacanthe et Sublet. (H. C.)

LAMARCKÉA. (*Bot.*) M. Persoon avoit nommé ainsi un genre nouveau de la famille des solanées, en l'honneur de M. de Lamarck, professeur au Jardin du Roi et auteur de plusieurs ouvrages estimés sur les plantes et sur les animaux invertébrés. M. Richard et M. Lamarck lui-même ont supprimé la première syllabe du nom, laquelle ne peut se transporter dans la langue latine, et ce genre est maintenant le *Marckea*. M. Koeler, voulant séparer le *cynosurus aureus*, en avoit fait son genre *Lamarckia*, que M. Persoon a nommé *chrysurus*. (J.)

LAMARKÉA. (*Bot.*) Genre de plantes dicotylédones, à fleurs complètes, monopétalées, de la famille des *solanées*, de la *pentandrie monogynie* de Linnæus, offrant pour caractère essentiel : Un calice alongé, pentagone, à cinq divisions ; une corolle en soucoupe, à cinq lobes obtus, presque égaux ; cinq étamines de la longueur du tube de la corolle ; un ovaire supérieur ; un style ; une capsule cylindrique, à deux loges polyspermes.

Lamarkéa a fleurs écarlates : *Lamarkea coccinea*, Poir., Encycl., *Supp.*; *Markea coccinea*, Rich., *Act. Soc. Linn. Paris.*, 1, pag. 107. Plante herbacée, glabre sur toutes ses parties, dont les feuilles sont alternes, ovales, alongées, très-luisantes, arrondies et obtuses à la base, acuminées au sommet. Les fleurs sont d'un beau rouge écarlate ; leur calice oblong, prismatique, à cinq faces, divisé jusque vers sa moitié, en cinq découpures ; la corolle en soucoupe, presque en entonnoir ; le limbe étalé, divisé en cinq lobes obtus, presque égaux ; cinq étamines égales entr'elles, de la longueur du tube de la corolle ; un ovaire ; un style. Le fruit est une capsule alongée, cylindrique, resserrée à sa partie supérieure, à deux loges polyspermes. Cette plante croit à l'île de Cayenne. (Poir.)

LAMARKÉA. (*Bot.*) Nous décrirons ce genre .de la famille

des algues, à l'article SPONGODIUM, nom que lui a fixé M. Lamouroux. Olivi lui avoit donné le nom de *Lamarckia* en l'honneur du célèbre naturaliste Lamarck, auquel l'histoire naturelle a tant d'obligations. Stackhouse, qui avoit d'abord changé ce nom en celui de *codium*, revint sur ses pas, et adopta celui donné par Olivi, en le modifiant un peu, *Lamarkea*. Nous aurions bien voulu l'adopter; mais, comme il existe deux autres genres plus anciens en botanique ayant le même nom, nous avons été obligé de renoncer à notre désir, et nous n'avons pu non plus admettre celui d'*Agardhia*, qui lui a été donné par Cabrera. Agardh et Link ont adopté le nom de *codium*, primitivement employé par Stackhouse. Voyez CODIUM. (LEM.)

LAMARKIA. (*Bot.*) Voyez LAMARKEA plus haut. (L. D.)

LAMARCKIA. (*Amorph.?*) On rencontre assez souvent sur le rivage des mers un corps subglobuleux de la grosseur d'une pomme médiocre, creux, et dont l'enveloppe coriace, subcartilagineuse et tenace, est couverte d'un très-grand nombre de petites papilles cylindriques, hyalines. La surface interne est, au contraire, lisse, et la cavité qu'elle borne traversée par quelques filamens extrêmement fins et remplie d'eau. Ce corps dont la couleur est verdâtre, n'offre à l'extérieur qu'une sorte de fente longitudinale, ce qui lui donne un peu la forme d'une bourse. C'est en effet sous le nom de bourse marine, *bursa marina*, et d'orange de mer, *aurantium marinum*, qu'il a été désigné par les anciens observateurs. Pallas est le premier qui l'ait rangé avec les alcyons, sous la dénomination d'*alcyonium bursa*, et il a été imité par Linnæus et le grand nombre des auteurs systématiques. Cavolini et surtout Olivi, qui ont eu l'occasion fréquente d'observer cette masse organisée, sont au contraire de l'opinion de J. Bauhin, qui en faisoit une espèce d'algue, et Olivi le range dans le règne végétal. En effet, dit-il, elle n'offre ni polypes, ni la moindre trace de substance gélatineuse qui l'entoureroit; ce n'est qu'un simple agrégat de petits utricules, pellucides, remplis d'un fluide transparent, aqueux, ou pourvus seulement de très-petits filamens capillaires, propres à absorber l'eau et à rejeter des semences déjà manifestement reconnoissables. On n'y aperçoit aucun mouvement spontané, pas le plus petit indice de sentiment; et même en se putréfiant, elle ne donne aucune odeur animale.

En un mot, c'est l'organisation des algues. Quant au mouvement de contraction que cette bourse présente quand on fait une entaille dans sa substance, mouvement qui a déterminé Pallas à en faire un alcyon, Olivi pense qu'il est mécanique et qu'il est dû à la disposition des fibrilles intérieures, ainsi qu'à celle des utricules, dont on rompt par la section l'espèce d'équilibre où elles étoient dans le tout. C'est d'après ces considérations, qui ne me paroissent pas encore tout-à-fait concluantes, qu'Olivi propose de faire avec ce corps organisé, et le *vermilara* d'Impérati, un genre de plantes cryptogames de la famille des algues, qu'il dédie à notre savant compatriote M. de Lamarck. M. Lamouroux a adopté cette manière de voir, mais il a changé le nom de *Lamarkia* en celui de *spongodium*. Quoique j'aie eu plusieurs fois l'occasion d'observer ce corps organisé sur les côtes de la Normandie, j'avoue que je n'ai pu encore le faire assez complétement pour avoir une opinion sur sa nature animale ou végétale. Je me bornerai à dire que Pallas l'a étudié frais, encore adhérent aux corps sous-marins, et qu'il dit positivement que les papilles fleurissent en rayons, *radiis efflorescunt;* en sorte que l'opinion d'Olivi auroit besoin d'être appuyée sur de nouvelles observations. Voyez Spongodium et Lamarkba. (De B.)

LAMBARDE. (*Ichthyol.*) Selon M. Risso, c'est le nom que les pêcheurs de Nice donnent au squale roussette. (Desm.)

LAMBDA. (*Entom.*) C'est le nom d'une noctuelle qui porte sur les ailes supérieures des lignes réunies en *y* renversé, et figurant ainsi la lettre grecque λ. (C. D.)

LAMBERTIE, *Lambertia.* (*Bot.*) Genre de plantes dicotylédones, à fleurs agrégées, de la famille des *protéacées,* de la *tétrandrie monogynie* de Linnæus, offrant pour caractère essentiel: Un calice commun caduc, imbriqué; les écailles intérieures plus longues; une corolle à quatre découpures roulées en dehors, pourvues chacune d'une étamine; un ovaire enfoncé dans le calice; un style; un stigmate aigu. Le fruit est une capsule ligneuse souvent à trois cornes, uniloculaire; deux semences bordées.

Lambertie élégante : *Lambertia formosa,* Cavan., *Icon. rar..* 6, pag. 32, tab. 547; Smith, *Act. Soc. Linn. Lond.,* 4, tab. ··; *Protea nectarina,* Schrad., *Sert. Hannov. Fasc.,* 4, tab. 21. Bel arbuste de quatre à cinq pieds de haut, chargé de rameaux droits, cylindriques, élancés, velus dans leur jeunesse. Les feuilles sont linéaires-lancéolées, verticillées, trois par trois, longues d'un pouce, roides, presque sessiles, d'un brun cendré et légèrement tomenteuses en dessous, un peu mucronées; les écailles du calice commun d'un rouge verdâtre, dures, concaves, longues d'un demi-pouce; la corolle d'un rouge écarlate, de la longueur du calice, velue en dedans; le style rouge; la capsule tomenteuse. Cette plante croit au port Jackson, dans la Nouvelle-Hollande.

M. Rob. Brown (dans son *Prodr. Nov. Holl.*, 1, pag. 386) a enrichi ce genre de plusieurs espèces découvertes à la Nouvelle-Hollande, telles que le *lambertia uniflora*, à feuilles glabres, réticulées, en ovale renversé, mucronées; le calice commun uniflore; les fruits sans cornes, cuspidés d'un côté. Le *lambertia inermis*, à feuilles presque lancéolées ou en ovale renversé, point mucronées; le calice commun à sept fleurs; ses écailles intérieures une fois plus courtes que la corolle; les styles glabres; les fruits, privés de cornes, cuspidés d'un seul côté. Le *lambertia echinata*, dont les feuilles sont linéaires, glabres, réticulées, dilatées au sommet en un lobe mucroné; les fruits hérissés, surmontés de deux cornes. (Poir.)

LAMBICHE (*Ornith.*), nom vulgaire que porte, sur la Moselle et dans les Vosges, la guignette, *tringa hypoleucos*, Linn. (Ch. D.)

LAMBIN. (*Mamm.*) On a quelquefois donné ce nom aux paresseux. (F. C.)

LAMBIS AILÉ DE LA GRANDE ESPÈCE. (*Conchyl.*) *Strombus latissimus*, Linn., le strombe très-large. (De B.)

LAMBIS AILÉ DE LA MOYENNE ESPÈCE. (*Conchyl.*) *Strombus gigas*, le strombe géant. (De B.)

LAMBIS MARBRÉ. (*Conchyl.*) *Strombus lentiginosus*, Linn. (De B.)

LAMBIS NON AILÉ DE LA GRANDE ESPÈCE. (*Conchyl.*) *Strombus lucifer*, Linn. (De B.)

LAMBOURDE ou LAMPOURDE. (*Min.*) C'est le nom que les ouvriers carriers des environs de Paris donnent au banc moyen puissant, mais assez tendre, de la formation de calcaire grossier. On en fait des *pierres* dites *de taille* et du moellon. (B.)

LAMBOURDO. (*Bot.*) Nom languedocien des massettes. (Lem.)

LAMBROT. (*Bot.*) Voyez Lambrus et Labrusca. (J.)

LAMBRUNCHÉ. (*Bot.*) Voyez Lambrus et Labrusca. (J.)

LAMBRUS ou LAMBRUSQUE. (*Bot.*) On donne ces noms, dans plusieurs cantons, à la vigne sauvage, qui est aussi appelée *lambrusca* en Italie, et *lambrusco* dans le midi de la France, et particulièrement dans le Languedoc. Voyez Labrusca. (L. D.)

LAME (*Bot.*), de la feuille, du pétale, etc. C'est leur partie supérieure mince et dilatée. La partie inférieure, formée en une espèce de support, est désignée dans la feuille par le nom de pétiole, et, dans le pétale, par celui d'onglet. (Mass.)

LAMELLES. (*Bot.*) Appendices pétaloïdes dont les corolles de certaines plantes sont garnies. L'orifice de la corolle du laurier-rose, par exemple, a cinq lamelles; l'intérieur du tube de la corolle de l'*hydrophyllum* en a dix; la corolle du *dracocephalum peltatum* en a deux sous la lèvre inférieure; les pétales du siléné en ont chacun une au point de jonction de l'onglet et de la lame. Dans le narcisse, un appendice de la nature des lamelles entoure circulairement l'orifice du périanthe.

Dans les agarics, on nomme lamelles, les membranes disposées sous le chapeau du champignon comme les feuillets d'un livre. (Mass.)

LAMELLIBRANCHES. (*Malacoz.*) C'est le nom sous lequel M. de Blainville, dans son prodrome d'une nouvelle classification du règne animal, a désigné le second ordre de la classe des mollusques acéphalophores, à cause du caractère commun que les animaux qu'il renferme présentent d'avoir les branchies en forme de larges lames placées de chaque côté du corps entre lui et le manteau. Cet ordre comprend presque tous les mollusques qui habitent les coquilles bivalves. (Voyez Malacozoaires), où les principales classifications proposées pour ces animaux seront exposées, et entre autres celle qui est suivie dans ce Dictionnaire. (De B.)

LAMELLICORNES ou PÉTALOCÈRES. (*Entom.*) Noms donnés à une famille d'insectes coléoptères à cinq articles à

tous les tarses, à élytres dures, couvrant tout le ventre, et
à antennes en masse, feuilletées à leur extrémité, tels sont
les hannetons, scarabées, bousiers, etc. Voyez Pétalocères.
(C. D.)

LAMELLIROSTRES. (*Ornith.*) M. Cuvier donne ce nom à
une famille d'oiseaux dont le bec épais est revêtu d'une peau
molle plutôt que d'une véritable corne, et qui comprend les
canards, les harles, etc. Ce terme correspond à la dénomination de *dermorhynque*, employée par M. Vieillot, et à celle
de *lamellosodentati*, dont Illiger se sert pour désigner sa trente-
huitième famille. (Ch. D.)

LAMENTIN. (*Mamm.*) Voyez Lamantin. (Desm.)

LAMEO. (*Ichthyol.*) Nom nicéen du squale requin, selon
Risso. (Desm.)

LAMIA. (*Ichthyol.*) Aristote a parlé sous le nom de λαμια,
du poisson que nous décrivons sous celui de lamie nez. Voyez
Lamie. (H. C.)

LAMIASTRUM. (*Bot.*) Voyez Galeobdolon. (J.)

LAMIE, *Lamia*. (*Entom.*) Nom donné, par Fabricius, à un
genre d'insectes coléoptères, dont tous les tarses ont quatre
articles; dont les antennes sont longues, diminuant insensiblement, en forme de soie, et insérées entre les yeux ; dont le
corselet est garni de pointes ou d'épines; à tête verticale et
à corps très-convexe et court.

Ces coléoptères tétramérés appartiennent à la famille des
xylophages ou lignivores. Linnæus les avoit réunis aux capricornes, et Olivier n'avoit pas adopté cette distinction.

Ce nom, comme la plupart de ceux que Fabricius a introduits
dans la science, n'a pas le moindre rapport à l'insecte qu'il
désigne. Aristote emploie le mot de λαμια pour indiquer un
poisson très-vorace, de la sous-classe des cartilagineux, probablement du genre du requin, peut-être d'après le verbe
grec λαιμαω, *intemperanter edo*, je mange avec voracité.

Quoi qu'il en soit du nom, le genre est très-naturel et très-
facile à distinguer de tous ceux de la même famille des xylophages. Ainsi, les lamies diffèrent 1° des molorques, des rhagies
et des leptures, parce que les élytres, dans ces trois genres,
sont ou raccourcies et ne couvrent pas les ailes, ou parce qu'elles
sont plus étroites sensiblement à l'extrémité libre; 2° des calli-

dies et des saperdes, dont le corselet est arrondi et sans épines latérales; 3° des priones, qui ont les antennes insérées au-devant des yeux; et 4° enfin, des capricornes, par la briè-veté de leur corps et de leurs pattes, qui sont au contraire très-alongées et comprimées dans les espèces de ce dernier genre.

Les mœurs et les habitudes sont d'ailleurs à peu près les mêmes. Sous la forme de larves, ces insectes se développent dans le bois ou sous les écorces des arbres. Leur corps, à l'abri de l'influence de la lumière, reste décoloré ou d'un jaune blanchâtre : sa forme est alongée, déprimée en même temps que comprimée; de sorte que ces larves paroissent comme quadrangulaires, un peu plus grosses cependant dans la région qui correspond aux pattes écailleuses. Comme elles ont l'habi-tude de cheminer dans les longues galeries qu'elles se prati-quent, elles s'y accrochent à la manière des ramoneurs, en s'appuyant sur le dos, où l'on distingue des tubercules des-tinés à cet usage. Leur tête est petite, munie de fortes et courtes mandibules pour couper le corps ligneux. Cette tête est très-contractile, et rentre dans l'intérieur en se recouvrant de la peau du dos, comme celle de quelques espèces de tortues. Lorsque l'insecte est prêt à se métamorphoser, il se pratique avec les rognures du bois vermoulu une sorte de coque, où il se change en nymphe, forme que la plupart gardent pen-dant tout l'hiver dans notre climat. Plusieurs espèces préfèrent les racines des arbres, et leurs larves sont, par cela même, peu connues.

Les insectes parfaits ont le plus grand rapport avec les capricornes, et on les trouve dans les mêmes lieux. Ils volent pesamment et pendant le jour. Ils vivent peu de temps sous cette dernière forme. Il en est un grand nombre qui sont absolument privés d'ailes. Leurs élytres étant sou-dées, ils creusent la terre, et on les observe à la surface ou sur les herbes.

Fabricius a rapporté, plus de cent trente espèces à ce genre, que M. Latreille a subdivisé d'une manière fort commode pour l'étude. Il rapporte d'abord, à une première division, les priones, décrits par Olivier dans sa première section, et dont le corselet est garni d'une épine mobile. Tels que le *prionus longimanus*, *trochlearis*, *accentifer*, figurés n.° 66, pl. IV, 12 et 16, et pl. XIII, fig. 49. Ces insectes sont en effet fort différens des autres. Celui qui est le mieux connu est la LAMIE LONGUE-MAIN, *Lamia longimana*, qu'on nomme vulgairement l'arlequin de Cayenne. Elle a les antennes et les pattes de devant excessivement alongées. Ses élytres, munies d'une pointe à la base externe, et de deux dents à leur extrémité libre, sont, ainsi que le corselet et la tête, marquées de taches régulières, flexueuses, rouges et grises sur un fond noirâtre. Les pattes de devant sont au moins deux fois plus longues que le corps, qui a lui-même plus de deux pouces. On rapporte souvent cet insecte de l'Amérique méridionale.

A la seconde division, qui comprend les espèces dont les pointes du corselet sont fixes, on rapporte : 1° les espèces à corps deux fois plus large que haut; 2° celles dont le corps est peu ou point déprimé, dont les unes 3° ont des ailes, et dont les autres en sont privées; et, parmi celles-ci, 4° les unes ont le corps presque carré, tandis 5° qu'il est ovale ou arrondi dans les autres.

1. LAMIE CHARPENTIÈRE, *Lamia ædilis.*

Figurée par Olivier, Coléoptères, n.° 67, pl. XI, n.° 59, *a*, *b*.

C'est une petite espèce de huit à dix lignes de longueur, mais dont les antennes ont chacune près de trois pouces. Elle est grise. Son corselet présente quatre points jaunes, arrondis, sur une même ligne en travers. Les élytres offrent chacune trois taches brunes, obliques, effacées.

On la trouve dans le Nord, principalement sur les bois de charpente.

2. LAMIE AUX YEUX, *Lamia curculionoïdes.*

C'est la lepture aux yeux de paon de Geoffroy, tom. I, 210, n.° 5.

Elle a un demi-pouce de longueur. Elle est grise : son corselet a quatre taches ocellées, noires, veloutées, avec un cercle jaunâtre, et les élytres portent chacune trois taches analogues, mais moins évidentes et moins arrondies. Elle se trouve aux environs de Paris.

3. LAMIE BELLE, *Lamia pulchra.*

Elle est figurée dans l'Atlas de ce Dictionnaire, famille 20, 5.ᵉ livraison, n.° 11, sous le n.° 7. C'est une très-belle espèce pour l'arrangement et la vivacité des couleurs. Le corps est verdâtre. Le dessus du corselet et des élytres est d'un jaune doré, marqué de lignes noires qui bordent des taches vertes, veloutées et soyeuses. C'est une espèce d'Afrique que Drury a figurée, pl. 32, n.° 6.

4. LAMIE TISSERAND, *Lamia textor.*

C'est une grande espèce d'un noir mat, dont les élytres sont soudées : elle a plus d'un pouce de longueur et quatre lignes de largeur. Geoffroy l'a décrite sous le n.° 3, pag. 201; et l'anzer l'a figurée dans sa Faune, cah. 19, pl. 1. On la trouve aux environs de Paris, sur le gazon, au pied des arbres.

5. LAMIE TAILLEUR, *Lamia sartor.*

Noire, à écusson jaunâtre ; élytres sans taches.

6. LAMIE CORDONNIER, *Lamia sutor.*

Elle est noire comme la précédente, avec l'écusson jaune; mais les élytres sont tachetées de jaune par des poils veloutés.

7. LAMIE TRISTE, *Lamia tristis.*

D'un noir chagriné, avec deux grandes taches d'un noir mat et velouté sur chaque élytre. Olivier l'a figuré, pl. IX, fig. 62 du n.° 67.

8. LAMIE RAMONEUR, *Lamia fuliginator.*

Noire, à élytres grises, cendrées, avec deux lignes plus claires, effacées, longitudinales.

C'est une des espèces les plus communes, au printemps, dans les environs de Paris. Geoffroy l'a décrit sous le n.° 8, pag. 205 du tom. 2.

9. LAMIE PÉDESTRE, *Lamia pedestris.*

Noire; élytres encadrées de blanc. Trois ou quatre autres espèces voisines ont été décrites sous le nom de *lineata, villigera, morio, rufipes,* etc. (C. D.)

LAMIE, *Lamna.* (*Ichthyol.*) M. Cuvier a, sous ce nom, séparé quelques poissons du grand genre des squales de Linnæus et des autres ichthyologistes pour en former un genre à part, que l'on distingue facilement aux caractères suivans :

Events nuls; une nageoire anale; un museau pyramidal portant les narines sous sa base; toutes les ouvertures des branchies en avant des nageoires pectorales.

Les lamies appartiennent à la famille des plagiostomes de M. Duméril, à celle des sélaciens de M. Cuvier. On ne les confondra point avec les Requins, qui ont le museau déprimé, avec les Roussettes, les Aicuillats, les Milandres, les Emissoles, les Grisets, les Pélerins, les Centrines, les Leiches, les Squatines, qui ont des évents; avec les Marteaux, qui ont la tête prolongée transversalement à droite et à gauche. (Voyez ces différens noms de genres et Plagiostomes et Squale.)

On ne connoît encore que deux espèces dans ce genre :

La Lamie nez : *Lamna cornubica. Squalus nasus*, Artédi; *Squalus cornubicus*, Schneider: *Squale nez*, Lacépède; *Lamia*, Rondelet, 399; *Carcharias*, Aldrovandi, 383, 388. Museau prolongé en un long nez conique qui termine la tête; une carène saillante de chaque côté de la queue; les lobes de la nageoire caudale presque égaux; la bouche grande, armée d'une multitude de dents aiguës, mobiles, longues, plus larges à leur base et courbées vers le gosier.

Cette espèce parvient à une taille qui l'a fait souvent confondre avec le requin. Son museau, dont l'extrémité se relève, est criblé de nombreux pores; son corps est gros, court, arrondi et fusiforme; il est recouvert d'une peau lisse et légèrement marbrée; la première nageoire du dos est triangulaire et placée avant le milieu du corps; la seconde est beaucoup plus petite et de la même grandeur que l'anale; à la base de la nageoire caudale, en dessus et en dessous, on voit un enfoncement sensible.

La lamie nez vit dans l'océan Atlantique et paroît beaucoup plus commune que le requin dans la mer Méditerranée. On la prend quelquefois sur les côtes de la province de Cornouailles, en Angleterre, où elle porte le nom de *porbeagle*.

Le Beaumaris : *Lamna Pennanti*, N.; *Squalus Pennanti*, Artédi; *Squalus monensis*, Sh. Museau plus court; dents plus aiguës; corps fusiforme; peau lisse; couleur plombée; catopes petits et pointus; nageoire caudale en croissant.

On ne connoît encore ce poisson cartilagineux que par une courte description qu'en a faite Pennant (*Brit. Zool.*, III, n° 50), d'après un individu de sept pieds de longueur, qui avoit été pris dans le canal entre Priestholm et Anglesey.

Quelques ichthyologistes le considèrent comme une variété de l'espèce précédente. D'autres le confondent avec le *touille bœuf,* dont Duhamel a parlé dans son Traité des pêches. (H. C.)

LAMIER (*Bot.*), *Lamium,* Linn. Genre de plantes dicotylédones, de la famille des labiées, Juss., et de la *didynamie gymnospermie,* Linn.; dont les principaux caractères sont les suivans : Calice monophylle, à cinq dents aiguës et ouvertes; corolle monopétale, ayant sa partie tubuleuse renflée à son orifice, et son limbe partagé en deux lèvres dont la supérieure en voûte, l'inférieure à trois divisions, dont les deux latérales très-courtes, munies chacune d'une dent aiguë, la moyenne très-grande et découpée en deux lobes; quatre étamines didynames, à anthères velues; un ovaire supérieur, à quatre lobes, surmonté d'un style filiforme, bifide à son sommet; quatre graines nues au fond du calice persistant.

Les lamiers sont des herbes annuelles ou vivaces, à feuilles simples, opposées, et à fleurs disposées en verticilles axillaires. On en connoît une quinzaine d'espèces pour la plupart naturelles à l'Europe. Nous ne parlerons que des plus remarquables.

LAMIER GARGANIQUE : *Lamium garganicum,* Linn., *Spec.,* 808; *Lamium subincanum,* etc., Till., *Pis.,* 93, tab. 34, fig. 2. Sa tige est velue, haute de six à douze pouces, garnie de feuilles en cœur, pétiolées, bordées de dents obtuses. Ses fleurs, d'un pourpre clair, grandes, verticillées six à douze ensemble, ont la gorge de leur corolle très-renflée et la lèvre supérieure échancrée. Le calice est moitié plus court que le tube de la corolle. Cette plante croît en Italie; on la cultive dans quelques jardins; elle est vivace.

LAMIER BLANC : vulgairement, ORTIE BLANCHE; *Lamium album,* Linn., *Spec.,* 809; Bull., *Herb.,* tab. 213. Sa tige est presque glabre ou peu velue, haute de huit à douze pouces, garnie de feuilles cordiformes, pétiolées, acuminées, bordées de dents aiguës; ses fleurs sont blanches, assez grandes, verticillées par douze à vingt; les dents de leur calice sont linéaires, hérissées. Cette plante est commune dans les haies et les bois; elle fleurit en avril et mai, et elle est vivace. On en fait usage en médecine, et on la conseille principalement comme astringente, contre la leucorrhée et les hémorragies. Les parties usitées sont les fleurs qu'on emploie en infusion. Ces mêmes fleurs sont recherchées des abeilles qui font sur elles une abondante récolte de miel. Tous les bestiaux mangent la plante entière sans cependant paroître la rechercher.

LAMIER MACULÉ : *Lamium maculatum*, Linn., *Spec.*, 809 ; *Lamium albâ lineâ notatum*, Garid., *Aix.*, 265, tab. 58. Cette espèce ressemble à la précédente ; mais elle en diffère parce qu'elle est ordinairement plus velue ; parce que ses feuilles sont marquées, au moins dans leur jeunesse, d'une tache blanchâtre, et enfin parce que ses fleurs constamment purpurines sont à peines velues en leur lèvre supérieure, verticillées seulement six à dix ensemble. Elle croit dans les haies et les lieux ombragés en France, en Allemagne, en Italie, etc.

LAMIER AMPLEXICAULE ; *Lamium amplexicaule*, Linn., *Spec.*, 809, *Flor. Dan.*, tab. 752. Sa racine est annuelle ; elle produit une tige étalée et rameuse dès sa base, haute de quatre à huit pouces. Ses feuilles radicales sont pétiolées, cordiformes, crénelées, tandis que celles qui accompagnent les fleurs sont arrondies, incisées, sessiles et presque embrassantes. Ses fleurs sont purpurines, à tube grêle, et elles ont leurs calices très-velus. Cette espèce est commune dans les champs et les lieux cultivés.

LAMIER ORVALE : *Lamium orvala*, Linn., *Spec.*, 808 ; *Galeopsis maxima pannonica*, Clus., *Hist.*, XXXVI. Sa tige est simple, presque glabre, haute d'un pied à un pied et demi, garnie de feuilles cordiformes, grandes, pétiolées, bordées de fortes dents inégales et aiguës. Les fleurs sont purpurines, marquées de lignes plus foncées, et elles ont leurs anthères glabres. Cette plante croit naturellement en Hongrie, en Italie ; on la cultive dans quelques jardins ; elle est vivace. (L. D.)

LAMINARIA, *Laminaire*. (*Bot.*) Genre de plantes cryptogames, de la famille des algues, établi par Lamouroux, sur des espèces du genre *Fucus* de Linnæus. C'est le *gigantea* de Stackhouse et le *palmaria* de Link. Il n'est pas absolument le *laminaria* de Agardh et de Lyngbye, ces auteurs ayant modifié les caractères.

Les racines fibreuses et rameuses, ou mieux les crampons qui fixent ces plantes au sol, donnent le seul bon caractère qui puisse en faire reconnoître le genre ; et, comme elles n'offrent point de fructification externe, le botaniste n'a pas de choix : cependant, le vrai caractère générique peut être établi ainsi : Fructification externe nulle; fronde plane, étendue, stipitée, fixée par une racine rameuse.

Suivant Agardh, ce genre seroit mieux défini de cette sorte : *Séminules oblongues, plongées dans des parties distinctes de la fronde.* Ce caractère l'oblige à ramener dans son genre *Laminaria* des espèces des genres *Delesseria* et *Desmarestia*, et il est si général, qu'on pourroit y rapporter non seulement ces genres, mais encore plusieurs autres. Ainsi Lyngbye, pour mieux le préciser, ajoute : *Fronde plane, stipitée et olivâtre.*

Nous ne reconnoîtrons que le *laminaria* de Lamouroux, comme étant mieux fondé.

Ces plantes sont foliacées, épaisses et cartilagineuses. Leur fronde se développe à l'extrémité d'une tige ou stipe quelquefois très-long, dur et corné : elles sont entières ou découpées, palmées ou digitées. Leur couleur est l'olivâtre plus ou moins foncé. On voit, dans la mucosité qui forme l'intérieur de la fronde, des séminules rétrécies, disposées en séries ou bien agglomérées.

Les *laminaria* vivent presque toutes dans la haute mer : là, agitées sans cesse par les flots et la tempête, elles ont besoin plus qu'aucune autre plante, à cause de leur fronde plane et foliacée, d'être fortement fixées au sol ; leur racine très-rameuse, dont les ramifications s'anastomosent et pénètrent dans les plus petits interstices des corps, leur permet de résister aux mouvemens des vagues. Quelques espèces ont encore un moyen de se soutenir ; elles ont des vessies pleines d'air placées tantôt à l'extrémité de la tige et tantôt à sa base, et qui servent à les rendre plus légères. On n'est pas surpris de ces précautions prises par la nature, quand on considère que plusieurs de ces espèces dépassent quelquefois cinq cents mètres de longueur. Ces plantes gigantesques sont les plus grandes connues, et habitent principalement les mers australes. Elles ne sont pas très-nombreuses en espèces ; on en peut admettre une quinzaine, dont quelques unes se font remarquer par l'utilité et l'avantage qu'en retirent certains peuples. Elles paroissent vivaces, et poussent loin leur existence.

1. LAMINARIA SUCRÉ : *Laminaria saccharina*, Lamx.; Agardh, Lyngb.; *Fucus saccharinus*, Linn.; Gmel., *Hist.*, tab. 28, f. 1; Turn., *Hist.*, tab. 28; Esp., *Fuc.*, tab. 24 et 57; *Fl. Dan.*,

tab. 416. Racine rameuse, forte, portant plusieurs stipes épais
qui se terminent chacun en une fronde étroite, ensiforme,
sans nervure, ondulée, sinuée ou entière sur les bords.
Cette plante acquiert entre un ou six pieds de longueur sur
une largeur de un à trois pouces : on en trouve des individus
qui ont des dimensions plus fortes. Elle se rencontre dans
tout l'Océan, arrachée de ses profondeurs par les tempêtes,
elle est rejetée sur les côtes. On lui donne les surnoms de
beaudrier et de *ceinture de Neptune*, à cause de sa forme semblable à celle d'un large ruban. C'est encore le *varec des
chevaux* ou *diable de mer des Norwégiens et des Lapons*, dont
ils ne font pas d'emploi comme fourrages, les bestiaux re-
fusant d'en manger. C'est ce qui avoit fait croire aux anciens
peuples de ces contrées boréales que cette plante étoit ensorce-
lée, et l'instrument employé par les sorciers pour exciter les
chevaux marins. On prétend qu'on peut en préparer un aliment sain, en lavant la plante à l'eau douce lorsqu'on la sort
de la mer, et en la faisant cuire dans du lait ou du bouillon.
Les Japonois en sont extrêmement friands. Ils attachent plusieurs portions de ce varec sur du papier, et les fixent avec des
fils d'or ou d'argent. Ainsi disposés, ils les mettent au nombre
des objets dignes d'être offerts en présent. Le *firome* ou *konbu*,
noms japonois de cette plante, suivant Kæmpfer, après sa préparation, est encore un aliment coriace.

Le *laminaria* sucré qui n'a pas été bien lavé dans l'eau douce,
ou qui ne l'a été qu'imparfaitement, se couvre d'une efflores-
cence blanche, sucrée. Cette propriété, qui lui est commune
avec plusieurs espèces de ce genre, lui a fait conserver le nom
de *fucus saccharinus* que Linnæus lui a donné, mais à tort; car
il croyoit que c'étoit là le varec sucré et comestible des Islan-
dois, lequel est, sur l'autorité de Sibbald, le *delesseria palmata*
ou *fucus palmatus*, Linn. (Voyez *Vahlenberg*, Fl. Lap.)

La longueur de cette plante, et la facilité avec laquelle elle
attire l'humidité de l'air, l'ont fait employer en guise d'hygro-
mètre ; cependant nous devons dire que cette propriété ne se
manifeste dans toute son étendue que lorsque la plante n'a pas
été lavée dans l'eau douce : on peut croire que c'est aux sels déliquescens dont la plante est comme pénétrée, et qui attirent
facilement l'humidité de l'air, qu'elle doit sa propriété hygro-

métrique. Elle absorbe l'eau par tous ses pores. Les racines ou crampons plongés dans l'eau, n'agissent pas comme les racines des plantes phénogames ; elles ne distribuent point l'eau dans le tissu du végétal, comme le prouvent les expériences de M. Decandolle.

Sur les côtes, on fume les terres avec cette plante, et on la brûle pour en retirer la soude.

Les botanistes en distinguent beaucoup de variétés, qui sont des espèces pour plusieurs d'entre eux. Le *laminaria phyllitis*, Lamx., est dans ce cas. Lorsqu'il vieillit, sa substance offre une grande quantité de séminules.

2. LAMINARIA DIGITÉ : *Laminaria digitata*, Lamx.; Agardh; *Fucus digitatus*, Linn., *Fl. Dan.*, tab. 392; Stackh., tab. 5; Turn., *Hist.*, tab. 162; Esp., tab. 48-49. Racine fibreuse; stipe cylindrique se développant en une fronde un peu en cœur à la base, arrondie, palmée et découpée ou déchirée en plusieurs (7-9) lames. Cette plante croit dans tout l'Océan, et particulièrement dans le Nord : elle acquiert une longueur considérable de dix-huit à trente pieds. Elle croît dans les eaux profondes, et n'atteint pas la surface. Les tempêtes et les flots la rejettent sur les côtes. Dans quelques parties de la Laponie et de la Norwège, on recueille les stipes de cette plante, quelquefois gros comme le bras, pour faire du feu. Elle croît aussi sur nos côtes, mais avec des dimensions moins fortes. Elle passe, par une multitude de variétés, au *laminaria sucré*, au point que Vahlenberg croit qu'il n'y a pas de limite entre ces deux espèces. On l'a confondue long-temps avec l'espèce suivante. Toutes les deux ont reçu les noms de *phycodendron* ou *fucus en arbre*.

3. LAMINARIA BULBEUX : *Laminaria bulbosa*, Lamx.; Agardh; *Fucus bulbosus*, Turn., *Hist.*, tab. 161; Esp., tab. 123; Sow., *Engl. Bot.*, tab. 1760; *Fucus polyschides*, Stackh., *Ner.*, tab. 4. Racine bulbeuse, enflée; stipe plan, garni d'une bordure ondulée, se développant en une fronde en cœur, à base palmée, divisée presque jusqu'à la base en six ou vingt lanières. Cette espèce, qui n'est peut-être qu'une variété de la précédente, est plus grande, et un seul pied est plus que suffisant pour faire la charge d'un homme. Elle croît également dans l'Océan, surtout dans les parties méridionales.

4. LAMINARIA TROMPETTE : *Laminaria buccinalis*, Lamx.; *Fucus buccinalis*, Linn.; Poir., *Encycl. Bot.*, vol. 8 , p. 345. Racine fibreuse, ligneuse; stipe fistuleux, droit, coriace, cylindrique, épais, d'abord étroit, puis s'élargissant, à bord nu dans les jeunes individus, mais resserré, fermé dans les vieux, et garni, sur le bord, de frondes palmées ou ailées, à découpures ensiformes, très-entières, coriaces. Ce singulier varec, dont le stipe ressemble en quelque sorte à une longue trompette d'où l'on tire effectivement quelques sons lorsqu'il est sec, acquiert plus de trente pieds de longueur. Il a tout au plus la grosseur d'un pouce à sa base, puis s'élargit insensiblement jusqu'à huit à dix pouces de diamètre. Il croit sur les rochers, dans les profondeurs de l'Océan, aux abords du cap de Bonne-Espérance, et aux Indes orientales. Les premiers navigateurs européens qui ont parcouru ces mers l'ont désigné dans leurs relations par les noms de *trompette de Neptune*, *trompette de mer*, *roseau indien flottant*. Détaché du fond de la mer, il vient flotter à sa surface, et alors sa présence annonce l'approche des terres.

5. LAMINARIA PORRA; *Laminaria porra*, Nob. Stipe très-long, terminé par un renflement fusiforme, portant une grosse vessie sphérique, couronnée de frondes lancéolées, très-alongées et profondément dentées. Cette espèce a été observée dans la mer du Sud par Le Gentil. Les marins espagnols la nomment *porra*. Elle se fait remarquer par sa longueur qui excède celle de quarante brasses ou de deux cents pieds. (Voyez Le Gentil, *Voyag. Ind.*, 2, pl. 3.)

6. LAMINARIA PYRIFÈRE : *Laminaria pyrifera*, Lamx.; *Fucus pyriferus*, Linn.; Turn., *Hist.*, pl. 110. Stipe filiforme, grêle, comprimé, dichotome, garni de frondes alternes, pétiolées, membraneuses, sans nervures ensiformes, dentées; pétioles renflés, vésiculeux. Cette plante est, sans contredit, la plus grande connue; elle a plusieurs centaines de pieds de longueur. Ses pétioles, surtout ceux des frondes terminales, ressemblent à de grosses vessies en forme de poires remplies d'air. Quelquefois huit ou dix pétioles sont tellement rapprochés, que leurs frondes n'en forment qu'une seule très-large, sans nervure ni division apparente : ces frondes ont un pied de long environ.

On trouve ce varec dans l'Océan depuis le cap de Bonne-

Espérance jusqu'aux Indes orientales. Il nage sur l'eau, et forme des espèces d'iles flottantes, qui, comme le *fucus nageant*, opposent une certaine résistance aux navires. Agardh pense qu'il appartient au genre *Fucus* proprement dit.

7. LAMINARIA DES BUVEURS : *Laminaria potatorum*, Lamx.; *Fucus potatorum*, Labill., *Nov. Holl.* 2, pag. 257, pl. 112. Stipe comprimé; fronde un peu pétiolée, digitée, ample, longue d'un pied, à divisions oblongues, fauves, un peu épaisses, semblables à du cuir ferme, simples ou dichotomes, le plus souvent offrant des trous ou lacunes, quelquefois plus larges à l'extrémité. Elle a été recuillie au cap Van Diémen. Suivant M. Labillardière, les naturels de cette partie de la Nouvelle-Hollande forment, avec les lanières de ce varec, des espèces de poches ou vases dont ils se servent pour boire l'eau douce. (LEM.)

LAMINARIUS. (*Bot.*) Les *fucus digitatus*, Linn., et *palmatus*, Linn., sont les espèces principales du genre *Laminarius*, établi par Roussel dans sa Flore du Calvados, qui contient en outre toutes les espèces de fucus à frondes membraneuses et foliacées, particuliérement celles qui ont été placées dans les ulves par M. Decandolle, et qui forment en tout ou en partie les genres LAMINARIA et DELESSERIA, Lamx. Voyez ces articles. (LEM.)

LAMINCOUARD. (*Bot.*) On trouve sous ce nom, dans quelques dictionnaires, un arbre de Cayenne nommé *minquar* par les Créoles de cette colonie, et dont Aublet a fait son genre MINQUARTIA. Voyez ce mot. (J).

LAMIO. (*Ichthyol.*) Selon Risso, on donne à Nice ce nom au squale féroce. (DESM.)

LAMIODONTES. (*Foss.*) C'est un des noms qui ont été donnés aux dents fossiles de requins. Voyez GLOSSOPÈTRES. (D. F.)

LAMIOLA. (*Ichthyol.*) Ce mot, qui veut dire petit requin, est le nom que l'on donne à Rome au MILANDRE. Voyez ce mot. (H. C.)

LAMIUM. (*Bot.*) Pline est le premier qui ait employé ce mot pour distinguer de l'ortie des plantes qui en avoient le port, mais qui ne piquoient pas, et surtout celle qui est maintenant le *lamium maculatum*. Dioscoride nommoit celles-ci *galeopsis* et *galeobdolon;* et il paroît que le *lamium lævigatum* est le véritable *galeopsis* de cet auteur. Ceux qui ont suivi ont adopté l'un ou l'autre de ces noms. Quelques uns ont préféré ceux d'*urtica iners, fatua, mortua, non mordax.* Plus récemment, on a séparé le *galeopsis* du *lamium,* mais d'après des caractères assez minutieux. Quelques espèces ont été reportées aux genres *Stachys, Melittis, Scutellaria, Prasium,* tous de la même famille des labiées, et au *Scrophularia,* de celle des personées. Voyez LAMIER. (J.)

LAMMAAH. (*Ornith.*) Suivant M. Savigny, dans son Système des Oiseaux d'Egypte et de Syrie, ce nom arabe est donné à l'aigle commun, *falco fulvus,* Linn., et *aquila fulva* de l'auteur françois qui en fait une espèce différente de son *aquila heliocca.* (CH. D.)

LAMMAYAN (*Bot.*), nom caraïbe, cité par Nicolson, de l'*achyranthes altissima* de Jacquin, réuni maintenant au *celosia,* et que l'on nomme aussi épinards doux dans les Antilles. (J.)

LAMMUT, LAMMUTA. (*Bot.*) A Amboine, suivant Rumph, on nomme ainsi le *nam-nam* des Malais, qui est son *cynomorium,* maintenant *cynometra cauliflora* des botanistes, genre de la famille des légumineuses, voisin du courbaril. (J.)

LAMNA. (*Ichthyol.*) Voyez LAMIE. (H. C.)

LA-MOUÉ. (*Bot.*) Arbre de la Chine, qui a le port du laurier. Il porte en hiver de petites fleurs jaunes, ayant une odeur de rose. C'est la seule indication donnée sur ce végétal dans le Recueil des Voyages. Elle est insuffisante pour déterminer son genre ou sa famille. (J.)

LAMOUROUXIA. (*Bot.*) Agardh donne ce nom au genre CLAUDEA (voyez ce mot) de Lamouroux. (LEM.)

LAMOUROUXIE, *Lamourouxia.* (*Bot.*) Genre de plantes dicotylédones, à fleurs complètes, monopétalées, de la famille des *rhinantées,* de la *didynamie angiospermie* de Linnæus, offrant pour caractère essentiel : Un calice campanulé, à deux divisions presque égales, bifides; une corolle monopétale; le tube court; l'orifice ventru, alongé, comprimé; le limbe à deux lèvres; la supérieure presque en casque, entière; l'inférieure plus étroite, à trois lobes; quatre étamines didynames; un ovaire supérieur; un style; le stigmate en massue; une cap-

sule comprimée;. les semences couvertes d'une membrane
réticulée, celluleuse.

Lamourouxie a feuilles dentées : *Lamourouxia serratifolia*,
Kunth, *in* Humb. et Bonp. *Nov. Gen.*, 2, pag. 336, tab. 168;
Poir., *Ill. gen.*, *Suppl.*, cent. 10, *Icon.* Plante découverte dans
la Nouvelle-Grenade, auprès de Santa-Fé de Bogota, dont les
tiges sont droites, herbacées, hautes d'un pied, divisées en
rameaux tétragones, opposés, pileux sur deux rangs; les
feuilles opposées, presque sessiles, linéaires-lancéolées, glabres, incisées, dentées en scie, longues d'un pouce et plus;
le calice glabre, à quatre divisions ovales-lancéolées, aiguës;
la corolle incarnate, pubescente en dehors; l'ovaire ovale; le
style un peu pileux.

Lamourouxie effilée; *Lamourouxia virgata*, Kunth, l. c.,
tab. 167. Plante un peu ligneuse, haute d'un pied et demi; les
rameaux grêles, souvent rougeâtres, garnis de feuilles opposées, sessiles, linéaires-lancéolées, un peu dentées, roides,
glabres, longues d'environ un pouce; les fleurs axillaires, solitaires, pédonculées vers le sommet des tiges et des rameaux ;
le calice glabre, à huit stries; la corolle couleur de chair,
tomenteuse et pubescente en dehors ; les deux étamines supérieures stériles ; le fruit ovale, recouvert par le calice, surmonté par la base du style. Cette plante croit dans les environs
de la ville de Quito.

Lamourouxie a feuilles de cocrète : *Lamourouxia rhinanti-
folia*, Kunth, l. c., tab. 169; Poir., *Ill. gen.*, *Suppl.*, cent. 10,
Icon. Ses tiges sont herbacées, hautes de deux pieds, pileuses
et pubescentes; les rameaux étalés; les feuilles sessiles, opposées, oblongues, aiguës, presque amplexicaules, crénelées et
dentées en scie, légèrement hérissées à leurs deux faces, à
peine longues d'un pouce; les fleurs solitaires, axillaires, pédonculées; leur calice hérissé et pileux, à quatre découpures
égales, dentées un scie ; la corolle incarnate, pubescente en
dehors; le fruit glabre, ovale-arrondi, comprimé, acuminé.
Cette plante croit à la Nouvelle-Espagne.

Lamourouxie des forêts; *Lamourouxia sylvatica*, Kunth, l. c.
Cette espèce est herbacée, grimpante, rameuse; ses rameaux
un peu pileux; les feuilles presque sessiles, opposées, lancéolées, oblongues, aiguës, presque à double dentelure, héris-

sées à leurs deux faces; les fleurs axillaires, presque en épis; leur calice hérissé; la corolle rose, hérissée en dehors, pubescente à son orifice; la capsule ovale, arrondie, d'un brun noir, comprimée; les semences oblongues, très-petites.

On distingue encore le *lamourouxia viscosa*, Kunth, l. c., assez semblable à un *lobelia*, à feuilles lancéolées, aiguës, dentées en scie, pileuses, tomenteuses et visqueuses, ainsi que les calices; la corolle tomenteuse en dehors. Le *lamourouxia xalapensis*, Kunth, l. c. Ses tiges et ses rameaux sont cylindriques, hérissées; ses feuilles lancéolées, acuminées, finement dentées en scie, glabres ainsi que les calices, dont les découpures sont très-entières. Le *lamourouxia multifida*, Kunth, l. c., est facile à distinguer par ses feuilles pinnatifides, très-glabres; par les calices pubescens et farineux. Toutes les étamines sont fertiles. Ces plantes croissent dans l'Amérique méridionale. (Poir.)

LAMPADIE, *Lampas*. (*Conchyl.*) Genre de coquilles cloisonnées, extrêmement petites, de la famille des nautilacées, et qui a pour caractères d'avoir le dos de la spire armé d'une carène, la place de l'ombilic de chaque côté mamelonée, et la fin du dernier tour ou la bouche s'avançant horizontalement, de manière que l'ouverture est alongée et lancéolée; elle est, du reste, fermée, comme dans beaucoup de genres voisins, par une cloison diaphragmatique, fendue dans toute sa longueur; c'est la forme de la terminaison de la spire qui donne à cette coquille la forme d'une petite lampe, d'où le nom de genre que lui a donné M. Denys de Montfort. Il ne contient, à ce qu'il paroît, qu'une espèce qui a été trouvée fossile, dans le voisinage de Sienne, en Toscane; elle est brunâtre, ochracée, d'une ligne et demie de longueur. M. Denys de Montfort la nomme *lampas trithemus*, le LAMPADIE TRITHÈME. Elle est figurée par Von Fitchel, Test., tab. 12, fig. d, e, f, sous le nom de *nautilus calcar*. (DE B.)

LAMPADIE (*Foss.*), *Lampas*, Denis de Montfort, *Conch. Syst.*, pag. 242, genre et fig. 61; *Nautiles carinatas*, Soldani, *Testac.*, t. I, p. I, tab. 58, fig. gg, hh, ii, kk, mm, et tab. 59, fig. qq, pag. 64.

Voici les caractères que le premier de ces auteurs assigne à ce genre : Coquille libre, univalve, cloisonnée, en disque et elliptique, contournée en spirale, mamelonnée sur les deux centres; le dernier tour de spire entourant tous les autres; dos caréné et armé; un diaphragme fendu dans toute sa longueur et recevant dans son milieu le retour de la spire; cloisons unies.

Il a donné le nom de Lampadie trithème à l'espèce qui sert de type à ce genre. Cet auteur annonce que cette espèce de coquille, qui a au plus une ligne et demie de longueur, se trouve à Ripalta dans le voisinage de Sienne en Toscane, avec d'autres coquilles fossiles. Elle est renflée; sa forme est celle d'une lampe, et ses mamelons sont très-proéminens. La carène est obtuse; mais elle porte une armature unie et vitrée; son têt est très-lisse; ses cloisons sont très-apparentes, et on les voit très-distinctement. Leur direction est arquée en sens contraire de l'accroissement de la coquille, et elle y forme comme autant de côtes plus fortement colorées.

D'après la description et la figure de cette espèce que nous n'avons jamais vue, nous croyons qu'elle doit avoir beaucoup de rapport avec les cristellaires, dont elle pourroit être seulement une variété. (D. F.)

LAMPAS. (*Bot.*) Il paroît que ce nom, donné par les anciens Grecs à une espèce de plante, désignoit le *lychnis dioica* à fleurs rouges, ou le *lychnis flos cuculi* qui croît dans les prés, et qui, dans quelques endroits, s'appelle *lampette*, dénomination qu'on applique encore à l'*agrostemma githago*, Linn., ou nielle des moissons. (Lem.)

LAMPAS. (*Conchyl.*) C'est le nom d'une grande coquille du genre Stromba. Voyez ce mot. (Lem.)

LAMPAS. (*Foss.*) Voyez Lampadie. (Desm.)

LAMPATAN (*Bot.*), nom chinois de la racine de squine, suivant Garcias cité par Clusius : elle est nommée *lampaos* dans le royaume de Decan. (J.)

LAMPE ANTIQUE. (*Conchyl.*) Nom presque générique, donné par les marchands de coquilles à plusieurs espèces d'hélices dont la coquille a quelque chose, par son mode d'enroulement et même par sa couleur, de certaines lampes en terre rouge, employées par les anciens. La lampe antique, proprement dite, est l'*helix lapicidea*; la lampe antique de vive arête, sans dents, est l'*helix carocolla*; la lampe antique de

VIVE ARÊTE, SANS DENTS, RUBANÉE, est l'*helix cornu militare*; en-fin, la LAMPE ANTIQUE, A BOUCHE DENTÉE, CONTOURNÉE EN DES-SUS, est l'*helix ringens*, type du genre Tomogère de M. Denys de Montfort; la FAUSSE LAMPE est l'*helix carocolla*. Voyez HÉLICE. (DE B.)

LAMPER. (*Ichthyol.*) Suivant Stedman, la lamproie porte ce nom à Surinam. (H. C.)

LAMPERY (*Bot.*), nom donné dans l'île Baly, voisine de Java, à un arbrisseau que Rumph a décrit et figuré, mais dont il n'a vu que le fruit, qui est un brou contenant un noyau osseux; il paroît appartenir à la famille des rosacées, section des amygdalées. (J.)

LAMPETTE ou LAMPRETTE (*Bot.*), noms vulgaires de la nielle des moissons et de la lychnide fleur de coucou. (L. D.)

LAMPILLON. (*Ichthyol.*) Voyez AMMOCÈTE, dans le Supplé-ment du second volume de ce Dictionnaire, et LAMPROYON. (H. C.)

LAMPOCARIA. (*Bot.*) Ce genre, établi par Rob. Brown pour quelques espèces de *gahnia*, en diffère trop peu pour être conservé. Il ne s'en distingue que par ses semences ou noix lisses, luisantes, point lancéolées ni striées. Voyez GAHNIE. (POIR.)

LAMPOTE. (*Bot.*) Les Mexicains nomment ainsi l'*helianthus cornifolius*, Kunth. (H. CASS.)

LAMPOTTE. (*Conchyl.*) Nom que l'on donne, en quelques endroits de Normandie, à l'espèce vulgaire de patelle si abondante sur nos côtes. (DE B.)

LAMPOURDE, *Xanthium*. (*Bot.*) [*Corymbifères anomales*, Juss. $=$ *Monoécie pentandrie*, Linn.] Ce genre de plantes appar-tient à l'ordre des synanthérées, et à la tribu naturelle des ambrosiées. Voici ses caractères, tels que nous les avons obser-vés sur des individus vivans de *xanthium strumarium*, *orientale* et *spinosum*.

Calathides unisexuelles, monoïques.

Calathide mâle: subglobuleuse, équaliflore, multiflore, régulariflore. Péricline à peu près égal aux fleurs, orbiculaire, irrégulier; formé de squames libres, unisériées, inégales, ap-pliquées, oblongues ou linéaires-subulées, foliacées. Clinanthe cylindracé, garni de squamelles un peu supérieures aux fleurs,

foliacées, linéaires-subulées, quelquefois cochléariformes supérieurement et terminées par un crochet corné, spinescent.
Faux-ovaires absolument nuls. Corolles verdâtres, membraneuses, en forme de figue, parsemées de gros et longs poils
coniques, charnus, articulés, et de petits poils capités; à cinq
nervures bifurquées au-dessous des cinq incisions; à divisions
courtes, semi-ovales, rapprochées par les bords en préfleuraison, très-peu divergentes en fleuraison. Etamines à filets nullement adhérens à la corolle, si ce n'est peut-être à sa base, mais
monadelphes ou entre-greffés en un tube; à anthères parfaitement libres, pourvues d'un appendice apicilaire. Style articulé
par sa base, et portant sur son sommet deux stigmatophores
plus ou moins complètement entre-greffés.

Calathide femelle : oblongue, uniflore, apétaliflore. Péricline supérieur à l'ovaire, inférieur aux stigmatophores, oblong, plécolépide; formé de squames nombreuses, entre-greffées, inégales, multisériées, imbriquées, coriaces, chaque
squame ayant sa partie supérieure libre, appendiciforme,
cylindrique, charnue, terminée par un crochet incourbe,
corné, spinescent. Clinanthe ponctiforme, inappendiculé.
Ovaire ordinairement ovale et obcomprimé, glabre, lisse,
à dix nervures, convexe sur la face extérieure, plan sur
l'intérieure, un peu aminci au sommet en un col gros et court,
inaigretté, quelquefois aigretté accidentellement, irrégulièrement et variablement; ovule et graine de synanthérée. Corolle nulle. Style tantôt parfaitement continu avec le sommet
de l'ovaire, tantôt un peu articulé sur lui ; très-court, surmonté de deux stigmatophores continus avec son sommet,
très-longs, laminés, linéaires, étrécis de bas en haut, divergens, arqués irrégulièrement en dehors, bordés sur les deux
côtés par deux gros bourrelets stigmatiques, demi-cylindriques, fortement papillés, confluens ensemble au sommet,
les deux bourrelets d'un stigmatophore confluens aussi par la
base avec ceux de l'autre stigmatophore. = Capitule quelquefois involucré, toujours composé de deux calathides réunies
par leurs périclines qui sont entre-greffés depuis la base jusqu'à
quelque distance du sommet, lequel reste libre.

On connoît jusqu'à présent cinq espèces de *xanthium* : nous
en décrirons deux qui se trouvent aux environs de Paris.

Lampourde glouteron ; *Xanthium strumarium* , Linn. C'est une plante herbacée , annuelle ; à racine fibreuse ; à tige haute d'environ deux pieds, dressée, rameuse, anguleuse, dépourvue d'épines ; à feuilles alternes, longuement pétiolées, presque arrondies, cordiformes, dentées, sinuées, un peu lobées, pubescentes, scabres, trinervées à la base ; les calathides mâles sont disposées en épis courts, axillaires et terminaux ; les capitules femelles sont rapprochés en groupes dans les aisselles des feuilles qui sont au bas des épis. Cette plante habite les lieux incultes , et fleurit en juillet; elle porte les noms vulgaires de petit glouteron et de petite bardane ; le nom latin de *strumarium* donné à cette espèce, semble indiquer qu'on l'a cru propre à guérir les écrouelles. M. Kunth rapporte à la même espèce une plante trouvée au Mexique, et plus petite dans toutes ses parties. Ainsi le *xanthium strumarium* seroit du petit nombre des espèces communes à l'Europe et à l'Amérique équinoxiale. Mais il faut remarquer que les crochets dont les capitules femelles sont armés ont bien pu favoriser le transport de cette plante d'Europe en Amérique ; car nous possédons un capitule de *xanthium* trouvé dans un ballot de marchandises venant d'Amérique.

Lampourde épineuse ; *Xanthium spinosum* , Linn. Plante herbacée, annuelle ; à tige haute d'environ un pied et demi , cannelée, très-rameuse ; à feuilles alternes, oblongues, étrécies à la base en forme de pétiole, découpées en trois lobes pointus dont les deux latéraux sont beaucoup plus courts, vertes en dessus, blanchâtres en dessous ; chaque feuille accompagnée à sa base de deux longues épines nées sur la tige, et divisées en trois branches de couleur jaune ; la disposition des calathides mâles et des capitules femelles est la même que dans l'espèce précédente. Celle-ci habite également les lieux incultes et fleurit un peu plus tard que l'autre ; elle est moins commune, surtout aux environs de Paris.

Le *xanthium orientale* de Linnæus, qui a été trouvé en France, dans les vignes du bas Languedoc, est remarquable par la grandeur de ses capitules femelles, et il offre d'ailleurs plusieurs caractères qui le distinguent suffisamment du *xanthium strumarium* auquel il ressemble beaucoup. M. Decandolle doute qu'il habite les contrées orientales, et il pense que la plante du

Canada rapportée à cette espèce est différente. Le *xanthium echinatum* de Murray, dont la patrie est inconnue, se distingue par ses capitules femelles, dont les crochets sont garnis d'épines à leur base. Enfin, le *xanthium catharticum* de M. Kunth, trouvé en Amérique, près de Quito, ressemble au *xanthium spinosum*, dont il se distingue par ses feuilles pinnatifides. Nous ne parlons pas ici du *xanthium fruticosum* de Linnæus fils, qui appartient au genre *Franseria*.

Le nom générique de *xanthium*, dérivé d'un mot grec qui signifie roux, blond ou jaune, a été appliqué par Dioscoride à la première espèce du genre, parce que, selon lui, les capitules femelles de cette plante, broyés et renfermés dans un vase de terre, ont la propriété de rendre les cheveux blonds. Tournefort, qui connoissoit les *xanthium strumarium, orientale, spinosum*, a tracé assez exactement les principaux caractères apparens et matériels de ce genre. Linnæus a donné une description générique moins superficielle et plus détaillée, mais peu intelligible en plusieurs points, et dans laquelle nous remarquons trois erreurs : 1.° il dit que le péricline de la calathide mâle est imbriqué; 2.° il considère l'enveloppe du capitule femelle comme un involucre composé de deux folioles opposées, trilobées, entourées d'aiguillons crochus adhérens à l'ovaire; 3.° il semble attribuer à chaque fleur deux styles simples, distincts jusqu'à la base. Cependant, cette remarque de Linnæus, *Difficilè intelligitur fructus xanthii, antequàm notus sit ambrosiæ*, ne semble-t-elle pas indiquer qu'il avoit eu quelque idée analogue à notre système, suivant lequel le capitule femelle du *xanthium* est composé de deux calathides uniflores réunies par leurs périclines entre-greffés? Mais nous ne comprenons pas ce qu'il a voulu dire, lorsqu'en parlant du *xanthium spinosum*, il s'est exprimé ainsi : *Spinæ trifurcatæ sunt stipulæ, quarum altera fit fructus*.

Il est inutile de faire mention des botanistes qui, depuis Linnæus, ont décrit les caractères génériques du *xanthium*, avec plus ou moins d'exactitude et plus ou moins de détails, mais qui n'ont pas pénétré au-delà des apparences extérieures, et se sont contentés d'exposer superficiellement les principales anomalies qu'offre ce singulier genre, sans chercher à les expliquer, ni à les ramener par voie d'analogie au type ordinaire.

M. Richard est le seul qui doive être cité avant nous, pour quelques observations sur le *xanthium strumarium*, consignées dans un Mémoire de M. de Jussieu sur les synanthérées, publié en 1806, dans le tome VIII des Annales du Muséum d'Histoire naturelle. Cet habile observateur a remarqué que les filets des étamines étoient réunis en un tube et insérés à la base de la corolle; et il a trouvé sur chaque ovaire, autour de la base du style, la trace de trois appendices très-petits et à peine visibles, qui sont, selon lui, les divisions d'un calice faisant corps avec l'ovaire. La monadelphie des étamines, remarquée par Richard, paroit avoir été aperçue avant lui par Linnæus, qui avoit dit *Filamenta quinque in cylindrum tubulosum*, et qui cependant n'avoit point classé le *xanthium* dans sa monoécie monadelphie.

Dans notre premier Mémoire sur les synanthérées, lu à l'Institut le 6 avril 1812, nous avons décrit très-minutieusement les styles féminin et masculin des *xanthium strumarium, orientale, spinosum*; et cette description étoit bien propre à établir l'analogie des *xanthium* avec les autres synanthérées, sous le rapport de la structure du style. Dans notre second Mémoire, lu à l'Institut le 12 juillet 1813, nous avons reconnu l'affinité des *xanthium* avec les *artemisia*, sous le rapport de la structure des étamines. Nous avions indiqué, dans ce Mémoire, d'une manière indirecte, la singulière disposition des nervures de la corolle chez les synanthérées. M. Robert Brown, qui observoit en même temps que nous cette disposition très-remarquable, annonça, en 1814, dans ses *General Remarks*, que ce caractère important se retrouvoit dans le *xanthium*. Dans notre troisième Mémoire, lu à l'Institut le 19 décembre 1814, époque à laquelle nous ne connoissions point encore les observations très-récentes de M. Brown sur la corolle des synanthérées, nous avons amplement développé ce que nous n'avions qu'indiqué dans notre second Mémoire; et, en décrivant la corolle des *xanthium* et autres plantes analogues, nous avons établi leur affinité avec les synanthérées, sous ce nouveau rapport. Dans notre quatrième Mémoire, lu à l'Académie des Sciences, le 11 novembre 1816, nous avons complété la démonstration de ces affinités, en décrivant l'ovaire, et en observant que nous avions souvent trouvé sur quelques ovaires du *xanthium strumarium*, une aigrette semi-avortée, épigyne, composée de squamellules paléiformes, accompagnées quelquefois d'une étamine épigyne. Nous avons parlé aussi, dans ce Mémoire, de l'albumen très-mince, qui existe, selon nous, dans toutes les graines des synanthérées, et que nous avons remarqué notamment dans celle du *xanthium spinosum*. Dans notre cinquième Mémoire, publié dans le Journal de Physique de février et mars 1818, nous avons dit que le *xanthium* avoit un capitule composé de deux calathides uniflores, entre-greffées par leurs périclines, et que chacun de ces périclines étoit formé de squames plurisériées et entre-greffées. Enfin, dans notre sixième Mémoire, publié dans le Journal de Physique de février et mars 1819, nous avons présenté le résumé de nos observations éparses dans les cinq Mémoires précédens. Cependant, M. Kunth, dans le quatrième volume de ses *Nova Genera et Species plantarum*, publié en 1820, paroît considérer le capitule femelle des *xanthium* comme une simple calathide biflore, ayant deux périclines : l'extérieur polyphylle ; l'intérieur monophylle, clos, divisé en deux loges, et hérissé d'aiguillons. Remarquez que ce que M. Kunth regarde comme le péricline extérieur d'une calathide biflore, est, selon nous, l'involucre du capitule composé de deux calathides uniflores ; que ce qu'il regarde comme le péricline intérieur monophylle et biloculaire d'une calathide biflore, est, selon nous, formé par la greffe de deux périclines appartenant aux deux calathides dont se compose le capitule ; et que les aiguillons qui garnissent, selon lui, la surface de son péricline monophylle, sont pour nous les extrémités libres de squames nombreuses, plurisériées, imbriquées, entre-greffées inférieurement, formant nos deux périclines réunis ; car, suivant notre système, chaque fleur femelle de *xanthium* a un péricline qui seroit exactement semblable à celui du *lappa*, si, dans celui-ci, les squames, au lieu d'être complètement libres, étoient entre-greffées inférieurement, libres supérieurement.

La classification du genre *Xanthium* présente un problème non moins intéressant que celui qui concerne la structure propre à ce singulier genre. Tournefort n'avoit pas hésité à le placer avec l'*ambrosia*, au commencement de la série des synanthérées, auprès du *micropus* et du *carduus*. Vaillant paroît avoir

senti la difficulté du problème, et l'avoir résolu dans le même
sens que plusieurs botanistes modernes, car nous ne trouvons
point le *xanthium* ni l'*ambrosia* parmi les genres qu'il admet dans
les synanthérées. Linnæus, dans son système sexuel, éloigne le
xanthium et l'*ambrosia* de la syngénésie, pour les reléguer dans
la monoécie pentandrie avec quelques autres synanthérées. Le
même botaniste, dans ses Ordres naturels, a formé, sous le
titre de *nucamentaceæ*, un groupe composé des genres *Xanthium*, *Ambrosia*, *Parthenium*, *Iva*, *Micropus*, *Artemisia*, et il
a d'abord placé ce groupe auprès des amentacées, assez loin
de celui qui comprend les autres synanthérées ; mais ensuite,
il a considéré comme une section des synanthérées, ses nuca-
mentacées, auxquelles il a ajouté plusieurs genres. Adanson,
en 1763, divisant l'ordre des synanthérées en dix sections, en
fit une , sous le titre d'ambrosies, composée des deux genres
Ambrosia et *Xanthium*, et placée entre la section des immor-
telles, qui se termine par le genre *Iva*, et celle des tanaisies,
qui commence par le genre *Absinthium*. Ce botaniste donne
pour caractère à sa section des ambrosies, d'avoir les calathides unisexuelles, dont les mâles sont disposées en épi aux
extrémités des branches, et les femelles rapprochées en groupes
dans les aisselles des feuilles qui sont au bas des épis. M. de
Jussieu, en 1789, dans ses *Genera plantarum*, a rangé les *ambrosia* et *xanthium* dans la dernière section de ses corymbifères,
intitulée Corymbifères anomales, et caractérisée par les anthères libres et les calathides unisexuelles : mais il a en même
temps énoncé l'opinion que les corolles des fleurs mâles étoient
peut-être de vrais calices, et qu'ainsi ces deux genres pourroient appartenir à l'ordre des urticées, et y être placés auprès
du genre *Cannabis*. Gærtner a rangé les *ambrosia* et *xanthium*
parmi les synanthérées, auprès des *seriphium* et *stœbe*. Necker
les a interposés entre le *tanacetum* et le *clibadium*. Mœnch
rejette le *xanthium* entre le *juglans* et le *ricinus*, bien loin des
synanthérées. Ventenat, en attribuant les *ambrosia* et *xanthium*
à l'ordre des urticées, s'est trop hâté de convertir en certitude
le doute prudent de M. de Jussieu ; et il a été imité en ce point
par MM. de Lamarck, Mirbel, Desfontaines, Decandolle.
Cette opinion n'a point séduit M. Richard, qui a cru que les
ambrosia et *xanthium* devoient former un ordre distinct, voi-

sin des synanthérées. Ce botaniste attribue les deux genres dont il s'agit et le genre *Iva* à la monoécie monadelphie du système sexuel, ce qui n'est point exact à l'égard de l'*ambrosia* et de l'*iva*. Dans notre premier Mémoire sur les synanthérées, nous avons rapporté à cet ordre naturel les *xanthium* et *ambrosia*, mais sans les classer dans aucune de nos tribus, parce que nous étions alors incertain sur la place qu'ils devoient occuper. Dans notre second Mémoire, nous avons annoncé que les *xanthium*, *ambrosia*, *iva*, *gymnostyles* nous sembloient devoir constituer, sous le nom d'ambrosiées, une tribu particulière, qui seroit placée dans l'ordre des synanthérées, entre la tribu des anthémidées et celle des tussilaginées. Dans l'intervalle de temps écoulé entre notre second et notre troisième Mémoire, M. R. Brown a déclaré que les *ambrosia* et *xanthium* appartenoient à l'ordre des synanthérées. Dans notre troisième Mémoire et dans les suivans, en admettant définitivement, à l'exemple d'Adanson, dans l'ordre des synanthérées, une tribu des ambrosiées, nous avons interposé cette tribu entre celle des hélianthées et celle des anthémidées, et nous l'avons composée des quatre genres *Xanthium*, *Franseria*, *Ambrosia*, *Iva*. Remarquez que l'attribution de l'*iva* au groupe des ambrosiées ne permet pas de conserver à cette tribu les caractères qu'Adanson lui avoit assignés; et que nous ne sommes point d'accord avec ce botaniste sur les caractères, la composition et le placement de ce petit groupe naturel. M. Kunth attribue nos ambrosiées aux hélianthées, en les plaçant entre le *melampodium* et l'*unxia*.

Nous avions positivement déclaré, dans notre sixième Mémoire, publié avant le travail de M. Kunth, que nos ambrosiées, qui ont une affinité bien remarquable avec certaines anthémidées, telles que l'*artemisia*, ne se rapprochoient pas moins de nos hélianthées-millériées, auxquelles nous aurions pu les réunir; mais que nous avions mieux aimé restreindre qu'étendre la tribu des hélianthées, qui a le défaut d'être trop nombreuse, trop diversifiée, et d'avoir en conséquence des caractères trop vagues. On voit, d'après cela, que nos idées sur la classification des genres dont il s'agit ne s'éloignent presque pas de celles de M. Kunth.

Les genres *Echinops*, *Gundelia*, *Xanthium*, *Franseria*, *Am-*

brosia offrent dans leur structure des particularités fort extraordinaires, et dont l'explication est embarrassante. Nous avons déjà exposé dans ce Dictionnaire (tome XVII, pag. 364; tome XX, pag. 94 et 362) nos systèmes sur le *franseria*, sur le *gundelia*, et sur l'*echinops*. Nous devons dire ici quelques mots de l'*ambrosia*, pour appuyer le système développé dans le présent article sur le *xanthium*. Voici comment nous avons décrit les calathides femelles de l'*ambrosia trifida*, dans le Journal de Physique de juillet 1819, pag. 31. Plusieurs calathides uniflores, féminiflores, sessiles, parfaitement libres, sont rapprochées en une sorte de capitule, sur un calathiphore irrégulier, petit, plan, glabre, et elles sont accompagnées par des bractées; chaque calathide uniflore a un péricline formé de squames disposées sur deux rangs, et entre-greffées à l'exception du sommet, qui reste libre et a la forme d'une petite corne; les squames du rang extérieur sont au nombre de cinq, et beaucoup plus courtes que celles du rang intérieur qui sont au nombre de deux; chaque péricline enveloppe étroitement et complètement une seule fleur femelle dépourvue de corolle, et formée d'un ovaire inaigretté, surmonté d'un style divisé en deux longues branches qui sortent par l'orifice du péricline; le clinanthe de chaque calathide est ponctiforme et inappendiculé. Si notre manière de considérer la calathide femelle de l'*ambrosia* est bien fondée, il est évident qu'en greffant ensemble par leurs périclines deux calathides d'*ambrosia*, on obtiendra le capitule du *xanthium*; et c'est ainsi que Linnæus a pu dire : *Difficilè intelligitur fructus xanthii, antequàm notus sit ambrosiæ.* Cependant, nous n'avons pas dissimulé, dans le même Journal, pag. 30, que les observations ingénieuses de MM. Lagasca et R. Brown, sur le *melampodium*, et surtout l'analogie très-remarquable du *xanthium* et du *centrospermum*, sous le rapport des enveloppes des fleurs femelles, nous faisoient concevoir des doutes sur la solidité de notre propre système. Si donc il étoit bien démontré que les aiguillons crochus de l'enveloppe du *xanthium* ne sont point les extrémités de plusieurs squames analogues à celles du *lappa*, mais de simples excroissances spiniformes analogues à celles du *centrospermum*, il faudroit renoncer à notre premier système; et nous en proposerions un autre, suivant lequel le *xanthium* au-

roit, au lieu d'un capitule composé de deux calathides uniflores greffées par leurs périclines, une simple calathide biflore, pourvue d'un péricline formé de deux squames enveloppantes, bifides au sommet, greffées chacune par ses bords, et
de plus greffées ensemble. Ce second système paroît se rapprocher de celui que Linnæus a indiqué d'une manière peu intelligible, en disant que l'enveloppe des fleurs femelles est un
involucre biflore, composé de deux folioles opposées, trilobées, entourées d'aiguillons crochus adhérens à l'ovaire. On
pourroit encore concevoir un troisième système intermédiaire
entre les deux autres, en donnant à chaque fleur femelle un
péricline de deux squames entre-greffées par les bords, et en
greffant ensemble deux de ces périclines uniflores. La découverte future de quelque nouveau genre voisin, décidera probablement lequel de ces trois systèmes mérite d'obtenir la préférence : mais, en attendant, nous croyons pouvoir soutenir
le premier, que nous avons suivi dans la description des caractères génériques.

Cette description, déjà très-prolixe, l'auroit été beaucoup
trop, si nous y avions admis en détail toutes nos observations :
mais nous croyons utile d'en exposer ici quelques unes, afin
de compléter la connoissance exacte de la structure propre au
xanthium.

Le style masculin est quelquefois divisé au sommet plus ou
moins profondément, en deux lobes égaux ou inégaux, plus ou
moins divergens, hérissés de collecteurs papilliformes sur leur
face extérieure, et paroissant bordés de larges bourrelets stigmatiques sur la face intérieure. D'autres fois, le sommet de ce
style est indivis ; mais on observe sur un côté de sa partie supérieure un sillon longitudinal bordé de bourrelets stigmatiques, et il y a quelques collecteurs papilliformes épars vers
le sommet, du côté opposé au sillon. Enfin, le même style est
quelquefois bilobé au sommet, et en outre pourvu d'un sillon
unilatéral. Tout cela prouve que le style masculin du *xanthium*
a deux stigmatophores entre-greffés plus ou moins complètement. Dans le *xanthium orientale*, la base du style féminin n'est
presque jamais articulée sur l'ovaire, mais parfaitement continue avec son sommet ; et l'on n'y trouve aucun vestige, aucun rudiment d'aigrette ni de corolle. Mais, dans le *xanthium*

strumarium, la base du style est presque toujours articulée sur le sommet de l'ovaire, qui offre ordinairement une sorte de bourrelet ou de cicatrice annulaire paroissant indiquer le rudiment basilaire d'une production épigyne. Souvent ce bourrelet se développe en une véritable aigrette composée de deux, trois, quatre ou cinq squamellules paléiformes, inégales, irrégulières, longues, étroites, linéaires, arrondies au sommet, vertes, un peu charnues, foliacées ou membraneuses, et qui sont quelquefois comme plumeuses, ou hérissées sur les bords de longs poils coniques articulés; nous avons une seule fois trouvé une fleur bien remarquable, en ce que le sommet de l'ovaire portoit non seulement deux squamellules d'aigrette , mais encore une étamine insérée sur le même rang que les squamellules, et située du côté opposé. Souvent l'aigrette n'a qu'une seule squamellule, et on trouve de l'autre côté un petit rebord denticulé. Dans le *xanthium spinosum*, l'ovaire est ordinairement terminé au sommet par une sorte de troncature souvent oblique et irrégulière, munie d'un très-petit rebord souvent oblitéré d'un côté; cette troncature terminale porte la base du style, qui paroît articulée du côté où le rebord est sensible, et continue du côté où ce rebord est oblitéré. Les filets des étamines ne nous ont point offert assez clairement l'articulation qui feroit distinguer un article anthérifère bien manifeste : cependant, la partie supérieure qui représente cet article est épaissie, globuleuse, striée, un peu différente de la partie inférieure du filet; l'appendice apicilaire de l'anthére est demi-lancéolé, ou presque ovale, charnu, quelquefois très-petit; les appendices basilaires sont nuls ou presque nuls, courts, un peu pointus, pollinifères; la greffe qui réunit en un tube les filets des étamines, ne nous a pas toujours paru bien solide, ni même bien constante, dans le *xanthium orientale;* le pollen est un peu verdâtre. Il n'y a point de nectaire à la base du style féminin, ni même du style masculin. La corolle peut être considérée comme un limbe privé de tube, ce qui expliqueroit pourquoi les filets des étamines n'y adhèrent point; les cinq nervures de cette corolle se bifurquent bien au-dessous de la base des cinq incisions, et leurs branches sont intra-marginales, c'est-à-dire, un peu éloignées des bords des divisions de la corolle. La graine est attachée au fond du péricarpe;

la radicule de l'embryon est inférieure, cylindrique, obtuse, longue, épaisse, charnue; les deux cotylédons sont épais, char- nus, demi-cylindriques; la plumule est apparente; nous avons trouvé dans cette graine, comme dans celle de beaucoup d'autres synanthérées, une sorte d'albumen membraneux. L'ovule est cylindracé, porté par un funicule qui s'insère laté- ralement au-dessus de sa base, et se divise en cinq branches qui rampent d'abord de ce côté, puis divergent et se ramifient de manière à entourer la partie supérieure de l'ovule. Dans le *xanthium orientale*, chaque capitule femelle, composé de deux calathides uniflores entre-greffées, nous a paru être entouré d'un involucre formé de bractées unisériées, linéaires-subulées, foliacées. En admettant, suivant notre système, que chaque fleur femelle de *xanthium* a un péricline composé de squames nombreuses, imbriquées, entre-greffées, libres au sommet, il faut remarquer que la rangée intérieure des squames de ce péricline uniflore n'est formée que par deux squames, comme dans l'*ambrosia*, et que ces deux squames, plus longues que toutes les autres, sont inégales entre elles. Dans le *xanthium spinosum*, le clinanthe des calathides mâles est garni de squa- melles foliacées, linéaires inférieurement, cochléariformes supérieurement, et terminées par un crochet corné, spines- cent. N'y a-t-il pas une analogie manifeste entre ces squa- melles et ce que nous considérons comme les squames du péri- cline de la calathide femelle? Cette analogie semble confirmer notre système, malgré les objections qu'on peut lui opposer. En effet, concevez une calathide mâle de *xanthium spinosum*, dont toutes les fleurs seroient avortées, à l'exception d'une seule située au centre, et greffez ensemble toutes les squa- melles de cette calathide, en laissant leurs extrémités libres, comme dans le *gorteria personata;* vous obtiendrez une cala- thide qui ne différera de la calathide femelle uniflore, que par les organes constitutifs de la fleur proprement dite. Cette greffe que nous supposons n'est pas une hypothèse purement gratuite; car un capitule de *franseria artemisioides* nous a offert une squame presque détachée.

Maintenant comparons ensemble les quatre genres *Xan- thium, Franseria, Ambrosia, Iva*, dont se compose la tribu des ambrosiées, et qui ont entre eux beaucoup d'analogie par le port. Les calathides sont disposées en épi ou en grappe, dans les quatre genres; mais elles sont unisexuelles dans les *xanthium*, *franseria*, *ambrosia*; bisexuelles, à disque masculiflore et à couronne féminiflore, dans l'*iva*. La calathide mâle des *xanthium*, *franseria*, *ambrosia*, et le disque de l'*iva*, sont multiflores, régulariflores. La calathide femelle des *xanthium*, *franseria*, *ambrosia*, est uniflore; la couronne de l'*iva* est pauciflore. Le péricline est formé de squames unisériées ou sub-unisériées, dans la calathide mâle des trois premiers genres, et dans la calathide bisexuelle du quatrième : mais les squames sont libres dans les *xanthium*, *iva*; entre-greffées dans les *franseria*, *ambrosia*. Le péricline de la calathide femelle des trois premiers genres est formé de squames plurisériées et entre-greffées : mais, dans l'*ambrosia*, les squames ne sont disposées que sur deux rangs, et la partie libre de chaque squame se réduit à une petite corne en forme de bosse ou de tubercule; tandis que, dans les deux autres genres, les squames sont disposées sur plus de deux rangs, et prolongées chacune en un appendice libre, crochu, spinescent. Dans l'*ambrosia*, chaque calathide femelle est parfaitement libre; mais dans le *xanthium*, deux calathides uniflores sont réunies par leurs périclines entre-greffés, à l'exception de la partie supérieure qui reste libre, en sorte que chacun des deux périclines a un orifice distinct; dans le *franseria*, il y a ordinairement deux, trois, ou quatre calathides uniflores, entièrement confondues en un seul corps par leurs périclines qui sont entre-greffés d'un bout à l'autre, et la partie des périclines par laquelle ils sont entre-greffés est oblitérée et réduite à une lame mince qui s'évanouit avant d'atteindre le sommet, en sorte que le capitule n'a extérieurement qu'un seul orifice commun aux deux, trois ou quatre calathides dont il est composé. Le clinanthe de la calathide mâle des *xanthium*, *franseria*, et de la calathide bisexuelle de l'*iva*, est garni de squamelles linéaires; celui de la calathide mâle de l'*ambrosia* ne porte que quelques poils. La fleur femelle est à peu près semblable dans les quatre genres, si ce n'est qu'il y a une corolle tubuleuse, courte, dans le genre *Iva*, et peut-être aussi dans une espèce d'*ambrosia* décrite par M. Kunth, tandis que cette petite corolle manque absolument dans les autres plantes de la tribu. La fleur mâle offre les différences suivantes : Il y a, dans l'*iva*, un rudiment de faux-ovaire, qui est nul ou presque nul dans les trois autres genres; le style est simple, tronqué au sommet, et sa troncature est bordée de collecteurs filiformes, dans les *franseria*, *ambrosia*, *iva*; il est plus ou moins fendu, irrégulièrement et variablement, et ses collecteurs sont épars vers le sommet, dans le *xanthium*; mais le style de l'*iva* est souvent fendu comme celui du *xanthium*; la corolle, pourvue d'un tube dans l'*iva*, en paroît dépourvue dans les autres genres; ceux-ci ont les étamines non adhérentes à la corolle, ou adhérentes seulement à sa base, tandis que les filets des étamines de l'*iva* sont adhérens à la moitié inférieure du tube de la corolle; les filets sont plus ou moins entre-greffés dans les *xanthium*, *franseria*, mais ils sont libres entre eux dans l'*ambrosia* et l'*iva*.

Il résulte de cette analyse comparative des quatre genres, que l'*iva* fait nécessairement partie de la tribu des ambrosiées, mais que cette tribu doit être divisée en deux sections : la première, intitulée Ambrosiées-prototypes, et caractérisée par les calathides unisexuelles, se compose des trois genres *Xanthium*, *Franseria*, *Ambrosia*; la seconde, intitulée Ambrosiées-ivées, et caractérisée par les calathides bisexuelles, comprend le genre *Iva*, et peut-être aussi le *Clibadium*, qui n'est pas encore suffisamment connu.

Pour ne pas trop alonger cette dissertation, nous renvoyons à nos articles Ambrosiacées, tom. II, Suppl. pag. 9; Clibadion, tom. IX, pag. 395; Fransérie, tom. XVII, pag. 364; Ambrosiées, tom. XX, pag. 371; Ive, tom. XXIV, pag. 43. On y trouvera le complément des notions qu'on peut désirer acquérir sur le sujet dont il s'agit. (H. Cass.)

LAMPRID. (*Ornith.*) Salerne témoigne, pag. 579 de son Histoire naturelle des Oiseaux, sa surprise de trouver le mot *lamprids* employé dans le Traité de l'Existence de Dieu, par Ray, pour désigner les plongeons. Barrère s'en étoit auparavant servi dans la même acception, pag. 23 de son *Ornithologiæ Specimen*, imprimé à Perpignan, en 1745, comme traduction du mot latin *colymbus*, genre deuxième de sa seconde classe, *aves semipalmipedes*; mais il ne dit rien de l'origine de ce mot, qui ne se trouve plus dans les ouvrages d'ornithologie. (Ch. D.)

LAMPRIE, *Lampria*. (*Entom.*) M. Bonelli a indiqué, sous ce nom de genre, une division des carabes, tels que celui à tête bleue, *cyanocephalus*, dont M. Latreille a fait une lébie. (C. D.)

LAMPRILLON. (*Ichthyol.*) Voyez Lamproyon. (H. C.)

LAMPRIME, *Lamprima*. (*Entomol.*) M. Latreille a réuni sous ce nom de genre plusieurs espèces de petits lucanes de la Nouvelle-Hollande ou des îles de la mer Pacifique, dont le corps est en général d'une belle couleur métallique. C'est ce qui aura sans doute engagé notre célèbre entomologiste françois à employer ce nom tiré du grec λαμπρειμων, *splendidè indutus*, habillé richement. M. Schreiber avoit décrit et figuré deux espèces de ce genre dans le tome VI des Transactions philosophiques de la Société linnéenne de Londres, et Fabricius avoit fait connoître l'un de ces insectes sous le nom de *lethrus æneus*, avec cette note : *fortè proprii generis;* l'autre en le rangeant parmi les *synodendres*, sous le nom de *cornutum*. Ce dernier est de la terre de Diemen, l'autre de l'île de Norfolk. Ces insectes sont certainement de la famille des Priocères. On ne connoît pas leurs mœurs. (C. D.)

LAMPRIS. (*Ichthyol.*) C'est le nom sous lequel Retzius a désigné le genre Chrysostose. Voyez ce mot. (H. C.)

LAMPROTORNIS. (*Ornith.*) M. Temminck, dans la seconde édition de son Manuel d'Ornithologie, tome I.er, pag. lv, emploie ce terme, pour désigner en latin son genre Stourne, qui ne concorde, pour les espèces, ni avec les stournes de Daudin, ni avec les stournelles de M. Vieillot. (Ch. D.)

LAMPROYE. (*Ichthyol.*) Voyez Pétromyzon. (H. C.)

LAMPROYE AVEUGLE. (*Ichthyol.*) Voyez Ammocète et Myxine. (Desm.)

LAMPROYON. (*Ichthyol.*) On a donné ce nom et ceux de lampillon, de civelle, de chatouille, de lamprillon, à une espèce d'Ammocète. Voyez ce dernier mot. (H. C.)

LAMPSANA. (*Bot.*) Ce nom paroît avoir été d'abord employé par Dioscoride et Pline, pour désigner le faux raifort, *raphanus raphanistrum*, que Pline nommoit *lampsana apula*, suivant Columna. Césalpin en fait mention sous le même nom. La *lampsana vera* de Daléchamps est, suivant C. Bauhin, la

sanve ou moutarde sauvage, *sinapis arvensis.* Lobel, Dodoens
et plusieurs autres ont appliqué ce nom à une plante chicoracée,
indiquée par Ruellius pour le *chrysanthemum* de Pline, et qui
est notre lampsane ordinaire, à laquelle Tournefort avoit conservé ce nom *lampsana.* Linnæus, en adoptant le genre, le
nomme *lapsana,* sans motiver ce changement. On lit cependant dans les Voyages de Belon au Levant, que les marchands
d'herbage de Constantinople apportent, le printemps, au marché, des lampsanes qu'ils nomment vulgairement *lapsana.* (J.)

LAMPSANE, *Lampsana.* (*Bot.*) [*Chicoracées,* Juss. = *Syngé-*
nésie polygamie égale, Linn.] Ce genre de plantes appartient à
l'ordre des synanthérées, à la tribu naturelle des lactucées,
et à notre section des lactucées-crépidées. Voici ses caractères,
que nous avons observés sur des individus vivans de *lampsana*
communis, crispa et *glandulifera,* et sur un échantillon sec de
lampsana fœtida.

Calathide incouronnée, radiatiforme, pluriflore, fissiflore,
androgyniflore. Péricline subcampanulé, inférieur aux fleurs;
formé de huit squames égales, unisériées, appliquées, oblongues, foliacées, uninervées, accompagnées à la base de
quelques squamules surnuméraires, appliquées, ovales. Clinanthe plan et nu. Ovaires obvoïdes-oblongs, un peu comprimés, glabres, lisses, striés, inaigrettés. Corolle à tube parsemé de petits poils.

On connoît quatre ou cinq espèces de *lampsana :* nous décrirons ici celle qu'on trouve aux environs de Paris, et une
autre qui est cultivée au Jardin du Roi.

Lampsane commune; *Lampsana communis,* Linn. C'est une
plante herbacée, annuelle, haute de deux à trois pieds, tantôt presque glabre, tantôt un peu pubescente; à racine rameuse, fibreuse; à tige dressée, ferme, simple inférieurement, ramifiée supérieurement en panicule, cylindrique,
striée, garnie dans le bas de feuilles alternes; les inférieures,
longues de deux à quatre pouces, sont comme pétiolées, lyrées
vers la base, ou profondément découpées en trois ou cinq
lobes, dont le terminal est très-grand, ovale ou arrondi, un
peu denté ou anguleux; les feuilles supérieures sont moins
grandes, ovales-lancéolées, pointues, moins découpées; les
calathides, composées d'un petit nombre de fleurs jaunes, con-

tenues dans un péricline glabre, anguleux, long de deux ou
trois ligues, sont nombreuses, petites, paniculées ou corymbées, et solitaires au sommet de rameaux pédonculiformes,
grêles, glabres, pourvus à leur base de bractées linéaires-lancéolées, aiguës. Cette plante, très-commune dans les lieux
incultes, et surtout dans les lieux cultivés, fleurit pendant
tout l'été; on la nomme vulgairement herbe aux mammelles,
parce que, dit-on, son suc guérit les gerçures qui surviennent
aux seins des nourrices; elle est considérée comme émolliente
et comme propre à calmer les douleurs inflammatoires, étant
bouillie et appliquée en cataplasme; à Constantinople, on la
mange crue en salade. Il paroît que les anciens en faisoient le
même usage, sans estimer beaucoup cet aliment, et que de là
vient le proverbe *Lapsanià vivere*, faire maigre chère. On distingue, sous le nom de *lampsana communis crispa*, une variété
remarquable par ses feuilles inférieures à bords ondulés ou
crépus, et doublement dentés, c'est-à-dire, dont les découpures sont elles-mêmes découpées : c'est peut-être une espèce
différente, comme le croit Willdenow, qui a remarqué qu'elle
se reproduisoit constamment par ses graines, sans jamais perdre
son caractère distinctif. Quant aux variétés fondées sur la pubescence plus ou moins manifeste, elles ne méritent guère
d'être notées.

Lampsane glandulifère : *Lampsana glandulifera*, H. Cass.;
Lampsana lyrata, Willd., *Enum.* Plante herbacée, haute de
trois pieds, à racine vivace; tiges dressées, flexueuses, anguleuses, produisant dès la base de longues branches alternes
comme les feuilles, qui sont grandes, ovales-aiguës, pubescentes, grossièrement dentées, ou plutôt sinuées sur les
bords; les supérieures sessiles; les inférieures portées sur une
sorte de pétiole ailé, à ailes prolongées en grandes dents demi-
lancéolées; calathides multiflores, disposées en corymbe à l'extrémité des tiges et des rameaux; pédoncules hérissés de poils
glanduleux ou capités qui existent aussi sur la carène dorsale
des squames du péricline; fleurs jaunes, disposées sur plusieurs
rangs concentriques, dans chaque calathide; clinanthe quelquefois pourvu d'une ou plusieurs squamelles. Nous avons fait
cette description sur un individu vivant cultivé au Jardin du
Roi. Cette espèce, qui habite les bords de la mer Caspienne,

se distingue principalement par les poils glanduliféres qui garnissent ses pédoncules et ses périclines , et non par la forme lyrée de ses feuilles, caractère qui lui est commun avec l'espéce précédente.

Le nom générique de *lampsana*, ou *lapsana*, se trouve dans les ouvrages de Dioscoride et de Pline , et paroît dérivé d'un mot grec qui signifie purger ou évacuer, sans doute à cause de la propriété laxative attribuée au *lampsana communis*, qu'on suppose avoir été désigné sous ce nom par ces anciens auteurs. Les caractères de ce genre, assez mal tracés par Tournefort, ont été ensuite mieux décrits par Vaillant. Tournefort n'y admettoit qu'une seule espèce, qui est le *lampsana communis*, et il attribuoit à son genre *Dens-leonis* le *lampsana fœtida*, que Vaillant rapporte à son genre *Taraxaconastrum*, et dont Micheli a fait un genre particulier, sous le nom de *leontodontoides* , que Necker paroît avoir voulu reproduire sous celui d'*aposeris*. Linnæus, qui a modifié fort inutilement le nom générique employé par Tournefort et Vaillant, a décrit très-exactement les caractéres de ce genre, si ce n'est qu'il a cru devoir admettre l'existence d'une aigrette dans certains cas. C'est par suite de cette erreur qu'il a pendant quelque temps attribué les *hedypnois* au genre *Lampsana*, et qu'il y a toujours maintenu le *zacintha*; il y comprenoit aussi les *rhagadiolus*; et il attribuoit , comme Vaillant, le *lampsana fœtida* au genre *Hyoseris*. Adanson, Haller, Scopoli, Allioni, Gærtner ont reconnu que cette plante appartenoit au genre *Lampsana*, dans lequel Adanson comprend aussi les *rhagadiolus*. Haller, Allioni, Lamarck , Decandolle et Willdenow attribuent au genre *Lampsana* l'*hyoseris minima* de Linnæus, dont Gærtner a fait son genre *Arnoseris*.

Nous adoptons les genres *Rhagadiolus* et *Zacintha* de Tournefort, et le genre *Arnoseris* de Gærtner; et nous réunissons au *lampsana* le *leontodontoides* de Micheli, quoique nous ne l'ayons étudié que sur un échantillon sec en mauvais état, et dépourvu de fruits mûrs. Nous y avons reconnu tous les principaux caractères génériques du *lampsana* : cependant, nous avons remarqué que la base du limbe de la corolle étoit garnie sur le côté intérieur, de longs poils charnus; et il nous a paru que quelques ovaires étoient amincis au sommet en forme de col

très-gros et très-court. Ces deux circonstances jointes à la
différence du port, nous laissent quelques doutes. En attendant qu'ils soient éclaircis, nous admettons dans le genre
Lampsana : 1.º le *lampsana communis*, et sa variété *crispa*, qui
est peut-être une espèce distincte; 2.º le *lampsana glandulifera*; 3.º le *lampsana virgata* de M. Desfontaines, que nous
n'avons point observé; 4.º avec quelque doute, le *lampsana fœtida*, remarquable par son port semblable à celui du
pissenlit. Le *lampsana glandulifera* nous a offert une particularité qui mérite d'être notée : Son clinanthe porte très-souvent, vers le milieu ou près des bords, une, deux, trois,
quatre, cinq ou six squamelles plus longues que les fruits,
linéaires-subulées, vertes, membraneuses, analogues aux
squames du péricline. C'est un nouvel exemple des variations
accidentelles que peuvent subir les caractères génériques auxquels on accorde le plus de confiance. Les botanistes modernes
qui voudroient exclure des caractères génériques la radiation
de la calathide, sous le prétexte qu'elle est sujette à des variations accidentelles, n'ont pas remarqué, sans doute, que tous
les autres caractères génériques sont à peu près dans le même
cas. Le genre *Lampsana*, que nous attribuons à la section des
crépidées, quoique son fruit, privé d'aigrette, ne soit point
aminci vers le haut, est fixé dans ce groupe par son affinité
avec le *rhagadiolus* et le *zacintha*; mais il a aussi de l'affinité
avec les derniers genres de la section des lactucées-prototypes,
après laquelle il est immédiatement placé. Sa classification
naturelle paroît donc être convenablement établie. (Voyez
notre article Lactucées.) Dans notre Mémoire sur les différens
modes de la dissémination chez les Synanthérées, publié dans
le Bulletin des Sciences de 1821, pag. 92, nous avons remarqué
que le mode de dissémination propre au *lampsana* paroissoit
être un des moins parfaits. A l'époque de la maturité des fruits,
qui sont sans aigrette, il ne survient aucun changement, ni
dans la disposition du péricline, ni dans la direction de
son support qui le maintient dressé vers le ciel. Ainsi, quand
les fruits se sont détachés spontanément du clinanthe par
l'effet de la dessiccation, il n'y a qu'une secousse accidentelle
produite par un coup de vent assez violent, ou par tout autre
moteur, qui puisse opérer la dissémination; et si cette secousse

n'a pas lieu, les fruits doivent attendre, pour tomber, la destruction totale ou partielle de la plante qui les porte.

L'article ARNOSÈRE de ce Dictionnaire (tom. III, pag. 135) ayant été fait par un autre rédacteur, et dans d'autres vues que les nôtres, nous jugeons à propos de présenter ici nos observations sur cette plante, que plusieurs botanistes ont cru pouvoir attribuer au genre *Lampsana*. Voici les caractères génériques que nous avons observés sur un échantillon sec d'*arnoseris*.

Calathide incouronnée, radiatiforme, multiflore, fissiflore, androgyniflore. Péricline formé d'environ douze squames égales, subunisériées, entre-greffées à la base, appliquées, oblongues-lancéolées, un peu concaves, coriaces, munies d'une nervure très-saillante en dehors; quelques squamules surnuméraires irrégulièrement disposées autour de la base du péricline. Clinanthe plan, alvéolé surtout vers la circonférence. Fruits courts, obovoïdes, subpentagones, amincis à la base, tronqués au sommet, très-glabres, munis de dix côtes longitudinales, dont cinq plus saillantes alternes avec les cinq autres; bourrelet apicilaire un peu saillant en dessus et simulant une très-petite aigrette stéphanoïde. Fruits extérieurs obcomprimés, incourbes, enchâssés par la base dans une alvéole adhérente au péricline.

En comparant notre description générique de l'*arnoseris* avec celle de Gærtner, on trouve quelques différences qui nous font conjecturer que la plante observée par nous est d'une autre espèce que la sienne : en effet, cet observateur exact n'a point remarqué les squamules surnuméraires du péricline, ni la greffe qui réunit les squames à la base, ni les alvéoles du clinanthe. Quoi qu'il en soit, il est indubitable que l'*arnoseris* est un genre bien distinct du *lampsana*, et tellement distinct, que, selon nous, il n'appartient pas à la même section naturelle, mais à celle des hiéraciées, dans laquelle il est fixé par la forme de son fruit, et où nous l'avons placé entre le *krigia* et l'*hispidella*, qui ont aussi le péricline plécolépide. (H. Cass.)

LAMPT ou LANT (*Mamm.*). Nom que l'on donne, suivant Dapper, dans les parties septentrionales de l'Afrique, à un animal de la forme d'une petite vache. Buffon pense qu'il est

question du zebu ; ce dont il est permis de douter, beaucoup
d'espèces d'antilopes pouvant être justement comparées à des
vaches. (F. C.)

LAMPUCA (*Bot.*), nom romain ancien de l'épervière, *hieracium*, suivant Ruellius et Mentzel. (J.)

LAMPUGA. (*Ichthyol.*) Nom nicéen du Stromatée fiatole.
(Desm.)

LAMPUGE. (*Ichthyol.*) Sur les côtes de la mer Méditerranée, on appelle ainsi le *coryphæna pompilus* de Linnæus, qui
paroit être le même poisson que le centrolophe nègre. Voyez
Centrolophe. (H. C.)

LAMPUGO (*Ichthyol.*), nom italien du *pompile*. Voyez Lampuge. (H. C.)

LAMPUJUM. (*Bot.*) Rumph, dans son *Herb. Amboin.*, décrit
et figure, sous ce nom, le zérumbet de l'Inde, *amomum zerumbet*.
(J.)

LAMPYRE, *Lampyris*. (*Entom.*) C'est le nom donné par Linnæus à un genre de coléoptères à cinq articles à tous les tarses, à
élytres molles, à corselet plat, demi-circulaire, recouvrant la
tête, à antennes filiformes variables, c'est-à-dire qu'ils sont du
premier sous-ordre ou pentamérés, et de la famille naturelle
des apalytres ou mollipennes.

Ce nom de lampyre est tout-à-fait grec, comme Pline nous
l'indique dans son Histoire naturelle, liv. 18, chap. 26, *Græci
Lampyridos appellant.* On trouve en effet cette dénomination
dans Ælien, dans Aristote et dans Dioscoride. Le mot λαμπτυριζω
signifie même je brille, *splendesco*. Les Latins ont désigné ces
insectes sous les noms divers de *noctiluca, nocticula, nitedula,
lucula, lucio, luciola, flammides, lucernula, incendula*, etc.
Les Italiens, tout en employant le nom de *farfalla*, ont conservé ceux de *lucio, luciola, fuogola*, et les Espagnols celui
de *luciergana* ou *luziernega*. On les appeloit autrefois en France
mouche luisante, ver luisant. Toutes ces dénominations indiquent
la particularité la plus remarquable que présentent ces insectes
lorsqu'ils sont parfaits, celle de scintiller ou de briller pendant
la nuit.

Geoffroy, Fabricius et Olivier ont adopté le nom de lampyre :
et l'on ne conçoit pas l'erreur dans laquelle le dernier de ces
auteurs a pu tomber dans sa grande entomologie et dans l'ar-

ticle qu'il en a copié pour l'insérer dans le Dictionnaire de Déterville; car Linnæus a formé le genre et en a créé le nom.

Il est facile de distinguer, au premier aperçu, les lampyres de tous les autres genres de la même famille, par la forme et le prolongement du corselet qui dépasse la tête et la recouvre, comme une plaque demi-circulaire, ainsi que cela se remarque dans les cassides. Les autres genres principaux, tels que ceux des téléphores, des malachies, des lyques, des omalyses, etc., ont tous le corselet à peu près carré.

La forme de leurs antennes varie même dans les deux sexes. Elles sont en général en fil, insérées au-devant de la tête, souvent dentelées en scie ou en peigne. Quelquefois les élytres manquent dans les femelles, souvent elles ne se manifestent qu'en rudiment ou que comme un moignon.

La propriété phosphorescente dont les lampyres sont doués paroît être un moyen que la nature a donné à ces insectes pour déceler leur existence au sexe qui doit les féconder. Comme les sons produits par d'autres espèces, ou les odeurs qui émanent de quelques parties du corps de certains individus, allicient et dirigent les uns vers les autres, les êtres appelés à perpétuer leur race. Ce sont les flambeaux de l'amour, des phares, des télégraphes nocturnes qui brillent et signalent au loin le besoin de la reproduction dans le silence et l'obscurité des nuits.

Le siége de la matière lumineuse paroît varier dans les espèces. Chez la plupart, cette humeur brille à travers les tégumens qui recouvrent les trois derniers anneaux de l'abdomen que l'insecte redresse en les dirigeant vers le ciel. Tantôt cette matière se développe par scintillation dans les airs, elle paroît provenir de la région du corselet, à la volonté de l'animal qui a la faculté d'en modérer ou d'en suspendre tout-à-fait l'éclat.

MM. Forster, Beckerhiem, Carradori et Treviranus ont fait quelques essais chimiques, pour connoître la nature et la composition de l'humeur qui donne à ces insectes ce moyen de briller, et leurs recherches n'ont pas été très-fructueuses. Elles ont appris seulement que ce liquide lumineux est plus actif dans le gaz oxigène. Cette humeur phosphorescente ne développe aucune chaleur. Dans l'espèce de notre pays, dont la femelle seule est brillante, la matière lumineuse offre un teinte verdâtre, qui devient quelquefois très-vive et beaucoup moins verte; elle prend l'apparence d'un charbon en pleine incandescence.

On ne connoît pas complétement encore les mœurs des lampyres. On croit qu'ils sont carnassiers sous l'état parfait, et que leurs larves se nourrissent de feuilles de végétaux : mais on n'a pas déterminé quelles sont les espèces de plantes qu'elles préfèrent. De Géer a décrit les œufs et la larve. Ces œufs sont fort gros et mous : ils sont enduits d'une matière visqueuse jaune. Les larves ont le plus grand rapport avec les femelles de notre espèce la plus commune, qui est privée d'ailes.

Les principales espèces du genre Lampyre sont les suivantes :

1. Lampyre noctiluque, *Lampyris noctiluca.*

Il est figuré par Geoffroy, qui l'a confondu avec le suivant, tom. I, pl. 2, n.º 7.

Par Olivier, sous le nom de lumineux, n.º 28, pl. 1, fig. 2,

Par Panzer, Faune d'Allemagne, cah. 61, pl. 7.

Car. *Brun, alongé; à corselet cendré.*

On le trouve dans les herbes, au pied des joncs-marins et des genévriers.

2. Lampyre luisant, *Lampyris splendidula.*

Nous l'avons fait figurer dans l'Atlas, I.ʳᵉ livraison, n.º IX. Famille des apalytres, sous le n.º 1 le mâle; et la femelle sous le n.º 2.

Olivier l'a très-bien décrit et figuré.

Car. *Oblong, brun; corselet d'un jaune presque transparent en devant.*

Le corps est oblong, un peu déprimé. Les antennes sont noirâtres, filiformes, plus courtes que le corselet; la tête est d'un jaune fauve, avec les yeux noirs, arrondis, très-grands. Le corselet est noir, avec les bords jaunâtres, beaucoup plus clairs ou transparens en devant. Les élytres sont noirâtres, légèrement chagrinées, marquées chacune de deux ou trois lignes élevées. Les ailes sont obscures. La poitrine et les pattes sont d'un jaune brun. L'abdomen plus foncé, avec les derniers anneaux plus pâles.

La femelle, qui est aptère, est beaucoup plus grosse et plus longue que le mâle. Elle est brune ; les anneaux de l'abdomen forment des papilles triangulaires jaunâtres. Les trois derniers anneaux du ventre sont jaunes en dessous.

On trouve communément cet insecte, dans les nuits d'été, aux environs de Paris.

C'est ordinairement vers la Saint-Jean, ou à la fin de juin, qu'il brille davantage, et à la nuit tombante, dans les haies et les bois de basse-futaie.

3. Lampyre d'Italie, *Lampyris italica.*

Il est figuré dans les Mémoires de l'Académie des Sciences de Paris pour 1776, pag. 343, pl. 10, fig. 4, 56.

Car. *Noir, avec le corselet fauve et l'extrémité du ventre jaune.*

C'est une petite espèce qui se trouve en Italie. Le mâle et la femelle sont ailés. En volant, ces insectes semblent étinceler.

4. Lampyre hémiptère, *Lampyris hemiptera.*

C'est le ver luisant à demi-fourreaux de Geoffroy, qui n'a pas trois lignes de longueur. Il est noir ; ses élytres sont très-courtes. Il ressemble à un petit staphylin. L'extrémité de son abdomen est jaune.

Nous l'avons trouvé plusieurs fois aux environs de Paris.

D'autres espèces de lampyres ont les antennes fortement dentelées ou pectinées. Elles sont toutes étrangères à notre climat. M. Hoffmansegg en a constitué le genre *Phangodes.* Tels sont le flabellicorne d'Olivier, n.° 28, pl. 3, n.° 26, et le plumeux, n.° 27. Ils proviennent du Brésil. (C. D.)

LAMPYRIDES. (*Entom.*) M. Latreille a désigné, sous ce nom de tribu, les insectes coléoptères qui correspondent à notre famille des apalytres : tels que les lyques, omalises, lampyres, téléphores, etc. (C. D.)

LAMUR. (*Ornith.*) Olafsen et Povelsen, dans leur Voyage en Islande, tom. III, pag. 265 de la traduction françoise, donnent cet oiseau comme identique avec le *liomen* de Debes, c'est-à-dire avec le *loom* ou *lumme, colymbus septentrionalis,* Linn. (Ch. D.)

LAMUTA. (*Bot.*) Nom qu'on donne dans les Indes orientales à une espèce de Cynomètre. (Lem.)

LAMYRE, *Lamyra.* (*Bot.*) [*Cinarocéphales,* Juss. = *Syngénésie polygamie égale,* Linn.] Ce genre de plantes, que nous

avons proposé, dans le Bulletin des Sciences de novembre 1818
(pag. 168), appartient à l'ordre des synanthérées et à notre
tribu naturelle des carduinées, dans laquelle il est voisin du
cirsium, dont il peut être considéré comme un sous-genre.
Voici les caractères du *lamyra*, observés par nous sur toutes
les espèces que nous lui attribuons, à l'exception du *lamyra?
pinnatifida* que nous n'avons pas vu, et que nous présentons
comme une espèce douteuse.

Calathide incouronnée, équaliflore, pluriflore, subrégula-
riflore, androgyniflore. Péricline ovoïde, inférieur aux fleurs
(en faisant abstraction des appendices); formé de squames
régulièrement imbriquées, appliquées : les extérieures et les
intermédiaires oblongues ou ovales, coriaces, uninervées,
surmontées d'un appendice très-long sur les squames intermédiaires, moins long sur les extérieures, étalé ou réfléchi, simple,
subulé, droit, roide, spinescent, ayant à sa base interne une
protubérance calleuse, subéreuse, charnue, ou fongueuse,
plus ou moins saillante; les intérieures oblongues-subulées,
inappendiculées, presque membraneuses. Clinanthe épais,
charnu, convexe, garni de fimbrilles très-nombreuses, libres,
inégales, longues, subulées ou filiformes-laminées, membraneuses. Fruits épais, obovoïdes-subglobuleux, presque point
comprimés, glabres, très-lisses, absolument dépourvus de
côtes, de nervures et d'angles; péricarpe très-épais et charnu
pendant la fleuraison, devenant dur et moins épais à l'époque
de la maturité ; aréole basilaire large, orbiculaire, point
oblique; bourrelet apicilaire nul; aigrette longue, blanche,
composée de squamellules nombreuses, plurisériées, à peu
près égales, filiformes-laminées, point épaissies au sommet,
longuement et finement barbées, adhérentes à un anneau
caduc. Corolles presque régulières, ou à peine obringentes,
à divisions longues, étroites, linéaires. Etamines à filet hispide ou papillé; à anthère pourvue d'un long appendice apicilaire linéaire-aigu, et de deux appendices basilaires longs,
subulés, membraneux, laciniés. Style surmonté de deux stigmatophores courts, entre-greffés.

Nous connoissons sept ou huit espèces de *lamyra*, qui méritent d'être décrites ici, parce que ce sont les plus remarquables de tous les chardons. Elles se distinguent des autres

par un port qui leur est propre. Ce sont des plantes herbacées, annuelles, bisannuelles, ou vivaces, rarement un peu ligneuses à la base, et qui habitent les deux régions désignées par M. Decandolle sous les noms de Méditerranéenne et d'Orientale.

LAMYRE A ÉPINES TERNÉES : *Lamyra triacantha*, H. Cass. ; *Carduus casabonæ*, Linn., *Sp. pl.*, edit. 3, pag. 1153. C'est une plante herbacée, bisannuelle, dont la tige haute de deux à trois pieds, dressée, droite, simple, cylindrique, cannelée, presque glabre, un peu blanchâtre ou rougeâtre, est garnie d'un bout à l'autre de feuilles sessiles, oblongues-lancéolées, pointues, très-entières, planes, fermes, lisses et d'un vert foncé en dessus, couvertes en dessous d'un coton très-dense, blanc ou roussâtre ; leurs bords sont armés d'épines ternées, très-aiguës, jaunâtres ; les calathides, composées de fleurs purpurines, sont presque sessiles, solitaires et rapprochées au sommet de la tige et dans les aisselles des feuilles supérieures, et elles forment ensemble une sorte d'épi terminal. Cette belle plante habite l'Europe australe, et se trouve en France, aux îles d'Hyères.

LAMYRE A FEUILLES ONDULÉES : *Lamyra undulata*, H. Cass. ; *Carduus hispanicus*, Lamk., Encycl., tom. 1, pag. 701. Une racine longue, épaisse, ligneuse, probablement vivace, portant autour de son sommet les débris persistans des anciennes feuilles, produit une tige simple, haute de douze à quinze pouces, épaisse, très-dure, comme ligneuse, striée, cotonneuse, blanchâtre, très-garnie de feuilles d'un bout à l'autre ; ces feuilles, un peu moins longues et plus larges que celles de l'espèce précédente, sont sessiles, lancéolées, très-ondulées, très-lisses en dessus, cotonneuses et blanches en dessous, munies sur les bords d'épines fortes et très-longues, presque solitaires ou un peu séparées à la base; les calathides, portées chacune sur un pédoncule épais, long d'un pouce, sont grosses, peu nombreuses, disposées en un petit corymbe terminal; leur péricline est horriblement épineux. Cette seconde espèce, qui ressemble beaucoup à la première, mais qui en est bien-distincte, a été trouvée en Espagne, et elle étoit connue de Barrelier, de Tournefort et de Vaillant; M. de Lamarck en a donné une bonne description, que nous avons vérifiée, dans l'herbier de M. de Jussieu , sur l'échantillon observé par l'auteur.

Lamyre a épines géminées : *Lamyra diacantha*, H. Cass.: *Carduus diacantha*, Labill., *Icon. pl. Syr. rar.*, dec. 2, pag. 7, tab. 3; *Cnicus afer*, Willd., *Sp. pl.* Plante annuelle ou bisannuelle, à tige haute de deux pieds, droite, simple, striée, tomenteuse; feuilles sessiles, lancéolées, un peu sinuées sur les bords, qui sont réfléchis et munis d'épines géminées, rarement ternées ou solitaires, inégales, divergentes, jaunâtres; leur face inférieure est tomenteuse et blanchâtre; la supérieure glabre, à l'exception des nervures; calathides peu nombreuses, disposées à peu près en corymbe, et portées chacune sur un pédoncule tantôt nu, tantôt pourvu d'une ou deux petites feuilles; corolles violettes. M. Labillardière a trouvé cette plante en Syrie, sur le mont Liban. Jacquin a décrit plus tard, sous le nom de *carduus afer*, une plante trouvée en Barbarie, et que Willdenow considère comme une variété de la première, dont elle diffère seulement par ses feuilles un peu plus profondément sinuées, formant des lobes échancrés et armés de deux épines; il seroit possible que ce fût une espèce distincte, qu'il faudroit nommer *lamyra lobata*.

Lamyre a feuilles étroites : *Lamyra angustifolia*, H. Cass.; *Cnicus echinocephalus*, Willd., *Sp. pl.* Tige haute de six pouces, dressée, presque simple, cylindrique, striée, tomenteuse, blanche, très-garnie de feuilles très-rapprochées, alternes, sessiles, longues de cinq pouces, très-étroites, linéaires, pinnatifides, uninervées, coriaces; leur face supérieure est glabre, verte, luisante; l'inférieure est tomenteuse et blanche, à l'exception de la nervure qui est glabre; les bords sont roulés en dessous; les divisions, longues d'environ cinq lignes, sont distantes, divergentes, simples, linéaires-subulées, spinescentes au sommet; l'échantillon que nous décrivons offre deux calathides solitaires, terminales, hautes d'un pouce et demi ou deux pouces, épaisses, composées de fleurs purpurines. Nous avons fait cette description sur un échantillon sec de l'herbier de M. Jussieu, recueilli sur le Caucase, et envoyé de Moscou par M. Fischer. Willdenow attribue à cette espèce une racine vivace.

Lamyre a feuilles pinnatifides : *Lamyra? pinnatifida*, H. Cass.;

Cirsium horridum, Lag., *Gen. et Sp. pl.*, pag. 24. Plante herbacée, garnie de poils aranéeux; racine vivace; tige dressée; feuilles semi-amplexicaules, épineuses, très-profondément pinnatifides, à divisions lancéolées, subulées, entières; environ trois calathides, à corolles blanches, à péricline armé d'épines longues et fortes. M. Lagasca, qui a trouvé cette plante en Espagne, dans le royaume de Grenade, l'a décrite ou caractérisée trop superficiellement dans l'ouvrage cité, en sorte que nous n'y trouvons pas les renseignemens qui nous seroient nécessaires pour attribuer avec certitude cette espèce à notre *lamyra*. Ce n'est donc qu'avec doute que nous la rapportons à ce genre ou sous-genre : cependant, nous avons tout lieu de croire que cette attribution n'est pas fautive, et qu'elle sera confirmée par la suite.

Lamyre stipulée : *Lamyra stipulacea*, H. Cass.; *Carduus stellatus*, Linn., *Sp. pl.*, edit. 3, pag. 1153. Plante herbacée, haute d'un pied; tige dressée, rameuse, subtomenteuse, grisâtre; feuilles sessiles, longues de quatre pouces et demi, larges de sept lignes, linéaires, aiguës, entières, uninervées, à peine pubescentes en dessus, tomenteuses et blanches en dessous, accompagnées chacune à la base de deux ou quatre épines imitant des stipules; les calathides, hautes de huit lignes, et composées de six à douze fleurs purpurines, sont terminales et accompagnées de feuilles à leur base. Nous avons fait cette description sur un individu vivant cultivé au Jardin du Roi. Cette espèce est annuelle, et se trouve aux environs de Nice; on croit qu'elle habite aussi le Levant.

Lamyre a tige ailée; *Lamyra alata*, H. Cass. Une souche radicale, probablement vivace, produit plusieurs tiges herbacées, hautes d'environ deux pieds et demi, dressées, droites, presque simples, grisâtres et subtomenteuses inférieurement, vertes et presque glabres supérieurement, ailées par la décurrence des feuilles, dont elles sont garnies d'un bout à l'autre; ces feuilles sont rapprochées, alternes, décurrentes sur la tige, étalées horizontalement, longues de trois pouces et demi, larges d'environ un pouce, oblongues-lancéolées, aiguës au sommet, un peu roides, subcoriaces, très-ondulées sur les bords, qui sont un peu roulés en dessous, et régulièrement découpés en larges dents ou lobes alternativement élevés et abaissés, terminés chacun par une épine grêle ; la face supérieure des feuilles est presque glabre, vert-foncé, luisante, à nervures pâles ou un peu blanchâtres ; l'inférieure est grisâtre, presque tomenteuse ; les feuilles supérieures sont petites ; il y a au sommet de la tige une calathide terminale, et une calathide latérale très-rapprochée de la terminale et presque sessile ; les autres calathides sont portées par des rameaux simples, pédonculiformes, longs d'environ un pouce, un peu tomenteux et blanchâtres, pourvus de quelques petites feuilles ou bractées ; ces rameaux pédonculiformes naissent solitairement dans les aisselles de toutes les feuilles de la moitié supérieure de la tige ; chacun d'eux porte une calathide terminale, et souvent aussi une calathide latérale ; les calathides sont grosses, hautes d'un pouce ; leur péricline est pourvu de quelques flocons de longs poils frisés, aranéeux ; les squames intérieures sont rouges au sommet ; les corolles sont de la même couleur. Nous avons fait cette description sur un individu vivant, cultivé au Jardin du Roi, où il est étiqueté *Cnicus rectus*, Ténore, et où on le dit bisannuel et originaire de la Calabre. Ne pourroit-on pas rapporter à cette espèce ou à la suivante le *Polyacantha sylvatica alato caule* de Vaillant, qui cite des synonymes de Barrelier et de Triumfetti, appliqués par Linnæus au *Carduus pycnocephalus ?* La figure de Barrelier étant très-petite, et n'étant accompagnée d'aucune description, il nous semble impossible de déterminer avec assurance la plante qu'elle représente.

Lamyre glabriuscule ; *Lamyra glabella*, H. Cass. Plante herbacée, presque glabre ; tige longue de neuf pouces (dans l'échantillon incomplet que nous décrivons), dressée, rameuse, striée, glabre, ailée par la décurrence des feuilles, à ailes étroites, linéaires, épineuses ; feuilles alternes, décurrentes, longues de quatre pouces et demi, larges d'environ un pouce, oblongues-lancéolées, irrégulièrement et inégalement sinuées-dentées, à dents prolongées en une épine ; les deux faces vertes : la supérieure glabre ; l'inférieure parsemée de poils couchés, aranéeux ; calathides hautes d'environ huit lignes, solitaires au sommet de la tige et de rameaux axillaires, pédonculiformes, simples, longs d'environ neuf lignes ; appendices du péricline garnis, sur leur face intérieure ou supérieure, d'un duvet de poils frisés. Nous avons fait cette description sur un échantillon sec, innommé, recueilli près Salerne, dans les bois des environs de la Cava, et donné à M. de Jussieu par M. Passy, en 1811. Cette plante a beaucoup d'affinité avec l'espèce précédente, qui est du même pays, et l'on pourroit croire qu'elle n'en est qu'une variété; mais elle nous paroit suffisamment distincte par plusieurs différences, et notamment parce que la face inférieure de ses feuilles est verte et presque glabre.

Tournefort classoit les *lamyra* dans son genre *Carduus*, très-mal caractérisé, distingué de son *cirsium* par un faux caractère, et offrant un mélange incohérent de plantes appartenant à divers genres. Vaillant, dont nous ne cessons d'admirer l'exactitude trop méconnue et peu imitée par ses successeurs, a trouvé le vrai caractère distinctif des *carduus* et des *cirsium;* et il a fait un genre *Polyacantha*, dont la première partie correspond exactement à notre *lamyra* : il le caractérise par la forme sphéroïde ou turbinée de ses fruits, et il le place entre le *cynara* distingué par ses fruits à quatre pans, et le *cirsium* distingué par ses fruits oblongs. Vaillant rapporte à ce genre six espèces : les trois premières sont nos *lamyra stipulacea*, *triacantha, undulata;* la quatrième est peut-être notre *lamyra alata*, ou notre *lamyra glabella;* la cinquième est le *carduus syriacus* de Linnæus, dont nous faisons un genre ou sous-genre distinct, nommé *notobasis;* la sixième est probablement une variété de la précédente, ou bien une seconde espèce de *notobasis*. Linnæus a compris dans son genre *carduus*, le *polyacantha* de Vaillant, que les botanistes modernes rapportent au *cirsium* justement rétabli par eux. Nous n'avions fait aucune attention au *polyacantha* de Vaillant, lorsque nous avons publié notre genre *Lamyra*. Ayant ensuite reconnu la concordance partielle de ces deux genres, nous avons néanmoins pensé que le nouveau nom générique devoit être préféré à l'ancien, 1.° parce que le seul caractère distinctif indiqué par Vaillant est insuffisant, et que, selon nous, le véritable auteur d'un genre n'est pas toujours celui qui l'a nommé le premier, mais plutôt celui qui le premier l'a bien caractérisé et bien composé; 2.° parce que le *polyacantha* étant, suivant nous, un mélange de deux genres distincts, ne correspo d qu'en partie à notre *lamyra*; 5.° parce que le nom de *polya-cantha* semble être plutôt un adjectif qu'un substantif, et qu'il peut s'appliquer à tous les autres genres de chardons, composés, comme celui-ci, de plantes épineuses, tandis que le nom insignifiant de *lamyra* n'a aucun de ces inconvéniens.

Les botanistes ont coutume de distribuer les chardons en deux groupes, suivant que leurs feuilles sont ou ne sont pas décurrentes sur la tige. Il n'y a rien de moins naturel que cette division ; et l'on a pu remarquer que deux de nos huit espèces de *lamyra* offroient des feuilles décurrentes, tandis que les six autres espèces dont elles sont inséparables, n'ont point ce caractère. Le *lamyra stipulacea* semble être intermédiaire entre les espèces à feuilles non décurrentes et les espèces à feuilles décurrentes. Il faut diviser les chardons, d'après la structure générale de l'aigrette, en deux genres primaires, nommés *carduus* et *cirsium*, et subdiviser chacun d'eux en plusieurs genres secondaires fondés sur des caractères plus importans que ceux qui peuvent être fournis par les feuilles ou par la couleur des fleurs. Nous en admettons six dans le *cirsium*, et nous les nommons *cirsium*, *lophiolepis*, *picnomon*, *lamyra*, *notobasis*, *ptilostemon*. Dans le *cirsium*, les appendices des squames du péricline sont courts, droits, et non bordés d'épines; dans le *lophiolepis*, qui a pour type le *cnicus ciliatus*, Willd., et qui reçoit plusieurs autres espèces également remarquables, les appendices du péricline sont longs, arqués en dehors, et bordés de petites épines; dans le *picnomon* d'Adanson, ou *acarna* de Vaillant, que leurs successeurs ont très-mal à propos supprimé, les squames du péricline sont surmontées d'un appendice droit, long, étroit, linéaire, coriace, muni de longues épines au sommet et sur les côtés; dans le *lamyra*, les appendices sont longs, simples, droits, et munis à leur base interne d'une callosité qui les force à se diriger en dehors; dans le *notobasis*, qui a pour type le *carduus syriacus*, Linn., l'aréole basilaire du fruit est très-longue, très-étroite, linéaire, en forme de sillon, et située sur le côté extérieur de la base de ce fruit, qui se trouve ainsi presque renversé ou couché en arrière sur le clinanthe auquel il adhère par le dos; singulier caractère que nous n'avons retrouvé chez aucune autre synanthérée; dans le *ptilostemon*, qui a pour type la *ser-*

25.

15

ratula chamæpeuce, Linn., les squames du péricline sont pres-que dépourvues d'appendice, et pas sensiblement épineuses au sommet, et les filets des étamines sont élégamment plumeux, à longs poils doubles, régulièrement disposés. Nous négligeons d'indiquer, dans cet aperçu général de nos six genres ou sous-genres, beaucoup d'autres caractères qui fortifient ceux que nous citons : mais nous devons insister davantage sur ceux du *lamyra*. La callosité située à la base interne des appendices du péricline ; les fruits subglobuleux, lisses, arrondis, sans bourrelet apicilaire, à péricarpe très-épais pendant la fleuraison, dur à la maturité ; leur aréole basilaire large, orbiculaire, point oblique; l'aigrette blanche, de squamellules à peu près égales, point épaissies au sommet; les corolles presque régulières; tous ces caractères concourent à établir solidement le genre *Lamyra*, et à le distinguer des cinq autres.

Le style du *lamyra stipulacea* est remarquable en ce que ses deux stigmatophores, qui semblent être demi-avortés, ne sont point articulés sur leur support, et ne portent que quelques collecteurs piliformes épars. Dans cette même espèce, la nervure des squames du péricline forme sur le dos de leur partie supérieure une sorte de glande épaisse, alongée, linéaire; caractère que nous avons également observé chez le *notobasis*, ainsi que chez la plupart des vrais *cirsium*, et dont l'absence peut servir à distinguer certaines espèces appartenant à ce dernier sous-genre.

Notre genre *Echenais*, dont nous avons décrit une seule espèce dans ce Dictionnaire (tom. XIV, pag. 171), a beaucoup d'affinité avec ceux dont il est question dans le présent article. Nous profitons de cette occasion, pour décrire une seconde espèce que nous avons mieux étudiée, et pour compléter et rectifier par cette description l'article concernant ce genre.

Echenais nutans, H. Cass. (Bull. des Sc., janv. 1820, pag. 4.) Plante herbacée. Tige haute de trois pieds, dressée, droite, épaisse, cylindrique, munie de côtes, et un peu laineuse; divisée supérieurement en rameaux, qui forment par leur ensemble une sorte de panicule corymbiforme, irrégulière. Feuilles alternes, rapprochées, étalées horizontalement, longues de huit

pouces, larges d'environ deux pouces, sessiles, demi-amplexicaules, oblongues-lancéolées; à base un peu décurrente, dilatée, échancrée; à bords découpés par des sinus en lobes bifides, dont une division est élevée, l'autre abaissée, chacune
terminée par une longue épine; des épines plus petites,
éparses, garnissent les bords de la feuille, dont la face inférieure est tomenteuse, blanchâtre, et la supérieure parsemée
de quelques poils longs, mous, couchés. Calathides solitaires
au sommet de rameaux simples, comme paniculés au haut de
la plante, garnis de petites feuilles, droits en préfleuraison,
et arqués avec rigidité en demi-cercle, durant la fleuraison, de
sorte que les calathides regardent la terre. Chaque calathide,
longue et large de douze à quinze lignes; péricline entouré à
sa base de bractées, ou feuilles florales, très-inégales et dissemblables, formant une sorte d'involucre irrégulier; corolles
blanc-jaunâtres; organes sexuels irritables.

Calathide incouronnée, équaliflore, multiflore, obringentiflore, androgyniflore. Péricline un peu inférieur aux fleurs,
campaniforme, composé de squames très-nombreuses, régulièrement imbriquées, appliquées, coriaces; les extérieures
très-courtes, surmontées d'un très-long appendice inappliqué,
foliacé, linéaire, terminé par une grande épine, et bordé
d'épines plus petites; les intermédiaires oblongues, surmontées d'un appendice plus court, étalé, foliacé, ovale, terminé
par une longue épine, et muni d'une bordure scarieuse, laciniée; les intérieures très-longues, surmontées d'un appendice
radiant, scarieux, blanc, ovale-acuminé, spinescent au sommet, lacinié sur les bords. Clinanthe d'abord planiuscule,
puis convexe, épais, charnu, garni de fimbrilles très-nombreuses, libres, longues, inégales, filiformes. Ovaires oblongs,
comprimés bilatéralement, glabres, surmontés d'un plateau;
aigrette longue, composée de squamellules nombreuses, plurisériées, inégales, filiformes, hérissées de longues barbes capillaires. Corolles très-obringentes. Étamines à filet hérissé de
poils courts, à anthère pourvue d'un appendice apicilaire
aigu, et de deux appendices basilaires oblongs, membraneux,
découpés à l'extrémité. Styles surmontés de deux stigmatophores entre-greffés.

Nous avons observé cette belle plante au Jardin du Roi,

où elle étoit innommée, et où elle fleurissoit en juin 1819. Nous ignorons son origine. (H. Cass.)

LAMYXIS. (*Bot.*) Genre proposé par Rafinesque (*Ann. of Natur.*, 1820) pour placer un champignon intermédiaire entre les genres *Sistotrema* et *Boletus*, desquels il diffère par ses pores inégaux, polygones et lacérés. Il nomme cependant ce champignon *sistotrema globularis*. Il croît sur les hêtres, dans les montagnes de Catskille, aux Etats-Unis. Son stipe est latéral, très-court, et son chapeau globuleux : celui-ci est blanc en dessus, avec des taches d'un brun rougeâtre en dessous; il a un sillon concentrique sur le bord. (Lem.)

LANA. (*Bot.*) Suivant Tragus cité par Daléchamps, le *gnaphalium* de Dioscoride, nommé aussi par quelques uns *lana pratensis* et lin des prés, est le pied-de-chat, *gnaphalium dioicum*, dont la surface inférieure des feuilles est blanche. Un autre *lana* est la linaigrette ou le lin des marais, *eriophorum polystachyum*, dont les têtes de fleurs sont chargées d'un duvet considérable. (J.)

LANARET. (*Ornith.*) Voyez Lanneret. (Ch. D.)

LANARIA. (*Bot.*) Ce genre de plante, établi par Adanson, a pour type le *gypsophila struthium*, Linn. Voyez Gypsophile et Lanaria ci-après. (Lem.)

LANARIA. (*Bot.*) Ce nom a été donné à diverses plantes, soit à cause d'un duvet dont elles sont couvertes, telles que le bouillon blanc, soit à cause de leur emploi comme plantes savonneuses pour dégraisser les laines. C'est ce dernier usage qui avoit déterminé Imperato, pharmacien de Naples, à donner ce nom à une plante qui paroît être le *struthium* de Dioscoride, et peut-être le *condisi* des Arabes. C. Bauhin en faisoit une saponaire, Tournefort un *lychnis*, et maintenant c'est le *gypsophila struthium* de Linnæus. La saponaire, *saponaria officinalis*, avoit aussi été nommée *lanaria*, à cause de sa qualité savonneuse. Plus récemment, M. Aiton a imposé le même nom à une plante monocotylédone, voisine du *dilatris*, et couverte d'un duvet blanc, que nous avions pour cette raison nommée antérieurement *argolasia*. Voyez Argolase. (J.)

LANARIUS (*Ornith.*) On trouve, sous le nom de *collurio seu lanarius*, dans Jonston, pl. 43, une figure de la pie-grièche grise, ou *lanius cinereus major*; mais le *lanarius rubeus* d'Albert est cité par M. Savigny, comme synonyme de la cresserelle, *falco tinnunculus*, Linn. (Ch. D.)

LANATI. (*Bot.*) Ce nom caraïbe est cité, dans l'herbier de Surian, pour trois plantes grimpantes des Antilles, un igname, *dioscorea sativa*, une paullinie, *paullinia pinnata*, et une pas-siflore, *passiflora rotundifolia* de Cavanilles. (J.)

LANCÉ. (*Bot.*) Voyez Lansa. (J.)

LANCE DE CHRIST (*Bot.*), nom vulgaire donné à l'*ophioglossum vulgare* et au *lycopus europæus*. (Lem.)

LANCEA-CHRISTI. (*Bot.*) Voyez Luciola. (J.)

LANCEOLA. (*Bot.*) Voyez Conturnix. (J.)

LANCÉOLÉ. (*Ichthyol.*) C'est le nom spécifique de deux poissons. L'un appartient au genre Gobie, et a été décrit dans ce Dictionnaire, tom. XIX, p. 140; l'autre est un Holocentre. Nous en avons parlé tom. XXI, pag. 300. (H. C.)

LANCERON. (*Ichthyol.*) Dans quelques unes de nos provinces on donne ce nom au jeune brochet. Voyez Esoce. (H. C.)

LANCETTE. (*Ichthyol.*) C'est le nom spécifique d'un gobie que nous avons décrit dans ce Dictionnaire, tom. XIX, pag. 140. (H. C.)

Il est quelquefois aussi attribué à la Raie aigle, sur nos côtes. (Desm.)

LANCISIA. (*Bot.*) C'est sous ce nom que le *lidbeckia* de Bergius et de M. Thunberg est donné par Pontedera et Gærtner. Dillen le nomme *ananthocyclus*. Voyez Cenia et Lidbeckie. (J.)

LANCISTEMA. (*Bot.*) Voyez Lacistème. (Lem.)

LANÇON (*Ichthyol.*), un des noms vulgaires de l'équille, *ammodytes tobianus*. Voyez Ammodyte. (H. C.)

C'est aussi celui des jeunes brochets dans quelques provinces de France. (Desm.)

LANC-RAIL. (*Ornith.*) C'est, en anglois, le râle de terre ou de genêts, *rallus oux*, Linn. (Ch. D.)

LANCRÉTIE, *Lancretia*. (*Bot.*) Ce genre a été établi par M. Delisle, dans le bel ouvrage sur l'Egypte : il en a donné une très-bonne figure. Le lancrétie appartient à la famille des cariophyllées, à la décandrie pentagynie de Linnæus. Il se rapproche beaucoup des *spergula*, dont il ne diffère essentiellement que par ses fruits constitués par cinq capsules distinctes , au lieu d'une capsule uniloculaire, à cinq valves. (Poir.)

LANCUAS. (*Bot.*) A Java, suivant Linscot cité par C. Bauhin, on donne ce nom au *galanga.* Voyez Languas. (J.)

LANDAN. (*Bot.*) Ce nom malais, cité par M. Bosc pour le sagouttier, n'est point mentionné par Rumph dans sa longue énumération des noms de ce palmier. (J.)

LANDARIUS. (*Ornith.*) L'oiseau que Frisch désigne sous ce nom, avec l'épithète *cinereus,* est le rapace, vulgairement appelé oiseau-saint-Martin. Cette espèce ne diffère de la soubuse, *falco pygargus,* que par les divers états dans lesquels on la rencontre, et qui lui ont fait donner les noms de *falco cyanus* , *falco albicans* , *falco griseus* , *falco bohemicus,* etc. (Ch. D.)

LANDE ou LANDIER (*Bot.*) , noms vulgaires de l'ajonc d'Europe. (L. D.)

LANDE ÉPINEUSE. (*Bot.*) Voyez Ajonc d'Europe. (J.)

LANDIA. (*Bot.*) Le genre de plante rubiacée que Commerson avoit fait sous ce nom, en mémoire de Lalande, son ami, célèbre astronome, ne peut être séparé du *mussaenda,* quoiqu'il ait dans toutes les fleurs les divisions du calice égales ; pendant que, dans le *mussaenda,* on voit une partie des fleurs dont une des divisions se prolonge extraordinairement en une grande feuille colorée. (J.)

LANDIER. (*Bot.*) Voyez Lande. (L. D.)

LANDOLE. (*Ichthyol.*) A Marseille , on appelle ainsi l'hirondelle de mer, espèce de poisson du genre Trigle. Voyez ce mot. (H. C.)

LANDOLPHIE, *Landolphia.* (*Bot.*) Genre de plantes dicotylédones, à fleurs complètes, monopétalées, régulières, de la famille des *apocynées,* de la *pentandrie monogynie* de Linnæus, offrant pour caractère essentiel : Un calice à plusieurs folioles écailleuses, presque imbriquées ; une corolle tubulée ; le limbe à cinq divisions égales, obliques ; cinq étamines ; un ovaire supérieur ; un style ; le stigmate épais, à peine bifide. Le fruit est une baie globuleuse, à une seule loge ; les semences attachées à un axe central.

Landolphie d'Oware; *Landolphia owariensis,* Pal. Beauv., Flor. d'Oware et de Benin, vol. 1, pag. 54, tab. 34. Cet arbrisseau a une tige cylindrique, divisée en rameaux glabres, garnis de feuilles opposées, pétiolées, glabres, lisses, ovales, alongées, aiguës, très-entières, longues de cinq à six pouces, larges d'un pouce et demi, à nervures simples, obliques. Les fleurs disposées en une panicule terminale, dont les ramifications sont opposées; les pédicelles très-courts. Leur calice est composé de cinq à six folioles coriaces, écailleuses, les intérieures plus petites; la corolle monopétale; les cinq lobes du limbe égaux, obliques; l'orifice du tube velu; les filamens courts; les anthères alongées; l'ovaire presque globuleux, marqué de dix stries; le style renflé au sommet. Le fruit est une baie charnue, presque globuleuse, comprimée au sommet, à une seule loge; les semences peu nombreuses, ovales, aplaties, attachées à un axe central. Cette plante croît dans l'intérieur des terres du royaume d'Oware. (Poir.)

LANDORN. (*Ornith.*) Brunnich, *Ornith. Borealis*, n.° 13, paroît hésiter dans l'application de cette dénomination norwégienne à l'aigle royal, *falco chrysaetos*, ou à l'orfraie, *falco ossifragus*; mais Muller, *Zool. Danicæ Prodr.*, n.° 59, décide la question pour le premier. (Ch. D.)

LANDUGA. (*Mamm.*) Dans le royaume de Dekan, c'est le nom du rhinocéros d'Asie. (Desm.)

LANFARON. (*Entom.*) Nom languedocien de l'attelabe de la vigne. (Desm.)

LAN-FULG (*Ornith.*), nom danois de l'avocette, *recurvirostra avocetta*, Linn. (Ch. D.)

LANG. (*Mamm.*) Le P. Navarette parle de cet animal comme étant de la Chine, et ayant les jambes de devant très-longues et celles de derrière très-courtes; ce qui est trop peu pour reconnoître même sa nature. (F. C.)

LANGADIS. (*Erpétol.*) Selon Barbot, on donne ce nom en Afrique, parmi les Nègres, à une espèce de crocodile qui vit constamment sur terre. Il est difficile de savoir à quelle espèce de saurien ce que dit cet auteur se rapporte. (H. C.)

LANGAHA, *Langaha.* (*Erpétol.*) On nomme ainsi un genre de reptiles ophidiens, de la famille des hétérodermes, et reconnoissable aux caractères suivans:

Des plaques en forme d'anneaux et faisant le tour de la queue, derrière l'anus; de petites écailles seulement vers le bout de la queue;

tête et ventre garnis de grandes plaques ; anus simple, transversal et sans ergots ; dents aiguës ; des crochets venimeux ; museau long et pointu.

On ne connoit encore qu'une espèce dans ce genre, c'est

Le Langaha a museau pointu : *Langaha madagaseariensis,* Lacépède ; *Amphisbæna langaha,* Schneider. Corps cylindrique, élancé ; museau terminé en une pointe écailleuse ; écailles du dos rhomboïdales, rougeâtres, teintes à leur base d'un petit cercle gris ; dents semblables à celles de la vipère ; longueur totale de deux à trois pieds.

Ce serpent, qui ressemble beaucoup à la couleuvre nasique du Bengale, pour l'aspect général, ne paroit exister encore dans aucune collection. C'est Bruguières qui l'a découvert à Madagascar, et qui l'a décrit dans le Journal de Physique pour le mois de février 1784. Les habitans de Madagascar, qui le nomment *langaha,* redoutent beaucoup sa morsure. Voyez Ophidiens. (H. C.)

LANGANEO. (*Ichthyol.*) M. Risso applique ce nom nicéen au *lutjanus alberti* de son Ichthyologie du département des Alpes maritimes. (Dssm.)

LANGARA. (*Ornith.*) On nomme ainsi, dans les îles de l'Archipel, le verdier, *loxia chloris,* Linn. (Ch. D.)

LANGAS. (*Bot.*) Voyez Languas. (Lem.)

LANGASANA. (*Bot.*) Les *cleome pentaphylla* et *icosandra* sont figurés sous ce nom dans l'herbier d'Amboine. Voyez Mozambe. (Lem.)

LANGBEK. (*Ichthyol.*) Dans sa Collection des poissons d'Amboine, Ruysch dit que les Hollandois ont appelé ainsi un poisson des Moluques, qui a un bec très-alongé et à large ouverture, et dont la couleur est d'un violet obscur. Ce poisson, qui est fort rare, est difficile à rapporter, d'après ces simples détails, à quelque espèce connue. (H. C.)

LANGE-NASE. (*Ornith.*) Ce nom et celui de *lang-schnabel* sont donnés, en allemand, à la bécasse, *soolopax rusticola,* Linn. (Ch. D.)

LANGÉOLE (*Bot.*), nom vulgaire de l'euphraise officinale. (L. D.)

LANGHING GUILL. (*Ornith.*) Dénomination angloise de la mouette rieuse, *larus atricilla,* Linn. (Ch. D.)

LANGHOURON. (*Ornith.*) On nomme ainsi l'aigrette , *ardea egretta* ou *alba* , à Madagascar. (Ch. D.)

LANGIT ou PONGELION. (*Bot.*) Voyez Aylanthe. (Poir.)

LANGIVIE. (*Ornith.*) L'oiseau palmipède auquel on donne, en Islande , en Norwège , aux îles Feroë et dans d'autres contrées du Nord , ce nom et ceux de *langvire, langvige, lomvie, lomgivie, lomvifie , lumbo* , etc., paroît être le même , et se rapporter au *colymbus troile,* Linn. , ou *uria troile* , Lath. et Retz. Cependant on trouve, soit dans Pontoppidan, soit dans Olafsen et Povelsen, soit dans Muller, etc., plusieurs de ces noms appliqués à des espèces distribuées actuellement dans divers genres ayant parmi leurs caractères distinctifs, tantôt un bec droit, tantôt un bec courbé à la pointe, et cela fait douter qu'il s'agisse uniquement ici du guillemot proprement dit de Buffon, pl. enl. 903. (Ch. D.)

LANG KRAGEN. (*Ornith.*) Dans les environs de Nuremberg, on appelle ainsi le grèbe huppé ou cornu, *colymbus cristatus,* Linn., *podiceps cristatus,* Lath. et Retz. (Ch. D.)

LANGLEIA (*Bot.*), nom donné , par Scopoli, au genre *Anavinga* de Rhèede, Adanson et Lamarck, ou *casearia* de Jacquin , qui est le même. Schreber le nomme *wolfia.* (J.)

LANG-NEEB. (*Ornith.*) C'est, en norwégien, le courlis, *scolopax armata,* Linn. (Ch. D.)

LANGNEFIA. (*Ornith.*) Suivant Olafsen et Povelsen, Voyage en Islande, tom. III, pag. 273 et 274 de la traduction de Muller, *Fauna Groenl.,* n.° 152, le *langnefia* et le *stuttnefia,* qui appartiennent au genre *Colymbus,* sont beaucoup plus petits que le langvigen ou langivie, et ils en diffèrent encore en ce que celui-ci a autour des yeux un anneau blanc et une tache de la même couleur entre l'œil et le bec, lesquels n'existent pas chez les deux autres, qui sont le mâle et la femelle. (Ch. D.)

LANGODIUM. (*Bot.*) Les *vitex trifolia* et *negundo* sont ainsi désignés, le premier comme vulgaire, et le second comme végétant sur les rivages, par Rumphius, *Amb.,* vol. IV, pl. 18 et 19. (Lem.)

LANGOU (*Bot.*), un des noms vulgaires du bolet du noyer (*boletus juglandis,* Bull.). Voyez Oreille de l'orme. (Lem.)

LANGOUSTE. (*Crust.*) Voyez Malacostracés. (Desm.)

LANGOUSTE. (*Foss.*) On voit dans la collection du Muséum

d'Histoire naturelle de Paris, une langouste fossile qui a été trouvée dans la pierre calcaire de Monte-Bolca. Elle est de la grosseur de la langouste ordinaire, et ses antennes sont au moins aussi fortes et aussi longues que celles de ce crustacé.

Les fragmens d'une autre espèce de langouste sont figurés dans Knorr, tom. 1, pl. XIV A, fig. 2. On la reconnoît aux portions d'antennes placées sur un support épineux, et à ses pattes courtes et crochues.

Il faut peut-être rapporter à la même espèce un échantillon détérioré figuré pl. XIII, B, n°. 2, du même ouvrage. Ce fossile a été trouvé dans les carrières des environs de Papenheim.

M. Desmarest a donné le nom de langouste de Lesueur, *palinurus Suerii*, à une espèce de ce genre, dont il n'a vu que la carapace fossile. Elle est à peu près de la taille de celle d'une écrevisse ordinaire. Cette carapace est granuleuse. Elle a un très-petit rostre triangulaire, creusé en gouttière et point d'épines en avant. Son bord postérieur est sinueux, arrondi, marqué d'une double ligne saillante qui en suit le contour. Le bord antérieur est en partie détruit.

On ignore où ce fossile a été trouvé. (D. F.)

LANGOUSTINES, *Langoustini*. (*Crust.*) Famille de crustacés macroures formée par M. Latreille, et caractérisée 1.° par les pédoncules des antennes intérieures, beaucoup plus longs que les filets articulés qui les terminent ; 2.° par les feuilles de la queue disposées en éventail et insérées sur une même ligne. Les genres qui entrent dans cette famille sont : SCYLLARE, LANGOUSTE, PORCELLANE et GALATÉE. (DESM.)

LANGOUZE. (*Bot.*) Le cardamome de Madagascar porte ce nom à l'île de Bourbon. (LEM.)

LANGRAIEN ou LANGRAYEN. (*Ornith.*) M. Cuvier sépare, des piegrièches proprement dites, sous cette dénomination, ou celle de *piegrièches-hirondelles*, des espèces étrangères qui ont le bec conique, arrondi de toute part, sans arête, à peine un peu arqué vers le bout, à pointe très-fine, légèrement échancrée de chaque côté, dont les pieds sont assez courts, et dont les ailes sont autant et plus longues que la queue. M. Cuvier leur applique génériquement le nom grec *ocypterus* ou *oxypterus* (qui exprime ailes rapides, ailes pointues), et qui étoit employé pour désigner un oiseau actuellement inconnu.

M. Vieillot a établi positivement le nouveau genre sous le
nom d'*artamus*, et M. Temminck l'a conservé avec celui d'*ocypterus*. On peut ajouter aux caractères fournis par M. Cuvier,
des narines latérales, petites, ouvertes par devant, sur lesquelles s'étendent les poils courts de la base du bec; les ailes
dépourvues de penne bâtarde, le doigt interne entièrement
séparé de celui du milieu, et l'externe soudé à sa base.

Le vol balancé de ces oiseaux, qui habitent l'Afrique, les
Grandes-Indes et l'Australasie, est le même que celui des
hirondelles. Traversant les airs avec rapidité, ils sont, comme
elles, occupés continuellement à la poursuite des insectes, et
Buffon avoit jugé avec raison que la piegrièche dominicaine et
le tcha-chert n'étoient pas de véritables piegrièches, quoiqu'au
rapport de Sonnerat, ils possèdent un des attributs de celles-ci,
le courage qui les porte à attaquer des oiseaux bien plus forts
qu'eux. On n'a d'ailleurs aucunes connoissances sur leurs
mœurs et leur propagation.

Langraïen dominicain : *Ocypterus leucorhyncos*, Dum.; *Lanius
leucorhyncos*, Lath., et *Artamus leucorhyncos*, Vieill., pl. enl.
n.° 9, fig. 1. Cet oiseau de Manille et des Philippines, que l'on
nomme ici langraïen dominicain, parce que le langraïen proprement dit des auteurs et la piegrièche dominicaine ne
forment qu'une seule espèce, est long d'environ sept pouces,
et un peu plus gros que le moineau franc; mais sa taille est plus
alongée et ses ailes débordent d'environ un pouce la queue,
qui est noire, ainsi que la tête, le cou, la poitrine et le dos;
le ventre et les plumes anales et uropygiales sont blancs; le
bec est grisâtre et les jambes sont noires. Cette espéce n'hésite
point à provoquer le corbeau à un combat long et opiniâtre,
qui, après environ une demi-heure, se termine par la re-
traite de celui-ci.

Langraïen tcha-vert : *Ocypterus viridis*, Dum.; *Lanius viridis*, Linn. et Lath., pl. enl., n.° 30, fig. 2. L'espèce ainsi nommée à Madagascar est longue d'environ six pouces, et a près
d'un pied d'envergure; son plumage, d'un vert sombre sur le
corps, plus brillant sur la tête, est blanc en dessous; les pennes
alaires sont noirâtres et bordées du même vert; le bec, d'un
plombé foncé, est blanchâtre à la pointe; les pieds et les
ongles sont noirs.

Comme les couleurs de ces oiseaux sont, en général, peu tranchées, et ne permettent pas encore de les dénommer avec certitude, on se bornera à donner une notice des autres espèces que M. Vieillot a décrites, savoir:

1.º Le Langraïen gris, *Artamus cinereus*, qui se trouve à Timor, et qui seroit l'*ocypterus cinereus*. Il a huit pouces six lignes de longueur; l'œil est entouré d'une raie noire, qui part des narines; la tête, le cou et la poitrine sont d'un gris clair, plus foncé sur le dos et les scapulaires, les pennes alaires et caudales sont noires, et les plus latérales de celles-ci sont terminées par une tache blanche. Le bec, plus effilé que chez les autres espèces, et long d'un pouce, est bleuâtre jusqu'au milieu, et ensuite noir.

2.º Le Langraïen a lignes blanches : *Artamus lineatus*, Vieill.; *Turdus sordidus*, Lath. Cet oiseau, de la Nouvelle-Hollande, long de six pouces et demi, est d'un cendré rembruni; les ailes et la queue sont noires, mais tranchées par trois lignes blanches, longitudinales; le bec, d'une teinte bleue, a la pointe noire, ainsi que les pieds, chez l'adulte; ces couleurs sont plus ternes dans le jeune âge.

3.º Le Langraïen brun, *Artamus fuscus*, Vieill., qu'on a trouvé au Bengale, est de la taille du précédent, et il a aussi le fond du plumage d'un gris rembruni; les pennes des ailes sont noires, et la queue, grise en dessous, a une bordure latérale d'un blanc sale; les pieds sont bruns, et le bec est bleuâtre.

4.º Enfin un langraïen apporté des Terres Australes par Péron, et que M. Vieillot a nommé *artamus minor*, quoique sa taille, comparable à celle du moineau franc, ne diffère guère de celle des autres; son plumage est d'une couleur de chocolat, plus foncé sur le devant et les côtés de la tête; les ailes et la queue sont noires; les pennes latérales de celle-ci ont une bordure blanche. M. Temminck, en indiquant les deux premières espèces, se borne à annoncer la prochaine publication de deux autres par M. Valenciennes. (Ch. D.)

LANGRAYEN. (*Ornith.*) Voyez Langraïen. (Desm.)

LANGSCHWANTZ. (*Ornith.*) L'oiseau qu'on nomme ainsi en Allemagne, suivant Klein, *Ordo avium*, pag. 86, n.º 8, est la mésange-moustache, *parus biarmicus*, Linn. (Ch. D.)

LANGUARD. (*Ornith.*) Ce nom est vulgairement donné,

dans les départemens méridionaux, au torcol, *yunx torquilla*, Linn., à cause de son habitude de tirer la langue. (Ch. D.)

LANGUAS. (*Bot.*) Retz a publié, sous ce nom, des plantes de la famille des amomées, maintenant réunies au genre *Hellenia* par Willdenow. Elles ont beaucoup d'affinité avec le Lancuas cité par C. Bauhin. Voyez Hellénie. (J.)

LANGUE. (*Anat.*) Voyez Os hyoïde. (F. C.)

LANGUE. (*Conchyl.*) Dénomination subgénérique , employée par les marchands de coquilles, pour désigner certaines espèces de tellines dont la coquille, par sa forme alongée et très-comprimée, rappelle un peu celle d'une langue ; la Langue sans spécialisation est la telline lisse, *tellina lævigata*, Linn.; la Langue de chat est la telline langue de chat, *tellina lingua felis*, Linn.; la Langue d'or est la telline feuille, *tellina foliacea*. Voyez Telline. (De B.)

LANGUE, *Lingua*. (*Entom.*) On nomme ainsi, dans certains insectes, et surtout chez les lépidoptères comme les papillons, les sphinx, les noctuelles, etc., l'espèce de trompe roulée en spirale qui forme la bouche de ces insectes; ce qui a servi à la dénomination de l'ordre qui les comprend dans le système de Fabricius, qui les nomme, à cause de cela, *glossates*. M. Savigny, dans l'un de ses beaux Mémoires sur les Animaux sans vertèbres, a prouvé que la bouche des lépidoptères est composée des mêmes parties que celles qu'on voit plus évidemment distinctes dans les coléoptères, par exemple ; mais que les mâchoires en particulier y sont excessivement développées ; qu'elles se prolongent en une lame libre, grêle , flexible, fistuleuse, arrondie en dehors, sillonnée en dedans d'une gouttière dont les bords sont imperceptiblement crénelés, et qui, s'adaptant exactement avec la gouttière de la lame correspondante, forme ainsi un cylindre creux. Cette trompe est finement striée en travers, et garnie d'aspérités vers le bout : elle peut, au moyen de ses fibres annulaires, s'alonger, se raccourcir ou se replier sur elle-même.

Ces deux mâchoires portent toujours un palpe inséré en dehors, et formé de deux ou trois articles selon les genres : tantôt cette trompe est elle-même écailleuse, et tantôt tout-à-fait nue.

Dans l'état de repos, la langue est roulée en spirale sur elle-même, et elle reste cachée entre les palpes velus ou écailleux. Lorsque l'insecte veut pomper le nectar des fleurs sécrété ou libre au fond de la corolle, laquelle est souvent prolongée et resserrée ou rétrécie à son ouverture, comme cela s'observe dans beaucoup de plantes à fleurs monopétales, il introduit l'extrémité libre de cette trompe dans l'intérieur même du tube, et il en dirige le bout dans le liquide miellé qu'il absorbe, et de là cette liqueur pénètre dans le canal intérieur dont cette trompe est creusée, et qui fait l'office d'un tube aspirateur. C'est surtout chez les sphinx que cette trompe ou cette langue devient facile à observer dans ses usages, l'insecte ayant l'habitude de la laisser étendue ou prolongée, lorsqu'il vole en bourdonnant de fleurs en fleurs, sans se fixer sur aucune pour y prendre sa nourriture. Voyez Lépidoptères. (C. D.)

LANGUE. (*Ornith.*) Les papilles qui revêtent la superficie de la langue humaine manquent à beaucoup d'oiseaux chez lesquels elle est recouverte d'une peau sèche et soutenue en dedans par l'os hyoïde ; mais, chez les perroquets, les flamans et les oiseaux dont la langue est épaisse, il y a des papilles spongieuses répandues sur la surface. Ces papilles sont disséminées sur les bords de la langue, dans la plupart des oiseaux à bec dentelé, et elles ont la forme de cils, de barbillons, de franges ou de plis. En général, cet organe du goût est plus charnu et plus parfait chez les frugivores, plus cartilagineux chez les granivores, et plus coriace chez les insectivores.

Si l'on considère la langue des oiseaux relativement à sa longueur, on peut remarquer qu'elle est extensible beaucoup au-delà du bec, chez le torcol et les pies ; qu'elle est aussi longue que le bec, chez le castagneux, plus courte que le bec, chez l'avocette, et très-courte dans le casoar, le pélican, l'autruche, le courlis, l'engoulevent, le martin-pêcheur. La langue étant examinée dans sa forme, on reconnoît qu'elle est large chez les uramekins, les todiers, les hirondelles ; large et courte chez l'agami ; aplatie chez le martin-pêcheur ; arrondie chez les pies et le torcol ; tubuleuse et composée de deux longs filets appliqués l'un contre l'autre, dans les oiseaux-mouches, les colibris ; entière dans le castagneux, lacérée dans les pic-grièches ; fourchue dans le casse-noix ; qu'elle présente à sa base la figure d'une flèche, dans l'outarde, le coucou; qu'elle est tronquée à la pointe, et terminée par des soies, dans les mésanges; hérissée de papilles dures et tournées en arrière, dans les harles; bordée de papilles charnues, dans le flamant; courte et trigone, dans la huppe; aiguë aux gallinacés, aux grimpereaux, aux passereaux; bifide aux oiseaux de proie, aux corbeaux, aux alouettes, aux rolliers; échancrée dans les grives; laciniée-subulée au jaseur, au pique-bœuf, aux oiseaux de Paradis, aux étourneaux; terminée par des plis à l'agami; garnie de barbes plumeuses sur les bords aux toucans; dentelée dans le casoar; arrondie à son extrémité dans la cresserelle; fendue dans la pie, et surtout dans le casse-noix; pointue dans les hérons, les engoulevens, le grand coq de bruyère; fourchue et comme frangée dans le loriot, etc. La langue varie aussi dans sa couleur; elle est noire dans le corbeau, la pie, le rollier; jaune dans le merle; rosée dans le plus grand nombre.

Ces différences dans les constructions de la langue des oiseaux pourroient fournir des caractères propres à faire distinguer les grandes classes entre elles, si la nature y suivoit une marche plus régulière; mais on a été à portée d'y observer tant de variations, qu'on n'en peut tirer que des caractères applicables aux genres; et encore, tandis que les perroquets ont, en général, une langue épaisse, arrondie et charnue, celle de l'arimanon, *psittacus taitianus*, et de quelques autres perroquets de l'Australasie, est-elle pointue et terminée par un pinceau de poils courts, comme aux mésanges. (Ch. D.)

LANGUE D'AGNEAU (*Bot.*), nom vulgaire du plantain moyen. (L. D.)

LANGUE DE BŒUF. (*Bot.*) Dans l'herbier de Vaillant, on trouve, sous ce nom, le *pothos cordata*, de la famille des aroïdes. Une autre langue de bœuf est la buglose, *buglossum*. La langue de cheval, *hippoglossum* des anciens, est une espèce de fragon, *ruscus*. La langue de serpent est l'*ophioglossum*, de la famille des fougères. Plusieurs plantes de cette famille sont nommées *lingua cervina* par Plumier. Nicolson cite un eupatoire de Saint-Domingue, sous le nom de *langue de chat.* Dans l'herbier de Surian, fait aux Antilles, le *melastoma ciliata* est nommé *langue d'anolis.* Le fruit du frêne est le *lingua avis* ou *ornithoglossa* des pharmacies. (J.)

LANGUE DE BŒUF. (*Bot.*) Voyez Fistulina. La scolopendre (*scolopendrium officinale*), espèce de fougère, est quelquefois aussi appelée langue de bœuf. (Lem.)

LANGUE DE CERF. (*Bot.*) On donne ce nom à plusieurs espèces de fougères, et particulièrement à la scolopendre (*scolopendrium officinale*, Smith). Quelquefois il désigne le botrychium lunaire (Voyez *Botrychium*, vol. V, Suppl.), autrement dit *osmunda lunaria*, Linn. Voyez Lingua cervina. (Lem.)

LANGUE DE CHAT. (*Conchyl.*) Espèce de coquille du genre telline. Voyez Lingua felis. (Desm.)

LANGUE DE CHAT. (*Bot.*) On donne ce nom au *bidens tripartita*. Linn. (Voyez Bident.)

L'*eupatorium atriplicifolium* porte aussi ce nom aux Antilles. (Lem.)

LANGUE DE CHATAIGNIER. (*Bot.*) Voyez Fistulina. (Lem.)

LANGUE DE CHÊNE. (*Bot.*) Voyez Fistulina. (Lem.)

LANGUE DE CHEVAL. (*Bot.*) On donne ce nom dans quelques endroits au fragon à languette. (L. D.)

LANGUE DE CHIEN. (*Bot.*) On donne vulgairement ce nom à la cynoglosse officinale, au *myosotis lappula* et au *potamogeton natans*. (L. D.)

Ce nom françois vulgaire n'est que la traduction du latin *cynoglossum* sous lequel étoit connue, dès le temps de Dioscoride et de Pline, la plante nommée cinoglosse, formant avec ses congénères un genre remarquable dans la famille des borraginées. (J.)

LANGUE DU NOYER. (*Bot. Crypt.*) Espèce d'agaric de la famille des Oreilles des arbres (voyez ce mot) de Paulet; et que ce botaniste désigne aussi par *oreille de noyer*, à cause de la forme de ce champignon et de l'arbre sur lequel il croît. (Voyez Trait. Champ., 1, p. 540; et 2, p. 111, pl. 73, fig. 2-3.) Il sort du tronc des noyers, en manière de langue, dont le bout est en boutons couleur de noisette, qui, par leur développement forment autant de chapeaux. Il est blanc en dessous: sa chair est aussi blanche, épaisse, consistante. (Lem.)

LANGUE D'OIE (*Bot.*), nom vulgaire de la grassette. (L. D.)

LANGUE D'OISEAU. (*Bot.*) C'est la stellaire holostée.
(L. D.)

LANGUE D'OR. (*Conchyl.*) Nom vulgaire de la Telline foliacée. (Desm.)

LANGUE DE PASSEREAU. (*Bot.*) On donne vulgairement ce nom à la stellère passerine et à la renouée des oiseaux. (L. D.)

LANGUE DE POMMIER. (*Bot.*) Agaric décrit par Paulet, et qu'il place dans sa famille des oreilles des arbres. Il croît sur les troncs vermoulus des pommiers. Il est d'un beau blanc de lait, et varie dans ses formes, suivant les obstacles qu'il rencontre lorsqu'il se développe. Sa saveur est celle des champignons ordinaires : il n'a pas d'odeur, et ne paroît point malfaisant. Paul., Tr., 2, p. 111, pl. 23, fig. 1. (Lem.)

LANGUE DE SERPENT. (*Bot.*) C'est le nom d'un champignon que Linnæus avoit placé dans les clavaires, et qui maintenant est une espèce de Geoglossum. (Voyez ce mot.) Il y a aussi une fougère de ce nom, c'est l'ophioglossum vulgaire. Voyez Ophioglossum. (Lem.)

LANGUE DE SERPENT. (*Foss.*) Quelques anciens auteurs, qui probablement n'avoient jamais observé attentivement ni les langues des serpens ni les dents de requins, avoient pris ces dernières à l'état fossile pour des langues de serpens pétrifiées ; mais aujourd'hui il est bien reconnu par tous ceux qui observent les fossiles, qu'elles ne diffèrent en rien des dents des requins qui vivent aujourd'hui, sinon quelquefois par leur très-grande taille qui annonce qu'elles ont appartenu à des animaux beaucoup plus grands que ceux qui se trouvent vivans dans les mers. Voyez Glossopètres. (D. F.)

LANGUE DE TIGRE. (*Conchyl.*) Nom vulgaire d'une coquille du genre Vénus, *Venus tigrina*. (Desm.)

LANGUE DE VACHE, *Lengua de vaca*. (*Bot.*) Les Espagnols du Pérou nomment ainsi le *talinum polyandrum* de la Flore du Pérou, lequel, d'après le témoignage des habitans, est nuisible aux bœufs et aux moutons. (J.)

Dans quelques endroits on donne aussi ce nom à la scabieuse des champs et à la grande consoude. (L. D.)

LANGUES PEINTES POREUSES. (*Bot.*) Dénomination employée par Paulet pour désigner l'espèce de bolet que Micheli nomme *pellicia di re*, c'est-à-dire, pelisse royal. Ce bolet croît sur les mûriers : il a la forme d'une langue velue et rougeâtre ou pourprée en dessus. Ses pores sont étroits et ronds. Micheli le regarde comme étant le même que l'espèce décrite par Rai (tom. 3, p. 26, n.° 3), qui est marquée de taches oblongues, purpurines. (Lem.)

LANGUETTE ou FLEURON LIGULÉ. (*Bot.*) Fleuron dont le tube s'épanouit en un limbe oblong et unilatéral, comme, par exemple, ceux du pissenlit.

On nomme aussi languette ou ligule l'appendice qui garnit intérieurement le sommet de la gaîne des feuilles des graminées. (Mass.)

LANGUETTE ou LIGULE, *Lingula*, *ligula*. (*Entom.*) Ce terme, employé par M. Latreille pour le substituer à celui de *labium inferius*, lèvre inférieure, introduit dans la Science des Insectes par Fabricius, désigne la pièce unique placée en arrière de la bouche ou à l'opposite de la lèvre supérieure que supporte le chaperon, comme la ligule est elle-même insérée sur le menton ou la ganache. Voyez Lèvres. (C. D.)

LANGUETTE. (*Bot.*) Voyez Aizoon. (Lem.)

LANGUETTE. (*Conchyl.*) L'un des noms vulgaires italiens des manches de couteaux ou Solens. (Desm.)

LANGUETTE. (*Ichthyol.*) C'est le nom spécifique d'un pleuronecte qui paroît appartenir au sous-genre des Flétans. Voyez ce mot et Pleuronecte. (H. C.)

LANGURIE, *Languria*. (*Entom.*) M. Latreille a désigné, sous ce nom, un petit genre d'insectes coléoptères tétramérés, de notre famille des omaloïdes, voisins des trogosites, avec lesquels Fabricius les avoit laissés dans ses derniers ouvrages. Toutes les espèces rapportées à ce genre sont étrangères à l'Europe : trois sont originaires de l'Amérique du Nord, et deux ont été envoyées des Indes orientales. Voyez Trogosite. (C. D.)

LANGVIRE. (*Ornith.*) L'oiseau auquel ce nom et ceux de *lomvie*, *longivie*, etc., sont donnés, en Norwège, est un guillemot, *colymbus troile*, Linn. (Ch. D.)

LANHA. (*Bot.*) A Goa, sur la côte Malabare, suivant Garcias cité par Clusius, on nomme ainsi le fruit du cocotier. (J.)

LANIELLE. (*Ornith.*) On voyoit, il y a quelques années,

dans le Muséum d'Histoire naturelle de Paris, à la suite des piegrièches, et sous le nom de lanielle ponctuée, *lania punctata*, un petit oiseau de la Nouvelle-Hollande, qui étoit vraisemblablement le même que le *pipra punctata* de Latham et de Shaw, ou pardalote pointillé de M. Vieillot. (Ch. D.)

LANIER. (*Ornith.*) Ce mot n'est pas la traduction de *lanius*, en françois piegrièche. L'oiseau de proie dont il s'agit, et qui semble avoir été très-commun en France, est devenu une espèce fort douteuse. Si elle a réellement existé, elle devoit se rapprocher du gerfaut. Les fauconniers en faisoient beaucoup de cas pour la chasse au vol; mais, en perdant l'habitude de cette chasse, nos ancêtres ont aussi perdu de vue les signes particuliers qui caractérisoient l'espèce, et soit qu'elle ait entièrement disparu de nos pays et des pays voisins, soit qu'à défaut de description exacte, on ne puisse plus maintenant la reconnoître, le nom de lanier a été appliqué à des oiseaux qui ne seroient pas propres aux exercices auxquels on employoit celui-ci. On a donné le nom de faucon lanier, ou lanier cendré, à l'oiseau saint-martin, *laniarius cinereus*, Briss., *falco cyaneus*, Linn., ou busard soubuse, et celui de lanier blanchâtre, *laniarius albicans*, Briss., au jean-le-blanc, *falco gallicus*, Linn., circeète de M. Vieillot. (Ch. D.)

LANIFERA. (*Bot.*) Adanson pense qu'on doit rapporter au cotonnier l'arbre dont il est question dans Pline, sous le nom de LANIFERA. (Lem.)

LANII (*Mamm.*), nom polonois du daim. (F. C.)

LANIOGÈRE, *Laniogerus*. (*Malacoz.*) Dans un Mémoire sur l'ordre des mollusques polybranches, dont un extrait a été publié dans le Bulletin par la Société Philomathique pour l'année 1816, M. de Blainville a établi sous le nom de laniogère un petit genre fort voisin du *glaucus*, et faisant le passage de ce genre à celui des cavolines et des éolides. Il lui donne pour caractère : Le corps nu, alongé, convexe en dessus, plane en dessous, terminé par une sorte de queue; la tête assez distincte; quatre tentacules fort petits; les branchies en forme de longues lanières molles, flexibles, disposées en un seul rang de chaque côté du corps; l'anus et l'ouverture des organes de la génération à droite, dans un tubercule commun. On ne connoit encore qu'une espèce dans ce genre, que M. de Blainville a nommée le laniogère d'Elfort, *laniogerus elfortianus*. Elle a été figurée pour la première fois dans l'atlas joint à ce Dictionnaire, planche des mollusques polybranches. Le corps de ce petit mollusque, qui peut avoir environ huit lignes de long, est presque ovoïde, cependant un peu déprimé ; il se termine en arrière par une sorte de queue qui n'est que le disque loco-moteur prolongé. Tout le dessus est lisse, et n'a rien à remarquer; le dessous offre dans son milieu un espace un peu élevé et à rides transverses, et séparé du reste par un petit rebord festonné; ce qui forme évidemment un organe analogue à celui qu'on désigne ordinairement sous le nom de pied dans les mollusques céphalés. Beaucoup plus large en avant où il commence peu en arrière de la tête, son bord antérieur est comme bilobé ou échancré; son rebord est aussi plus saillant; il s'efface pour ainsi dire à mesure qu'il devient plus postérieur, et finit par n'être que de la largeur de l'appendice caudal dont il forme la surface inférieure. A la partie antérieure du corps est une tête peu distincte, fort courte, et qui n'en est séparée que par un léger rétrécissement. Elle porte à sa partie supérieure et latérale deux petits tubercules tentaculaires. On n'a pu apercevoir les yeux, probablement à cause de l'état de contraction dû à la conservation dans l'alcool. La partie antérieure de la tête forme une sorte de bourrelet d'où peut sortir la masse buccale rétractile. La bouche y est percée sous la forme d'une fente verticale, bordée de lèvres à plis perpendiculaires à son axe. Il paroît qu'elle est pourvue d'une mâchoire cornée et dentelée. De chaque côté du corps proprement dit, est une série de lames ou lanières évidemment branchiales, mais un peu variables en nombre de chaque côté, et pour le même dans différens individus; elles se détachent avec la plus grande facilité. Quand elles sont toutes tombées, on voit qu'elles forment de chaque côté deux espèces d'arcs alongés par la disposition des petites lignes verticales d'insertion. On aperçoit aisément à la surface de chaque lanière les stries transverses tombant sur deux gros vaisseaux, l'un artériel et l'autre veineux, qui en forment les bords. Au milieu du côté droit, entre les deux arcs de lames branchiales, se voit un tubercule où sont les orifices de l'anus et des organes de la génération.

En fendant la peau, on arrive de suite dans la cavité abdominale, dont la moitié postérieure est occupée par le foie qui semble ne faire qu'une seule masse avec l'ovaire : toute la moitié antérieure est remplie par une masse buccale fort considérable et à peu près ronde ; elle se prolonge postérieurement en un œsophage assez long et même assez large, qui, parvenu dans le foie, s'y dilate en un estomac simple et membraneux. L'intestin qui en naît, après plusieurs circonvolutions, se dirige à droite pour se terminer en arrière et dans le même tubercule que les organes de la génération. Les glandes salivaires sont grosses et ovalaires.

L'appareil de la circulation, autant qu'il a été possible de le voir sur un si petit animal, a beaucoup de rapports avec ce qui a lieu dans les tritonies. Il règne de chaque côté du tronc une grosse veine qui, après avoir reçu successivement celle de chaque lame branchiale, se porte vers l'oreillette ; celle-ci s'ouvre dans le ventricule du cœur qui est médian, et il en naît l'aorte, comme à l'ordinaire.

Les organes de la génération n'ont offert non plus rien de particulier : l'ovaire est intimement lié avec le foie ; le testicule est petit, globuleux, situé antérieurement ; l'organe excitateur est considérable ; on le voit sortir par un orifice du tubercule.

M. de Blainville ignore la patrie de cette espèce de mollusques dont il a observé plusieurs individus dans la collection du Muséum britannique, grâces à la complaisance de son ami M. le docteur Leach. (DB B.)

LANION, *Lanio*. (*Ornith.*) M. Vieillot a trouvé sous ce nom, dans la famille des collurions ou piegrièches, un nouveau genre qu'il a caractérisé par un bec robuste, comprimé latéralement, caréné en dessus, rétréci vers le bout, dont la mandibule supérieure est dentée au milieu, crochue à l'extrémité, et dont l'inférieure, plus courte, a la pointe échancrée, aiguë et retroussée : les narines sont rondes, et la bouche est ciliée.

Ce genre n'est composé que de deux espèces dont une, de la Guiane, a été extraite du genre Tangara, et l'autre a été récemment apportée du Brésil par M. Lalande fils.

La première espèce est le LANION MORDORÉ, *lanïo atricapillus*, Vieill., déjà décrit par Buffon sous le nom de tangara mordoré, *tanagra atricapilla*, Gmel., figurée dans la 809.e planche enluminée, n.° 2, avec la dénomination de tangara jaune à tête noire. Cet oiseau, long de sept pouces, a la tête, les ailes et la queue d'un noir lustré, et les autres parties du corps d'une couleur mordorée, plus foncée sur la poitrine; la queue, étagée, dépasse les ailes de quinze lignes, les pieds et le bec sont noirs. Le plumage de la femelle est entièrement roux.

La seconde espèce, le Lanion huppé, *lanio cristatus*, Vieill., a six pouces environ de longueur. Sa tête est surmontée d'une huppe rouge, pareille à celle du roitelet rubis; le front est jaune; le milieu de la gorge roux; le pli de l'aile blanc en dessous; le reste du plumage est noir, ainsi que le bec et les pieds. (Ch. D.)

LANISTE, *Lanistes*. (*Conchyl.*) C'est le nom que donne M. Denys de Montfort, tom. 2, pag. 123 de sa Conchyliologie systématique, à un genre de coquilles qu'il a établi avec le *cyclostoma carinatans* d'Olivier, et qui ne paroît guère, en effet, différer des autres espèces de cyclostomes aquatiques réunies par M. de Lamarck, sous le nom de paludines. La plus grande différence est d'être constamment gauche, ombiliquée, et d'avoir l'ouverture moins ronde que dans les paludines, ou en gueule de four, ce qui offre des rapprochemens avec les véritables ampullaires qui sont aussi fluviatiles et ombiliquées. Cette coquille, que M. Denys de Montfort nomme le Laniste d'Olivier, *lanistes Olivieri*, a, du reste, comme les paludines, un aspect corné et est revêtue d'un épiderme verdàtre, à travers lequel on distingue deux raies brunes sur un fond blanc; elle est aussi un peu carénée dans son jeune âge. Quoique M. Denys de Montfort ne parle pas d'opercule, il est indubitable que cette coquille en est pourvue comme les cyclostomes, les ampullaires et genres voisins. Ce qui sert encore à ne pas faire admettre le rapprochement qu'en fait M. Denys de Montfort de la coquille que figure d'Argenville, pl. 9, chiff. 8 des Coquilles terrestres, et qui n'est, en effet, qu'une monstruosité de l'hélice vigneronne, *helix pomatia*, que Draparnaud a nommée hélice scalaire, Voyez Hélice. (De B.)

LANIUS (*Ornith.*), nom latin et générique des piegrièches. Koelreuter a décrit, sous ce nom, dans les Mémoires de l'Académie de Pétersbourg, en 1765, un oiseau bien différent, le couroucou à chaperon violet, *trogon violaceus*. (Ch. D.)

LANNAH. (*Bot.*) Nom donné par Celsius à une espèce d'absinthe. C'est peut-être la même espèce qui est citée par Mentzel sous le nom hébraïque *lahanah*, et par Daléchamps sous le nom arabe *schaha*. (J.)

LANNERET. (*Ornith.*) On nommoit ainsi le mâle de l'oiseau de vol long-temps connu en France sous le nom de *lanier*. (Cн. D.)

LANQUAS. (*Bot.*) Voyez Languas. (Lem.)

LANQUETTE. (*Bot.*) Voyez Aizoon. (Poir.)

LANQUOIS. (*Ornith.*) Voyez Loere. (Cн. D.)

LANSA. (*Bot.*) Nom donné, dans les îles de Java, Macassar, Banda et autres pays voisins, à un arbre que Rumph nomme *lansium*, et que Loureiro cite pour son genre *Quinaria*, réuni par Willdenow au *cookia* de Sonnerat, *wampi* de la Chine, genre de la famille des aurantiacées. Le lansa est nommé *lassa* à Ternate, *lassota* et *aymahi* à Amboine, *lansac* dans l'île de Bali, *bajettan* à Matara dans l'île de Java. C'est son fruit qui est cité sous le nom de *lancé* par Bontius. Il est encore probable que le *nialel* du Malabar, cité par Rhèede, est le même arbre, nommé aussi *lassa* chez les Brames. (J.)

LANSAC (*Bot.*), nom d'une variété de poire qui mûrit en automne. (L. D.)

LANSAC, LANSIUM. (*Bot.*) Voyez Lansa. (J.)

LANSETTO (*Ornith.*), nom provençal qui paroît désigner des oiseaux passereaux du genre des fauvettes. (Desm.)

LANT. (*Mamm.*) L'un des noms employés dans les contrées du nord de l'Afrique, pour désigner le zébu, ou petit bœuf à bosse. (Desm.)

LANTANA. (*Bot.*) Gesner nommoit ainsi l'espèce de viorne, dite mancienne, *viburnum lantana* de Linnæus, parce que ses rameaux sont plians, *lenti*. Daléchamps croit que cette plante est le *spirea* de Théophraste. Césalpin pense que c'est le *rhus-coriariorum* du même, qui plus généralement est regardé comme un *rhus*. Linnæus, trouvant trop barbare le nom *camara* donné à un autre genre de Plumier, lui a substitué celui de *lantana*, sans motiver cette préférence; cependant il a prévalu. (J.)

LANTANA. (*Bot.*) Voyez Camara. (Poir.)

LANTANIER. (*Bot.*) Voyez Latanier.) (Lem.)

LANTEBU. (*Bot.*) Voyez Cano-cano. (J.)

LANTERNE, *Laternea.* (*Bot.*) Genre nouveau de la famille des champignons, ayant des rapports d'analogie avec les clathres, et plus particulièrement avec le genre *Colonnaria* établi par M. Rafinesque-Schmaltz.

La Lanterne a trois branches; *Laternea triscapa*, Turp. D'une racine ou plutôt d'une tige souterraine et thallée, s'élève une tête turbinée, d'un blanc laiteux, légèrement duvetée et ressemblant entièrement à une vesse de loup. Peu de temps après, cette tête se déchire longitudinalement en deux ou trois lobes, du centre desquels s'élance avec élasticité la partie terminale de ce champignon, qui se compose de trois branches ou petites colonnes légèrement torses et réunies au sommet, de manière à donner à ce végétal l'aspect d'un trépied sacré. Au-dessous de la voûte produite par la réunion des branches, paroît une espèce de cul-de-lampe ou de houppe qui sert de conceptacle à un grand nombre de petits corps reproducteurs, de forme sphérique.

La grandeur totale de ce singulier champignon est de deux pouces et demi sur deux pouces de diamètre; les branches, blanches à leur base, se teignent dans leurs parties supérieures, ainsi que le cul-de-lampe qui en dépend, d'un beau rouge vermillon, semblable à celui que l'on remarque sur les clathres.

On observe ici ce qui se présente sur les satyres, les clathres, et en général sur tous les champignons munis de volve; les branches, ayant acquis toutes leurs dimensions, s'élancent au-delà de la volve par une sorte d'élasticité.

Nous avons trouvé, M. Poiteau et moi, cette plante dans l'île de la Tortue, près celle de Saint-Domingue, où elle croit, à l'ombre des grands arbres, sur des débris de végétaux.

Sa substance, sèche et spongieuse, permet de la conserver assez bien dans les collections. En se décomposant, elle répand une mauvaise odeur.

Le caractère de ce genre est d'avoir :

Un volva de forme ovée, se déchirant en deux ou trois lobes; trois branches ou petites colonnes cylindriques, réunies par leur sommet; un conceptacle en forme de cul-de-lampe, situé au-dessous de la voûte produite par la rencontre de la partie supérieure des branches, servant de placenta aux corps reproducteurs. (Turp.)

LANTERNE. (*Conchyl.*) Sous ce nom, les marchands d'objets d'histoire naturelle comprennent le plus ordinairement certaines coquilles renflées, minces, transparentes, un peu comme une lanterne, que Linnæus mettoit dans son genre *Mya*, et qui font partie maintenant de celui que M. de Lamarck nomme anatine. Il paroît qu'on donne aussi quelquefois ce nom à la *mya truncata*. Voyez Mye. (De B.)

LANTERNE ROUGE. (*Bot.*) L'un des noms vulgaires du Clathre cancellé. (Lem.)

LANTOR. (*Bot.*) Dans le Grand Recueil des Voyages aux Indes orientales, il est fait mention d'un palmier de ce nom, dont les feuilles sont d'une longueur démesurée. On peut croire que c'est le même que le lontar, *lontarus* de Rumph, prononcé différemment. C'est à ce dernier qu'il faut aussi rapporter le nom *lantard*, inscrit dans un dictionnaire. (J.)

LANZETT GRUNDEL (*Ichthyol.*), nom allemand d'un gobie. Voyez Lancette. (H. C.)

LAOMÉDÉE, *Laomedea*. (*Polyp.*) Genre tout-à-fait artificiel établi par M. Lamouroux, parmi les sertulaires, pour quelques espèces qui ont les cellules éparses sur la tige et les rameaux, ou portées sur un pédicule quelquefois fort court; ce qui les rend stipitées ou substipitées. M. Lamouroux y range les *Sertularia fruticosa, dichotoma, spinosa, genticulata, gelatinosa, muricata*, déja connues, et deux espèces nouvelles, les *Sertularia antipathus, simplex* et *lairii*, qui viennent de la Nouvelle-Hollande à ce qu'il suppose. M. de Lamarck n'a pas admis ce genre, et bien plus „il range les *Sertularia spinosa* et *geniculata* dans la division des espèces de sertulaires dont les cellules sont sessiles; la *Sertularia dichotoma* appartient à son genre Campanulaire. Voyez Sertulaire. (De B.)

LAOUSERDA (*Bot.*), nom languèdocien de la luzerne cultivée, selon Gouan. (J.)

LAPAGERIA. (*Bot.*) Le nom de ce genre de la Flore du Pérou, qui appartient à la famille des asparaginées, doit, d'après les principes de la langue latine, subir le retranchement de la première syllabe, et être prononcé *pageria*. C'est le *copia* ou *copiha* du Chili. Voyez Lapageria ci-après (J.)

LAPAGÉRIA, *Lapageria*. (*Bot.*) Genre de plantes monocotylédones, à fleurs incomplètes, de la famille des *asparaginées*, de l'*hexandrie monogynie* de Linnæus, offrant pour caractère essentiel : Une corolle triangulaire à sa base, composée de six pétales, trois intérieurs plus larges, presque onguiculés ; six étamines ; les anthères droites ; un ovaire supérieur ; un style plus court que les pétales ; un stigmate en massue. Le fruit est une baie à une seule loge (peut-être à trois) polysperme ; les semences disposées sur trois rangs, le long des parois de la loge.

Lapagéria rose ; *Lapageria rosea*, Ruiz et Pav., *Flor. Pers.*, 3, pag. 65, tab. 297. Bel arbrisseau dont les tiges sont sarmenteuses, glabres, longues de six à dix pieds, noueuses, très-rameuses ; les rameaux diffus, très-longs, flexueux, garnis de feuilles distantes, alternes, pétiolées, ovales-lancéolées, aiguës, coriaces, entières, longues de deux ou trois pouces, à cinq nervures ; les pétioles dilatés, amplexicaules et persistans à la base ; les pédoncules solitaires, axillaires, terminaux, uniflores, couverts de petites écailles rougeâtres, ovales, membraneuses, caduques ; les fleurs pendantes, grandes, très-belles, longues d'environ deux pouces, couleur de rose, souvent ponctuées ; la corolle campanulée ; six pétales connivens, cunéiformes ; les filamens subulés, un peu élargis, insérés à la base des pétales ; trois alternes plus longs ; les anthères linéaires-lancéolées, à quatre sillons, à deux loges, s'ouvrant latéralement dans leur longueur ; l'ovaire alongé, aigu. Le fruit est une baie pendante, d'un blanc jaunâtre, ovale, alongée, acuminée, de la grosseur d'un petit œuf de poule, à une seule loge ; les semences nombreuses, éparses, ovales, de la grosseur d'un grain de raisin, environnée d'une pulpe douce et blanchâtre. Cette plante croit dans les grandes forêts, au Chili. Ses racines sont employées aux mêmes usages que celles de la salsepareille : on mange la pulpe de ses fruits, qui est douce et agréable. (Poir.)

LAPAS (*Bot.*), nom provençal de la patience cité par Garidel, et dérivé probablement du latin *lapathum*. On trouve le vieux nom *lapais*, pour la même plante, dans le traducteur de Daléchamps. (J.)

LAPATHUM. (*Bot.*) La plante que Théophraste nommoit

ainsi, étoit regardée par lui comme plante potagère, semblable à la poirée. Dioscoride donnoit ce nom aux plantes dont la décoction, prise à l'intérieur, relâchoit le ventre et ôtoit les fièvres. Pline et les Latins l'ont nommée *rumex*. Ces auteurs en distinguoient plusieurs espèces ou genres; telles sont diverses oseilles, *acetosa*, nommées aussi *oxalis; les* patiences proprement dites, *lapathum*, parmi lesquelles se trouvoient l'*hydrolapathum*, l'*hippolapathum*, l'*oxylapathum*. Nous voyons encore que quelques uns rapportoient au *lapathum* l'épinard et le bon-henri, *chenopodium bonus henricus*. Tournefort les avoit séparés. Il avoit fait aussi de l'oseille un genre distinct de la patience; mais Linnæus n'a pas cru que les caractères distinctifs fussent suffisans, et il a réuni, sous le nom de *rumex*, les deux genres qui doivent cependant former deux sections assez tranchées. (J.)

LAPEIROUSIE, *Lapeirousia*. (*Bot.*) [*Corymbifères*, Juss. = *Syngénésie polygamie frustranée*, Linn.] Ce genre de plantes, établi par Thunberg, en 1800, dans la seconde partie de son *Prodromus plantarum capensium*, appartient à l'ordre des synanthérées, et probablement à notre tribu naturelle des inulées, section des inulées-gnaphaliées, dans laquelle nous l'avons placé avec doute, entre le *rosenia* et le *leysera*. Voici les caractères génériques du *lapeirousia*, tels que nous pouvons les deviner avec plus ou moins de vraisemblance, d'après les descriptions beaucoup trop incomplètes, obscures, et peut-être peu exactes de Linnæus fils et de Thunberg.

Calathide discoïde : disque pluriflore, régulariflore, androgyniflore ; couronne unisériée, liguliflore, neutriflore, non radiante. Péricline supérieur aux fleurs, formé de squames plurisériées, imbriquées, scarieuses supérieurement; les intérieures surmontées d'un grand appendice étalé, radiant, lancéolé, scarieux. Clinanthe plan, garni de papilles. Fruits pourvus d'une aigrette stéphanoïde, très-courte, mince, annulaire.

On ne connoît jusqu'à présent qu'une seule espèce de ce genre.

LAPEIROUSIE DE THUNBERG : *Lapeirousia Thunbergii; Lapeirousia calycina*, Thunb., *Prodr. pl. cap.; Kelhania calycina*, Lhérit., *Sert. angl.; Osmites calycina*, Linn. fils, *Suppl. pl.*, pag. 580. C'est un arbuste à tige dressée, à rameaux un peu pubescens, naissant de l'extrémité de la tige ou de celle des branches plus anciennes; les feuilles sont éparses, dressées, étroites, lancéolées, nues ou un peu pubescentes, munies de plusieurs nervures saillantes en dessous, et formant des stries en dessus; les calathides, composées de fleurs jaunes, sont terminales, solitaires, sessiles.

Cette plante, découverte par Thunberg au cap de Bonne-Espérance, fut communiquée par lui à Linnæus fils, qui la décrivit sous le nom d'*Osmites calycina*. Mais la nudité du clinanthe, la non radiation de la couronne, la structure du péricline et la forme de l'aigrette, prouvent évidemment que ce n'est point un *osmites*. Lhéritier a cru pouvoir attribuer cette plante à son genre *Relhania*, dont elle diffère considérablement par son clinanthe presque nu, par son aigrette presque nulle, et par sa couronne neutriflore et non radiante. C'est pourquoi Thunberg en a fait un genre distinct, qu'il a dédié à l'auteur de la Flore des Pyrénées. Malheureusement, il l'a caractérisé avec une excessive concision, trop familière aux élèves de l'école linnéenne, et bien préjudiciable aux progrès de la science. Nous ne pouvons donc point assigner avec certitude la place que ce genre doit occuper dans notre classification naturelle. Cependant nous sommes convaincu que, si le *lapeirousia* n'est point une anthémidée, c'est sans doute une inulée-gnaphaliée, voisine des *relhania*, *rosenia*, *leysera*, *leptophytus*, *longchampia*. (Voyez notre article INULÉES.) Le nom spécifique de *calycina*, que Linnæus fils, Lhéritier et Thunberg ont appliqué au *lapeirousia*, n'est point adopté par nous, parce qu'ayant pour objet d'exprimer que le péricline de cette plante est remarquable, il suppose que le péricline est un calice. Cette opinion généralement admise autrefois, et dont Adanson a le premier reconnu la fausseté, n'est plus tolérable aujourd'hui, et les botanistes exacts doivent réformer impitoyablement toute expression qui tendroit à la perpétuer. (H. CASS.)

LAPEREAU (*Mamm.*), nom françois du jeune lièvre. (F. C.)

LAPEYROUSA, *Lapeyrousia*. (*Bot.*) Le grand nombre d'espèces renfermées dans le genre Glayeul (*gladiolus*) ont déterminé quelques botanistes à essayer d'en former plusieurs genres, au nombre desquels se trouve le *lapeyrousa*, dont le *gladiolus denticulatus* a été le type, qu'on a distingué par une corolle hypocratériforme : le limbe à six divisions plus courtes que le tube; trois stigmates bifides ; une capsule membraneuse, polysperme. On a encore rapporté à ce genre l'*ixia corymbosa.* Thunberg avoit employé la dénomination de *lapeyrousa* pour un autre genre établi pour l'*osmites calycina* de Linnæus. (Poir.)

LAPHIATI (*Erpétol.*), nom spécifique d'une couleuvre que nous avons décrite dans ce Dictionnaire, tom. XI, pag. 197. (H. C.)

LAPHRIE, *Laphria.* (*Entom.*) Meigen, et par suite Fabricius, ont appelé ainsi un démembrement du genre Asile, insectes à deux ailes et à suçoir saillant, de la famille des scléros·tomes. Degéer avoit déjà indiqué cette division, en distinguant les espèces d'asiles dont le dernier article des antennes, terminé en palette alongée, n'est pas garni d'un poil isolé et roide. Telles sont, en particulier, les espèces qu'il nommoit bombyle dorsal, jaune, roux, bordé, et qu'il a figurées dans le tome VI de ses Mémoires, pl. 13 et 14. Voyez Asile. (C. D.)

LAPIA (*Bot.*), nom malais d'un arbre d'Amboine, qui est le *lignum mucosum* de Rumph, employé sur les lieux pour les constructions des toits. D'après sa description incomplète, il a peut-être quelque affinité avec les aurantiacées. Rumph cite encore, sous le nom de *lapia*, le sagouttier, qui présente plusieurs variétés. (J.)

LAPIN. (*Conchyl.*) Nom marchand d'une espèce de cyprée, *cyprea stercoraria*, Linn. (De B.)

LAPIN. (*Ichthyol.*) Suivant La Chesnaye-des-Bois, on donne ce nom à un poisson assez rare de l'île de Tabago. (H. C.)

LAPIN. (*Ornith.*) On nomme ainsi une chevêche qui niche dans des trous, comme les lapins; c'est l'*ulula cunicularia* de Klein, la chouette de Coquimbo de Brisson, le *strix cunicularia* de Gmelin. (Ch. D.)

LAPIN (*Mamm.*), nom d'une espèce du genre Lièvre. Voyez ce mot. (F. C.)

LAPIN D'ALLEMAGNE. (*Mamm.*) Voyez Marmotte souslik. (Desm.)

LAPIN D'AMÉRIQUE. (*Mamm.*) On a donné ce nom aux agoutis. (Desm.)

LAPIN D'AROE. (*Mamm.*) Voyez Kanguroo d'Aroe. (Desm.)

LAPIN DE BAHAMA de Catesby. (*Mamm.*) C'est une marmotte, et probablement le Monax. (Desm.)

LAPIN DU BRÉSIL. (*Mamm.*) Ce nom a été donné au tapéti, à l'apérea et au cochon d'Inde. (Desm.)

LAPIN CHINOIS. (*Mamm.*) Nom donné à tort au cochon d'Inde. (Desm.)

LAPIN DES INDES et UTIAS d'Aldrovande. (*Mamm.*) Sous ces noms il est question d'un rongeur de Cuba, peu connu, et qui est très-voisin des rats. La figure est celle de la gerboise d'Egypte. (Desm.)

LAPIN DE JAVA de Catesby. (*Mamm.*) C'est un agouti. (Desm.)

LAPIN A LONGUE QUEUE. (*Mamm.*) On a désigné sous ce nom le lièvre Tolaï. (Desm.)

LAPIN DE NORWÈGE. (*Mamm.*) Voyez Campagnol, Lemnius. (Desm.)

LAPIN RUSSE. (*Mamm.*) Variété du lapin domestique. (Desm.)

LAPINE (*Ichthyol.*), nom spécifique d'un crénilabre que nous avons décrit tom. XI, pag. 383 de ce Dictionnaire. (H. C.)

LAPIS BUFONIS. (*Bot.*) Champignon suspect, figuré pl. 23, f. F de l'ouvrage de Sterbeeck : c'est un bolet qui n'est pas encore déterminé. (Lem.)

LAPIS CORVINUS. (*Foss.*) Les anciens oryctographes ont donné aux belemnites les noms de *lapis corvinus*, *lapis fulmineus* et *lapis lyncis* ou *lyncurii*. Voyez Belemnites. (D. F.)

LAPIS FRUMENTARIUS. (*Foss.*) Scheuchzer, Imperati et d'autres anciens auteurs ont donné le nom de pierre frumentaire (*lapis frumentarius*) à des pierres dans lesquelles on a cru voir des semences ou des graines pétrifiées. Celles des pierres que nous avons observées et auxquelles on a pu donner ce nom, contiennent ou des oryzaires qui ont la forme d'un grain de froment, ou de petites nummulites qui, dans leur coupe transversale, présentent la forme d'un grain d'orge ou de quelque autre grain de céréale. Voyez les mots Oryzaire et Nummulite. (D. F.)

LAPIS COMENSIS (*Min.*), de Pline. Voyez Pierre ollaire. (Lem.)

LAPIS FUNGIFERUS (*Bot.*), de M. A. Severino, Cardan,

Avantio. C'est le même champignon que le *lapis lyncurius* et *lyncæus* d'Hermolaüs et de Césalpin , et le *lapis phrygius* de Mercati. Il est cité ou décrit encore par Scaliger, Matthiole, etc. Ce champignon est plus connu sous le nom de Pierre a champignon. (Voyez ce mot.) C'est le *boletus tuberaster*. (Lem.)

LAPIS GLANDARIUS. (*Foss.*) On a autrefois donné ce nom , ainsi que celui de *lapis judaicus*, aux pointes d'oursins fossiles. (D. F.)

LAPIS - LAZULI. (*Min.*) Voyez Lazulite. (B.)

LAPIS MOLLARIS. (*Bot.*) Sterbeeck désigne ainsi une espèce d'agaric , à cause de sa forme exactement circulaire et de ses bords rayés ; ce qui lui donne l'apparence d'une meule (*lapis mollaris*). Suivant Paulet, ce seroit une variété de ses champignons du fumier. (Lem.)

LAPIS NUMMULARIUS. (*Foss.*) On a autrefois donné ce nom aux nummulites. (D. F.)

LAPIS SERPENTIS. (*Foss.*) Nom que l'on a donné aux ammonites quand on les regardoit comme des serpens pétrifiés et enroulés sur eux-mêmes. (D. F.)

LAPIS DU VÉSUVE. (*Min.*) Voyez Hauyne. (Lem.)

LAPLACÉA, *Laplacea*. (*Bot.*) Genre de plantes dicotylédones, à fleurs complètes, polypétalées, de la famille des *ternstromiées*, de la *polyandrie monogynie* de Linnæus ; offrant pour caractère essentiel : Un calice persistant, à quatre folioles imbriquées ; neuf pétales presque égaux ; des étamines nombreuses, insérées à la base des pétales sur trois rangs ; un ovaire sessile, supérieur, à cinq loges ; autant de styles connivens. Le fruit est une capsule à cinq loges, à cinq valves ligneuses : trois semences dans chaque loge, attachées à un axe central, pendantes, munies sur le dos d'une aile alongée.

Laplacéa élégant ; *Laplacea speciosa*, Kunth, *in* Humb. *Nov. Gen.*, vol. 5 , p. 209, tab. 461. Très-bel arbre du Pérou, dont les rameaux sont lisses, épars, de couleur brune , pileux et soyeux dans leur jeunesse, garnis de feuilles éparses, à peine pétiolées, oblongues, un peu aiguës, entières, en coin à leur base, coriaces, d'un vert gai, longues d'environ deux pouces sur neuf de large. Les fleurs sont très-grandes et belles ; d'une odeur forte, solitaires, axillaires, pédonculées ; leur calice à quatre folioles concaves, orbiculaires, colorées et soyeuses en

25.   *

dehors : les deux extérieures plus courtes ; neuf pétales insérés sur le réceptacle, ovales, oblongs, obtus, soyeux en dehors, longs de quatorze à quinze lignes ; les étamines libres, quatre fois plus courtes que les pétales ; les anthères réniformes. Le fruit est une capsule oblongue, à cinq côtés peu marqués, pileuse et soyeuse, à cinq loges, à cinq valves ; trois semences, souvent une seule dans chaque loge, attachées à un axe central, lisses, glabres, oblongues, un peu comprimées, suspendues par une pointe aiguë, munies sur le dos vers leur sommet d'une aile oblongue, un peu membraneuse ; un embryon linéaire ; un périsperme corné, un peu charnu.

Ce genre a été consacré à M. Delaplace, de l'Académie royale des Sciences. Il se rapproche beaucoup du *ternstræmia* et du *freziera*, dont il se distingue par son calice à quatre folioles, par sa corolle à neuf pétales, par ses semences ailées, par son ovaire à cinq loges, surmonté de cinq styles : il n'est pas moins distingué du *gordonia* par le nombre de ses pétales, par ses semences pourvues d'un périsperme, par ses étamines libres. (Poir.)

LAPLYSIE. (*Moll.*) Voyez Lièvre marin, tom. XXVI, p. 316. (Desm.)

LAPOURDIÉ. (*Bot.*) Nom provençal de la bardane, *lappa.* (J.)

LAPPA. (*Bot.*) Matthiole, Daléchamps et d'autres donnoient ce nom aux plantes que Dioscoride et les Grecs nommoient *arctium, arcium.* On les trouve aussi chez divers auteurs, nommées *personata, personaria, persolata* et *bardana.* C'est de ce dernier nom que vient celui de bardane, reçu en françois. C. Bauhin, qui avoit adopté le *lappa,* y rapportoit l'*arctium* de Daléchamps et le *xanthium,* qui doivent former deux genres séparés. Tournefort admet aussi le *lappa,* dégagé de ces deux dernières plantes. Linnæus a préféré, pour ce genre, le nom *arctium.* Nous pensons que le terme *lappa* doit être préféré, non-seulement parce qu'il étoit généralement reçu avant Linnæus, mais encore parce qu'il est un terme de comparaison pour tous les fruits qui sont chargés d'aspérités crochues par lesquelles ils s'attachent aux corps avec lesquels ils sont en contact : ce que l'on exprime toujours par l'expression *fructus lappaceus.* (J.)

LAPPA. (*Bot.*) C'est le nom latin du genre Bardane, qui a été décrit dans ce Dictionnaire, tom. IV, pag. 59; mais, cet article n'ayant pas été rédigé par nous, il est peut-être à propos d'exposer ici nos propres observations sur le genre dont il s'agit. Voici donc comme nous décrivons les caractères génériques du *lappa*.

Calathide incouronnée, équaliflore, multiflore, régulariflore, androgyniflore. Péricline à peu près égal aux fleurs, ovoïde-subglobuleux; formé de squames imbriquées, appliquées, coriaces, oblongues, surmontées d'un appendice étalé, très-long, subulé, se terminant par une épine cornée, incourbe. Clinanthe épais, charnu, planiuscule, garni de fimbrilles nombreuses, longues, inégales, libres, roides, subulées, laminées. Ovaires oblongs, comprimés bilatéralement, glabres, munis de rides transversales ondulées; aréole basilaire presque point oblique; bourrelets basilaire et apicilaire nuls; aigrette courte, composée de squamellules plurisériées, nombreuses, inégales, libres, caduques, filiformes, roides, barbellulées. Corolles parfaitement régulières, à incisions également profondes, à tube muni de dix nervures qui se prolongent dans la partie indivise du limbe. Etamines à filet papillé; à anthère pourvue d'un appendice apicilaire, prolongé au sommet en une languette presque filiforme, et de deux appendices basilaires très-longs, subulés. Styles surmontés de deux stigmatophores entre-greffés complétement dans leur tiers inférieur, complétement libres, divergens et arqués en dehors dans les deux tiers supérieurs.

Le genre *Lappa* fait partie de notre tribu naturelle des carduinées, dans laquelle il est peut-être voisin du *serratula*, quoiqu'il en diffère beaucoup, ainsi que de tout autre genre. Le *lappa* est remarquable par sa corolle parfaitement régulière, point obringente, à dix nervures au lieu de cinq; par la forme de l'appendice apicilaire de l'anthère; par ses stigmatophores complétement libres et divergens, à l'exception de leur partie basilaire; enfin par son aigrette, dont les squamellules, barbellulées d'un bout à l'autre, sur toute leur surface, sont entièrement filiformes et un peu amincies vers les deux extrémités, et dont les squamellules intérieures sont plus courtes que les intermédiaires. Nous avons fait voir, dans notre article LAMPOURDE, que chaque fleur femelle de *xanthium* a un péricline

25.   17

qui seroit exactement semblable à celui du *lappa*, si dans celui-ci les squames, au lieu d'être complétement libres, étoient entre-greffées inférieurement, libres supérieurement.

Quelques observations que nous avons faites sur le *lappa tomentosa* méritent de trouver place ici, parce qu'elles confirment certains points de notre doctrine.

La feuille est presque glabre en dessus, tomenteuse en dessous. La nervure médiaire et quelques unes des nervures latérales se prolongent au-delà des bords en une pointe tuberculeuse, cartilagineuse, courte, droite, obtuse. A mesure que la feuille est plus élevée, elle est plus étroite, les tubercules pointus disparoissent totalement sur les bords latéraux, mais le tubercule terminal, formé par la continuation ou le prolongement de la nervure médiaire, s'alonge sensiblement, se durcit et se recourbe un peu en dessus à son extrémité; en même temps, le pétiole se raccourcit, sans jamais devenir nul, et les nervures secondaires ou latérales, devenant moins nombreuses et moins divergentes, finissent par se réduire à deux parallèles à la nervure médiaire et convergentes aux deux bouts.

Les squames du péricline sont des bractées ou petites feuilles vertes, épaisses, dures, coriaces, subulées, traversées d'un bout à l'autre par une grosse nervure qui se prolonge à son extrémité en une longue pointe dont le sommet se recourbe en dessus et forme un crochet. La partie inférieure et plus large de la squame offre deux nervures fines, secondaires, latérales, parallèles à la nervure médiaire. Enfin la face intérieure ou supérieure de la squame est glabre, tandis que la face extérieure ou inférieure est velue.

En comparant cette description des squames du péricline avec celle des feuilles supérieures de la plante, on ne peut méconnoître l'analogie de ces deux sortes d'organes, et il devient évident que les squames sont des feuilles modifiées.

Les squames intérieures du péricline, qui entourent immédiatement les fleurs extérieures, diffèrent des autres en ce que leur partie supérieure acquiert la couleur rouge de ces fleurs, que le crochet se convertit en une membrane lancéolée, rouge, scarieuse, et, ce qui est bien remarquable, que leurs bords et leur face extérieure se hérissent d'aspérités en forme de petites pointes roides dirigées vers le haut.

Les squamellules de l'aigrette sont des filets cylindriques, nombreux, disposés sur plusieurs rangs contigus autour du sommet de l'ovaire; ils sont blancs, pointus au sommet, garnis sur toute leur surface d'aspérités en forme de petites pointes roides, dirigées de bas en haut. Les squames intérieures du péricline, qui sont garnies en partie de semblables aspérités, établissent l'analogie entre les squamellules de l'aigrette et les squames du péricline, qui sont analogues aux feuilles. Il y a donc une analogie incontestable entre les feuilles, les squames du péricline, et les squamellules de l'aigrette. Mais cette analogie ne s'étend point, selon nous, jusqu'aux fimbrilles du clinanthe; car, en admettant cette analogie, les fimbrilles seroient, comme les squamelles, intermédiaires par leur nature aussi bien que par leur position, entre les squames intérieures du péricline et les squamellules de l'aigrette; elles devroient donc être garnies de petites pointes, tandis qu'elles n'offrent aucune aspérité. Ce motif n'est pas à beaucoup'près le seul qui nous a déterminé à distinguer les fimbrilles et les squamelles, et à les considérer comme deux sortes d'appendices de natures très-différentes. (Voyez nos articles COMPOSÉES, tom. X, pag. 146, et FIMBRILLES, tom. XVII, pag. 56.)

En coupant verticalement par le milieu une calathide de *lappa*, on observe que la partie corticale de son support est employée à la formation du péricline, et que la partie médullaire est employée à la formation du clinanthe; le corps ligneux semble seulement séparer le clinanthe du péricline, mais un examen plus attentif fait découvrir qu'il jette réellement des ramifications dans le péricline et dans le clinanthe. Il ne faut pas oublier que toute calathide est, comme nous l'avons dit (tom. X, pag. 151), un épi simple, extrêmement court; cette considération est plus propre à faire concevoir des idées justes sur la distribution de l'écorce, de la moelle, et des fibres interposées, que l'observation même qui, dans ce cas, est insuffisante, à cause de l'imperfection de nos sens et de nos instrumens, de la complication, du rapprochement et de l'exiguité des parties observées.

L'aigrette du *lappa* ne nait point du bord même du sommet de l'ovaire, mais en dedans d'un rebord épais, arrondi, élevé, formé par une saillie de la circonférence. La base commune des squamellules de l'aigrette est une petite lame annulaire, persistante, et qui paroît denticulée après leur chute. Ces squamellules sont inégales, les extérieures et les intérieures étant plus courtes que les intermédiaires. L'aréole apicilaire de l'ovaire est large, plane, orbiculaire; elle ne porte point de plateau, mais seulement un nectaire jaune, en forme de godet. Quoique la corolle soit articulée sur l'ovaire, elle se rompt au-dessus de sa base qui persiste sur le fruit avec le nectaire et la base du style. L'ovaire est prismatique, à cinq faces irrégulièrement inégales. Le jeune péricarpe est formé de deux couches : l'extérieure charnue, cartilagineuse, transparente, ridée en dehors; l'intérieure blanche, médullaire, celluleuse, lisse en dedans. A la maturité, la couche extérieure se réduit à une peau sèche, et la couche intérieure devient une boîte cornée, presque pierreuse comme les noyaux; ainsi ce péricarpe est une sorte de drupe sec. La boîte osseuse est entièrement close au sommet, et elle n'est ouverte à la base que par un trou qui a sans doute pour objet de faciliter l'éruption de la radicule dans l'acte de la germination. Une coupe longitudinale nous a fait voir que l'axe du style étoit occupé par un gros vaisseau cylindrique, qui pénètre dans le centre du sommet de l'ovaire, et traverse l'épaisseur du péricarpe. L'aréole basilaire de l'ovaire est large, plane, orbiculaire, point oblique; elle adhère immédiatement et par toute sa surface au clinanthe; elle offre les traces de cinq ou dix vaisseaux, disposés en cercle, et peut-être sur deux rangs concentriques, entre le centre et la circonférence de cette aréole. Ces vaisseaux paroissent entrer directement dans le péricarpe, et il y a en outre un vaisseau central plus gros, qui traverse l'axe du placenta, pour en sortir sous la forme de funicule. Le placenta est peu élevé : c'est une masse purement cellulaire, dont la base est l'aréole basilaire de l'ovaire, et dont le sommet est le fond de la cavité de cet ovaire. Nous avons aperçu assez distinctement deux vaisseaux correspondant aux deux côtés extérieur et intérieur de l'ovaire; ils partoient des bords de l'aréole basilaire, entroient dans le placenta, en se courbant comme s'ils venoient d'en haut, et s'élevoient à travers le placenta, parallèlement à son axe, jusqu'à son sommet, où ils convergeoient pour entrer dans

le funicule. Ne seroit-ce point les conducteurs de la fécondation ? Nous avons cru les voir remonter un peu le long du
péricarpe. Si l'on coupe une tranche mince sous l'aréole apicilaire de l'ovaire, on voit les traces de beaucoup de vaisseaux
disposés sur deux rangs concentriques.

Le funicule, ou cordon ombilical, est court, épais, parfaitement continu au placenta, formé du tissu cellulaire de
ce placenta et de la réunion des deux vaisseaux conducteurs
avec le vaisseau central du placenta. L'ovule est parfaitement
continu au funicule, et semble être un épanouissement de
son tissu cellulaire entouré par le vaisseau de ce funicule. C'est
une masse continue de tissu cellulaire, dont la partie intérieure est un peu gélatineuse, et qui offre près de sa superficie le vaisseau provenant du funicule. L'ovule remplit entièrement la cavité de l'ovaire.

La graine observée avant sa maturité se dégage facilement
du péricarpe. Elle est alors blanche, lisse, obovale, comprimée. Le funicule s'insère dans une échancrure basilaire, latérale et oblique de la graine ; et il se prolonge sous la forme
d'un gros vaisseau simple, non ramifié, qui monte le long de
l'arête correspondante à l'échancrure, et descend le long de
l'autre arête de la graine, jusque près de la base.

La graine mûre remplit entièrement la cavité du fruit. Son
enveloppe se colle contre la paroi interne du péricarpe, et
s'en isole très-difficilement. Cette enveloppe nous a paru
double : l'extérieure épaisse et charnue ; l'intérieure en forme
de pellicule, et constituant une sorte d'albumen ou périsperme
extrêmement mince.

L'embryon est blanc, formé de petites cellules rondes, et
composé, 1.° de deux cotylédons alongés, larges, épais, obovales, laminés, plans en dedans, convexes en dehors, charnus ; 2.° d'une radicule parfaitement continue avec les cotylédons, obconique, obtuse, un peu comprimée dans le sens
des cotylédons, longue comme le tiers des cotylédons ; 3.° d'une
plumule ponctiforme, située à la base des cotylédons.

Les détails anatomiques que nous venons d'exposer, ont
pour but de suppléer au silence que nous avions gardé sur
cette matière, dans notre article COMPOSÉES. Plusieurs autres
synanthérées de diverses tribus ont été aussi l'objet de nos

travaux anatomiques. Mais l'extrême difficulté de ces sortes de recherches ne nous a pas encore permis de parvenir à des résultats généraux solidement établis. Il faut donc se borner, quant à présent, à des observations particulières exactes, qui pourront un jour servir de matériaux pour une étude anatomique plus étendue et plus approfondie, et qui, en attendant, peuvent détruire des systèmes erronés, fondés sur un examen trop superficiel.

Cela nous engage à offrir dans ce même article d'autres observations du même genre sur le *carlina vulgaris*, sur le *scorzonera hispanica*, sur l'*helianthus annuus*, et sur les *arctotis*, afin qu'on puisse les comparer avec celles qu'on vient de lire et qui concernent le *lappa tomentosa*.

L'ovaire du *carlina vulgaris* n'a point de pédicellule. Son aréole basilaire est assez petite, plane, orbiculaire, point oblique, elle adhère au clinanthe par toute sa surface, et elle est entourée d'un très-petit rebord arrondi, à peine saillant, formé par le corps de l'ovaire. Celui-ci est un peu alongé, cylindrique, arrondi à la base, presque point épaissi de bas en haut, tout hérissé de très-longues soies dressées, appliquées, flexueuses, roides, point articulées, ordinairement fourchues ou échancrées au sommet, chacune d'elles paroissant composée de deux poils collés ensemble. Il y a un petit bourrelet apicilaire annulaire, arrondi, glabre, cartilagineux, presque corné, qui porte l'aigrette sur son bord intérieur. L'aréole apicilaire n'est point recouverte d'un plateau, mais elle porte un petit nectaire jaunâtre, en forme de barillet un peu excavé.

L'aigrette, beaucoup plus longue que l'ovaire, est composée de dix squamellules unisériées, à peu près égales, semi-articulées sur le bourrelet apicilaire, contiguës, et pour la plupart entre-greffées à la base. Chaque squamellule a sa partie inférieure simple, laminée, linéaire, très-large, épaisse, presque cornée, glabre, portant sur ses bords quelques barbes filiformes, très-longues; sa partie supérieure est divisée en deux ou trois branches deux ou trois fois plus étroites que leur tronc, étrécies de bas en haut, pointues au sommet; ces branches sont hérissées sur les deux côtés de barbes inégalement espacées, irrégulièrement disposées, étalées, droites, très-longues, très-fines, incolores, cylindriques, amincies de bas en haut , non articulées. Chacune de ces barbes est un rameau ou une lanière de la branche qui la porte. Chacune des dix squamellules doit être considérée comme composée de deux ou trois squamellules entre-greffées inférieurement, libres supérieurement.

L'aréole basilaire offre, près de ses bords , les traces de cinq vaisseaux qui passent directement dans le péricarpe pour y former cinq nervures. Le placenta est très-peu élevé; son axe nous a paru quelquefois traversé par un faisceau large et peu apparent; le plus souvent nous n'avons aperçu aucune trace du vaisseau central qui sembleroit devoir exister pour se rendre dans le funicule. Mais nous avons vu très-distinctement un vaisseau rampant le long de la paroi interne du péricarpe, se courber près de la surface supérieure du placenta, y plonger, et remonter dans le funicule; c'est, sans doute, un conducteur de la fécondation, qui est peut-être le prolongement descendant d'un vaisseau que nous avons observé dans l'axe du style. Le péricarpe, avant la maturité, est une membrane blanche, un peu épaisse, charnue, cellulaire, munie de cinq vaisseaux, et n'ayant rien qui annonce la présence d'un endocarpe. Le péricarpe mûr est verdâtre, tacheté de brun, réduit à l'état d'une simple membrane demi-transparente, sèche, fort peu épaisse, cellulaire, avec cinq nervures peu apparentes. Le fruit mûr est plus gros que l'ovaire, et presque double en longueur. L'aigrette roussâtre, étalée et arquée en dehors, se détache facilement, mais en emportant avec elle une calotte dont elle est inséparable, qui forme le dôme du péricarpe, et dont les bords constituent le bourrelet apicilaire; l'enlèvement de cette calotte laisse la graine à découvert.

L'ovule remplit tout l'intérieur de l'ovaire, pendant la préfleuraison et pendant la fleuraison. Le funicule est un peu long, cylindrique, charnu; il s'insère à côté et au-dessus de la pointe basilaire de l'ovule, qui paroît être une masse continue de tissu cellulaire charnu, presque gélatineux dans l'axe. La graine mûre remplit le péricarpe; elle est obovoïde, point comprimée, verdâtre-plombée. Son enveloppe, qui paroît être simple, est verdâtre, semi-opaque, cellulaire, assez épaisse; elle contient un vaisseau ou filet simple, qui part du funicule, monte d'un côté jusqu'au sommet de la graine, et redescend de l'autre côté jusque près de la base; la situation de ce vaisseau, relativement à l'embryon, est sans doute variable, car nous l'avons vu correspondre au milieu des cotylédons. L'enveloppe de la graine se colle ordinairement à la paroi interne du péricarpe, et s'en détache difficilement, à moins qu'on ne trempe le fruit dans l'eau tiède. Elle nous a quelquefois paru formée de deux pellicules entre lesquelles rampe le vaisseau émané du funicule; ce qui n'empêche pas que cette enveloppe soit simple, c'est-à-dire unique, puisqu'elle couvre immédiatement l'embryon, et qu'il n'y a point de membrane albumineuse interposée.

L'embryon est gris-plombé, d'une substance très-compacte; ses cotylédons sont courts, larges, très-épais, peu laminés, presque semi-cylindriques, arrondis au sommet, parfaitement continus à la radicule; celle-ci est au moins aussi longue que les cotylédons, épaisse, cylindrique supérieurement, obconique inférieurement; la plumule, située au centre du sommet de la radicule, à la base des cotylédons, est extrêmement petite, et de forme conique.

L'ovaire du *scorzonera hispanica* est un peu plus long pendant la fleuraison qu'il ne l'étoit pendant la préfleuraison, et il s'alonge beaucoup pendant la maturation. Un pédicellule assez long, épais, cylindracé, très-roide, un peu charnu et fibreux, blanc-verdâtre, s'insère au centre de l'aréole basilaire qui est large, plane, orbiculaire, entourée d'un petit rebord arrondi, formé par une saillie du corps de l'ovaire. Ce corps est alongé, cylindrique, blanc-verdâtre, glabre, pourvu de dix côtes, dont cinq grosses alternant avec cinq petites; les sillons qui les séparent s'arrêtent près de la base et du sommet. Il n'y a point de bourrelet apicilaire distinct, mais seulement un épaississement cartilagineux de couleur verte. Les bords du sommet du corps de l'ovaire donnent naissance à l'aigrette, composée de squamellules toutes contiguës entre elles, mais disposées sur deux rangs concentriques. Celles de la rangée extérieure sont à peu près égales, trois fois longues comme l'ovaire, semi-articulées sur lui, charnues, laminées inférieurement, convexes en dehors, planes en dedans, devenant filiformes et capillaires supérieurement, hérissées presque dès la base de barbes très-longues, extrêmement fines, flexueuses, emmêlées, qui paroissent naître des bords et de la face extérieure. La rangée intérieure est composée de squamellules à peu près égales et semblables aux extérieures, à l'exception de cinq régulièrement espacées, et presque doubles des autres en longueur et en grosseur. Ces cinq grandes squamellules ont, comme les autres, leur moitié inférieure laminée et barbée ; mais leur moitié supérieure, cylindrique, amincie de bas en haut, est dépourvue de barbes, et garnie tout autour de barbellules spinuliformes, épaisses, coniques, aiguës, dirigées en haut ; on observe aussi des barbellules sur le haut de la partie barbée ; la partie supérieure est nue, c'est-à-dire dépourvue de barbes et de barbellules. L'aréole apicilaire de l'ovaire est couverte, en dedans de l'aigrette, par un plateau absolument analogue à celui de beaucoup de carduinées ; ce plateau est court, cylindrique, charnu, blanc ; il offre les traces des cinq vaisseaux de la corolle, et il porte en dedans de la corolle un nectaire charnu, jaunâtre, en forme de godet, ou de barillet excavé, denticulé.

Le fruit en mûrissant s'accroît considérablement, surtout en longueur, de sorte qu'il devient plus long que l'aigrette. Son sommet devient hérissé de longs poils articulés, flexueux, emmêlés. Ses côtes longitudinales deviennent munies de rides transversales qui forment des espèces de tubercules.

Le faisceau vasculaire ou fibreux du pédicellule se prolonge dans l'axe du placenta qui est assez élevé et celluleux ; ce faisceau est composé de cinq fibres ou vaisseaux, qui commencent à diverger un peu, presque dès la base du placenta, mais qui ne s'écartent manifestement qu'au sommet du placenta, où les cinq vaisseaux se séparent pour se distribuer dans le péricarpe. Ces cinq vaisseaux vont se rendre directement, sans se ramifier, au sommet de l'ovaire, où ils se rapprochent un peu en s'éloignant de la surface externe, pour entrer séparément dans le plateau, et de là dans la corolle et les étamines. Les côtes longitudinales du péricarpe cessent près du sommet et près de la base, parce que les fibres ou vaisseaux sont éloignés de la surface aux deux extrémités.

Le péricarpe est formé de trois couches : l'extérieure est une écorce lignifiée ; l'intérieure est une moelle mince, fugace, très-lâche, fongueuse, divisée en filamens, et qui bien certainement n'est point revêtue de cet épiderme ou membrane pariétale interne, que M. Richard nomme endocarpe, et qu'il prétend exister dans tous les fruits. Il est vrai que la paroi interne du péricarpe mûr paroît souvent être revêtue d'une membrane lisse : mais c'est une fausse apparence résultant de ce que l'enveloppe extérieure de la graine adhère dans ce cas au péricarpe, et se détache de l'enveloppe intérieure. La couche moyenne ou intermédiaire du péricarpe est une sorte de tube pentagone, ligneux, composé de cinq lames ou plaques larges, linéaires, ligneuses, extrêmement compactes, presque réunies par les bords; chacune de ces cinq lames contient un des cinq vaisseaux que nous avons décrits. Le jeune péricarpe encore succulent n'offre, au lieu des cinq lames, que cinq filets, qui, dans le fruit mûr, produisent cinq larges plaques ligneuses, en lignifiant le tissu qui les avoisine.

Indépendamment des cinq vaisseaux ou filets fibreux que nous avons observés, et qui montent dans le péricarpe, puis dans les autres parties de la fleur, pour nourrir tous ces organes, il doit y en avoir un sixième qui monte du placenta dans le funicule, pour nourrir l'ovule, et un ou deux autres qui descendent du style vers le funicule pour conduire le fluide spermatique du pollen. Mais nous n'avons pas pu découvrir et isoler ces vaisseaux, dont nous supposons l'existence. Il nous a paru que, vers le milieu du placenta, les cinq filets fibreux produisoient des ramifications externes, qui se portoient dans l'écorce du péricarpe. Nous avons cru aussi nous apercevoir que nos cinq filets, avant d'entrer dans le plateau, produisoient des ramifications internes qui se rendoient dans l'axe de ce plateau, du nectaire et du style. Enfin, les cinq filets nous ont semblé envoyer d'autres ramifications dans l'aigrette, et surtout dans les cinq grandes squamellules. L'aigrette nous a paru procéder de la partie corticale du péricarpe.

L'ovule n'occupe souvent que la partie inférieure de l'ovaire. Il n'offre qu'une masse continue de tissu cellulaire charnu, dont l'axe est presque mucilagineux ou gélatineux. La graine mûre s'étend d'un bout à l'autre du fruit; elle est cylindracée, amincie en pointe aux deux extrémités, surtout au sommet. Le funicule est très-court, très-gros, informe; il s'insère sur un côté de la graine, mais très-près de sa pointe basilaire. L'enveloppe de la graine paroît être un peu épaisse, coriace, cartilagineuse ou presque charnue, un peu opaque, grisâtre; mais elle est réellement composée de deux enveloppes bien distinctes : l'extérieure contient un gros vaisseau simple, non ramifié, qui part du funicule, rampe sur un côté jusqu'au sommet, et redescend du côté opposé jusque près de la base de la graine; nous avons remarqué que ce vaisseau correspondoit tantôt au dos des cotylédons, et tantôt à leurs bords; l'enveloppe intérieure est un véritable albumen ou périsperme, nullement adhérent à l'enveloppe extérieure ni à l'embryon, mais enveloppant entièrement celui-ci, et formé d'une membrane mince, cartilagineuse, qui, étant mouillée, devient charnue et un peu opaque.

L'embryon est d'un gris plombé; sa substance est formée de petites cellules rondes. Les cotylédons sont semi-cylindriques, amincis de bas en haut, très-épais, charnus, compactes; chacun d'eux contient trois vaisseaux; le sens de la direction de la face des cotylédons, relativement à la calathide, paroît être variable. La radicule, longue comme la moitié des cotylédons, auxquels elle est parfaitement continue, est cylindrique supérieurement, obconique inférieurement; on aperçoit dans son intérieur le rudiment ou linéament primitif du corps ligneux futur. La plumule n'est point apparente à la base des cotylédons; mais elle se trouve au milieu de la hauteur de la radicule, dans son axe, et la moitié supérieure de la radicule est fendue intérieurement pour livrer passage à la plumule; nous pensons que cette partie de la radicule qui surmonte la plumule, doit être attribuée aux cotylédons qui seroient entregreffés inférieurement.

L'ovaire de l'*helianthus annuus* n'est point supporté par un pédicellule. Son aréole basilaire forme une échancrure oblique, latérale, située sur le côté intérieur, large, ovale, transverse, adhérente au clinanthe par toute sa surface, et entourée d'un très-petit rebord formé par le corps de l'ovaire; cette aréole est cellulaire et n'offre qu'un seul gros vaisseau très-excentrique, situé du côté de la base rationnelle de l'ovaire. Le corps de l'ovaire est très-alongé, obovoïde, manifestement comprimé sur deux faces latérales convexes, blanc pendant

la fleuraison, gris à la maturité, n'offrant à sa surface ni nervures, ni sillons, ni cannelures, mais tout hérissé de poils dressés, courts, minces, cylindriques, non articulés, un peu obtus,
et le plus souvent un peu fourchus à l'extrémité. Le sommet
de l'ovaire est large, arrondi, glabre; le centre de ce sommet est occupé par l'aréole apicilaire, qui est petite, presque
orbiculaire, plane, entourée d'un très-petit rebord arrondi,
point distinct du corps de l'ovaire, mais glabre comme le
petit rebord de l'aréole basilaire. Celui de l'aréole apicilaire
donne naissance, de son bord extérieur, aux deux squamellules de l'aigrette, qui sont très-distantes l'une de l'autre, et
situées sur deux points opposés correspondans aux deux arêtes
du corps de l'ovaire. Ces deux squamellules sont paléiformes,
articulées, caduques, n'adhérant que par un point de leur
base; chacune d'elles est ovale inférieurement, demi-lancéolée
supérieurement, irrégulièrement denticulée sur les bords,
convexe extérieurement, concave intérieurement, membraneuse, incolore, transparente, munie d'une grosse nervure
médiaire longitudinale, charnue, saillante en dehors, un peu
prolongée au sommet en forme d'arête subtriquètre et comme
spinulée ou barbellulée sur les trois angles. L'aréole apicilaire de l'ovaire porte un petit nectaire blanc, cylindrique,
creux.

L'aréole basilaire n'offre en apparence qu'un seul filet fibreux, qui n'est point la souche des vaisseaux du péricarpe,
mais qui passe tout entier dans le support de l'ovule. Le péricarpe contient deux gros vaisseaux longitudinaux, correspondans aux deux côtés extérieur et intérieur, et une trentaine
environ de petits vaisseaux parallèles correspondans aux deux
faces latérales. Tous ces vaisseaux grands et petits naissent
sans aucun doute près des bords de l'aréole basilaire, quoiqu'on
ne les y voie pas, parce qu'ils sont en général peu apparens.
Au sommet de l'ovaire, on ne voit plus sur le bord intérieur
de l'aréole apicilaire que les traces de cinq gros vaisseaux,
égaux, bien distincts, également espacés, qui se continuent
dans la corolle et dans les étamines. Les nervures des deux
squamellules de l'aigrette tirent leur origine des deux gros
vaisseaux du péricarpe. Une coupe transversale, pratiquée
un peu au-dessous de l'aréole apicilaire, fait voir une large

trace centrale, qui indique peut-être l'origine du style. Enfin, nous avons cru apercevoir dans le placenta, indépendamment du filet central, plusieurs vaisseaux qui semblent partir de l'aréole basilaire, et se joindre au funicule, vers le milieu de la hauteur du placenta ; seroient-ce les conducteurs de la fécondation? Le péricarpe est épais, cellulaire, d'un tissu serré, charnu et presque cartilagineux extérieurement, lâche et fongueux ou spongieux intérieurement. Les vaisseaux se trouvent dans la partie fongueuse, tout près de la partie charnue. Il y a un épiderme extérieur bien distinct, mais point d'épiderme intérieur. On reconnoît facilement que l'ovaire est une masse cellulaire pleine, dans la base de laquelle l'ovule se forme. La couleur grise, que prend le fruit en mûrissant , est due à une multitude de points bruns ou noirs, situés très-près les uns des autres sous l'épiderme où ils forment une couche ; ces points sont des cellules alongées, interrompues, pleines de suc propre. La partie extérieure charnue ou cartilagineuse du péricarpe devient dure, sèche et ligneuse à la maturité ; elle est comme divisée en une multitude de prismes, par des sortes de prolongemens de la substance fongueuse, ou du moins par des prolongemens moins compactes.

L'ovule n'occupe que la partie inférieure de la cavité de l'ovaire. Le vaisseau ou filet fibreux, dont on voit la trace sur l'aréole basilaire, traverse de bas en haut l'axe du placenta, et s'élève au-dessus de lui pour former le funicule, qui est très-court, très-gros, cylindracé, un peu informe, et qui s'insère sur le côté extérieur de l'ovule, auprès de sa pointe basilaire. A l'endroit où le funicule sort du placenta, nous observons une sorte de nœud ou de coude, formé par ce funicule, et qui indique sans doute le lieu où aboutissent les conducteurs de la fécondation, dont nous n'avons pas pu suivre la trace. L'ovule est une masse pleine, continue, cellulaire, ayant près de sa surface des vaisseaux qui seront décrits ci-après; la partie inférieure de l'axe de l'ovule est mucilagineuse, et c'est là sans doute que se forme l'embryon, qui, en croissant, absorbe tout ce tissu cellulaire, à l'exception de la partie extérieure qui se réduit à l'état membraneux, et devient l'enveloppe de la graine.

La graine mûre remplit toute la capacité du fruit : elle est

blanche, lisse, obovale, comprimée sur deux faces correspondantes à celles du fruit. Un gros vaisseau émané du funicule
s'élève en rampant sur le côté extérieur de la graine, et redescend en rampant sur le côté opposé presque jusqu'à la
pointe basilaire; ce vaisseau produit vers le sommet deux ou
trois rameaux simples, alternes, qui descendent presque jusqu'à la base de la graine en rampant sur ses deux faces. Le
vaisseau et ses rameaux appartiennent à l'enveloppe de la
graine, qui paroît n'être qu'une membrane simple, très-mince,
très-transparente, entièrement épidermiforme, composée
d'une seule couche de cellules à peu près rondes.

L'embryon a deux cotylédons correspondans aux deux faces
de la graine, ovales, larges, épais, charnus, blancs, convexes
sur la face extérieure, plans sur la face intérieure. On ne distingue point du tout leurs organes élémentaires, ce qui prouve
que les cellules dont ils sont formés sont remplies de fécule. La
radicule parfaitement continue aux cotylédons, est grosse,
obconique, obtuse; c'est une masse continue, entièrement
formée de petites cellules rondes; mais on observe déjà sur sa
coupe transversale, un cercle qui indique le rudiment du
corps ligneux et la séparation future de deux tissus cellulaires,
l'un extérieur formant l'écorce, l'autre intérieur formant la
moelle. La plumule naît sur le centre du sommet de la radicule, et s'élève entre les bases des deux cotylédons; elle est
très-petite, conique, et offre déjà les rudimens de deux feuilles,
dont l'une, plus grande, recouvre l'autre en partie, ce qui annonce que ces deux premières feuilles seront alternes.

Nous avons étudié anatomiquement l'ovaire de plusieurs
espèces d'*arctotis*; mais, pour abréger, nous supprimerons ici
tous les détails descriptifs étrangers au seul point important
sur lequel nous voulons fixer l'attention du lecteur. Cet ovaire
offre une face intérieure, c'est-à-dire, regardant le centre de
la calathide, et une face extérieure, c'est-à-dire, regardant la
circonférence de la calathide. La face intérieure est garnie de
poils et dépourvue de côtes; la face extérieure est presque
glabre et pourvue de cinq côtes plus ou moins saillantes en
dehors. La coupe transversale de l'ovaire fait voir que son
ovule est très-excentrique, et situé près de la face intérieure
velue et privée de côtes. On reconnoît aussi que deux des cinq

côtes sont éloignées des trois autres, et qu'elles occupent les deux bords qui séparent la face intérieure de la face extérieure, en sorte qu'elles n'appartiennent pas plus à l'une qu'à l'autre de ces deux faces ; mais les trois autres côtes, beaucoup plus fortes et plus saillantes, occupent le milieu de la face extérieure, où elles sont très-rapprochées, et séparées seulement par deux sillons très-étroits et très-profonds. Celle du milieu est plus étroite ; les deux autres sont larges, et paroissent être deux loges pleines de parenchyme au lieu d'ovules ; en sorte que l'ovaire des véritables *arctotis* semble avoir trois loges, dont une seule, bien conformée, contient un ovule, et les deux autres, stériles par l'avortement de leurs ovules, sont remplies de parenchyme.

Supposons que ces trois loges soient toutes égales, semblables, bien conformées et contenant chacune un ovule, nous aurions alors un ovaire de forme très-régulière, qui offriroit extérieurement trois côtes ou nervures correspondantes aux trois cloisons.

Si nous supposons au contraire que les deux loges stériles avortent complètement, nous aurons l'ovaire de l'*arctotheca repens*, qui offre une face intérieure dépourvue de côtes, et une face extérieure munie de cinq côtes, toutes également réduites à l'état de simples filets cylindriques imitant des nervures saillantes.

Il importoit de comparer le singulier ovaire des *arctotis* avec celui de quelque plante où cet organe a trois loges monospermes. Les valérianées nous parurent parfaitement propres à cette comparaison, parce qu'elles sont assez voisines des synanthérées, et que leur ovaire toujours indéhiscent est tantôt uniloculaire, tantôt à trois loges dont deux sont stériles.

L'ovaire du *centranthus ruber* offre cinq côtes sur la face extérieure, et une seule côte sur la face intérieure. Il est uniloculaire et uniovulé ; mais on peut supposer qu'il est construit sur le type d'un ovaire triloculaire, triovulé, dont deux loges et deux ovules sont constamment avortés dès l'origine ; ce qui expliqueroit la disposition irrégulière des côtes, celles qui sont rapprochées sur la même face paroissant représenter les deux parties avortées. En effet, cet ovaire a six côtes, dont trois semblent devoir correspondre aux trois cloisons, et les trois autres aux milieux des trois loges. Malgré quelques diffé-rences, l'ovaire du *centranthus* est, selon nous, comparable à celui de l'*arctotheca*.

L'ovaire du *valeriana tuberosa* est aplati sur deux faces: l'une glabre, portant une seule côte médiaire; l'autre un peu velue, portant trois côtes. Deux autres côtes forment les deux arêtes latérales séparant les deux faces. Chacune des six côtes contient un vaisseau.

L'ovaire du *valeriana officinalis* ne diffère du précédent que parce qu'il est tout glabre.

L'ovaire du *fedia cornucopiæ* paroît être comprimé sur deux faces latérales : l'une plane et glabre; l'autre convexe et poilue. La coupe transversale fait voir qu'une grande loge contenant un ovule correspond à la côte médiaire de la face convexe et poilue, et que deux petites loges privées d'ovules corres-pondent aux deux côtés de la face plane et glabre. L'analogie avec les *arctotis* est ici de la plus parfaite évidence.

L'ovaire du *valerianella olitoria* est triloculaire, et muni de six nervures, dont trois correspondent aux trois cloisons, et trois aux milieux des trois loges. Cet ovaire est irrégulier, parce que la loge dorsale, qui seule contient un ovule, est la plus petite; les deux autres sont grandes, mais vides, et comme repliées l'une vers l'autre, de manière à former entre elles, par leur rapprochement, un sillon ou rainure, ce qui représente très-bien la disposition des deux loges stériles de l'ovaire des *arctotis*.

Les observations qu'on vient de lire démontrent suffisam-ment quatre propositions que nous avons avancées il y a long-temps, que quelques botanistes se sont appropriées depuis sans nous citer, et que d'autres ont rejetées comme absurdes : 1.º L'ovaire des arctotidées est très-analogue à celui des valéria-nées ; 2.º l'ovaire des *arctotis* a trois loges, dont deux sont demi-avortées par suite de l'avortement complet de leurs ovules; 3.º l'ovaire des synanthérées a pour type régulier un ovaire triloculaire, triovulé, et non point un ovaire biloculaire, comme le prétend M. R. Brown dans ses Observations sur les Composées (Voyez, dans le Journal de Physique de mai 1818, la cinquième observation de ce botaniste, et une note de nous sur cette observation.); 4.º l'irrégularité de l'ovaire des synanthérées résulte de l'avortement de deux des trois loges, lequel avortement a lieu sur le côté de l'ovaire qui regarde le péricline.

La crainte de trop alonger cet article nous empêche de présenter ici d'autres considérations importantes sur la nature et les rapports des organes floraux des synanthérées, et principalement de l'ovaire. On trouvera ces considérations dans notre Mémoire sur une monstruosisé de *Cirsium tricephalodes*, publié dans le Journal de Physique de décembre 1819. (H. Cass.)

LAPPA. (*Entom.*) On trouve ce nom, indiqué dans la dernière édition du Dictionnaire d'Histoire naturelle de Deterville, comme synonyme, en italien, de guêpe frelon. (C. D.)

LAPPAGINE (*Bot.*), *Lappago*, Willd. Genre de plantes monocotylédones, de la famille des *graminées*, Juss., et de la *triandrie digynie* du système linnéen ; dont les principaux caractères son d'avoir : Un calice de deux glumes uniflores, dont l'extérieure plus grande, cartilagineuse, hérissée de pointes, l'intérieure plus étroite ; une corolle de deux balles membraneuses, plus courtes que les glumes ; trois étamines ; un ovaire supérieur, échancré à son sommet, presque à deux cornes ; deux stigmates plumeux. Ce genre ne comprend que l'espèce suivante :

Lappagine a grappe : *Lappago racemosa*, Willd., *Spec.*, 1, pag. 484 ; Host., *Gram.*, 1, pag. 28, tab. 36 ; *Cenchrus racemosus*, Linn., *Spec.*, 1487 ; *Tragus racemosus*, Hall., *Helv.*, n.° 1413. Sa racine est annuelle ; elle produit plusieurs chaumes rameux et couchés à leur base, ensuite redressés, longs de trois à six pouces, garnis de feuilles ciliées en leurs bords. Les fleurs sont verdâtres ou rougeâtres, portées trois à cinq ensemble sur des pédoncules assez courts, et disposées en une petite grappe terminale. Cette plante croît dans les champs et les terrains sablonneux en France, dans le midi de l'Europe, dans l'Arabie, dans l'Inde, etc. (L. D.)

LAPPAGO. (*Bot.*) Ce nom a été donné à des plantes qui, comme la tête de la bardane, *lappa*, s'attachent aux vêtemens des passans par des pointes ou crochets qui couvrent leur surface. Le *lappago* de Pline est, suivant Césalpin, un caillelait ; suivant d'autres, un gratteron ; suivant Anguillara cité par C. Bauhin, le *veronica hederæfolia*, qui cependant n'a point d'aspérités. Schreber et Willdenow nomment *lappago* un genre de graminée, dont la glume est couverte d'aiguillons, et qui antérieurement étoit le *tragus* de Halier, adopté par M. Desfontaines. (J.)

LAPPARON. (*Bot.*) Voyez HELXINE. (J.)

LAPPETAS (*Bot.*), nom languedocien de la bardane, *lappa*, cité par Gouan. (J.)

LAPPHAR (*Bot.*), nom du *nardus stricta*, plante graminée, dans la Laponie, suivant Linnæus. (J.)

LAPPSCHUH (*Bot.*), un des noms de l'aconit jaune, *aconitum lycoctonum*, dans la Laponie, suivant Linnæus. (J.)

LAPPSKATA (*Ornith.*), un des noms suédois du *corvus infaustus* de Linnæus, et de Sparrman, *Mus. Carsl.*, pl. 76, ou geai boréal, *garrulus infaustus*, Vieill. (CH. D.)

LAPPSKOGRÆS. (*Bot.*) Ce nom, qui signifie chiendent des sabots des Lapons, est donné, par les habitans de la Laponie, à une laiche, *carex vesicaria*, ou une de ses variétés, abondante dans ces climats. Ils la récoltent dans l'été, la travaillent et la peignent comme du chanvre; et dans l'hiver, ils en enveloppent leurs pieds, en emplissent leurs sabots, en mettent même dans leurs gants; et, par ce moyen, ils se garantissent de l'action du grand froid, au point de n'être pas sujets aux engelures. (J.)

LAPPULA. (*Bot.*) Nom donné anciennement à des plantes dont les fruits étoient hérissés de pointes comme les têtes de la bardane, *lappa*, mais beaucoup plus petites; telles sont diverses caucalides, et surtout le *caucalis grandiflora;* tels sont encore un *triumfetta* et un *myosotis*, auxquels, pour cette raison, on donne le surnom de *lappula*. Le premier des deux genres a reçu le nom françois *lappulier*. Mœnch a voulu faire du second un genre nommé par lui *lappula*, dans lequel il rangeoit les espèces de *myosotis* à fruit hérissé, laissant sous le nom primitif celles à fruits lisses. Cette séparation n'a pas été adoptée. (J.)

LAPPULIER, *Triumfetta.* (*Bot.*) Genre de plantes dicotylédones, à fleurs complètes, polypétalées, régulières, de la famille des *tiliacées*, de la *dodécandrie monogynie* de Linnæus, offrant pour caractère essentiel : Un calice quelquefois nul, à cinq folioles conniventes; cinq pétales linéaires; environ seize étamines; un ovaire supérieur, arrondi; un style; un stigmate bifide. Le fruit est une capsule globuleuse, hérissée de pointes accrochantes, à quatre loges, s'ouvrant en quatre parties, contenant une ou deux semences dans chaque loge. (Voyez BARTRAME.)

LAPPULIER SINUÉ : *Triumfetta lappula*, Linn.; Lamk., *Ill. gen.*, tab. 400, fig. 1; Plum., *Amer.*, tab. 255; Jacq., *Amer. Pict.*, 71; vulgairement HERBE A COUSIN. Arbrisseau cultivé au Jardin du Roi, à tige droite, cylindrique, haute de six à huit pieds; dont les rameaux sont tomenteux; les feuilles alternes, pétiolées, un peu en cœur, arrondies, sinuées, presque laciniées, larges comme la paume de la main, douces au toucher, veloutées en dessous; les fleurs petites, souvent sans corolle, disposées en petites ombelles latérales et axillaires, formant par leur ensemble des grappes terminales. Les capsules sont petites, hérissées de pointes accrochantes. Cette plante croît aux Antilles, à Saint-Domingue, aux lieux incultes. Elle passe pour astringente. Aublet, qui l'a également observée à l'Ile-de-France, dit qu'on se sert de ses tiges pour fabriquer des paniers, et que plusieurs habitans, l'ayant fait macérer et préparer, à la manière de notre chanvre, en ont obtenu une filasse dont ils ont fait du très-beau et bon fil.

LAPPULIER TRILOBÉ : *Triumfetta semi-triloba*, Linn.; Jacq., *Hort.*, 3, tab. 76; Pluk., *Almag.*, tab. 245, fig. 7. Cet arbrisseau diffère du précédent par la forme de ses feuilles ovales, très-souvent divisées en trois lobes à leur sommet, celui du milieu plus grand; les fleurs disposées comme dans l'espèce précédente, mais complètes, pourvues de calice et de corolle. Les capsules sont grosses presque comme des pois, hérissées de pointes très-accrochantes. Cet arbrisseau croît dans les pays chauds de l'Amérique.

LAPPULIER ANGULEUX : *Triumfetta angulata*, Lamk., Dict. et *Ill. gen.*, tab. 400, fig. 1; *Sub bartramia*, Pluk., *Almag.*, tab. 41, fig. 5; *Bartramia lappago*, Gærtn.; *Triumfetta bartramia*, Willd. Ses tiges sont grêles, légèrement velues, hautes d'un à deux pieds; les feuilles ovales, anguleuses antérieurement, entières à leur base, dentées sur leurs bords, verdâtres en dessus, un peu velues, blanchâtres en dessous: les supérieures presque sessiles; les fleurs complètes, axillaires, réunies trois à cinq par petits bouquets presque sessiles. Cette plante croît dans les Indes orientales.

Lappulier glanduleux : *Triumfetta glandulosa*, Lamk., Dict., et *Ill. gen.*, tab. 400, fig. 2, *sub bartramia*. Plante de l'Ile-de-France, à tige presque glabre, rameuse, dont les feuilles sont larges, ovales, arrondies, inégalement dentées, à trois nervures; les dents inférieures glanduleuses en dessous, les pétioles assez longs, surtout aux feuilles inférieures; les fleurs complètes, agglomérées, axillaires; les fruits globuleux, velus, hérissés de petites pointes crochues à leur extrémité.

Lappulier a grandes feuilles; *Triumfetta macrophylla*, Vahl, *Egl.*, 2, pag. 34. Rapprochée du lappulier sinué, cette espèce en diffère par ses fleurs complètes, par ses feuilles plus grandes, ovales, en cœur, entières, tomenteuses, acuminées, dentées en scie, glanduleuses à leur base. Les tiges sont ligneuses, cylindriques, pubescentes et ramifiées. Cette plante croît dans l'Amérique méridionale. (Poir.)

LAPPWING. (*Ornith.*) Les Anglois nomment ainsi le vanneau, *tringa vanellus*, Linn. (Ch. D.)

LAPSANA. (*Bot.*) Voyez Lampsana. (J.) — Voyez Lampsane. (H. Cass.)

LAP-TZOY. (*Ornith.*) L'oiseau qui se nomme ainsi en Chine, est le gros-bec asiatique, *loxia asiatica*, Lath. (Ch. D.)

LAPUSCH (*Bot.*), nom hongrois de l'oseille, selon Mentzel. (J.)

LAQUE ou LACQUE (*Entom.*), vulgairement Gomme lacque, *Lacca*, *Laccæ gummi*. C'est une matière résineuse, sur l'origine de laquelle les naturalistes ont été long-temps incertains. Il paroît constant aujourd'hui que cette substance est un suc qui découle de plusieurs espèces de plantes, et qui paroît être produit par la présence d'un insecte du genre Coccus ou Cochenille. Les arbres que l'on cite comme produisant la laque, sont le *croton bacciferum*, les *mimosa corinda* et *cinerea*; les *ficus indica* et *religiosa*, le *rhamnus jujuba*, et l'*arbor praso* ou *plaso* de l'*Hortus Malabaricus*, qui est, dit-on, une sorte de *croton*. Murrai a donné, dans le quatrième volume de son *Apparatus medicaminum*, une dissertation intéressante et fort érudite sur ce sujet; nous allons y puiser les faits principaux qui composeront cet article.

Linnæus, d'après Hermann, a dit que la laque provenoit

du croton ; mais James Kerr, dans une dissertation très-sa-
vante sur ce sujet, et qu'il a insérée dans le soixante-onzième
volume des Transactions philosophiques, assure qu'au Bengale,
c'est principalement sur les branches des deux espèces de
figuier citées plus haut, et sur le jujubier, qu'on recueille cette
matière. Il dit que lorsque les extrémités des branches de ces
différens arbres sont attaquées par l'insecte, elles se flétrissent,
se dessèchent, après avoir perdu leurs feuilles et leurs fruits.
Les insectes s'y trouvent placés dans une matière poisseuse
qui s'attache aux pattes des oiseaux, qui les transportent ainsi
d'un arbre à l'autre. C'est surtout sur les arbres des forêts incultes qui bordent les rives du Gange, que cette production
est commune. Celle qui se développe sur le jujubier est d'une
couleur moins foncée, et, par cela même, elle est à moindre
prix que celle qui découle des figuiers et du plason. On recueille cette matière en brisant tout simplement les branches
sur lesquelles elle adhère fortement. On avoit attribué, d'abord,
à des fourmis la production de cette matière ; mais quelques
observateurs instruits, ayant examiné avec soin les fragmens
ou parties d'insectes que renferme souvent la lacque, ils y
reconnurent des portions de cochenilles. Déjà, en 1714,
Geoffroy inséra, d'abord, dans les Mémoires de l'Académie des
Sciences, et ensuite dans les Actes des curieux de la nature, le
résultat de ses recherches. Il vit que, dans les morceaux de
lacque, il étoit facile de reconnoitre des espèces d'alvéoles
réguliers, dans lesquels on pouvoit apercevoir de petits œufs,
des larves, des nymphes et des insectes parfaits. Mais c'est à
James Kerr, dans le Mémoire cité plus haut sur l'Histoire naturelle des Insectes qui produisent la gomme laque, qu'il faut
réellement attribuer la découverte du véritable insecte dont
il a donné des figures, et qu'il a nommé la cochenille laque. Il
résulte de cette description que l'insecte n'a guère de grosseur
que celle d'un pou; qu'il est de couleur rouge, formé de douze
articulations centrales, muni de six pattes; ovale en arrière,
et terminé par des soies. D'ailleurs, ses métamorphoses sont
absolument celles de toutes les cochenilles ou chermès.

On distingue dans le commerce plusieurs sortes de gommes
laques : 1.º celle dite en bâtons, que les Anglois appellent
strick lac. C'est une matière dont la couleur rouge est plus ou

moins foncée, presque transparente, inégale, raboteuse, noueuse, dure, mais friable, formant une sorte de croûte de l'épaisseur d'une ligne, autour d'un petit bâton, dans une étendue de quelques pouces. La surface est ordinairement percée de petits trous qui communiquent avec les petits vides ou alvéoles intérieurs qui contenoient les insectes. Cette laque en bâtons provient principalement du Bengale, du Pégu, du Malabar et des provinces des Cohuixchi et de Tlahuichi, au Mexique.

2.° *La laque en grains*, qui n'est composée que des morceaux distincts de celle dite en bâtons. Quand on liquéfie à l'aide du feu cette laque, on lui donne différentes formes, sous lesquelles elle passe dans le commerce. On la dit alors tantôt en gâteaux ou en pains, que l'on désigne en Angleterre sous le nom de *lump lac;* tantôt elle est en écailles ou en tablettes, *shell lac.* Kerr a donné des détails sur la manière dont on obtient ces différentes sortes de laques.

On tire de la laque une couleur rouge, et on a donné ce nom de laque à l'alumine colorée, précipitée de diverses teintures.

La laque est employée principalement dans les arts pour faire des vernis qui prennent beaucoup de solidité · elle entre dans la composition de la cire à cacheter. Autrefois, on employoit la laque en médecine. Cette matière sera probablement examinée sous le rapport chimique, dans un article à part. (C. D.)

LAQUE. (*Chim.*) Voyez RÉSINE LAQUE. (CH.)

LAQUE ou LACQUES. (*Chim.*) Ces matières sont essentiellement formées d'un principe colorant organique, uni soit à une base soluble, soit à un sous-sel. Ces combinaisons sont insolubles dans l'eau froide : elles sont employées dans la peinture, avec l'huile ou avec la gomme. Assez souvent on les mêle avec de l'amidon. On les prépare ordinairement en versant de la potasse, de la soude ou de l'ammoniaque à l'état caustique ou de carbonate, dans une infusion colorée où l'on a mis préalablement de l'alun, du sel, etc. (CH.)

LAQUIL. (*Bot.*) Dans l'herbier du Pérou, de Dombey, on trouve sous ce nom un arbrisseau que Ventenat a nommé *colletia serratifolia*, rapporté à la famille des rhamnées. (J.)

LAR (*Ornith.*), ancien nom des mouettes, en latin *larus*.
(Ch. D.)

LAR. (*Mamm.*) Le nom de *simia lar* a été donné par Linnæus
à un Gibbon. Voyez ce mot et l'article Orang. (Desm.)

LARANGEIRO (*Bot.*), nom portugais de l'oranger, selon
M. Vandelli. (J.)

LARANIETI. (*Bot.*) Nom caraïbe d'un médicinier, *jatropha
urens*, cité dans l'herbier de Surian. C'est peut-être le même
ou une plante presque congénère, qu'il nomme *larani* dans un
catalogue imprimé à la fin du traité des drogues de Lemery,
année 1699, et qu'il croit être un ricin. (J.)

LARBRÉE, *Labrea*. (*Bot.*) M. Auguste de Saint-Hilaire a
proposé dans les Mémoires du Muséum d'histoire naturelle,
vol. II, pag. 287, d'établir sous ce nom un genre de plantes
formé de la stellaire aquatique (*stellaria aquatica*, Linn.), qui
s'écarte des autres stellaires par quelques caractères particuliers. Ceux de ce nouveau genre sont d'avoir : Un calice monophylle, à cinq divisions, urcéolé à sa base ; une corolle de cinq
pétales bifides, périgynes ; dix étamines périgynes ; un ovaire
supère, surmonté de trois styles ; une capsule uniloculaire,
s'ouvrant au sommet en six valves, et contenant plusieurs
graines attachées à un axe central. (L. D.)

LARDAJOLO. (*Bot.*) Petit agaric comestible décrit par Micheli, et qui croît aux environs de Florence. Il a la forme d'un
entonnoir. Son chapeau est visqueux, ondulé sur le bord, d'un
rouge foncé tirant sur la couleur de la lacque en dessus, blanc en
dessous, de même que le stipe. Ce champignon, qui est une
des *rougeotes d'Italie* de Paulet, est rapporté aussi à l'*agaricus
russula* de Schælfer, Ch. Bav., t. 158. (Lem.)

LARDÈRE. (*Ornith.*) L'oiseau qui porte ce nom en Savoie,
et celui de *larderiche* dans quelques cantons, est la mésange
charbonnière, *parus major*, Linn, qu'on appelle aussi *lardier*.
La petite mésange bleue, *parus cœruleus*, Linn., est appelée en
Savoie *larderon*, en Provence *lardoire*, et en Languedoc *lar-
dieiro*. (Ch. D.)

LARDITE. (*Min.*) Ce n'est pas la pierre nommée vulgairement *pierre de lard*, et qui est une stéatite ; mais on donne
quelquefois ce nom à des morceaux de quarz qui, par leur
couleur, leurs zones rougeâtres, leur translucidité et leur aspect,

ont quelque ressemblance avec le lard. On dit qu'on trouve cette variété de quarz dans les montagnes du Forez. (B.)

LARDIZABALA. (*Bot.*) Genre de plantes dicotylédones, à fleurs incomplètes, dioïques ou polygames, de la famille des *ménispermées*, de la *polygamie monoécie* de Linnæus, offrant pour caractère essentiel : Un calice écailleux ; les écailles disposées sur deux ou trois rangs ; trois écailles à chaque rang ; six pétales sur deux rangs, insérés sur le réceptacle ; six étamines libres ; les anthères stériles ; six autres monadelphes, en cylindre ; six anthères fertiles, ovales, s'ouvrant en dehors ; trois ou six ovaires distincts, supérieurs ; point de style ; les stigmates en tête, persistans ; autant de baies charnues, à six loges monospermes ; point de pistil dans les fleurs mâles.

Lardizabala biterné : *Lardizabala biternata*, Ruiz et Pav., *Syst. veg. Per.*, 286, et *Prodr.*, tab. 57 ; Lapeyr. Voyag., 4, pag. 265, tab. 6, 7, 8 ; Decand, *Syst. Veg.*, 1, pag. 512. Arbrisseau glabre, sarmenteux ; les rameaux alternes, cylindriques ; les feuilles deux fois ternées, le pétiole trifide ; chaque branche trifoliée ; les folioles coriaces, oblongues, aiguës, inégales à leur base, à peine dentées, longues d'un à deux pouces, d'un vert foncé, nerveuses et réticulées en dessous ; les fleurs dioïques ; les pédoncules axillaires, solitaires, uniflores pour les fleurs femelles ; les fleurs mâles disposées en grappes plus longues que les feuilles, accompagnées de deux bractées opposées à la base des pédicelles, axillaires, caduques ; les écailles du calice oblongues, aiguës ; les pétales plus courts que le calice ; l s baies oblongues, obtuses, cylindriques, longues de deux ou trois pouces, larges d'un pouce ; les semences renflées, presque toruleuses. Cette plante croit dans les forêts au Chili. Le fruit renferme une pulpe douce, d'une saveur agréable : on le mange ; les habitans le recueillent, et en font commerce.

Lardizabala triterné : *Lardizabala triternata*, Ruiz et Pav., l. c. ; Decand., *Syst. Veg.*, l. c. Cet arbrisseau a ses tiges grimpantes ; ses feuilles deux ou trois fois ternées, glabres, coriaces, d'un vert cendré ; les folioles ovales, obtuses, très-entières ; les pédoncules des fleurs femelles axillaires, uniflores, plus courts que les feuilles ; les fleurs mâles munies de larges bractées ovales; les fruits oblongs, cylindriques. Cette plante croit au Chili.

Lardizabala trifolié; *Lardizabala trifoliata*, Decand., *Syst. Veg.*, 1, pag. 513. Arbrisseau du Pérou très-rameux, un peu sarmenteux, offrant le port d'un glycine. Ses rameaux sont tortueux; ses feuilles ternées, trifoliées; les folioles ovales, obtuses, un peu en cœur à leur base, entières ou presque trilobées, longues d'un demi-pouce; les pedoncules femelles uniflores; les mâles divisés en rameaux dichotomes; les bractées très-petites, opposées; les fleurs d'un blanc jaunâtre, fort petites. (Poir.)

LARE. (*Ornith.*) Traduction du mot Larus, nom du genre des oiseaux connus sous les noms de mouettes, goélands, etc. (Desm.)

LARES. (*Conchyl.*) On trouve quelquefois ce nom dans les catalogues de vente d'objets d'histoire naturelle, pour désigner une coquille dont la surface est hérissée de tubercules un peu en forme de lardons, *murex melongena*, Linn., rangée maintenant, par M. de Lamarck, dans son genre Pyrule. Voyez ce mot. (De B.)

LARE-TITE. (*Ornith.*) L'oiseau, désigné en Norwège par ce nom et celui de *lare-titring*, est, suivant Brunnich, *Orn. Bor.*, n.° 157, le chevalier, *scolopax totanus*, Linn. (Ch. D.)

LAREX. (*Bot.*) Voyez Larix, dont il est synonyme dans les écrits des anciens. (Lem.)

LARGE FEUILLE. (*Bot.*) Le traducteur de Daléchamps emploie ce nom françois pour désigner le *platyphyllos*, espèce de chêne. (J.)

LARGE-RAIE (*Ichthyol.*), nom spécifique d'un poisson du genre Tænianote. Voyez ce mot. (H. C.)

LARIMUS. (*Ichthyol.*) Ovide et Pline ont parlé, sous ce nom, d'un poisson qui vit parmi les herbes, et qu'il ne nous est pas possible de déterminer. (H. C.)

LARIX. (*Bot.*) Ce genre, nommé en françois mélèze, étoit distingué, par ses feuilles rassemblées en paquets ou faisceaux, du genre Sapin, *abies*, dont les feuilles sont solitaires, partant chacune séparément d'un point distinct. Comme les caractères de la fructification sont les mêmes dans ces deux genres de Tournefort que dans le pin, *pinus*, ils lui avoient été réunis par Linnæus. Cependant celui-ci diffère des deux précédens, non seulement parce que ses feuilles sortent au nombre de deux, et plus rarement trois à cinq, d'une même gaîne, mais encore par le renflement de l'extrémité des écailles qui séparent les fleurs femelles ou les graines. Ces écailles sont, au contraire, amincies dans le mélèze et le sapin. Cette différence nous a engagé à conserver, avec Tournefort, le genre *Pinus* sans mélange, et à laisser le *larix* et l'*abies* réunis sous le nom du dernier. Ainsi on réunit à l'*abies*, soit le mélèze, soit le cèdre du Liban, qui étoient l'un et l'autre nommés *larix* par Tournefort. (J.)

LARK (*Ornith.*), nom générique des alouettes, en anglois. (Ch. D.)

LARME DU CHRIST. (*Bot.*) Voyez Larmille. (Lem.)

LARME DE JOB. (*Bot.*) La plante graminée qui porte ce nom françois ou celui de larmille, est le *lacryma Jobi* de Lobel, Clusius, Dodoens, Daléchamps, etc.; le *lachryma* de Césalpin, le *lachryma Christi* de Tragus et de Gesner. On a pensé aussi qu'elle pouvoit être le *coix* de Théophraste; et Linnæus, adoptant cette idée, emploie ce dernier nom pour désigner ce genre. (J.)

LARME DE JOB. (*Bot.*) On donnoit autrefois ce nom au staphylier à feuilles ailées, dont les graines dures et brillantes servoient pour faire des chapelets. (L. D.)

LARME DE LA VIERGE. (*Bot.*) On donne ce nom, en Italie, à l'ornithogale arabique. (L. D.)

LARME MARINE. (*Zoolog.*) L'abbé Dicquemare a décrit et figuré, dans le tom. XIII, part. 2 du Journal de Physique, de petites vessies de la grandeur et de la forme des larmes bataviques, remplies d'une glaire tenace, et qu'il avoit trouvées au Havre sur le sable et les plantes marines, plus ou moins adhérentes par leur pointe. En suivant leur évolution il y vit un grand nombre de petits points noirs qui se transformèrent peu à peu en espèces de vers, ou même, dit-il, de chenilles, et dont il donne la description. Leurs mouvemens étoient assez vifs; la longueur du corps égaloit seize fois sa largeur; à la partie antérieure ou sur la tête étoient deux points noirs; entre la tête et le corps des espèces de bourses qui se gonfloient alternativement ou toutes ensemble; de chaque côté du corps il y avoit neuf mamelons d'où sortoient des poils; à la partie postérieure qui se terminoit par deux appendices garnis aussi de poils, il y en avoit deux autres paires plus longues et formées un peu comme les jambes des chenilles. Ces petits animaux sont de la grosseur du vibrion. Il figure aussi comme trouvée dans la même glaire une très-petite néréide, à ce que je suppose. Quant à l'autre petit animal, le nombre des articulations qui me paroît n'être pas au-dessus de quatorze, me fait présumer que c'est réellement une larve d'insectes hexapodes. M. Bosc pense que ces larmes marines sont le frai de quelque poisson ou de quelque mollusque, et que les petits animaux qui y ont été trouvés par Dicquemare y avoient été déposés et vivoient de sa substance. C'est encore un point à éclaircir. (De B.)

LARMES. (*Chim.*) Suivant Foucroy et M. Vauquelin, les larmes sont formées, 1° d'une grande quantité d'eau; 2° de mucus, qui n'est point coagulé par les acides simples, qui l'est par le chlore; 3° de soude; 4° de chlorure de sodium; 5° de phosphate de soude; 6° de phosphate de chaux. (Ch.)

LARMILLE, LARMES DE JOB, LARMILLE DES INDES. (*Bot.*) Voyez Coix. (Poir.)

LARMILLE DES CHAMPS (*Bot.*), nom vulgaire du grémil officinal. (L. D.)

LAROCHÉA, *Rochea.* (*Bot.*) Genre de plantes dicotylédones, à fleurs complètes, de la famille des *crassulées*, de la *pentandrie pentagynie* de Linnæus, offrant pour caractère essentiel : Un calice d'une seule pièce, à cinq divisions; une corolle monopétale, infundibuliforme, à cinq divisions; cinq écailles à la base des cinq ovaires; autant de styles. Le fruit consiste en cinq capsules polyspermes, s'ouvrant intérieurement en longueur.

Ce genre faisoit d'abord partie de celui des *crassula*. Il en a été extrait par M. Decandolle, à cause de sa corolle monopétale, à cinq divisions, assez semblables à celle des cotylets; mais, dans ce dernier genre, il y a dix étamines.

Larochéa en faucille : *Larochea falcata*, Pers., *Synops.*; *Rochea falcata*, Decand., *Plant. Grass*, pag. et tab. 103; *Crassula falcata*, Ait., *Hort. Kew.*; *Crassula obliqua*, Andr., *Bot. Repos.*, tab. 414. Ses tiges sont ligneuses et charnues, un peu pubescentes vers leur sommet, hautes de trois à quatre pieds; les feuilles opposées, réunies à leur base, munies d'une petite oreillette latérale, courbées en faucille, alongées, un peu obtuses, d'un gris glauque, tachetées de pointes vertes, longues de cinq à six pouces, larges de deux. Les fleurs sont disposées en corymbes axillaires, opposés : leur pédoncule commun divisé en deux, puis partagé en trois rameaux chargés de fleurs pédicellées; les pédicelles pubescens, ainsi que le calice, à cinq divisions alongées. La corolle est rouge, à moitié divisée en cinq decoupures étalées; les étamines attachées au bas du tube de la corolle, alternes avec ses divisions; les anthères oblongues, à deux loges; les écailles qui entourent l'ovaire, courtes, jaunes, élargies, tronquées; les stigmates en tête; les capsules oblongues. Cette plante croît au cap de Bonne-Espérance.

Larochéa a fleurs écarlates : *Larochea coccinea*, Pers., *Synops.*; *Crassula coccinea*, Decand., *Plant. Grass.*, pag. 1, tab., 1 *Icon.*; *Crassula coccinea*, Linn., *Commel. rar.*, tab. 24; Breyn., *Prodr.*, tab. 20, fig. 1. Ses tiges sont droites, ligneuses, ramifiées, couvertes, dans presque toute leur longueur, de feuilles planes, glabres, ovales, cartilagineuses et un peu ciliées à leur bord, très-rapprochées; les fleurs grandes, sessiles, tubulées, d'un rouge écarlate, disposées en faisceau terminal. Cette plante croit au cap de Bonne-Espérance.

Ces deux espèces sont belles, d'un aspect agréable, surtout la dernière : elles produisent un très-bel effet par la vivacité de la couleur écarlate très-vif de leur corolle. On les cultive au Jardin du Roi. (Poir.)

LARRADIA. (*Bot.*) Voyez Leuradia. (Poir.)

LARRATES. (*Entom.*) M. Latreille appelle ainsi ce qu'il nomme une *tribu* d'insectes hyménoptères, de la famille des oryctères ou fouisseurs. Ce groupe renferme quatre genres d'insectes, dont chacun ne réunit que quelques espèces; tel est le genre *Larre*, auquel nous consacrons l'article suivant, et ceux qu'il nomme *dinète*, *miscophe* et *lyrops*. (C. D.)

LARRE, *Larra*. (*Entom.*) Nom donné par Fabricius à un genre d'insectes hyménoptères, de la famille des oryctères ou fouisseurs, voisins des sphèges, dont ils ne diffèrent que par la forme des antennes qui sont plus courtes, et roulées en spirale à leur extrémité libre, et par la forme de l'abdomen qui est légèrement comprimé.

Nous ignorons tout-à-fait l'étymologie de ce nom, qui n'est ni grec ni latin : il est probable qu'il aura été imaginé par Fabricius, et qu'il est tout-à-fait insignifiant.

La plupart des espèces de ce genre sont étrangères à la France. Des quatorze espèces que Fabricius y a rapportées, trois seulement ont été observées en Europe. On ne sait rien sur leurs mœurs. On trouve ces insectes dans les lieux très-secs, sablonneux, exposés à la plus vive ardeur du soleil. On en trouve aussi sur les fleurs des plantes ombellifères. L'espèce qu'on rencontre quelquefois aux environs de Paris, est

1.° La LARRE ICHNEUMONIFORME, *Larra ichneumoniformis*, que Panzer a figurée à la planche 18 de son 76.° cahier de la Faune d'Allemagne.

Elle est noire, avec le premier et le second anneau de l'abdomen roux.

2.° La seconde espèce a été recueillie en Espagne par le professeur Vahl, et Fabricius l'avoit d'abord décrite comme une tiphie. C'est

La LARRE CRASSICORNE, *Larra crassicornis*.

Elle est noire, avec les pattes et trois bandes abdominales ferrugineuses; ses ailes sont bleues. (C. D.)

LARREA. (*Bot.*) Ce nom a été donné, par Cavanilles, à un genre de plante voisin du *tribulus*. Postérieurement, Ortega a voulu s'en servir pour désigner un autre genre de la famille des légumineuses; mais, comme ce nom étoit déjà employé ailleurs, Cavanilles lui a substitué, pour ce dernier genre, celui de *hoffmanseggia*. Voyez LARRÉA ci-après. (J.)

LARRÉA, *Larrea*. (*Bot.*) Genre de plantes dicotylédones, à fleurs complètes, polypétalées, régulières, de la famille des *rutacées*, de la *décandrie monogynie* de Linnæus, offrant pour caractère essentiel : Un calice à cinq folioles caduques; cinq pétales onguiculés; dix étamines insérées sur le réceptacle; autant d'écailles bifides appliquées contre un ovaire supérieur, à cinq sillons profonds; un style pentagone; le stigmate simple.

Le fruit consiste en cinq noix monospermes; les semences ovales-alongées; un périsperme charnu; les cotylédons plans, convexes.

Larréa luisante; *Larrea nitida*, Cavan., *Icon. rar.*, 6, p. 40. tab. 559. Arbrisseau d'un bois très-dur, haut de trois à quatre pieds ; le tronc est divisé en rameaux alternes, hérissés de poils très-courts et visqueux ; les feuilles sont sessiles, opposées, longues à peine d'un pouce, ailées avec une impaire, composées de huit paires de folioles courtes, glabres, luisantes, linéaires, très-obtuses ; munies de deux stipules courtes, rougeâtres ; les fleurs sont solitaires, axillaires, pédonculées ; les folioles du calice concaves et aiguës, d'un vert jaunâtre ; les pétales une fois plus longs que le calice, d'un jaune foncé : leur lame élargie, aiguë au sommet ; les filamens jaunes ; l'ovaire est velu ; le fruit formé de cinq noix globuleuses, conniventes, de la grosseur d'un grain de poivre ; dont l'enveloppe extérieure mince, un peu velue ; l'intérieure dure, membraneuse. Cette plante croit aux environs de Mendoze, dans la plaine de Buenos-Ayres.

Larrée a lobes divergens; *Larrea divaricata*, Cavan., l. c., tab. 561, fig. 1. Cet arbrisseau s'élève à la hauteur de cinq pieds sur une tige ligneuse, très-rameuse ; les jeunes rameaux sont un peu étragones ; les feuilles petites, sessiles, opposées, velues, à deux lobes profonds, très-divergens, lancéolés, aigus, à trois ou cinq nervures : les stipules fort petites, rougeâtres, un peu velus, en forme de deux gros tubercules ; les fleurs alternes, axillaires, solitaires, de couleur jaune ; les folioles du calice inégales, obtuses, tomenteuses, d'un jaune obscur ; les noix couvertes de poils droits, longs, tomenteux. Cette plante croît avec la précédente.

Larrée a feuilles en coin; *Larrea cuneifolia*, Cavan., l. c., tab. 560, fig. 2. Arbrisseau assez semblable au précédent, qui n'en diffère essentiellement que par ses rameaux un peu triangulaires, légèrement velus ; par ses feuilles en forme de de coin, divisées à leur sommet en deux lobes courts, très-aigus, mucronés dans la bifurcation ; par les stipules courtes, épaisses, rougeâtres, élargies à leur base, aiguës au sommet ; et par les petales un peu courts. Cette plante croit dans les mêmes lieux que les deux précédentes. (Poir.)

LARUS. (*Ichthyol.*) Belon parle, sous ce nom, d'un petit poisson dont les mouettes se nourrissent, et qui vit dans un lac à deux journées de Thessalonique. Il est difficile de déterminer méthodiquement à quelle espèce il appartient. (H. C.)

LARUS (*Ornith.*), nom générique des goélands et des mouettes ou mauves. (Cn. D.)

LARVA. (*Ornith.*) M. Vieillot, qui donne ce nom latin au macareux, dans son Analyse d'une nouvelle Ornithologie, imprimée en 1816, n.° 270, et le répète dans la seconde édition du Nouveau Dictionnaire d'Histoire naturelle, tom. 17, pag. 524, n'en parle point à l'article *macareux*, pour le nom générique duquel il adopte, avec Brisson, le mot *fratercula*. (Cn. D.)

LARVAIRE. (*Foss.*) On trouve dans les couches du calcaire coquillier grossier des environs de Paris, ainsi qu'à Bracheux et à Abbecourt près Beauvais, dans une couche de sable quarzeux remplie de coquilles marines, qui ont beaucoup d'analogie avec celles du calcaire grossier, de petits corps cylindriques, poreux, percés dans leur centre, qui ne portent aucune trace d'adhérence, et composés d'anneaux posés les uns contre les autres qui tendent à se détacher comme les articulations des encrinites. Il est difficile d'être assuré si ces petits cylindres étoient contenus dans les corps des animaux qui les ont formés ou s'ils leur servoient de fourreau ; mais, quoiqu'il reste beaucoup de choses à connoître à cet égard, nous avons cru devoir les signaler et proposer d'en faire, sous le nom de larvaire, un genre dont voici quelques uns des caractères : *Corps libre, cylindrique, percé dans son centre, diminuant de grosseur aux deux bouts, et composé d'anneaux qui tendent à se détacher les uns des autres.*

Larvaire réticulée ; *Larvaria reticulata*, Def. Ce que l'on peut ajouter aux caractères communs à toutes les espèces de ce genre, c'est que le vide qui se trouve au milieu de celle-ci est comparativement plus grand, qu'elle est percée par des rangées circulaires de petits trous très-rapprochés les uns des autres, et que ses anneaux détachés paroissent composés de petites perles arrondies. Les plus longs de ces petits corps n'ont que deux lignes et demie, et sont presque toujours fracturés par leurs bouts ; diamètre, une demi-ligne.

Larvaire a manchettes ; *Larvaria limbata*, Def. Le têt de cette espèce est plus épais que celui de la précédente. Le trou central est plus petit ; les rangées circulaires des trous sont moins apparentes, et les surfaces aplaties des anneaux détachés sont couvertes de petits plis rayonnans.

LARVAIRE ENCRINULE; *larvaria encrinula*, Def. Cette espèce qu'on trouve à Hauteville (Manche), est très-remarquable par les étranglemens de ses anneaux qui sont marqués comme les articulations de certaines encrines, et par son trou central qui est fort petit. (D. F.)

LARVE, *Larva*. (*Entom.*) On nomme ainsi, sous leur première forme, les insectes à métamorphose, ou ceux qui subissent des transformations, dès le moment qu'ils sortent de l'œuf. Tels sont les chenilles, les vers des hannetons, ceux qui produisent les abeilles, les mouches, etc. C'est un terme général qui, par son étymologie même, indique que, sous cet état, l'insecte n'est pas ce qu'il deviendra, qu'il semble porter une sorte de masque, ou de faux visage. Le mot latin signifie en effet une figure d'emprunt, *larva*, *persona*, comme la portoient les acteurs sur le théâtre, lorsqu'ils vouloient représenter tel ou tel personnage.

Au reste, les insectes ne sont pas les seuls êtres du règne animal, qui subissent des transformations, et qui aient par conséquent des larves dans leur premier âge. Parmi les reptiles, les batraciens, tels que les grenouilles, les crapauds, les salamandres et autres genres voisins, offrent dans leurs têtards de véritables larves; quelques crustacés sont dans le même cas. Il paroîtroit même que, dans un grand nombre de zoophytes, il y auroit aussi un état de larve qui précéderoit celui de l'âge adulte, dans lequel l'individu peut reproduire son espèce.

Nous avons déjà indiqué, à l'article INSECTE, l'histoire des transmutations que ces animaux éprouvent dans les différens ordres. Nous reviendrons sur ce sujet, lorsque nous traiterons des MÉTAMORPHOSES, et dans l'exposition des caractères de chacun des ordres ; aussi, pour éviter les répétitions, nous nous bornerons ici à l'énumération des principales différences que présentent les larves, sous le rapport des formes et des mœurs.

Sous ce premier état, que l'on regarde comme l'enfance de l'insecte, l'animal change plusieurs fois de peau, ou plutôt d'épiderme; c'est ce que l'on nomme la *mue*. Elle arrive à des époques de développement déterminées le plus ordinairement

par la plus ou moins grande abondance ou par la difficulté de
la nourriture et par l'état de la température.

Quelquefois cette surpeau est très-différente et de celle qui
a précédé et de celle qui lui succédera, soit par la manière
dont elle est colorée, soit même par les annexes qui la distinguent dans quelques espèces. C'est ainsi, par exemple, qu'à
la sortie de l'œuf, quelques chenilles sont velues et qu'elles
deviennent rases ensuite, et que d'autres présentent une disposition inverse.

Voici comment sont conformées les larves dans les différens
ordres. Chez les coléoptères, les formes, quoique variant beaucoup, nous les présentent cependant, en général, sous l'apparence d'une sorte de ver mou, à six pattes écailleuses, mobiles, articulées, courtes, rapprochées de la tête, qui ressemble
le plus souvent à celle des chenilles qui l'ont en effet revêtue
d'une calotte écailleuse. La bouche est composée à peu près
des mêmes parties que dans les insectes parfaits, c'est-à-dire
qu'on y distingue, parmi les pièces paires, des mandibules,
des mâchoires, des palpes articulés, et ensuite des lèvres sup-
portées, l'une par un chaperon, l'autre par une ganache.
Quand cette larve a subi ses mues, et qu'elle doit prendre la
forme de chrysalide, le plus souvent, elle se blottit, se creuse
et quelquefois se file une sorte de coque, ou de tombeau, dans
lequel elle prend la forme d'une nymphe à membres distincts,
mais repliés et immobiles, jusqu'à ce qu'ils aient acquis
la consistance nécessaire. Tels sont les scarabées, les charan-
çons, etc.

Les orthoptères, qui viennent ensuite, n'éprouvent pas une
métamorphose aussi réelle, et l'état sous lequel ils reçoivent
le nom de larve ne diffère de celui de nymphe, ou d'insecte
parfait, que par le défaut des rudimens des ailes, ou des ailes
et des élytres, qui se développent le plus souvent dans l'âge
adulte.

La plupart des hyménoptères ont des larves sans pattes, que
leurs parens nourrissent dans leur premier âge, comme les
abeilles, les guêpes, les bembèces; ou bien ces larves sont déposées auprès d'une certaine quantité de nourriture, quelquefois même dans le corps d'autres animaux où elles se développent en parasites; elles sont encore alors apodes; tels sont les

ichneumons, les sphèges. Enfin, il est des larves d'hyménoptères, comme celles des mouches-à-scie, des sirèces, dont l'apparence est absolument celle des chenilles. Elles se nourrissent de végétaux, et elles subissent des métamorphoses à peu près semblables, au reste, à celles des coléoptères, c'est-à-dire, que leurs nymphes à parties distinctes et molles prennent peu à peu de la consistance, comme on l'observe dans les *fourmis*, les *abeilles*, les *tenthrèdes*.

Les névroptères diffèrent beaucoup, sous le rapport des larves, dans les diverses familles. Les unes, comme les *demoiselles*, ou *libelles*, ressemblent aux orthoptères, c'est-à-dire, qu'elles ont des membres semblables à ceux qu'elles conserveront, à l'exception des ailes ou de leurs rudimens. D'autres, comme les *fourmilions*, les *hémérobes*, subissent une métamorphose complète, comme celle des coléoptères. Enfin, il en est, comme les *phryganes*, les *éphémères*, qui ont des larves fort différentes des nymphes; celles-ci sont agiles et ne se distinguent de l'insecte parfait que par leur mode de respiration et le développement de leurs ailes.

Les hémiptères présentent aussi beaucoup de variétés dans les diverses familles. La plupart ont, en sortant de l'œuf, ou sous la forme de larves, à peu près la figure qu'elles conserveront par la suite, au défaut près des rudimens d'ailes, ou des ailes même. Telles sont la plupart des *punaises;* mais il n'en est pas de même des *cigales* et des *cochenilles*, qui ont souvent des nymphes immobiles, et qui, sous cette forme, ne prennent aucune nourriture.

C'est chez les lépidoptères que les larves qu'on nomme des chenilles, et vulgairement des chatepeleuses, offrent le plus de différences d'avec les insectes parfaits, ou la métamorphose la plus complète. Nous avons présenté, au mot Chenilles, beaucoup de détails sur ce sujet; il nous suffira de dire ici que la plupart subissent huit ou dix fois les changemens de peau qu'on nomme mues; qu'ils ont alors, outre les six pattes écailleuses, articulées, un nombre variable de tubercules garnis de crochets mobiles, disposés par paires, le plus souvent de huit ou dix de chaque côté, dont la situation respective et la disposition varient beaucoup, que tout, dans ces insectes, est différent dans l'organisation de la tête, par exemple, de la bouche, des intestins, des organes du mouvement et de la sensibilité.

Les diptères, comme les mouches, proviennent de larves sans pattes, et ont quelque analogie, à cet égard, avec celles de la plupart des hyménoptères. On leur a donné le plus souvent le nom de vers, en particulier à celles qui produisent les mouches de la viande. La plupart se développent dans des lieux humides, au milieu de la nourriture où leur mère les a déposées.

Chez quelques diptères, cependant, la forme des larves est différente : ainsi, dans les *tipules*, elles ressemblent un peu à celles des chenilles. Les vers qui donnent les stratyomes, ou mouches armées, sont aplatis comme des sangsues, et nagent à la manière de ces annelides; les larves des *syrphes* simulent de petits lombrics. (Voyez l'article DIPTÈRES, tom. XIII de ce Dictionnaire.)

Enfin, parmi les aptères, à l'exception de la puce, il n'y a point de véritables larves. Il est vrai que quelques myriapodes et quelques cirons prennent une ou plusieurs paires de pattes, à l'époque où ils deviennent propres à la reproduction de l'espèce ; mais ce n'est pas là une vraie transmutation.

Les insectes méritent une étude toute particulière, sous l'état de larves, et c'est véritablement une diversion fâcheuse que la science a donnée aux naturalistes que de leur faire négliger cette époque de la vie dans les animaux qu'ils décrivent. On ne connoîtra bien les insectes qu'autant qu'on les aura observés sous les diverses formes qu'ils revêtent; car le plus souvent, leur manière d'être, leurs mœurs, leurs habitudes, leur séjour sont tout-à-fait différens.

Pour donner une idée des mœurs variées des larves, nous allons réunir ici quelques indications de leurs habitudes.

On trouve dans la terre, où elles se nourrissent de racines, celles des hannetons, des tipules, des cigales.

C'est uniquement dans l'eau que se développent celles des hydrophiles, des dytiques, des phryganes, des éphémères, des libelles, des hydromètres, des hydrocorées, des stratyomes et des hydromyes.

D'autres vivent sur les feuilles, qu'elles dévorent, comme la plupart des chenilles, et, par conséquent, toutes les larves

des lépidoptères, celles des chrysomèles et de tous les phyto-
phages.

Beaucoup détruisent les troncs, les tiges, les racines des végétaux morts ou vivans: tels sont les sternoxes, les térédyles, les
priocères, les xylophages parmi les coléoptères; les cossus, les
hépiales parmi les lépidoptères; les tipules parmi les diptères.
Quelques unes de ces larves phytadelges ne font que sucer les
plantes, comme les pentatomes, les lygées, les cigales, les cicadelles, les fulgores, les pucerons et les cochenilles. Il en est
qui ne se nourrissent qu'aux dépens des animaux vivans, ou
après leur mort.

On trouve dans les animaux vivans les larves des ichneumons,
des conops, des oëstres, des échinomyes, qui y ont été déposées
par leur mère.

D'autres les dévorent ou les sucent pendant la vie. C'est
parmi celles-là qu'il faut ranger les larves des carabes et des
autres créophages, celles des dytiques, des coccinelles, des
mantes, des libelles, des fourmilions, des crabrons, des
sphèges, des stomoxes, des ornithomyzes, des hippobosques,
des asiles, des cousins, des taons, celles des zoadelges, telles que
les miris, les réduves, les punaises.

Le plus grand nombre se nourrissent de cadavres des animaux. Telles sont les larves des sylphes, des dermestes, des
nécrophores, des staphylins, des nécrobies, des anthrènes,
des mouches, des teignes, des crambes.

Beaucoup de larves savent se garantir des attaques extérieures;
les unes par des armes que la nature leur a accordées. Tantôt ce
sont des poils roides, fragiles, dont la piqûre cause de vives
démangeaisons: telles sont les chenilles de plusieurs écailles, de
processionnaires, de larves des dermestes. Quelquefois des épines
roides, et même branchues, comme les chenilles épineuses de
beaucoup de papillons de jour, telles que celles du morio, du
paon de jour; celles de plusieurs sphinx, de bombyces, de noctuelles. Plusieurs lancent des liqueurs, ou en laissent exsuder
leur surface : telles sont les larves des chrysomèles du peuplier, des coccinelles, de la chenille de la queue fourchue,
du papillon machaon, du podalire. Quelques unes se traînent
en tous sens, sous le masque de corps étrangers qu'elles fixent
sur leur corps, ou dont elles se forment des étuis. Dans le pre-

mier cas, sont les larves des réduves, des libelles, qui se couvrent d'ordures qu'elles recueillent de toutes parts. Quelques unes appliquent sur leur corps leurs propres excrémens, afin de dégoûter par là les oiseaux qui, sans cette précaution, les dévoreroient bientôt : telles sont les larves du criocère du lis ; d'autres supportent ces matières dégoûtantes sur une sorte de fourche mobile, qu'elles redressent à volonté sur leur corps, comme un toit protecteur : telles sont les larves de cassides. Beaucoup d'autres larves se filent des étuis auxquels elles fixent des matières propres à les défendre, soit en trompant l'œil de leurs ennemis, soit en les garantissant par leur solidité : telles sont les teignes, plusieurs chenilles de bombyces, les larves des phryganes, celles de quelques tipules aquatiques.

Les unes dégorgent des odeurs fétides, ou les font exhaler à volonté des pores qui les contiennent, et où elles les gardent en réserve : telles sont celles des boucliers, des staphylins, des hydrophiles, des chrysomèles, des pentatomes et de beaucoup d'autres punaises, les chenilles du cossus, des mouches-à-scie.

Ce sont surtout les moyens que les larves mettent en usage pour protéger leur existence, qui sont dignes de l'attention des naturalistes. Celles de quelques teignes et de plusieurs bombyces qui vivent en société, se pratiquent une tente commune où elles s'abritent contre les vents et l'humidité, et plusieurs y déposent les poils qui se détachent de leur peau à chaque mue, afin d'en éloigner par là les oiseaux et les autres animaux qui les recherchent. Quelques unes se couvrent d'une écume protectrice, sous laquelle elles se trouvent cachées : telles sont les larves des cercopes. D'autres roulent les feuilles, s'en font une fourrure, une gaîne, un toit protecteur. Quelques unes, comme les larves des phalènes, dites géomètres ou chenilles en bâton, se placent sur les branches, sous le même angle d'insertion que présentent les rameaux, et par leur immobilité et leur couleur, elles simulent ainsi un brin du même bois, qui seroit muni de ses gemmes.

Voyez au surplus les articles CHENILLES, MÉTAMORPHOSE, INSECTES, et les noms de chacun des ordres de cette classe, comme COLÉOPTÈRES, DIPTÈRES, etc. (C. D.)

LARYNX. (*Ornith.*) Voyez CHANT et GLOTTE. (CH. D.)

LASAF (*Bot.*), nom arabe d'un câprier, *capparis spinosa* de Forskal. (J.)

LASARI. (*Bot.*) Voyez KAL-TODDA-VADI. (J.)

LASCADIUM. (*Bot.*) Genre de plantes dicotylédones, à fleurs monoïques, de la famille des *euphorbiacées*, de la *monoécie polyandrie*, qui a quelques rapports avec les *stillingia*, offrant pour caractère essentiel : Des fleurs monoïques; plusieurs fleurs mâles disposées en ombelles autour d'une fleur femelle, munies d'un calice entier, lanugineux; point de corolle; environ douze étamines; les filamens courts; les anthères épaisses; une seule fleur femelle, centrale; un calice comme celui des fleurs mâles; un ovaire supérieur, à trois lobes; un style à trois divisions. Le fruit consiste en une capsule lisse, ovale, à trois semences.

LASCADIUM LANUGINEUX : *Lascadium lanuginosum*, Raflin., *in* Rob. *Flor. Ludov.*, pag. 114; *Atacapace*, Rob., *Itin*, p. 519. Toutes les parties de cette plante sont lanugineuses, et répandent une odeur forte. Ses tiges sont droites, rameuses, cylindriques, hautes d'environ quatre pieds; les rameaux garnis de feuilles alternes, longuement pétiolées, hastées, en cœur, longues de cinq pouces, larges de deux. Les fleurs sont terminales, pédonculées, agglomérées; le fruit est lisse, ovale, de la grosseur d'un pois, tacheté de vert. Cette plante croit dans la Louisiane. (POIR.)

LASCENO (*Bot.*), nom provençal, cité par Garidel, du *myagrum perenne* de Linnæus, qui étoit auparavant le genre *Rapistrum* de Tournefort, rétabli plus récemment par nous et par M. Decandolle. (J.)

LASCHEN-HAZZIPER. (*Bot.*) Nom hébreu de l'*ostrya*, espèce de charme, suivant Mentzel. Son nom arabe, cité par Sérapion, est *lischen-hazzaphir*. (J.)

LAS-D'ALLER (*Ornith.*), nom vulgaire du héron butor, *ardea stellaris*. (CH. D.)

LASER (*Bot.*), *Laserpitium*, Linn. Genre de plantes dicotylédones, de la famille des *ombellifères*, Juss., et de la *pentandrie digynie* du système sexuel; dont les principaux caractères sont les suivans: Collerette universelle et partielle composées de plusieurs folioles; calice à cinq dents très-courtes; corolle de cinq pétales égaux, échancrés; cinq étamines; un ovaire infère, arrondi, surmonté de deux styles; fruit ovale ou oblong, composé de deux graines appliquées l'une contre l'autre, et relevé de huit ailes membraneuses.

Les lasers sont des herbes vivaces, à feuilles composées ou décomposées, et à fleurs disposées en ombelles et en ombellules formées de rayons nombreux. On en trouve dix-sept espèces mentionnées dans le sixième volume du *Systema vegetabilium*, publié en 1820, par Roemer et Schultes. Toutes ces plantes appartiennent à l'ancien continent, et la plus grande partie d'entre elles croît en Europe; nous ne parlerons ici que des trois suivantes.

LASER A FEUILLES LARGES: vulgairement, FAUX-TURBITH, TURBITH DES MONTAGNES, GENTIANE BLANCHE; *Laserpitium latifolium*, Linn., *Spec.*, 356; Jacq., *Flor. Aust.*, tab. 146. Sa racine est cylindrique, rameuse, blanchâtre; elle produit une tige glabre, striée, un peu rameuse, haute de deux pieds, munie de feuilles grandes, deux fois ailées, à folioles ovales, obliquement en cœur, d'un vert glauque, glabres en dessus, un peu velues en dessous. Ses fleurs sont blanches, disposées en ombelles larges et ouvertes. Cette plante croît dans les montagnes en France et dans une grande partie de l'Europe; elle fleurit en juin et juillet.

Sa racine, qui a une odeur forte, contient un suc laiteux, âcre, amer, et un peu caustique. Elle passe pour être fortement purgative. On n'en fait pas d'usage en médecine. Dans les montagnes où elle est commune, les paysans s'en servent à l'intérieur pour se purger, et extérieurement pour se guérir de la gale. Ses feuilles, ainsi que celles de plusieurs autres espèces du genre, répandent dans les temps chauds, ou lorsqu'on les froisse, une odeur aromatique qui porte facilement à la tête.

LASER OFFICINAL: *Laserpitium siler*, Linn., *Spec.*, 357; Jacq., *Flor. Aust.*, tab. 145. Sa racine est grosse, cylindrique, blanche à l'intérieur, grise extérieurement; elle produit une tige de deux à trois pieds, rameuse, cylindrique, striée. Les feuilles sont grandes, deux à trois fois ailées, composées de folioles lancéolées, glabres, d'un vert pâle. Les ombelles sont terminales, étalées, composées de fleurs nombreuses et blanches. Cette espèce croît dans les montagnes du midi de la

France et de l'Europe méridionale ; elle fleurit en été. Ses graines étoient autrefois employées en médecine, comme stomachiques, diurétiques et emménagogues ; mais elles sont maintenant à peu près inusitées, ainsi que les racines qui ont passé pour vulnéraires.

LASER DE FRANCE ; *Laserpitium gallicum*, Linn., *Spec.*, 537. Sa tige est glabre, striée, un peu rameuse, haute d'un pied et demi ; ses feuilles sont très-grandes, trois ou quatre fois ailées, à folioles nombreuses, petites, cunéiformes, trifides ou quinquefides, glabres, d'un vert foncé ; ses fleurs, blanches et terminales, forment une ombelle très-garnie et un peu ramassée ; les ailes des graines sont ondulées et comme frisées. Cette plante croît dans les montagnes du midi de la France et de l'Italie ; elle fleurit en août. Sa racine passe pour être tonique, diurétique. (L. D.)

LASERPITIUM. (*Bot.*) La plante que Pline nommoit ainsi, et qui paroît appartenir au genre du même nom admis par les modernes, est regardée par C. Bauhin comme la même que le fameux *silphium* mentionné par Théophraste et Dioscoride ; mais on ne sait à quelle espèce de ce genre appartient ce nom des anciens. Voyez LASER. (J.)

LASIA, *Lainette*. (*Bot.*) Genre de la famille des mousses, établi par Palisot de Beauvois, et adopté par Bridel. Il est le même que le *leptodon* de Weber, créé postérieurement au *lasia* de M. de Beauvois. Ce nom de *lasia* doit prévaloir, si l'on conserve ce genre démembré du *pterigynandrum* d'Hedwig, ou *pterogonium* de Schwægrichen. Voici ses caractères génériques, d'après Palisot de Beauvois :

Coiffe campaniforme, velue et hérissée de longs poils ; opercule conique, aigu ; péristome à seize dents simples, lancéolées, membraneuses ; urne droite, ovale ; tube médiocre, droit ; gaîne tuberculeuse, enveloppée dans un périchèse. (Voyez ECTOPOGONES.)

Palisot de Beauvois rapporte à ce genre les *pterigynandrum trichomitrion* et *subcapillatum* d'Hedwig, petites plantes à tiges rameuses qui croissent sur les arbres dans l'Amérique septentrionale. Bridel en ajoute deux autres espèces : l'une est son *pterigynandrum marginatum*, l'autre est le *pterigynandrum Smithii*, Decand., mousse qui se trouve en Italie, en Espagne et dans le midi de la France. Palisot de Beauvois la regarde comme une espèce de son genre PILOTRICHUM. (Voyez ce mot et PTERIGYNANDRUM.)

Lasia dérive du grec λασιος, et signifie velu : il est donné à ce genre parce qu'il tire son principal caractère de sa coiffe qui est remarquablement velue : ce qui le différencie particulièrement du genre *Pterigynandrum* de Palisot de Beauvois. (LEM.)

LASIA. (*Bot.*) Genre de plante publié par Loureiro, qui doit être réuni au *pothos*, dans la famille des aroïdes. (J.)

LASIANTHÈRE, *Lasianthera.* (*Bot.*) Genre de plantes dicotylédones, de la famille des *apocynées*, de la *pentandrie monogynie* de Linnæus, dont le caractère essentiel consiste dans un calice à cinq dents; une corolle tubulée, à cinq divisions profondes; cinq étamines attachées au fond de la corolle; les filamens élargis; les anthères velues; un ovaire supérieur; un style court; un stigmate en tête. Le fruit...

LASIANTHÈRE D'AFRIQUE ; *Lasianthera africana*, Pal. Beauv., Flor. d'Oware et de Benin, 1, pag. 85, tab. 51. Ses tiges sont sarmenteuses, presque ligneuses, rameuses, garnies de feuilles alternes, pétiolées, ovales, oblongues, entières, longues de six pouces et plus, larges de deux, arrondies à la base, rétrécies au sommet en une longue pointe ; les pétioles longs d'un pouce ; les pédoncules axillaires, latéraux, longs de deux pouces, divisés en quatre ou cinq rayons inégaux, en ombelle, uniflores, formant une petite tête globuleuse. Le calice est fort petit, accompagné d'une ou de deux bractées subulées; la corolle un peu plus longue que le calice; le tube court; le limbe à cinq lobes profonds, lancéolés; les filamens presque en forme de pétale; les anthères couvertes de longs poils blanchâtres. Le fruit n'a point été observé. Cette plante croît près de Chama, en Afrique, sur les bords de la rivière de Santiaga. (POIR.)

LASIANTHUS. (*Bot.*) Linnæus avoit donné ce nom à un arbrisseau de la Caroline, qu'il a ensuite réuni au genre Millepertuis, sous celui de *hypericum lasianthus*. Il a reconnu plus récemment qu'il étoit très-différent, et il en a formé son *Gordonia*, placé dans la famille des malvacées. (J.)

LASIE, *Lasius.* (*Entom.*) Ce nom, tiré du grec λασιος, signifie poilu, velu (*hirsutus*). Fabricius s'en est servi pour désigner un genre d'insectes hyménoptères, de la famille des myrmèges, et qui comprend les fourmis velues, telles que la fourmi noire de Geoffroy, n.° 6, dont Swammerdan a fait connoître l'organisation dans la Bible de la Nature, et dans les n.°ˢ 1 à 11 de la planche XVI, pag. 290, tom. I, comme exemple de son troisième ordre. (C. D.)

LASIOCAMPE. (*Entom.*) Ce nom, qui signifie chenille velue, a été employé par Schrank pour indiquer une division des bombyces chez lesquelles, comme dans celles que nous avons indiquées, tome V, page 121 de ce Dictionnaire, les ailes supérieures horizontales couvrent les inférieures. (C. D.)

LASIONITE. (*Min.*) M. Fuchs donne pour caractères à ce minéral de se présenter en cristaux capillaires sur du minerai de manganèse. Il ne fond point à la flamme du chalumeau, mais il la colore en vert bleuâtre (ce qui indique la présence de l'acide phosphorique). Il se dissout dans les acides muriatique et nitrique, aussi bien que dans la potasse et la soude caustique. Il est composé

D'alumine.................... 36,56
D'acide phosphrique........ 37,72
D'eau...................... 28

On ne peut douter, d'après ces caractères, que ce ne soit une variété de *wavellite*, et alors pourquoi lui donner un nom particulier, et augmenter ainsi abusivement la liste déjà trop longue des noms inutiles?

On l'a trouvé dans la mine de Saint-Jacques, près d'Amberg, dans le Haut-Palatinat (*Leonhard's Taschenbuch*, 15ᵉ ann. 1821, pag. 494). (B.)

LASIOPE, *Lasiopus*. (*Bot.*) [*Corymbifères*, Juss. = *Syngénésie polygamie superflue*, Linn.] Ce genre de plantes, que nous avons proposé, dans le Bulletin des Sciences de septembre 1817, appartient à l'ordre des synanthérées, et à notre tribu naturelle des mutisiées, dans laquelle nous le plaçons immédiatement auprès du *chaptalia*. Voici les caractères génériques du *lasiopus*.

Calathide bicouronnée, discoïde-radiée : disque multiflore, équaliflore, labiatiflore, androgyniflore; couronne intérieure non radiante, subunisériée, ambiguïflore, féminiflore ; couronne extérieure radiante, unisériée, biliguliflore, féminiflore. Péricline supérieur aux fleurs du disque ; formé de squames paucisériées, irrégulièrement imbriquées, lancéolées, foliacées. Clinanthe plan, absolument nu, ponctué. Ovaires cylindracés, hispides; aigrette composée de squamellules nombreuses, filiformes, épaisses, très-barbellulées. Styles de mutisiée. Anthères munies de longs appendices apicilaires comme tronqués au sommet, et de longs appendices basilaires subulés. Corolles du disque à lèvre extérieure tridentée, à lèvre intérieure bifide; quelques unes subrégulières, occupant le centre du disque. Fleurs de la couronne intérieure à corolle ambiguë, variable ; et tantôt pourvues, tantôt dépourvues de fausses étamines. Fleurs de la couronne extérieure dépourvues de fausses étamines; à languette extérieure très-longue, largement linéaire, aiguë et à peine tridentée au sommet; à languette intérieure beaucoup plus petite, sublinéaire, indivise inférieurement, divisée supérieurement en deux lanières.

Nous ne connoissons jusqu'à présent qu'une seule espèce de ce genre.

Lasiope ambigu ; *Lasiopus ambiguus*, H. Cass., Bull. des Sc., septembre 1817, pag. 152. Collet de la racine hérissé de poils laineux; feuilles radicales longues d'un pouce et demi, courtement pétiolées, elliptiques, obtuses, légèrement sinuées à rebours, glabres et vertes en dessus, tomenteuses et blanches en dessous; hampe ou pédoncule radical long de trois à quatre pouces, grêle, nu, laineux, terminé par une grande calathide à disque jaune et à couronne orangée. Nous avons étudié cette plante, dans l'un des herbiers de M. de Jussieu, sur un échantillon recueilli par Sonnerat, probablement au cap de Bonne-Espérance, et nommé avec doute *arnica crocea*; mais cette étiquette est fausse, s'il est vrai, comme le dit M. de Lamarck, que l'*arnica crocea* de Linnæus ait les feuilles longuement pétiolées, glabres sur les deux faces, et les hampes glabres, pourvues d'écailles. Dans notre article Gerbérie, tom. XVIII, pag. 459, nous avons attribué l'*arnica crocea* au genre *Gerberia*; mais nous n'avons point vu cette plante, et il seroit possible que ce fût une seconde espèce du genre *Lasiopus*. Cependant Linnæus dit que la couronne radiante est pourvue d'étamines, ce qui s'accorde beaucoup mieux avec les caractères du *gerberia* qu'avec ceux du *lasiopus*.

Le genre *Lasiopus* est remarquable par la diversité des corolles de la calathide. Celles qui occupent le milieu du disque sont presque régulières, à peine labiées, les cinq incisions étant peu inégales. Les autres corolles du disque sont au contraire profondément labiées, à lèvre extérieure tridentée, lèvre intérieure plus étroite et très-profondément bifide. Les fleurs de la couronne intérieure non radiante sont intermédiaires par leur structure comme par leur situation, entre les fleurs du disque et celles de la couronne extérieure : en effet, elles sont tantôt complètement privées d'étamines, tantôt pourvues de rudimens d'étamines semi-avortées ; et leur corolle imite plus ou moins tantôt celles de la couronne extérieure, tantôt celles du disque. Enfin les fleurs de la couronne extérieure, toujours privées de rudimens d'étamines, ont une corolle à deux languettes, l'extérieure très-longue, radiante, à peine tridentée, l'intérieure petite et bifide. Il y a donc du centre à la circonférence de la calathide une série continue de nuances graduées, qui a quelque analogie avec la disposition radiatiforme propre aux nassauviées, et qui confirme l'affinité des deux tribus. Le style du *lasiopus*, parfaitement analogue à celui des autres mutisiées, est divisé au sommet en deux languettes extrêmement courtes, semi-orbiculaires.

Le genre *Lasiopus* est très-voisin du *chaptalia*, mais il en est suffisamment distinct : il en diffère notamment par les corolles des fleurs femelles, qui sont biligulées, c'est-à-dire à deux languettes, dans le *lasiopus*, tandis qu'elles sont simplement ligulées dans le *chaptalia*. (Voyez notre article CHAPTALIE, tom. VIII, pag. 161.)

Le nom de *lasiopus*, composé de deux mots grecs, qui signifient pied velu, fait allusion au collet de la racine et à la hampe, qui sont hérissés de poils laineux. (H. CASS.)

LASIOPÉTALE, *Lasiopetalum*. (*Bot.*) Genre de plantes dicotylédones, à fleurs complètes, polypétalées, de la famille des *rhamnées* (Juss.), de celle des *buttnériacées* (R. Brown), de la *pentandrie monogynie* de Linnæus, offrant pour caractère essentiel : Un calice pétaloïde, à cinq divisions, entouré de trois bractées persistantes ; cinq pétales fort petits, en forme d'écailles; cinq étamines; les anthères biloculaires, s'ouvrant à leur sommet par deux pores; un ovaire en partie adhérent avec le calice; un style; un stigmate. Le fruit est une capsule triloculaire, à trois valves, ordinairement deux semences dans chaque loge.

M. Gay, dans un très-bon Mémoire qu'il a publié sur les *lasiopétalées*, a formé, des cinq genres qui composent ce petit groupe, une tribu de la famille de *buttnériacées*, établie par M. Rob. Brown. Il a converti en genres quelques espèces rapportées d'abord aux lasiopétales, tels que le *seringia* pour le *lasiopetalum arborescens*, Ait.; le *thomasia* pour le *lasiopetalum purpureum*, Ait.; *lasiopetalum triphyllum*, Smith et Labill.; *lasiopetalum quercifolium*, Ait. (Voyez Seringia et Thomasia.)

Lasiopétale ferrugineux : *Lasiopetalum ferrugineum*, Smith, *Andr. Repos. Bot.*, tab. 2o8; Vent., *Malm.*, tab. 59; *Bot. Magaz.*, tab. 1766; Gay, Mém., pag. 16. Arbrisseau de trois à cinq pieds, dont les rameaux élancés sont couverts, vers leur sommet, d'un duvet ferrugineux, garnis de feuilles alternes, presque opposées, pétiolées, linéaires-lancéolées, rabattues, un peu aiguës, un peu ondulées ou presque dentées à leurs bords, glabres en dessus, tomenteuses et un peu rouillées en dessous, longues de six à huit pouces; les fleurs réunies en cimes axillaires, composées de petites grappes courtes, munies de bractées lancéolées, aiguës; les fleurs sont toutes pédicellées, pendantes, d'un jaune clair de soufre; le calice de forme pyramidale, un peu coriace, tomenteux à ses deux faces, à cinq découpures réfléchies en dehors; les pétales très-petits, d'un pourpre foncé; les filamens libres, subulés; les anthères ovales-oblongues, purpurines; une capsule globuleuse, à trois loges ordinairement monospermes; les semences pubescentes. Cette plante croît à Botany-Bay et sur les côtes de la Nouvelle-Hollande.

Lasiopétale a petites fleurs : *Lasiopetalum parviflorum*, Rudg., *Trans. Linn.*, an. 1810, tab. 12, fig. 2; Gay, Mém., pag. 17. Cette espèce a de grands rapports avec la précédente; elle en diffère par ses rameaux plus grêles, ses feuilles plus étroites, ses fleurs plus lâches, beaucoup plus petites; les pédicelles plus longs; les boutons à peine de la grosseur d'un grain de coriandre; le calice glabre en dedans. Cette plante croît à la Nouvelle-Hollande. (POIR.)

LASIOPOGE, *Lasiopogon*. (*Bot.*) [*Corymbifères*, Juss. = *Syngénésie polygamie superflue*, Linn.] Ce genre de plantes, que nous avons proposé, dans le Bulletin des Sciences de mai 1818, pag. 75, appartient à l'ordre des synanthérées, à notre tribu naturelle des inulées, et à la section des inulées-gnaphaliées, dans laquelle nous l'avons placé entre les deux genres *Gnaphalium* et *Ifloga*. Il présente les caractères suivans.

Calathide discoïde : disque pauciflore, régulariflore, androgyniflore ; couronne plurisériée, multiflore, tubuliflore, féminiflore. Péricline supérieur aux fleurs, formé de squames subunisériées, à peu près égales, appliquées, linéaires, subcoriaces, munies d'une bordure membraneuse, et d'un appendice inappliqué, subradiant, oblong, très-obtus, très glabre, très-mince, demi-transparent, membraneux, scarieux, luisant, coloré, doré, roussâtre. Quelques bractées foliiformes entourent le péricline, et forment une sorte d'involucre ou de péricline extérieur. Clinanthe plan, inappendiculé, fovéolé. Ovaires obovoïdes-oblongs, un peu comprimés, très-glabres ; aigrette longue comme la corolle, caduque, blanche, composée d'environ douze squamellules unisériées, contiguës, égales, libres, filiformes, barbées d'un bout à l'autre, à barbes longissimes, capillaires. Corolles de la couronne longues comme celles du disque, tubuleuses, grêles, comme tronquées au sommet. Corolles du disque à quatre ou cinq dents très-petites.

Nous ne connoissons qu'une espèce de ce genre.

LASIOPOGE LAINEUX : *Lasiopogon lanatum*, H. Cass. ; *Gnaphalium muscoides*, Desf., *Fl. Atl.*, tom. 2, pag. 267, tab. 231. C'est une plante herbacée, toute couverte de longs poils laineux ; la tige, longue de deux pouces, dans l'échantillon incomplet que nous décrivons, est grêle, filiforme, cylindrique, rameuse supérieurement, paniculée, garnie de feuilles ; celles-ci sont alternes, sessiles, longues de deux lignes, larges de moins d'une demi-ligne, linéaires-spatulées, obtuses, très-entières, laineuses sur les deux faces ; les calathides sont les unes solitaires au sommet de petits rameaux pédonculiformes, les autres rapprochées irrégulièrement en groupes de deux, trois, ou beaucoup plus, au sommet de la tige et de ses ramifica-

tions; chaque calathide est haute d'environ une ligne; son
péricline est accompagné de quelques bractées foliiformes; les
appendices de ce péricline sont glabres, scarieux, roussâtres;
les corolles nous paroissent être jaunâtres, à sommet rougeâtre.
Nous avons fait cette description spécifique et celle des caractères génériques sur un échantillon sec de l'herbier de M. Desfontaines, qui l'a recueilli dans le royaume de Tunis.

Ce botaniste attribue la plante dont il s'agit au genre *Gnaphalium*, avec lequel elle a sans doute beaucoup d'affinité,
mais dont elle diffère pourtant par plusieurs caractères génériques, notamment par l'aigrette très-plumeuse, ce qui nous
a décidé à en faire un genre distinct, et à le nommer *Lasiopogon*. Ce nom, composé de deux mots grecs, qui signifient
barbe velue, exprime que les soies formant l'aigrette sont elles-
mêmes hérissées de longs poils. Le *lasiopogon* a de l'affinité avec
notre genre *Ifloga*, qui en diffère beaucoup cependant par
les fleurs de la couronne privées d'aigrette, et accompagnées de
squamelles, ainsi que par d'autres caractères qu'il est inutile
de rappeler ici. Enfin le *lasiopogon* semble se rapprocher par
ses caractères de notre genre *Facelis*, dont il diffère toutefois
par le péricline radiant, coloré, non imbriqué, par les ovaires
glabres, et par l'aigrette caduque, composée de squamellules
libres, qui ne s'élèvent jamais plus haut que la corolle. (Voyez
nos articles Facélide, tom. XVI, pag. 104; Gnaphale, tom. XIX,
pag. 115; Ifloge et Inulées, tom. XXIII.)

Les bractées foliiformes qui entourent le péricline du *lasiopogon*, paroissent avoir été considérées comme des squames
extérieures appartenant à ce péricline : mais il nous semble plus
convenable de les considérer comme des bractées, formant
autour du vrai péricline une sorte d'involucre ou de péricline
extérieur. M. Desfontaines attribue aux appendices du péricline une couleur jaune pâle : nous les avons trouvés constamment roussâtres. Willdenow attribue à ces mêmes appendices
une forme aiguë : nous les avons trouvés constamment très-
obtus, ayant leur sommet arrondi, tronqué, ou échancré.
(H. Cass.)

LASIOPTERA. (*Bot.*) C'est sous ce nom que M. Andrews
sépare du genre *Thlaspi* les *thlaspi campestre* et *hirtum*, suivant
M. Decandolle. Celui-ci les reporte à son *lepidium* différent,

selon lui, par les cotylédons de l'embryon parallèles à la cloison de la capsule, du genre *Thlaspi* qui les a perpendiculaires relativement à cette cloison. Il en résulte que ces deux genres, tellement voisins en apparence que l'on seroit presque disposé à les réunir en un seul, sont séparés par cet auteur et placés, l'un dans sa troisième tribu, et l'autre dans sa neuvième : ce qui semble contrarier cette nouvelle distribution. Les deux *thlaspi* mentionnés ici font partie du genre *Lepia* de M. Desvaux, que M. Decandolle a refondu en partie dans son *lepidium*. Voyez Lepia. (J.)

LASIORRHIZA. (*Bot.*) Voyez notre article Chabræa, tom. VIII, pag. 46. (H. Cass.)

LASIOSPERME, *Lasiospermum*. (*Bot.*) [*Corymbifères*, Juss. =*Syngénésie polygamie superflue*, Linn.] Ce genre de plantes, établi, en 1816, par M. Lagasca, dans ses *Genera et Species plantarum*, appartient à l'ordre des synanthérées, et à notre tribu naturelle des anthémidées, dans laquelle il est voisin du genre *Anacyclus*, dont il diffère par ses fruits hérissés de très-longues soies. Voici les caractères génériques du *lasiospermum*, tels que nous les avons observés sur des calathides sèches en mauvais état.

Calathide discoïde : disque multiflore, régulariflore, androgyniflore ; couronne unisériée, liguliflore, féminiflore, nullement radiante. Péricline hémisphérique, à peu près égal aux fleurs ; formé de squames régulièrement imbriquées, appliquées, ovales ou oblongues, très-obtuses, coriaces, pourvues d'une large bordure membraneuse. Clinanthe planiuscule, garni de squamelles inférieures aux fleurs, oblongues-lancéolées, membraneuses, diaphanes, uninervées. Fruits subglobuleux, tout hérissés de très-longs poils ; aigrette nulle. Corolles de la couronne à tube court, articulé sur l'ovaire, et à languette variable de forme et de grandeur, mais ne dépassant jamais les stigmatophores. Corolles du disque à cinq divisions.

M. Lagasca n'a indiqué qu'une seule espèce de ce genre.

Lasiosperme pédonculé : *Lasiospermum pedunculare*, Lag., *Gen. et Sp. pl.*, pag. 31 ; *Santolina eriosperma*, Pers., *Syn. pl.*, pars 2, pag. 407. C'est une plante herbacée, toute glabre extérieurement, haute de plus d'un pied, à tige rameuse ; ses feuilles, longues d'environ deux pouces et demi, sont alternes,

sessiles, un peu charnues, d'un vert pâle, linéaires, bipin-
nées, à lanières longues, étroites, linéaires, très-entières,
terminées chacune par une pointe blanchâtre; les calathides,
larges d'environ quatre à cinq lignes, et composées de fleurs
jaunes, sont solitaires au sommet de la tige et des rameaux,
dont la partie supérieure est nue et en forme de long pédoncule. Nous avons fait cette description spécifique, et celle
des caractères génériques, sur un échantillon sec de l'herbier
de M. Desfontaines. Cette plante habite certaines montagnes
de l'Italie; M. Lagasca dit qu'elle est vivace, et qu'elle fleurit, la première année, pendant l'été et l'automne, et les
années suivantes, depuis le commencement du printemps
jusqu'au mois de juillet.

Il paroît que le genre *Lasiospermum* de M. Lagasca avoit été
inscrit sous ce nom, en 18o5, dans l'*Elenchus Horti regii Matri-
tensis*. Nous ignorons si ce Catalogue a été imprimé et publié :
mais il n'offroit probablement qu'une simple liste de noms génériques et spécifiques, sans aucune description ni indication
des caractères. Ainsi l'établissement du genre dont il s'agit ne
doit dater que de l'année 1816. Un autre genre a été proposé,
sous le même nom, en 1812, par M. Fischer, dans la seconde
édition du Catalogue du Jardin de Gorenki; mais ce botaniste
n'a publié que le nom du genre, sans le décrire ni indiquer
ses caractères : c'est pourquoi nous jugeons que le nom de
lasiospermum, qui signifie graine velue, doit être conservé au
genre de M. Lagasca, et que le genre de M. Fischer doit recevoir un autre nom. (Voyez notre article LASIOSPORE.)

En examinant trois calathides sèches de *lasiospermum*, dont
la première étoit en état de préfleuraison, dont la seconde
étoit en partie préfleurie, et en partie fleurie, et dont la
troisième contenoit des fruits presque mûrs, il nous a paru
que le très-jeune ovaire étoit parfaitement glabre, qu'il devenoit ensuite pubescent, et qu'enfin ses poils acquéroient une
longueur prodigieuse, à mesure qu'il avançoit en âge.

Nous avons analysé, il y a fort long-temps, une calathide
vivante de *lasiospermum*, cueillie sur un individu cultivé au
Jardin du Roi. Mais nous avons probablement négligé dans ce
temps-là de faire une description complète de ses caractères
génériques, car nous ne retrouvons, dans le recueil manuscrit

de nos anciennes observations, que la description de l'ovaire.

Cet ovaire est court, tronqué à la base et au sommet, point comprimé, obovoïde, paroissant avoir quatre faces séparées par quatre côtes longitudinales grosses et arrondies ; sa surface est hérissée de soies extrêmement longues, flexueuses, emmêlées: son aréole basilaire est large, orbiculaire, entourée d'un petit rebord formé par une saillie du corps de l'ovaire ; l'aréole apicilaire est large, orbiculaire, un peu concave, entourée d'un rebord ou bourrelet vert, charnu, irrégulier, arrondi, formé par une saillie du corps de l'ovaire ; il n'y a point d'aigrette. Chaque ovaire est supporté par un gros tubercule charnu, vert, celluleux, qui est une protubérance du clinanthe, et qui adhère à toute la surface de l'aréole basilaire, tellement que cette aréole semble être presque continue avec le support dont il s'agit. Ce support est un stipe analogue à celui qu'on observe sous chaque ovaire du *cotula*. (H. Cass.)

LASIOSPORE, *Lasiospora*. (Bot.) [*Chicoracées*, Juss. = *Syngénésie polygamie égale*, Linn.] Ce genre de plantes appartient à l'ordre des synanthérées, à la tribu naturelle des lactucées et à notre section des lactucées-scorzonérées, dans laquelle nous l'avons placé entre le genre *Scorzonera* et le genre *Gelasia*. Voici les caractères génériques du *lasiospora*, tels que nous les avons observés sur des individus vivans et secs de *lasiospora angustifolia* et de *lasiospora ensifolia*.

Calathide incouronnée, radiatiforme, multiflore, fissiflore, androgyniflore. Péricline subcylindracé ou subcampanulé, inférieur aux fleurs extérieures, supérieur aux fleurs centrales ; formé de squames subbisériées, appliquées : les extérieures courtes, ovales-lancéolées, coriaces, à partie supérieure souvent appendiciforme et subulée ; les intérieures longues, oblongues-lancéolées, carénées sur le dos, membraneuses sur les bords. Clinanthe plan, fovéolé, absolument nu. Fruits pédicellulés, oblongs, cylindracés, non collifères, munis de côtes longitudinales, hérissés d'un bout à l'autre de très-longs poils laineux, simples, appliqués: aigrette composée de squamellules nombreuses, très-inégales, plurisériées, filiformes, barbées et barbellulées. Corolles glabriuscules.

On connoit quatre espèces de ce genre.

LASIOSPORE A FEUILLES ÉTROITES : *Lasiospora angustifolia*, H. Cass.;

Lasiospermum angustifolium, Fisch., Catal. du Jard. de Gor., 1812; *Scorzonera eriosperma*, Marsch., *Fl. Taur. Cauc.* C'est une plante herbacée, haute d'environ quinze à dix-huit pouces; à racine vivace, produisant des tiges presque dressées, flexueuses, un peu glauques; leur partie inférieure est simple, épaisse, cylindrique, striée, laineuse ou pubescente et grisâtre, garnie de feuilles; leur partie supérieure est très-ramifiée en panicule, presque entièrement dépourvue de feuilles, et glabre ou presque glabre; les feuilles sont alternes, étalées, sessiles, demi-amplexicaules, longues d'environ quatre à cinq pouces, larges à la base de trois à quatre lignes, étrécies de bas en haut, subulées au sommet, très-entières, plurinervées, d'un vert glauque, tantôt glabres, tantôt plus ou moins garnies sur les deux faces de longs poils mous, laineux, épars, caducs, munies sur les bords de quelques petites aspérités ou denticules rares; les calathides, larges d'environ un pouce, et composées de fleurs jaunes, sont solitaires au sommet de la tige et des rameaux, qui sont longs, simples, dressés, pédonculiformes; leur péricline est glabriuscule ou un peu laineux; les corolles sont profondément découpées au sommet en cinq lanières linéaires. Nous avons fait cette description sur un individu vivant cultivé au Jardin du Roi, et sur un échantillon sec envoyé par M. Fischer à M. de Jussieu. Cette lasiospore habite le Caucase, où elle fleurit durant l'été; on la trouve sur les terrains exposés au soleil et couverts de gazon. Il ne faut pas la confondre, comme quelques botanistes, avec la lasiospore velue qui croît en France.

Lasiospore a feuilles en glaive: *Lasiospora ensifolia*, H. Cass.; *Lasiospermum ensifolium*, Fisch., Catal. du Jard. de Gor., 1812; *Scorzonera ensifolia*, Marsch., *Fl. Taur. Cauc.* Plante herbacée, à racine vivace; tige haute d'environ un pied, dressée, laineuse à sa base, garnie de feuilles d'un bout à l'autre; feuilles amplexicaules, ensiformes, nerveuses, glabriuscules, terminées par une très-longue pointe filiforme, étalée; calathides terminales; quelques unes latérales, portées sur des pédoncules feuillés, qui naissent dans les aisselles des feuilles supérieures; péricline tout couvert d'une laine épaisse, roussâtre, et formé de squames mucronées; corolles jaunes. Cette description est calquée sur celle de M. Marschall, qui a trouvé la plante dont il s'agit fleurissant en mai et juin sur les sables mobiles du désert, entre le Caucase et la mer Caspienne, et sur les bords du Wolga, dans les environs de Sarepta. Nous avons observé, dans l'herbier de M. de Jussieu, un échantillon de cette espèce envoyé par M. Fischer ; et, en le comparant avec celui de l'espèce précédente, nous avons remarqué que celle-ci différoit de l'autre par ses feuilles plus larges, par ses calathides plus grandes, par sa tige garnie de feuilles presque jusqu'au sommet, et par ses rameaux pédonculiformes plus courts : mais nous avons reconnu que la structure du péricline et celle du fruit et de l'aigrette, étoient semblables dans les deux espèces, qui, par conséquent, sont bien congénères.

Lasiospore velue : *Lasiospora hirsuta*, H. Cass.; *Lasiospermum? hirsutum*, Fisch., Catal. du Jard. de Gor., 1812; *Scorzonera hirsuta*, Decand., Fl. Fr., tom. IV, pag. 60. Une racine vivace, et dont le collet est entouré de fibres redressées, produit plusieurs tiges herbacées, simples, hautes de huit à seize pouces, cylindriques, hérissées de poils, et garnies de feuilles; celles-ci sont linéaires, courbées en gouttière, un peu nerveuses, calleuses et comme tronquées à leur extrémité, hérissées de poils; chaque tige porte une seule calathide terminale, composée de fleurs jaunes; son péricline est presque entièrement glabre, et formé de squames oblongues; les fruits sont couverts sur toute leur surface d'un duvet laineux. Cette description est empruntée à M. Decandolle, qui dit que la plante croit dans les lieux pierreux et stériles du Languedoc, et qu'il y a une variété à tige glabre, et à feuilles glabres en dessous. N'ayant point vu cette troisième espèce, que quelques botanistes ont mal à propos confondue avec la première, nous ignorons si son péricline offre le même caractère générique que celui des autres lasiospores.

Lasiospore crétoise : *Lasiospora cretica*, H. Cass.; *Scorzonera cretica*, Willd.; *Scorzonera cretica*, *angustifolia*, *semine tomentoso*, *candidissimo*, Tourn., Coroll., pag. 36. Cette plante, trouvée par Tournefort, dans l'île de Crète, ou de Candie, a une racine vivace, épaisse comme le doigt, produisant plusieurs tiges herbacées, ascendantes, courtes; chaque tige, divisée à sa base en deux ou trois rameaux, porte une feuille

courte , située au point où elle se ramifie; et sa partie supérieure est nue , ou garnie seulement de quelques écailles
éparses; les feuilles radicales sont longues comme les tiges, linéaires, planes, nerveuses, ciliées principalement vers la base ;
les squames extérieures du péricline sont très-courtes, pubescentes, membraneuses sur les bords; les squames intérieures
sont alongées et membraneuses; les fruits sont tomenteux. Nous
n'avons point vu cette espèce , que nous décrivons d'après
Willdenow.

Dans la seconde édition du Catalogue du Jardin des Plantes
de M. le comte de Razoumoffsky , à Gorenki , imprimée à
Moscou , et publiée en 1812, par M. Fischer, on trouve un
genre *Lasiospermum* comprenant les trois premières des quatre
espèces décrites ci-dessus : mais ce genre n'y est indiqué que
par son nom , et l'auteur n'en a donné aucune description et
n'a publié nulle part les caractères sur lesquels il le fonde. Il
est vrai que le caractère principal se trouve indiqué par la
signification du nom générique, et que la citation de trois
espèces facilite beaucoup la découverte des caractères du
genre. Aussi nous n'aurions pas hésité à conserver intact le
nom générique imposé par M. Fischer, si ce même nom n'avoit
pas été donné à un autre genre par M. Lagasca. (Voyez notre
article Lasiosperme.) Mais, comme il falloit absolument changer, ou au moins modifier le nom de l'un des deux genres ,
nous avons dû faire subir cette modification à celui dont les
caractères n'avoient point encore été publiés. M. Lagasca a
publié les caractères de son *lasiospermum* en 1816, et il paroit
qu'en 1805 , il avoit publié ce nom générique dans un catalogue.
Le nom de *lasiospora*, que nous donnons au genre de M. Fischer, a la même signification que celui qu'il remplace, et
dont il ne diffère qu'autant qu'il est nécessaire pour que l'œil
ou l'oreille ne le confonde point avec le nom du genre de
M. Lagasca.

Le genre *Lasiospora* est exactement intermédiaire entre le
genre *Scorzonera* et le genre *Gelasia*. (Voyez notre article Lactucées.) Il diffère de l'un et de l'autre par ses fruits tout couverts de longs poils; il diffère en outre du *scorzonera* par son
péricline , qui est bisérié comme dans le *gelasia ; tandis qu'il
diffère du *gelasia* par son aigrette, qui est plumeuse comme

dans le *scorzonera*. Ainsi les caractères essentiellement distinctifs du *lasiospora* sont : 1.º les fruits tout couverts de longs poils ; 2.º le péricline double, ou formé de squames disposées sur deux rangs, l'extérieur court, l'intérieur long ; 3º. l'aigrette plumeuse.

Nous avons observé une plante qui ressemble beaucoup à notre *gelasia villosa*, mais dont l'aigrette est très-plumeuse ; elle diffère des *lasiospora* par le fruit dépourvu de poils, et des vraies *scorzonera* par le péricline bisérié. Cette plante est peut-être la *scorzonera stricta* de M. Marschall (*Fl. Taur. Cauc.*, tom. III), ou bien le *tragopogon calyculatus* de Jacquin, qui est devenu le *geropogon calyculatum*; mais il est plus vraisemblable que la plante de Jacquin n'a point l'aigrette vraiment plumeuse, qu'elle appartient par conséquent au genre *Gelasia*, et même qu'elle ne diffère pas spécifiquement du *gelasia villosa*. La plante que nous avons observée seroit-elle seulement une variété de ce *gelasia villosa*, qui auroit l'aigrette tantôt simple, tantôt plumeuse ? Nous répugnons beaucoup à le croire, quoique cela ne soit point impossible. Si la structure de l'aigrette varie dans ces plantes, notre genre *Gelasia* ne se distinguera plus du *scorzonera* que par le péricline bisérié, et du *lasiospora* que par le fruit glabre. Si au contraire la structure de l'aigrette est invariable, il faudra faire un nouveau genre ou sous-genre, différent du *gelasia* par l'aigrette plumeuse, du *lasiospora* par le fruit glabre, du *scorzonera* par le péricline bisérié. (H. Cass.)

LASIOSTOMA. (*Bot.*) Schreber donnoit ce nom au *rouhamon* d'Aublet, qui paroît congénère du *strychnos* ou vomiquier. Il en diffère seulement, parce que son calice et sa corolle n'ont que quatre divisions, et que le nombre des étamines est aussi réduit à quatre. (J.)

LASS. (*Bot.*) Ce genre d'Adanson est le même que celui de *pavonia*, fait par Cavanilles sur des plantes détachées de l'*hibiscus*. C'est celui qui a été nommé *prestonia* par Scopoli. (J.)

LASSA, LASSOTA. (*Bot.*) Voyez Lansa. (J.)

LASSULATA. (*Bot.*) Selon Daléchamps, ce nom est donné dans quelques lieux à la menthe-coq, *balsamita suaveolens*. (J.)

LASTOVIZA (*Ichthyol.*), nom d'une espèce de TRIGLE. Voyez ce mot. (H. C.)

LASYNEMA. (*Bot.*) Genre de plantes établi par R. Brown, aux dépens des EPACRIS. Voyez ce mot. (LEM.)

LATA. (*Bot.*) Clusius, dans ses *Exotica*, décrit sous ce nom un fruit apporté de la Guiane, ayant la forme d'une petite poire, de couleur jaune et un peu rougeâtre, contenant cinq noyaux osseux entourés d'une pulpe douce, visqueuse et rafraichissante, et il le compare à un fruit de néflier. (J.)

LATACANGHOMME LAHÉ. (*Bot.*) Les habitans de Madagascar donnent ce nom, qui signifie testicule de taureau, au fruit d'une plante grimpante, dont les fleurs blanches sont plus grandes que le jasmin et en ont l'odeur. M. du Petit-Thouars, qui a visité cette île, croit que c'est son *stephanotis*, genre de la famille des apocynées, qu'il assimile à une plante nommée *isaura* dans l'herbier de Commerson, fait à Madagascar. (J.)

LATANG. (*Bot.*) Les habitans de Java nomment ainsi une ortie, *urtica interrupta*, ou une de ses variétés, suivant Burmann. (J.)

LATANIER, *Latania*. (*Bot.*) Genre de plantes monocotylédones, à fleurs incomplètes, dioïques, de la famille des *palmiers*, de la *dioécie monadelphie* de Linnæus, offrant pour caractère essentiel : Des fleurs dioïques; une spathe à plusieurs folioles; un calice à six divisions; les trois extérieures (calice, W.) ovales, concaves; les trois intérieures (corolle, W.) alternes, plus grandes; quinze à seize étamines; les filamens réunis à leur base. Dans les fleurs femelles, un drupe recouvert d'une écorce, contenant trois noyaux.

LATANIER DE BOURBON : *Latania borbonica*, Lamk., Dict.; *Latania chinensis*, Jacq., Fragm. Bot., 1, pag. 16, tab. 11, fig. 1. Ce palmier a un tronc droit, cylindrique, couronné à son sommet de feuilles pétiolées, palmées, ou à demi ailées en éventail; les folioles plissées, ensiformes, aiguës, de couleur glauque, cotonneuses sur leur nervure postérieure; le pétiole sans épines, tranchant sur les côtés : à la base des feuilles naît une spathe composée de plusieurs folioles placées les unes sur les autres. De cette spathe sort un régime rameux, muni d'une écaille vaginale à la base de chaque ramification, qui est divisée à son sommet en digitations presque cylindriques, imbriquées d'écailles courtes, serrées et uniflores. Les fleurs sont éparses autour des digitations; elles sont jaunes, sessiles, caduques, situées ou enchâssées dans les écailles, comme la pierre d'une bague l'est dans son chaton. Cette plante a été découverte à l'île de Bourbon. par Commerson.

LATANIER ROUGE : *Latania rubra*, Jacq., *Frag. Bot.*, 1, p. 13, tab. 8; *Cleophora lantaroides*, Gærtn., *de Fruct.*, 2, pag. 185, tab. 120, fig. 1. Ce palmier, rapproché du précédent, en diffère par ses feuilles, à la vérité palmées en éventail avec un pétiole sans épines; mais leurs folioles sont ciliées par de petites épines, de couleur un peu rougeâtre; leur nervure postérieure point cotonneuse. Le fruit consiste en une baie globuleuse, glabre, un peu trigone, de la grosseur d'une petite pomme d'api, à une seule loge, revêtue d'une écorce mince, coriace et fragile : une pulpe succulente et fugace enveloppe trois noyaux glabres, à peine striés, point fibreux, monospermes; le périsperme dur, corné; l'embryon cylindrique, situé au sommet de la semence. Cette plante croit à l'île de Bourbon. Voyez BOIS DE LATANIER. (POIR.)

LATA-O-CANA BRAVA (*Bot.*), nom donné dans l'Amérique méridionale, près de Cumana, à une plante graminée, qui étoit l'*arundo sagittata* de M. Persoon, nommé plus récemment *gynerium saccharoides* par MM. de Humboldt et Kunth. (J.)

LATAX. (*Mamm.*) L'un des noms grecs de la LOUTRE. Voyez ce mot. (DESM.)

LATÉ. (*Bot.*) Voyez CRISSAN. (J.)

LATEPORE, *Latepora*. (*Polyp.*) Genre de polypiers fossiles proposé par Rafinesque dans le tome LXXXXIII du Journal de Physique, pour une espèce probablement d'Amérique qui diffère, dit-il, des tubipores, parce que les cloisons ont plusieurs rangs réguliers de pores latéraux; il ne contient que cette seule espèce qu'il nomme latepore blanche, *latepora alba*, et dont les tubes sont lisses, soudés et à cinq ou six côtés. (DE B.)

LATÉRAL. (*Bot.*) L'embryon prend cette épithète lorsqu'il est rejeté tout d'un côté de la graine (graminées, *polygonum scandens*, etc.); le style, lorsqu'il n'est pas dans la direction de l'axe vertical de l'ovaire (*daphne*, etc.); l'anthère, lorsqu'elle est placée d'un seul côté du filet (*canna indica*, etc.); la radicule, lorsque sa pointe est tournée vers un point périphérique, autre que la base ou le sommet de la graine (*commelina*, etc.) (Mass.)

LATÉRALISÈTES. (*Entom.*) Nous avons indiqué ce nom, formé des deux mots *seta lateralis*, soie latérale, comme synonyme de chétoloxes, pour indiquer une famille d'insectes à deux ailes, à trompe charnue, rétractile et cachée dans l'état de repos, et chez lesquels les antennes portent latéralement un poil isolé, tantôt simple, tantôt barbu. Telles sont les mouches, les tétanocères, les échinomyes, etc. Voyez Chétoloxes. (C. D.)

LATÉRIGRADES, *Laterigradæ*. (*Entom.*) Ce sont les araignées crabes, à corps déprimé, dont les pattes de devant sont plus longues que les pattes de derrière. Elles marchent en tous sens, et principalement de côté; de là leur nom. (C. D.)

LATHAGRIUM. (*Bot.*) C'est le nom d'une des divisions du genre Collema. Voyez à cet article. (Lem.)

LATHRÆA (*Bot.*), nom latin du genre Clandestine. (L. D.)

LATHROBIE, *Lathrobium*. (*Entom.*) Ce nom, qui signifie en grec qui vit en cachette, a été donné par M. Gravenhorst à un petit genre de staphylins ou de coléoptères de la famille des brachélytres, dont les antennes sont grêles, sétacées et le corselet alongé. Fabricius avoit placé la plupart de ces espèces avec les pédères. Voyez Brachélytres et Pédères. (C. D.)

LATHYRIS. (*Bot.*) Ce nom est cité par Matthiole et plusieurs autres anciens, pour l'espèce de tithymale, nommée épurge, et en latin *euphorbia lathyris*, dont les graines sont un violent purgatif employé dans les campagnes. (J.)

LATHYROIDES. (*Bot.*) Amman, dans ses *Plant. Ruthen.*, avoit donné ce nom à une plante légumineuse, qui est l'*orobus lathyroides* de Linnæus. (J.)

LATHYRUS. (*Bot.*) Voyez Gesse. (Lem.)

LATIALITE. (*Min.*) C'est le nom que le professeur Gismondi a donné à une pierre bleue qu'on trouve disséminée dans les laves du Latium, et qu'on a trouvée depuis dans les laves de beaucoup d'autres lieux. On a changé ce nom, sans nouvelles observations, et par conséquent sans motifs suffisans, en celui d'*Hauyne*, en dédiant au premier minéralogiste de ce siècle un minéral d'espèce encore incertaine, et privant ainsi les minéralogistes, qui sont plus difficiles en spécification, de la faculté de consacrer une espèce remarquable et assurée à ce nom respectable. Voyez HAUYNE. (B.)

LATIRE, *Latirus*. (*Conchyl.*) Subdivision générique établie par M. Denys de Montfort, *Conch. System.*, tom. 2, pag. 531, dans le genre Fuseau de M. de Lamarck, pour quelques espèces qui ont un ombilic beaucoup plus marqué que les autres, ce qui les rapproche de certaines turbinelles. Le type de ce genre est le *murex filosus*, figuré dans Martini, 4, tab. 140, fig. 1308 et 1309, que M. Denys de Montfort nomme LATIRE ORANGÉ, *latirus aurantiacus*; c'est une belle coquille des mers de l'Australasie, de trois pouces de long, fusiforme, la spire pourvue de grosses côtes tuberculées, de couleur orange, avec des stries transverses d'un rouge ponceau. L'intérieur de l'ouverture est jaunâtre; la lèvre extérieure est tranchante et finement striée en dedans; l'ombilic est très-apparent et profond.

M. Denys de Montfort dit, dans l'endroit cité, qu'il possède l'analogue fossile de cette coquille, et qu'elle n'est pas fort rare à Chaumont, dans le Vexin françois. (DE B.)

LATIROSTRES. (*Ornith.*) Klein, *Ordo avium*, pag. 128, emploie les termes *platiroster*, et *latiroster*, pour caractériser la forme du bec des oies et des canards, et M. Vieillot donne le nom de *latirostres* à la sixième famille de l'ordre des échassiers, qui comprend les genres *Spatule* et *Savacou*, en désignant leur bec comme plus long que la tête, large, déprimé, caréné ou plat en dessus. (CH. D.)

LATITUDE. (*Géog. Phys.*) C'est la distance d'un point de la terre à l'équateur, comptée sur le méridien, c'est-à-dire sur le cercle mené par ce point et par le pôle. Cette distance se mesure par les degrés du quart de cercle compris entre l'équateur et le pôle le plus voisin du lieu. Quand on divise la circonférence en 360^d, le quart en contient 90^d, et la latitude partant de l'équateur ne peut s'élever de chaque côté à plus de 90^d.

Dans la division décimale de la circonférence, le quart de cercle est partagé en 100 grades. (Voyez l'article MESURE.)

On nomme *latitude nord*, ou *septentrionale*, ou *boréale*, celle qui est dans l'hémisphère de cette dénomination , et *latitude sud*, ou *méridionale*, ou *australe*, celle qui est dans l'hémisphère du même nom.

La latitude d'un lieu est égale à la hauteur du pôle céleste , au-dessus de l'horizon de ce lieu. On la conclut de la hauteur d'un astre lorsqu'il passe au méridien , et que l'on connoît la distance de cet astre au pôle. Quand on peut observer une étoile qui, se trouvant à une distance du pôle moindre que l'élévation de ce point au-dessus de l'horizon, passe deux fois au méridien, l'une au-dessus du pôle , et l'autre au-dessous, la moitié de la somme des deux hauteurs est celle du pôle , et la moitié de leur différence est la distance de l'étoile à ce point. Ce procédé est très-simple ; mais, pour en tirer des résultats exacts, il faut faire aux hauteurs observées, des corrections dont ce n'est pas ici le lieu de parler. (L. C.)

LATOCH. (*Bot.*) Nom d'une ronce herbacée, *rubus chamœmorus*, dans la Laponie, suivant Linnæus. Dans la Westrobothnie elle est nommée *snotter*, et *hiortrum* dans la Suède. (J.)

LATONIE. (*Erpétol.*) Daudin a donné ce nom à une de ses couleuvres, que nous avons reportée parmi les Elaps. Voyez tom. XIV, pag. 288. (H. C.)

LATRIDIE, *Latridium.* (*Entom.*) Herbst a indiqué sous ce nom un genre d'insectes coléoptères tétramérés, de la famille des planiformes ou omaloïdes : tels sont les ips enfoncé, transversal et nain d'Olivier. (C. D.)

LATRODECTE, *Latrodectus.* (*Entom.*) M. Walcknaer a indiqué un genre d'araignée sous ce nom. (C. D.)

LATRUNCULI. (*Foss.*) Luid a donné ce nom à des vertèbres fossiles, dont la forme approche de celle de dames de trictrac. (D. F.)

LATTAJUOLO (*Bot.*), c'est-à-dire Laitier. Expression employée par Micheli pour désigner quelques espèces d'agarics qui sont gorgés d'un suc laiteux. Ainsi il a

Le Lattajuolo blanc, qui se fait remarquer par sa couleur blanche et par la longueur de son stipe. Il est bon à manger, quoique rempli d'un suc laiteux d'une saveur poivrée.

Le Lattaiuolo doux , c'est-à-dire a lait doux, dont le chapeau est de couleur ferrugineuse en dessus, et roux en dessous.

Le Lattaiuolo d'été. Il se trouve en été aux environs de Florence : il est de couleur d'or ou fauve doré, à suc laiteux aqueux et doux.

Le Lattaiuolo fort. Il y en a deux espèces remarquables par leur suc laiteux, âcre. L'une d'elles est d'un brun gris, avec le dessous du chapeau et le stipe blancs. L'autre espèce est visqueuse, grise en dessus et blanche en dessous.

Ces lattajuolo ou laitiers ne doivent pas être confondus avec les Laiteux (voyez ce mot) de Paulet, bien qu'ils appartiennent à la même famille. (Lem.)

LATTARINI. (*Ichthyol.*) Suivant La Chesnaye-des-Bois, on nomme ainsi en Italie un petit poisson qui ressemble beaucoup à celui que, en Amérique, on nomme Titri. Voyez ce mot. (H. C.)

LATTIKAS (*Ichthyol.*), un des noms que l'on donne à la brême en Livonie. Voyez Brême dans le Supplément du cinquième volume de notre Dictionnaire. (H. C.)

LATYRUS. (*Bot.*) Voyez Lathyrus. (Lem.)

LAU. (*Ichthyol.*) Selon M. Bosc, on donne, sur quelques côtes de France, ce nom au zée forgeron. Voyez Dorée. (H. C.)

LAUBEN (*Ichthyol.*), nom bavarois de la vaudoise. (Voyez Able dans le Supplément du premier volume de ce Dictionnaire.) Il paroît que dans la Bavière encore, ce nom est souvent aussi celui du *cyprinus bipunctatus.* Voyez Spirlin. (H. C.)

LAUBERKEN (*Ornith.*), nom allemand de l'alouette des champs, *alauda arvensis*, Linn. (Ch. D.)

LAUB-FINCK. (*Ornith.*) L'oiseau ainsi nommé par Peucer est le bouvreuil, *loxia pyrrhula ;* et le *laub-fincke* de Schwenekfeld est le pinson d'Ardennes , *fringilla montifringilla.* (Ch. D.)

LAUDANUM. (*Bot.*) Voyez Ladanum. (Lem.)

LAUFER. (*Ornith.*) On nomme ainsi en allemand le courevite d'Europe , *charadrius gallicus*, Gmel., et *tachydromus europeus*, Illig. et Vieill. (Ch. D.)

LAUGÈLE (*Ichthyol.*), nom suisse de la vaudoise qui aatteint son entier développement. Voyez ABLE dans le Supplément du premier volume de ce Dictionnaire. (H. C.)

LAUGIER, *Laugeria*. (*Bot.*) Genre de plantes dicotylédones, à fleurs complètes, monopétalées, de la famille des *rubiacées*, de la *pentandrie monogynie* de Linnæus, offrant pour caractère essentiel : Un calice très-petit, à cinq lobes courts à son bord; une corolle tubulée ; le limbe plan , à cinq lobes; cinq étamines, attachées à la partie supérieure du tube; un ovaire inférieur; un style; un stigmate en tête. Le fruit est un drupe globuleux, contenant, sous une pulpe molle, un noyau à cinq sillons divisé ordinairement en cinq loges monospermes.

Ce genre a de si grands rapports avec les *guettarda*, que M. de Lamarck l'y avoit réuni. Il n'en diffère que par les cinq loges du fruit; mais, comme plusieurs de ces loges avortent quelquefois, et qu'elles varient de deux à cinq, ce caractère devient incertain. La même variation a lieu pour les *guettarda* qui doivent avoir six loges, et qui quelquefois en ont moins. Comme quelques botanistes modernes ont cru devoir conserver ces deux genres, je citerai ici quelques unes des espèces de *laugeria*.

LAUGIER ODORANT : *Laugeria odorata*, Linn.; Jacq., *Amer.*, tab. 177, fig. 1 ; et *Icon. Pict.*, tab. 239, fig. 16 ; *Edechia, Engl. Itin.*, 306, 271, 259 ; *Guettarda odorata* , Lamk., *Ill. gen.*, tab. 154, fig. 4. Arbrisseau dont la tige s'élève à huit ou dix pieds de haut, rameuse, garnie de feuilles opposées, pétiolées, glabres, entières, presque ovales, un peu aiguës, longues d'un à deux pouces ; les fleurs disposées en grappes lâches, axillaires, de la longueur des feuilles; ces fleurs sont rougeâtres, très-odorantes pendant la nuit, les unes pédonculées, les autres sessiles, velues en dehors: leur calice fort petit, presque entier à son bord; le tube de la corolle grêle, alongé; le limbe à cinq divisions planes, ovales, obtuses ; les filamens très-courts; les anthères linéaires, non saillantes. Le fruit est un drupe de la grosseur d'un pois, très-noir à sa maturité, ombiliqué par un point au sommet, à cinq loges monospermes. Cette plante croît à la Havane et dans les environs de Carthagène.

LAUGIER LUISANT : *Laugeria lucida*, Swartz, *Flor. Ind. occid.*, 1, pag. 475; Vahl, *Symb.*, 3, pag. 40, tab. 57 ; *Stenostomum* ,

Gærtn. f., *Carpol.*, tab. 192. Arbrisseau de la Jamaïque et de l'île de Sainte-Lucie, dont les rameaux sont glabres, garnis de feuilles opposées, pétiolées, lisses, oblongues, obtuses, luisantes, entières, longues de deux ou trois pouces, accompagnées de stipules caduques ; les grappes solitaires, axillaires, terminales, quelquefois bifides ; les fleurs presque sessiles, odorantes, unilatérales ; le calice petit, à cinq dents ovales, obtuses ; la corolle glabre, en entonnoir ; les filamens presque nuls ; un drupe alongé, couronné par le limbe du calice, glabre, noirâtre ; renfermant un noyau presque trigone, à deux loges inégales.

Laugier coriace ; *Laugeria coriacea*, Vahl, *Egl.*, 1, pag. 26. Arbrisseau peu élevé, dont les rameaux sont tétragones, un peu comprimés, ponctués et cendrés ; les feuilles ovales, elliptiques, un peu coriaces, glabres, entières, longues de deux pouces et plus ; les épis axillaires, opposés, deux fois bifides ; les fleurs sessiles, unilatérales ; leur calice à quatre dents inégales ; la corolle à peine longue de trois lignes ; le limbe à quatre lobes ; quatre anthères presque sessiles. Le fruit est un drupe alongé, divisé en quatre loges. Cette plante croit dans l'île de Mont-Ferrat.

Laugier résineux : *Laugeria resinosa*, Vahl, *Egl.*, 1, p. 27 ; Gærtn. f., *Carpol.*, tab. 191. Ses rameaux sont anguleux, pulvérulens, très-résineux à leur sommet ; les feuilles glabres, lancéolées, glauques en dessous ; les pédoncules axillaires, bifides ; les fleurs sessiles, unilatérales ; le calice entier, un peu cilié ; la corolle visqueuse ; son limbe à quatre ou cinq lobes alongés ; le drupe de la grosseur d'un pois, à quatre loges monospermes. Cette plante croit sur les hautes montagnes du Mont-Ferrat. Swartz cite encore de la Jamaïque, le *laugeria tomentosa*, à feuilles ovales, tomenteuses en dessous ; le drupe à deux loges monospermes. (Poir.)

LAUHOL (*Ornith.*), nom du guignard, *charadrius morinellus*, Linn., en Laponie. (Ch. D.)

LAU-HY (*Mamm.*), nom que les Tartares, dit-on, donnent au tigre. (F. C.)

LAUME. (*Ornith.*) Voyez Lumme. (Ch. D.)

LAUMONITE. (*Min.*) Ce minéral, qui rappelle le nom d'un minéralogiste distingué, M. Gillet Laumont, se présente sous l'aspect d'une substance bacillaire, d'un blanc légèrement jaunâtre, souvent nacrée; assez souvent sa transparence et son aspect disparoissent par suite du contact de l'air, qui réduit ce minéral en petits fragmens ternes et anguleux, à la manière de certains sels efflorescens. Cette singulière propriété, qui n'appartient point, il est vrai, à toutes les variétés de la laumonite, lui avoit valu le nom de *zéolithe efflorescente de Bretagne*.

La laumonite cristallise en prisme octogone, terminé par des sommets à deux faces culminantes, dérivant, suivant M. Haüy, d'un octaèdre rectangulaire assez irrégulier, qui lui sert de forme primitive. M. Léman fait remarquer une analogie d'aspect assez remarquable entre les cristaux de laumonite et ceux de pyroxène, particulièrement avec la variété triunitaire. Le signe représentatif de l'une des formes les plus simples de notre laumonite est $\frac{E'M\ 'G'P}{s\ M\ \ l\ P}$; l'incidence des faces P de la pyramide sur les pans M du prisme, est de $108^d,38$. Les cristaux de laumonite sont assez rares; cependant M. de Bournon est parvenu à en rassembler un assez grand nombre provenant de diverses localités (1); mais ordinairement ce minéral n'offre que des aiguilles striées longitudinalement, divergentes, implantées ou croisées en tous sens.

La laumonite, dans son état naturel, c'est-à-dire non effleurie, raye le verre, fait gelée dans les acides, fond au chalumeau en émail blanc, et s'électrise résineusement par le frottement; sa pesanteur spécifique est 2,23, suivant M. de Bournon. M. Vogel, qui en a fait l'analyse, l'a trouvée composée de

Silice..............................	49
Alumine...........................	22
Chaux..............................	9
Eau................................	17
Acide carbonique..................	2,5
	99,5

On remarquera que la grande quantité d'eau contenue dans ce minéral, doit beaucoup contribuer à lui faire perdre sa

(1) Voyez Transactions de la Société géologique de Londres, tom. I, et Catalogue du cabinet particulier du Roi, pag. 108.

transparence et sa solidité lorsqu'il vient à se *dessécher*, que l'on me passe l'expression; il seroit intéressant d'analyser certaines variétés de laumonite qui ne s'effleurissent point, telle que celle de Ferroë; il est probable aussi que l'acide carbonique, et une partie de la chaux trouvée par M. Vogel, proviennent de la chaux carbonatée qui accompagne la laumonite de Bretagne. On sait combien les gangues ou les associations influent sur les principes constituans des minéraux.

Nous n'avons connu, pendant long-temps, que la laumonite découverte dans les mines de plomb de Huelgoët, en Bretagne, vers 1785, par M. Laumont; elle s'y rencontre parmi le schiste noir et charbonneux, qui est traversé par des veines de calcaire laminaire, et qui, suivant M. Beaunier, forme un petit filon séparé de celui que l'on exploite. C'est principalement cette première variété qui est minéémment efflorescente; depuis lors cette singulière substance s'est rencontrée dans beaucoup d'autres lieux plus ou moins remarquables. M. de Bournon, qui s'est spécialement occupé de cette espèce minérale, en cite une très-belle suite provenant, non seulement de Huelgoët, mais aussi de Ferroë, où elle est accompagnée de stilbite; de Paisley en Ecosse, avec l'analcime; de Portrush en Irlande, groupée avec des cristaux de stilbite; de la Chine, associée à la préhnite vert d'eau. L'on en cite aussi dans les amygdaloïdes des Etats de Venise, parmi les felspaths roses de Baveno, près du lac Majeur; à Dupapiatra, près de Zalathna, en Transylvanie; à Schemnitz, en Hongrie; au Saint-Gothard, etc. Enfin je l'ai trouvée moi-même, en grandes aiguilles bacillaires et friables, parmi la préhnite de Reichenbach, près Oberstein en Palatinat, où elle est fort rare en raison de son peu de solidité.

Les roches de l'Ecosse, de l'Irlande, de Ferroë, de Fassa en Tyrol, du Vicentin et du Palatinat, dans lesquelles on trouve la laumonite, ont entr'elles la plus parfaite analogie, et renferment aussi des substances minérales à peu près semblables. En effet, les analcimes, les chabasies, les préhnites, les stilbites, et notre laumonite enfin, s'y rencontrent souvent réunies deux à deux, trois à trois, etc. Pour la plupart des minéralogistes françois, toutes ces roches appartiennent aux déjections volcaniques de différens âges; mais, puisque nous trouvons aussi cette laumonite parmi les granites et les felspaths du versant méridional

des Alpes, et dans le schiste de transition de Huelgoët, il est
évident qu'elle appartient à la fois à des terrains et à des for-
mations bien opposées; il n'en est pas moins remarquable que la
même espèce, prise dans des lieux fort éloignés, se trouve réunie à des substances analogues. L'association des minéraux
entre eux est le sujet d'une étude pleine d'intérêt, qui peut se
rattacher à des considérations du premier ordre, et il seroit à
souhaiter que M. de Thury donnât suite au travail qu'il avoit
ébauché en 1810, relativement à ce nouveau point de vue sous
lequel on peut envisager le gisement des minéraux. (P. Brard.)

LAUNAYE, *Launæa*. (*Bot.*) [*Chicoracées*, Juss. = *Syngénésie polygamie égale*, Linn.] Ce nouveau genre de plantes, que
nous proposons, appartient à l'ordre des synanthérées, à la
tribu naturelle des lactucées, et à notre section des lactucées-
prototypes, dans laquelle nous l'avons placé entre les deux
genres *Picridium* et *Sonchus*. (Voyez notre article Lactucées.)
Le *launæa* nous a offert les caractères génériques suivans.

Calathide incouronnée, radiatiforme, multiflore, fissiflore, androgyniflore. Péricline inférieur aux fleurs, formé de
squames régulièrement imbriquées, appliquées, foliacées,
membraneuses sur les bords, les extérieures ovales, les intérieures oblongues, les unes et les autres obtuses au sommet.
Clinanthe plan, inappendiculé. Fruits (non encore mûrs) très-
alongés, probablement cylindracés, munis de quelques nervures, point sensiblement amincis vers le haut, pourvus d'un
bourrelet apicilaire pubescent; aigrette longue, composée
de squamellules très-nombreuses, plurisériées, inégales, filiformes, grêles, à partie inférieure presque nue, à partie supérieure médiocrement barbellulée. Corolles entièrement
glabres, à tube grêle, à limbe large. Stigmatophores noirâtres.

Nous ne connoissons qu'une espèce de ce genre.

Launaye a feuilles de paquerette; *Launæa bellidifolia*,
H. Cass. C'est une plante herbacée, entièrement glabre. Sa tige
est couchée horizontalement, simple, très-longue, grêle, cylindrique, striée, pourvue de nœuds ou d'articulations très-
éloignées les unes des autres. Chacun de ces nœuds porte deux
petites feuilles squamiformes, exactement opposées l'une à
l'autre. Dans l'aisselle de l'une de ces petites feuilles, naît un
rudiment de rameau non développé, portant une rosette

25.   21

d'environ cinq feuilles très-inégales, et immédiatement rapprochées à la base, en sorte qu'elles semblent partir du même point. Ces feuilles, analogues à celles du *bellis perennis*, sont longues d'environ un à deux pouces, larges de quatre à six lignes, et spatulées; leur partie inférieure est linéaire, pétioliforme; la supérieure est ovale ou obovale, irrégulièrement bordée de crénelures ou petites dents inégales; chaque feuille est munie d'une nervure médiaire ramifiée sur les deux côtés, à rameaux subdivisés en réseau. L'aisselle de l'autre petite feuille, ou bractée squamiforme, du nœud, donne naissance à un rameau pédonculiforme, simple, grêle, long de quatre à cinq lignes, garni de bractées alternes, squamiformes, et terminé par une calathide composée de douze ou treize fleurs à corolle jaune.

Nous avons étudié les caractères génériques et spécifiques de cette singulière lactucée, sur un échantillon sec, recueilli par Commerson dans l'île de Madagascar, et conservé dans l'herbier de M. de Jussieu, où il est attribué avec doute au genre *Scorzonera*, quoique son aigrette ne soit point du tout plumeuse.

Cette plante offre plusieurs particularités remarquables, et donne lieu à des doutes qui ne pourront être levés que par l'examen d'un échantillon plus complet et en meilleur état que celui qui a été observé par nous. Nous n'avons aperçu aucune racine sous les nœuds ni sous les entre-nœuds de la partie que nous considérons comme une tige, mais qui n'est peut-être qu'une branche, et qui a de l'analogie avec les coulans du fraisier: ainsi le port général de la plante ne nous est pas connu; et il n'est pas prouvé que cette tige ou branche soit couchée horizontalement sur la terre, quoique cela soit très-vraisemblable. Les deux petites feuilles squamiformes de chaque nœud nous ont paru être exactement opposées l'une à l'autre, ce qui peut paroître fort extraordinaire chez une lactucée : mais l'étonnement diminuera, si l'on remarque que l'une de ces feuilles est située à la base d'un pédoncule, que l'*urospermum Dalechampii* a trois feuilles verticillées au bas de chaque pédoncule, et que plusieurs lactucées, telles que quelques *sonchus* et quelques *hieracium*, ont des pédoncules disposés en ombelle, c'est-à-dire verticillés, et par conséquent opposés. Il est

bien probable que les véritables feuilles du *launœa* sont alternes,
mais celles qui composent les rosettes nées sur les nœuds, sont
trop rapprochées pour nous permettre de distinguer clairement leur disposition. Nous regrettons surtout de ne point
avoir trouvé de fruits mûrs : car il en résulte que les caractères essentiellement distinctifs de ce nouveau genre ne sont
pas encore bien solidement établis, et que, ses affinités n'étant
pas très-évidentes, sa place naturelle dans la tribu des lactucées n'est peut-être pas fixée irrévocablement telle que nous
l'avons assignée. L'ovaire est-il ovale et aplati comme dans
les *sonchus* et *lactuca?* ou bien est-il cylindracé, et devient-il
ensuite tétragone en acquérant quatre côtes, comme dans le
picridium? Ce qui est certain, c'est qu'après la fleuraison,
l'ovaire s'alonge considérablement, et l'ovule n'occupe que sa
partie inférieure, en sorte que la partie supérieure a quelque
analogie avec un col, mais elle est à peu près de la même
épaisseur que la partie inférieure ovulifère, et elle n'est point
du tout articulée sur elle. Cet ovaire nous a paru muni d'environ quatre à cinq nervures. L'aigrette ne semble pas être
d'un blanc aussi pur, ni d'une consistance aussi molle, que dans
les vraies lactucées-prototypes. La corolle, remarquable par
la largeur de son limbe, est dépourvue des poils qui existent
ordinairement dans cette section. Malgré ces anomalies et notre
incertitude sur la véritable forme du fruit, nous sommes persuadé que, quant à présent, le *launœa* ne peut être placé nulle
part plus convenablement qu'entre le *picridium* et le *sonchus*,
dans la section des lactucées-prototypes. Mais son port ne ressemble à celui d'aucune lactucée.

Nous avons dédié ce nouveau genre à la mémoire de feu
Mordant de Launay, auteur estimable du Bon Jardinier et
de l'Herbier général de l'amateur. (H. Cass.)

LAUPANKE, LLAUPANKE ou PANKE. (*Bot.*) La plante
du Chili, citée sous ce nom par Feuillée, avoit été rapportée
avec doute auprès du *panke* du même auteur, qui est un
gunnera, genre voisin des urticées. Le botaniste voyageur Nées
croit qu'elle a plus d'affinité avec une autre plante qu'il a
rapportée d'Amérique, et dont Cavanilles a fait son genre
Francoa (voyez ce mot), qui avoisine la famille des rutacées.
(J.)

LAUPÉ. (*Bot.*) Nom péruvien de deux petits arbres, *godoya obovata* et *spathulata* de la Flore du Pérou, qui ont tous deux un bois très-dur, employé pour faire des manches de divers instrumens, des supports, et même des solives. Ce genre a de l'affinité, d'une part, avec les guttifères et le *marila ;* de l'autre, avec la nouvelle famille des ochnacées, dont il a tout le port et les étamines, mais dont il diffère par le fruit que nous ne connoissons que d'après les descriptions. (*J.*)

LAUREL. (*Bot.*) Dans le Chili, on nomme ainsi un grand arbre, qui est le *pavonia* de la Flore du Pérou. Comme il existoit antérieurement un autre genre *Pavonia*, fait par Cavanilles et déjà admis par les botanistes, nous avons cru devoir changer celui du Chili, en latinisant son nom vulgaire et le nommant *laurelia*. Ce genre fait partie de la nouvelle famille des monimiées, voisine des urticées. Le laurel est remarquable par sa belle verdure. Son bois est employé pour faire des planches et des solives. Ses feuilles possèdent un principe aromatique, qui les rend propres à servir d'assaisonnement. (Voyez Lau-rélie.)

On donne encore le nom de *laurel* dans la Pensylvanie, suivant M. Michaux fils, au rosage, *rhododendrum maximum*, ainsi qu'au *kalmia latifolia.* (J.)

LAURÉLIE, *Laurelia.* (*Bot.*) Genre de plantes dicotylédones, à fleurs incomplètes, monoïques, de la famille des *monimiées*, de la *monoécie dodécandrie* de Linnæus, offrant pour caractère essentiel : Des fleurs monoïques ; un calice campanulé : ses découpures disposées sur plusieurs rangs ; point de corolle ; sept à quatorze étamines ; trois écailles à la base des filamens : dans les femelles, plusieurs ovaires surmontés d'un style velu, qui deviennent autant de semences renfermées dans le calice.

Laurélie aromatique : *Laurelia aromatica*, Poir., Dict., Suppl.; Juss., *Annal. Mus.*, vol. 14, pag. 119 ; *Pavonia,* Ruiz et Pav., *Prodr. Fl. Per.*, tab. 28. Arbre du Chili, dont les rameaux sont garnis de feuilles opposées, lancéolées, entières, exhalant, lorsqu'on les froisse entre les doigts, une odeur très-aromatique. De leur aisselle sortent des pédoncules chargés de plusieurs fleurs mâles ou femelles sur le même pied. Leur calice se divise en sept ou treize lobes égaux, disposés sur deux ou trois rangs; les filamens munis de deux glandes vers leur base, environnées de trois écailles; les anthères appliquées contre la partie supérieure des filamens, s'ouvrant par une valve au sommet. Chaque ovaire devient une semence menue, chargée de duvet; après la fécondation, le calice augmente de volume; il se partage en quatre parties, qui se renversent et laissent les semences à découvert. Voyez LAUREL. (POIR.)

LAURELLE. (*Bot.*) Dans plusieurs provinces de France, on donne vulgairement ce nom au laurose ou laurier rose, *nerium oleander.* (J.)

LAURELLE. (*Bot.*) Voyez CANSJERA. (POIR.)

LAUREMBERGIA. (*Bot.*) Ce genre du cap de Bonne-Espérance, établi par Bergius, est, selon M. Thunberg, le même que le SERPICULA de Linnæus. Voyez ce mot. (J.)

LAURENCIA. (*Bot.*) Genre de plantes de la famille des algues, établi par Lamouroux, et intermédiaire entre ses genres *Gelidium* et *Hypnea*, dans la section des floridées. Il se distingue par ses tubercules fructifères, globuleux, un peu translucides sur le bord, situés aux extrémités des rameaux ou de leurs divisions.

Ces plantes sont petites, délicates, rameuses, entrelacées; les rameaux sont dichotomes ou trichotomes, et se couvrent entièrement de tubercules fructifères; ceux-ci, lors de la maturité des séminules, se déchirent assez souvent et les mettent à nu. Les espèces varient beaucoup, selon leur âge; ce qui rend leur distinction difficile. On en compte vingt-cinq environ. Plusieurs d'entre elles ont une saveur âcre et brûlante qui ne se manifeste qu'à certaines époques. On les emploie dans le Nord comme assaisonnement. Presque toutes croissent sur les rochers dans les mers de l'Europe. Cependant quelques unes n'ont été encore vues que dans les mers étrangères. L'une, le *laurencia intricata*, Lamx., *Ess. Thal.*, p. 43, pl. 9., a été recueillie aux Antilles; et une autre, le *laurencia versicolor*, est des environs du cap de Bonne-Espérance.

Ce genre n'a pas été adopté par Agardh, qui le réunit à son *chondria*, où il place également l'*acanthophora*, Lamx.

LAURENCIA AILÉE : *Laurencia pinnatifida*, Lamx.; *Chondria pinnatifida*, Agardh, *Syn.*, p. 35; *Gelidium pinnatifidum*, Lyngb., *Tent. Hydroph.*, p. 40, tab. 9; *Fucus pinnatifidus*, Turn., *Hist.*, tab. 20; Stackh., tab. 11; *Engl. Bot.*, tab. 1202; Esp., tab. 132; *Fl. Dan.*, 1478. En touffes composées de frondes comprimées, planes, deux fois ailées, à rameaux obtus, le plus souvent alternes.

Cette plante est d'une teinte purpurine; elle a tout au plus quatre à cinq pouces de longueur. Elle croît dans l'Océan, sur les rochers; ses rameaux ont au plus une ligne de large.

Laurencia obtuse : *Laurencia obtusa*, Lamx.; *Fucus obtusus*, Turn., *Hist.*, t. 21; Decand., Fl. Fr., n.° 72; *Engl. Bot.*, tab. 1201. Fronde filiforme, cylindrique, deux fois ailée ; rameaux opposés, à dernières divisions trifides, obtuses. Cette plante est d'un rouge de chair qui pâlit bientôt. Elle est de la même grandeur que la précédente, et croît dans les mêmes lieux. On la rencontre encore dans la Méditerranée. (Lem.)

LAURENTEA. (*Bot.*) Genre d'Ortega qui se rapporte au Sanvitalia. Voyez ce mot. (Poir.)

LAURENTIA. (*Bot.*) Micheli donnoit ce nom à une plante que Linnæus a ensuite réunie à son *lobelia*, sous celui de *lobelia laurentia*. Adanson, qui n'admettoit pas le nom *lobelia* antérieurement consacré par Plumier à un autre genre, et qui vouloit diviser le genre de Linnæus en deux, a nommé *laurentia* les espèces dont le fruit est à deux loges, et *dortmanna* celles qui en ont trois. (J.)

LAUREOLA. (*Bot.*) Les deux sous-arbrisseaux auxquels plusieurs auteurs anciens ont donné ce nom, sont connus sous les noms de lauréole, *daphne laureola*, et de mézéréon, *daphne mezereum*. Dioscoride les nommoit *chamædaphne* et *daphnoides*. Ils font partie du genre *Thymelea* de Tournefort, dont le nom a été changé par Linnæus en celui de *daphne*. (J.)

LAURÉOLE (*Bot.*), nom vulgaire d'une espèce de daphné, *daphne laureola*, Linn. (L. D.)

LAUREY. (*Ornith.*) Albin nomme ainsi une variété du lory à collier. (Ch. D.)

LAURIER. (*Bot.*) Indépendamment des arbres qui, par leurs caractères botaniques, appartiennent véritablement au genre *Laurus*, plusieurs autres arbres ou arbrisseaux semblables par quelques rapports de forme ou de feuillage, ont reçu le même nom, avec un surnom qui les distingue. Ainsi le cerisier amandier est nommé laurier cerise, laurier amandier; le *viburnum tinus* est le laurier-tin des jardiniers ; le *magnolia* est nommé laurier tulipier ; le *nerium* est un laurier-rose ; le *ruscus* est le *laurus taxa* de Pline, le *laurus alexandrina* de Théophraste et de Bauhin ; et ce dernier nom est aussi donné en latin , soit à l'*uvularia amplexifolia*, soit au *medeola asparagoides*. Pline nommoit l'azedarach *laurus græca*. On trouve même le nom de *laurus* donné par des auteurs modernes au *kiggelaria* , au *canella* et à un *myrica*. (J.)

LAURIER, *Laurus*. (*Bot.*) Genre de plantes dicotylédones , à fleurs incomplètes, dioïques ou hermaphrodites, de la famille des *laurinées*, de l'*ennéandrie monogynie* de Linnæus, offrant pour caractère essentiel : Un calice à quatre, cinq ou six divisions. Point de corolle ; six ou douze étamines disposées sur deux rangs ; les anthères fixées sur les bords des filets, s'ouvrant de la base au sommet ; un ovaire supérieur ; un style ; un stigmate. Le fruit est un drupe uniloculaire , renfermant une noix monosperme.

Ce genre renferme des arbres et arbrisseaux, originaires les uns des pays chauds tempérés, les autres du climat brûlant des tropiques, d'autres , des contrées septentrionales de l'Amérique , etc. Ces derniers sont susceptibles d'être transplantés dans nos climats de l'Europe, et en état de résister à la rigueur des hivers : d'autres ne peuvent exister qu'autant qu'ils sont tenus, pendant la mauvaise saison, dans la serre chaude, ou dans celle d'orangerie. Ces arbres ont des feuilles simples, ordinairement alternes ; les fleurs petites, disposées très-souvent en panicules terminales. La plupart sont aromatiques ; plusieurs intéressent par leur utilité, par leurs produits, par l'usage qu'on en fait, soit dans l'économie domestique, soit en médecine.

« Les lauriers, dit M. Desfontaines, ne sont pas encore bien connus, parce que ces arbres, originaires des pays étrangers , se trouvent disséminés sur les terres situées à de grandes distances les unes des autres. Les Indes orientales, le Japon, les Moluques, les îles de France et de Bourbon, celles de Madagascar, de Bornéo, de Sumatra, les Antilles, le Pérou et le Mexique, la Guiane françoise, les Canaries, etc., en produisent des espèces, ou entièrement inconnues, ou sur lesquelles nous n'avons que des notions vagues, incomplètes. »

*** *Feuilles persistantes.***

Laurier commun ou Laurier d'Apollon, *Laurus nobilis*, Linn.; Lamk., *Ill. gen.*, tab. 321, fig. 1; Duham., *Arbr.*, edit. nov., 2, tab. 32; Dodon., *Pempt.*, 849; Lobel, *Icon.*, 2, tab. 141. Arbre toujours vert, d'une très-belle forme, de grandeur moyenne, dont la tige s'élève à la hauteur de vingt à vingt-cinq pieds et plus. Ses branches sont droites, serrées contre le tronc; les feuilles alternes, pétiolées, glabres, dures, coriaces, un peu ondulées sur leurs bords, longues de quatre à cinq pouces; les fleurs petites, de couleur herbacée ou un peu jaunâtre, disposées en petits paquets axillaires, médiocrement pédonculés, munis de bractées concaves, caduques, en écailles; leur calice glabre, à quatre ou cinq divisions ovales; huit à douze étamines dans les fleurs mâles. Le baies sont ovales, bleuâtres, un peu noirâtres, nues à leur base par la chute du calice.

Cet arbre croît naturellement dans la Grèce, le Levant, sur les côtes de la Barbarie : il s'est, depuis long-temps, naturalisé dans les contrées méridionales de la France. Aucun arbre n'a joui, chez les anciens, d'une plus grande célébrité ; aucun n'a été plus souvent chanté par les poëtes : il étoit particulièrement consacré au dieu des vers, qui lui-même l'adopta pour son arbre favori, lorsque Daphné, fuyant ses embrassemens, fut convertie en laurier. On en ornoit ses temples, ses autels et le trépied de la Pythie. On prétendoit, sans doute à cause de son odeur pénétrante et aromatique, qu'il communiquoit l'esprit de prophétie et l'enthousiasme poétique ; de là vient que les poëtes étoient couronnés de laurier : il paroît néanmoins, d'après certaines médailles et plusieurs monumens de l'antiquité, que ce n'étoit point toujours avec le laurier, qu'on formoit la couronne des vainqueurs dans les jeux du Cirque et dans les triomphes, mais avec le fragon ou laurier alexandrin (*ruscus hypophyllum*, qui en a conservé le nom chez les anciens botanistes, *laurus alexandrina*).

Virgile fait remonter jusqu'au siècle d'Enée, la coutume de ceindre de laurier le front des vainqueurs ; du moins est-il certain que les Romains l'adoptèrent de bonne heure. Les généraux le portoient, dans les triomphes, non seulement autour de la tête, mais encore dans la main. Les faisceaux des premiers magistrats de Rome, des dictateurs et des consuls, étoient entourés de lauriers, lorsqu'ils s'en étoient rendus dignes par leurs exploits. On le plantoit aux portes et autour des palais des empereurs et des pontifes ; d'où vient que Pline l'appelle le GARDIEN DES CÉSARS : *gratissima domibus janitrix, quæ sola domos exornat et ante limina Cæsarum excubat.*

C'étoit une croyance généralement répandue que jamais le laurier n'étoit frappé de la foudre ; et Pline rapporte que l'empereur Tibère se couronnoit de laurier, dans les temps d'orage, pour se mettre à l'abri du tonnerre : d'où vient que Corneille, dans sa tragédie des *Horaces*, fait dire au vieil Horace, dans la défense de son fils :

> Lauriers, sacrés rameaux, qu'on veut réduire en poudre,
> Vous, qui mettez sa tête à couvert de la foudre,
> L'abandonnerez-vous à l'infâme couteau
> Qui fait choir les méchans sous la main du bourreau ?

Admis dans les cérémonies religieuses, il entroit dans leurs mystères, et les feuilles étoient regardées comme un instrument de divination. Si, jetées au feu, elles rendoient beaucoup de bruit, c'étoit un bon présage ; si, au contraire, elles ne pétilloient point du tout, c'étoit un signe funeste. Vouloit-on avoir des songes favorables, on plaçoit des feuilles de cet arbre sous le chevet du lit. Parmi les Grecs, ceux qui venoient de consulter l'oracle d'Apollon, se couronnoient de laurier, s'ils avoient reçu du dieu une réponse favorable ; de même, chez les Romains, tous les messagers qui en étoient porteurs, ornoient de laurier la pointe de leurs javelines. On entouroit également de laurier, les lettres et les tablettes qui renfermoient le récit des bons succès : on faisoit la même chose pour les vaisseaux victorieux.

Dans le moyen âge, le laurier a servi, dans nos universités, à couronner les poëtes, les artistes et les savans distingués par de grands succès. La couronne qui ceignit long-temps, dans les écoles de médecine, la tête des jeunes docteurs, devoit être faite avec les rameaux de cet arbre garnis de leurs baies, ainsi que l'indiquent les titres de *bachelier, baccalaureat* (baies de laurier, *baccæ laureæ*).

Les statues d'Esculape couronnées de laurier, les branches

de cet arbre placées à la porte des malades annonçoient la grande confiance que l'on avoit dans ses propriétés médicinales. Elles étoient suffisamment indiquées par l'odeur suave et balsamique qui s'exhale de toutes les parties de cet arbre, par la saveur aromatique et chaude des feuilles et des fruits, par l'huile volatile âcre et très-odorante, et par l'huile grasse concrète qu'ils fournissent, qu'on a considérée comme résolutive, propre pour apaiser les douleurs et résoudre les tumeurs. Ses feuilles et ses fruits sont regardés comme toniques; ils échauffent, fortifient l'estomac, aident la digestion et dissipent les vents. Aujourd'hui, le laurier est rarement employé en médecine : il est plus généralement réservé comme assaisonnement dans la préparation d'une foule de mets qu'il aromatise, et dont il relève le goût.

« Les feuilles du laurier, dit M. Desfontaines, décrépitent lorsqu'on les brûle, et répandent une odeur qui purifie l'air et qu'on respire avec plaisir. Les baies donnent une huile résolutive dont on fait usage dans la médecine humaine et vétérinaire. On les cueille lorsqu'elles sont mûres, et, après les avoir écrasées, on les met dans une chaudière pleine d'eau que l'on fait bouillir lentement pendant plusieurs heures. On verse la liqueur bouillante avec le marc dans un sac de toile un peu claire, au travers duquel elle passe; on presse ensuite le marc pour en exprimer le reste de l'huile, qui se fige à la surface de l'eau en se refroidissant; on la ramasse et on la conserve dans des cruches. Autrefois les baies de laurier étoient employées dans la teinture. Le bois, quoique tendre, est souple et difficile à rompre. Les jeunes rameaux servent à faire des cerceaux pour les petits barils. Cet arbre est très-propre à la décoration des jardins et des bosquets d'hiver. On le cultive en pleine terre dans nos climats; mais il craint les fortes gelées : j'en ai vu cependant de très-beaux dans la Bretagne, à la vérité à peu de distance des bords de la mer, où le froid est toujours moins vif qu'à Paris, quoique sous une même latitude. »

· Laurier cupulaire : *Laurus cupularis*, Linn.; Lamk., *Ill. gen.*, tab. 521, fig. 2; Gærtn., *de Fruct.*, tab. 92. Ce laurier est très-remarquable par la forme de ses fruits : ils sont ovales, oblongs, assez semblables à de petits glands de chêne, munis chacun d'une capsule turbinée, à bord tronqué. C'est le tube du calice persistant. Les rameaux de cet arbre sont glabres, tuberculeux ou raboteux, garnis de feuilles alternes, pétiolées, ovales, glabres, longues de quatre à cinq pouces. Les fleurs sont petites, hermaphrodites, veloutées en dehors, disposées en panicules courtes, sessiles, terminales, munies de petites bractées concaves, caduques ; le limbe du calice partagé en six lobes.

Cette plante croît dans les bois aux îles de France et de Bourbon. Au rapport d'Aublet, son bois sert à faire des lambris, des planches et toutes sortes de meubles en menuiserie. Lorsqu'on l'emploie, il exhale une odeur forte et désagréable : il a, par sa couleur, beaucoup de rapports avec le noyer. Les habitans du pays le nomme Bois de cannelle.

On pourroit peut-être ajouter comme synonyme ou comme variété au laurier cupulaire, le *quercus molucca*, Rumph, *Amboin.*, 3, pag. 85, tab. 56 : il offre néanmoins quelques différences. Les pédoncules sont beaucoup plus courts; les calices paroissent tuberculeux ; les rameaux très-lisses, point raboteux. Rumph dit que son bois est dur et pesant ; que les les fruits sont très-recherchés par les sangliers; que, dans quelques contrées, on les fait torréfier ou bouillir, et qu'on les mange, excepté ceux d'une espèce plus petite et dont les fruits sont plus durs.

Laurier camphrier : *Laurus camphora*, Linn.; Breyn., *Prodr.*, 2, pag. 16, *Icon.*, 16, tab. 2; Commel., *Hort.*, 1, tab. 95; Blacw., tab. 347; Kæmpf., *Amœn. exot.*, tab. 771; Jacq., *Collect.*, 4, tab. 3, fig. 2. Arbre d'un port élégant, approchant de celui d'un grand tilleul, orné d'un joli feuillage. Son écorce, raboteuse sur le tronc, est verte, luisante sur les jeunes rameaux; son bois est blanc, peu serré; panaché en ondes roussàtres, d'une odeur aromatique. En se desséchant, il prend partout une teinte rousse; sa surface devient douce et poreuse avec les années, parce que le camphre qu'il contient se volatilise à l'air, et laisse vides les petites cellules où il étoit renfermé. Les feuilles sont alternes, ovales-aiguës, luisantes, entières, longues de deux à trois pouces, marquées de trois nervures longitudinales, entre chacune desquelles on aperçoit une glande à l'endroit où elles se bifurquent. Les fleurs sont petites, dioïques ou polygames, blanches, disposées en petites grappes axillaires; leur calice est à cinq ou six divisions ovales, profondes, un peu obtuses; les étamines au nombre de neuf, attachées au calice, disposées sur trois rangs; une petite glande globuleuse, pédicellée à la base de chaque étamine du rang intérieur; le style surmonté d'un stigmate obtus. Le fruit est un drupe arrondi, de la grosseur d'un gros pois, monosperme, d'un pourpre noirâtre, entouré à sa base par le calice tronqué. Toutes les parties de cet arbre répandent une odeur de camphre lorsqu'on les froisse.

Cet arbre intéressant croît au Japon et dans plusieurs contrées des Indes orientales. On le cultive au Jardin du Roi. Ses fleurs s'épanouissent au commencement de l'été. La température du climat sous lequel le camphrier croît naturellement, approche beaucoup de celle de Provence; ce qui porteroit à croire qu'il pourroit réussir en pleine terre dans nos départemens méridionaux : il ne faut pas lui donner beaucoup de chaleur.

« Le camphrier, dit M. Desfontaines, est connu en Europe depuis un grand nombre d'années. En 1674, Guillaume Rhine, médecin de l'empereur du Japon, en envoya un rameau desséché, sans fleurs ni fruits, à Jacques Breynius, qui le fit graver dans ses centuries. En 1680, Jean Commelin en reçut du cap de Bonne-Espérance un jeune pied vivant qu'il cultiva dans le jardin botanique d'Amsterdam. C'est le premier qu'on ait vu en Europe, et cet arbre n'y est pas encore très-répandu, parce qu'il n'y donne pas de fruits, et qu'on ne le multiplie que de marcottes qui poussent très-difficilement des racines. Le camphrier fleurit rarement dans nos climats. Gleditsch, qui a publié des observations sur cet arbre, dans les Mémoires de l'Académie de Berlin, année 1774, rapporte qu'un individu que l'on cultivoit depuis plusieurs années dans la Marche de Brandebourg, fleurit en 1749; qu'un second pied, âgé de quatorze ans, et provenu de marcottes, fleurit également dans le jardin botanique de Berlin en 1774; qu'un troisième porta aussi des fleurs à Helmsted quelque temps après, et enfin un quatrième à Dresde. Un des individus que l'on cultive dans le jardin du Muséum d'histoire naturelle y a fleuri en 1805. »

« C'est dans la province de Sumatra, au Japon, et dans les îles Gotho, que l'on recueille le camphre. Les habitans des campagnes, auxquels ce soin est confié, fendent en éclats les branches, et surtout les racines, parce qu'elles en contiennent davantage, ils les font bouillir dans des marmites de fer remplies d'eau, et recouvertes d'un chapiteau, auquel est adapté un tuyau en forme de bec, comme celui d'un alambic. La chaleur dégage le camphre des pores où il est renfermé; il se sublime et s'attache aux parois du chapiteau ; on le détache et on le renferme, réuni en petits grains, dans des vases enveloppés de paille. C'est dans cet état qu'il est vendu aux Européens, qui le purifient par des procédés connus, et le réduisent en pains, tels qu'on les voit dans les boutiques. »

« Le camphre se volatilise à l'air, et brûle sans laisser de charbons. On en fait usage extérieurement pour fondre les tumeurs, calmer les inflammations et arrêter les progrès de la gangrène. Pris à l'intérieur, il excite la transpiration et les urines. C'est un très-bon remède pour adoucir les ardeurs de vessie occasionnées par les cantharides : enfin il entre dans la préparation de plusieurs médicamens, et on l'emploie dans les feux d'artifice. »

« Le camphre qui nous vient des îles de Sumatra et de Bornéo est plus rare, plus cher, plus transparent et d'une odeur plus agréable que celui du Japon. L'arbre qui le produit n'est pas bien connu ; mais d'après ce qu'en ont dit Boccone et Breynius, il diffère beaucoup du laurier-camphrier : il s'élève moins ; son bois est fongueux, et le tronc est entrecoupé de nœuds comme le roseau. Les habitans de ces îles le nomment *iono*; ils n'en retirent pas le camphre par ébullition, mais ils le ramassent tout formé dans les gerçures du bois et entre ses fibres, après les avoir divisées et exposées au soleil; enfin ils le tamisent pour en séparer les corps étrangers. Ce camphre est en petites lames et en petits grains; il ne s'évapore point à l'air, comme le précédent. Kæmpfer dit que les racines du *cassia lignea* donnent aussi du camphre, et qu'il en a retiré du schenanthe d'Arabie. »

On trouve du camphre dans plusieurs autres plantes, particulièrement dans la CAMPHRÉE (voyez ce mot), dans l'*aurone*, le *thym*, le *romarin*, la *sauge*, la *lavande* et un grand nombre de labiées. L'*aristoloche siphon* en répand fortement l'odeur quand on la coupe fraîche. (Voyez CAMPHRE.)

LAURIER ROYAL: *Laurus indica*, Linn.; Vendl., *Obs.*, tab. 3, fig. 22 ; Ald., *Farnes.*, tab. 60. Cet arbre, quoique rapproché du laurier commun, en diffère par son port et ses fleurs. Il s'élève à la hauteur de trente ou quarante pieds : il soutient une cime ample, arrondie. Ses feuilles sont alternes, éparses, planes, glabres, ovales-lancéolées, entières. Ses fleurs sont d'un blanc jaunâtre, couvertes d'un duvet court, les unes mâles, les autres hermaphrodites, disposées sur plusieurs grappes terminales et axillaires ; leur calice à six divisions ; les étamines au nombre de neuf. Les fruits sont ovales, oblongs, blanchâtres dans leur maturité, conservant le calice à leur base.

Cet arbre croît dans les Indes, à Madère et dans les îles Canaries, d'où on l'apporta d'abord en Portugal : on l'y a multiplié en telle quantité, qu'aujourd'hui il y est tout-à-fait naturalisé. En 1620, on l'éleva dans le jardin de Farnèse, au moyen de ses baies qui avoient été apportées des Indes. On le prit alors pour un cannellier bâtard : on le cultive, depuis bien des années, au Jardin du Roi ; il passe l'hiver dans l'orangerie : il est vraisemblable qu'il réussiroit en pleine terre dans le midi de la France.

Laurier fétide : *Laurus fœtens*, Ait., *Hort. Kew.*, 2, pag. 39 ; *Laurus maderiensis*, Lamk., Encycl. Ce laurier forme un arbre peu élevé, toujours vert, orné d'un beau feuillage qui lui donne l'aspect d'un *magnolia*.

Il répand une odeur forte, assez désagréable. Ses feuilles sont alternes, ovales, aiguës, un peu épaisses, lisses en dessus et d'un beau vert, veinées en dessous, la plupart portant, dans les aisselles de leur principale nervure, des petites touffes de poils laineux. Cet arbre est originaire de Madère : on le cultive au Jardin du Roi : il faut, pendant l'hiver, le tenir dans la serre d'orangerie.

Laurier rouge : *Laurus borbonia*, Linn.; Duham., *Arbr.*, ed. nov., tab. 33 ; Catesb., *Carol.*, 1, tab. 63. Cet arbre ne s'élève qu'à une hauteur médiocre. Ses feuilles sont alternes, planes, lancéolées, aiguës, vertes et très-lisses en dessus, glauques et veinées en dessous; les fleurs disposées en grappes paniculées, axillaires, munies de pédoncules rouges ; les fruits bleus, ovales, enveloppés, à leur partie inférieure, par un calice rouge, charnu, ayant la forme d'une capsule. Cet arbre croît dans la Caroline et la Virginie. Il est cultivé au Jardin du Roi : il passe l'hiver dans l'orangerie. Son bois est fort estimé ; il a le grain fin, et il est d'un très-bon usage pour les armoires. Catesby dit en avoir vu quelques morceaux choisis qui ressembloient à du satin ondé, et dont la beauté étoit au-dessus de celle d'aucun autre bois qu'il ait jamais vu.

Il ne croît pas à l'île Bourbon, comme sembleroit l'indiquer son nom spécifique, que Linnæus n'a employé que pour rappeler le genre *Borbonia*, établi pour cet arbre par Plumier.

Laurier vénéneux : *Laurus caustica*, Molin., *Chil.*, *ed. germ.*, pag. 151; *Llithi*, Feuill., *Peruv.*, 3, pag. 33, tab. 23. Grand arbre du Chili, dont le tronc est de la grosseur du corps d'un homme, revêtu d'une écorce verdâtre, d'où découle, par incision, une liqueur de la même couleur. Son bois est blanc, très-dur; il rougit en se desséchant. Ses rameaux sont garnis de feuilles ovales-lancéolées, persistantes, lisses, d'un vert gai, glabres à leurs deux faces, un peu sinuées à leur contour, longues de deux pouces; les fleurs axillaires pédonculées, presque solitaires; les calices divisés en quatre lobes ovales. Le fruit est un drupe presque globuleux, très-gros, comprimé à ses deux extrémités, un peu acuminé au sommet.

Cet arbre, que le P. Feuillée nomme llithi, est, d'après lui, très-malfaisant. Son ombre est fort dangereuse, et l'eau qui découle de l'arbre, en le coupant, a une vertu si maligne, que si on en met sur la chair, elle la fait enfler considérablement. Nos matelots, ajoute le même auteur, qui ignoroient le danger qu'il y avoit à couper ces arbres, en rencontrèrent malheureusement plusieurs, un jour qu'ils étoient allés faire du bois; ils en abattirent quelques uns, et, ne s'apercevant pas encore du mal qui les menaçoit, ils revinrent, et soupèrent le soir fort tranquillement : ce ne fut que le lendemain matin qu'ils se trouvèrent dans un état si affreux, qu'ils en furent effrayés. L'enflure avoit fait un tel progrès, que leur tête en étoit devenue d'une grosseur extraordinaire; leur visage n'avoit plus de forme; on n'y découvroit plus ni nez, ni yeux, ni aucune partie; tous leurs autres membres n'étoient pas moins enflés. Ceux qui n'auroient pas connu la cause de leur mal, les auroient plutôt pris pour des monstres que pour des hommes. D'un autre côté, cet arbre est très-propre à construire des navires. On le coupe avec beaucoup de facilité lorsqu'il est vert ; mais il devient, à mesure qu'il sèche, d'une dureté qui le rend semblable à de l'acier. On le trempe alors dans l'eau ; il en devient encore plus dur. Les navires qui en seroient construits, seroient incorruptibles. Les naturels du pays se servent de son bois pour meubler leurs maisons ; il est blanc lorsqu'on le coupe ; il devient d'un beau rouge en séchant.

Le *laurus exaltata* de Swartz est un autre arbre très-élevé, dont le bois dur, jaunâtre, est très-estimé pour les constructions et les meubles. Il est presque le seul dont on fasse usage, le bois de la plupart des autres espèces étant trop tendre et trop mou. Ses feuilles sont planes, ovales-lancéolées ; les fleurs blanchâtres, petites, disposées en grappes nombreuses, terminales et axillaires, formant des corymbes par leur ensemble ; leur calice à six découpures obtuses ; le drupe ovale, entouré à sa moitié inférieure par le calice urcéolé. Cet arbre croît à la Jamaïque.

Laurier cannellier : *Laurus cinnamomum*, Linn.; Herm., *Lugdb.*, tab. 655, 656 ; Burm., *Zeyl.*, tab. 27 ; vulgairement le Cannellier de Ceilan. Cet arbre est un des plus intéressans de ce genre par l'utilité que l'on retire de toutes ses parties, par les aromates précieux qu'il fournit et les usages variés auxquels on les emploie. Il s'élève à la hauteur de quinze à vingt pieds, sur environ un pied et demi de diamètre. Son écorce est d'un brun grisâtre à l'extérieur ; l'intérieur devient d'un jaune rougeâtre. Les feuilles sont presque opposées, coriaces, ovales oblongues, glabres, entières, luisantes en dessus, de couleur terne, un peu cendrée en dessous, traversées par trois fortes nervures longitudinales, avec des veines transverses, simples, nombreuses, longues d'environ cinq pouces. Les fleurs sont petites, dioïques, jaunâtres en dedans, veloutées en dehors, disposées en panicule terminale : leur calice à six divisions ; neuf étamines ; les anthères creusées de quatre ouvertures operculées par où s'échappe le pollen. Le fruit est un drupe ovale, d'un brun bleuâtre, long d'un demi-pouce, contenant une pulpe verte et onctueuse qui enveloppe un noyau, dans lequel on trouve une amande purpurine.

Le cannellier croît naturellement dans l'île de Ceilan. Aujourd'hui, on le cultive à l'Ile-de-France, à Cayenne, dans les Antilles, etc., ainsi qu'au Jardin du Roi; mais il faut, pendant l'hiver, le tenir dans la serre chaude. Toute la cannelle dont, pendant long-temps, les Hollandois ont fourni les deux hémisphères, se récoltoit dans un espace d'environ quatorze lieues, le long des bords de la mer, à Ceilan. Cet endroit, qui porte le nom de *Champ de la Cannelle*, est depuis *Negambo* jusqu'à *Gallières*. Les Hollandois, voulant se rendre maîtres exclusifs du commerce important de la cannelle, ne se contentèrent pas de chasser les Portugais de Ceilan; ils conquirent en outre sur eux le royaume de Cochin, sur la côte du Malabar, pour leur enlever le débit de la *cannelle sauvage* ou *cannelle blanche* (*winterania canella*), qui croît dans ce pays. Ils la détruisirent, et avec elle tous les cannelliers venus sans culture, et même une partie de ceux que l'on cultivoit, connoissant par une expérience de plus de cent vingt ans, la quantité de cannelle qu'il leur falloit pour leur commerce, persuadés qu'ils n'en débiteroient pas davantage, quand même ils la donneroient à meilleur marché. On a longuement disserté pour savoir si la cannelle est le *cinnamomum* des Hébreux ou celle des Grecs : il est bien certain que cette plante n'étoit pas connue des anciens ; mais il est difficile de dire la même chose des Grecs et des Romains : cette question est encore indécise.

Le cannellier fleurit en février ou en mars, et conserve sa verdure toute l'année. L'âge, l'exposition, la culture de l'arbre, modifient singulièrement la qualité de l'écorce qu'on en retire ; celle que fournissent les grosses branches est moins estimée que celle des rameaux plus délicats : aussi distingue-t-on la cannelle en fine, moyenne et grossière. La récolte s'en fait deux fois par an : la grande récolte a lieu d'avril en août, pendant la mousson pluvieuse, et la petite de novembre en janvier, dans la mousson sèche. On coupe les branches de trois ans ; on emporte l'écorce extérieure, en la roulant avec une serpette dont la courbure, la pointe et le dos sont tranchans. On fend avec la pointe la deuxième écorce d'un bout à l'autre de la branche ; et, avec le dos du même outil, on la détache peu à peu. On ramasse toutes ces écorces ; les plus petites sont mises dans les plus grandes : elles sont exposées au soleil, où elles se roulent d'elles-mêmes de plus en plus, à mesure qu'elles se dessèchent. Au bout de deux ou trois ans, l'arbre se trouve revêtu d'une nouvelle écorce qu'on peut alors enlever.

Ces arbres doivent avoir un certain nombre d'années avant qu'on enlève leur écorce : suivant même le terroir, la culture et l'espèce, ils donnent la cannelle plus ou moins promptement. Ceux qui croissent dans des vallées, dans un sable menu, sont propres à être écorcés au bout de trois ans ; au lieu que ceux qui sont plantés dans des lieux humides, marécageux, et ceux qui sont situés à l'ombre des grands arbres, donnent moins promptement la cannelle, ou en donnent une moins parfaite, moins aromatique, et qui contient moins d'huile essentielle.

Plusieurs personnes, pour gagner sur le débit de cet aromate, le mélangent avec des écorces de même grosseur et de même couleur ; d'autres la vendent, après en avoir tiré les vertus par la distillation. Ces fraudes se connoissent aisément tant au goût qu'à l'odorat. On dit qu'en laissant séjourner pendant longtemps, parmi de bonne cannelle, des bâtons de cannelle privés par la distillation de leur huile odorante, ils reprennent leurs vertus ; mais, si le fait est vrai, ce ne peut être qu'aux dépens de la bonne cannelle sur laquelle on les a mis, et alors il est évident qu'elle doit avoir perdu tout ce qu'ils ont recouvré.

Toutes les parties du cannellier sont utiles. L'écorce odorante de la racine fournit une huile essentielle limpide, jaunâtre, employée intérieurement et à l'extérieur par les Indiens, comme diaphorétique, diurétique, stomachique, carminative, et du camphre très-blanc, très-pur, très-volatil, recueilli avec un soin extrême, et réservé pour les princes du pays. Les vieux troncs du cannellier offrent des nœuds qui sentent le bois de rose, et dont l'ébénisterie peut tirer parti. Les feuilles ont une odeur et un goût agréables ; on s'en sert dans les bains aromatiques : soumises à l'alambic, elles donnent une huile dont l'odeur approche de celle du girofle, et qui passe pour correctif des violens purgatifs. Les fleurs du cannellier exhalent un parfum si suave, et tellement diffusible, qu'il embaume l'atmosphère à plusieurs milles de distance : elles sont la base d'une conserve, et d'une eau réputée cordiale et anthystérique. On retire des fruits, par la distillation, une huile volatile, très-odorante, et par la décoction, une espèce de suif regardé par les Indiens comme très-propre à guérir les contusions, les fractures, les luxations, que l'on nous apporte en pains sous le nom de *cire de cannelle*, parce que le roi de Candie en fait fabriquer ses bougies qui répandent une odeur agréable.

Ces usages variés des racines, du tronc, des feuilles, des fleurs et des fruits du cannellier ne nous sont guère connus que par le rapport des voyageurs ; mais nous employons souvent la cannelle comme remède, et plus souvent encore à titre de condiment. Elle flatte à la fois le sens du goût et celui de l'odorat : elle a une saveur d'abord sucrée, qui bientôt devient piquante et très-aromatique. Toutefois ces qualités physiques qui caractérisent la bonne cannelle, sont plus ou moins développées dans les nombreuses variétés de cette écorce.

On en distingue ordinairement de trois sortes, la cannelle fine, la moyenne et la grossière. Cette diversité provient non seulement des arbres dont on la tire par rapport à leur âge, leur position, leur culture, mais encore des différentes parties de l'arbre : car la cannelle du jeune arbre diffère de celle d'un vieux arbre, l'écorce du tronc de celle des branches, et l'écorce de la racine de l'un et de l'autre. Les jeunes arbres produisent la plus fine, et toujours de moindre qualité à mesure qu'ils acquièrent moins de trois ans : ainsi la cannelle grossière, connue communément dans le commerce sous le nom de *cannelle matte*, n'est autre chose que l'écorce des vieux troncs de cannelliers ; une telle écorce est beaucoup inférieure par son odeur, son goût et ses vertus, à la fine cannelle : aussi la doit-on rejeter en médecine. Une bonne cannelle doit être fine, mince, unie, facile à rompre, d'un jaune tirant sur le rouge, odorante, aromatique, d'une saveur douce, piquante, et cependant douceàtre et agréable : celle dont les morceaux sont petits, les bâtons longs, étroits, est recherchée de préférence. Outre celle qui est répandue par toute l'Europe, il s'en consomme une grande quantité en Amérique, particulièrement au Pérou, pour le chocolat, dont les Espagnols ne peuvent se passer. La meilleure cannelle des Indes est celle des environs de *Negambo* et de *Colombo*.

Cet aromate est peut-être de tous les exotiques le plus ami de l'homme : il rétablit merveilleusement les forces vitales,

ranime le système nerveux, fortifie l'estomac, dissipe les flatuosités, excite l'action de l'appareil dermoïde , calme le
vomissement, et apaise doucement les diarrhées par atonie.
Quelques observateurs se sont crus fondés à penser que la cannelle affectoit d'une manière spéciale les propriétés vitales de
l'*uterus*; de là vient que les accoucheurs ont parfois recours à
l'eau de cannelle pour réveiller l'irritabilité de cet organe
frappé d'inertie par les labeurs de l'enfantement, et faciliter,
par ce moyen, l'expulsion du placenta. Fourcroy remarque
que dans ce cas, ainsi que dans les maladies éruptives, on
faisoit autrefois un grand abus de cette écorce. Les gens du
peuple, les habitans des campagnes, aussitôt que leurs enfans
avoient les premiers signes de l'éruption variolique, les tenoient
bien chaudement, les accabloient de couvertures, et leur donnoient de grands verres de vin où ils avoient fait infuser de la
cannelle. La vigueur du tempérament et la nature bénigne de
la maladie résistent quelquefois à ce traitement inconsidéré.
On administre la cannelle sous des formes et à des doses trèsvariées : elle est fréquemment destinée à masquer la saveur repoussante, ou à augmenter l'énergie de certains médicamens.
Fourcroy recommande aux personnes qui éprouvent des
diarrhées habituelles de mâcher tous les matins de la cannelle, et d'avaler la salive qui en est imprégnée. Elle entre
dans une foule de préparations pharmaceutiques. Les thérapeutiques modernes emploient fréquemment l'eau distillée,
la teinture spiritueuse et le sirop de cannelle, qui sont en effet
des toniques précieux.

Laurier casse: *Laurus cassia*, Linn.; Lamk., *Ill. gen.*, t. 321,
fig. 3; Gærtn., *de Fruct.*, tab. 92 ; *Carua*, Rhèede, *Malab.* 1,
tab. 57; Burm., *Zey.*, tab. 28? vulgairement la Casse en bois;
Cannellier de la Cochinchine. Cet arbre a des rapports avec
le laurier-cannellier ; il s'élève à plus de vingt-cinq pieds de
haut. Ses rameaux sont grêles, très-nombreux, rougeâtres,
toujours garnis de feuilles alternes, lancéolées, aiguës à leurs
deux extrémités, rougeâtres ou pourprées en dessous, à trois
nervures longitudinales, longues de cinq à six pouces; les fleurs
petites, blanchâtres, pédonculées, disposées en petites panicules lâches et latérales: leur calice à six divisions ouvertes en
étoile ; neuf étamines plus courtes que le calice. Le fruit est

une baie ovale, oblongue, un peu bleuâtre, soutenue à sa base par le calice.

Cet arbre croît dans l'Inde, sur la côte de Malabar, dans les îles de Java, de Sumatra, à la Cochinchine, etc. On le cultive au Jardin du Roi. Son écorce, improprement comparée à la casse, si ce n'est à cause de sa forme dans le commerce, est roulée sur elle-même comme la cannelle, mais bien moins aromatique, d'une couleur plus rouge, plus épaisse, très-mucilagineuse, d'une saveur fade. Si on la mâche quelque temps, elle laisse dans la bouche une matière muqueuse, collante, qui se délaie dans la salive : elle renferme très-peu d'huile volatile, mais une très-grande abondance de mucilage et une portion de résine.

Cette écorce est fortifiante, échauffante, nervine; mais ses propriétés y sont bien moins marquées que dans la cannelle à laquelle on l'a si souvent comparée : à la vérité, le mucilage abondant qu'elle contient ajoute à ces vertus celle d'être adoucissante et incrassante; c'est pourquoi on l'a donnée souvent comme spécifique dans les maladies qui dépendent de l'acrimonie, de la dissolution des humeurs, et de l'érosion des parties solides, comme l'âpreté du gosier, la toux opiniâtre, l'ardeur de l'estomac, etc. La meilleure manière d'employer cette écorce, c'est de la prescrire en infusion dans du vin. Sa décoction ou infusion dans l'eau est si épaisse, si muqueuse, qu'on ne peut la conseiller qu'avec l'intention particulière de tirer quelque partie de ce mucilage. On la donne aussi en poudre, à la dose de quelques grains, jusqu'à un demi-gros.

LAURIER CULILABAN : *Laurus culilaban*, Linn.; Rumph, *Amb.*, 2, tab. 14. Cet arbre ne nous est encore connu que d'après la description et la figure que Rumphius en a données. D'après lui, il s'élève fort haut, et se termine par une cime touffue. Ses feuilles sont glabres, ovales, entières, si rapprochées, qu'elles paroissent opposées, traversées par trois nervures; les fleurs, disposées en petites panicules lâches, latérales et terminales. Le fruit est un drupe de la forme d'un gland, beaucoup plus petit, contenant un noyau d'un rouge pourpré, monosperme, entouré à sa partie inférieure par le calice persistant, à six divisions. Cet arbre croît dans les Indes orientales, et aux îles Moluques.

L'écorce du *culilaban* ou *culilawan*, que l'on trouve dans les pharmacies, est en morceaux plans ou légèrement courbés, d'une couleur brune ou rougeàtre, recouverts de parcelles d'épiderme gris, glabre et rugueux; d'une odeur suave, assez semblable à celle du sassafras, et d'une saveur àcre, chaude, aromatique : au reste, ces caractères varient selon les contrées où on les recueille, et selon la partie de l'arbre d'où ils proviennent. On en obtient une eau distillée lactescente, àcre, aromatique, un peu amère, à laquelle surnage une très-petite quantité d'huile volatile limpide, d'un jaune pâle, d'une odeur approchant de celle du sassafras ou de la muscade : l'extrait alcoolique a l'odeur et la saveur du girofle.

Cette écorce, connue en Europe depuis la fin du dix-septième siècle, a été si peu employée jusqu'à présent, qu'on connoît à peine ses propriétés médicinales : il est très-probable qu'elle doit trouver place parmi les toniques. Linnæus la regarde comme échauffante, stomachique, stimulante, carminative, et, d'après son analogie avec les substances aromatiques, il la conseille dans la colique venteuse et autres maladies qui exigent des toniques. Les habitans de l'île d'Amboine attachent beaucoup de prix à l'huile essentielle de cette écorce, dans le traitement de la paralysie, de la goutte et de la rétention d'urine. A l'extérieur, ils en font un fréquent usage contre les contusions et les luxations, pourvu qu'il n'y ait pas encore d'inflammation, ou lorsqu'à la suite de ces accidens, il reste quelque engorgement pâteux, indolent à résoudre. On peut administrer cette écorce en poudre, de douze à trente-six graîns, et son huile essentielle d'une à six gouttes. Elle entre dans la composition d'un onguent qui, sous le nom de *bobori*, jouit d'une grande célébrité dans les contrées où croît le culilaban. Les Javanois, au rapport de Rumphius, aromatisent leurs mets avec cette écorce : ils l'emploient, en outre, comme masticatoire, pour donner une odeur suave à l'haleine.

Laurier avogatier : *Laurus persea*, Linn.; Sloan., *Jam. Hist*, 2, pag. 132, t. 222, fig. 2 ; Pluken., *Almag.*, tab. 267, fig. 1 ; *Persea gratissima*, Gærtn. fils, *Carp.*, pag. 222 ; Kunth, *in* Humb. *Nov. Gen.*, 2, pag. 158 ; vulgairement l'Avocatier ou le Poirier avocat. Très-bel arbre, rangé parmi les arbres fruitiers de l'Amérique. Il s'élève à la hauteur de quarante pieds et plus;

son tronc soutient une cime ample, bien garnie de feuilles
pétiolées, ovales, glabres, vertes, un peu glauques ou blanchâtres en dessous, longues de quatre à six pouces. Les fleurs
petites, blanchâtres, disposées en panicules courtes, ont : Un
calice cotonneux, à six découpures profondes et oblongues;
neuf étamines fertiles (Kunth) et à filamens velus. Le fruit
consiste en un drupe turbiné, plus gros que le poing, semblable à une belle poire sans ombilic, contenant, sous une
chair épaisse, un gros noyau monosperme.

L'avocatier croît dans l'Amérique méridionale : il a été transporté du continent dans les îles voisines et adjacentes : on le rencontre partout dans les villes, les villages, les jardins et autres
lieux cultivés. En 1750, M. de l'Esquelin recueillit au Brésil
des fruits de cet arbre qu'il porta à l'Ile-de-France : ils y furent
semés; les pieds qui en résultèrent donnèrent des fruits huit
ans après : l'on doit à cette première culture tous les avocatiers
qui se trouvent aujourd'hui à l'Ile-de-France. Cet arbre est
cultivé au Jardin du Roi, mais il ne produit pas de fruits.

L'Ecluse avoit cru que ce laurier étoit le *persea* des
anciens botanistes, que l'on cultivoit en Egypte du temps
de Théophraste et de Dioscoride, qu'on trouve également cité
dans Diodore de Sicile, Pline, Strabon. M. Delile, dans un Mémoire lu à l'Académie des sciences en 1818, le 30 mars, et dont
M. Desfontaines a fait un rapport, n'est point de cet avis.
Il prouve que la plante des anciens ne pouvoit être le
laurus persea de Linnæus, qui est originaire de l'Amérique, et
que d'ailleurs la description qu'en a donnée Théophraste (*lib.* 4,
cap. 2) ne convient pas à l'avocatier. Il croit pouvoir le rapporter au *xymenia ægyptiaca*, Linn., dont il fait un genre particulier sous le nom de *balanites*, et au *lebackh* des anciens
Arabes, dont le fruit ressemble à la datte, qui devient doux,
agréable au goût en mûrissant. Il est très-rare aujourd'hui en
Egypte, mais beaucoup plus commun dans la Nubie et l'Abys-
sinie, où il porte le nom de *deglig*.

Le fruit de l'avocatier renferme, sous une peau coriace,
une chair grasse au toucher, d'une consistance butyreuse, et
qui n'a presque point d'odeur : elle a une saveur particulière,
assez agréable, qui tient un peu de celle de l'artichaut et de
la noisette, mais qu'on ne peut comparer à celle d'aucun des

fruits de l'Europe : cependant, en général, beaucoup de personnes trouvent cette chair fade, presque insipide, et la mangent, en l'assaisonnant, soit avec du jus de citron et du sucre, pour lui donner un goût acide, soit avec du poivre et du vinaigre. Le noyau est rempli d'un suc laiteux, qui rougit un peu à l'air, et tache le linge d'une manière presque ineffaçable : il n'est pas bon à manger ; on sert ce fruit sur les meilleures tables. Les François le mangent avec le bouilli, sans aromates, ni sel, ni poivre : on le coupe ordinairement en longueur avec son écorce, en morceaux que l'on offre à chacun des convives. Il n'y a point d'animaux qui n'en soient friands. Les poules, les vaches, les chiens, les chats, l'aiment également ; mais il commence par rebuter quand on n'y est pas accoutumé.

On prétend que ces fruits sont bons pour le flux de sang. On se sert des bourgeons de cet arbre en infusion, pour rétablir l'écoulement des règles, et dans les suppressions qui arrivent après les couches : on s'en sert aussi dans les chutes et les contusions, pour dissoudre le sang caillé. Quelques médecins les ordonnent dans les tisanes apéritives, emménagogues.

** *Feuilles caduques.*

Laurier faux-benjoin : *Laurus benzoin*, Linn.; Commel., *Hort.*, 1, tab. 97 ; Pluken., *Almag.*, tab. 139, fig. 3, 4 ; vulgairement Faux-benjoin. Arbrisseau très-rameux, qui s'élève ordinairement jusqu'à la hauteur de huit à dix pieds, qui perd ses feuilles aux approches de l'hiver, et dont les rameaux sont recouverts d'une écorce glabre, brune ou verdâtre. Les feuilles sont alternes, ovales, un peu rétrécies vers leur base, un peu aiguës au sommet, glabres, molles, vertes, un peu velues sur leurs bords dans leur jeunesse ; les fleurs petites, d'un jaune herbacé, disposées le long des rameaux en petits paquets sessiles, munies à leur base d'une sorte d'involucre à quatre écailles concaves qui proviennent du bourgeon. Les calices se divisent en six découpures, et renferment neuf étamines. Les fruits sont de petites baies d'abord rouges, puis brunes ou noirâtres, nues à leur base.

Cet arbrisseau est originaire de la Virginie. On le cultive au

Jardin du Roi. Les baies, ainsi que l'écorce, ont une odeur approchant de celle du benjoin; ce qui avoit fait croire que cette substance en découloit : mais l'arbre qui la produit appartient à une famille différente de celle des lauriers ; c'est le *terminalia benzoin*, Linn. Le faux-benjoin vient en pleine terre dans nos climats: on le multiplie de drageons et de marcottes. Marschall dit que, pendant la guerre d'Amérique, on faisoit usage de ses baies au lieu de piment. Le peuple s'en sert contre les coliques venteuses. On dit que le suc exprimé de son écorce est un antidote contre le poison des serpens à sonnettes. On trouve cet arbrisseau le long des ruisseaux, depuis le Canada jusque dans la Floride.

Laurier sassafras : *Laurus sassafras*, Linn.; Catesb., *Carol.*, 1, tab. 55 ; Trew., *Ehret.*, tab. 59-60 ; Pluken., *Almag.*, tab. 222, fig. 6. Ce laurier est un arbre de vingt-cinq à trente pieds de haut, qui intéresse par sa belle forme, par les qualités aromatiques et les vertus de son bois. Il trace beaucoup, et produit une quantité de rejets de ses racines qui rampent et s'étendent très au loin. Ses branches sont étalées, et forment une large cime garnie d'un beau feuillage; ses feuilles sont très-variées dans leur forme et leur grandeur, les unes ovales, entières, d'autres divisées en trois lobes, glabres, d'un vert foncé en dessus, glauques en dessous, molles et velues à leur naissance ; les fleurs petites, disposées en bouquets ou petites grappes lâches, paniculées; leur calice est à six découpures linéaires, ouvertes en étoile; il y a six étamines dans les fleurs hermaphrodites, huit dans les fleurs mâles. Le fruit est une petite baie ovale, qui se teint d'une couleur bleue en mûrissant, soutenue à sa base par un calice rougeâtre en forme de petite cupule.

Cet arbre croît dans plusieurs contrées de l'Amérique septentrionale, surtout dans la Floride et la Caroline, au milieu des forêts, dans des terrains mélangés de sable et d'argile. On le cultive en Europe, même en France, dans les jardins aux environs de Paris, avec assez de succès : il passe assez bien l'hiver en pleine terre ; il lui en faut une légère, un peu humide, et même du terreau de bruyère, avec une exposition ombragée. On le multiplie de drageons, de marcottes et de graines que l'on tire de l'Amérique septentrionale. Monardès l'a fait connoître le premier vers l'an 1549, et Muntingius est le premier qui l'ait cultivé en Europe en 1555. Il fleurit tous les ans, mais il ne donne pas de fruits.

L'écorce du sassafras est rugueuse, friable, d'un brun ferrugineux; son bois léger, d'une couleur gris de fer. L'une et l'autre exhalent une odeur aromatique analogue à celle du fenouil; leur saveur est âcre, brûlante, aromatique : ces qualités sont plus prononcées dans l'écorce que dans le bois, plus dans les branches et les rameaux que dans le tronc. Ce bois est médiocre pour chauffage ; en Amérique, en l'emploie avec avantage pour faire des pieux et des cloisons, qui résistent long-temps aux injures de l'air. Tant qu'il conserve son odeur, on dit qu'il repousse les vers, les punaises et les teignes ; et, dans cette vue, on l'emploie dans la fabrication des bois de lit et des garde-robes : quelquefois aussi on en répand des fragmens dans les armoires où l'on conserve les vêtemens, pour détourner les teignes qui détruisent les étoffes de laine. Son écorce sert à teindre en couleur orangée : les vaches sont très-avides de ses feuilles, lesquelles, lorsqu'elles ont été desséchées et pulvérisées, servent à la Louisiane, pour aromatiser les sauces. Les fleurs sont employées en guise de thé, dans plusieurs parties de l'Amérique, et ses fruits servent d'aliment aux oiseaux.

Le sassafras est placé avec avantage parmi les toniques; il agit à la manière des substances aromatiques, en excitant le ton des organes, et en stimulant instantanément le système nerveux : il augmente l'énergie de l'estomac et favorise la digestion, excite la transpiration cutanée, même la sueur, provoque la sécrétion des urines, etc. On l'administre en poudre, à la dose d'un gros, soit en pilules, soit suspendu dans un liquide : réduit en minces copeaux, on l'emploie en décoction, à la dose d'une à deux onces dans deux livres d'eau. Son huile volatile est donnée à la dose d'une à dix gouttes sur du sucre. Le sassafras entre pour beaucoup dans le traitement des maladies syphilitiques, comme un très-puissant sudorifique. (Poir.)

LAURIER ALEXANDRIN (*Bot.*), nom vulgaire du fragon hyppophylle ou à languette. (L. D.)

LAURIER-AMANDIER ou LAURIER-CERISE (*Bot.*), noms vulgaires du cerisier laurier-cerise. (L. D.)

LAURIER AROMATIQUE. (*Bot.*) C'est une espèce de bresilet. (Lem.)

LAURIER ÉPINEUX. (*Bot.*) On donnoit autrefois ce nom à une variété du houx commun. (L. D.)

LAURIER ÉPURGE (*Bot.*), un des noms vulgaires du daphné lauréole. (L. D.)

LAURIER GREC. (*Bot.*) C'est l'azédarach. (Lem.)

LAURIER IMPÉRIAL. (*Bot.*) C'est la même chose que le laurier-cerise. (L. D.)

LAURIER DES IROQUOIS. (*Bot.*) C'est le sassafras. Voyez Laurier. (Lem.)

LAURIER AU LAIT. (*Bot.*) C'est encore le cerisier laurier-cerise. (L. D.)

LAURIER A LANGUETTE (*Bot.*), nom vulgaire du fragon hyppophylle. (L. D.)

LAURIER DE MER. (*Bot.*) Une espèce de *phylanthus* est ainsi appelée aux colonies. (Lem.)

LAURIER NAIN. (*Bot.*) Espèce d'airelle observée en Sibérie, et dont l'espèce n'est pas exactement déterminée. (Lem.)

LAURIER POÉTIQUE. (*Bot.*) Le laurier franc et le cerisier laurier-cerise portoient autrefois ce nom. (L. D.)

LAURIER DE PORTUGAL. (*Bot.*) C'est le cerisier de Portugal. (L. D.)

LAURIER ROSE. (*Bot.*) Voyez Laurose. (L. D.)

LAURIER ROSE [Faux ou Petit] (*Bot.*), nom vulgaire de l'épilobe à épi. (L. D.)

LAURIER ROSE DES ALPES. (*Bot.*) C'est le rosage ferrugineux. (L. D.)

LAURIER-ROUGE ODORANT. (*Bot.*) Aux iles on désigne ainsi le frangipanier à fleurs rouges. (Lem.)

LAURIER ROYAL. (*Bot.*) C'est le *laurus indica*, Linn. Voyez Laurier. (Lem.)

LAURIER SAINT-ANTOINE. (*Bot.*) C'est encore l'épilobe à épi. (L. D.)

LAURIER SAUVAGE. (*Bot.*) Les habitans du Canada donnent ce nom au galé cérifère. Dans quelques cantons, on appelle aussi de ce nom la viorne-tin. (L. D.)

LAURIER-TIN. (*Bot.*) Les jardiniers donnent ce nom à la viorne-tin. (L. D.)

LAURIER DE TRÉBISONDE. (*Bot.*) C'est le cerisier laurier-cerise. (L. D.)

LAURIER TULIPIER ou TULIPIFÈRE. (*Bot.*) Quelques espèces de magnoliers reçoivent ces noms. (Lem.)

LAURIFOLIA. (*Bot.*) Plusieurs arbres à feuilles de laurier, pourroient porter ce nom qui avoit été donné spécialement par C. Bauhin au mangoustan, *garcinia*, par Sloane au bois dentelle, *lagetta*. (J.)

LAURINE. (*Bot.*) C'est une variété d'olive. (L. D.)

LAURINÉES. (*Bot.*) Famille de plantes qui tire son nom du laurier, son genre principal. Elle fait partie de la classe des péristaminées ou dicotylédones apétales à étamines insérées au calice.

Ses caractères communs sont : Un calice monopétale, persistant et à six divisions plus ou moins profondes; les étamines au nombre de six, attachées au bas des divisions du calice, ou de douze, dont six sont sur un rang intérieur. Les anthères à deux loges, appliquées contre le sommet des filets, s'ouvrent de la base à la pointe en un panneau qui reste adhérent et relevé; elles manquent quelquefois dans quelques étamines intérieures. L'ovaire est libre, simple, surmonté d'un seul style et d'un stigmate simple ou divisé. Le fruit est un brou ou drupe, contenant une noix monosperme, dont la graine est attachée au bas de sa loge par un cordon ombilical qui se prolonge jusqu'à son sommet. L'embryon qu'elle contient, dénué de périsperme, a la radicule dirigée supérieurement. La tige est ligneuse, à rameaux ordinairement alternes; les feuilles sont alternes ou rarement presque opposées. Les fleurs sont solitaires ou plusieurs sur un même pédoncule; alternes ou rassemblées en tête, axillaires ou terminales; quelques unes sont monoïques ou dioïques par avortement.

La structure des anthères, qui forme un des caractères principaux de cette famille, établit une affinité entre elle et les berbéridées, différentes d'ailleurs par l'existence d'une corolle. La direction ascendante de la radicule, ajoutée au caractère des anthères, la distingue des protéacées qui l'avoisinent; et elle est dépourvue du périsperme existant dans les polygonées qui la suivent.

Elle ne contient pas beaucoup de genres; mais le laurier,

son genre principal, réunit beaucoup d'espèces qui pourroient, dans la suite, être réparties en plusieurs genres caractérisés par le calice cupulaire, ou divisé jusqu'à la base, et par le nombre d'étamines. L'*ocotea*, l'*ajovea*, l'*agathophyllum*, l'*endiandra* et le *cryptocarpa* de M. R. Brown, viennent à la suite, ainsi que le *litsea*, auquel se réunissent, comme congénères, le *tomex* de Thunberg, le *tetranthera* de Jacquin, le *sebifera* de Loureiro, et l'*hexanthus* du même. A leur suite est le *pterigium* de M. Corréa qui comprend les genres *Shorea*, *Dryobalanops* et *Dipterocarpus* de M. Gærtner fils. Le *cassytha* vient dans la même famille, quoique avec un port très-différent, approchant de celui de la cuscute. On est encore forcé d'y rapporter le *gomortega* de la Flore du Pérou, quoique son fruit soit une noix à trois loges monospermes, parce qu'il a d'ailleurs tous les autres caractères de la famille. (J.)

LAURIOL (*Ornith.*), nom du loriot, en vieux françois. (Cʜ. D.)

LAUROPHYLLUS. (*Bot.*) Genre peu connu, que Thunberg a établi pour une plante ligneuse, du cap de Bonne-Espérance, dont les fleurs sont paniculées, polygames, les unes mâles, les autres hermaphrodites. Elles ont un calice à quatre folioles; point de corolle; quatre étamines; un ovaire supérieur, surmonté d'un seul style. Le fruit n'est point connu. (Poɪʀ.)

LAUROSE (*Bot.*), *Nerium*, Linn. Genre de plantes dicotylédones, de la famille des *apocynées*, Juss., et de la *pentandrie monogynie*, Linn.; dont les principaux caractères sont les suivans: Calice petit, partagé profondément en cinq divisions aiguës; corolle monopétale, infundibuliforme, ayant la gorge de sa partie tubulée couronnée par cinq appendices, et son limbe découpé en cinq divisions obliques; cinq étamines à filamens très-courts, portant des anthères conniventes, terminées par un long filet; un ovaire supère, arrondi, double, surmonté d'un style terminé par un stigmate tronqué; deux capsules alongées, cylindriques, à une loge s'ouvrant d'un seul côté et contenant des graines nombreuses, aigrettées.

Les lauroses sont de petits arbres ou des arbrisseaux à feuilles persistantes, opposées ou ternées, et à fleurs disposées en corymbe. Par les réformes introduites dans ce genre, il ne comprend plus aujourd'hui que quatre à cinq espèces, les autres, comme nous le dirons plus bas, ont été portées dans d'autres genres. Nous nous bornerons ici à parler des deux espèces suivantes qui sont les plus connues.

LAUROSE COMMUN : vulgairement, LAURIER ROSE ; *Nerium oleander*, Linn., *Spec.*, 305 ; Lois., *in* Duham. *Nouv. Ed.*, 5, pag. 59, pl. 23 ; *Nerion rhododaphne seu rhododendron Dioscoridis et Plinii*. Le laurier rose est un grand arbrisseau rameux, qui, lorsqu'on le laisse croître en liberté, pousse beaucoup de rejetons du pied, et forme un buisson plutôt qu'un arbre ; mais si on a le soin de retrancher tous les rejets qui pullulent de ses racines, son tronc peut acquérir, dans son pays natal, la grosseur du corps d'un homme, et s'élever à la hauteur de vingt-cinq pieds. Ses rameaux, d'abord verdâtres et ensuite grisâtres, sont garnis de feuilles opposées, ternées ou même quaternées, lancéolées, aiguës. roides, coriaces, persistantes, d'un vert assez foncé. Ses fleurs sont grandes et belles, ordinairement roses, blanches dans une variété, panachées de rose et de blanc dans une autre, doubles et roses dans une troisième, et disposées en corymbe au sommet des rameaux : ces fleurs se succèdent sans interruption les unes aux autres depuis le mois de juillet dans le climat de Paris, et depuis le mois de juin dans le Midi, jusqu'à la fin de septembre. Cette espèce est, dit-on, originaire de l'Orient ; on la trouve en Barbarie ; elle est depuis long-temps naturalisée dans le midi de l'Europe, et aujourd'hui elle croît comme spontanément dans plusieurs parties de la Provence voisines des bords de la mer.

Le laurier rose appartient à une famille de plantes, qui, pour la plupart, contiennent un suc propre, laiteux, âcre et amer, dont les propriétés sont plus ou moins dangereuses ; certaines espèces fournissent même les poisons les plus subtils du règne végétal. En effet, c'est dans la famille des apocynées que se trouvent les *strychnos*, dont deux espèces donnent la noix vomique et la fève saint-ignace, poisons très-actifs, et dont une troisième produit cet autre poison connu, dans l'île de Java, sous les noms de *boom-upas* ou d'*upas-tieuté*, et dont les naturels du pays se servent pour empoisonner leurs flèches. L'action de cette substance vénéneuse est si violente, si délétère, et en même temps si rapide, que la moindre blessure faite

avec un fer qui en est enduit d'un à deux grains, suffit pour
donner la mort en quelques minutes à un chien. Quoique le
laurier rose n'agisse pas avec autant de violence, il doit cependant être mis au nombre de ceux de nos végétaux indigènes
qui ont des propriétés suspectes, même dangereuses, et dont on
ne peut faire usage qu'avec la plus grande circonspection. Nous
tenons d'une personne qui a été sur les lieux, que des soldats
françois qui étoient dans l'île de Corse, où le laurier rose est
commun, s'étant servis pour faire rôtir des volailles, de branches
de cet arbre en guise de broches, plusieurs de ceux qui man-
gèrent de ces volailles furent empoisonnés. Dans les environs
de Nice, les paysans réduisent en poudre l'écorce ou le bois
de ce même arbre pour s'en servir à détruire les rats et les
souris. Dans le même pays et dans le midi de la France, les
gens du peuple employent la décoction des feuilles bouillies
dans de l'huile, ou une pommade faite avec leur poudre et
de la graisse, pour faire des frictions et se guérir de la gale et
de la teigne. Les moines mendians dans ces mêmes contrées
employoient aussi autrefois les mêmes moyens pour faire périr
tous les insectes qui s'attachent à la peau.

Le laurier rose, à l'intérieur, n'a été que fort rarement
employé en médecine. Dans les pays où il croît naturellement,
quelques médecins ont essayé l'usage de la décoction de ses
feuilles dans les maladies syphilitiques et cutanées ; mais il n'y
a pas de faits bien avérés de guérisons obtenues par ce moyen,
et l'emploi que nous en avons fait nous-même chez plusieurs
malades n'a nullement répondu aux espérances données par
ceux qui l'avoient préconisé ; quelques personnes même n'ont
pu en supporter l'usage sans éprouver quelques accidens, et un
malade auquel nous avions conseillé trois grains d'écorce de
laurier rose en poudre pour les prendre en trois fois, en ayant
pris imprudemment douze grains à la fois, eut des vomisse-
mens abondans et douloureux, accompagnés d'éblouissemens,
de défaillances et de sueurs froides.

Les expériences que M. Orfila a faites sur des animaux avec
différentes préparations de laurier rose, confirment bien les
propriétés vénéneuses de cette plante ; mais il paroît, d'après
les doses qu'il a employées, que le principe délétère est beaucoup moins actif dans le laurier rose cultivé dans les jardins

sous le climat de Paris, que lorsque l'arbre est venu dans des pays plus chauds, car il a fallu deux gros de l'extrait des feuilles pour donner la mort à un chien, tandis que, comme nous l'avons dit un peu plus haut, douze grains de l'écorce en poudre ont suffi pour produire des accidens assez graves, et que, dans une expérience que nous avons faite sur nous-même et que nous avons réitérée deux fois à un mois d'intervalle, environ dix grains de l'extrait de laurier rose fait avec des feuilles récoltées aux environs de Toulon, nous ont chaque fois fait perdre l'appétit et fait éprouver des douleurs de courbature dans les bras et les jambes, enfin une débilité musculaire très-marquée et un malaise universel qui nous fit juger qu'il étoit prudent d'arrêter là l'expérience. Cependant nous avions commencé par ne prendre que deux grains de cet extrait par jour en plusieurs fois, et ce n'étoit que par degrés et en douze jours que nous en avions élevé la dose à dix grains par jour, et toujours en plusieurs fois.

C'est donc seulement comme arbre d'ornement que le laurier rose mérite de nous intéresser, et encore ses fleurs ne doivent-elles point être cueillies comme on fait de plusieurs autres pour servir à la parure des appartemens, parce qu'il est dangereux de respirer leurs émanations. Libautius rapporte qu'une personne mourut pour avoir laissé pendant la nuit des fleurs de cet arbre dans sa chambre à coucher.

La culture du laurier rose est très-facile. Dans le climat de Paris, on le tient ordinairement en caisse, afin de le mettre à l'abri du froid pendant l'hiver. On l'expose au grand soleil pendant la belle saison, et on l'arrose fréquemment. Il supporte bien les gelées qui ne sont pas trop fortes; et, en ayant la précaution de le couvrir avec de la paille lorsque le thermomètre descend plus bas que quatre ou cinq degrés au-dessous de glace, on peut le laisser toute l'année en pleine terre. En Provence et en Languedoc, on en fait des palissades qui sont du plus bel effet lorsque l'arbre est en fleurs. Ses jeunes tiges et ses branches étant assez souples, on peut, en les entrelaçant les unes dans les autres, en former des haies impénétrables. On le multiplie, avec beaucoup de facilité, de drageons qui poussent en grande quantité autour des vieux pieds. On peut aussi le propager par le moyen des marcottes et même par boutures, mais excepté pour les variétés à fleurs doubles et à fleurs panachées qui ne sont pas encore très-répandues, on a rarement recours aux marcottes et aux boutures à cause de la facilité qu'on a pour se le procurer de drageons. On peut aussi le multiplier par les graines, mais c'est un moyen qu'on emploie encore plus rarement parce que les nouveaux plants qui en proviennent sont, dit-on, long-temps sans fleurir. Au reste, ce n'est que par les graines qu'on a obtenu les variétés que nous possédons maintenant, et ce n'est que par ce moyen qu'on pourroit en obtenir de nouvelles.

Laurose odorant; *Nerium odorum*, Willd., *Spec.*, 1, p. 1234. Cette espèce a beaucoup de ressemblance avec la précédente, et on pourroit même croire à la première inspection qu'elle n'en est qu'une simple variété; mais ses fleurs présentent des différences constantes : elles ont une odeur agréable, et les divisions de leur calice sont très-droites et non pas un peu obliques; la partie de la corolle qui est en tube dans le laurose commun, est évasée et campaniforme dans le laurose odorant; enfin les appendices qui forment une couronne à l'entrée du tube, sont divisés en filamens filiformes, au lieu d'être plans et terminés par deux ou trois dents. Le laurose odorant, nommé encore laurier rose des Indes, croît naturellement sur le bord des rivières et le long des côtes de la mer dans les Indes orientales. Il paroît avoir été cultivé pour la première fois en Europe, il y a cent et quelques années, par Commelin qui l'avoit reçu de Laurent Pijl, gouverneur de Ceilan. Il craint beaucoup plus le fróid et est bien plus délicat que le laurier rose commun; il faut le tenir dans la serre chaude pendant sept à huit mois de l'année, l'exposer pendant l'été au grand soleil, et l'arroser fréquemment surtout pendant les.chaleurs et lorsqu'il est en fleur. On le multiplie de marcottes et même de boutures; mais le premier moyen est beaucoup plus certain et moins long. Il a une variété à fleurs roses doubles qui a beaucoup d'éclat, et une autre à fleurs doubles blanches; cette dernière est encore rare.

Les botanistes modernes ont fait un genre particulier du *nerium obesum*, Linn., sous le nom d'*adenium*; ils ont aussi placé dans d'autres genres quelques autres espèces dont Linnæus faisoit des *nerium* : ainsi les *nerium divaricatum* et *coronarium* sont aujourd'hui rangés dans le genre *Tabernæmontana*, tandis que les *nerium antidysentericum* et *zeylanicum* font partie du nouveau genre *Wrightia*, ainsi que le *nerium tinctorium* de Roxburg. (L. D.)

LAURUS. (*Bot.*) Voyez Laurier. (L. D.)

LAU-WHA, LAU-WHEY-WA. (*Bot.*) Noms d'une fleur de Chine, extrêmement odorante, mentionnée dans le Recueil abrégé des Voyages. Elle est produite par une plante des provinces maritimes de cet empire, et sa couleur tire sur celle de la cire. (J.)

LAUXANIE, *Lauxania*. (*Entom.*) M. Latreille désigne sous ce nom de genre, que Fabricius a adopté dans son Système des antliates, une division du genre Mouche, de la famille des chétoloxes, dans l'ordre des diptères. Trois espèces sont rapportées à ce genre ; deux sont propres à l'Amérique méridionale, où elles ont été recueillies par M. Smidt : la troisième est de France ; c'est la mouche cylindricorne, figurée sous ce nom par M. Coquebert dans ses Illustrations iconographiques, troisième décade, pl. XXIV, n.° 4. C'est un petit insecte dont la longueur atteint au plus deux lignes : il est noir, avec les tarses et les ailes d'une teinte rousse. Aussi M. Latreille l'a-t-il nommé *rufitarse*. Voyez Mouche. (C. D.)

LAUZ. (*Bot.*) Nom arabe de l'amandier, cité par Forskal et M. Delile. Il l'est aussi dans Daléchamps sous ceux de *lauzi* et de *lauz*, et probablement par erreur sous celui de *jaus*. (J.)

LAUZÉE. (*Min.*) On donne ce nom en Savoie, aux environs de Montmélian et de Conflans, à des calcaires feuilletés ou schisteux, qui peuvent fournir des plaques assez minces pour être employées à la couverture des maisons. On les appelle aussi badières. Voyez Laves.(B.)

LAVACHE. (*Bot.*) Voyez Livèche. (Lem.)

LAVAGLAS. (*Min.*) Ce nom allemand, qui veut dire *verre de lave*, a été appliqué à deux matières différentes : 1.° à l'obsidienne, mais c'est le cas le plus rare ; 2.° à des concrétions siliceuses, transparentes, par conséquent appartenant à la variété du quarz hyalin, qui tapisse les fissures et cavités de certaines laves, surtout aux environs de Francfort, et qu'on a aussi nommée hyalite, *müllerglas*, etc. Voyez Quarz. Hyalite. (B.)

LAVAGNA. (*Min.*) Voyez LAVES. (LEM.)

LAVANDE (*Bot.*), *Lavandula*, Linn. Genre de plantes dicotylédones monopétales, de la famille des *labiées*, Juss., et de
la *didynamie gymnospermie*, Linn.; dont les principaux caractères sont les suivans : Calice monophylle, persistant, ovale-
cylindrique, strié, bordé de cinq petites dents; corolle monopétale, renversée, à tube plus long que le calice, et à limbe
partagé en cinq lobes inégaux, arrondis, imparfaitement divisés en deux lèvres; quatre étamines, dont deux plus courtes;
un ovaire supère, à quatre lobes, surmonté d'un style filiforme, terminé par un stigmate bifide; quatre petites graines
ovoïdes, placées au fond du calice.

Les lavandes sont des herbes ou le plus souvent de petits
arbustes à feuilles opposées, et à fleurs disposées en épi terminal, serré et muni de bractées. On en connoît une douzaine
d'espèces, parmi lesquelles les suivantes sont les plus remarquables.

LAVANDE OFFICINALE : *Lavandula officinalis*, Chaix, *in* Vill.
Dauph.,1, p. 355 et 2, p. 563; *Lavandula spica*, var. *α*, Linn., *Spec.*,
800; *Lavandula spica*, Bull., *Herb.*, tab. 537. Sa tige est suffrutescente, haute d'un pied à un pied et demi, divisée en rameaux
droits, simples, garnis de feuilles linéaires, vertes; ses fleurs
sont bleues ou un peu violettes, verticillées; elles forment un
épi interrompu, garni de bractées presque cordiformes, et dont
les calices sont revêtus d'un duvet abondant, bleuâtre, qui
cache les stries qui les sillonnent. Dans une variété ce duvet est
blanc ainsi que les fleurs. Cette plante fleurit en juin et juillet;
elle croît naturellement sur les collines et dans les campagnes
arides du midi de la France et de l'Europe; on la cultive en
pleine terre dans les jardins du Nord.

LAVANDE SPIC : vulgairement, ASPIC, ESPIC; *Lavandula spica*,
var. *β*, Linn., *Spec.*, 800; *Lavandula latifolia*, Bauh., *Pin.*,
216. Cette espèce a beaucoup de rapports avec la précédente;
mais cependant elle en diffère d'une manière constante par ses
feuilles plus larges, revêtues d'un duvet serré et blanchâtre;
par ses rameaux ordinairement ramifiés dans leur partie supérieure; par ses calices peu cotonneux, creusés de stries profondes, et enfin par les bractées très-étroites et linéaires qui
accompagnent chaque verticille de fleurs. Cette plante croît

dans les mêmes lieux que la précédente, et fleurit à la même époque.

Les deux espèces qui viennent d'être décrites, sont assez souvent employées indifféremment l'une pour l'autre, parce qu'elles ont les mêmes propriétés; cependant la première est celle dont on se sert le plus généralement dans les pharmacies du Nord. C'est de l'usage fort ancien de ces plantes pour parfumer les bains, que leur est venu le nom de lavande, de *lavando*, gérondif du verbe latin *lavare*, laver.

Toutes les parties des lavandes, et surtout les fleurs, ont une odeur aromatique, agréable et très-pénétrante, qui est d'autant plus exaltée que ces plantes sont venues à une exposition plus chaude et sous un ciel plus ardent. Leur saveur est légèrement amère et un peu âcre. Elles sont, ainsi que toutes les labiées, toniques et excitantes; mais ces propriétés sont plus développées en elles que dans aucune autre espèce de cette famille. Comme c'est principalement sur le système nerveux qu'elles paroissent porter leur action fortifiante, on les emploie avec succès dans toutes les maladies où ce système est atteint de débilité. Ainsi on en conseille l'usage aux personnes foibles, sujettes aux syncopes, aux vertiges, aux spasmes. On les a aussi employées avec avantage dans les fièvres malignes et dans les affections soporeuses.

Les parties dont on fait le plus ordinairement usage, dans le cas dont on vient de parler, sont les fleurs préparées en infusion théiforme. Ces mêmes fleurs font la base de plusieurs préparations pharmaceutiques, comme l'huile volatile, l'eau distillée, la teinture spiritueuse, le vinaigre de lavande, etc. Elles entrent aussi dans la composition de plusieurs préparations officinales, telles que l'eau vulnéraire, l'eau générale, le vinaigre antiseptique et autres que nous ne nommerons pas parce qu'elles ont vieilli, et sont maintenant tombées en désuétude.

C'est particulièrement de la lavande spic qu'on retire, surtout en Provence, l'huile essentielle connue sous le nom d'huile d'aspic, qu'on a quelquefois utilement employée en frictions sur les membres paralysés. On en fait aussi usage dans les arts. Cette huile contient du camphre en plus grande quantité que celle d'aucune autre labiée, et dans les pays chauds, cette dernière substance forme, selon M. Proust, le quart de son poids.

L'eau distillée de lavande, sa teinture, et principalement son vinaigre, sont d'un usage journalier pour la toilette. Ce vinaigre, mêlé à l'eau des ablutions, est un cosmétique très-propre à entretenir le ton de la peau et à en prévenir le relâchement.

C'est aux lavandes qui croissent communément en Provence et en Languedoc que les miels de ces pays doivent l'excellence de leur parfum qui les fait préférer à tous les autres.

Dans les jardins du Nord on cultive la lavande officinale pour faire des bordures et des touffes de verdure moins agréables par leurs fleurs peu apparentes, que par l'odeur suave qu'elles repandent surtout pendant l'été. Ces bordures peuvent se tondre comme le buis. Naturelle aux endroits secs et stériles, cette plante s'accommode de toute espèce de terre, pourvu qu'elle ne soit pas trop humide. Elle se multiplie de plant enraciné en éclatant les vieux pieds, de marcottes et de boutures. On peut aussi la multiplier par ses graines ; mais on n'emploie que fort rarement ce moyen parce qu'il est le plus long.

LAVANDE STÉCADE : vulgairement, STÉCHAS, STÉCHAS ARABIQUE ; *Lavandula stœchas*, Linn., *Spec.*, 800 ; *Stœchas brevioribus ligulis*, Clus., *Hist.*, 344. Sa tige est suffrutescente, rameuse de la base au sommet, haute d'un pied ou un peu plus ; ses feuilles sont lancéolées-linéaires, cotonneuses, blanchâtres, roulées en leurs bords ; ses fleurs sont d'un pourpre foncé, resserrées en épi ovale-oblong, surmonté d'un faisceau de feuilles colorées. Cette plante fleurit en mai et juin, et elle croît dans les lieux secs du midi de la France et de l'Europe.

Elle exhale une forte odeur qui a beaucoup d'analogie avec celle du camphre, ce qui doit faire croire que cette substance y est contenue dans une proportion aussi grande que dans la lavande spic, et d'ailleurs toutes les propriétés de cette dernière se retrouvent dans le stéchas qui, pour cette raison, a aussi été souvent employé en médecine, quoiqu'il ne le soit presque plus aujourd'hui. Autrefois il étoit recommandé dans les maladies nerveuses, dans le catarrhe pulmonaire des vieillards, l'asthme, les fièvres muqueuses, la chlorose, le défaut de menstruation. Le sirop auquel la plante donnoit son nom, est aussi du nombre des préparations pharmaceutiques qui ont vieilli.

LAVANDE PINNÉE : *Lavandula pinnata*, Linn. fils, *Dissert. de Lavand.*, n.° 4, tab. 1 ; Jacq., *Ic. rar.*, 1, tab. 106. Cette espèce est un arbuste d'un pied et demi à deux pieds, dont la tige est feuillée dans sa partie inférieure, nue, tétragone et blanchâtre dans la supérieure. Ses feuilles sont pétiolées, ailées, composées de folioles linéaires-cunéiformes, d'un vert blanchâtre, les unes très-entières, les autres bifides ou même trifides. Les fleurs sont bleuâtres, disposées, au sommet des tiges, sur trois à cinq épis linéaires, imbriqués d'écailles lancéolées, un peu cotonneuses et un peu plus longues que les calices. Cette lavande croit naturellement aux îles Canaries. On la cultive dans les jardins de botanique; on la plante en pot, et on la rentre dans l'orangerie pendant l'hiver.

On cultive aussi les *lavandula heterophylla*, *dentata*, *elegans* et *multifida*. (L. D.)

LAVANDIÈRE (*Ichthyol.*) Sur quelques unes de nos côtes de l'Océan, on donne, selon M. Bosc, ce nom au *callionyme lyre*, ou *souris de mer*. Voyez CALLIONYME. (H. C.)

LAVANDIÈRE. (*Ornith.*) Voyez les mots BERGERONNETTE et HOCHEQUEUE. (CH. D.)

LAVANDOU. (*Bot.*) Suivant Linscot, cité par C. Bauhin, les Chinois nomment ainsi le petit galanga. (J.)

LAVANDULA. (*Bot.*) Voyez LAVANDE. (L. D.)

LAVANÈSE. (*Bot.*) Voyez GALEGA OFFICINAL. (J.)

LAVANGÈRE. (*Bot.*) Dans l'herbier de l'île de Bourbon de Commerson, on trouve sous ce nom une espèce de ficoïde ou *mesembryanthemum*, très-basse, à feuilles alongées et étroites, laquelle n'est pas encore publiée. (J.)

LAVANNA et LAVAMANI. (*Bot.*) En Italie on donne ces noms et celui de lavanèse au GALEGA OFFICINAL. (LEM.)

LAVAPÉ (*Bot.*) , nom portugais du *centaurea sempervirens* de Linnæus, selon Vandelli. (J.)

LAVARELLA (*Bot.*), nom italien d'une espèce de berle, *sium latifolium*. (LEM.)

LAVARET. (*Ichthyol.*) Nom spécifique d'un poisson du

genre Corégone, et dont on trouve la description dans ce Dictionnaire, tom. X, pages 558 et suivantes. Nous remarquerons ici que, chez les auteurs, il règne une assez grande confusion au sujet de cet animal. Il est clair, par exemple, que le lavaret de Rondelet et de Belon, c'est-à-dire, le vrai lavaret du Bourget, est absolument le même poisson que la grande marène de Bloch. (H. C.)

LAVATÈRE (*Bot.*), *Lavatera*, Linn. Genre de plantes dicotylédones, de la famille des *malvacées*, Juss., et de la *monadelphie polyandrie*, Linn.; dont les principaux caractères sont les suivans : Calice double, persistant, l'extérieur plus court et trifide, l'intérieur à cinq divisions; corolle de cinq pétales cordiformes, connés à leur base et attachés au tube staminifère; étamines nombreuses, ayant, dans une partie de leur étendue, leurs filamens réunis en tube; un ovaire supérieur, arrondi, surmonté d'un style portant dix à vingt stigmates sétacés; capsules en même nombre que les styles, réunies orbiculairement, s'ouvrant en deux valves et contenant chacune une graine.

Les lavatères, qui doivent leur nom à Lavater, célèbre médecin et botaniste suisse, sont des arbrisseaux ou des plantes herbacées, à feuilles alternes, lobées ou anguleuses, et à fleurs le plus souvent axillaires. On en connoît une quinzaine d'espèces qui, pour la plupart, croissent naturellement dans les parties méridionales de l'Europe. Plusieurs d'entre elles sont cultivées dans les jardins; nous ne parlerons ici que des plus répandues.

LAVATÈRE D'HIÈRES : *Lavatera olbia*, Linn., *Spec.*, 972 ; Jacq., *Hort. Vind.*, tab. 73. Sa tige est ligneuse, haute de quatre à six pieds, divisée en rameaux cylindriques, effilés, garnis de feuilles pétiolées, cotonneuses et blanchâtres ; les inférieures un peu échancrées en cœur à leur base, et partagées en cinq lobes aigus ; les supérieures seulement à trois lobes, dont le moyen beaucoup plus grand. Les fleurs sont purpurines, larges de deux pouces, presque sessiles, solitaires dans les aisselles des feuilles supérieures ; et rapprochées au sommet des rameaux en un épi d'un aspect agréable. Cette espèce croît naturellement en Provence, et particulièrement aux environs d'Hières. Dans les jardins du Nord où elle est cultivée, on la plante en pot ou en caisse, et on la rentre dans l'orangerie pendant l'hiver; elle fleurit en mai et juin.

LAVATÈRE A TROIS LOBES : *Lavatera triloba*, Linn., *Spec.*, 972. Jacq., *Hort. Vind.*, tab. 74. Cette espèce diffère de la précédente par ses feuilles arrondies, à peine trilobées, et par ses fleurs disposées deux à cinq ensemble dans les aisselles des feuilles supérieures. Les fleurs sont d'une couleur purpurine claire, avec des lignes plus foncées. Cette plante croît en Espagne et en France, aux environs de Montpellier : elle fleurit en juillet et août.

LAVATÈRE ARBORÉE; *Lavatera arborea*, Linn., *Spec.*, 972. Sa tige s'élève jusqu'à huit et neuf pieds de hauteur, et elle acquiert presque la grosseur du bras ; cependant elle n'est qu'herbacée et ne subsiste que deux ans. Ses feuilles sont grandes, pétiolées, en cœur à leur base, arrondies, molles, presque veloutées, à sept lobes arrondis dans celles des tiges, et pointus dans celles des rameaux. Les fleurs sont d'un pourpre violet ou bleuâtre, petites pour la grandeur de la plante (ayant à peine plus d'un pouce de largeur), au nombre de trois à quatre dans chaque aisselle, et portées sur des pédoncules inégaux. Cette espèce croît en Italie, dans le Levant et dans l'île de Corse.

LAVATÈRE A GRANDES FLEURS; *Lavatera trimestris*, Linn., *Spec.*, 974. Sa tige est herbacée, annuelle, haute d'un pied à dix-huit pouces, divisée dès sa base en rameaux alongés et ouverts, garnis de feuilles pétiolées, un peu velues; les inférieures en cœur, arrondies, à peine lobées; les supérieures très-anguleuses. Les fleurs sont grandes, purpurines, couleur de chair ou quelquefois blanches, portées sur des pédoncules axillaires, plus longs que les pétioles. Cette plante croît naturellement dans le Levant, en Espagne, en Italie et dans le midi de la France. On la cultive pour l'ornement des jardins; elle commence à fleurir en juillet, et dure jusqu'en septembre. (L. D.)

LAVÈGE ou LAVEZZE. (Min.) Nom dérivé de l'italien, *lavezzo*, qui désigne la serpentine ou plutôt l'ophiolite ollaire, avec laquelle on fait des vases de ménage dans l'Italie septentrionale, et que l'on vend à Côme et à Bergame. (B.)

LAVÉNIE, *Adenostemma*. (Bot.) [*Corymbifères*, Juss. = *Syngénésie polygamie égale*, Linn.] Ce genre de plantes appartient à l'ordre des synanthérées, et à notre tribu naturelle des eupatoriées. Voici ses caractères, tels que nous les avons observés sur des échantillons secs de plusieurs espèces.

Calathide incouronnée, équaliflore, multiflore, régulariflore, androgyniflore. Péricline inférieur aux fleurs, formé de squames subunisériées, à peu près égales, appliquées, oblongues, arrondies au sommet, subspatulées, foliacées. Clinanthe plan, inappendiculé. Ovaires obovoïdes-alongés, subpentagones, ou trigones par l'oblitération de deux angles, glabres, pourvus d'un pied semi-articulé ; aigrette composée de trois à cinq squamellules, à peu près égales, courtes, filiformes-laminées, épaisses, coriaces, élargies à la base, arrondies et comme spatulées au sommet, qui forme une glande d'où sort une substance visqueuse. Corolles à limbe très-velu extérieurement sous les lobes. Styles d'eupatoriée, à base glabre, à stigmatophores élargis au sommet et colorés comme la corolle.

Nous attribuons au genre *Adenostemma* les cinq espèces suivantes, qui sont des plantes éparses en divers lieux de la zone torride, à tige herbacée, à feuilles opposées, pétiolées, indivises, dentées, triplinervées, à corolles blanchâtres, à calathides pédonculées, lâchement et irrégulièrement corymbées ou paniculées au sommet de la tige.

Lavénie visqueuse : *Adenostemma viscosa*, Forst., *Char. gen. pl.; Lavenia erecta*, Swartz, *Nov. Gen. et Sp. pl.*, pag. 112; *Fl. Ind. occid.*, tom. III; *Verbesina lavenia*, Linn., *Sp. pl.*, edit. 5, pag. 1271. C'est une plante herbacée, dont la tige haute de deux pieds, est dressée, cylindrique, pubescente, un peu rude ; les feuilles sont opposées, à pétiole long de trois pouces, cylindrique, étalé, à limbe long de six pouces, ovale, aigu, ridé, rude, denté en scie, à dents alternativement plus grandes et plus petites, et toutes terminées par une petite dent ; les calathides sont disposées en une panicule corymbée, terminale, dressée, grande d'un demi-pied, à pédoncules cylindriques, poilus ; chaque calathide est portée sur un pédicelle très-court, pourvu à sa base d'une petite bractée linéaire, verdâtre ; le péricline, hémisphérique, est formé de squames égales, oblongues-linéaires, pubescentes, visqueuses, longues comme la moitié du pédicelle ; les divisions de la corolle sont étalées et barbues en dessus; les stigmatophores sont blancs; les fruits sont cylindriques, longs, noirs, visqueux, papuleux, surmontés d'une aigrette de trois squamellules; le clinanthe est planiuscule. Nous avons extrait cette description spécifique d'un manuscrit de Jean-Reinold Forster, qui nous a été communiqué par M. de Jussieu, et qui est intitulé : *Descriptiones plantarum quas in itinere ad maris australis terras suscepto collegit, descripsit et delineavit J. R. Forster, opus incæptum mense augusto anni* 1772. Un échantillon sec, recueilli par Commerson dans l'Ile-de-France, nous a offert les caractères suivans : Tige herbacée, haute de plus de quinze pouces, dressée, rameuse, un peu scabre; feuilles opposées, pétiolées, longues d'environ quatre pouces, larges de près de deux pouces, a limbe oval-lancéolé, décurrent sur le pétiole, grossièrement denté en scie ou largement crénelé, triplinervé, glabre; calathides subglobuleuses, de deux à trois lignes de diamètre, disposées en une panicule corymbiforme, lâche, terminale, à ramifications pubescentes; corolles blanches, ou peut-être jaunâtres; péricline formé de squames subunisériées, à peu près égales, subspatulées; ovaires glabres, subpentagones; aigrette composée de trois à cinq squamellules. Cette plante habite les îles de la Société et celles de la mer des Indes.

Lavénie de Swartz : *Adenostemma Swartzii*, H. Cass.; *Lavenia decumbens*, Swartz, *Nov. Gen. et Sp. pl.*, pag. 112; *Fl. Ind. occid.*, tom. III; *Cotula verbesina*, Linn., *Sp. pl.*, edit. 3, pag. 1258. Cette plante herbacée, annuelle, habite les lieux un peu humides et ombragés de la Jamaïque, où elle fleurit en été; ses racines sont filiformes; sa tige, longue d'un pied, presque simple, cylindrique, pubescente, a sa partie inférieure couchée, un peu genouillée, produisant des racines, et sa partie supérieure redressée; les feuilles sont opposées, à pétiole court, semi-amplexicaule, à limbe cordiforme, rarement ovale, anguleux à la base, un peu obtus au sommet, denté en scie, trinervé, hispidule, quelquefois glabre; les calathides, composées de quinze à vingt fleurs blanchâtres, sont portées sur des pédoncules terminaux, un peu longs, divisés en pédicelles monocalathides; le péricline est ovoïde, formé de squames a peu près égales, ovales-lancéolées, pubescentes; les corolles sont velues et glanduleuses extérieurement; les anthères sont foiblement cohérentes ; les fruits sont presque trigones ; leur aigrette est composée de trois, rarement de quatre squamellules inégales ; le clinanthe est un peu convexe. N'ayant point vu cette plante , nous empruntons à Swartz la description qu'on vient de lire : mais nous avons dû changer le nom spécifique, qui exprimoit le contraire de ce que l'auteur a sans doute voulu dire ; car la tige décombante est celle dont la partie inférieure est dressée et la supérieure couchée.

Lavénie brésilienne : *Adenostemma brasiliana*, H. Cass.; *Verbesina brusiliana*, Pers. , *Syn. plant.*, pars 2, pag. 472. La tige est herbacée, haute de dix pouces (dans l'échantillon incomplet que nous décrivons), dressée, rameuse, parsemée de petits poils glutineux : les feuilles sont opposées ; leur pétiole est long de quinze lignes, pourvu de poils glutineux, et sa partie supérieure est bordée par la décurrence du limbe ; le limbe est long de deux pouces, large de deux pouces et demi, triplinervé, glabre, inégalement denté en scie, obtus au sommet, cordiforme à la base qui néanmoins se prolonge en forme de coin sur le pétiole ; les calathides , globuleuses, ont deux lignes de diamètre, et sont disposées en une panicule corymbiforme, terminale , large , très-lâche , irrégulière ; les corolles sont blanches ou peut-être jaunâtres , et leur limbe est très-velu extérieurement sous les lobes ; les ovaires sont trigones, et leur aigrette est composée de trois squamellules ; le péricline est formé de squames égales , unisériées. Nous avons fait cette description sur un échantillon sec, recueilli dans le Brésil, et envoyé en 1790, par Vandelli, à M. de Jussieu.

Lavénie a feuilles larges ; *Adenostemma platyphylla* , H. Cass. Tige herbacée, haute de plus d'un pied (dans l'échantillon incomplet que nous décrivons), dressée, rameuse, cylindrique, striée, parsemée de poils glutineux ; feuilles opposées, longues de huit pouces, y compris le pétiole, larges de quatre pouces, glabres ; pétiole long , bordé par la décurrence du limbe ; limbe ovale, subdeltoïde ou rhomboïdal, cunéiforme à sa base, grossièrement denté ou crénelé sur les bords, triplinervé ; calathides peu nombreuses , subglobuleuses, de trois lignes de diamètre, disposées en une panicule terminale, corymbiforme, très-lâche, à ramifications très-divergentes, les dernières longues, grêles, nues, pédonculiformes ; corolles blanches. Nous avons décrit cette espèce sur un échantillon sec, recueilli au Pérou par Joseph de Jussieu.

LAVÉNIE TEINTURIENNE : *Adenostemma tinctoria*, H. Cass.; *Spilanthus tinctorius*, Lour., *Flor. Cochinch.* (édit. 2), tom. II, pag. 590. La racine est rampante; la tige est herbacée, longue de trois pieds, diffuse, presque couchée, cylindrique : les feuilles sont opposées, lancéolées, inégalement dentées en scie, entièrement glabres, d'un vert gai, succulentes, sans nervures; les pédoncules sont terminaux, et chacun d'eux porte plusieurs calathides, composées de fleurs bleuâtres ou blanchâtres; le péricline est hémisphérique, formé de squames égales, probablement subunisériées, obtuses, foliacées; toutes les fleurs de la calathide sont hermaphrodites et régulières; le clinanthe est convexe et nu; l'aigrette de chaque fruit est composée de trois arêtes capitées. Nous n'avons point vu cette plante, dont la description est empruntée à Loureiro. Ce botaniste dit qu'elle est cultivée à la Chine et à la Cochinchine, parce que ses feuilles étant broyées donnent une excellente teinture bleue, aussi belle que celle de l'indigotier, et plus facile à préparer. Il est bien évident que cette plante n'est point un *spilanthus*, puisque le clinanthe est nu; et il nous paroît presque indubitable que c'est une *adenostemma*.

La première espèce avoit été attribuée par Vaillant à son genre *Eupatoriophalacron*, qui étoit pourtant caractérisé par le clinanthe squamellifère et les ovaires privés d'aigrette. Linnæus n'a pas mieux fait, en rapportant cette plante au genre *Verbesina*. Mais les Forster l'ont avec raison considérée comme le type d'un nouveau genre, qu'ils ont publié en 1776, sous le nom très-convenable d'*adenostemma*, et qu'ils ont fort bien caractérisé. Cependant, en 1788, Swartz, ayant reconnu que la seconde espèce, mal à propos attribuée par Linnæus au genre *Cotula*, appartenoit au genre *Adenostemma*, s'est permis d'effacer le nom générique imposé par les inventeurs de ce genre, et de lui substituer celui de *lavenia*, sous le prétexte que Solander l'avoit ainsi nommé. Mais les travaux botaniques de Solander n'ayant point été publiés par la voie de l'impression, il est évident que le prétexte de Swartz est fort injuste : ce qui n'a pas empêché Schreber, et après lui tous les autres botanistes, de consacrer par leur assentiment cette injustice de Swartz, à laquelle nous résistons. C'est pourquoi nous restituons le nom d'*adenostemma* au genre dont il s'agit, et cependant, pour nous conformer à l'usage, nous le plaçons dans ce Dictionnaire, sous le titre françois de LAVÉNIE. La troisième espèce, dont M. Persoon a tracé les principaux caractères spécifiques, mais dont il n'a pas sans doute observé les caractères génériques, étoit attribuée par lui au genre *Verbesina*; la quatrième espèce n'a été publiée nulle part; la cinquième enfin, imparfaitement décrite par Loureiro, étoit rapportée au genre *Spilanthus.*

Swartz paroîtroit avoir senti les véritables affinités naturelles du genre *Adenostemma*, en le plaçant entre l'*eupatorium* et l'*ageratum*, si ce n'étoit pas dans la série artificielle du système sexuel de Linnæus qu'il lui assigne cette place, et s'il n'ajoutoit pas aussitôt que, dans la méthode naturelle, ce genre doit être placé entre le *verbesina* et le *siegesbeckia*. M. de Jussieu n'a pas été mieux inspiré, lorsqu'il l'a placé entre le *cotula* et le *struchium*. Il est indubitable que l'*adenostemma* fait partie de notre tribu naturelle des eupatoriées, dans laquelle il est voisin du genre *Sclerolepis*, que nous avons proposé dans le Bulletin des Sciences de décembre 1816, pag. 198, et qui a pour type le *sparganophorus verticillatus* de Michaux. En effet, ce genre *Sclerolepis* offre les caractères suivans :

Calathide incouronnée, équaliflore, multiflore, régulariflore, androgyniflore. Péricline à peu près égal aux fleurs, formé de squames bisériées, à peu près égales, lancéolées-acuminées, foliacées. Clinanthe conoïdal, inappendiculé. Ovaires alongés, grêles, pentagones ; aigrette composée de cinq squamellules unisériées, égales, un peu entre-greffées à la base, paléiformes, oblongues, comme tronquées au sommet, épaisses, cornées. Styles d'eupatoriée.

En comparant ces caractères génériques du *sclerolepis* avec ceux de l'*adenostemma*, il est facile de reconnoître les ressemblances et les différences qui existent entre les deux genres dont il s'agit.

Le nom d'*adenostemma*, composé de deux mots grecs, qui signifient couronne de glandes, exprime parfaitement bien la nature très-singulière de l'aigrette propre à ce genre, et qu'on ne retrouve chez aucune autre synanthérée. (H. CASS.)

. LAVER. (*Bot.*) Suivant C. Bauhin, ce nom a été donné, par Lonicer, à un œnanthe, *œnanthe fistulosa;* par Dodoens, soit à la berle, *sium latifolium*, soit au cresson de fontaine, *sisymbrium nasturtium*. (J.)

LAVEROK (*Ornith.*), nom de l'alouette commune en anglois. (Ch. D.)

LAVES. (*Min.*) Nous ne ferons pas, à l'occasion de ce mot, une histoire des volcans et des phénomènes de leurs éruptions : nous chercherons à en restreindre la signification, plutôt qu'à l'étendre. Elle n'est déjà que trop illimitée. En lui rendant sa première signification, qui paroît venir du mot allemand *laufen, couler* et *courir*, nous appliquerons ce nom aux seules SUBSTANCES MINÉRALES QUI ONT ÉTÉ FONDUES PAR L'ACTION DU FEU VOLCANIQUE, *soit qu'on ait été témoin du phénomène, soit qu'elles portent avec elles les caractères évidens d'une semblable origine.*

Ainsi, ce nom sera général; il exprimera un mode de formation et non pas une roche. On aura autant de roches différentes qu'il peut y avoir d'espèces minérales fondues ; elles n'auront de commun que leur mode de formation. Classer autrement les produits volcaniques, c'est comme si on vouloit rassembler dans un traité de chimie, tout ce qui a été fondu, pierres, sels, métaux de toutes sortes, et les distinguer des mêmes substances obtenues par d'autres voies.

Il est très-difficile de séparer l'histoire des laves de celle des volcans, c'est-à-dire des terrains et montagnes qui leur donnent naissance. Cependant, en les prenant à leur sortie de terre, en n'examinant que les phénomènes que présentent les courans de matières liquéfiées, dans leur masse, leur écoulement, leur forme, leur composition et leur structure, et par conséquent les différentes roches qui sont susceptibles de se présenter ainsi, nous traiterons, autant que l'ordre alphabétique nous le prescrit et qu'il est possible de le faire, un phénomène pour ainsi dire inséparable des autres phénomènes volcaniques, et nous renverrons le reste de son histoire au mot VOLCAN.

§. I.ᵉʳ *Des laves à l'état liquide.*

Terrains d'où elles sortent. — Les laves, c'est-à-dire *toute ma-*

tière minérale sortant de la terre liquéfiée par l'action du feu, ne se sont jamais vues (du moins pour celles qui en ont les caractères évidens), que dans des Volcans ou dans des Terrains volcaniques (voyez ces mots); c'est-à-dire qu'on n'a jamais vu sortir ou qu'on n'a jamais eu une connoissance certaine qu'il soit sorti des matières minérales en liquéfaction ignée , ni du granite, ni des schistes, ni d'aucun calcaire. Nous ne disons pas que cela n'a jamais pu être ou n'a jamais été ; nous croyons, au contraire, que cette circonstance s'est présentée souvent dans l'ancien monde , si même elle ne se continue pas encore, mais d'une manière médiate, dans celui-ci ; nous voulons dire seulement qu'on n'en a aucune connoissance positive depuis que la surface de la terre a pris les formes qu'elle présente actuellement.

Les laves, renfermées dans le sein des montagnes ou des terrains volcaniques, en sortent ou par l'ouverture supérieure nommée cratère, ou par les flancs de la montagne, et quelquefois même très-près de sa base.

Dans le premier cas, la masse fondue s'élève peu à peu dans le cratère, atteint ses bords, et s'épanche par-dessus la partie de la circonférence la moins élevée.

Dans le second cas, il se fait à la base ou sur le flanc de la montagne, une fente ou plusieurs ouvertures peu étendues, desquelles la lave s'écoule.

Phénomènes de l'écoulement des laves. — Les phénomènes qui accompagnent leur épanchement appartiennent à l'histoire des éruptions volcaniques, et seront décrits à cet article. Nous ne devons examiner ici que ceux qui sont particuliers aux courans de lave.

Cette masse incandescente est douée d'une liquidité pâteuse, analogue à celle des scories qu'on voit s'écouler par-dessus la *dame* des hauts-fourneaux. Elle ressemble, lorsqu'elle sort en petite quantité par une ouverture latérale de la montagne, à une masse de pâte qu'on feroit sortir d'un vase au moyen d'une pression exercée sur cette masse. Elle s'écoule lentement. La partie qui est à la surface, douée de plus de vitesse que celle du fond, mais aussi moins liquide, s'avance en recouvrant des parties déjà presque solides, et en les surmontant dans divers sens. Elle hérisse ce courant, à quelque distance de sa source , d'une multitude de saillies de toutes sortes de formes, offrant des tables, des plaques à bords déchirés, des plaques dont la surface présente de nombreux sillons, rides ou côtes transversales, des cordes, etc.

En avançant ainsi, sa surface incandescente se noircit par le refroidissement, se durcit même à peu de distance de son origine, au point de ne plus laisser pénétrer dans son intérieur des pierres de quelques décimètres cubes qu'on y jette, et au point de supporter, sans être enfoncée, le poids d'un homme qui la traverseroit. Cependant, la masse intérieure du courant est encore incandescente, car elle l'est toujours tant qu'elle coule : on le voit pendant la nuit, on le voit surtout dans le fond des crevasses naturelles qui s'y forment, ou des ouvertures qu'on y pratique.

En avançant ainsi, le courant, ayant peu de vitesse, a aussi peu de puissance, et il tourne ou surmonte les obstacles qu'il rencontre, plutôt que de les renverser. La viscosité qu'il possède est une indication de l'adhérence de ses parties; et comme il tient le milieu entre un corps parfaitement liquide et un corps solide, qu'il contracte une sorte d'adhérence avec le sol, il n'agit pas sur ces obstacles avec tout le poids de sa masse, multiplié par sa vitesse, comme le feroit un cours d'eau, et par conséquent, il est loin d'en exercer les dégâts. Aussi voit-on souvent, au milieu même des courans de lave les plus puissans, d'assez frêles édifices restés debout, quoiqu'entourés de toutes parts par la lave, des murs surmontés et comme franchis, sans avoir été renversés, etc.

Chaleur des laves. — La chaleur des courans de lave a été le sujet de beaucoup de discussions, et je ne crois pas qu'on la connoisse encore parfaitement, parce qu'on a presque toujours confondu la chaleur nécessaire pour fondre la matière même de la lave, et la chaleur répandue par la masse entière du courant.

La première doit être déterminable, et peu susceptible de varier. Je ne doute pas qu'elle ne soit celle qui est nécessaire pour fondre, *pour la première fois*, un mélange terreux dans des proportions déterminées. Je ne pense pas, malgré ce qu'en a dit un naturaliste justement célèbre (Dolomieu), qu'il y ait dans les laves une cause ou une matière particulière

qui les fasse fondre et rougir à une température plus basse
que toute autre matière minérale de même composition ; et,
comme il n'a appuyé cette opinion que sur des observations et
non sur des expériences directes, il est possible de faire voir
que ses idées à ce sujet n'avoient pas toute l'exactitude que
l'état actuel des sciences réclame. Nous y reviendrons lorsque
nous aurons parlé de la chaleur de la masse, parce qu'il paroît
que c'est une des causes principales de l'erreur dans laquelle
on est tombé.

Si nous croyons que la moindre chaleur nécessaire pour faire
fondre les laves est la même, et toujours la même que celle
qu'exige le mélange terreux qui les constitue, nous n'en disons
pas autant de celle de la masse. Celle-ci peut être extrêmement variable, parce qu'elle est influencée par un grand
nombre de causes, telles que la température à laquelle la lave
aura été élevée, la masse de cette lave, sa propriété plus ou
moins conductrice de la chaleur, la forme du courant, et surtout les parties déjà figées et refroidies qui l'entourent ou la
recouvrent.

Pour ne point entrer dans des détails trop considérables à
ce sujet, détails qu'il sera facile de suppléer, nous examinerons seulement les circonstances qui doivent donner à ces
courans la plus basse et la plus haute température.

Si le courant est petit (comme celui que j'ai eu occasion de
voir au Vésuve en juin 1820) ; que la lave, par sa viscosité,
indique qu'elle n'a été élevée que précisément à la température nécessaire à sa fusion pâteuse ; qu'il soit recouvert, en tout
ou dans un grand nombre de places, de parties déjà figées et
presque refroidies ; enfin, qu'on l'examine à son plus grand
éloignement de sa source, il réunira toutes les circonstances
de la plus basse température ; on pourra le traverser impuné-
ment : il ne sera pas capable de fondre du cuivre, et, cependant, la partie liquide et incandescente de son centre aura la
température nécessaire à la première fusion du mélange terreux qui compose cette lave.

Si, au contraire, ce courant est puissant, qu'il ait été porté
à une température plus haute que celle qui est nécessaire à la
fusion du mélange terreux ; qu'en raison de ces mêmes circonstances, il soit peu recouvert de parties condensées et refroidies,

25.   24

il repandra au loin et pendant long-temps, une chaleur considérable qui deviendra d'autant plus insupportable qu'on
s'approchera plus près de sa source. On sent qu'une multitude
d'autres circonstances tirées de la densité des matières fondues,
de leur propriété plus ou moins conductrice, peuvent modifier cette expansion de calorique, et qu'on pourra soutenir,
avec une suite de raisonnemens d'une même valeur, que la
température des laves est très-considérable, ou que ces corps
fondent à une température très-basse. Il n'est donc nullement nécessaire de recourir à des suppositions gratuites ni à
des causes inconnues pour expliquer cette fusion à basse température.

Il est une autre circonstance qu'il est important de remarquer, et qui n'est bien appréciée que depuis les expériences de
MM. Halles, Dartigues et Fourmy: c'est qu'un corps terreux
tenu long-temps en fusion et à la même température, se dévi-
trifie, c'est-à-dire que ses parties se combinent dans des proportions différentes, se réunissent et cristallisent au milieu
de la masse vitrifiée, et qu'alors il faut, pour les fondre, une
température beaucoup supérieure à celle qui les a tenues
en liquéfaction pour la première fois. Cela explique très-sim-
plement pourquoi il a fallu, pour refondre certaines laves, les
exposer dans nos fourneaux à une température qui *paroissoit*
de beaucoup supérieure à celle qu'elles avoient lors de leur
éruption hors du sein de la terre.

On a cru aussi que les laves avoient la propriété particulière
de conserver leur température pendant beaucoup plus de
temps que les autres minéraux pierreux fondus. On cite à cette
occasion la lave de l'Etna de 1669, qui étoit encore chaude au
bout de huit ans, celle du Vésuve qui enflammoit du bois
trois ans après son éruption. Il est telle circonstance de com-
bustion qui, en se continuant long-temps après l'éruption
dans l'intérieur de la lave, pourroit y entretenir de la
chaleur.

On a vu, dit-on, des flammes sortir des courans de lave;
ce qui indique dans leur masse quelques matières combustibles.
Le soufre, dont la présence dans les volcans est indubitable,
paroît même suffisant pour produire ce phénomène; mais on
n'a pas encore, que je sache, d'observations exactes, faites avec

les précautions et les connoissances convenables, propres à établir les faits avec certitude.

Enfin, il seroit possible qu'un dégagement de vapeur chaude, en traversant la lave, entretînt sa chaleur. Tous ces cas sont possibles : mais je ne crois pas que ces phénomènes aient été observés; je ne crois pas même nécessaire d'y recourir pour expliquer la conservation d'une haute chaleur pendant long-temps dans une masse immense d'un corps pierreux qui a été élevé à une très-haute température, qui est mauvais conducteur du calorique, en raison de sa nature et de sa texture poreuse, qui rayonne peu, à cause de sa couleur noire; enfin, le phénomène fondamental a-t-il été lui-même bien observé, bien apprécié? C'est ce dont on peut douter. Ces observations sont encore à faire; elles exigent beaucoup de sagacité, de patience et le concours d'un grand nombre de circonstances favorables.

Vapeurs des laves.—Les laves, en état de fusion et d'incandescence, bouillonnent; il se dégage, dans ce bouillonnement des vapeurs qui sont en grande partie aqueuses, mais qui ne sont cependant pas de l'eau pure; la couleur et l'apparence de la fumée qu'elles produisent, et qui sont très-différentes de celles de la vapeur de l'eau, l'indiquent déjà. La condensation d'une partie de ces vapeurs sur les parois des fissures de la croûte de la lave refroidie, en fait connoître une des parties : c'est ordinairement du sel marin qui se présente sous l'aspect d'une poussière blanche sublimée. Mais la composition de cette fumée n'est pas encore complétement connue. M. de Gimbernat a commencé au Vésuve un série d'expériences propres à la déterminer; et comme il n'y a pas de doute qu'elle ne ressemble, à beaucoup d'égards, à celle qui se dégage des cratères et des fissures volcaniques, la connoissance de celle-ci plus facile à acquérir, éclairera sur la nature de l'autre, sans cependant pouvoir la dévoiler exactement : car on remarquera que la fumée qui se dégage des laves incandescentes vient uniquement de cette matière, tandis que celle qui émane des fentes volcaniques peut avoir une origine moins simple et une composition plus compliquée.

§. II. *Des laves à l'état solide.*

Forme et structure des coulées. — Les laves refroidies, et ayant pris par conséquent un état permanent, offrent un sol d'une forme et d'une structure particulière. Nous l'avons désigné dans la terminologie des différentes masses qui entrent dans la structure de l'écorce du globe, sous le nom de *coulée*, et nous lui avons donné pour caractère général de présenter une masse de terrains inclinés, plus étroite et plus convexe dans le sens de la largeur à son extrémité supérieure, et plus large, plus plane, plus puissante souvent à son autre extrémité, qui est quelquefois presque horizontale.

Les coulées ont souvent une très-grande étendue. On cite celle de l'Etna, qui a parcouru une distance de quatorze milles : elles remplissent quelquefois des vallées d'un terrain d'une tout autre nature, comme on le voit à Volvic en Auvergne, et se répandent dans les plaines.

Le terrain de lave est toujours plus ou moins celluleux : les cellules ont des formes diverses, suivant la nature de la lave, et la place où on les observe. Elles sont généralement alongées dans l'intérieur de la coulée, et surtout vers sa partie la plus déclive, plus rondes et plus nombreuses vers sa surface et vers son origine. Cette disposition, et surtout la grandeur et le nombre de ces cellules, sont sujets à un grand nombre de modifications et d'exceptions.

La structure d'une coulée de lave, assez souvent liée avec sa nature, présente cependant des dispositions qui sont assez générales. Ainsi, elle est plus dense, d'une texture et d'un aspect plus terne, ce que les minéralogistes appellent plus lithoïde, dans sa partie moyenne et inférieure, que vers sa surface ; vers cette partie, elle est beaucoup plus poreuse, d'une texture souvent plus vitreuse, et elle dégénère en une autre disposition de formation qu'on appelle ordinairement Scorie ou Laitier des volcans. (Voyez ces mots.)

La surface des coulées de laves est toujours très-irrégulière, hérissée d'une multitude de petits monticules à crêtes tranchantes, à sommets aigus et comme déchirés; et cette disposition est très-variable, suivant les différentes parties de la coulée. Il y en a même quelques unes qui sont assez planes; ce cas est fort rare. Aussi ces terrains sont-ils très-difficiles à parcourir, et quelquefois même à traverser.

Les laves modernes, par conséquent les roches qui appartiennent évidemment au mode de formation dont nous parlons, ne prennent, en se consolidant par refroidissement, aucune forme générale qui soit déterminable ; elles n'offrent aucune structure en grand qui soit régulière ; elles ne présentent aucune retrait prismatique, à la manière des basaltes. C'est donc en vain qu'on a voulu chercher, dans les laves des volcans actuels, des rapports qui expliquent ce phénomène propre aux produits des volcans de l'ancien monde. D'ailleurs la formation des basaltes, par coulée ou comme lave, n'est pas évidente pour tous les géologues, et il paroît que, dans toute hypothèse, elle a eu lieu sous l'influence de circonstances très-différentes de celles qui ont accompagné l'émission des laves, non seulement des volcans actuels, mais de beaucoup de volcans éteints.

Structure des laves. — Mais les laves, ces roches formées par fusion, sont très-rarement homogènes; elles renferment, au contraire, un très-grand nombre de minéraux différens qui y sont disposés suivant des lois particulières, et qui ont aussi une origine très-différente.

Tantôt ces minéraux sont des corps qui ont été arrachés du sein de la terre et enveloppés par la lave : ce sont souvent des granites ou roches granitoïdes, des fragmens de calcaire saccaroïde plus ou moins volumineux, quelquefois gros, au plus, comme une noix, quelquefois plus gros que la tête d'un homme. Il ne peut y avoir ici de doute que ces corps ne soient étrangers à la lave. Cette conséquence paroît si simple, qu'il est inutile de s'épuiser en raisonnemens pour le prouver.

Le second cas, encore plus commun que le premier, a été l'objet d'une discussion animée et prolongée jusqu'à l'époque actuelle entre les minéralogistes-géologues. On voit dans la masse même de la lave, disséminés et enveloppés dans sa pâte, des minéraux divers cristallisés nettement en cristaux plutôt isolés que groupés, et qui sont assez également répandus dans la coulée.

Ces cristaux sont principalement des pyroxènes-augites, des amphigènes, des felspaths vitreux, des péridots - chrysolithes, etc.

On remarque que ces cristaux sont très-nets, que leurs arêtes sont vives, qu'ils sont quelquefois groupés, et qu'ils se pénètrent mutuellement ; qu'ils sont souvent extrémement nombreux et aussi également répandus dans les laves que les cristaux de felspath dans le porphyre ; que quelques uns des minéraux que nous venons de nommer sont presque aussi fusibles et même plus fusibles que la lave qui les enveloppe, tels que certains pyroxènes et principalement le felspath ; enfin, que plusieurs de ces cristaux, et notamment les felspaths et les amphigènes, renfermoient dans leur intérieur, et souvent même à leur centre, ou parallèlement à leur axe de cristallisation, la matière même de la lave.

Théories de la structure des laves. — Les théories qu'on a proposées pour expliquer la présence de ces cristaux dans les laves, peuvent se réduire à deux.

Dans l'une, on suppose que les minéraux cristallisés existoient dans les roches et terrains où se trouve le foyer volcanique ; que ces cristaux, garantis de la fusion qu'ont éprouvée les autres parties de la roche qui ont fourni la base de la lave, ont été enveloppés et entraînés par elle hors du sein de la terre ; que si on ne voit aucun de ces minéraux dans les roches qui forment la croûte du globe, du moins, dans l'état sous lequel on les voit dans les laves, c'est que le foyer des volcans est situé dans une partie de la terre dont les roches sont différentes de celles de la surface ; enfin, les partisans de cette théorie expliquent la présence du felspath, minéral si fusible, au milieu des laves sans y montrer la moindre altération dans ses arêtes, en admettant, comme Dolomieu, que la fusion des laves étoit opérée à une chaleur très-basse, et que le calorique n'y concouroit pas seul ; ce qui est loin d'être prouvé.

Les naturalistes qui professent cette opinion, ou au moins le principe de la préexistence des cristaux aux laves, sont MM. Deluc, Dolomieu, etc.

Dans l'autre théorie, on suppose que les minéraux cristallisés que nous avons nommés, et la plupart de ceux qui se trouvent dans les laves avec les mêmes circonstances, se sont formés dans la masse de la lave en fusion, soit dans le foyer volcanique, soit même après sa sortie du sein de la terre, par voie de combinaison chimique et de cristallisation, comme on voit des cristaux se former au milieu de masses de verre dans les creusets des verreries, comme les cristaux de felspath se sont formés et réunis dans la pâte du porphyre, ceux du grenat dans la pâte de l'amphibole ou de la serpentine, etc.

L'abondance et l'égale dissémination de ces cristaux dans certaines laves, la netteté des arêtes, de ceux même qui sont fusibles, leur groupement et leur pénétration mutuelle, enfin la présence de la matière même de la lave, au milieu des cristaux de felspath et d'amphigène, sont des faits qu'ils apportent en faveur de leur opinion.

Les laves lithoïdes à structure presque cristallisée sont, dans cette théorie, des laves cristallisées confusément, et les expériences de Hall et de M. Fleuriau de Bellevue, sur l'effet d'une fusion à haute pression, ou d'un refroidissement lent, sont des faits très-favorables à cette hypothèse. Aussi a-t-elle maintenant beaucoup de partisans, parmi lesquels nous nommerons Ferber, MM. Hall, De Buch, Fleuriau de Bellevue, Breislak, etc. Nous la regardons comme la plus vraisemblable, et nous l'adoptons entièrement, sans cependant établir que tous les cristaux qu'on trouve dans les roches volcaniques aient été formés ainsi. Il y en a, au contraire, qui paroissent avoir été dégagés des roches granitiques qui les renfermoient, et avoir été enveloppés par les laves, sans presque aucune altération; tels sont les zircons, les corindons, etc., qui s'y trouvent quelquefois.

§. III. *Détermination des sortes de roches qui composent les laves.*

Tout ce que nous venons d'exposer peut se rapporter à peu près également à toutes les roches qui se sont épanchées à la surface de la terre, en état de liquéfaction ignée, et qui portent, à cause de ce mode de formation, le nom de *laves* ou *coulées;* mais ces roches ne sont pas de la même nature; il s'en faut de beaucoup. Leur structure est aussi très-variable, et quelques unes même ne présentent, en aucune manière et dans aucune de leurs parties, cette texture vitreuse, et en même temps cellulaire, qui est un indice presque certain de l'action du feu.

Il faut donc maintenant chercher à distinguer ces différens mélanges fondus, et à les grouper d'après leurs rapports les plus importans. On a à choisir entre la structure et la nature. L'une est plus visible, plus facile à décrire, quoique très-difficile à limiter, mais elle a peu d'importance ; la même lave, comme la même roche, peut, suivant les circonstances, prendre des structures très-différentes.

La nature est bien plus difficile à déterminer et à circonscrire dans des limites claires, par conséquent très-difficile à caractériser ; mais, comme nous l'avons déjà dit ailleurs, elle est bien plus importante que la structure. Les rapports qu'elle établit sont beaucoup plus naturels. Nous préférerons donc, comme dans la classification des roches mélangées par voie de cristallisation confuse, la méthode qui sera basée sur la nature des laves, à celle qui prendroit pour principe la structure. Nous ne proposerons aucune méthode nouvelle ; nous choisirons parmi le grand nombre de classifications qui ont été présentées, celle qui nous paroîtra la plus conséquente aux principes que nous venons de rappeler, et nous n'y proposerons de changemens, que ceux que nous regarderons comme indispensables pour la mettre parfaitement d'accord avec nos principes de classification et de dénomination des roches mélangées.

Les naturalistes, qui se sont occupés de cet objet, ont toujours embrassé, dans leurs classifications, tous les produits volcaniques. Nous ne devons admettre ici que ceux qui ont coulé. Il est aussi difficile de les distinguer, dans quelques circonstances, des autres roches volcaniques, qu'il est difficile de distinguer celles-ci, dans un assez grand nombre de cas, des roches formées par voie de cristallisation confuse. Nous serons donc obligé de séparer, dès l'abord, les roches rapportées aux laves, en deux divisions : celles qui sont évidemment des laves, et celles qu'on présume en être. Nous ne parlerons que des premières ; nous traiterons de celles-ci et des autres d'une manière plus particulière, à l'article de chacune d'elles.

Le mot *lave* désignant un mode de formation, et non une espèce ni même un genre de roches, il faudra donner des noms particuliers aux espèces de roches qui, n'ayant été désignées que par ce nom de formation joint avec une épithète, n'ont encore reçu aucun nom propre. Nous éviterons, autant qu'il sera possible, toute innovation dans ce travail, et nous trouverons dans celui de M. Cordier, que nous suivrons presque entièrement, des secours aussi efficaces que nombreux.

M. Cordier a supprimé le nom de lave, comme nom de roche, ainsi que nous le faisons maintenant, et il a donné aux différens mélanges qui ne sont encore ni définis, ni nommés, et qui composent les terrains volcaniques, des noms particuliers; ce sont ces espèces avec leurs noms que nous allons donner comme présentant le catalogue de toutes les roches qui ont été formées par fusion ignée, et qui constituent les laves. Nous admettrons les noms qu'il leur a attribués, et avec d'autant plus d'empressement, qu'il a respecté lui-même céux de leucostine, de téphrine, etc. qui avoient déjà été donnés, avant lui, à quelques laves, par de la Métherie.

Tableau des roches simples et composées qui forment les laves ou coulées volcaniques.

* *Sortes a base de felspath.*

LEUCOSTINE (Cordier).

Pâte plus ou moins translucide, à cassure souvent écailleuse, de couleur grisâtre, rosâtre, et jamais noire pure ni verte foncée; facilement fusible en émail ou verre blanc, pur ou piqué de noir ou de vert.

Des cristaux de felspath disséminés dans la pâte.

L. *compacte.* — (Lave pétrosiliceuse, phonolite, *hornstein* volcanique.)

Exemple : Le rocher de Sanadoire en Auvergne, d'Hohentwiel près Schaffhouse, etc.

Observation. En comparant la définition et les caractères de cette roche avec celle que j'ai nommée *eurite compacte*, on verra que ces deux sortes peuvent subsister, et que les exemples seulement doivent être partagés entre elles d'une manière plus exacte.

L. *porphyroide.*— (Lave porphyroïde, A.B. *Class. Min. des roches mélangées.*)

Exemple : Les laves pétrosiliceuses des monts Euganéens.

L. *écailleuse* (Cordier). — (*Graustein,* Wern.)

Observation. Cette roche est très-voisine de l'eurite et du trachyte, et a à peu près la même base, c'est-à-dire un felspath compacte pénétré de minéraux divers en cristaux micros-copiques. Beaucoup de géologues refusent de l'admettre comme *lave*. Nous ne pouvons y laisser la domite qui ne pré-sente aucun caractère apparent d'avoir été formée par *fusion* ignée.

PUMITE (Cordier).

Pâte vitreuse, poreuse, boursouflée, fibreuse même, blan-châtre, grisâtre, verdâtre, mais jamais noire; facilement fu-sible, et souvent avec boursouflement en verre blanc, bulleux.
Des cristaux de felspath disséminés.
(Lave ponceuse. A. B. *Essai d'une Class. Min. des roches mé-langées.*)

Observation. D'après les principes de classification minéra-logique des roches mélangées que j'ai cru devoir adopter, les pumites seront pour moi des laves à base de ponce, et cette base ou la ponce des minéralogistes, sensiblement pure, restera parmi les minéraux en masse homogène. Les variétés sont très-nombreuses : on y reviendra à l'article Pumite.

P. porphyroide. — Pâte de ponce enveloppant des cristaux de felspath vitreux.

Exemple : Des égroulets au Mont Dor ; des Iles Ponces, etc.

OBSIDIENNE.

Roche sensiblement homogène, noire, verte, rougeâtre ; texture vitreuse ; fusible en émail ou verre blanchâtre et bour-souflé ; ne donnant point d'eau dans le tube de verre.

Observation. C'est une véritable lave, qui est souvent la base d'une roche et qu'il faudra séparer des stigmites, comme il faut séparer l'obsidienne du retinite. La première ne présente pour moi que des variétés de couleur, mais point la texture résineuse, cette texture indiquant toujours la présence de l'eau dans un minéral. Cependant M. Cordier ayant eu égard à cette considération, et ayant néanmoins établi sa variété smalloïde sur des obsidiennes de cette sorte qu'il a observées à Ténériffe, nous l'admettrons d'après ce géologue qui, dans la question actuelle, est une autorité d'un grand poids.

Le retinite n'est point une lave dans l'acception de ce mot, telle que nous l'avons prise; car non seulement on ne l'a jamais vu couler d'aucun volcan, mais il donne abondamment de l'eau dans le tube de verre, ce qui paroît prouver qu'il n'a pas été formé par fusion ignée simple, mais par une voie qui, pour être très-différente, n'en étoit peut-être pas moins volcanique. Les *stigmites* seront réduits à ne comprendre que les roches d'aspect porphyroïde ou amygdaloïde, à pâte de retinite, dont les cristaux ou les noyaux sont felspathiques.

TÉPHRINE (De la Métherie).

(*Lave téphrinique. A. B. Class. des roches mélangées.*)
Roche quelquefois d'apparence homogène, à texture grenue ou même terreuse, mais toujours rude au toucher, d'une couleur grisâtre, montrant beaucoup de vacuoles.

Des petits cristaux de felspath et quelquefois d'amphibole disséminés. Fusible en émail blanc piqueté de noir ou de verdâtre.

T. *PAVIMENTEUSE*. — Texture d'apparence homogène, cristaux étrangers très-petits, etc.

Exemple : Lave de Volvic, d'Andernach sur les bords du Rhin, du Vésuve de 1794, etc.

Observation. Je n'ai pas cru pouvoir changer la signification fort claire et la spécification utile que M. de la Métherie a données à la téphrine, et que j'ai déjà adoptées en 1813, dans ma Classification des roches mélangées.

T. *FELSPATHIQUE*. — Des cristaux de felspath vitreux disséminés.

Exemple : Lave de l'Etna....

T. *PYROXÉNIQUE*. — Des cristaux de pyroxène verdâtre disséminés, etc.

Exemple : Lave du Vésuve de 1794, etc.

T. *AMPHIGÉNIQUE*. — Des cristaux d'amphigène plus ou moins gros disséminés.

Exemples : Laves du Vésuve de diverses époques; celle de juin 1820 montre l'amphigène en très-petits cristaux; sa texture est subvitreuse, et sa surface scoriacée.

T. SCORIACÉE. — Plus de vide que de plein, etc.

** *SORTES A BASE DE PYROXÈNE.*

BASANITE (A. B.).

Roche à base de basalte, renfermant des cristaux de pyroxène disséminés, plus ou moins distincts.

Texture compacte, celluleuse ou scoriacée; couleur noire, noirâtre, grisâtre, brunâtre, rougeâtre, verdâtre.

Fusible en émail noir.

Minéraux accessoires disséminés. — Péridot olivine, fer titané, felspath rare. (Voyez au mot BASANITE les autres caractères de cette roche.)

Observation. Je distingue le basalte du basanite ; c'est une conséquence nécessaire des principes de classification que j'ai adoptés. Le basalte est une roche d'apparence homogène, un minéral compacte, dont la composition mécanique est très-difficile à reconnoître même par les moyens employés par M. Cordier. Il faut que ce minéral homogène soit déterminé, décrit et nommé avant d'entrer dans la composition d'une roche mélangée dont tous les composans doivent être connus.

Le basanite est, au contraire, une roche distinctement mélangée, dont je n'ai pas laissé la composition indéterminée, comme je l'avois fait précédemment, mais qui est caractérisée par la présence du minéral qui lui est essentiel.

L'espèce basanite, considérée comme roche, est devenue encore plus nécessaire à conserver, en la traitant comme je le fais, depuis qu'ayant supprimé la mauvaise espèce *lave*, j'ai distribué, avec M. Cordier, les variétés qui y étoient renfermées et qui n'avoient d'autres rapports entre elles que d'avoir coulé; depuis que je les ai distribuées, dis-je, en plusieurs espèces; car je fais entrer dans le basanite des roches auxquelles on n'a jamais et on ne pourra jamais se décider à donner le nom de basalte; on a vu ces roches couler, on n'a jamais vu le basalte couler par fusion ignée, quoique ce soit très-présumable. Ces roches, suivant M. Cordier, ont toutes la même composition, et c'est pour être conséquent au principe de composition, que je supprimerai également l'espèce *scorie*, mot qui indique une manière d'être, un mode de formation, et non une substance particulière, soit composée, soit simple, etc. J'en répartis les diverses variétés de composition aux sortes de roches auxquelles elles doivent appartenir par ce caractère.

B. PYROXÉNIQUE. — Le pyroxène, en cristaux très-distincts, dominant.

Exemple : De Limburg en Brisgaw, du Puy-de-Corent et de la vallée de Vic en Auvergne, de Pohlberg en Saxe.

B. PÉRIDOTIQUE. — Le péridot olivine, en grains très-distincts, dominant.

Exemple : D'Unkel près Cologne, de Thueys vallée de l'Ardêche, etc.

B. VARIOLITIQUE. — Des cavités rondes, remplies de calcaire, de mésotype, etc.

Exemple : Recoaro près Vicence, Gergovia, etc.

B. LAVIQUE. — Pâte compacte, dure, lithoïde ; de nombreuses cavités ovoïdes et alongées.

B. LAVIQUE PÉRIDOTIQUE. — Les péridots dominans.
Exemple : Lave de Volvic.

B. LAVIQUE FELSPATHIQUE. — Quelques cristaux de felspath.
Exemple : Du Puy-de-Côme près le Puy-de-Dôme.

B. LAVIQUE PYROXÉNIQUE. — Le pyroxène, en cristaux, dominant.

Exemple : Du Kaiserstuhl en Alsace.

B. SCORIACÉ. — Plus de vide que de plein.

B. SCORIACÉ PYROXÉNIQUE. — Le pyroxène en cristaux distincts, etc.

Exemple : Le Puy-de-Corent en Auvergne, etc.

GALLINACE (Cordier).

Roche sensiblement homogène. Texture vitreuse.

Couleur noire ou noirâtre, rougeâtre, etc.

Fusible en émail noir.

Ne donnant pas d'eau dans le ballon de verre?

G. COMPACTE PARFAITE (Cordier). — Obsidienne fondant en verre noir (De Drée).

G. COMPACTE SMALLOIDE (Cordier). — Noire, ou d'un rouge sombre.

G. COMPACTE IMPARFAITE (Cordier). — Texture presque lithoïde.

G. SCORIFIÉE (scorie, Cordier). — Texture boursouflée.

G. SCORIFIÉE GRANULEUSE (Cordier). — Aspect lithoïde.

G. SCORIFIÉE PESANTE (Cordier). — Scorie pesante (Dolomieu).

On voit par ce tableau que les roches simples ou composées qui ont éprouvé l'action du feu des volcans, au point d'être fondues et de couler, ou, ce qui revient au même, les roches principales qui entrent dans la composition des courans de laves connues, se réduisent, pour le moment, à huit sortes déterminées par leur nature : les Leucostines, les Ponces, les Pumites, les Obsidiennes, les Téphrines, les Basaltes, les Basanites et les Gallinaces.

La plupart des matières qui ont coulé en lave peuvent se rapporter à l'une de ces huit sortes de roches qui, dans la classification générale des roches mélangées, doivent être placées dans le genre auquel elles se rapportent par la nature de leur partie dominante. (B.)

LAVES. (*Min.*) On applique, ou plutôt on donne ce nom à des roches qui n'ont, avec celles que nous venons de décrire, aucune espèce d'analogie. C'est en Bourgogne principalement et aussi dans les départemens du Lot et de l'Aveyron, qu'on nomme ainsi des pierres calcaires plates, dont on se sert souvent, en place de tuiles, pour couvrir les maisons, et qui paroissent appartenir aux assises supérieures du calcaire jurassique.

Buffon dit qu'on donne aussi ce nom, dans quelques provinces, au grès en plaques minces.

Il paroît assez difficile de trouver d'où vient ce nom : il pourroit
dériver du mot *lose* ou *lauze*, qui dans beaucoup de départemens
du Midi désigne des ardoises, et d'où la rivière et le département
Lozère tirent leur nom. Le nom de *lauzée* donné en Savoie à
des pierres calcaires feuilletées, employées à couvrir des maisons, semble conduire à celui de *laves*, le *v* remplaçant l'*u* et se
confondant même avec lui. Enfin *lavagna*, nom d'un lieu
d'Italie, près de Gênes, célèbre pour ses carrières de belles
ardoises, et qui a donné même son nom aux ardoises qu'on appelle en italien *pietra di Lavagna* ou même *Lavagna*, paroît nous
apprendre que le mot de *laves* n'a aucun rapport avec les roches
volcaniques qui portent ce nom, mais qu'il vient par corruption du nom qu'on donne dans le Midi, et surtout en Italie, aux
ardoises. (B.)

LAVETTE. (*Ornith.*) On donne vulgairement, dans la
Guienne, ce nom et celui de *layette*, à l'alouette commune,
alauda arvensis, Linn. (Ch. D.)

LAVIGNON. (*Conchyl.*) C'est un de ces noms vulgaires donnés par les pêcheurs et les habitans des bords de la mer à un
coquillage bivalve qui vit enfoncé dans le sable. On ne sait pas
au juste quelle en est l'espèce, ni même le genre, puisqu'il
y en a plusieurs qui vivent ainsi. Il est même probable que les
animaux qui sont nommés lavignons, sur la côte de l'Océan,
ne sont pas de même espèce, et peut-être de même genre que
ceux qu'on désigne ainsi sur la côte de la Méditerranée.
(De B.)

LAVOIR DE VÉNUS. (*Bot.*) Les anciens donnoient ce nom
à la cardère à foulon, dont les feuilles opposées et connées à
leur base, retiennent l'eau des pluies. (L. D.)

LAVOLA. (*Bot.*) Voyez Ecorce de Lavola. (J.)

LAVOTHE. (*Bot.*) Nom africain de la clématite, *clematis vi-
ticella*, suivant Mentzel. Quelques anciens la nommoient *vitis
nigra*, et d'autres *vitalba*. (J.)

LAVY. (*Ornith.*) L'oiseau ainsi nommé à l'île de Saint-Kilda
est le grand guillemot, *colymbus troile*, Linn. (Ch. D.)

LAWSONIA. (*Bot.*) Voyez Henné. (Poir.)

LAX (*Bot.*), nom du pourpier dans l'ancien pays des Daces,
suivant Ruellius et Mentzel. (J.)

LAXMANNIA. (*Bot.*) Ce genre de composée, établi par

Forster, paroît appartenir au *bidens*, dont il diffère cependant par les écailles extérieures du périanthe plus courtes, les fleurons à quatre divisions et munies seulement de quatre étamines, ainsi que par sa tige presque arborescente. (Voyez PETROMIUM.)

Il ne faut pas confondre avec ce genre le *laxmannia*, inscrit dans le *Genera* de Schreber, non répété ailleurs, et qui est, selon cet auteur, le *cyminosma* de Gærtner, mentionné à son lieu dans ce Dictionnaire. Gærtner lui attribuoit un calice à quatre divisions profondes, huit pétales, une baie dégagée du calice et à quatre loges monospermes, dont les graines sont attachées à l'angle intérieur des loges; l'embryon, à radicule dirigée supérieurement, est entouré d'un périsperme charnu. L'auteur ajoute que c'est l'*ankenda* de l'île de Ceilan; mais cela ne peut être, si l'*ankenda* est un *calyptranthes*, comme le dit Willdenow. Voyez ANKENDA. (J.)

LAYANG-LAYANG. (*Ornith.*) Suivant G. J. Camel, dans les Transactions philosophiques, l'oiseau ainsi nommé aux Philippines est l'hirondelle de cheminée, *hirundo rustica*, Linn.; mais, d'après une note de Sonnini sur l'hirondelle salangane, *hirundo esculenta*, Linn., ce seroit à cette dernière espèce que le nom de *layong-layong*, bien semblable au précédent, seroit donné, à Sumatra. (CH. D.)

LAYE (*Mamm.*), nom françois de la femelle du sanglier. (F. C.)

LAYETTE. (*Ornith.*) Voyez LAVETTE. (CH. D.)

LAZAROLA (*Bot.*), nom portugais de l'azerolier, *cratægus azarolus*, selon M. Vandelli. (J.)

LAZELAZE (*Bot.*), nom du nénuphar blanc, à Madagascar, cité par Flacourt. (J.)

LAZULITE (*Min.*); vulgairement LAPIS ou LAPIS LAZULI. La belle couleur bleue de ce minéral est son caractère le plus saillant; c'est elle qui en fait toute la valeur, et s'il existe du lapis blanchâtre ou grisâtre, il est encore inconnu aux minéralogistes qui n'ont pu étudier jusqu'à présent que le lazulite du commerce. Ce lazulite, choisi sur place pour le service des arts, se présente en masses plus ou moins pures, généralement d'un petit volume, d'une contexture grenue, imparfaitement lamelleuse, d'une couleur qui passe du bleu céleste au bleu barbeau, et au bleu d'indigo pourpré. Le lazulite, proprement dit, est ordinairement disséminé dans une roche composée de plusieurs substances étrangères lamelleuses, parmi lesquelles on a cru distinguer du lazulite blanc ; des pyrites de fer d'un jaune d'or sont toujours parsemées dans le lapis, et contribuent à en relever l'éclat ; ces pyrites furent prises pour des paillettes d'or. Dans le commerce cette roche, plus ou moins riche en lazulite, porte le nom de *lapis*, quoiqu'elle n'en contienne souvent que le tiers ou le quart de sa masse : c'est ce plus ou moins grand degré de richesse qui constitue les différentes qualités de cette pierre aux yeux des amateurs et des artistes.

Le lazulite, proprement dit, bleu, pur et isolé, est presque transparent sur les bords ; il est fragile et susceptible néanmoins de rayer le verre ; sa cassure est grenue, et quelquefois lamelleuse. Ce minéral cristallise en dodécaèdre à faces rhombes, forme qui fut déterminée, pour la première fois, par M. Lhermina, sur du lazulite apporté de Sibérie. Ces cristaux sont très-rares dans les collections, parce que les minéralogistes n'ont point encore visité cette substance sur place ; cependant l'on en cite plusieurs, entre autres, celui du cabinet particulier du Roi de France, qui a appartenu à Guyton. L'on en voit encore deux autres dans ce même Musée minéralogique : l'un fait le passage du lazulite bleu au lazulite blanc, et l'autre se fait remarquer aussi par sa forme prismatique hexaèdre, qui provient de l'alongement des faces du dodécaèdre ; accident que nous avons déjà cité en décrivant les variétés de forme du grenat.

Exposé au feu du chalumeau, le lazulite bleu se décolore, se change d'abord en un émail gris, et puis en émail blanc ; grillé et jeté dans les acides minéraux, il y forme une gelée assez épaisse, et sa pesanteur spécifique varie, avec son degré de pureté, entre 2.76 et 2,96.

MM. Clément et Désorme, qui se sont particulièrement occupés de cette belle substance minérale, sous le rapport de ses principes constituans, et particulièrement sous celui de la couleur riche et précieuse qu'elle renferme, l'ont trouvée composée de

<pre>
          Silice...................... 28,2
          Alumine..................... 37,1
          Soude....................... 24,7
</pre>

25.   25

abstraction faite d'une perte constante assez considérable, et de plusieurs principes provenant évidemment des substances avec lesquelles le lazulite est toujours associé (1).

Klaproth, qui a fait aussi l'analyse du lazulite, et dont on connoît l'extrême exactitude, n'a pas trouvé un atome de soude, tandis que Marcgrave n'annonce point avoir reconnu d'alumine dans l'analyse qu'il a faite aussi du lazulite, en sorte que cette divergence, dans les résultats des travaux de ces chimistes, jointe à l'absence absolue du principe colorant qui doit produire le bleu magnifique de l'outremer, nous font vivement désirer un nouveau travail sur ce minéral rare et précieux. Guyton pensoit que le lazulite étoit coloré par un sulfure de fer bleu, il avoit même annoncé que l'on pourroit peut-être imiter cette pierre, en combinant un sulfure de fer artificiel avec des terres (2). J'ignore jusqu'à quel point cette opinion peut être fondée.

Nous ne connoissons point encore les lieux précis d'où l'on extrait la quantité assez considérable de lazulite que l'on importe annuellement en Europe. On cite vaguement l'Inde, la Perse et la Chine, mais l'on s'accorde assez généralement à indiquer la grande Bukharie comme l'une des contrées les plus riches en ce genre; on dit aussi que l'île de *Hainon*, dans la mer de Chine, fournit tout celui qu'on emploie en peinture dans ce vaste empire, où les couleurs vives et durables sont justement appréciées. L'on sait aussi, d'après Laxmann, qu'il s'est trouvé du lazulite sur les bords du lac Baïkal en Sibérie, mais non pas en place, et seulement en blocs roulés.

Parmi les substances qui sont le plus constamment associées au lazulite du commerce, nous citerons le sulfure de fer jaune, le mica doré et argentin, le quarz, la chaux carbonatée, la chaux sulfatée, quelquefois le grenat, et presque toujours une substance qui ressemble au felspath, et dans laquelle plusieurs minéralogistes ont cru reconnoître le lazulite blanc. Patrin rapporte, sur le témoignage d'un marchand qui avoit visité l'exploitation du lapis de la grande Bukharie, que le lazulite de cette contrée est disséminé dans un granite gris, qu'il n'y forme point de filons, mais seulement de petites masses plus ou moins

------

(1) Ann. de Chim., tom. LVII.

(2) IDEM, tom. XXXIV, pag. 34.

pures, dont les plus grosses atteignent rarement le volume de
la tête. Ces détails s'accordent assez bien avec la plupart des
substances que nous avons citées plus haut, comme accompa-
gnant ordinairement cette substance encore inconnue dans les
montagnes européennes.

Le plus beau lazulite est réservé pour la gravure, la bijouterie et la mosaïque de Florence. Celui qui est moins riche en
couleur sert à la décoration des appartemens du plus grand
luxe. On cite en ce genre les salles du palais d'Orloff, à Pétersbourg, qui, suivant Patrin, sont incrustées en entier avec le
lazulite de la grande Bukharie.

Les anciens ont connu et travaillé notre lazulite, puisqu'il
nous reste un grand nombre de gravures antiques exécutées en
creux ou en relief sur cette belle matière; mais il paroît qu'ils
ont ignoré ce qui en fait aujourd'hui le plus grand mérite, et
qu'ils n'en ont jamais extrait cette magnifique couleur bleue
que l'on nomme *outremer :* c'est en effet beaucoup plutôt sous
ce point de vue que sous celui de la bijouterie que l'on recherche actuellement le lazulite. L'on s'est assuré que les différentes couleurs bleues, employées par les anciens dans leurs
peintures à fresques ou dans la décoration de leurs plus belles
momies, n'avoient rien de commun avec l'outremer; ce sont
de simples frittes colorées par le cuivre ou par le cobalt.

L'outremer, qui est si recherché par son brillant éclat, et
surtout par son inaltérabilité, s'extrait du lazulite par une
opération chimique que l'on compare à une sorte de savonnage.
Il n'entre point dans notre sujet de donner ici tous les détails
de cette opération ; nous dirons seulement que l'on pulvérise
le lazulite après l'avoir grillé et plongé à plusieurs reprises
dans du vinaigre ou de l'alcool, que l'on pétrit cette poudre
de lapis à chaud avec un mastic composé de poix, de cire et
d'huile de lin, que l'on broie cette pâte sous l'eau tiéde, qui ne
tarde point à se colorer en bleu ; l'on décante cette eau qui
dépose l'outremer de première qualité, et l'on continue ainsi
jusqu'à ce que l'eau ne dépose plus qu'une poudre gris de lin,
que l'on nomme cendre d'outremer. L'outremer de première
qualité se vend 125 fr. l'once.

Il ne faut point confondre le *lazulite outremer* avec le *lazulite*
du *Vésuve,* qui est un minéral particulier (voyez HAUYNE),

.et le *Lazulite de Werner* ou *de Klaproth*, décrit plus haut à l'article Klaprothite. (P. Brard.)

LÉACHIE, *Leachia.* (Bot.) [*Corymbifères*, Juss.=*Syngénésie polygamie frustranée*, Linn.] Ce genre de plantes, que nous dédions au savant naturaliste, M. Leach, l'un des rédacteurs de ce Dictionnaire, appartient à l'ordre des synanthérées, à la tribu naturelle des hélianthées, et à notre section des hélianthées-coréopsidées. Voici les caractères du genre *Leachia*, tels que nous les avons observés sur deux des trois espèces que nous lui attribuons.

Calathide radiée : disque multiflore, régulariflore, androgyniflore ; couronne unisériée, octoflore, liguliflore, neutriflore. Péricline double : l'extérieur un peu plus court, involucriforme, étalé, plécolépide, formé de squames subunisériées, à peu près égales, entre-greffées à la base, ovales-oblongues ou lancéolées, obtuses, coriaces-foliacées; l'intérieur, ou vrai péricline, supérieur aux fleurs du disque, campanulé, plécolépide, formé de squames égales, subunisériées, entre-greffées à la base, appliquées, larges, ovales-lancéolées, colorées, rayées, coriaces à la base, membraneuses sur les bords. Clinanthe hémisphérique, garni de squamelles supérieures aux fleurs, longues, étroites, linéaires, élargies à la base, obtuses au sommet, membraneuses, colorées. Ovaires obcomprimés, obovoïdes, arqués en dedans, glabres; surmontés d'une aigrette de deux squamellules rudimentaires, opposées, latérales, continues à l'ovaire, très-courtes, larges, épaisses, informes, charnues, irrégulièrement barbellulées, à barbellules dirigées de bas en haut. Fruits mûrs très-obcomprimés, arrondis, presque orbiculaires, arqués en dedans, pourvus sur chaque côté d'une bordure cartilagineuse irrégulièrement découpée, qui s'est développée depuis la fleuraison ; face extérieure du fruit, lisse; face intérieure parsemée de petits tubercules, et portant à la base et au sommet une grosse tubérosité charnue ; la petite aigrette tout-à-fait évanouie. Fleurs de la couronne à faux ovaire long, inovulé, à style nul, à languette grande, large, cunéiforme, comme tronquée au sommet qui est découpé en plus de trois dents grandes et inégales.

Léachie lancéolée : *Leachia lanceolata*, H. Cass.; *Coreopsis lanceolata*, Linn., *Sp. pl.*, edit. 3, p. 1283. C'est une plante herbacée, à tiges dressées, hautes de près de trois pieds, cylindriques, striées, glabres ou un peu pubescentes; les feuilles sont opposées, presque sessiles, connées à la base, longues de trois pouces et demi, larges d'un pouce, lancéolées, toutes indivises, simples, très-entières, épaisses, un peu coriaces, d'un vert foncé en dessus, plus pâles en dessous, un peu scabres sur les bords, un peu ciliées à la base; les calathides, larges d'un à deux pouces, et composées de fleurs jaunes un peu odorantes, sont solitaires au sommet de longs pédoncules terminaux, nus, grêles et roides. Cette espèce est, dit-on, bisannuelle, et habite la Caroline. Nous avons fait sa description sur un individu vivant, cultivé au Jardin du Roi, où il fleurissoit au mois d'août; aucune de ses feuilles n'étoit divisée en trois folioles, comme dans la léachie tréflée.

LÉACHIE A FEUILLES ÉPAISSES ; *Leachia crassifolia*, H. Cass.; *Coreopsis crassifolia*, Pers., *Syn. pl.*, pars 2, pag. 478. Cette espèce, que nous n'avons point vue, habite le même pays que la précédente, dont, suivant Michaux, elle ne seroit qu'une variété. Cependant elle en diffère par sa racine vivace, et par ses feuilles obovales-oblongues et pubescentes.

LÉACHIE TRÉFLÉE : *Leachia trifoliata*, H. Cass.; *Coreopsoides lanceolata*, Mœnch, *Methodus*, pag. 594; *Coreopsis auriculata*, Linn., *Sp. pl.*, edit. 3, p. 1282. Plante herbacée, glabre; tige dressée, haute de deux pieds, rameuse, striée; feuilles opposées, connées, inégales et dissemblables : les unes plus petites, presque sessiles, très-simples, très-entières, lancéolées; les autres plus grandes, à pétiole laminé, linéaire, et à limbe divisé en trois folioles lancéolées, très-entières, dont celle du milieu est la plus grande ; calathides larges de vingt lignes, solitaires au sommet de longs rameaux pédonculiformes, terminaux, simples et nus; disque et couronne jaunes. Cette espèce est vivace, et habite les montagnes de la Virginie et de la Caroline. Nous l'avons décrite sur un individu vivant, cultivé au Jardin du Roi, où il fleurissoit en septembre.

Les léachies sont de belles plantes qui méritent d'autant plus d'orner nos grands parterres, qu'elles sont assez rustiques, vivent en pleine terre, et s'accommodent de presque tous les terrains. Il est bon cependant de les garantir durant l'hiver des fortes gelées et de la trop grande humidité.

Ces plantes étoient attribuées par Linnæus à son genre *Coreopsis*, dont notre *leachia lanceolata* paroit même avoir été le premier type. Mœnch a formé de l'une d'elles son genre *Coreopsoides*, qu'il a mal caractérisé, et qu'il n'a distingué du *coreopsis* que par la forme des fruits. Ce botaniste nous paroit aussi avoir pris le *coreopsis auriculata* de Linnæus pour le *coreopsis lanceolata* du même auteur. Malgré tout cela, nous aurions conservé au genre dont il s'agit le nom que Mœnch lui avoit donné, si tous les botanistes modernes ne respectoient pas l'arrêt bien ou mal fondé, par lequel Linnæus a proscrit les noms génériques terminés en *oides*.

Le genre *Leachia*, bien distinct de tout autre, est immédiatement voisin du *coreopsis*, dont il diffère : 1.° par les caractères remarquables de ses fruits; 2.° par ses deux périclines qui sont l'un et l'autre plécolépides, c'est-à-dire formés de squames entre-greffées à la base; 3.° par les languettes de sa couronne, lesquelles sont cunéiformes, et très-larges au sommet qui est comme tronqué et multidenté ; 4.° par son clinanthe hémisphérique. Il est impossible de confondre le *leachia* avec le *cosmos*, qui en diffère par la forme de ses fruits et par leur aigrette barbellée à rebours. On pourroit croire que le *leachia* se rapproche davantage du *georgina* ou *dahlia*, auquel les botanistes attribuent un péricline plécolépide : mais nous avons démontré (tom. XVIII, pag. 441) que ce prétendu caractère du péricline des *georgina* est absolument faux, que les trois différences par lesquelles on distingue génériquement le *georgina* du *coreopsis* n'existent point, et que le *georgina* n'est réellement qu'une espèce très-notable du genre *Coreopsis*. Il n'y auroit qu'un moyen légitime de conserver le genre *Georgina* : ce seroit de restituer à nos *leachia* le nom générique de *coreopsis* qui leur demeureroit exclusivement affecté ; et de consacrer le nom de *georgina* à notre genre *Coreopsis*, composé de plusieurs espèces que les botanistes ont attribuées les unes au genre *Coreopsis*, les autres au genre *Georgina*.

Le genre *Chrysanthellum* appartient, comme le *leachia*, au groupe naturel des hélianthées-coréopsidées. Nous l'avons fort mal décrit dans ce Dictionnaire (tom. IX, pag. 150), parce qu'à l'époque où nous avons rédigé l'article qui le concerne, nous n'avions point encore observé ce genre. Mais, depuis, nous avons soigneusement étudié deux espèces de *chrysanthellum*, ce qui nous procure le moyen de profiter de l'occasion qui se présente pour rectifier et compléter l'article imparfait dont il s'agit.

Il nous paroît indispensable de modifier un peu la terminaison du nom de ce genre, qui ne diffère pas assez de celui du *chrysanthemum* ; en conséquence, nous proposons de nommer *chrysanthellina* le genre qui nous a offert les caractères suivans.

Calathide courtement radiée : disque pauciflore, régulariflore, androgyni-masculiflore ; couronne subunisériée, liguliflore, féminiflore. Péricline double : l'extérieur souvent peu distinct de l'interieur, mais plus court, formé d'environ cinq squames unisériées, distantes, à peu près égales, appliquées, oblongues, étroites, vertes, membraneuses sur les bords ; l'intérieur un peu supérieur aux fleurs du disque et subcampanulé, formé d'environ dix squames uni-bisériées, à peu près égales, appliquées, très-larges, oblongues, colorées, rayées, membraneuses sur les bords. Clinanthe plan, garni de squamelles à peu près égales aux fleurs, étroites, linéaires, planes, plurinervées, colorées, submembraneuses. Fruits extérieurs oblongs, subcylindracés, épaissis de bas en haut, striés longitudinalement, comme tronqués au sommet, qui est surmonté d'un gros col très-court, inaigretté, occupant le centre de la troncature. Fruits intermédiaires oblongs, obcomprimés, munis sur chaque côté d'une bordure épaisse, cartilagineuse, un peu sinuée, privés de col et d'aigrette, mais surmontés à droite et à gauche de deux petites bosses plus ou moins manifestes qui produisent une échancrure au milieu. Fruits du centre stériles, longs, grêles, linéaires, membraneux. Corolles de la couronne à tube très-court, à languette oblongue, munie de deux grosses nervures, et bilobée au sommet. Corolles du disque à tube court, à limbe long, large, cylindracé, à quatre ou cinq divisions courtes. Stigmatophores longs, hispides.

Chrysanthellina fasciculata, H. Cass. Plante herbacée, glabre, inodore ; tiges entièrement couchées sur la terre, mais sans radication, droites, peu rameuses, longues d'environ sept pouces, épaisses, roides, cylindriques, striées, un peu rougeâtres ; feuilles alternes, un peu épaisses, surtout sur les bords, vertes en dessus, glauques en dessous, ponctuées, à nervures très-réticulées, le milieu des mailles transparent et comme sans parenchyme; les feuilles radicales longues de plus de trois pouces, larges de plus d'un pouce; composées d'un pétiole long, demi-cylindrique, canaliculé, strié, un peu bordé; et d'un limbe très-profondément pinnatifide, à cinq divisions, les deux inférieures opposées et très-éloignées des trois autres qui sont un peu confluentes; chaque division oblongue-lancéolée, obovale ou cunéiforme, plus ou moins profondément découpée sur les bords de sa partie supérieure en lobes ou dents oblongues, surmontées chacune d'une petite pointe blanche; les feuilles caulinaires semblables aux radicales, mais plus petites; l'extrémité de chaque tige porte une sorte de faisceau composé: 1.° de deux ou trois feuilles opposées ou verticillées, 2.° d'un ou plusieurs rameaux nés entre les feuilles, 3.° d'un ou plusieurs pédoncules nés entre les rameaux, striés, longs de quinze lignes, ordinairement pourvus d'une bractée linéaire, et terminés par une calathide haute de deux lignes, composée de fleurs jaunes; corolles du disque à quatre divisions; anthères brunes. Nous avons fait cette description sur un individu vivant, cultivé au Jardin du Roi, où il fleurissoit au mois d'août, et où il avoit été reçu sous le nom d'*eclipta aurea*; nous ignorons son origine.

Chrysanthellina gracilis, H. Cass. Plante herbacée, glabre; tige grêle, striée, rameuse; feuilles alternes, longues d'environ dix lignes, larges d'environ trois lignes, variables, la plupart oblongues-lancéolées, étrécies inférieurement en pétiole, plus ou moins profondément dentées, lobées, ou presque pinnatifides, à sinus un peu arrondis, à lobes étroits, oblongs, très-entiers, arrondis au sommet qui est surmonté d'une petite pointe; la face inférieure blanchâtre, les nervures réticulées d'une manière remarquable, les bords circonscrits par une sorte de nervure; calathides hautes d'une ligne et demie, solitaires au sommet de la tige et de rameaux très-longs, grêles, pédonculiformes, presque nus, ou pourvus seulement d'une petite feuille linéaire, bractéiforme; corolles jaunes; celles du disque à cinq divisions. Nous avons fait cette description sur un échantillon sec, incomplet et en mauvais état.

Chrysanthellina Swartzii, H. Cass.; *Verbesina mutica*, Swartz,

Obs. Bot., pag. 314; *Chrysanthellum procumbens*, Pers., *Syn. pl.*, pars 2, pag. 471. Cette plante, que nous n'avons point vue, mais qui a été soigneusement décrite par Swartz, dans ses *Observationes Botanicæ*, nous paroît être une espèce distincte des deux précédentes. (H. Cass.)

LEÆBA. (*Bot.*) Ce genre de plantes, fait par Forskal dans son *Flor. Ægypt. Arab.*, avoit été placé par nous dans l'ordre naturel, à côté du *menispermum*. M. Decandolle, ayant détaché de ce dernier genre beaucoup d'espèces sous le nom de *coculus*, leur a associé la plante de Forskal. Voyez LÆBACH. (J.)

LEANGIUM. (*Bot.*) Ce genre de la famille des champignons, établi par Link, a été réuni ensuite par lui au genre *Didymium* qui diffère très-peu du *diderma* auquel nous l'avons joint. Les *diderma floriforme* et *stellare* sont les espèces que Link rapportoit à son *leangium*. Nous avons fait connoître la première de ces deux espèces à l'article DIDERMA. Elles ont toutes deux un peridium composé d'une enveloppe double. Link avoit d'abord cru qu'il étoit simple; c'est pourquoi il avoit jugé nécessaire de séparer ces deux plantes de leur genre.

Cependant Nées, Ehrenberg et quelques autres botanistes conservent le genre *Leangium* qui, quoique réuni au *didymium* par Link, offre une espèce, le *leangium physaroides*, munie d'un peridium simple et de graines portées sur une columelle; mais cette dernière peut être considérée comme l'enveloppe interne, ainsi qu'on l'a fait pour d'autres plantes de cette même famille, et alors, l'analogie de cette espèce avec les deux précédentes étant établie, il est évident qu'elle doit rentrer dans le même genre. (LEM.)

LEARD. (*Bot.*) On donne ce nom, dans l'Anjou, au peuplier noir. (L. D.)

LEATHER-WOOD. (*Bot.*) Dans l'Amérique septentrionale, suivant Clayton cité par Gronovius, ce nom est donné au *dirca*, genre de la famille des thymelées. (J.)

LEBAKH. (*Bot.*) Suivant M. Delile, ce nom est donné, dans l'Egypte, à son genre *Balanites*, qui étoit le *ximenia ægyptiaca* de Linnæus, le *myrobalanus chebulus* de Vesling, un des cinq mirobolans connus dans les pharmacies. (J.)

LEBBÆJDE, LEBBÆJN, MELÆBENE. (*Bot.*) Forskal cite

ces noms arabes pour son *euphorbia granulata;* un autre *melæbene* est son *euphorbia decumbens.* (J.)

LEBBEK (*Bot.*), nom arabe d'une espèce d'acacia, *acacia lebbeck.* Elle est nommée *læbach* par Forskal. (J.)

LEBECKIA. (*Bot.*) Ce genre, établi par Thunberg, a été séparé des *spartium* et des *genista* pour les espèces pourvues d'une gousse cylindrique et polysperme, et dont le calice est à cinq divisions aiguës. Les espèces que Thunberg y rapporte sont toutes originaires du cap de Bonne-Espérance. Voyez GENÊT. (Poir.)

LEBEN ELHOMARAH. (*Bot.*) Nom arabe, signifiant lait d'ânesse, donné, suivant M. Delile, au *pergularia tomentosa,* que Forskal nommoit *asclepias cordata.* C'étoit, selon lui, le *dæmia* des Arabes, prononcé *dymyeh* par M. Delile. (J.)

LÉBÉRIS (*Erpétol.*), nom spécifique d'une vipère du Canada. Voyez Vipère. (H. C.)

LÉBÉTINE, *Lebetina.* (*Bot.*) [*Corymbifères,* Juss. = *Syngénésie polygamie superflue,* Linn.] Ce nouveau genre de plantes, que nous proposons, appartient à l'ordre des synanthérées, et à notre tribu naturelle des tagétinées, dans laquelle il est voisin des genres *Bæbera* ou *Dyssodia, Clomenocoma* et *Hymenatherum.* Voici les caractères génériques du *lebetina.*

Calathide courtement radiée : disque multiflore, obringentiflore, androgyniflore ; couronne unisériée, duodécimflore, liguliflore, féminiflore. Péricline double ou involucré : péricline extérieur, ou involucre, un peu plus court que l'intérieur, composé d'environ douze bractées subunisériées, à peu près égales, dressées, linéaires-subulées, pinnatifides, portant une glande oblongue sur la nervure, vers le milieu de la hauteur, à divisions subulées, terminées par une sorte d'épine molle ; péricline intérieur, ou vrai péricline, un peu inférieur aux fleurs du disque, subcylindracé, un peu élargi de bas en haut, plécolépide, formé d'environ vingt squames unisériées, égales, entre-greffées inférieurement, libres supérieurement, appliquées, subcoriaces, à partie inférieure oblongue, greffée par ses bords avec les squames voisines, à partie supérieure libre, lancéolée, pourvue de quelques glandes larges, elliptiques, et munie sur le dos, au-dessous du sommet, d'une protubérance corniforme. Clinanthe hémisphérique ou conoïdal, alvéolé, à cloisons prolongées en fimbrilles peu nombreuses, courtes, épaisses, charnues, subulées. Ovaires longs, subcylindracés, striés, parsemés de poils très-courts; aigrette double : l'extérieure courte, composée d'environ dix squamellules unisériées, égales, paléiformes, oblongues-spatulées; l'intérieure longue, composée d'environ dix squamellules unisériées, à partie inférieure plus courte, paléiforme, cunéiforme, à partie supérieure divisée irrégulièrement en lanières nombreuses, inégales, filiformes, barbellulées. Corolles de la couronne à tube long, à languette elliptique, entière, multinervée. Corolles du disque obringentes, à cinq divisions, surmontées chacune d'une grosse corne comprimée; les deux incisions formant la division extérieure, beaucoup plus profondes que les trois autres. Styles de tagétinée.

Nous ne pouvons jusqu'à présent attribuer avec certitude à ce genre que l'espèce suivante.

Lébétine grillée; *Lebetina cancellata*, H. Cass. C'est une plante herbacée, glabre, à odeur de *tagetes*. Sa tige, haute d'environ deux pieds, est dressée, rameuse, anguleuse. Les feuilles sont éparses, alternes, sessiles, inégales, longues d'environ seize lignes, larges d'environ huit lignes, un peu glauques, analogues à celles du seneçon, profondément pinnatifides, comme lyrées, à divisions oblongues, profondément dentées, chaque dent surmontée d'un très-long poil blanc; les divisions supérieures sont graduellement plus grandes que les inférieures, et la division terminale est élargie de bas en haut; la côte moyenne de la feuille, très-saillante en dessous en forme de carène, est plane et un peu pubescente en dessus; il y a une large glande elliptique, transparente, à la base de chaque sinus, et une au sommet de chaque division. Les calathides sont solitaires au sommet de la tige et des rameaux, dont la partie supérieure, imitant un pédoncule feuillé, est longue, simple, dressée, garnie de très-petites feuilles bractéiformes; celles-ci sont courtes, étroites, linéaires-subulées, pinnatifides, comme pectinées, portant une glande oblongue sur la nervure, vers le milieu de la hauteur, à lanières linéaires-subulées, prolongées au sommet en un gros et long poil blanc. Chaque calathide a six lignes de hauteur et autant de largeur; les corolles sont jaunes; le péricline extérieur involucriforme, composé de bractées semblables à celles qui garnissent le pédoncule, est assez analogue à l'involucre de l'*atractylis cancellata*, et imite comme lui une sorte de grillage ; les squames du péricline intérieur atteignent tout au plus le sommet du tube des corolles radiantes, et les bords de leur partie apicilaire sont un peu membraneux et un peu frangés ; la couronne est composée de douze fleurs, dont la languette est étalée horizontalement, un peu arquée, longue de près de deux lignes, large de plus d'une demi-ligne.

Nous avons fait cette description spécifique, et celle des caractères génériques, sur un individu vivant, cultivé au Jardin du Roi, où il étoit innommé, et où il fleurissoit en août et septembre ; nous ignorons son origine.

M. Lagasca, qui a fait une étude spéciale du genre *Dyssodia*, lui attribue pour caractères (*Gen. et Sp. pl.*, pag. 29), deux périclines composés chacun de huit pièces libres, et une aigrette de squamellules divisées en plusieurs lanières sétacées, denticulées. On ne peut donc pas rapporter à ce genre notre plante, qui a le péricline extérieur composé d'au moins douze bractées, le péricline intérieur composé d'au moins vingt squames entregreffées en leur moitié inférieure, et deux aigrettes, dont l'extérieure, beaucoup plus courte, est composée de squamellules paléiformes indivises. Mais pour comparer plus exactement les deux genres *Dyssodia* et *Lebetina*, nous allons décrire les caractères génériques que nous avons observés sur un échantillon sec du *dyssodia chrysanthemoides*, Lag., qui est le type du genre *Dyssodia* ou *Bœbera*.

Calathide courtement radiée : disque pluriflore, régulariflore, androgyniflore ; couronne unisériée, pauciflore, liguliflore, féminiflore. Péricline double : l'extérieur plus court, involucriforme, composé de huit bractées unisériées, à peu près égales, probablement inappliquées, linéaires-oblongues, foliacées, uninervées, glandulifères, bordées de poils ; péricline intérieur égal aux fleurs du disque, subcylindracé, formé de huit squames unisériées, égales, libres d'un bout à l'autre, ou entre-greffées seulement tout près de la base, appliquées, larges, ovales-oblongues, coriaces, glandulifères, à bords membraneux. Clinanthe plan, fovéolé. Ovaires oblongs, très-hispides ; aigrette simple, formée d'environ douze squamellules unisériées, semblables, laminées-paléiformes, linéaires, ayant leur partie supérieure et les deux côtés de leur partie inférieure irrégulièrement divisés en plusieurs lanières inégales, filiformes, barbellulées. Corolles de la couronne à languette courte, large, tridentée. Corolles du disque régulières ou subrégulières, à cinq divisions courtes, sans corne, formées par des incisions peu profondes, égales ou à peu près égales. Styles de tagétinée, à stigmatophores libres.

En comparant nos descriptions génériques du *lebetina* et du *dyssodia*, on reconnoît entre ces deux genres les différences suivantes : 1.º Le péricline extérieur du *lebetina* est composé d'environ douze bractées pinnatifides ; celui du *dyssodia* est composé de huit bractées entières ; 2.º le péricline intérieur du *lebetina* est formé d'environ vingt squames étroites, entregreffées depuis la base jusqu'à peu près la moitié de leur hauteur, et portant une corne dorsale sous-apicilaire ; celui du *dyssodia* est formé de huit squames larges, libres d'un bout à l'autre, ou entre-greffées seulement tout près de la base, et dépourvues de corne ; 3.º le clinanthe du *lebetina* est hémisphérique ou conoïdal ; celui du *dyssodia* est plan ; 4.º l'aigrette du *lebetina* est double, et l'extérieure beaucoup plus courte est composée de squamellules paléiformes, indivises, très-différentes de celles qui composent l'aigrette intérieure ; le *dyssodia* n'a qu'une aigrette simple, unisériée, analogue à l'aigrette intérieure du *lebetina*, et composée de squamellules égales et uniformes ; 5.º les corolles du disque du *lebetina* sont obringentes, comme celles des carduinées, c'est-à-dire que les deux incisions formant la division extérieure sont beaucoup plus profondes que les trois autres, et chaque division est surmontée d'une corne ; les corolles du disque, chez le *dyssodia*, sont régulières ou subrégulières, c'est-à-dire à incisions égales ou à peu près égales, et il n'y a point de corne au sommet de chaque division.

Les genres *Clomenocoma* et *Hymenatherum* s'éloignant davantage du *lebetina*, il est inutile que nous les comparions avec lui ; d'autant plus que le lecteur pourra, s'il le désire, faire lui-même facilement cette comparaison, en recourant à nos articles CLOMENOCOMA, tom. IX, pag. 416, et HYMÉNATHÈRE, tom. XXII, pag. 513.

Les *dyssodia porophylla*, *coccinea*, et *Cavanillesii*, de M. Lagasca, paroissent avoir plus ou moins d'affinité avec notre
plante ; et ces trois espèces, que nous n'avons point vues, appartiennent peut-être au genre *Lebetina*.

Suivant M. Kunth (*Nov. Gen. et Sp. pl.*, edit. in-4.°, tom. IV,
p. 198), la *dyssodia porophylla*, qu'il nomme *bæbera porophyllum*,
a le péricline composé de pièces nombreuses, dont les extérieures sont pinnatifides-ciliées, et l'aigrette composée de vingt
squamellules ; ce qui s'accorde bien avec les caractères du *lebetina* ; mais il ajoute que ces vingt squamellules sont toutes égales,
uniformes, longues, à trois divisions subdivisées en lanières
piliformes. M. Lagasca attribue au *dyssodia porophylla* une couronne composée de languettes qui dépassent à peine le péricline, et même il admet une variété privée de couronne. Notre
plante est bien plus manifestement radiée : car les squames du
péricline intérieur atteignent tout au plus le sommet du tube
des corolles radiantes, dont la languette est étalée horizontalement et longue de près de deux lignes.

La *dyssodia coccinea* ressemble beaucoup, selon M. Lagasca,
à la *dyssodia porophylla* ; mais les languettes de la couronne
surpassent le péricline, comme chez la *lebetina*. Cependant le
nom spécifique de *coccinea* indique que les fleurs sont d'une
couleur écarlate, ce qui suffit pour prouver que notre plante
à fleurs jaunes n'est point celle de M. Lagasca.

Enfin, la *dyssodia Cavanillesii* semble se rapprocher du genre
Lebetina, par la structure de son aigrette, que M. Lagasca dit
être double : l'extérieure courte, composée de cinq à sept squamellules paléiformes, petites, tronquées ; l'intérieure longue,
composée de cinq à sept squamellules alternes avec les extérieures, lancéolées-subulées, et ordinairement divisées en
trois lanières sétacées. Les botanistes qui avoient fait de cette
espèce un genre, nommé tantôt *Willdenowia*, tantôt *Schlech-
tendalia*, tantôt *Adenophyllum*, lui attribuoient pour caractères, les corolles du disque à six, sept ou huit divisions, et les
styles à trois stigmatophores. Quoique nous n'eussions point vu
cette plante, nous ne craignîmes pas de dire, dans notre article ADENOPHYLLUM (tom. I, Suppl., pag. 58) : « Les trois
« branches du style et les six à huit lobes de la corolle ne
« doivent être attribués qu'à une monstruosité, que nous avons

« observée quelquefois chez les *tagetes* et les *zinnia*: ces nombres
« insolites ne sont donc pas des caractères. » Notre assertion
fondée seulement alors sur les lois de l'analogie, s'est trouvée
depuis confirmée par les observations de M. Lagasca, qui a vu,
sur un échantillon provenant d'un individu cultivé, les corolles
du disque à six, sept ou huit divisions, et les styles à trois stigmatophores; et sur des échantillons apportés du Mexique, toutes
les corolles du disque à cinq divisions, et les styles constamment à deux stigmatophores.

Les remarques précédentes prouvent que notre *lebetina cancellata* est une plante bien distincte des *Dyssodia porophylla*,
coccinea et *Cavanillesii*. Mais les descriptions incomplètes, su-
perficielles et peu concordantes, que les botanistes ont faites
des caractères génériques de ces trois dernières, sont insuffisantes pour nous décider à les attribuer au genre *Dyssodia*, ou
au genre *Lebetina*, ou à les considérer comme formant un genre
distinct de l'un et de l'autre, et intermédiaire entre les deux.

Le nom générique de *lebetina*, dérivé du mot latin *lebes*, qui
signifie chaudron, fait allusion à la forme du péricline intérieur, qui n'imite pas mal un vase de cette sorte.

Il y a une analogie assez remarquable entre le péricline intérieur et la corolle staminée du *lebetina* : l'un et l'autre semblent en apparence formés d'une seule pièce tubuleuse qui seroit
divisée supérieurement en plusieurs lanières portant chacune
une corne dorsale sous-apicilaire; et comme il est indubitable
que ce péricline est formé de plusieurs pièces entre-greffées
inférieurement, analogues à des bractées, et par conséquent
à des feuilles, il est bien probable que la corolle dite monopétale est réellement composée de cinq pétales entre-greffés
inférieurement, libres supérieurement, et que ces pétales
sont analogues à des squames, à des bractées, à des feuilles.
(H. Cass.)

LÉBÉTINE (*Erpétol.*), nom spécifique d'une vipère. Voyez
Vipère. (H. C.)

LÉBIAS, *Lebias*. (*Ichthyol.*) M. Cuvier a, sous ce nom, établi un nouveau genre de poissons, qui appartient à sa famille
des cyprins et à celle des cylindrosomes de M. Duméril. Ce
genre a les caractères suivans :

Dents comprimées et tricuspidées à leur bord libre; membrane branchiostège à cinq rayons ; corps aplati ; tête déprimée, écailleuse ; bouche petite ; nageoire dorsale unique et courte ; prunelle simple.

Les lebias, d'après cela, sont faciles à distinguer des Pœcilies et des Misgurnes, qui n'ont que trois rayons à la membrane des branchies, et dont les dents ne sont point tricuspidées ; des Cyprinodons, qui ont quatre de ces rayons ; des Amies, dont la nageoire dorsale est longue ; des Anableps, qui ont aux yeux une double prunelle ; des Triptéronotes, qui ont trois nageoires dorsales ; des Colubrines et des Ompolkes, qui n'en ont point. (Voyez ces différens noms de genres et Cylindrosomes.)

Toutes les espèces rapportées à ce genre sont nouvelles ; elles existent dans la collection du Muséum d'Histoire naturelle de Paris, mais on ignore de quel pays elles viennent.

Le Lébias rhomboïdal, *Lebias rhomboidalis.* Corps large, sans taches ; queue presque fourchue ; dos élevé ; nageoires pectorales arrondies ; catopes petits ; nageoire anale plus près de la queue que la dorsale.

Le Lébias rayé, *Lebias fasciata.* Corps cylindrique, un peu comprimé ; nageoire caudale arrondie ; catopes petits.

Ces deux espèces sont décrites dans les Recherches sur les poissons fluviatiles de l'Amérique équinoxiale, par MM. de Humboldt et Valenciennes, qui les ont aussi figurées. (H. C.)

LÉBIE, *Lebia.* (*Entom.*) M. Bonelli a adopté ce nom de genre, établi par M. Latreille, dans la famille des coléoptères créophages. Il comprend les petites espèces de carabes, voisins des *brachyns* et des *dryptes*, par la forme des élytres qui sont peu convexes et comme tronquées à l'extrémité libre, ayant aussi l'abdomen plus large que la tête et le corselet. Tels sont les carabes décrits sous les noms de *crux minor* ; tels sont le bupreste chevalier de Geoffroy, le *cyanocephalus*, qui est le bupreste bleu à corselet rouge, du même auteur, etc. Ce sont de petites espèces fort jolies, très-alertes, qu'on trouve sous les pierres. (C. D.)

LEBLAB (*Bot.*), nom arabe d'un haricot, *phaseolus lablab*, qui est, selon M. Delile, l'*ougoudky* des Nubiens. (J.)

LEBRE (*Mamm.*), nom du lièvre adulte ; et Lebrinho, Lebracho, noms du même animal jeune, en Portugais. (F. C.)

LECANORA. (*Bot.*) Genre de la famille des lichens, établi par Acharius dans sa Lichenographie universelle, et qu'il a conservé dans son *Synopsis lichenum*. Les espèces faisoient auparavant partie des genres *Patellaria*, *Psora* et *Placodium* du même auteur, et des genres *Rhizocarpum* et *Squammaria* de Decandolle. Cette réunion d'un grand nombre de lichens différens jette beaucoup de confusion dans l'étude de la famille des lichens, et, sans discuter ici la valeur des raisons qui ont pu engager l'auteur à l'admettre, nous nous contenterons de faire connoître simplement les caractéres qu'il assigne au *lecanora*, et les coupes principales qu'il admet, nous réservant de faire connoître les espèces les plus remarquables, en traitant des genres que nous venons de citer.

Voici comme il caractérise le *lecanora* : Réceptacle universel ou thallus, crustacé, plan, étalé, adné, uniforme; réceptacle propre, scutelliforme, épais, sessile et adhérent; lame proligère formant le disque, plane-convexe, colorée, recouvrant les apothecium, intérieurement celluleuse et striée, entourée d'un rebord un peu épais, formé par le thallus, de même couleur, presque libre.

I. Thallus adhérent, uniforme. *Rinodina*. (Voyez Patellaria.)

II. Thallus adhérent, irrégulier dans son contour, rayonnant et presque lobé. Placodium. (Voyez ce nom.)

III. Thallus sans figure déterminée, écailleux et imbriqué. *Psoroma*. Voyez Psora. (Lem.)

LECCINO. (*Bot.*) Suivant Micheli, c'est, à Florence, le nom d'une espèce de bolet bon à manger, fauve en dessus, et jaune sale en dessous. Son stipe est de cette dernière couleur et rude ou raboteux. Paulet donne à ce champignon le nom françois de cèpe de couleur fauve et citron, et le considère comme une simple variété du bolet, figuré dans Micheli, pl. 68, fig. 1, qui, d'après Fries, seroit le *boletus edulis* de Bulliard; mais ce n'est pas l'avis de Paulet, qui en fait une espèce particulière.

Le *leccino giallo* est un champignon différent du précédent et par l'espèce, et pour le genre. C'est un agaric colleté, également bon à manger, odorant, à chapeau jaune, ou couleur de safran, porté sur un long stipe cylindrique.

Ces deux champignons croissent au pied des chênes verts, ou *lecci* des Italiens, dont les principaux sont l'yeuse et le chêne-liége. (Lem.)

LECHEA. (*Bot.*) Loureiro a rapporté à ce genre de Linnæus, et sous le nom de *lechea chinensis*, une plante qui paroit s'en éloigner beaucoup et avoir de l'affinité avec le *tradescantia* dans la famille des commélinées. Voyez Léquée. (J.)

LECHENAULTIA. (*Bot.*) Genre de plantes dicotylédones, à fleurs complètes, monopétalées, irrégulières, de la famille des *lobéliacées*, de la *pentandrie monogynie* de Linnæus, offrant pour caractère essentiel : Un calice supérieur; une corolle mono-pétale, tubulée; le tube fendu longitudinalement d'un côté; cinq anthères conniventes; les grains du pollen composés: un ovaire inférieur; un stigmate placé dans le fond d'un godet à deux lèvres : une capsule prismatique, à deux loges, à quatre valves opposées, partagées dans leur milieu par une cloison : les semences cylindriques ou cubiques.

Ce genre comprend des arbustes, quelquefois des herbes, toutes originaires de la Nouvelle-Hollande, dont les feuilles sont simples, étroites, glabres, alternes; les fleurs presque so-litaires, axillaires ou terminales. Les espèces ne sont encore qu'imparfaitement connues.

Lechenaultia filiforme ; *Lechenaultia filiformis*, Rob. Brown, *Prodr. Nov. Holl.*, 1, pag. 581. Plante de la Nouvelle-Hollande, dont les tiges sont herbacées, garnies de feuilles alternes, très-étroites, comprimées, presque filiformes. Le fruit est une capsule à quatre valves peu distinctes, serrées, et adhérentes au sommet : elle renferme des semences cylindriques.

Lechenaultia élégant; *Lechenaultia elegans*, Rob. Brown, l. c. Cette espèce a des tiges ligneuses, garnies de feuilles étroites, glabres, alternes. Les fleurs sont solitaires, inclinées, placées dans l'aisselle des feuilles et dépourvues de bractées; les corolles glabres, à deux lèvres; les valves de la capsule distinctes; les semences cubiques.

Dans le *lechenaultia tubiflora*, Brown, l. c., les feuilles sont subulées, mucronées, transparentes; les fleurs presque ter-minales, solitaires, presque sessiles; la corolle à tube re-courbé; le limbe connivent.

Dans le *lechenaultia extensa*, Brown, l. c., les fleurs sont axillaires, peu nombreuses, réunies en un petit corymbe serré ; les pédicelles munis de deux bractées ; le limbe de la corolle à une seule lèvre ciliée sur ses bords. (Poir.)

LÉCHEPATTE. (*Mamm.*) Buffon dit qu'on a quelquefois donné ce nom au paresseux unau, quoiqu'il n'entre point, dit-il, dans les habitudes de cet animal de se lécher les pattes. (F. C.)

LECHERO. (*Bot.*) Nom de l'*euphorbia cotinifolia* dans l'Amérique près de Cumana, suivant les auteurs de la Flore Equinoxiale. (J.)

LECHETREZNA. (*Bot.*) Clusius cite ce nom espagnol pour son *tithymalus platyphyllos*. (J.)

LECHUZA. (*Ornith.*) L'oiseau qui est ainsi nommé en Espagne, est la petite chouette, *strix passerina*, Linn. (Ch. D.)

LECHYAS. (*Bot.*) Dans le Recueil des Voyages d'Orient par Théodore de Bry, il est question d'un fruit ainsi nommé dans la Chine, ayant la forme d'une prune, mais beaucoup plus estimé. On peut croire que c'est le même que le Lit-chi. Voyez ce mot. (J.)

LECIDEA. (*Bot.*) Ce genre de la famille des lichens, établi par Acharius, est dans le même cas que celui qu'il a désigné par *lecanora*, c'est-à-dire, qu'il est une réunion de nombre d'espèces (plus de cent cinquante) placées auparavant dans d'autres genres, savoir : *Boemyces, Patellaria, Rhizocarpon, Psora*, etc.

L'auteur le caractérise ainsi :

Réceptacle universel, variable, crustacé, étalé, adhérent, uniforme ou sans figure déterminée, foliacé comme de l'étoupe ; réceptacle partiel, scutelliforme, sessile, entièrement enveloppé par une membrane cartilagineuse, contenant un parenchyme un peu solide et similaire dans ses parties ; disque bordé.

I. Thallus crustacé, uniforme. *Catillaria*. (Voyez Patellaria.)

II. Thallus crustacé, sans figure déterminée, ou foliacé. *Lepidoma*. (Voyez Rhizocarpon.)

III. Thallus sans figure déterminée, et comme de l'étoupe. *Crocypia*. Une seule espèce compose cette section ; c'est le *lecidea gossypina*, Ach., ou *lichen gossypinus*, Swartz, qui croît à la Jamaïque.

Nous ferons connoître d'autres espèces de *lecidea*, en traitant des genres *Patellaria*, *Psora* et *Rhizocarpon*, *Squammaria*, etc. (Lem.)

LECISCIUM (*Bot.*), Gært. f., *Carpol.*, tab. 220. Gærtner fils, p. 221, a établi ce genre pour une plante qui paroît très-rapprochée des *chrysophyllum*, mais dont le fruit est un drupe. Voyez Caïmitier. (Poir.)

LECITHUS (*Bot.*), nom grec du pois, suivant Mentzel. (J.)

LECORA. (*Ornith.*) Ce nom italien, qui s'écrit aussi *legornio*, et en sicilien *legora*, désigne le tarin, *fringilla spinus*, Linn. (Ch. D.)

LECRISTICUM (*Bot.*), nom donné par quelques anciens au *vitex agnus castus*, suivant Ruellius et Mentzel. On le retrouve encore dans les mêmes auteurs sous ceux de *lygon*, *semnon* et *tridactylon*. (J.)

LECRISTICUM. (*Bot.*) Ancien nom du gatillier commun. (L. D.)

LECYTHIS ou QUATELÉ, *Lecythis*. (*Bot.*) Genre de plantes dicotylédones, à fleurs complètes, polypétalées, de la famille des *myrtées*, de l'*icosandrie monogynie* de Linnæus, offrant pour caractère essentiel: Un calice à six lobes; une corolle à six pétales; un disque ligulé, dans l'intérieur duquel sont placées les étamines; un ovaire à demi inférieur; un style conique: un stigmate obtus. Le fruit est une capsule ligneuse, operculée, s'ouvrant transversalement à l'opercule, à deux, quatre ou six loges, contenant chacune des semences presque solitaires.

Ce genre est très-remarquable par la forme de ses fruits. Il comprend des arbres ou arbrisseaux à feuilles alternes, originaires des contrées chaudes de l'Amérique. Les fleurs sont disposées en épis axillaires ou terminaux; leur pédoncule muni de bractées.

Lecyhis zabucaie: *Lecythis zabucajo*, Aub., *Guian.*, 2, p. 718, tab. 288; vulgairement Grande marmite de singe. Grand arbre d'environ soixante pieds sur deux et plus de diamètre; le tronc est revêtu d'une écorce gercée et raboteuse; le bois rougeàtre dans le centre, blanc à la circonférence; les bractées étalées, garnies de feuilles alternes, pétiolées, lancéolées, très-entières, oblongues, acuminées, fermes, lisses, d'un vert pâle, longues de dix pouces; les fleurs terminales, disposées en grappes pendantes; le pédoncule épais, garni d'une petite bractée caduque; les six divisions du calice étroites, charnues, rougeâtres, inégales; les pétales épais, élargis, charnus à leur onglet, blancs, d'une belle couleur de rose à leur contour; deux pétales plus grands vers lesquels se portent les étamines, insérées sur les parois internes d'un disque couleur de rose. La capsule est ovale, épaisse, en forme de pot, longue de cinq à huit pouces, divisée en six loges, contenant des amandes oblongues, irrégulières.

Cet arbre croît dans l'intérieur des forêts de la Guiane. Les Indiens emploient son écorce à former des liens pour les fardeaux. Les amandes sont douces, délicates, préférables à celles de l'Europe, selon Aublet. Les oiseaux et les singes en sont très-friands. Les Portugais font, avec les capsules, des boîtes et autres petits ouvrages travaillés au tour. Les Créoles de Cayenne donnent aux fruits le nom de *canari makaque* ou celui de *marmite de singe*.

Le *lecythis idatimon*, Aub., *Guian.*, 2, p. 716, tab. 289, diffère du précédent par ses feuilles plus alongées; par ses grappes de fleurs axillaires et terminales, par ses pétales obtus, par ses pédoncules glanduleux, et par ses fruits beaucoup plus petits, à quatre loges au lieu de six. Il croît dans les forêts désertes de la Guiane.

Lecythis a grandes fleurs: *Lecythis grandiflora*, Aub., *Guian.*, 2, p. 712, t. 283, 284, 285; Lamk., *Ill. gen.*, t. 476. Très-grand arbre dont les rameaux sont étalés, garnis de feuilles ovales-oblongues, un peu ondulées, longues de sept pouces; les fleurs axillaires et terminales, disposées en grappes plus longues que les pétioles; les divisions du calice arrondies, rougeâtres; les pétales obtus, d'un beau rouge, épais et charnus à leur onglet; le disque des étamines rouge, chargé en dessous de petites écailles étroites et pointues. Le fruit est une capsule en forme d'urne, épaisse, ligneuse, haute d'environ sept pouces, large de quatre, arrondie à sa partie inférieure, convexe et terminée en pointe au sommet, munie vers le haut d'un rebord saillant, formé par les impressions du calice, recouverte par un opercule convexe, aigu, prolongé intérieurement en un réceptacle conique et anguleux qui supporte des amandes oblongues, ir-régulières, bonnes à manger. Cette plante croît dans les forêts de la Guiane.

Lecythis amer : *Lecythis amara*, Aub., *Guian.*, 2, p. 716, tab. 286 ; vulgairement l'petite marmite de singe. Arbre de douze à quinze pieds, dont les rameaux sont pendans, garnis de feuilles épaisses, glabres, ovales-oblongues, acuminées ; les fleurs axillaires et terminales, disposées en grappes une fois plus longues que les pétioles; les pédoncules courts, munis de trois bractées en forme d'écailles; la corolle jaune, petite; les pétales aigus; les capsules de la grosseur d'un œuf, dures, minces, ligneuses; l'opercule prolongé intérieurement en un réceptacle à quatre angles, auxquels se réunissent les cloisons des quatre loges, contenant chacune une amande oblongue, amère, an-guleuse, dont les singes se nourrissent. Cet arbre croît dans les forêts de la Guiane.

Lecythis a petites fleurs; *Lecythis parviflora*, Aubl., *Guian.*, 2, p. 717, tab. 287. Arbrisseau de trois ou quatre pieds, dont les rameaux sont épars, inclinés vers la terre, garnis de feuilles fermes, ovales, aiguës, entières; les fleurs disposées en grappes terminales, paniculées, d'une odeur très-agréable; la corolle petite, d'un beau jaune doré. Le fruit est une petite capsule mince, cassante, peu ligneuse ; de l'opercule descend un ré-ceptacle auquel se réunit une cloison mince, large et ferme qui divise la capsule en deux loges, contenant chacune une amande attachée à la partie supérieure de la cloison. Ces amandes, quoique très-amères, sont recherchées par les singes. Cette plante croît sur le bord des rivières, dans la Guiane. (Poir.)

LEDA. (*Bot.*) Genre établi par Bory de Saint-Vincent dans sa nouvelle famille des arthrodiées, qui est une division de celle des algues, et particulièrement du genre *Conferva*, Linn. Voici le caractère qu'il assigne au genre *Leda*.

Tubes intérieurs remplis d'une matière colorante, assez homogène, qui en occupe d'abord la totalité, et qui, après l'accouplement, s'ag-glomère et forme deux gemmes dans chaque article.

M. Bory donne la figure de deux espèces de *leda*, savoir : le *leda monilina*, dont les articles sont globuleux, et le *leda ericetorum*, dont les articles sont cylindriques. Il paroit que le

conferva monilina de Muller en seroit une troisième espèce.
(LEM.)

LÈDE. (*Bot.*) Dans le midi de la France on donne vulgairement ce nom au ciste ladanifère. (L. D.)

LEDOCARPON. (*Bot.*) Genre de plantes dicotylédones, à
fleurs complètes, polypétalées, régulières, de la *décandrie pentagynie* de Linnæus, offrant pour caractère essentiel : Un calice
persistant, à cinq divisions profondes, muni d'un involucre ;
cinq pétales alternes avec les divisions du calice ; dix étamines,
cinq alternes plus longues ; un ovaire supérieur : cinq styles ;
une capsule à cinq valves, à cinq loges monospermes ; les valves
bifides, divisées par une cloison ; les semences attachées à un
réceptacle central.

Ce genre, établi par M. Desfontaines, a quelques rapports avec la famille des géraniacées par son calice, sa corolle,
ses étamines et l'ovaire supérieur ; mais la capsule est semblable à celle des oxalis.

LÉDOCARPE DU CHILI : *Ledocarpon chiloense*, Desf., Mém. du
Mus., 2 ann., pag. 251, tab. 13 ; Poir., *Ill. gen.*, *Suppl.*, tab. 958.
Arbrisseau chargé de rameaux nombreux, paniculés, pubescens vers leur sommet, garnis de feuilles opposées, très-étroites,
linéaires-subulées, soyeuses, à trois divisions très-profondes ;
les fleurs solitaires, terminales, médiocrement pédonculées ;
leur calice soyeux, persistant, à cinq divisions profondes ,
ovales-lancéolées, aiguës, entourées d'un involucre composé
de folioles subulées, à deux ou trois découpures ; la corolle
placée sous l'ovaire, étalée, à cinq pétales alternes avec les
divisions du calice, en ovale renversé, arrondis au sommet ;
dix étamines plus courtes que la corolle ; cinq alternes plus
longues que les autres ; les filamens persistans ; les anthères
oblongues, obtuses, à deux loges, s'ouvrant dans leur longueur ; un ovaire supérieur, arrondi, tomenteux, surmonté
de cinq styles épais. Le fruit est une capsule ovale, obtuse,
soyeuse, à cinq valves bifides, séparées, partagées par une
cloison, à cinq loges polyspermes ; les semences petites, attachées à un réceptacle central. Cette plante croît au Chili.
(POIR.)

LÉDON (*Bot.*); *Ledum*, Linn. Genre de plantes dicotylédones, de la famille des *rhodoracées*, Juss., et de la *décandrie*

monogynie, Linn., dont les principaux caractères sont les suivans : Calice très-court, à cinq dents; corolle de cinq pétales; étamines au nombre de cinq à dix, à filamens insérés à la base du calice, et terminés par des anthères ovales, s'ouvrant à leur sommet par deux pores; un ovaire supère, surmonté d'un style à stigmate obtus; une capsule à cinq loges polyspermes.

Les lédons sont des arbustes à feuilles simples, alternes, persistantes, et à fleurs disposées en corymbe au sommet des rameaux; on en connoît trois espèces.

LÉDON DES MARAIS : *Ledum palustre*, Linn., *Spec.*, 561 ; *Ledum foliis rosmarini*, Lobel, *Icon.*, 2, t. 124. Ses tiges sont rameuses, hautes d'environ un pied; les jeunes rameaux sont velus, roussâtres, garnis de feuilles linéaires, presque sessiles, repliées en leurs bords, vertes en dessus, chargées en leur face inférieure d'un duvet roussâtre et cotonneux. Les fleurs sont blanches, pédonculées, disposées en ombelles sessiles; les capsules sont à cinq valves qui s'ouvrent de bas en haut. Ce sous-arbrisseau croît dans les lieux ombragés, humides et marécageux des parties septentrionales de l'Europe; on le trouve en Alsace. Toute la plante a une odeur forte qui la rend propre à être mise dans les armoires et les garde-robes, pour écarter les teignes et les insectes. En Allemagne, on en met dans la bière lorsque cette liqueur est en formentation, afin de lui donner une saveur plus agréable.

LÉDON A FEUILLES LARGES : vulgairement THÉ DU LABRADOR ; *Ledum latifolium*, Willd., *Spec.*, 2, pag. 602; Duham., nouv. édit., pag. 106, tab. 27. Sa tige est haute de deux à trois pieds; elle se divise en rameaux nombreux, disposés en buisson, chargés pendant leurs premières années d'un duvet abondant, roussâtre, et garnis de feuilles ovales-oblongues, portées sur de courts pétioles, vertes et très-légèrement pubescentes en dessus, repliées en leurs bords, toutes couvertes en dessous d'un duvet cotonneux et roussâtre. Ses fleurs sont blanches, assez petites, pédonculées, rassemblées trente ou plus, au sommet des rameaux, en corymbes d'un fort joli aspect; leurs étamines varient de cinq à dix; les capsules, comme dans l'espèce précédente, s'ouvrent en cinq valves de la base au sommet. Cet arbuste est originaire des contrées froides de l'Amérique septentrionale; il a une odeur aromatique forte et comme résineuse. On le cultive pour l'ornement des jardins. Il faut le planter à l'exposition du nord et en terre de bruyère; il fleurit à la fin d'avril ou au commencement de mai, et ses fleurs durent pendant près d'un mois. On le multiplie facilement de marcottes et de rejetons. Dans les pays où il croît naturellement, l'infusion théiforme de ses feuilles s'emploie comme tonique et comme stomachique; mais il ne paroit pas qu'on puisse la prendre trop abondamment, car on dit qu'elle excite facilement des douleurs de tête et des étourdissemens.

LÉDON A FEUILLES DE THYM : *Ledum thymifolium*, Lamk., Dict. Enc., 3, pag. 459; *Dendrium buxifolium*, Desv., Journ. Bot., 1, pag. 36; Lois., *Herb. Amat.*, n. et t. 242; *Leiophyllum thymifolium*, Pers., *Synops.*, 1, p. 477; *Ammysine buxifolia*, Pursh, *Fl. Amer.* Sa tige est basse, haute tout au plus d'un pied, divisée en rameaux touffus, nombreux, garnis de feuilles ovales-oblongues, sessiles, coriaces, glabres et d'un vert luisant en dessus, plus pâles et presque blanchâtres en dessous. Ses fleurs sont blanches, petites, pédonculées, axillaires et rapprochées au nombre de dix à douze ou plus, en corymbes d'un joli aspect, et disposés au sommet des rameaux. Les étamines varient de cinq à huit, leurs anthéres s'ouvrent longitudinalement. Le fruit est une capsule à trois loges, qui s'ouvre par le haut en trois valves. Cette espèce croît naturellement dans les lieux bas et humides des Etats-Unis d'Amérique. On peut la cultiver à l'air libre et à l'ombre dans la terre de bruyère; mais comme c'est un très-petit arbuste qui ne fait d'effet que de près, on la plante le plus souvent en pot, afin d'en jouir davantage. Elle fleurit à la fin d'avril ou au commencement de mai. On la multiplie de graines et de marcottes. (L. D.)

LÈDRE, *Ledra*. (*Entom.*) Genre d'hémiptéres ainsi désigné par Fabricius, pour rapprocher certaines espèces de cicadelles, telles que celles que nous décrivons sous le nom de *membraces*, et, en particulier, celle que Geoffroy nomme le grand diable, *membracis aurita*, qu'on trouve quelquefois aux environs de Paris, dans les bois. (Voyez MEMBRACE A OREILLES.) Les trois autres espèces, réunies dans ce genre par Fabricius, sont des Indes orientales, ou ont été rapportées de Tranquebar. (C. D.)

LEDRO. (*Bot.*) Ancien nom françois du lierre. (L. D.)

LEDUM. (*Bot.*) Ce nom, consacré par Linnæus pour un genre de la famille des rhodoracées (voyez LEDON) , avoit été donné par Clusius, C. Bauhin et d'autres, soit à un rosage, *rhododendrum* , genre de la même famille , soit à plusieurs espèces de ciste. (J.)

LEEA. (*Bot.*) Ce genre a été, avec raison, regardé, par plusieurs modernes, comme congénère de l'*aquilicia*. Voyez AQUILICE. (POIR.)

LEECH-OWL. (*Ornith.*) Cette dénomination angloise s'applique au chat-huant, *strix aluco* et *stridula*, Linn. (CH. D.)

LEEDLING. (*Bot.*) C'est le nom des champignons de couche, *agaricus edulis*, Bull., à Meissen en Saxe. (LEM.)

LEELITE. (*Min.*) C'est un minéral encore peu connu , trouvé à Gryphytta , en Westemanie , en Suède.

Il est dur, d'une couleur rouge uniforme , d'une transparence et d'un aspect corné. Sa dureté égale celle du silex.

Sa pesanteur spécifique est de 2,71.

M. le professeur qui l'a analysé, et qui, par ce travail, a acquis le droit de lui donner un nom , lui assigne celui de *leelite*, en l'honneur du célèbre voyageur J. Frot Lée.

Il trouve dans sa composition :

Silice	75
Alumine	22
Manganèse	2,50
Eau	0,56
Lithion?	1,75

Ce minéral diffère de la collyrite par l'absence de l'eau : mais de quelle importance est cette circonstance dans un minéral dont on n'a vu que peu d'échantillons , et dont l'état de pureté primitive ou d'altération n'a pu encore être constaté? C'est donc une espèce tout-à-fait hors de rang et très-incertaine. (B.)

LEEM, LEMMER, LEMMAR, LEMMUS, LEMEND, LEM. (*Mamm.*) Différens noms de LEMMING. Voyez ce mot. (F. C.)

LEENRICH. (*Ornith.*) Ce nom hollandois , qui désigne

l'alouette commune, *alauda arvensis*, Linn., s'écrit en flamand et en saxon *leewerck*. (Cн. **D.**)

LEENWERK-VANGER. (*Ornith.*) Ce nom hollandois, qui signifie attrapeur de mouches, est donné par les colons du cap de Bonne-Espérance à la soubuse aeoli, *falco aeoli*, Daud. (Cн. **D.**)

LEEPELAER. (*Ornith.*) Ce nom hollandois, que les Flamands écrivent *lepelaer*, et les Frisons *lepler*, désigne la spatule, *platalea leucorodia*, Linn. (Cн. **D.**)

LEERSIA. (*Bot.*) Voyez Encalypta. (Lem.)

LÉERSIE (*Bot.*), *Leersia*, Swartz. Genre de plantes monocotylédones, de la famille des *graminées*, Juss., et de la *triandrie digynie*, Linn., dont les principaux caractères sont les suivans: Glume calicinale nulle; corolle de deux balles presque égales, concaves, comprimées; une à six étamines; un ovaire supère, surmonté de deux styles courts, capillaires, à stigmates plumeux; une graine comprimée, renfermée dans les balles de la corolle.

Ce genre, dont le nom rappelle celui de Léers, botaniste distingué, auquel on doit de bonnes observations sur les graminées, renferme une dizaine d'espèces qui, presque toutes, sont exotiques et propres à l'Amérique. Comme ces plantes ne présentent que peu d'intérêt, nous ne parlerons ici que de la suivante qui est la plus connue.

Léersie a fleurs de riz : *Leersia oryzoides*, Willd., *Spec.*, 1, pag. 325; Host., *Gram.*, 1, pag. 27, t. 35; *Phalaris oryzoides*, Linn., *Spec.*, 81; *Asprella oryzoides*, Lamk., *Illust.*, n.° 858. Sa racine est vivace, rampante; elle produit un ou plusieurs chaumes, redressés, hauts de deux pieds ou environ, ayant leurs nœuds velus. Ses feuilles sont linéaires, planes, rudes en leurs bords. Ses fleurs sont blanchâtres, rayées de vert, ciliées sur le dos, disposées en panicule lâche et étalée, dont les ramifications sont grêles et flexueuses. Cette plante n'est pas rare dans les pâturages humides de plusieurs parties de la France; on la trouve aussi dans plusieurs autres contrées de l'Europe, en Asie, et même dans l'Amérique septentrionale. (L. D.)

LÉFLINGE, *Læflingia*. (*Bot.*) Genre de plantes dicotylédones, à fleurs complètes, polypétalées, régulières, de la famille des *caryophyllées*, de la *triandrie monogynie* de Linnæus, offrant pour caractère essentiel : Un calice à cinq divisions profondes; une corolle composée de cinq pétales fort petits; trois ou cinq étamines; les anthères à deux lobes; un ovaire supérieur; un à trois styles; le stigmate obtus; une capsule à une loge, à trois valves, polysperme.

Léflinge d'Espagne: *Læflingia hispanica*, Linn.; Lamk., *Ill. gen.*, tab. 29; Cavan., *Icon. rar.*, 1, tab. 94; Lœfl., *Act. Holm.*, 1768, tab. 1, fig. 1. Petite plante herbacée, dont les tiges sont courtes, étalées sur la terre, très-rameuses, pubescentes et visqueuses; les rameaux presque articulés, munis à chaque articulation de deux stipules membraneuses, formées par d'anciennes feuilles desséchées : ces feuilles sont petites, opposées, linéaires-subulées, comme fasciculées au sommet des rameaux, un peu hispides, longues de deux lignes : les fleurs fort petites, sessiles, solitaires, axillaires; les divisions du calice lancéolées, aiguës, persistantes; les trois extérieures munies de chaque côté à leur base d'une petite dent aiguë; les pétales ovales-oblongs, rapprochés en globule; les étamines de la longueur des pétales; l'ovaire trigone; les capsules ovales, un peu trigones, s'ouvrant en trois valves. Cette plante croit en Espagne, sur les coteaux secs et arides.

Léflinge a cinq étamines; *Læflingia pentandra*, Cavan., *Icon. rar.*, 2, p. 39, tab. 148, fig. 2. Cette espèce diffère de la précédente, par ses cinq étamines. Ses tiges sont couchées, velues, longues de deux ou trois pouces, garnies de feuilles courtes, opposées, conniventes, subulées, munies d'une dent de chaque côté; les fleurs sessiles, axillaires, fasciculées; les divisions du calice ovales; les trois extérieures pourvues de deux dents de chaque côté; la corolle blanche. Cette espèce croît dans le sable sur les bords de la Méditerranée.

Retzius avoit rapporté à ce genre, sous le nom de *læflingia indica*, le *pharnaceum depressum* de Linnæus, ayant observé que la corolle purpurine étoit plus petite que le calice. Willdenow a adopté cette réforme, que Vahl n'a pas cru devoir admettre. Voyez Pharnace. (Poir.)

LEGLEK (*Ornith.*), nom turc de la cigogne blanche, *ardea ciconia*, Linn. Ce nom est aussi écrit *leklek* et *legleg*. (Ch. D.)

LEGNAN. (*Bot.*) Dans le Recueil abrégé des Voyages, vol. 1,

p. 181, il est fait mention d'un arbrisseau de ce nom qui croît à Ténériffe, et que les Anglois achètent comme un bois aromatique. C'est probablement le bois de Rhodes, nommé LENA-NOEL. Voyez ce mot. (J.)

LEGNOTIS (*Bot.*), nom substitué par Swartz, Schreber et Willdenow à celui de *cassipourea*, donné par Aublet à un de ses genres de la Guiane. Voyez CASSIPOURIER. (J.)

LEGORA. (*Ornith.*) Voyez LECORA. (CH. D.)

LEGOUZIA. (*Bot.*) Durande, médecin-botaniste de Dijon, connu par sa Flore de Bourgogne, avoit séparé du *campanula*, sous ce nom, les espèces dont la corolle, à tube très-court, est découpée en rosette, et dont la capsule alongée, étroite et prismatique, s'ouvre par le haut en plusieurs valves. Ce même genre a été renouvelé postérieurement par Lhéritier, sous le nom de *prismatocarpus* qui a prévalu, quoique plus récent. (J.)

LEGUANA. (*Erpétol.*) Un des noms vulgaires de l'iguane commun. Voyez IGUANE. (H. C.)

LÉGUME ou GOUSSE. (*Bot.*) Fruit propre aux légumineuses, simple, irrégulier, bivalve, déhiscent, portant les graines sur un placentaire qui se divise, lors de la séparation des valves, en deux branches (nervules) restant fixées chacune à chaque valve, en sorte que celles-ci se partagent les graines.

Le légume, généralement uniloculaire (pois, haricot), est quelquefois divisé en deux loges par une cloison longitudinale (astragale), quelquefois en plusieurs loges par des cloisons transversales (*cassia fistula*).

Quelquefois il ne s'ouvre point (*hedysarum onobrychis*, etc.), et alors il se rapproche des fruits carcérulaires ; quelquefois il est charnu à l'extérieur et ligneux à l'intérieur (*geoffræa, detarium*, etc.), et alors il se rapproche des drupes.

Sa forme varie beaucoup. Il y en a qui sont longs et comprimés (pois, etc.), tétragones (*dolichos tetragonolobus*), cylindriques (*cassia fistula*), enflés comme une vessie (*colutea*, etc.), contournés en spirale (*medicago-polymorpha*, etc.), articulés (*ornithopus scorpioides, hedysarum canadense*, etc.) : ces derniers prennent quelquefois l'épithète de lomentacés ; ils se partagent en autant de pièces qu'il y a d'articles.

Le légume contient ordinairement plusieurs graines (*lathy-*

rus, genêt d'Espagne); quelquefois il n'en a que deux (*cicer arietinum*); quelquefois il n'en a qu'une (*securidaca volubilis*, *medicago lupulina*, etc.) (MASS.)

LÉGUMINEUSES. (*Bot.*) Cette famille de plantes est une des plus naturelles, des plus nombreuses en genres et en espèces. Son nom est tiré de la structure de son fruit qui est une gousse, en latin *legumen*. Elle fait partie de la grande classe des péripétalées ou dicotylédones polypétales à étamines insérées au calice. Son caractère général est composé des suivans:

Son calice est d'une seule pièce diversement divisée. Les pétales qui lui adhèrent sont tantôt réguliers, au nombre de cinq presque égaux, tantôt irréguliers, au nombre de quatre, dont un extérieur et supérieur nommé étendard, *vexillum*; deux latéraux qui sont les ailes, *alæ*; un intérieur et inférieur, conformé en nacelle ou carène, *carina*, quelquefois divisé en deux. Les étamines sont ordinairement au nombre de dix, quelquefois plus ou moins, insérées au calice; leurs filets sont tantôt distincts, tantôt plus souvent disposés en deux corps, l'un formé d'un seul filet appliqué contre la fente d'un tube résultant de la réunion des neuf autres filets autour de l'ovaire; c'est ce que Linnæus appelle diadelphie. Les anthères, toujours distinctes, sont arrondies, quelquefois oblongues. L'ovaire est libre ou non adhérent au calice, simple, surmonté d'un seul style et d'un stigmate non divisé. Il devient une gousse, tantôt monosperme, indéhiscente, conformée en capsule; tantôt ordinairement uniloculaire, plus ou moins longue, mono ou polysperme, s'ouvrant le plus souvent en deux valves, et portant ses graines insérées d'un seul côté sur un seul rang. Dans les genres à pétales irréguliers, l'embryon, dénué de périsperme, présente une radicule inclinée sur les lobes ou cotylédones. Dans ceux qui ont les pétales réguliers, cette radicule est droite, sur les lobes, et le tégument intérieur de la graine a une épaisseur qui lui donne la forme d'un périsperme.

La tige est herbacée ou ligneuse; ses rameaux sont ordinairement alternes, ainsi que les feuilles qui sont simples, ou diversement composées, accompagnées de deux stipules à la base de leur pétiole; les fleurs n'ont pas de disposition uniforme.

C'est l'ensemble de ces caractères qui constitue celui de la famille, mais plusieurs peuvent varier séparément. Quelquefois les pétales, soit réguliers, soit irréguliers, sont réduits à un, ou manquent entièrement, ou ils sont réunis en une corolle monopétale, qui porte alors les étamines. Le nombre de ces étamines est quelquefois indéfini, quelquefois réduit à cinq ou moins. On les trouve dans quelques genres, réunis en un seul tube ; alors elles sont monodelphes. Il est des fleurs dans lesquelles un des organes sexuels avorte ; ce qui les rend mâles ou femelles, selon l'organe avorté. La gousse, ordinairement ouverte en deux valves, se partage rarement en trois ou en quatre. Uniloculaire dans la plupart des genres, elle est multiloculaire dans quelques uns, au moyen des cloisons transversales qui séparent les graines ; et quelquefois ces loges distinctes sont formées de pièces articulées qui se détachent plus ou moins facilement. Les graines, ordinairement farineuses, donnent, dans deux espèces (l'*arachis* et le *moringa*), une huile par expression. Une seule espèce (*glycine apios*) contient un suc laiteux. Le seul genre *Moringa* a les feuilles tripennées avec impaire ; et, dans quelques *spartium*, on trouve des feuilles presque opposées ; enfin, la même famille présente des herbes très-petites, et des arbres très-élevés : ce qui avoit déterminé Tournefort à les répartir dans deux classes distinctes ; de même que les étamines à filets distincts ou à filets réunis, avoient engagé Linnæus à placer une partie des légumineuses dans sa décandrie, et l'autre dans sa diadelphie, en rejetant de plus quelques genres dans sa monoécie ou sa polygamie, à cause de l'avortement des organes sexuels.

Il existe dans cette grande famille une division plus naturelle en deux séries principales.

La première série est caractérisée par des fleurs régulières, ordinairement à cinq pétales ; le tégument intérieur de la graine épaissi en forme de périsperme ; la radicule droite sur les lobes ; une tige presque toujours ligneuse ; des feuilles pennées ou bipennées, sans impaire, ou plus rarement simples. Elle peut être subdivisée en trois sections, dont la première, remarquable par une gousse multiloculaire, renferme les genres *Mimosa, Schrankia, Desmanthus, Inga, Acacia, Gleditsia, Gymnocladus, Outea, Ceratonia, Tamarindus, Hardouckia* de Roxburg, *Hæle-*

rostemon de M. Desfontaines, *Parkinsonia*, *Schotia*, *Afzelia* de Swartz, et *Cassia*. dont le *senna* fait partie.

A la seconde section, qui présente une gousse uniloculaire, bivalve, et dix étamines distinctes, se rattachent les genres *Moringa*, *Humboldtia* de Vahl, *Cadia*, *Prosopis*, *Zuccagnia* de Cavanilles, *Hæmatoxylum*, *Eperua*, *Tachigalia*, *Adenanthera*, *Baryxylum* de Loureiro, *Hoffmanseggia* de Cavanilles où *Lourea* d'Ortega, *Poinciana*, *Cæsalpinia*, *Mezonevron* de M. Desfontaines, *Pomaria* de Cavanilles, *Guilandina*.

Dans la troisième section, qui présente une gousse également uniloculaire, bivalve, et de plus une corolle moins régulière, des étamines distinctes, ou quelquefois réunies seulement par le bas. on voit les genres *Taralea*, *Parivoa*, *Vouapa*, *Saraca*, *Anthonotha* de Beauvois, *Intsia* de M. du Petit-Thouars, *Cynometra*, *Hymenea*, *Bauhinia* dont le *pauletia* de Cavanilles fait partie. *Mullava* de Rhèede et Adanson, *Palovea*, *Ionesia* de Roxburg.

La seconde série principale, plus nombreuse, est distinguée de la première par une corolle irrégulière, formée de l'étendard, des ailes et de la carène, un embryon dénué de périsperme, une radicule inclinée sur les lobes. On y trouve des étamines diadelphes, ou plus rarement distinctes, une tige herbacée, ou quelquefois ligneuse; des feuilles simples ou ternées, ou digitées, ou pennées, ordinairement avec une foliole impaire. C'est à cette série qu'appartient exclusivement le nom de *papilionacées*, donné aux légumineuses par quelques auteurs, à cause de la forme de la corolle ouverte que l'on comparoit à celle d'un papillon. Cette série peut être divisée en huit sections, les unes très-naturelles, les autres méritant peut-être un nouvel examen.

La première section offre des filets d'étamines distincts, ou plus rarement réunis par le bas, une gousse uniloculaire bivalve, une tige ligneuse, des feuilles simples, ou ternées, ou pennées avec impaire. On y rapporte les genres *Cercis*, *Possira* d'Aublet ou *Rittera* de Schreber, *Anagyris*, *Mullera*, *Ormosa* de Jackson, *Sophora*, *Edwardsia* de M. Salisbury, *Virgilia* de M. Lamarck, *Podalyria* du même, dont le *gompholobium* de M. Smith et le *chorizema* de M. Labillardière et le *callistachys* de Ventenat paroissent devoir être congénères, *Pul-*

lenea, Mirbelia et *Daviesia* de M. Smith. On y joindra les genres récens *Thermopsis, Burtonia, Jacksonia, Eutania, Sclerothamnus, Gastrolobium, Euchilus* de M. Rob. Brown, lorsqu'ils seront mieux connus.

Des étamines diadelphes, une gousse uniloculaire bivalve, une tige ligneuse ou herbacée, des feuilles simples ou ternées, ou plus rarement digitées, caractérisent la seconde section, dans laquelle sont les genres *Ulex, Stauracanthus* de M. Link, *Aspalathus, Achyronia* de Wendland, *Borbonia, Liparia, Lebeckia* de M. Thunberg, *Genista* et le *Spartium* qui lui est joint, *Grona* de Loureiro, *Cytisus, Sarcophyllus* et *Œdmannia* de M. Thunberg, *Rafnia* du même, *Platilobium* de M. Smith, *Bossiœa* de Ventenat, *Crotalaria* dont M. Desvaux a détaché son *Nevrocarpum, Lupinus, Ononis, Arachis, Anthyllis, Kuhnistera* de M. Lamarck, *Dalea* et *Petalostemum* son congénère, *Psoralea* qui reunit le *Ruteria* et le *Dorycnium* de Mœnch, *Trifolium, Melilotus, Medicago, Trigonella, Lotus, Dorycnium* de Tournefort et Willdenow, *Cylista* de Roxburg, *Stizolobium* de P. Browne, *Mucuna* de Marcgrave et Adanson ou *Zoophtalmum* de P. Browne, *Teramnus* de Swartz, *Cajanus* de M. Decandolle, *Dolichos, Phaseolus, Marcanthus* de Loureiro, *Erythrina, Butea* de Roxburg, *Rudolphia* de Willdenow, *Dilluynia* de Roth, *Clitoria, Galactia* de P. Browne, *Glycine, Kennedia* de Ventenat, *Rhyncosia* de Loureiro.

C'est dans la même section qu'il faudra placer près du *crotalaria* les genres nouveaux *Hovea, Scottia, Templetonia, Baptisia, Loddigesia, Goodia, Wiborgia*, insérés dans la nouvelle édition de l'*Hort. Kew.*, quand ils seront définitivement adoptés après l'exposition détaillée de leurs caractères génériques. Alors il sera cependant nécessaire de changer le nom du *scottia*, donné depuis long-temps par Jacquin à un autre genre de la même famille.

La troisième section, qui a beaucoup de rapport avec la précédente, n'en diffère que par des feuilles ordinairement pennées avec impaire, et une tige plus souvent ligneuse que herbacée, comme on peut le voir dans les genres *Abrus, Sarcodum* de Loureiro, *Amorpha, Piscidia, Robinia, Caragana, Astragalus* dont M. Decandolle a extrait l'*Oxytropis* et le *Lessertia, Biserrula, Phaca, Colutea, Swainsona* de M. Salisbury, *Glycyrrhiza*, *Agati* de M. Desvaux réuni au *Sesbania* de Scopoli ou *Sesban* d'Adanson, *Poitea* de Ventenat, *Galega*, *Indigofera*.

La différence de la quatrième section ne consiste également que dans la structure des feuilles qui sont pennées ou conjuguées sans impaire, et dont le pétiole commun est ordinairement terminé par une vrille. Cette disposition se remarque dans les genres *Latyrus*, *Pisum*, *Orobus*, *Vicia*, *Faba*, *Ervum*. On leur joint aussi le *Cicer*, quoique ayant les feuilles pennées avec impaire, qui sembleroient devoir le ramener dans la section précédente.

Dans la cinquième section sont réunis les genres à fleurs papilionacées, dont la gousse est articulée, composée de plusieurs pièces monospermes qui se détachent facilement les unes des autres dans la maturité. Tels sont les genres anciens *Coronilla*, *Scorpiurus*, *Ornithopus*, *Hedysarum*, *Æschynomene*, *Hippocrepis*, *Diphysa*; les genres *Alisicarpus*, *Desmodium*, *Poiretia*, *Lourea*, *Uraria*, *Echinolobium*, *Phyllodium*, tous auparavant réunis à l'*Hedysarum* et séparés en partie par M. Desvaux, l'*Astrolobium* et le *Myriadenus* qu'il a séparés de l'*Ornithopus*, le *Smithia* d'Aitone, l'*Ormocarpum* de Beauvois, le *Zornia* de Swartz. A la suite de ces genres, sont ceux qui en diffèrent parce que leur gousse est composée d'une seule pièce monosperme et indéhiscente, savoir : le *Lespedeza* de Michaux, le *Stylosanthes* de Swartz, le *Hallia* de M. Thunberg, l'*Onobrychis* de Tournefort, et le *Sphæridiophorum* de M. Desvaux. On laisse avec doute, dans cette même section, des genres dont la gousse n'est pas articulée, mais seulement multiloculaire, à loges monospermes, et qui, semblables aux précédens par leur port, en avoient, pour cette raison, été rapprochés, mais que l'on pourroit reporter à la troisième section : tels sont l'*emerus* et l'*alhagi* auparavant réunis à l'*hedysarum*, le *securilla* de M. Persoon, que Linnæus avoit réuni au *coronilla*, l'*ostryodium* de M. Desvaux, qui étoit l'*hedysarum strobiliferum*, différent de tous les précédens par sa gousse ovoïde, uniloculaire, contenant une ou quelquefois deux graines, et cachée dans une grande bractée renflée en forme de vessie. Sa véritable place dans la famille n'est pas encore bien déterminée.

On place dans une sixième section les genres papilionacés qui joignent à dix étamines diadelphes, une gousse capsulaire ordinairement monosperme et indéhíscente, une tige ligneuse, des feuilles rarement simples, plus souvent pennées avec impaire, à folioles opposées dans les unes, alternes dans les autres, et des stipules toujours séparées des pétioles. Les folioles sont opposées dans les genres *Dalbergia*, *Glottidium* de M. Desvaux, *Pungamia* de M. Lamarck, *Amerimnon*, *Andira*, *Geoffrœa*, *Deguelia*, *Nissolia*. Elles sont alternes dans les genres *Cumaruna*, *Acuroa*, *Derris* de Loureiro, *Ecastaphyllum* de P. Browne, *Pterocarpus*, *Orucaria* de Clusius et J. Bauhin, auparavant nommé *Pterocarpus lunatus*.

Les genres de la septième section, conformes aux précédens par la fleur, la gousse, la tige, les feuilles pennées à folioles toujours alternes, n'en diffèrent que par les étamines distinctes, tels sont les suivans : *Apalatoa* auquel le *crudia* de Schreber est réuni par quelques uns, *Detarium*, *Copaifera*, *Myrospermum*, *Codarium* de Vahl, *Dialium* de Burmann, auquel on joint l'*Arouna* d'Aublet, *Securidaca*, *Brownea*, *Zygia*.

La séparation des filets d'étamines, et la capsule monosperme indéhiscente de ces derniers genres, établissent une transition naturelle de la famille des légumineuses aux premiers genres de celle des térébinthacées qui la suit immédiatement. (J.)

LEHA. (*Bot.*) Suivant Rumph, on nomme ainsi à Amboine son *arbor aluminosa*, employé dans cette île pour fixer la couleur rouge des teintures obtenues du bois de sapan et de la racine de bancudu. Loureiro regarde l'arbre de Rumph comme le même que son *decadia*, dont le caractère paroît le rapprocher des tiliacées. Voyez DECADIA. (J.)

LEHAHRUR (*Ornith.*), nom arabe de l'étourneau, *sturnus*. (CH. D.)

LEHERAS (*Ornith.*). C'est le nom que l'on donne, en Egypte, à l'ibis noir. (CH. D.)

LEIANITE. (*Min.*) M. de la Métherie, qui a fait beaucoup plus de noms qu'il n'a fait connoître de véritables espèces, a donné ce nom à un minéral mal déterminé, qui est une roche d'apparence homogène, mélangée de sable très-fin, d'argile endurcie, etc.; enfin, au *Polierschiefer* des minéralogistes allemands, qu'on a rapporté mal à propos à l'argile feuilletée, souvent magnésienne, qui enveloppe les silex ménilites. Il y a réuni les pierres à faux, qui sont une roche mélangée à parties discernables et le TRIPOLI.

Voyez ces mots, et surtout le mot ARGILE. (B.)

LÉIBNITZIE, *Leibnitzia.* (*Bot.*) [*Corymbifères*, Juss. = *Syngénésie polygamie superflue*, Linn.] Ce nouveau genre de plantes, que nous proposons, appartient à l'ordre des synanthérées, et à notre tribu naturelle des mutisiées, dans laquelle il est voisin du genre *Leria*. Voici les caractères génériques du *leibnitzia*, tels que nous les avons observés sur des individus vivans de *leibnitzia cryptogama*.

Calathide quasi-radiée : disque multiflore, labiatiflore, androgyniflore ; couronne subunisériée, biliguliflore, féminiflore. Péricline ovoïde, supérieur aux fleurs, et les cachant entièrement ; formé de squames plurisériées, très-inégales, imbriquées, appliquées, intradilatées, étroites, oblongues-lancéolées, nullement appendiculées, épaisses, coriaces, carénées, à carène arrondie, membraneuses sur les bords, obtuses et colorées au sommet. Clinanthe large, plan, profondément fovéolé, inappendiculé. Fruits pédicellulés, alongés, oblongs, amincis aux deux bouts, comprimés ou obcomprimés, hispidules, à partie supérieure formant un large col vide, peu distinct extérieurement de la partie inférieure séminifère ; aigrette longue, supérieure à la corolle, grisâtre, composée de squamellules très-nombreuses, très-inégales, filiformes, fines, à peine barbellulées. Corolles de la couronne privées de fausses étamines; à tube long; à languette extérieure plus courte que la moitié du tube, oblongue, dressée, tridentée au sommet; à languette intérieure très-courte, comme rudimentaire, divisée jusqu'à sa base en deux lobes. Corolles du disque cylindriques, longues comme le tube des corolles de la couronne ; à limbe étroit, point distinct du tube; à lèvre extérieure tridentée; à lèvre intérieure divisée en deux jusqu'à sa base. Anthères pourvues d'appendices apiciliaires linéaires-aigus, et d'appendices basilaires subulés. Styles de mutisiée.

· Nous attribuons au genre *Leibnitzia* les deux espèces suivantes.

Léibnitzie cryptogame : *Leibnitzia cryptogama*, H. Cass.; *Tussilago anandria femina*, Willd., *Sp. pl.*, tom. 3, part. 3 (*excludo hermaphroditam*); *Tussilago anandria*, Linn., *Sp. pl.*, edit. 3, p. 1213 (*excludo varietatem β*); *Tussilago scapo unifloro, calice clauso*, Gmel., *Fl. Sib.*, tom. 2, tab. 68, fig. 1; *Tussilago anandria*, Linn., *Hort. Ups.*, tab. 3, fig. 1 ; *Tussilaginis species*, Tursen, *Amœn. acad.*; *Anandria*, Siegesbeck. C'est une plante herbacée, dont la racine produit immédiatement des feuilles et des hampes. Les feuilles sont variables de forme et de grandeur, longues d'environ trois à cinq pouces, y compris le pétiole, larges d'environ dix à quinze lignes, les unes lyrées, les autres non lyrées ; leur pétiole, tantôt presque aussi long que le limbe, et tantôt beaucoup plus court, est demi-cylindrique, élargi et membraneux à sa base, tantôt nu sur ses bords, tantôt bordé en sa partie supérieure de quelques lobes arrondis, inégaux, qui se confondent avec le limbe et rendent la feuille lyrée; le limbe, tantôt confondu par sa base avec la partie supérieure du pétiole, tantôt bien distinct du pétiole, est ovale, oblong, ou lancéolé, pointu au sommet, souvent comme tronqué ou presque échancré à la base; tantôt bordé surtout en sa partie inférieure, de sinus très-inégaux, ordinairement peu profonds, séparés par de petites dents tuberculiformes, quelquefois un peu dirigées en arrière; tantôt ayant la partie supérieure un peu sinuée, et la partie inférieure divisée sur les côtés en quelques lobes courts, larges, arrondis ou un peu anguleux, entiers ; ces feuilles sont un peu épaisses ; leur nervure médiaire est saillante sur les deux faces; la supérieure est d'un vert glauque ou cendré, et tantôt glabre ou glabriuscule, tantôt légèrement laineuse comme la face inférieure qui est plus pâle ou blanchâtre. Les hampes sont hautes d'environ dix pouces, très-simples, dressées, droites, roides, cylindriques, dilatées au sommet, un peu laineuses ou subtomenteuses, blanchâtres, garnies de petites feuilles ou bractées squamiformes, appliquées, longues, étroites, linéaires-subulées. Les calathides, solitaires au sommet des hampes, sont dressées, et hautes d'environ six lignes, sans compter les aigrettes qui sortent par le sommet entr'ouvert du péricline, et le dépassent d'environ deux lignes; le péricline est glabriuscule, et ses squames sont rougeâtres au sommet; les corolles, entièrement cachées par les aigrettes qui s'élèvent beaucoup plus haut, et par le péricline qui est fermé sur elles, sont blanchâtres, souvent un peu rosées au sommet.

Nous avons fait cette description spécifique, et celle des caractères génériques, sur un individu vivant, cultivé en pleine terre et en plein air au Jardin du Roi, où il fleurissoit en juin et en septembre. Cette singulière plante habite la Sibérie, et croît abondamment dans les champs montueux aux environs de Jenisck ; elle est vivace par sa racine.

Léibnitzie phénogame : *Leibnitzia phœnogama*, H. Cass.; *Tussilago lyrata*, Willd., *Sp. pl.*, tom. 3, part. 3 ; *Tussilago anandria var. β*, Linn., *Sp. pl.*, edit. 3, p. 1213 ; *Tussilago scapo unifloro, calyce subaperto*, Gmel., *Fl. Sib.*, tom. 2, pag. 143, tab. 67, fig. 2 ; *Tussilago bellidiastrum*, Linn., *Hort. Ups.*, pag. 259, tab. 3, fig. 2. La racine est composée de fibres nombreuses, longues, épaisses, blanches. Les feuilles sont radicales ; à pétiole long d'un pouce ou d'un pouce et demi, épais, laineux ; à limbe long de plus d'un pouce, large de six à douze lignes, épais, ferme, pointu au sommet, quelquefois denté sur les bords, le plus souvent sinué, et pourvu à sa base de deux, trois ou quatre petits appendices qui le rendent lyré ; la face inférieure est laineuse et blanchâtre ; la supérieure est d'un vert gai ou glauque, et parsemée de quelques poils laineux. La hampe, longue de deux à cinq pouces, et couverte d'une laine blanche, est ordinairement tout-à-fait dépourvue de bractées. La calathide qui termine cette hampe, est très-rarement épanouie ; son péricline est oblong, un peu ouvert, parsemé d'une laine blanche, et formé de squames imbriquées, rougeàtres au sommet ; la couronne est composée de douze fleurs, le disque en contient un beaucoup plus grand nombre ; toutes les corolles sont blanches, à sommet rougeâtre ; les anthères sont jaunâtres.

Cette seconde espèce, que nous n'avons point vue, et que nous décrivons d'après Gmelin, a été trouvée en Sibérie, sur des terrains montueux, aux environs d'Irkutsk et d'Okotsk. Elle ressemble beaucoup à la première par ses feuilles et son péricline, mais elle en diffère par sa hampe toujours peu élevée, rarement pourvue de quelques bractées, et par ses fleurs très-visibles en dehors du péricline.

Siegesbeck, qui fut pendant quelque temps directeur du Jardin de Botanique à l'étersbourg, publia, en 1757, un livre où il combat la théorie des sexes chez les végétaux, et où il prétend prouver que les graines acquièrent toute leur perfection sans être fécondées par les anthères. Ce botaniste paroît être le premier qui ait observé notre *leibnitzia cryptogama*; il n'y aperçut point les étamines; et, pour signaler cette prétendue privation des organes mâles, de laquelle il tiroit argument en faveur de son système antisexuel, il nomma la plante dont il s'agit *anandria*.

C'est en effet sous ce nom que des graines de ce curieux végétal furent envoyées à Upsal par des botanistes russes. Il y fleurit en 1745, et Tursen, l'un des disciples de Linnæus, s'empressa de l'observer et de le décrire, sous les auspices du maître, dans une dissertation qui fait partie des *Amœnitates academicæ*. Tursen trouve dans chaque fleur du disque, cinq étamines parfaites, dont l'existence avoit été niée par Siegesbeck : mais, remarquant que le péricline est entièrement clos durant la fleuraison, et supposant que l'action immédiate de l'air agité sur les étamines, est en général nécessaire pour transporter le pollen sur les pistils, il imagine que, dans le cas particulier dont il s'agit, le même résultat s'obtient par les secousses que le vent imprime à la calathide, sans pénétrer dans son intérieur. Ce botaniste pense que l'*anandria* ne pourroit être distingué génériquement du *tussilago* que par le péricline fermé sur les fleurs épanouies; et ce caractère étant, selon lui, insuffisant, il en conclut que l'*anandria* n'est qu'une espèce du genre *Tussilago*.

Trois ans après la dissertation de Tursen, Linnæus inséra dans l'*Hortus Upsaliensis*, de nouvelles observations sur l'*anandria*. S'il faut l'en croire, le même individu qui, végétant en plein air, se présente sous la forme de notre *leibnitzia cryptogama*, ayant la hampe haute de près d'un pied, et le péricline globuleux constamment fermé sur les fleurs, comme dans le figuier, offre les caractères de notre *leibnitzia phœnogama*, s'il est planté dans un vase, ou dans un terrain plus sec, exposé au soleil. Alors la plante devient plus petite; ses feuilles sont plus tomenteuses, et un peu lyrées; la hampe est plus courte, et sans bractées; le péricline est cylindrique; la calathide épanouie,

et imitant celle du *bellis*, offre une couronne radiante, à languettes trifides, aussi longues que le péricline. Cependant,
les deux plantes semblent distinguées spécifiquement, l'une
par le nom de *tussilago anandria*, l'autre par celui de *tussilago
bellidiastrum*, sur la planche de l'*Hortus Upsaliensis*, où elles
sont assez grossièrement figurées l'une auprès de l'autre. Ailleurs, Linnæus dit que, chaque année, la même racine produit, au commencement du printemps, la hampe et la calathide du *leibnitzia phænogama*, et durant l'été, la hampe et la
calathide du *leibnitzia cryptogama*. Enfin, il dit autre part, que
la même plante vivant en pleine terre, produit en été la calathide
à fleurs cachées dans le péricline fermé sur elles; et que, placée
dans un vase à une exposition plus chaude, elle produit une
calathide plus précoce, épanouie en dehors, à couronne radiante, composée de languettes trifides.

Un an après la publication de l'*Hortus Upsaliensis*, Gmelin
considéra comme deux espèces distinctes, les deux plantes réduites par Linnæus à l'état de simples variétés d'une seule et
même espèce. L'auteur de la Flore de Sibérie remarque que
Linnæus s'est trompé en assignant à la plante cryptogame une
habitation humide et ombragée, et à la plante phénogame une
habitation plus chaude et plus sèche; ce qui lui a fait croire que
la variation prétendue étoit causée par cette différence d'habitations. L'une et l'autre, dit Gmelin, habitent les lieux exposés
au soleil : mais la plante phénogame croît dans un terrain
plus humide, ce qui est précisément l'inverse de la supposition de Linnæus. Gmelin affirme en outre avoir placé dans un
vase, et à une exposition plus chaude, la plante cryptogame,
et n'avoir obtenu d'elle par ce procédé que la hampe élevée,
bractéifère, et les petites fleurs occultes, qu'elle produit quand
on l'expose en pleine terre et à l'air libre. Enfin, Gmelin
observe que les deux plantes ne se trouvent jamais ensemble,
et qu'elles habitent des contrées différentes de la Sibérie,
ce qui seroit extraordinaire si elles appartenoient à la même
espèce.

Willdenow, préférant sans doute les observations de Gmelin
à celles de Linnæus, a distingué spécifiquement les deux
plantes, en nommant l'espèce cryptogame *tussilago anandria*,
et l'espèce phénogame *tussilago lyrata*. Cependant il semble

attribuer à la première espèce la métamorphose décrite par Linnæus ; car il dit que cette plante offre, dans les lieux froids, le péricline fermé et la calathide non radiée ; et, dans les lieux chauds, la calathide radiée épanouie en dehors. Le même botaniste, croyant que cette première espèce étoit poly-game-dioïque, a considéré comme l'individu femelle notre *leibnitzia cryptogama*, et comme l'individu hermaphrodite le *Tussilago scapo imbricato unifloro, foliis ovatis oblongis ex sinuato-dentatis* de Gmelin.

Le 12 juin 1822, on nous fit remarquer, au Jardin du Roi, une plante vivante dont le nom étoit ignoré, et que nous re-connûmes bientôt pour être l'*anandria* de Siegesbeck, que nous n'avions point encore vue. Empressé, comme on peut le croire, d'étudier une plante aussi intéressante, nous l'observâmes dès lors avec tout le soin dont nous sommes capable, et nous l'avons observée de nouveau le 11 septembre de la même année.

Voici les résultats de nos observations.

L'*anandria* offre tous les caractères propres à notre tribu natu-relle des mutisiées. (Voyez tom. XX, pag. 379.) Elle appartient donc indubitablement à cette tribu, qui se trouve ainsi dissé-minée en proportions inégales, dans l'Amérique méridionale, dans l'Afrique, dans l'Amérique septentrionale, et dans la Sibérie ; tandis que notre tribu des nassauviées semble être confinée dans l'Amérique méridionale. Ainsi, l'on doit recti-fier une assertion reproduite par M. Decandolle, dans le savant article GÉOGRAPHIE BOTANIQUE dont il a enrichi ce Dic-tionnaire, et où il affirme (tom. XVIII, pag. 412) que les la-biatiflores sont toutes de l'Amérique méridionale.

Le placement de l'*anandria* dans la tribu des mutisiées est une chose importante, parce qu'elle confirme pleinement l'affinité que nous avons signalée depuis long-temps entre cette tribu et celle des tussilaginées, et qui nous a déterminé à les ranger l'une auprès de l'autre, malgré les motifs qui militoient en faveur de l'affinité des mutisiées avec les lactucées.

Puisque l'*anandria* est de la tribu des mutisiées, elle ne peut pas appartenir au genre *Tussilago*, qui est de la tribu des tus-silaginées. D'ailleurs l'*anandria* diffère génériquement du *tussi-lago*, par ses fleurs du disque qui sont hermaphrodites et labiées, par son péricline formé de squames imbriquées, par ses fruits collifères, et par ses anthères pourvues d'appendices basilaires subulés.

Le genre *Leria* est, dans la tribu des mutisiées, celui dont l'*anandria* se rapproche le plus (1) : mais le *leria* diffère de notre plante, 1.° en ce que sa calathide a deux couronnes fémi-niflores, l'extérieure subunisériée, radiante, l'intérieure pluri-sériée, non radiante; 2.° en ce que ses corolles radiantes n'ont point la petite languette intérieure de l'*anandria*; 3.° en ce que le col de son fruit, au lieu d'être court et gros, est au contraire très-long et très-grêle. L'*anandria* est donc un genre distinct : mais convient-il de lui conserver ce nom ?

On sait que le nom d'*anandria*, qui exprime la privation d'organes mâles, fut donné par Siegesbeck à la plante dont il s'agit, parce qu'il la croyoit dépourvue d'étamines, et mer-veilleusement propre à prouver son système antisexuel. Nos premières observations sur cette plante furent favorables à l'opinion de Siegesbeck, que quelques botanistes ont renou-velée récemment, mais que nous ne partageons pas. Les éta-mines de l'*anandria* nous parurent être petites, imparfaites, et dépourvues de pollen ; cependant chaque fruit contenoit une graine à embryon très-bien conformé; et l'exacte clôture du péricline durant la fleuraison, ne nous permettoit pas de croire que la fécondation eût pu être opérée par du pollen émané de quelque plante voisine.

Une nouvelle espèce d'eupatoire, que nous observâmes bien-tôt après au Jardin du Roi, et que nous avons décrite dans le Bulletin des Sciences de 1822 (pag. 143), sous le nom d'*eupatorium microstemon*, parut nous offrir le même phéno-mène que l'*anandria*. Nous crûmes que cet eupatoire étoit dioïque, et que l'individu observé étoit femelle. L'imperfec-tion apparente des anthères dans toutes les fleurs épanouies, et la petitesse des corolles qui ne dépassoient point le péricline, étoient bien propres à nous induire en erreur. Chaque fruit

---

(1) Nous connoissons un autre genre de mutisiées, qui se rapproche en-core davantage de l'Anandria; mais nous n'en parlons pas ici, parce que nous n'avons point encore publié ce nouveau genre intermédiaire entre l'Anandria et le Leria.

cependant nous offroit une graine bien constituée ; et la situation de la plante dans le jardin n'admettoit pas la supposition que les pistils de notre eupatoire eussent été fécondés par les étamines de quelque autre espèce du même genre. Déjà nous étions persuadé que l'organe femelle de cet eupatoire étoit fertile, ainsi que celui de l'*anandria*, sans le concours de l'organe mâle. Mais pour constater encore mieux cet étonnant phénomène, nous voulûmes ouvrir quelques fleurs en état de préfleuraison. Cette épreuve infaillible fit évanouir à l'instant toutes nos illusions. En effet, nous reconnûmes que les anthères, quoique très-petites, contenoient, durant la préfleuraison, beaucoup de pollen, qui étoit emporté par les stigmatophores, lorsque ceux-ci traversoient le tube anthéral, et qu'aussitôt après l'épanouissement de la corolle, ces anthères étoient réduites à de petites membranes sèches, et ressembloient alors à des rudimens d'étamines avortées.

Averti par cet exemple de n'admettre qu'avec beaucoup de circonspection les observations qui semblent contraires à la théorie de la génération sexuelle chez les végétaux, nous cherchâmes avec empressement des fleurs d'*anandria* en état de préfleuraison, afin de les soumettre à la même épreuve qui *nous avoit si bien réussi* à l'égard de notre eupatoire. Malheureusement il étoit trop tard, et nous n'avons pu trouver que des fleurs déjà fleuries. Cependant, leurs étamines que nous avons plus soigneusement examinées que la première fois, nous ont paru être très-analogues à celles de notre *eupatorium microstemon* observées au même âge ; elles nous ont offert, malgré leur petitesse et leur dessèchement, tous les caractères propres aux étamines bien conformées, à l'exception de la présence du pollen ; et même nous avons cru voir dans plusieurs anthères quelques grains de pollen qui y étoient restés par hasard.

Bien que nos observations sur ce point soient encore incomplètes, et que celles de Tursen n'aient pas été peut-être assez soigneusement faites, il est infiniment probable que l'*anandria* est pourvue d'organes mâles propres à féconder les organes femelles. Mais en admettant qu'il pût y avoir encore quelque doute, il n'en faudroit pas moins proscrire le nom d'*anandria*, qui suppose que l'absence des organes mâles est parfaitement démontrée. D'ailleurs il n'a jamais été employé comme nom générique, parce qu'aucun botaniste, avant nous, n'avoit vu dans la plante dont il s'agit le type d'un genre distinct du *tussilago*.

Le grand Léibnitz, qui n'étoit étranger à aucune partie des connoissances humaines, s'intéressoit à la botanique, ainsi que le prouve la fameuse lettre qui lui fut écrite par Burckard en 1702, et qui paroît contenir le germe du système sexuel des végétaux. C'est pourquoi nous avons osé décorer du nom de l'illustre philosophe une humble plante dépourvue de tout agrément, privée même de l'ornement le plus commun des végétaux, et très-méprisable aux yeux du vulgaire, mais plus intéressante pour le naturaliste que bien des plantes douées de formes élégantes, de vives couleurs et de doux parfums. Le nom générique de *leibnitzia* peut rappeler que la plante qui le porte a été le sujet d'une controverse sur la théorie dont Burckard avoit entretenu Léibnitz.

Willdenow paroît avoir cru, comme Siegesbeck, que notre *leibnitzia cryptogama* étoit privée d'étamines, car il a considéré cette plante comme l'individu femelle d'une espèce polygame-dioïque. Siegesbeck étoit plus conséquent; car, s'il est vrai que la plante en question n'ait point d'organes mâles, il est certain que ses organes femelles sont féconds par eux-mêmes, et sans aucun secours étranger; l'exacte clôture du péricline durant la fleuraison, ne permet pas qu'aucune molécule, émanée des organes mâles d'une autre plante, puisse s'introduire dans l'intérieur de la calathide, et atteindre les organes femelles de celle-ci, comme Willdenow le prétend sans doute. Pour admettre son hypothèse, il faudroit supposer qu'il y a une sorte de caprification, et que le pollen est enlevé aux anthères de l'individu mâle ou hermaphrodite par des insectes qui le déposent ensuite sur les stigmates de l'individu femelle, en s'insinuant entre les squames de son péricline, et pénétrant ainsi dans la calathide. Cette supposition, que Willdenow n'indique point du tout, mais qui est indispensable à son système, seroit cependant très-gratuite, n'étant fondée sur aucune observation. Nous opposons à Willdenow un second argument: c'est que la plante qu'il prend pour l'individu hermaphrodite, n'appartient pas au même genre, ni à la même tribu, que celle qu'il considère comme l'individu femelle de même espèce. Cela nous a paru très-évident en lisant attentivement, dans l'ouvrage de Gmelin, la description du *tussilago anandria hermaphrodita* de Willdenow, et en examinant la figure qui se rapporte à cette description. La description et la figure s'accordent pour attribuer à cette plante un péricline de squames unisériées, comme dans les vrais *tussilago*, et non point imbriquées, comme dans les *leibnitzia*. Aussi Gmelin n'a pas même indiqué qu'il eût trouvé la moindre analogie entre les deux plantes rapportées depuis à la même espèce par Willdenow; et nous ne doutons pas que celle en question n'appartienne au genre *Tussilago*, restreint dans les limites que nous lui assignons.

Willdenow nous semble avoir commis une autre erreur, qui double la confusion, et qui résulte encore d'une inconséquence. Il admet que l'*anandria* subit une métamorphose à peu près semblable à celle que Linnæus a décrite; et cependant il reconnoît comme une espèce distincte la plante produite, suivant Linnæus, par cette métamorphose. On peut remarquer une autre contradiction de Willdenow, qui paroît attribuer tantôt à la différence des sexes, tantôt à celle des habitations, la variation qu'il signale, et qui est sans doute imaginaire.

La *leibnitzia phœnogama*, que nous n'avons point vue, et dont il n'existe point à notre connoissance de bonne figure ni de description suffisante, est-elle, comme Linnæus l'affirme, une simple variation accidentelle de la *leibnitzia cryptogama?* ou bien, est-ce une espèce distincte, comme le pensent Gmelin et Willdenow? et en admettant l'opinion de ceux-ci, pouvons-nous avec confiance attribuer cette plante au genre *Leibnitzia?*

Quoique Linnæus allègue à l'appui de son assertion, des observations et des expériences positives, constantes, multipliées, et dont la conséquence, si elles étoient exactes, seroit incontestable, nous avouons que les observations et les expériences contraires, présentées avec moins d'assurance par Gmelin, nous persuadent cependant davantage, et que nous soupçonnons Linnæus d'avoir commis une erreur. Nous lisons dans la dissertation de Tursen : *Duplici modo herba in horto crevit, et in vase intrà hybernaculum asservata , et sub dio liberiori aurœ et frigori exposita ; aperto sub cœlo tardiùs verùm copiosiùs efflorescit.* Voilà bien l'expérience de Linnæus, mais dont le résultat n'a été qu'une fleuraison plus ou moins précoce et plus ou moins abondante : car Tursen , très-exact et très-minutieux dans sa description , n'auroit pas manqué de mentionner la singulière métamorphose de la hampe et de la calathide , si elle eût eu lieu dans cette expérience ; mais il n'en dit pas un seul mot : il décrit au contraire la hampe comme étant longue d'un pied et garnie de bractées, le péricline comme étant toujours exactement fermé sur les fleurs, et il considère cette clôture du péricline durant la fleuraison comme le caractère essentiellement distinctif de l'*anandria*. Nous n'avons point fait l'expérience dont il s'agit ; mais nous avons observé un individu vivant dans un terrain sec et découvert, exposé sans abri à toute l'ardeur du soleil, et fleurissant le 12 juin et le 11 septembre 1822. Si l'on se rappelle l'excessive chaleur et la constante sécheresse qui ont régné surtout à la première époque , on pensera que la hampe auroit dû être courte et nue, et que le péricline auroit dû s'ouvrir pour laisser épanouir les fleurs en dehors, si l'observation de Linnæus étoit exacte ; et cependant nous n'avons rien vu de semblable.

Nous croyons donc que la *leibnitzia phœnogama* est une espèce distincte ; mais Willdenow, se fondant apparemment sur la comparaison des deux mauvaises figures qui se trouvent dans l'*Hortus Upsaliensis*, a eu tort de considérer la forme lyrée des feuilles comme un des principaux caractères qui distinguent cette espèce-ci de l'autre. Gmelin, qui nous paroît avoir très-bien observé ces plantes, dit que les deux espèces se ressemblent par la forme des feuilles qui sont lyrées chez l'une et l'autre ; et la *leibnitzia cryptogama* nous a offert des feuilles les unes lyrées, les autres non lyrées, sur la même racine.

Nous croyons aussi que la plante que nous n'avons point vue, est congénère de celle que nous avons observée. Cependant, nous connoissons mal les caractères génériques du *leibnitzia phœnogama* , parce que les descriptions de Gmelin et de Linnæus sont insuffisantes, peu concordantes, obscures sur quelques points, et probablement inexactes sur quelques autres.

Ces deux botanistes ont observé et décrit la même plante, car Linnæus, en terminant sa description, dans l'*Hortus Upsaliensis*, dit : *Ejusmodi plantam et florem etiam inter siccas in Sibiriâ collectas misit Gmelinus* ; et Gmelin paroît n'avoir aucun doute sur l'identité de sa plante avec celle que Linnæus avoit décrite dans l'*Hortus Upsaliensis*. Mais la calathide est très-rarement épanouie, selon Gmelin, tandis que, suivant Linnæus, elle imite celle du *bellis*, et offre une couronne à languettes aussi longues que le péricline ; Linnæus dit que ces languettes sont profondément trifides, et Gmelin ne parle pas de ce caractère remarquable ; les corolles du disque seroient nombreuses, tubuleuses et quadrifides selon Gmelin, peu nombreuses, campanulées et quinquéfides selon Linnæus ; Gmelin dit que les pistils de la couronne ont deux cornes, tandis que Linnæus leur attribue un stigmate simple, en même temps qu'il accorde un stigmate bifide aux fleurs du disque. Ni l'un ni l'autre n'a mentionné les caractères les plus importans : ainsi nous ignorons, d'après leurs descriptions, si les corolles du disque sont divisées en deux lèvres, si les corolles de la couronne ont deux languettes, si les fruits sont terminés par un col court et gros, si les anthères ont des appendices basilaires, si les styles sont conformes à ceux des mutisiées, si le disque est vraiment androgyniflore. Mais il faut remarquer que les caractères importans que nous venons de rappeler avoient été méconnus ou négligés par tous les botanistes qui ont décrit la première espèce : il est donc bien possible que ces mêmes caractères existent dans la seconde espèce, quoique les botanistes ne les indiquent pas. Cependant, suivant Linnæus, chez la seconde espèce, les corolles du disque sont campanulées, à cinq divisions recourbées ; ce qui s'accorderoit beaucoup mieux avec les caractères des tussilaginées qu'avec ceux des mutisiées. Le même auteur dit que les corolles de la couronne sont souvent divisées jusqu'à la base en quatre lanières égales, linéaires, ce qui seroit fort singulier.

Les appendices basilaires des anthères du *leibnitzia cryptogama*, sont courts si on les compare à ceux des autres mutisiées ; mais ils sont à peu près comme ceux des inulées, et par conséquent ils sont longs comparativement à ceux de la plupart des synanthérées, et surtout des tussilaginées. Les appendices apicilaires sont assez longs. L'embryon de cette plante est couvert de deux enveloppes bien distinctes, faisant partie de la graine, et dont l'intérieure est un véritable albumen semblable à celui que nous avons trouvé chez plusieurs autres synanthérées. Les pistils de la couronne sont souvent stériles pour la plupart, parce que, sans doute, leur fécondation par les étamines du disque s'opère difficilement.

Nous croyons devoir ajouter ici la description de la nouvelle espèce d'eupatoire qui nous a offert quelques rapports physiologiques avec la *leibnitzia cryptogama*.

Eupatorium microstemon, H. Cass. Plante herbacée, inodore, haute de plus d'un pied. Tige dressée, un peu pubescente, très-rameuse, à rameaux étalés. Feuilles opposées, glabriuscules, un peu scabres, à pétiole long de neuf lignes, à limbe long de quinze lignes, large de douze lignes, subdeltoïde, cunéiforme à la base, qui est trinervée, aigu au sommet, arrondi sur les deux angles latéraux, denté-crénelé sur les bords. Calathides très-nombreuses, longues de deux lignes, imitant celles des *ageratum*, disposées au sommet de la tige et des branches, en grandes panicules corymbiformes, irrégulières, étalées. Corolles d'abord blanches, devenant ensuite verdâtres.

Calathide oblongue, incouronnée, équaliflore, multiflore, régulariflore, androgyniflore. Péricline égal aux fleurs, cylindracé; formé de squames imbriquées, appliquées, subfoliacées, membraneuses sur les bords, acuminées, les extérieures lancéolées, les intérieures oblongues, arrondies au sommet. Clinanthe planiuscule et nu. Fruits pédicellulés, oblongs, ordinairement pentagones, à angles hispidules, pourvus d'un bourrelet basilaire et d'un bourrelet apicilaire; aigrette composée de squamellules filiformes, à peine barbellulées. Corolles à cinq divisions. Base du style, glabre. Anthères extrêmement petites, pleines de pollen durant la préfleuraison, réduites à de petites membranes sèches aussitôt après l'épanouissement de la corolle, et ressemblant alors à des rudimens d'étamines avortées.

Nous avons observé cette plante sur un individu vivant, cultivé au Jardin du Roi, où il étoit innommé, et où il fleurissoit en août. Nous ignorons son origine. (H. Cass.)

LEICHE, *Scymnus.* (*Ichthyol.*) M. G. Cuvier a séparé des squales de Linnæus, pour en faire un genre à part sous le nom *leiche*, plusieurs espèces de poissons de nos mers ou des mers du Nord.

Les caractères de ce genre, qui appartient à la famille des *plagiostomes* de M. Duméril, et à celle des *sélaciens* de M. Cuvier, sont les suivans :

Des évents; pas de nageoire anale; deux nageoires dorsales sans épines; la seconde de celles-ci au-dessus des catopes; la queue courte; les dents inférieures tranchantes, et sur une ou deux rangées; les supérieures grêles, pointues et sur plusieurs rangs; la peau très-rude; le museau court, mais non obtus.

On voit que les leiches ont tous les caractères des *humantins*, et ne s'en distinguent que par l'absence des épines qui précèdent chez ceux-ci les nageoires dorsales. (Voyez CENTRINE et SQUALE.) On les séparera, en outre, facilement des AIGUILLATS, des CESTRACIONS, des EMISSOLES, par la forme des dents; des GRISETS, des MILANDRES, des PÉLERINS, qui ont une nageoire anale; des CARCHARIAS, qui manquent d'évents; des ROUSSETTES, dont la seconde nageoire dorsale est très en arrière des catopes, et dont le museau est court et obtus. (Voyez ces divers noms de genres et PLAGIOSTOMES.)

Les espèces de ce genre sont peu multipliées.

§. I.ᵉʳ *Seconde nageoire dorsale au-dessus des catopes.*

La LICHE : *Scymnus vulgaris*, N.; *Squalus americanus*, Gmel. Seconde nageoire dorsale plus grande que la première; catopes grands et rapprochés de la queue; dents aplaties d'avant en arrière, et dentelées lorsqu'elles ont acquis toutes leurs dimensions; narines larges; évents éloignés des yeux; les deux dernières ouvertures branchiales de chaque côté très-rapprochées; nageoire caudale lancéolée : tout le corps couvert d'écailles ou de tubercules petits et anguleux.

Broussonnet est le premier naturaliste qui ait vu et décrit ce poisson, qu'il a nommé *chien de mer liche* (Mém. de l'Acad. roy. des Sc. de Paris, année 1780), et que, par méprise depuis, on a appelé *squalus americanus*, erreur qui paroît tenir à ce que Gmelin a confondu le cap Breton, près de Bayonne, avec le cap Breton, près de Terre-Neuve. C'est en effet sur nos côtes, et en particulier près du premier de ces deux caps, que l'on trouve la liche, qu'il faut, au reste, très-probablement confondre avec le squale nicéen de M. Risso. Il résulteroit de là que les mers australes de l'Europe seroient la patrie de ce poisson, dont le corps est d'un violet obscur, dont l'iris brille d'un noir argenté, et dont la pupille est du plus beau vert d'émeraude.

La liche, très-commune par conséquent dans la mer de Nice, ne s'approche jamais des rivages, et ne sort point des eaux qui ont une température de dix degrés au moins. On la pêche à l'hameçon, avec des trachures et des bogues, à une profondeur de 1000 mètres. Sa chair est passable ; son foie, volumineux, se résoud facilement en huile; sa peau fournit un des meilleurs galuchats. Elle parvient à la taille de trois à quatre pieds.

On trouve, dans les mers du Nord, une autre espèce de liche aussi terrible que le requin. C'est le prétendu *squalus carcharias* de Gunner et de Fabricius.

§. II. *Première nageoire dorsale au-dessus des catopes.*

La Liche bouclée : *Scymnus spinosus*, N.; *Squalus spinosus*, Linn. Tout le corps garni de tubercules inégaux en grandeur, larges et ronds à leur base, surmontés à leur sommet d'une ou de deux pointes recourbées ; museau avancé et conique; bouche peu large ; dents comprimées, presque carrées, découpées sur leurs bords ; catopes et nageoires ventrales de dimensions à peu près égales.

C'est encore à Broussonnet qu'on doit la connoissance de ce poisson, qu'il a nommé, dès 1780 (l.c.), *squale bouclé*, et qu'il a décrit d'après un individu de quatre pieds de longueur qu'il a pu observer.

Ce poisson habite l'Océan, et se montre, de temps à autre, sur les rivages de Nice, où il est appelé *mounge-clavelat*. Sa chair a peu de saveur. (H. C.)

LEICHEN-HUHU. (*Ornith.*) Les Allemands appellent ainsi l'effraie, *strix flammea*, Linn. (Cн. D.)

LEIGHIA. (*Bot.*) Scopoli donnoit ce nom au *kahiria* de

Forskal, qui, selon Vahl, est la même plante que l'*ethulia conysoides*. (J.)

LEIGHIE, *Leighia*. (Bot.) [*Corymbifères*, Juss. = *Syngénésie polygamie frustranée*, Linn.] C'est un sous-genre, que nous proposons d'établir dans le genre *Helianthus*; il appartient par conséquent à l'ordre des synanthérées, à la tribu naturelle des hélianthées, et à notre section des hélianthées-prototypes. Voici ses caractères, tels que nous les avons observés sur la *Leighia elegans*.

Calathide radiée : disque multiflore, régulariflore, androgyniflore; couronne unisériée, liguliflore, neutriflore. Péricline turbiné, supérieur aux fleurs du disque; formé de squames nombreuses, régulièrement imbriquées, appliquées, oblongues, coriaces, surmontées d'un grand appendice foliacé, très-étalé, foliiforme, lancéolé, uninervé. Clinanthe très-convexe, ou conoïdal, peu élevé, garni de squamelles inférieures aux fleurs, embrassantes, lancéolées, membraneuses-foliacées. Fruits oblongs, comprimés bilatéralement, hispidules; aigrette non interrompue, point caduque, composée de plusieurs squamellules unisériées, contiguës : l'extérieure et l'intérieure beaucoup plus longues, triquètres-filiformes, barbellulées; les latérales beaucoup plus courtes, inégales, dissemblables, irrégulières, paléiformes-laminées, oblongues ou lancéolées, dentées au sommet. Fleurs de la couronne à faux ovaire long, grêle, aigretté, à style nul, à languette bilobée au sommet.

LEIGHIE ÉLÉGANTE : *Leighia elegans*, H. Cass.; *An? Helianthus squarrosus*, Kunth, *Nov. Gen. et Sp. pl.*, tom. IV (édit. in-4°), p. 222, tab. 377; *An? Helianthus linearis*, Cavan. Tige herbacée, haute de quatre pieds, peu épaisse, cylindrique, dressée, ramifiée supérieurement en panicule, scabre, munie de poils roides, appliqués, et garnie de feuilles. Celles-ci sont alternes, éparses, sessiles ou presque sessiles, très-étalées, longues d'un à deux pouces, larges d'une ligne et demie ou deux lignes, linéaires, aiguës, très-entières, à bords courbés en dessous; les deux faces munies de poils qui les rendent très-scabres; une nervure longitudinale, et des nervures transversales formant des sillons en dessus. Les calathides, larges d'un pouce, et composées de fleurs jaunes, sont nombreuses, comme paniculées, solitaires au sommet de la tige et des rameaux, dont la partie supérieure presque dégarnie de feuilles, est longue, simple, grêle, roide, pédonculiforme; le péricline est formé de squames régulièrement imbriquées, appliquées, surmontées chacune d'un grand appendice très-étalé, analogue aux feuilles. Nous avons fait cette description spécifique et celle des caractères génériques, sur un individu vivant, cultivé au Jardin du Roi, où il fleurit en août, et où il est étiqueté tantôt *Helianthus linearis*, et tantôt *Helianthus angustifolius*. Nous croyons que c'est l'*Helianthus linearis* de Cavanilles, auquel on attribue cependant une tige ligneuse; et il n'est guère douteux que c'est l'*Helianthus squarrosus* de M. Kunth, qui est herbacé, à racine vivace, et qui habite le Mexique.

LEIGHIE BICOLORE : *Leighia bicolor*, H. Cass.; *Helianthus angustifolius*, Linn., *Sp. pl.*, edit. 3, p. 1279; Mich., *Fl. Bor. Amer.* Cette plante de la Virginie a une racine vivace, produisant des tiges herbacées, hautes d'un pied et demi, grêles, rougeâtres; les feuilles sont opposées ou alternes, très-longues, très-étroites, linéaires, acuminées, entières, scabres, à bords réfléchis en dessous, à face inférieure pâle; chaque tige porte ordinairement une seule calathide, à disque brun, convexe, et à couronne d'un beau jaune, composée de languettes échancrées à leur sommet. Nous n'avons point vu cette seconde espèce, que nous attribuons cependant à notre sous-genre *Leighia*, à cause de sa très-grande affinité avec la première.

LEIGHIE A PETITES FEUILLES : *Leighia microphylla*, H. Cass.; *Helianthus microphyllus*, Kunth, *Nov. Gen. et Sp. pl.*, tom. IV (édit. in-4.°), pag. 220, tab. 375. C'est un arbuste haut de deux pieds, très-rameux, à feuilles alternes, rapprochées, presque sessiles, longues de quatre à cinq lignes, oblongues, obtuses, très-entières, à bords roulés en dessous, un peu épaisses, coriaces, roides, scabres et grisâtres en dessus, tomenteuses et blanches en dessous; les calathides, grandes comme celles du *bellis perennis*, et composées de fleurs jaunes, sont penchées, et solitaires à l'extrémité de petits rameaux, dont la partie supérieure est pédonculiforme et arquée. Cette troisième espèce, que nous n'avons pas vue, a été trouvée au Pérou par MM. de Humboldt et Bonpland. Quoique sa description par M. Kunth n'énonce point les caractères propres au *leighia*, la figure dessinée par M. Turpin, nous persuade qu'elle appartient réellement à ce sous-genre.

Nous avons divisé le genre *Helianthus* en trois sous-genres, nommés *Helianthus*, *Harpalium*, *Leighia*, et caractérisés par la structure de l'aigrette et par celle du péricline. (Voyez nos articles Harpalion et Hélianthe, tom. XX, pag. 299 et 351.) Dans le sous-genre *Helianthus*, l'aigrette est composée de deux squamellules opposées, paléiformes, articulées, caduques; et le péricline, supérieur aux fleurs du disque, est formé de squames paucisériées, irrégulièrement obimbriquées, presque entièrement inappliquées, foliacées. Dans le sous-genre *Harpalium*, l'aigrette est composée de plusieurs squamellules unisériées, paléiformes, caduques, dont deux grandes opposées, et les autres petites; et le péricline, inférieur aux fleurs du disque, est hémisphérique, et formé de squames régulièrement imbriquées, entièrement appliquées, coriaces, inappendiculées. Dans le sous-genre *Leighia*, l'aigrette est composée de plusieurs squamellules unisériées, persistantes, dont deux grandes, opposées, triquètres-filiformes, et les autres petites, paléiformes; et le péricline, supérieur aux fleurs du disque, est formé de squames régulièrement imbriquées, appliquées, surmontées chacune d'un grand appendice très-étalé, analogue aux feuilles.

Nos deux sous-genres *Leighia* et *Harpalium* ont beaucoup d'affinité avec le genre *Viguiera* de M. Kunth, qui en diffère seulement par le péricline de squames unisériées, et par le clinanthe conique, élevé. L'*helianthus parviflorus* du même auteur, dont le péricline paroît être fort analogue à celui du *viguiera*, mais dont l'aigrette et le clinanthe paroissent conformes à ceux des vrais *helianthus*, ne pourroit-il pas constituer un sous-genre particulier?

Le nom générique de *leighia*, qui rappelle l'auteur d'une histoire naturelle de quelques parties de l'Angleterre, avoit été substitué fort arbitrairement par Scopoli à celui de *kahiria*, qui doit lui-même être supprimé, puisque le genre qu'il désigne avoit été nommé plus anciennement *ethulia*.

Dans notre article Harpalion (tom. XX, pag. 299), nous n'avons attribué à ce sous-genre qu'une seule espèce, nommée *harpalium rigidum.* Nous croyons pouvoir y ajouter les deux espèces suivantes :

1.° *Harpalium truxillense,* H. Cass. ; *Helianthus truxillensis,* Kunth, *Nov. Gen. et Sp. pl.,* tom. IV, pag. 223 (édit. in-4.°). Il diffère de notre *harpalium rigidum,* par ses feuilles alternes, longues de deux pouces; ses calathides grandes comme celles de l'*inula britanica;* les squames de son péricline lancéolées, aiguës; les squamelles du clinanthe lancéolées, aiguës, scarieuses ; les ovaires glabres; les languettes de la couronne larges de deux lignes.

2.° *Harpalium aureum,* H. Cass.; *Helianthus aureus,* Kunth, *Nov. Gen. et Sp. pl.,* tom. IV, pag. 224 (édit. in-4.°). Celui-ci diffère de l'*harpalium rigidum,* par ses rameaux anguleux, velus; ses feuilles alternes, pétiolées, vertes et poilues en dessus, laineuses et blanches en dessous; la couronne de la calathide de couleur orangée; les squames du péricline aiguës, hérissées de poils ; les squamelles du clinanthe scarieuses. (H. Cass.)

LEIMONITES. (*Ornith.*) Nom donné par M. Vieillot à une famille de l'ordre des oiseaux sylvains , qu'il caractérise par un bec droit, très-entier, à pointe obtuse, un peu aplatie ou renflée, et qui comprend les genres Stournelle, Etourneau et Pique-bœuf. (Ch. D.)

LEINKERIA. (*Bot.*) Scopoli a substitué ce nom à celui de *roupala* d'Aublet, que Schreber a nommé *rhopala,* et qui est maintenant le *rupala* de Vahl. (J.)

LÉIODE, *Leiodes.* (*Entom.*) Nous avons décrit, sous le nom d'Anisotome, les espèces d'insectes coléoptères hétéromérés, que M. Latreille a cru devoir réunir en un genre particulier, à ce qu'il paroît, avant qu'Illiger et ensuite Fabricius eussent employé le nom sous lequel on trouve décrites dans ce Dictionnaire, tom. II, pag. 179, les trois espèces principales, sous les n.°ˢ 1 , 2 , 3 et 4. (C. D.)

LEIODERMA. (*Bot.*) C'est ainsi que M. Persoon désigne l'une des sections de son genre Tremella. Voyez ce mot. (Lem.)

LÉIOGNATHE , *Leiognathus.* (*Ichthyol.*) M. de Lacépède a établi, sous ce nom, un genre de poissons qui appartient à la famille des ostéostomes de M. Duméril, et que l'on peut reconnoître aux caractères suivans :

*Catopes sous les nageoires pectorales ; corps épais, comprimé ;
mâchoires tout-à-fait osseuses et lisses ; une seule nageoire du dos ,
armée d'aiguillons.*

Ce genre se rapproche par conséquent beaucoup de celui
des Scares, et n'en diffère que par le dernier caractère indiqué.
On le distinguera aussi très-facilement des Ostorhynques, qui
ont deux nageoires dorsales. (Voyez ces deux noms de genres
et Ostéostomes.)

On ne connoît encore qu'une seule espèce de léiognathe ,
c'est

Le Léiognathe argenté : *Leiognathus argenteus* , Lacép. ;
Scomber edentulus , Bloch, 428. Nageoire dorsale falciforme ,
avec un aiguillon recourbé et très-fort des deux côtés de chacun de ses rayons articulés ; nageoire anale falciforme aussi ;
caudale fourchue ; opercules sans écailles ; point de dents véritables ; ouverture de la bouche petite ; corps très-comprimé
et d'une hauteur égale à la moitié de sa longueur totale : un
appendice écailleux, long et aplati auprès de chaque catope ;
deux orifices à chaque narine ; écailles minces et argentées ;
nageoire de la queue violette ; opercules, poitrine et les autres
nageoires que la caudale dorées ; dos violet ; plusieurs bandes
transversales brunes. Taille de quinze à seize pouces.

Ce poisson vit auprès de Tranquebar, et n'entre que rarement dans les rivières. Il est très-commun dans ces parages, et
sa chair est grasse et d'une saveur agréable. Les Malais le nomment *muntschikarel.*

Bloch l'a décrit le premier, et l'a rangé parmi les maquereaux
sous le nom de *scomber edentulus.* M. de Lacépède, plus tard ,
en a fait le genre *Léiognathe*, dont le nom tiré du grec λεῖος,
lisse, et γναθος, *mâchoire*, indique le caractère principal, l'absence des dents. M. Cuvier pense que c'est un *poulain*, et le
regarde comme le même poisson que le *centrogaster equula*
de Gmelin ; que le *cœsio poulain* de M. de Lacépède ; que le
clupea fasciata du même auteur ; que le *goomorah karah* de
Russel. Voyez Cæsion, Centrogastère et Poulain. (H. C.)

LEIOPHLŒA (*Bot.*) nom de l'une des sections du genre
Verrucaria , dans Acharius. (Lem.)

LEIOPHYLLUM. (*Bot.*) M. Persoon a fait, sous ce nom, un
genre du *ledum thymifolium*, parce que sa capsule s'ouvre par

le haut, et non à la base comme dans les autres, et que de plus ses feuilles sont lisses en dessous. (J.)

LÉIOPOMES. (*Ichthyol.*) Dans sa Zoologie analytique, le professeur Duméril, de Paris, a formé, sous ce nom, dans l'ordre des holobranches, et dans le sous-ordre des thoraciques, une famille de poissons reconnoissables aux caractères suivans :

Catopes au-dessous des nageoires pectorales; corps épais comprimé; mâchoires garnies de dents; opercules lisses.

C'est ce dernier caractère qu'exprime le mot *léiopomes*, tiré du grec λεῖος, *lisse*, et πῶμα, *opercule*, et désignant des poissons dont les opercules ne sont jamais dentelées ou épineuses, ainsi que cela a lieu dans les acanthopomes. (Voyez Acanthopomes.)

Tous ces poissons viennent en général des mers des pays chauds, et constituent un assez grand nombre de genres qui se rapportent aux genres Spare et Labre de la plupart des ichthyologistes.

La table suivante donnera une idée de la distribution de ces genres.

Famille des Léiopomes.

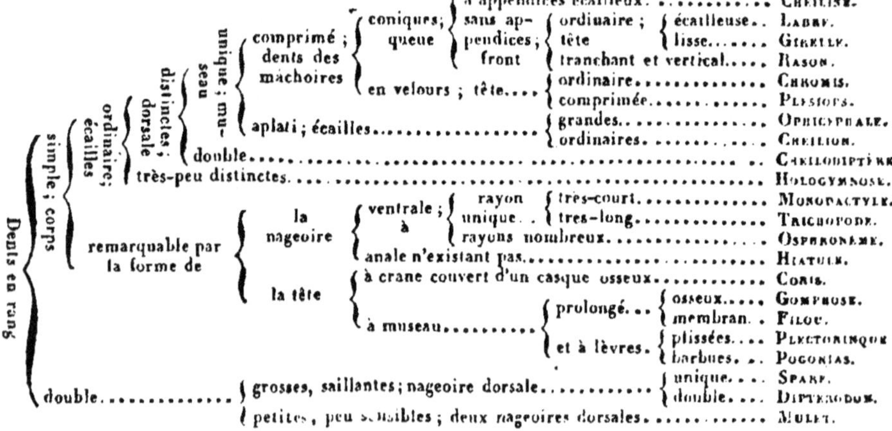

Voyez ces différens noms de genres et les articles Holobranches et Thoraciques. Voyez aussi Labroïdes. (H. C.)

LÉIOSTOME, *Leiostomus*. (*Ichthyol.*) M. de Lacépède a formé sous ce nom, et dans sa division des thoraciques, un genre de poissons auquel il assigne les caractères suivans :

Mâchoires dénuées de dents, et entièrement cachées sous les lèvres, qui sont extensibles ; bouche au-dessous du museau ; deux nageoires dorsales ; point de dentelures ni de piquans aux opercules.

Ce genre ne renferme encore qu'une espèce, c'est

Le Léiostome queue jaune ; *Leiostomus xanthurus*, Lacép. Première nageoire du dos triangulaire ; nageoire caudale échancrée en croissant ; écailles arrondies ; dos brun ; ventre argenté ; des points bruns à la base de toutes les nageoires, qui sont jaunes. Taille de six pouces environ.

C'est à M. Bosc que nous devons la connoissance de ce poisson, qui vit dans les eaux douces de la Caroline, et qui est assez estimé, comme aliment, dans ce pays, où il est appelé *yellow-tail*, c'est à-dire *queue jaune*. La tête, le corps et la queue du léiostome queue jaune sont comprimés, et son nom générique, tiré du grec λεῖος, *lisse*, et σ]ομα, *bouche*, indique chez lui l'absence de dents maxillaires.

M. Cuvier ne doute point que le genre Léiostome ne doive être rapproché du sous-genre des sciènes proprement dites. (H. C.)

LEIPE. (*Bot.*) Nom de l'aune, *alnus*, dans la Laponie, suivant Linnæus. Il est nommé *ulra* dans la Westrobothnie, province de Suède limitrophe. Les Lapons emploient son écorce pour teindre leurs cuirs en rouge, et font avec son bois les vases dans lesquels ils conservent le lait de leurs rennes. (J.)

LEIPTER. (*Mamm.*) M. de Lacépède dit que c'est un des noms irlandois du dauphin vulgaire. (F. C.)

LEIRION. (*Bot.*) Voyez CALLEIRION, vol. V, Suppl. (J.)

LÉISTE, *Leistus*. (*Entom.*) Clairville, dans son Entomologie Helvétique, a décrit, sous ce nom, un petit genre de coléoptères pentamérés de la famille des carabes ou créophages, dont quelques auteurs ont fait depuis le genre *Pogonophore :* les carabes *spinibarbis* et *cœruleus* sont de ce genre. M. Clairville a figuré ce dernier à la planche XXIII.ᵉ du second volume de l'Entomologie Helvétique, pag. 146. (C. D.)

LEITER. (*Ichthyol.*) Dans la Poméranie suédoise, le vulgaire donne ce nom, qui signifie *guide* ou *conducteur*, au cyprin de

Buggenhagen, parce que les pêcheurs croient qu'il sert de guide aux brêmes. Voyez Buggenhagénien, dans le Supplément du Ve volume de notre Dictionnaire. (H. C.)

LEJICA. (*Bot.*) Hill, auteur anglois, cité par Linnæus, nommoit ainsi le *zinnia*, genre de plante composée. (J.)

LEJOSTROMA. (*Bot.*) Nouveau nom proposé par Fries pour désigner le genre Théléphora. Voyez ce mot. (Lem.)

LEKATT. (*Mamm.*) Nom suédois de l'Hermine. Voyez ce mot. (F. C.)

LEKEA. (*Bot.*) Voyez Liquée. (Poir.)

LELÉ ATTERRENA. (*Ornith.*) On nomme ainsi les hirondelles de jour, en Guinée, pour les distinguer de celles de nuit ou engoulevens, qui sont appelées *lelé serena*. (Ch. D.)

LELEBA. (*Bot.*) A Ternate, suivant Rumph, on nomme ainsi un roseau, qui est son *arundo arbor tenuis*, *arundo multiplex* de Loureiro. Ce dernier indique dans la fleur six étamines; ce qui, joint à son port d'après la figure de Rumph, le rapproche beaucoup du bambou; et en effet, Willdenow en fait son *bambusa verticillata*. (J.)

LELEK. (*Ornith.*) Ce nom polonois, qu'on trouve dans Rzaczynski, *Hist. nat. Pol.*, pag. 269, et dans l'*Auctuarium*, pag. 355, est appliqué à la hulotte. Le même nom est écrit dans Buffon *lelok*, et l'on y cite le mot *leleck* comme désignant en Russie l'engoulevent, *caprimulgus europœus*. (Ch. D.)

LELÉ-SERENA (*Ornith.*), nom que porte en Guinée l'engoulevent, *caprimulgus europœus*. (Ch. D.)

LELOJA, LUA (*Bot.*), noms arabes d'une herbe que Forskal nomme *turia leloja*. (J.)

LEMA. (*Ichthyol.*) Dans sa Collection des Poissons d'Amboine, Ruysch dit qu'aux Indes orientales on donne ce nom à deux poissons que nous ne saurions déterminer d'une manière certaine. (H. C.)

LEMÆNS-GRUS (*Ornith.*), nom donné au harfang, *strix nyctea*, Linn., en Norwège, où cet oiseau est aussi appelé *gys-fugl* et *gys-ugl*, selon O. F. Muller, n.° 77. (Ch. D.)

LEMAM, NMAME (*Bot.*), noms arabes du *mentha kahirica* de Forskal, qui croît aux environs du Caire; c'est le *mentha glabrata* de Vahl, nommé aussi *nana*, suivant M. Delile. (J.)

LEMANEA et LEMANIA; *Lemane*. (*Bot.*) Genre de plantes

cryptogames, de la famille des algues, de la section des con-
ferves, établi par Bory de Saint-Vincent, et que les botanistes
ont adopté. Link lui a substitué d'abord le nom de *nodularia*,
ensuite celui de *gonycladon*, et Palisot-Beauvois celui de *tri-
chogonum*. Ce genre n'est pas l'*apona* d'Adanson, qui, d'après
la définition de l'auteur, est plutôt une division de la famille
des algues, puisqu'il comprend, outre les espèces de *lemanea*,
le genre *Batrachospermum* et quelques *ceramium*; car Adanson
y ramène toutes les espèces figurées pl. 7 de l'*Historia muscorum*
de Dillenius qui représente ces plantes. Le *lemanea* rentre
dans les genres *Polysperma* de Vaucher et *Chantransia* de Decandolle.

Bory de Saint-Vincent définit ainsi ce genre : *Conferve articulée, dont les articles contigus sont unis les uns aux autres par un
filament solide et intérieur.*

Agardh auquel on doit une monographie de ce genre, développe ainsi son caractère : *Filament tubuleux, entosperme, to-
ruleux; spores disposés en chaînes fixées aux parois du fil intérieur,
et groupées en façon de pinceaux.*

Ce genre très-naturel comprend un petit nombre de plantes
aquatiques qui se font remarquer par leur couleur noirâtre ou
olivâtre, et leur rigidité, surtout lorsqu'elles sont desséchées.
Leurs articulations sont généralement resserrées dans le milieu, et rappellent assez volontiers la forme de bobines. C'est
au point de contact des articles que naissent, à l'extérieur, des
gemmes ou bourgeons sessiles, nus, plus ou moins nombreux,
qui, en grossissant, couvrent la plante, et finissent par s'en
détacher et produire de nouveaux individus.

Six espèces composent ce genre, d'après M. Bory; deux
d'entre elles, les *lemanea Dillenii* et *batrachosperma*, sont rapportées au *batrachospermum* par Agardh qui en décrit deux autres
espèces nouvelles, le *lemanea variegata*, qui est des Etats-Unis,
et le *lemanea subtilis*, des rivières de l'Ostrogothie ; en sorte que
ce genre contiendroit toujours six espèces au moins.

§. I. *Filamens roides, courbés, simples.*

LEMANEA ANTÉNINES.

LEMANEA COURBÉE : *Lemanea incurvata*, Bory, Annal. du Mus.,

12, pag. 184, pl. 21, fig. 1; *Chantransia torulosa*, Decand., Fl. Fr.; *Conferva torulosa*, Roth; Dill., *Hist. musc.*, tab. 7, fig. 48. Filamens d'un vert foncé, passant au brun et au noir par la dessiccation; simples, courbés, cartilagineux, réunis huit à trente ensemble et insérés sur une petite plaque cornée qui fixe la plante sur les pierres et les autres petits corps; à articulations renflées dans le milieu. Cette espèce croît plus ou moins abondamment dans les rivières et les eaux courantes. Elle forme des touffes longues de dix à douze pouces et plus, qui suivent la direction du courant. Les filamens sont épais lorsqu'ils sont desséchés, ils ont été comparés pour leur couleur noire et leur consistance à des *fucus* ou des *ceramium*. On observe quelquefois sur les filamens des animaux microscopiques du genre Vorticelle qu'on avoit crus produits par la plante; celle-ci eût été ainsi une sorte de polypiers; mais c'est une erreur.

LEMANEA CORALLINE : *Lemanea corallina*, Bory, l. c., pag. 183, pl. 21, fig. 2; *Chantransia fluviatilis*, Decand.; *Lemania fluviatilis*, Agardh, *Act. Holm.*, 1814, pag. 43, tom. 2, fig. 2; Lyngb., *Tent.*, pag. 99, tom. 29; *Conferva fluviatilis*, Linn.; *Polysperma fluviatilis*, Vauch., *Conf.*, pag. 99, pl. 1, fig. 3, et pl. 10, fig. 1-3; Dillen., *Musc.*, pl. 7, fig. 47; Vaill., *Bot. Par.*, tab. 4, fig. 5. Filamens presque simples; articulations oblongues, renflées à leurs extrémités. Cette espèce ressemble beaucoup à la précédente, mais ses articles renflés aux extrémités, au lieu d'être renflés au milieu, l'en distinguent suffisamment. Elle croît dans les canaux, les ruisseaux, les rivières. Elle se plaît dans les endroits où le courant est le plus rapide, et s'attache au bois de préférence; elle forme des touffes d'un vert brunâtre, longues de trois à sept pouces, qui tiennent à de petites plaques cartilagineuses qui fixent la plante aux parois des canaux, aux pierres, etc. Elle dépérit dans les eaux stagnantes. En vieillissant, les filamens s'encroûtent et deviennent méconnoissables.

Les articles se fendent, à une certaine époque, et les loges intérieures laissent échapper une matière verte qui produit de nouveaux individus. D'après la figure qu'en donne Vaucher, plusieurs filamens naissent à la fois, et tiennent ensemble par leur base.

§. II. *Filamens rameux.*

Lemanea fucines et monilines.

Lemanea fucine; *Lemanea fucina*, Bory, l. c., pl. 21, fig. 5. Filamens extrêmement rameux, très-longs; articulations oblongues, presque cylindriques. Cette rare espèce a été observée en Bretagne, dans un ruisseau très-rapide, entre Fougère et Vitré. Elle croît dans les trous des pierres, y adhère fortement, et forme des touffes très-épaisses, capillacées, longues de huit pouces à un pied et demi, et d'un vert olivâtre; les entre-nœuds ne sont distincts dans la plante vivante qu'à l'aide de la loupe; ils deviennent sensibles par la dessiccation pendant laquelle toute la plante noircit.

Lemanea sertularine; *Lemanea sertularina*, Bory, l. c., pl. 22, fig. 1. Filamens extrêmement rameux, un peu épais; articulations renflées à leurs extrémités, subcylindriques, puis difformes. Cette espèce croît dans les eaux fraîches, en Bretagne, à Fougère, etc. Ses filamens ont le diamètre d'un fort cheveu, offrent une certaine rigidité, et sont noirs.

Il y a encore le *lemanea batrachosperma*, Bory, ou *chantransia atra*, Decand., dont les filamens sont d'une finesse extrême, un peu gélatineux et noirs. (Lem.)

LEMANITE. (*Min.*) C'est le jade qu'on trouve sur les bords du lac de Genève ou Léman. De Saussure l'a trouvé et l'a fait connoître, et de la Métherie lui a donné un nom. Voyez Jade de Saussure. (B.)

LEMATÆSI, PUWAKGHAHA (*Bot.*), noms du palmier arec, dans l'île de Ceilan, cités par Hermann. (J.)

LÉME, *Lema*. (*Entom.*) Par une bizarrerie, qu'on a peine à expliquer, Fabricius, dans son Système des Éleuthérates, tom. I.er, a changé le nom du genre *Crioceris*, donné par Geoffroy, en celui de *lema*, tandis qu'il a employé le premier de ces noms pour désigner des galéruques et des altises, la plupart étrangères à l'Europe. Voyez Criocère. (C. D.)

LEMERINHA (*Bot.*), nom portugais d'une bruyère, *erica ciliaris*, suivant Clusius. (J.)

LEMIA. (*Bot.*) Genre de la Flore du Brésil de M. Vandelli, qui paroît devoir être réuni au pourpier, *portulaca*. (J.)

LEMMA. (*Bot.*) Il n'est pas très-assuré que la plante de ce nom, mentionnée par Théophraste, soit le *marsilea quadrifolia*, Linn. Il paroît même que, chez les Grecs, ce nom de *lemma*, souvent corrompu dans les auteurs, et changé en *lemna* et *lemnia*, se donnoit à plusieurs objets différens, entre autres, aux productions marines semblables par la forme à des membranes, ou à des écorces, ou à des écailles qui s'attachent aux huîtres et aux autres coquilles bivalves sur lesquelles elles forment des espèces de dessins. *Lemma*, en grec, signifie en effet *écorce*, *tunique*, etc. Quoi qu'il en soit, B. de Jussieu, Adanson et puis M. de Jussieu ont voulu fixer le nom de *lemma* au genre *Marsilea* modifié; mais leurs efforts n'ont pas été couronnés par le succès. Voyez MARSILEA. (LEM.)

LEMMER-GEYER. (*Ornith.*) Voyez LAEMMER-GEYER. (CH. D.)

LEMMING. (*Mamm.*) Nom d'une espèce du genre CAMPAGNOL. Voyez ce mot. (F. C.)

LEMNA. (*Bot.*) Voyez LEMMA, LENTICULA, LENTICULE et CANILLÉE. (LEM.)

LEMNIA. (*Bot.*) Voyez LEMMA. (LEM.)

LEMNIA. (*Erpétol.*) Séba a parlé, sous ce nom, d'une grenouille qui sert de nourriture à un serpent qui s'appelle du même nom qu'elle, suivant lui, et qui paroît être le *laphiati*. (H. C.)

LEMNISCIA. (*Bot.*) Schreber et Willdenow nomment ainsi la *vantanea*, genre d'Aublet. (J.)

LEMNISQUE. (*Erpétol.*) Quelques auteurs ont ainsi appelé l'*élaps galoné*, serpent que nous avons décrit dans ce Dictionnaire, tom. XIV, pag. 287. (H. C.)

LÉMOSTÈNE, *Laemostenus*. (*Entom.*) On trouve ce nom de genre dans les observations de M. Bonelli sur les carabes; il le rapporte à sa 12ᵉ section, et il n'indique que les caractères tirés des parties de la bouche. Le corps est alongé, le corselet sessile, plus étroit que les élytres. (C. D.)

LEMUR. (*Mamm.*) Nom latin donné d'abord comme nom commun à tous les animaux qui entrent actuellement dans la famille des lémuriens, et plus particulièrement appliqué aujourd'hui aux makis. (F. C.)

LÉMURIENS. (*Mamm.*) M. Desmarest a formé sous ce nom une famille des quadrumanes à museau alongé, terminé par un muffle, qui n'ont que des rapports assez éloignés avec les singes de l'ancien et du nouveau Monde. Ce sont de ces animaux dont on a formé les genres MAKIS, INDRIS, GALAGOS, LORIS, TARSIER, etc., lesquels rappellent en effet mieux la physionomie des petits carnassiers que celle des singes proprement dits : aussi peuvent-ils être considérés comme faisant le passage de ces derniers aux insectivores. M. Geoffroy Saint-Hilaire a donné à la même famille le nom de *strepsirrhini*. (F. C.)

LENA-NOEL. (*Bot.*) C'est sous ce nom qu'est connu, à Ténériffe, le bois de Rhodes, *lignum rhodium*, *convolvulus scoparius*, suivant Willdenow. (J.)

LENDES ou **LENTES**, du mot latin *lens*, *lendis*. (*Entom.*) On nomme ainsi les œufs des poux. On trouve ce nom dans Pline. Dans Serenus :

Unda maris capiti lendes deducit iniquas.

(C. D.)

LENGOU. (*Bot.*) C'est, suivant Flacourt, une plante dont le fruit anguleux a la grosseur et le goût d'une noix verte. Lorsqu'on le mange, il noircit l'intérieur de la bouche, et rend l'haleine suave. C'est peut-être une espèce de royoc, *morinda*. (J.)

LENGUADO. (*Ichthyol.*) Frésier a parlé, sous cette dénomination, d'une espèce de pleuronecte qu'on pêche dans la mer du Sud. (H. C.)

LENIDIE, *Lenidia.* (*Bot.*) Genre de plantes dicotylédones, à fleurs complètes, polypétalées, de la famille des *dilléniacées*, de la *polyandrie polygynie* de Linnæus, offrant pour caractère essentiel : Un calice à cinq folioles ; cinq pétales, des étamines libres et nombreuses ; les anthères linéaires, alongées ; cinq ovaires supérieurs ; autant de styles et de capsules uniloculaires, polyspermes ; un arille pulpeux à la base des semences.

Ce genre est composé d'arbres ou d'arbrisseaux un peu grimpans, à feuilles alternes, pétiolées, accompagnées de stipules caduques ; les fleurs disposées en grappes ou en panicules. M. du Petit-Thouars lui a donné le nom de *lenidia*, d'après une

espèce de Madagascar. Roth l'avoit déjà nommé *wormia* (*Nov.*
Act. Hafn., 1783, vol. 2, tab. 3). Ce nom a été conservé par
M. Decandolle, qui y a rapporté quelques espèces placées
d'abord parmi les *dillenia*.

LÉNIDIE DE MADAGASCAR : *Lenidia madagascariensis*, Poir.,
Eucycl., *Suppl.;* Petit-Th., *Gen. Madag.*, 17; *Wormia ma-*
dagascariensis, Decand., *Syst. Veg.*, 1, pag. 433. Arbre d'un
beau port, dont les feuilles sont simples, alternes, pétiolées,
fort grandes, ovales ou orbiculaires, sinuées à leurs bords.
De longues et grandes stipules foliacées entourent les rameaux,
et y laissent, après leur chute, un bourrelet en anneau; les
fleurs sont disposées en grappes paniculées; les folioles du calice
orbiculaires; les pétales en ovale renversé, trois fois plus longs
que le calice, ondulés à leurs bords; les étamines plus courtes
que le calice; les styles droits, subulés; les capsules polyspermes.
Cette plante croît à l'île de Madagascar.

LÉNIDIE DENTÉE: *Lenidia dentata*, Poir.; *Dillenia dentata*, Willd.,
Spec., 2, pag. 1253; Poir., Eucycl., 7; *Wormia dentata*, Dec.,
Syst. Veg., 1, pag. 434. Arbre dont les rameaux sont cylindriques, de couleur cendrée, garnis de feuilles glabres, coriaces,
longuement pétiolées, ovales, obtuses, longues de trois pouces;
les stipules très-longues, glabres, aiguës; les fleurs disposées
en grappes simples, pédonculées; les folioles du calice ovales,
presque orbiculaires; les pétales arrondis; les étamines nombreuses; les ovaires au nombre de cinq. Cette plante croît à l'île
de Ceilan.

LÉNIDIE TRIGONE : *Lenidia triquetra*, Poir.; *Wormia triquetra*,
Roxb., *Nov. Act. Hafn.*, 2, pag. 332, tab. 3; Dec., *Syst. Veg.*,
l. c. Ses rameaux sont bruns, glabres, cylindriques; les feuilles
ovales-oblongues, un peu rétrécies à leur base, obtuses,
presque mucronées au sommet, un peu sinuées à leur contour;
les pétioles trigones, longs de deux pouces; les fleurs disposées
en grappes; les pédoncules trigones; les folioles du calice coriaces, les deux intérieures un peu plus grandes; les pétales
concaves; les ovaires trigones et rapprochés; les styles réfléchis. Cette plante croît à l'île de Ceilan.

LÉNIDIE AILÉE : *Lenidia alata*, Poir.; *Dillenia alata*, Bancks;
Wormia alata, Dec., *Syst. Veg.*, l. c. Cette espèce a des rameaux glabres, cylindriques; des feuilles glabres, ovales, très-

entières; les pétioles canaliculés, garnis principalement vers leur sommet d'une membrane foliacée; les pédoncules droits, presque terminaux, plus courts que les feuilles, trigones, portant deux ou trois fleurs; les folioles du calice ovales, obtuses, inégales, un peu ciliées au sommet; les pétales presque orbiculaires, un peu onguiculés; cinq à sept ovaires rapprochés; les styles divergens, plus longs que les étamines. Cette plante croît à la Nouvelle-Hollande. (POIR.)

LÉNOK. (*Ichthyol.*) Pallas a donné ce nom à un poisson qui appartient au genre Salmone, et qui vit dans les torrens de la Sibérie orientale. Voyez SALMONE. (H. C.)

LENS. (*Bot.*) Voyez LENTILLE. (J.)

LENS PALUSTRIS et LENTICULA PALUSTRIS. (*Bot.*) Sous ces dénominations, les botanistes anciens ont fait connoître les canillées, ou lentilles d'eau, le *pistia stratiotes*, Linn., des *callitriche* et deux plantes cryptogames, dont l'une est le *marsilea quadrifolia*, et la seconde le *salvinia natans*. La première de ces dernières plantes seroit, selon quelques auteurs, le *lemma* de Théophraste, et la seconde le *stratiotes* aquatique de Dioscoride, ce qui ne nous paroît pas exact. (LEM.)

LENTAGO. (*Bot.*) Nom donné, par Césalpin et Belon, au laurier-tin, *viburnum tinus*, ou à une de ses variétés. Il est aussi nommé *lentagena* par le dernier. Une autre espèce du Canada a été nommée par Linnæus *viburnum lentago*. (J.)

LENTÉ (*Bot.*), nom provençal d'une luzerne, *medicago falcata*, et de ses variétés, selon Garidel. (J.)

LENTIBULARIA. (*Bot.*) Gesner, et, après lui, Rivin, ont donné ce nom à une plante aquatique, dont les racines sont parsemées de petites vessies qui aident à la soutenir dans l'eau. Linnæus a substitué à ce nom celui de *utricularia*. (J.)

LENTICULA. (*Bot.*) Ce nom, donné par la plupart des anciens à la canillée ou lentille d'eau, adopté par Tournefort, Vaillant et Adanson, auroit pu lui être conservé sans inconvénient. Linnæus a préféré, pour ce genre, le nom de *lemna*, cité par C. Bauhin pour le *lemma* de Théophraste, autre plante aquatique très-différente, appartenant à la famille des salviniées bien décrite par Bernard de Jussieu, dans les Mémoires de l'Académie des Sciences, année 1740. Si l'on conserve à la plante de Théophraste son nom primitif, comme cela paroît convenable, on jugera qu'il convient de supprimer celui de *lemna*, qui n'existe dans le *Pinax* de C. Bauhin que par faute typographique. On donneroit alors à la canillée celui de *lenticula*, restreint aux espéces de ce genre, et refusé à quelques plantes aquatiques que plusieurs anciens confondoient avec elle, telles que le *pistia*, le *callitriche*, quelques *marsilea* et le *lemna* lui-même. (J.)

LENTICULA MARINA. (*Bot.*) Le fucus nageant, *fucus natans*, Linn., est ainsi désigné dans Lobel et Tabernæmontanus qui ne le confondent pas avec le *lenticula marina* de Sérapion, qui, selon eux, est le *fucus acinarius*. (Lem.)

LENTICULA PALUSTRIS. (*Bot.*) Voyez Lens palustris. (Lem.)

LENTICULAIRE. (*Foss.*) On a autrefois donné le nom de pierre lenticulaire aux Nummulites. Voyez ce mot. (D. F.)

LENTICULE ou CANILLÉE (*Bot.*), *Lemna* Linn., *Lenticularia*, Mich. Genre de plantes monocotylédones que Linnæus a placé dans la monoécie diandrie, M. de Jussieu dans la famille des nayades, et qui, suivant Palisot de Beauvois, appartient à la diandrie monogynie, et doit être rangé dans la famille des nymphéacées. Son caractère essentiel est d'avoir : Un calice monophylle ; point de corolle ; deux étamines qui se développent successivement, et dont les filamens portent chacun une anthère à deux loges ; un ovaire infère, à style cylindrique, terminé par un stigmate creux et évasé ; une capsule à une seule loge contenant une à quatre graines.

Les lenticules, que l'on nomme vulgairement lentilles d'eau, parce que les feuilles de la plupart des espéces ont en quelque sorte la forme d'une lentille, sont des herbes extrêmement petites, dont les feuilles, dépourvues de tiges, nagent à la surface des eaux tranquilles, sont munies en dessous d'une ou plusieurs racines, et portent la fructification dans leur point de réunion. Ces plantes ne tirent leur nourriture que de l'eau et de l'air, car leurs racines flottent au milieu des eaux sans atteindre la terre. Elles ont, dit-on, la propriété de purifier l'air malfaisant des lieux marécageux, où elles croissent souvent très-abondamment, en absorbant cet air pendant le jour, et en exhalant de l'oxigène pendant la nuit ;

elles peuvent aussi retarder la corruption des eaux dans lesquelles elles se trouvent; mais elles ne produisent ces deux effets que lorsque l'eau et l'air ne sont point encore parvenus à un certain degré d'altération, car alors les lenticules périssent et, en se décomposant ainsi que les nombreux polypes et animalcules qui vivent sous leurs feuilles, elles augmentent encore la putréfaction et l'insalubrité des eaux. Les canards et les carpes mangent ces plantes. On les employoit autrefois en médecine; appliquées à l'extérieur, on en faisoit des cataplasmes résolutifs et calmans, dans la goutte, les érysipèles, les hémorrhoïdes, les hernies des enfans. Elles sont aujourd'hui tout-à-fait hors d'usage.

On connoît sept ou huit espèces de lenticules qui, pour la plupart, se trouvent en Europe; les plus communes sont les suivantes :

Lenticule a trois lobes : *Lemna trisulca*, Linn., *Spec.*, 1376; *Lenticularia*, Mich., *Gen.*, tab. 11, fig. 5. Les feuilles de cette espèce sont oblongues - lancéolées, pétiolées, prolifères de chaque côté, c'est-à-dire donnant naissance de côté et d'autre à d'autres feuilles semblables, et on en trouve souvent ainsi cinquante à cent, et même plus, tenant les unes aux autres. Chacune d'elles a une racine simple, terminée par un renflement alongé, et les fleurs naissent sur le côté des feuilles, à l'endroit où une nouvelle feuille a coutume de pousser. Cette plante croît en France et en Europe, dans les eaux tranquilles; elle est souvent submergée.

Lenticule exigue : *Lemna minor*, Linn., *Spec.*, 1376; *Lenticularia*, Mich., *Gen.*, tab. 11, fig. 3. Ses feuilles sont ovales, sessiles, planes des deux côtés, adhérentes à leur base, munies en dessous d'une radicule solitaire, perpendiculaire. Cette espèce est la plus commune; elle flotte à la surface de toutes les eaux dormantes.

Lenticule bossue : *Lemna gibba*, Linn., *Spec.*, 1377; *Lenticularia*, Mich., *Gen.*, tab. 11, fig. 2. Cette espèce diffère de la précédente parce que les cellules de la surface inférieure de ses feuilles se gonflent et rendent cette surface convexe. Elle se trouve dans les mêmes lieux que les deux premières.

Lenticule a plusieurs racines : *Lemna polyrhiza*, Linn., *Spec.*, 1377; *Lenticularia*, Mich., *Gen.*, tab. 11, fig. 1. Cette espèce est plus grande, plus arrondie que la lenticule exiguë, et la surface inférieure de chaque feuille, qui est souvent de couleur rougeâtre, émet cinq à huit radicules simples, partant du même point et descendant en divergeant. Elle naît, comme les autres, sur les eaux stagnantes, en France et en Europe. (L. D.)

LENTICULITE. (*Foss.*) Quoiqu'il ait été annoncé qu'on avoit trouvé des coquilles de ce genre à l'état frais, nous n'avons encore pu en rencontrer, et nous croyons même être assuré que celles qu'on avoit prises pour des lenticulites, et qui avoient été trouvées dans la mer, étoient non seulement fossiles, puisque quelques unes étoient ferrugineuses et d'autres pyriteuses, mais encore qu'elles dépendent du genre Cristellaire.

Les lenticulites ayant un très-grand rapport avec les nummulites et les sydérolites, il est difficile d'établir une ligne de démarcation bien tranchée entre ces trois genres, les petites nummulites surtout ayant une grande ressemblance avec les lenticulites.

Toutes ces coquilles sont cloisonnées, et, n'ayant aucune loge qui ait pu contenir le corps des animaux qui les ont formées, on est forcé de croire qu'elles étoient intérieures, ou au moins recouvertes en grande partie, comme la coquille de la spirule.

Voici les caractères que M. Lamarck a assignés à ce genre : Coquille univalve, tournée en spirale, sublenticulaire, à plusieurs loges prolongées latéralement, et s'avançant des deux côtés et en dessous jusqu'aux centres, à cloisons entières, courbées et marquées en rayons de chaque côté, à ouverture étroite, s'élevant au-dessus de l'avant-dernier tour.

Espèces :

Lenticulite planulée; *Lenticulites planulata*, Lamk., Ann. du Mus. d'Hist. nat. Coquille lenticulaire, lisse et ressemblant à une petite nummulite, à centre un peu convexe des deux côtés, à cloisons courbes et bombées dans le sens de l'accroissement de la coquille : elle est lisse, et l'on voit extérieurement la forme des cloisons. Largeur, deux lignes; épaisseur, une demi-ligne. On trouve cette espèce à Senlis, Soissons, Rhéteuil, Betz et Gilocourt, département de l'Oise, dans des couches qui paroissent appartenir à la deuxième formation marine.

LENTICULITE APLATIE ; *Lenticulites complanata*, Def. Cette espèce a beaucoup de rapports avec la précédente; mais il est aisé de la distinguer par son grand aplatissement. On l'a trouvée à Anvers, près de Pontoise, à Dax, à Loignan près de Bordeaux, à Boutonnet près de Montpellier, et en Italie dans les couches qui paroissent appartenir au calcaire coquillier grossier.

LENTICULITE VARIOLAIRE; *Lenticulites variolaria*, Lamk., Ann. du Mus. d'Hist. nat. Coquille orbiculaire, à centres convexes, à cloisons nombreuses, qui forment des stries rayonnantes à l'extérieur. Diamètre, une ligne environ. Cette espèce a beaucoup de rapports avec les petites nummulites, et la différence qu'on remarque entre elle et ces dernières, provient des petites stries rayonnantes dont elle est couverte. On la trouve à Grignon (Seine et Oise), à Chaumont, à Parnes, à Acy et à Betz (Oise), dans les couches du calcaire coquillier grossier. Dans certains endroits elles sont extrêmement communes, et remplissent en grande partie les autres coquilles marines avec lesquelles on les trouve.

LENTICULITE ROTULÉE ; *Lenticulites rotulata,* Lamk., Vélins du Mus., n.° 47, fig. 12. Très-petite coquille, qu'on trouve quelquefois dans la craie de Meudon. Elle est tranchante sur ses bords, et renflée au centre des deux côtés. On voit sur sa surface quelques rayons courbes qui vont du centre à la circonférence. Le dernier tour s'élève de beaucoup sur l'avant-dernier. Diamètre, une ligne. (D. F.)

LENTIGO. (*Conchyl.*) Klein, *Tentam. ostracol.*, p. 100, établit, sous ce nom, un genre de coquilles qui renferme le *strombus lentiginosus.* Ses caractères sont : Coquille ailée, couverte partout comme de lentilles. (DE B.)

LENTIJUELA (*Bot.*), nom du *coronilla valentina*, aux environs de Grenade et de Murcie, suivant Clusius. (J.)

LENTILLAC. (*Ichthyol.*) Un des noms vulgaires de l'EMISSOLE. Voyez ce mot. (H. C.)

LENTILLADE. (*Ichthyol.*) Un des noms vulgaires de la *raie oxyrinque.* Voyez RAIE. (H. C.)

LENTILLAT. (*Ichthyol.*) Voyez LENTILLADE. (H. C.)

LENTILLE , *Lens*. (*Bot.*) Cette plante , très-anciennement connue et cultivée pour la nourriture de l'homme, est le *phacos* de Dioscoride et de Théophraste. Le nom *lens* remonte aussi très-haut. Tournefort en faisoit un genre distinct de l'ers, *ervum*, par sa gousse ovale , comprimée et ses graines non globuleuses , mais orbiculaires, convexes des deux côtés , et devenant le type de la forme dite lenticulaire. Linnæus n'a point été arrêté par ces différences , et il a réuni les deux genres sous le nom d'*ervum*. (J.)

LENTILLE (*Bot.*) , *Ervum*, Linn. Genre de plantes dicotylédones , de la famille des *légumineuses*, Juss. , et de la *diadelphie décandrie*, Linn. , qui présente pour principaux caractères : Un calice monophylle , presque de la longueur de la corolle, et divisé profondément en cinq découpures à peu près égales ; une corolle papilionacée , à étendard plus long que les ailes et la carène ; dix étamines, dont neuf réunies par leurs filets ; un ovaire supère , oblong, surmonté d'un style arqué , terminé par un stigmate glabre ; une gousse ovale ou oblongue , contenant deux à quatre graines.

Les lentilles sont des herbes annuelles, à tiges grêles, garnies de feuilles alternes, ailées, terminées par une vrille , et munies de stipules à leur base ; leurs fleurs sont petites, portées une ou plusieurs ensemble sur des pédoncules axillaires. On en connoît six à sept espèces ; nous parlerons seulement ici de la lentille commune qui présente le plus d'intérêt, et de deux autres.

LENTILLE COMMUNE, vulgairement LENTILLE, ou NENTILLE dans quelques cantons ; *Ervum lens*, Linn., *Spec.*, 1039 ; *Lens*, Dod., *Pempt.*, 526. Sa racine est menue , fibreuse ; elle produit une tige rameuse dès sa base, foible , à demi couchée , haute de huit à dix pouces, et garnie de feuilles composées de cinq à six paires de folioles oblongues, un peu velues. Ses fleurs sont bleuâtres, disposées deux à trois ensemble sur un pédoncule placé dans les aisselles des feuilles supérieures. Le fruit est une gousse courte, large, comprimée, contenant deux à trois graines orbiculaires, aplaties, un peu convexes de chaque côté, et qui portent le même nom que la plante. La lentille croit naturellement dans les moissons de plusieurs parties du midi de la France et de l'Europe ; on la cultive assez généralement dans les pays du Nord, principalement pour employer ses graines comme alimentaires. Elle fleurit en mai et juin. On en connoît trois variétés : 1.° la grosse lentille blonde , plus grande dans toutes ses parties , et d'une couleur jaunâtre; 2.° la lentille à la reine, ou lentille rouge, d'un brun roussâtre, plus petite et comparativement plus bombée que la première; 3.° le lentillon, que l'on cultive comme fourrage.

Les lentilles réussissent bien mieux dans un sol maigre , léger et sablonneux que dans un terrain gras; dans le premier elles donnent beaucoup plus de produit en graines, tandis que dans le second elles poussent bien plus en herbe, et ne fournissent que peu de fruits. Dans le nord de la France, on sème communément les lentilles en mars et au commencement d'avril , lorsque les gelées ne sont plus à craindre ; mais celles qui ont été semées à l'automne rapportent beaucoup davantage, lorsque, pendant l'hiver qui suit , les froids ne sont pas assez rigoureux pour leur nuire. Un seul labour fait à la charrue , à la bêche ou à la houe selon les localités, suffit pour la terre qui doit recevoir les lentilles. On les sème de trois manières , à la volée , par rayons éloignés les uns des autres d'un pied à quinze pouces, ou par touffes disposées comme en échiquier, et à la distance d'environ un pied en tout sens. Les deux dernières méthodes sont préférables au semis fait à la volée, parce que les binages, qu'il est nécessaire de pratiquer dans le courant du printemps, sont plus faciles. On sème assez souvent les lentilles dans les vignes pour garnir les espaces vides.

On donne ordinairement deux binages aux lentilles : le premier lorsque les pieds ont trois à quatre pouces de hauteur, et le second quand ils sont en fleurs; quelquefois on supprime ce dernier. Le moment le plus favorable pour faire les binages est un temps un peu humide. Lorsque le printemps est trop sec et trop chaud, il n'est pas rare de voir les lentilles manquer en partie ou presque en totalité. Le moyen de remédier à cet accident seroit de les faire arroser ; mais cela est bien rarement praticable dans les campagnes, et devient d'ailleurs trop dispendieux ; il n'y a guère que pour de petites quantités cultivées dans les jardins, où l'on a l'eau sous la main, que cela pourroit se faire.

Il faut avoir soin de surveiller l'époque de la maturité des lentilles, parce que si on les laisse trop avancer sous ce rapport, les gousses venant à s'ouvrir spontanément, une grande partie des graines se répand à travers les champs, et se trouve perdue ou devient la proie des pigeons, des mulots ou autres animaux qui en sont très-friands. Dans le climat de Paris, c'est le plus communément vers la fin de juillet qu'arrive la maturité des lentilles; on reconnoit qu'il est temps d'en faire la récolte parce que la plante se dégarnit de ses feuilles inférieures, et que les gousses prennent une couleur grise-roussâtre. La récolte des lentilles se fait le plus souvent a la main en arrachant les pieds; il est beaucoup plus rare qu'on les coupe à la faucille ou à la faux, à moins que ce ne soit la variété qui se cultive particulièrement comme fourrage. Après avoir arraché les pieds, on les met en petites bottes qu'on étend pendant deux à trois jours, pour les faire sécher, sur des haies, des échalas, ou contre des murs, ou encore quand le temps est beau et que la pluie n'est pas à craindre, on les laisse sur le champ même. Quand les lentilles sont bien sèches, au bout de trois à quatre jours, on les serre dans les greniers ou dans les granges. Elles se battent au fléau, mais il est bon de ne faire cette dernière opération qu'au fur et à mesure des besoins de la consommation ou de la vente, parce que les graines se conservent beaucoup meilleures dans leurs gousses que lorsqu'elles en sont séparées. Les fanes font un bon fourrage qui est du goût de tous les bestiaux.

Les lentilles étoient un des légumes que les anciens estimoient le plus; maintenant on en mange peu dans la classe aisée, surtout en nature; on les préfère réduites en purée, et en effet elles se digèrent beaucoup plus facilement préparées de cette manière. Dans le peuple et chez les gens moins difficiles, on les mange entières et assaisonnées de diverses manières. Avec les haricots et les pois, ce légume fait, après le pain, la principale nourriture du peuple des campagnes.

Aujourd'hui on ne se sert plus guère des lentilles en médecine. Jadis leur décoction, surtout celle de la variété dite lentille à la reine, passoit pour sudorifique, et étoit employée dans la rougeole, la petite vérole, les rhumatismes, etc. Le préjugé que ces graines augmentent la sécrétion du lait existe encore dans le peuple et même dans le monde. Les lentilles ont aussi été employées à l'extérieur pour faire des cataplasmes émolliens et résolutifs; mais elles ne sont plus que très-rarement usitées de cette manière, si ce n'est dans les campagnes.

Lentille ervilie : vulgairement Ers, Orobe des boutiques, Alliez, Pois de pigeon; *Ervum ervilia*, Linn., *Spec.*, 1040; *Mochus sive cicer sativum*, Dod., *Pempt.*, 524. Sa racine produit une ou plusieurs tiges foibles, rameuses, hautes d'un pied ou environ, garnies de feuilles ailées, composées de huit à dix paires de folioles étroites. Ses fleurs sont blanchâtres, légèrement rayées de violet, portées deux à trois ensemble sur un pédoncule axillaire. Les légumes sont longs de dix à douze lignes, pendans, noueux et comme articulés; ils contiennent chacun trois à quatre graines arrondies et un peu anguleuses. Cette espèce croit naturellement dans les moissons du midi de la France, en Italie et dans le Levant; elle fleurit en mai et juin. On la cultive dans quelques cantons du Midi comme fourrage.

On ne sait pas encore parfaitement à quoi s'en tenir sur cette plante. Il paroît, d'après quelques rapports, que sa semence est nuisible comme aliment, et qu'il n'est même pas sans inconvénient d'en laisser une certaine quantité dans le blé, parce qu'elle rend le pain malsain. Le principal accident que celui-ci produit, est une débilité musculaire très-marquée. On assure aussi que mangée verte, cette plante est mortelle pour les cochons. D'un autre côté les graines sont, dit-on, échauffantes pour les pigeons, et le fourrage a aussi cette qualité, de sorte qu'on ne peut donner l'un et l'autre qu'en petite quantité.

En médecine les graines de la lentille ervilie sont connues sous le nom d'orobe. C'étoit réduites en poudre et préparées en cataplasme qu'on les employoit autrefois; mais aujourd'hui elles ne le sont plus guère. Elles faisoient partie des quatre farines résolutives.

Lentille velue : *Ervum hirsutum*, Linn., *Spec.*, 1039, *Fl. Dan.*, t. 639. Sa tige est haute d'un pied ou plus, grêle, rameuse, très-foible, garnie de feuilles composées de douze à quatorze folioles étroites, presque linéaires, et leur pétiole commun se termine par une vrille rameuse. Les fleurs sont très-petites, blanchâtres, portées trois à quatre ensemble sur des pédoncules placés dans les aisselles des feuilles supérieures; il leur succède des gousses longues de trois à quatre lignes, velues, pendantes, et contenant deux graines. Cette espèce est commune dans les haies et les bois taillis. Elle fleurit en mai et juin. Ses tiges fournissent un bon fourrage, mais très-peu abondant. (L. D.)

LENTILLE DU CANADA (*Bot.*), nom vulgaire de la vesce blanche. (L. D.)

LENTILLE DE CANE ou DE CANARD. (*Bot.*) On donne vulgairement ce nom aux lenticules. (L. D.)

LENTILLE D'EAU et LENTILLE DE MARAIS (*Bot.*), noms vulgaires des lenticules. (L. D.)

LENTILLE D'ESPAGNE. (*Bot.*) C'est la gesse cultivée. (L. D.)

LENTILLE AUX PIGEONS. (*Bot.*) Dans l'Anjou on donne ce nom à l'*ervum tetraspermum*, Linn. (L. D.)

LENTISQUE. (*Bot.*) Cet arbre ne diffère du térébinthe ou pistachier que par ses feuilles pennées sans impaire. Linnæus, regardant avec raison ce caractère comme insuffisant, a supprimé le genre Lentisque, dont il a fait son *pistacia lentiscus*. On ne le confondra pas avec le *lentisque du Pérou*, formant dans la même famille un genre différent sous le nom de *schinus molle*. (J.)

LENTISQUE. (*Erpétol.*) Séba a parlé, sous ce nom, d'un serpent d'Afrique, qu'il est difficile de déterminer d'une manière précise. Il lui a donné ce nom à cause de la préférence qu'il accorde au lentisque. (H. C.)

LENTISQUE BATARD ou FAUX LENTISQUE. (*Bot.*) On donne vulgairement ces noms au filaria à feuilles étroites. (L. D.)

LENTJAN (*Ichthyol.*), nom de pays d'une espèce de bodian, que M. de Lacépède a appelée *bodian lentjan*, et que, par erreur probablement, feu Daudin a décrite sous la dénomination de *bodian lutjan* dans ce Dictionnaire, tom. V, p. 12. (H. C.)

LENTOS (*Bot.*), nom languedocien de l'*ononis natrix*, espèce de bugrane ou arrête-bœuf, selon Gouan. (J.)

LENZINITE. (*Min.*) C'est un minéral d'aspect mat et terreux, tendre, même friable, à fracture largement conchoïde, un peu gras au toucher et happant à la langue.

Jeté dans l'eau, il absorbe ce liquide avec sifflement, et s'y divise en un grand nombre de morceaux.

Chauffé au rouge, il perd 25 pour cent de son poids, et devient dur au point de rayer le verre.

Ce minéral paroît être essentiellement composé de silice, d'alumine et d'eau, et se rapporter par ses caractères et cette composition à l'espèce de la collyrite caractérisée chimiquement par sa composition. Il pourra former une variété dans cette espèce, sous le nom de *collyrite lenzinite;* le second nom est dérivé de celui du docteur John Lenzin, minéralogiste allemand, auquel on a dédié cette variété, qui est elle-même divisée en deux sous-variétés.

1. *La collyrite lenzinite opaline.*

D'un blanc de lait, en morceaux isolés de la grosseur d'une noix, dont la pesanteur spécifique est de 2,10, et la composition comme il suit :

Alumine.............................. 37,5
Silice 37,5
Eau................................. 25
                                    ―――
                                    100,0

2. *La collyrite lenzinite argileuse.*

D'un blanc de neige, d'ailleurs semblable en tout à la variété précédente, à l'exception de la pesanteur spécifique et de la composition, qui présentent quelques différences.

Sa pesanteur spécifique est de 1,80.

Composition. — Alumine................. 35,5
            Silice................... 39,
            Eau.................... 25,
            Chaux.................. 00,5
                                  ―――
                                  100,0

Ces analyses sont dues à M. John de Berlin.

Ce minéral a été trouvé en morceaux isolés à Kall, dans l'Eifeld.

Presque tous les minéralogistes qui en ont parlé se sont accordés pour la rapporter à la collyrite (Breithaupt), ou, ce qui revient au même, à l'alumine silicifère hydratée : alors, pourquoi l'élever, sans motifs, au rang d'espèce, et lui donner un nom particulier? (B.)

LEO. (*Mamm.*) Nom latin du lion. (F. C.)

LEO HERBA. (*Bot.*) Voyez LEONTOBOTANOS. (J.)

LEOCARPUS. (*Bot.*) C'est un genre établi par Link, dans la famille des champignons, et qu'il a réuni ensuite au *physarum*. Il est très-voisin du *diderma*, dont une des espèces, le *diderma vernicosum*, Pers., fait partie.

Suivant Link, les *leocarpus* sont presque globuleux, ou variables dans leur forme, munis d'un peridium simple, membraneux, ou crustacé, fragile, et qui crève pour laisser échapper les séminules; celles-ci sont entassées sur des filamens fixés intérieurement et à la base. Il n'y a point de columelle.

Le *leocarpus spermoides* est globuleux, ou oblong, d'un jaune brillant, porté sur un stipe très-court; l'intérieur est formé de flocons d'un jaune pâle; les séminules sont noires. Toute la plante n'est pas plus grosse qu'une graine de millet.

Le *leocarpus calcareus* est difforme, flexueux, sessile, épais, opaque, blanc, à flocons pâles et séminules noires. Il a trois à quatre lignes de long sur une de largeur. On le trouve sur les graminées desséchées. Voyez PHYSARUM. (LEM.)

LEOCROCOTTE. (*Mamm.*) Nom que les anciens donnoient à un animal qui, d'après la description, nous paroît aujourd'hui fabuleux. Pline (liv. VIII) et Solin (chap. XXII et XXIII) en parlent avec détails. (F. C.)

LÉODICE, *Leodice*. (*Entomoz.*) Subdivision générique établie par M. Savigny dans le genre *Eunice* de M. G. Cuvier, qui n'est lui-même qu'un démembrement du grand genre *Nereis* de Linnæus, que j'ai désignée sous le nom de méganéréide. M. Cuvier donne, comme on a pu le voir à l'article EUNICE, ce nom aux néréides qui ont un grand nombre de mâchoires. M. Savigny en fait une famille, et donne le nom de léodice aux espèces qui ont des branchies visibles et pectinées, et qui ont toutes leurs antennes longues. Il subdivise les espèces qu'il rapporte à ce genre en deux sections qu'il désigne sous des noms particuliers, suivant qu'elles ont des cirres tentaculaires, ou qu'elles n'en ont point. Dans la première tribu (Léodices simples, *Leodiceæ simplices*), il range : 1.º les *Nereis aphroditois*, Pall.; *Tereb. aphroditois*, Gm.; *Eunice gigantea*, Cuv., la plus grande espèce des néréides connues, qui vient des mers des Indes; 2.º la Léodice antennée, *Leodice antennata*, Sav., nouvelle espèce de la mer Rouge, qui n'a que deux à trois pouces de longueur, dont la tête n'a que deux lobes, est pourvue d'antennes articulées, et dont la couleur est cendré-rougeàtre clair; 3.º la Léodice française, *Leodice gallica*, Sav., nouvelle espèce des côtes de France, fort rapprochée de la précédente, dont elle ne diffère guère que parce que ses antennes sont plus courtes et non articulées; 4.º la Léodice de Norwége, *Leodice norwegica*; *Nereis norwegica*, Linn., Gmel.; 5.º la Léodice pinnée, *Leodice pinnata*, *Nereis pinnata*, Gmel.; 6.º la Léodice espagnole, *Leodice hispanica*, Sav., très-petite espèce des côtes d'Espagne, de dix-huit à vingt lignes de longueur, dont la tête est bilobée; les antennes de médiocre longueur et articulées, les extérieures courtes; la couleur grise foiblement rougeàtre. Dans sa seconde tribu, qu'il nomme Marphyses, *Marphysæ*, il place : 7.º la Léodice opaline, *Leodice opalina*, *Nereis sanguinea* de Montagu, qui a six à dix pouces de longueur; la tête bilobée; les antennes non articulées, à peine plus longues que la tête, et la couleur d'un cendré bleuàtre ; elle vient des côtes de l'Océan ; enfin 8.º M. Savigny rapporte encore à ses léodices le *N. tubicola* de Muller et Gmelin. Voyez, pour plus de détails, l'article NÉRÉIDE. (DE B.)

LEON et LEÆNA. (*Mamm.*) Noms grecs du lion et de la lionne. (F. C.)

LEONCITO. (*Mamm.*) Petit quadrumane découvert par M. de Humboldt dans l'Amérique méridionale, et qui n'est point encore bien connu. M. Geoffroy-Saint-Hilaire l'a provisoirement rangé parmi ses TAMARINS. Voyez ce mot. (F. C.)

LEONIA. (*Bot.*) Genre de plante de la Flore du Pérou, qui ne diffère du *theophrasta* que par sa corolle divisée plus profondément et son stigmate aigu. Voyez LÉONIE. (J.)

LEONICENIA. (*Bot.*) Scopoli et Necker ont substitué ce nom à celui de *fothergilla*, donné par Aublet à un de ses genres qui doit être placé dans les mélastomées. (J.)

LEONICEPS. (*Mamm.*) Nom donné par Klein au pinche,

simia œdipus, parce qu'on a cru reconnoître, dans la physionomie de ce petit quadrumane, quelque chose de celle du lion.
(F. C.)

LÉONIE, *Leonia*. (*Bot*.) Genre de plantes dicotylédones, à
fleurs complètes, presque polypétalées, régulières, de la famille des *sapotées*, de la *pentandrie monogynie* de Linnæus,
voisin et très-peu distingué du theophraste, et qui devroit y
être réuni, offrant pour caractère essentiel : Un calice très-petit, à cinq divisions; cinq pétales concaves; un urcéole à cinq
dents; chaque dent terminée par une anthère sessile; un ovaire
supérieur; le style très-court, à un stigmate aigu. Le fruit est
une grosse baie, à une loge polysperme.

LÉONIE A GROS FRUITS; *Leonia glycycarpa*, Ruiz et Pav., *Flor.
Per.*, 2, pag. 69, tab. 222. Arbre de quarante à cinquante pieds
de haut, dont le tronc est rude, cendré, soutenant une belle
cime touffue. Les feuilles sont fort amples, alternes, médiocrement pétiolées, ovales, acuminées, coriaces, entières,
longues de six à neuf pouces, luisantes en dessus, réticulées
en dessous. Les fleurs sont disposées en grappes presque paniculées, étalées, axillaires : chaque pédicelle supporte trois ou
quatre fleurs, accompagnées de très-petites bractées ovales. Le
calice se divise en cinq découpures arrondies, scarieuses à leur
bord, caduques; la corolle est jaune, six fois plus grande que le
calice, à cinq pétales (ou à cinq découpures profondes? rétrécies
en onglet); l'urcéole fort petit, membraneux, à cinq dents;
les anthères sessiles, à deux loges; l'ovaire fort petit, arrondi;
le style très-court, subulé; le stigmate aigu. Le fruit est une
baie globuleuse, rude, pulpeuse, de la grosseur d'une petite
orange, à une loge polysperme; les semences placées dans
une pulpe. Cette plante croît dans les Andes du Pérou, au
milieu des grandes forêts. (POIR.)

LÉONOTIS. (*Bot*.) M. Persoon avoit séparé, par une subdivision, quelques espèces du genre *Phlomis*, qui se rapprochent
beaucoup du genre *Leucas* de Rob. Brown, et dont la principale différence consiste dans le casque de la corolle alongé;
la lèvre inférieure très-petite, à trois lobes presque égaux.
(Voyez LEUCAS.)

Comme cette subdivision pourroit bien être convertie en
genre, surtout dans une famille où les genres ne peuvent être

distingués que par des caractères tirés en partie de la différence du calice et de la corolle, j'ai cru devoir mentionner ici les principales espèces qui se rapportent au *leonotis*.

LEONOTIS QUEUE DE LION : *Leonotis leonurus*, Pers., *Synops.*, 2, pag. 127, *sub phlomide; Phlomis leonurus*, Linn., *Mant. Sabbat. Hort.*, 3, tab. 44 ; Moris., *Hist.*, 3, § 11, tab. 10, fig. 17. Plante d'une grande beauté, qui fait, depuis un certain nombre d'années, l'ornement de nos parterres : elle répand un éclat très-brillant par ses longues corolles d'un rouge de feu très-vif. Ses tiges sont à quatre angles mousses, hautes de trois à quatre pieds; les rameaux garnis de feuilles médiocrement pétiolées. lancéolées, aiguës, longues d'environ trois pouces, pubescentes, un peu rudes, inégalement dentées. Les fleurs sont sessiles, très-grandes, nombreuses à chaque verticille, munies d'un involucre à folioles linéaires, aiguës; le calice tubulé, pubescent, à huit ou dix angles, terminés par autant de dents inégales, mucronées; la corolle longue d'environ deux pouces; le tube cylindrique, plus long que le calice; la lèvre supérieure droite, très-longue, chargée de poils rouges; l'inférieure courte, à trois lobes ovales-lancéolés; les filamens velus à leur base.

Cette belle plante est originaire du cap de Bonne-Espérance : on la cultive aujourd'hui dans presque tous les jardins. Ses fleurs paroissent vers la fin de l'été, et se succèdent jusqu'en octobre. Quelquefois les feuilles sont panachées. On la multiplie de boutures faites au mois de mai, ou bien on en sème les graines sur couche; mais, pour conserver les pieds, il faut rentrer cette plante de bonne heure dans la serre d'orangerie.

LEONOTIS A FEUILLES DE CHATAIRE : *Leonotis nepetifolia*, Pers., l. c. ; *Phlomis nepetifolia*, Linn., *Spec.*; Herm., *Lugd. Bot.*, t. 117. Cette espèce se rapproche de la précédente par le rouge éclatant de ses corolles, mais elles sont beaucoup plus petites. Ses feuilles sont grandes, ovales, en cœur, semblables à celles des *lamium* ou des orties, aiguës, dentées en scie, presque glabres ou légèrement tomenteuses; les fleurs réunies en verticilles épais; l'involucre composé de folioles linéaires, aiguës, rabattues sur la tige; le calice tubulé, presque glabre, muni de huit ou dix dents inégales, aiguës; la supérieure droite, très-longue. Cette plante croît dans les Indes orientales.

LEONOTIS A PETITES FEUILLES : *Leonotis parvifolia*, Poir.; *Phlomis leonitis*, Linn., *Mant.*; Willd., tab. 162. Cette plante seroit presque, par ses fleurs, intermédiaire entre les deux précédentes, quant à leur forme et à leur couleur; elle en diffère par ses feuilles petites, ovales, obtuses, à larges crénelures, un peu pubescentes en dessous; les pétioles au moins de la longueur des feuilles. Les fleurs sont réunies en verticilles très-denses, accompagnées à leur base d'un involucre composé d'un grand nombre de folioles presque sétacées, épineuses, réfléchies. Le calice est court, glabre, un peu renflé, presque à deux lèvres, à dix dents très inégales. Cette plante croît au cap de Bonne-Espérance. (Poir.)

LEONTICE. (*Bot.*) Dioscoride et Pline indiquent ce nom comme synonyme du *cacalia*, dont ils vantent les vertus. Ce même nom a été adopté par Linnæus, comme diminutif du nom *leontopetalon*, donné par Tournefort à un genre bien différent du *cacalia*. Parmi les espèces de son genre *Leontice dicotyledon*, étoit son *leontice leontopetaloides*, qui, selon Swartz et M. Smith, doit être réuni au *tacca*, genre monocotylédon placé à la suite des narcissées. (J.)

LEONTICÉ, *Leontice*. (*Bot.*) Genre de plantes dicotylédones, à fleurs complètes, polypétalées, régulières, de la famille des *berbéridées*, de l'*hexandrie monogynie* de Linnæus, offrant pour caractère essentiel : Un calice à six folioles caduques; six pétales opposés au calice; six écailles attachées aux onglets des pétales; six étamines; un ovaire supérieur; le style court, inséré obliquement; sur l'ovaire un stigmate simple. Le fruit est une capsule vésiculeuse, uniloculaire, contenant trois ou quatre semences sphériques.

Leonticé commun : *Leontice leontopetalum*, Linn.; Lamk., *Ill. gen.*, t. 254, fig. 1 ; Dodon., *Pempt.*, 69; Lob., *Ic.*, 685 ; Barrel., *Ic.*, 1029-1030. Sa racine offre une tubérosité de la grosseur de celle du *cyclamen*, grise, arrondie, d'un vert jaunâtre en dedans, d'une saveur amère : elle produit des feuilles longues de près d'un pied, approchant de celles de la pivoine, divisées en trois folioles ovales, quelquefois un peu incisées. De leur centre s'élève une tige simple, feuillée, portant, à sa partie supérieure, des fleurs jaunâtres, pédonculées, formant par leur ensemble, l'apparence d'une panicule terminale. Les pédoncules sont accompagnés à leur base de bractées amplexicaules : les fruits sont des capsules vésiculeuses, approchant de celles du coqueret. Cette plante croît au milieu des champs dans la Grèce, la Syrie, les îles de l'Archipel, etc. Elle fleurit à la fin de l'hiver. On se sert de sa racine pour enlever les taches des habits.

Leonticé ailé : *Leontice chrysogonum*, Linn.; Moris., *Hist.*, 2, §. 3, tab. 15, fig. 7. Sa racine est tubéreuse, rougeâtre. Les feuilles, toutes radicales, sont longues de huit à neuf pouces, simplement ailées; les folioles opposées, sessiles, ovales-cunéiformes, incisées ou dentées vers leur sommet; les tiges nues, grêles, rameuses, paniculées, longues d'environ un pied; les fleurs jaunes, terminales, pédonculées; les pédoncules munis à leur base de bractées amplexicaules. Cette plante croît dans la Grèce et dans les îles de l'Archipel. Elle fleurit de très-bonne heure.

Leonticé altaïque : *Leontice altaica*, Pall., *Act. Petrop.*, 1779, p. 257, t. 8, fig. 1, 2, 3; Lamk., *Ill. gen.*, t. 254, fig. 2. Cette plante est aisément distinguée des autres espèces par la disposition de ses feuilles. Les radicales sont portées sur un pétiole qui se divise en trois pédicelles, terminés chacun par cinq folioles : les feuilles des tiges sont la plupart réunies trois par trois en verticilles. Leur pétiole est simple, et supporte cinq, quelquefois six folioles sessiles, digitées, inégales, elliptiques, lancéolées, entières. Les fleurs forment, par leur ensemble, une grappe droite, terminale : elles sont alternes, pédonculées, accompagnées à la base de chaque pédoncule d'une bractée ovale, obtuse. Cette plante croît dans la Sibérie et sur les monts Altaïques.

Le *leontice thalictroides*, Linn., forme aujourd'hui un genre particulier, établi par Michaux sous le nom de CAULOPHYLLUM. (Voyez ce mot.) Le *leontice leontopetaloides*, Linn., appartient au genre TACCA (voyez ce mot); et le *leontice vesicaria*, Willd., ou *incerta*, Pall., *Itin.*, 3, *Append.*, n.° 84, tab. V, fig. 2, ne diffère du *leontice leontopetalum* que par ses fruits en ovale renversé, également vésiculeux. Il croît dans la Sibérie. (POIR.)

LEONTOBOTANOS. (*Bot.*) On trouve dans Gesner cité par C. Bauhin, et dans quelques autres anciens auteurs, ce nom donné à l'orobanche ordinaire, *orobanche major*. C'est la même plante qui est aussi nommée par Hermolaüs *leo herba* , *leonina herba* , et par Ruellius *leoninum legumen.* (J.)

LEONTODON. (*Bot.*) Voyez LIONDENT. (H. CASS.)

LEONTODONTOIDES. (*Bot.*) Micheli , botaniste italien , donnoit ce nom générique à *l'hyoseris fœtida* de Linnæus, qui paroît être *l'aposeris* de Necker, mais que Haller, Gærtner et Willdenow reportent au genre *Lampsana*, dans les chicoracées. (J.)

LÉONTONYX, *Leontonyx*. (*Bot.*) [*Corymbifères* , Juss.═ *Syngénésie polygamie égale? superflue? séparée?* Linn.] Ce nouveau g enre de plantes, que nous avons déjà indiqué , dans l'article INULÉES (tom. XXIII, pag. 563), appartient à l'ordre des synant h érées, à notre tribu naturelle des inulées , et à la section des i nulées-gnaphaliées, dans laquelle nous l'avons placé auprès du genre *Leontopodium*.

Voici les caractères génériques du *leontonyx :*

Calathide oblongue, subincouronnée, équaliflore, multiflore, régulariflore, androgyniflore ; offrant à la circonférence deux, trois ou quatre fleurs femelles, à corolle plus grêle, tubuleuse. Péricline oblong , supérieur aux fleurs ; formé de squames paucisériées, imbriquées, appliquées, oblongues-lancéolées, coriaces-membraneuses, à partie supérieure appendiciforme, oblongue-subulée, arquée en dehors, roide, épaisse, coriace. Clinanthe plan , inappendiculé. Ovaires cylindriques, papillés ; aigrette longue, composée de squamellules nombreuses , égales , filiformes , à partie inférieure capillaire , presque inappendiculée, à partie supérieure épaissie et barbellulée, paroissant formée de barbelles entre-greffées. ═ Capitule irrégulier, composé de calathides nombreuses, sessiles ou presque sessiles sur un calathiphore dépourvu de bractées; entouré d'un involucre de bractées foliiformes.

LÉONTONYX COTONNEUSE : *Leontonyx tomentosa*, H. Cass.; *Gnaphalium squarrosum*, Linn., *Sp. pl.*, edit. 3, pag. 1197. C'est une plante entièrement tomenteuse; à tige herbacée, rameuse ; à feuilles alternes, sessiles, amplexicaules, oblongues, très-entières, longues de huit lignes, larges de trois lignes ; à capitules terminaux, arrondis. Chaque capitule, large de neuf lignes, haut de cinq lignes, est irrégulier, et composé d'environ quinze calathides, qui paroissent être les unes sessiles, les autres cour-

tement pédonculées; le calathiphore est irrrégulier, et ne porte
point de bractées interposées entre les calathides; l'involucre qui
entoure le capitule, et qui n'est peut-être qu'unilatéral, est composé de bractées foliiformes, oblongues, obtuses, tomenteuses.
Chaque calathide est haute de trois lignes, et contient environ
vingt fleurs hermaphrodites, avec environ trois fleurs femelles
marginales; les corolles sont jaunes; le péricline est laineux extérieurement sur sa partie inférieure, mais sa partie supérieure
est très-glabre, roussâtre, jaunâtre, grisâtre ou blanchâtre; les
squames extérieures sont peu ou point recourbées au sommet.
Nous avons fait cette description spécifique, et celle des caractères génériques, sur un échantillon sec, incomplet et en mauvais état, qui se trouve dans l'herbier de M. de Jussieu.

Cette plante est, dit-on, vivace par sa racine, et habite le
cap de Bonne-Espérance. Linnæus, qui l'a décrite exactement
en peu de mots, dit que ses tiges sont ascendantes, simples,
hautes de près d'un pied, et ses feuilles obtuses, linguiformes.
Suivant lui, les appendices du péricline sont blancs ou pourpres;
mais le *Gnaphalium latiore folio æthiopicum, flore roseo, calyculis
spinosis*, de Plukenet, que Linnæus admet comme synonyme,
n'est-il pas une espèce distincte, ou plutôt ne pourroit-on pas
le rapporter à l'espèce suivante ?

Léontonyx colorée : *Leontonyx colorata*, H. Cass. ; *Gnaphalium
tinctum*, Thunb., Willd., Pers. Plante du cap de Bonne-Espérance, herbacée, rameuse, diffuse, à feuilles obovales, velues,
à calathides terminales, agglomérées, à périclines formés de
squames dont les extérieures sont laineuses, et les intérieures
nues, à sommet réfléchi et teint d'une couleur rouge. N'ayant
point vu cette seconde espèce, ce n'est qu'avec doute que nous
l'attribuons à notre genre *Leontonyx;* mais elle lui appartient
très-probablement, et se confond peut-être avec la plante de
Plukenet citée plus haut.

Nous aurions pu hasarder encore de rapporter au même
genre quelques autres espèces décrites par les botanistes sous
le titre de *gnaphalium*, et qui nous semblent être des *leontonyx;*
mais il est trop téméraire de transférer ainsi d'un genre dans
un autre des plantes qu'on n'a pas vues soi-même, et qu'on ne
connoit que par des descriptions insuffisantes ou des figures
médiocres.

3o.

Le genre *Leontonyx* est bien distinct de tous ceux auxquels on peut le comparer. Le *leontopodium* est, selon nous, celui dont il se rapproche le plus : mais ces deux genres diffèrent par le disque androgyniflore chez le *leontonyx*, masculiflore chez le *leontopodium*; par la couronne féminiflore presque nulle chez le *leontonyx*, très-manifeste chez le *leontopodium*; par les squames du péricline pourvues, chez le *leontonyx*, d'une sorte d'appendice en forme de crochet, et d'une large bordure scarieuse chez le *leontopodium*. Le *leontonyx* sembleroit avoir quelque affinité, par la nature des squames de son péricline, avec le *syncarpha*, qui en diffère d'ailleurs par son clinanthe hérissé d'appendices, et par son aigrette plumeuse. On ne peut plus confondre le *leontonyx* avec le *gnaphalium*, si l'on admet les caractères limitatifs que nous avons assignés à ce dernier genre (tom. XIX, pag. 119) : en effet, les vrais *gnaphalium* ont le disque petit, pauciflore, et la couronne large, multisériée, multiflore, tandis que la calathide du *leontonyx* est presque dépourvue de couronne; le péricline des *gnaphalium* est égal aux fleurs, et formé de squames appliquées, scarieuses en tout ou partie; celui du *leontonyx* est supérieur aux fleurs, et formé de squames dont la partie supérieure, arquée en dehors, forme un crochet roide, épais, coriace; l'aigrette des *gnaphalium* est composée de squamellules capillaires, celle du *leontonyx* est composée de squamellules épaissies supérieurement. Enfin, en comparant les caractères du *leontonyx* avec ceux que nous avons attribués aux *helichrysum* (tom. XX, p. 450), on reconnoît que ces deux genres diffèrent principalement par les caractères du péricline, et surtout par la nature des appendices des squames qui le composent.

Le *leontonyx* a quelque rapport avec notre *helichrysum dubium*, en ce que chez l'un et l'autre, la calathide est presque incouronnée; mais ces deux plantes, très-dissemblables d'ailleurs par le port, diffèrent trop par le péricline pour être considérées comme congénères. En décrivant l'*helichrysum dubium* (tom. XX, pag. 455), nous pensions que cette plante étoit nouvelle pour les botanistes; mais nous avons reconnu depuis, qu'elle avoit été décrite, avant nous, par M. Labillardière, dans le *Novæ Hollandiæ plantarum Specimen*, sous le nom de *Chrysocoma squamata*. Néanmoins, elle doit conserver le nom d'*helichrysum dubium* ; car, bien qu'elle s'écarte un peu des vrais *helichrysum*, elle ne peut être placée nulle part plus convenablement que dans ce genre, et surtout il faut bien se garder de la laisser dans le genre *Chrysocoma*, qui n'est pas de la même tribu naturelle.

Nous profitons de cette occasion pour avertir le lecteur que, depuis la rédaction de notre article HÉLICHRYSE (tom. XX, pag. 449), nous avons senti la nécessité de modifier un peu les caractères génériques décrits dans cet article, afin de les rendre exactement applicables à toutes les espèces qu'il convient d'attribuer à ce genre. On reconnoîtra, comme nous, cette nécessité, en comparant ces caractères qui nous avoient été fournis par les *helichrysum orientale* et *stœchas*, avec ceux qui nous ont été offerts plus récemment par l'*helichrysum fœtidum*, et dont voici la description :

Helichrysum fœtidum, H. Cass. ; *Gnaphalium fœtidum*, Linn. Calathide discoïde : disque très-large, multiflore, régulariflore, androgyniflore ; couronne très-étroite, paucisériée, multiflore, ambiguïflore, féminiflore. Péricline supérieur aux fleurs, formé de squames imbriquées, appliquées, coriaces, membraneuses sur les bords, surmontées d'un grand appendice inappliqué, ovale-lancéolé, scarieux, jaune. Clinanthe plan, fovéolé, inappendiculé. Ovaires oblongs, cylindriques, glabres ; aigrette longue, caduque, composée de squamellules unisériées, libres, égales, filiformes, barbellulées, paroissant formées au sommet de barbelles entre-greffées. Fleurs de la couronne privées d'étamines, et pourvues d'une corolle qui ressemble à celles du disque, si ce n'est que son limbe, à quatre ou cinq divisions, est, au-dessous des incisions, conforme au tube et point élargi.

Il résulte de cette description que la couronne des vrais *helichrysum* n'est pas toujours, comme nous l'avions supposé, unisériée, pauciflore, puisque ici nous la trouvons paucisériée, multiflore ; mais elle est toujours étroite, comparativement à la largeur du disque, et toujours elle est composée de corolles presque semblables à celles du disque. Dans les vrais *gnaphalium*, au contraire, la couronne est multisériée, large comparativement au disque, et composée de corolles filiformes. Ainsi la différence entre ces deux genres, que nous avions fondée sur les proportions du disque et de la couronne, et sur la forme des corolles de la couronne, ne cesse pas d'être exacte; seulement il faut accorder au genre *Helichrysum* une couronne étroite, unisériée ou paucisériée, au lieu de le restreindre exclusivement à une couronne unisériée, comme nous avions fait d'abord.

C'est peut-être ici le cas de nous expliquer, en peu de mots, sur les détails multipliés et minutieux qu'on peut nous reprocher d'accumuler, outre mesure, dans presque toutes nos descriptions génériques. Nous ne sommes pas assez dépourvu d'expérience et de bon sens pour ignorer que la plupart de ces détails descriptifs ne sont presque jamais exactement applicables qu'à l'espèce unique, ou au petit nombre d'espèces, que nous avons observées dans chaque genre; et nous savons très-bien qu'il faudra, par la suite, élaguer le plus souvent une grande partie de ces détails, ou modifier les caractères trop restrictifs qu'ils expriment, quand il s'agira d'appliquer nos descriptions génériques à un plus grand nombre d'espèces. Mais, en attendant, ces détails, si puérils aux yeux de ceux qui ne voient dans la botanique qu'une science de mots destinée à enseigner les noms des plantes, peuvent intéresser beaucoup ceux qui ont la simplicité de croire que la botanique est l'histoire naturelle des végétaux, et qu'elle remplit d'autant mieux son objet, qu'elle offre des notions plus exactes et plus complètes des êtres dont elle trace l'histoire et la description. Le mystère des affinités naturelles, par exemple, ne se dévoile nulle part d'une manière plus manifeste que dans ces minutieux détails, négligés avant nous, et repoussés encore aujourd'hui par les botanistes avec un superbe dédain. Au surplus, nous disons de la prolixité de nos descriptions génériques, ce que nous avons dit ailleurs de la multiplicité de nos genres: c'est qu'en pareille matière, il est beaucoup plus facile de retrancher que d'ajouter; car, pour retrancher, il suffit d'un trait de plume que tout le monde sait faire, tandis que pour ajouter, il faut se donner la peine, que peu de gens veulent prendre, d'observer soigneusement la nature et de décrire exactement tout ce qu'elle présente à nos yeux. Le botaniste qui entreprendra quelque jour un nouveau travail général sur les synanthérées, et qui, plus indulgent que les autres, ne jugera pas nos essais tout-à-fait indignes de lui servir de matériaux, devra sans doute effacer beaucoup de détails dans nos descriptions génériques, et supprimer un grand nombre de nos genres ou sous-genres; mais s'il est sincère, il avouera que parmi les matériaux fournis par nous, ceux qu'il rejette en définitive lui ont été d'abord presque aussi utiles que ceux qu'il conserve. L'architecte qui construit un édifice, finit par détruire l'échafaudage qui a servi à sa construction : mais cet échafaudage n'étoit-il pas indispensable ?

Le nom générique de *leontonyx*, composé de deux mots grecs qui signifient ongle de lion, fait allusion à la forme des squames du péricline, et indique en même temps l'affinité de ce genre avec le *leontopodium*, ou pied de lion.

Il nous semble assez difficile de décider si le *leontonyx* doit être attribué préférablement à la polygamie égale, superflue, ou séparée, de la syngénésie linnéenne : c'est un nouvel exemple que les classifications artificielles, privées des nombreux avantages de la classification naturelle, ne sont pourtant pas exemptes du seul inconvénient grave qu'on puisse reprocher à celle-ci, et qui consiste en ce que les limites séparant les groupes dont elle se compose, ne peuvent être tracées avec une exactitude suffisante pour exclure tous les doutes. (H. Cass.)

LEONTOPETALOIDES. (*Bot.*) Amman (*Act. petrop.*, vol. VIII, pag. 211, tab. 113.) a fait connoître un des premiers, sous ce nom, le *leontice leontopetaloides*, Linn., qui forme actuellement le genre Tacca. Voyez ce mot. (Lem.)

LEONTOPETALON. (*Bot.*) La plante, nommée ainsi par Dioscoride, étoit le *rhapeion* de quelques auteurs, suivant Pline. Tournefort la rapporte à une plante de Crète, dont il fait un genre sous le même nom, auquel Linnæus a substitué celui de *leontice*, maintenant reçu. Césalpin et Guilandinus ont aussi nommé *leontopetalum* la fumeterre bulbeuse. (J.)

LÉONTOPHTHALME, *Leontophthalmum*. (*Bot.*) [*Corymbifères*, Juss. =*Syngénésie polygamie superflue*, Linn.] Ce genre de plantes, établi par Willdenow, appartient à l'ordre des synanthérées, à la tribu des hélianthées, et à notre section naturelle des hélianthées-héléniées. Voici ses caractères, que nous n'avons pas observés, mais que nous empruntons à M. Kunth.

Calathide radiée : disque multiflore, régulariflore, androgyniflore; couronne unisériée, liguliflore, féminiflore. Péricline involucré, hémisphérique, formé de squames imbriquées, presque égales, oblongues, arrondies au sommet, scarieuses, striées; involucre composé d'environ quatre bractées inégales, foliiformes, étalées. Clinanthe planiuscule, garni de squamelles très-inférieures aux fleurs, lancéolées, carénées, scarieuses, glabres, uninervées, bi-tri-quadrifides. Ovaires oblongs, glabres; aigrette persistante, un peu inférieure à la corolle, composée de squamellules nombreuses, égales, laminées, linéaires-subulées, scarieuses, blanchâtres, subuninervées. Corolles de la couronne à languette cunéiforme-oblongue, multinervée, comme tronquée au sommet qui est trilobé. Corolles du disque glabres, à tube court, à limbe infundibuliforme-cylindracé, à cinq divisions courtes.

On ne connoît jusqu'à présent qu'une seule espèce de ce genre.

Léontophthalme péruvien; *Leontophthalmum peruvianum*, Kunth, *Nov. Gen. et Sp. pl.*, tom. IV, pag. 296 (edit. in-4°), tab. 409. C'est un arbuste à rameaux cylindriques, velus; ses feuilles, longues de deux pouces, larges d'un pouce, sont opposées, courtement pétiolées, ovales ou elliptiques, dentées en scie, coriaces, pubescentes en dessus, velues en dessous, à nervures réticulées; les calathides grandes comme celles de l'*helenium autumnale*, et composées de fleurs jaunes, sont solitaires au sommet de pédoncules terminaux, longs de trois à cinq pouces, cylindriques, laineux; les bractées de l'involucre, dont deux plus longues surpassent le péricline, sont analogues aux feuilles, oblongues-spatulées, aiguës, étrécies à la base, crénelées, coriaces, pubescentes en dessus, velues en dessous, à nervures réticulées; les squames du péricline sont glabres; les languettes de la couronne, au nombre de vingt-cinq, sont longues de cinq lignes, et munies de dix nervures orangées. Cette plante a été découverte par MM. de Humboldt et Bonpland, au Pérou, dans des lieux tempérés.

Il paroît que M. de Humboldt ayant communiqué à Willdenow plusieurs synanthérées remarquables de sa riche collection, celui-ci reconnut que quelques unes d'entre elles devoient constituer de nouveaux genres, auxquels il donna des noms et des caractères, qui ont été publiés par lui, en

1807, dans les Mémoires de la Société des naturalistes de Berlin. Le *leontophthalmum* est un de ces genres établis par Willdenow, qui rapproche celui ci du *galinsoga*, et l'en distingue par le péricline involucré, en ajoutant que la plante qui est le type de ce genre a l'apparence d'un *buphthalmum*. Les caractères génériques tracés par Willdenow, sont si incomplets, si superficiels, et souvent si peu exacts, que nous répugnons à le considérer comme l'auteur des genres dont il s'agit, lesquels n'ont été réellement bien connus que treize ans plus tard, lorsque l'habile botaniste, M. Kunth, les a décrits de nouveau avec le talent qu'on lui connoît. Le *leontophthalmum* est placé par M. Kunth, entre le *calea* et l'*actinea*, parmi les hélianthées.

Nous attribuons, sans hésiter, le genre *Leontophthalmum* à notre section naturelle des hélianthées-héléniées, dont on trouve, tom. XX, pag. 347, les caractères distinctifs, suivis de la liste des vingt-six genres admis par nous dans cette section. Le genre *caleacte* de M. R. Brown, qui en fait partie, est sans doute un de ceux près desquels le *leontophthalmum* doit être immédiatement rangé. (H. Cass.)

LÉONTOPODE, *Leontopodium*. (*Bot.*) [*Corymbifères*, Juss.= *Syngénésie polygamie nécessaire*, Linn.] Ce genre de plantes appartient à l'ordre des synanthérées, à notre tribu naturelle des inulées, et à la section des inulées-gnaphaliées. Voici les caractères que nous proposons de lui assigner.

Calathide subglobuleuse, discoïde : disque multiflore ou pauciflore, régulariflore, masculiflore ; couronne unisériée ou plurisériée, tubuliflore, féminiflore. Péricline subhémisphérique, presqu'égal aux fleurs ; formé de squames paucisériées, inégales, imbriquées, appliquées, ovales-oblongues, coriaces, laineuses extérieurement, glabres intérieurement, pourvues d'une large bordure appendiciforme, glabre sur les deux faces, scarieuse, brune ou noirâtre, irrégulièrement découpée. Clinanthe hémisphérique, profondément alvéolé, à cloisons charnues, tronquées au sommet. *Fleurs du disque*: Faux ovaire privé d'ovule, grêle, oblong, subcylindracé, un peu pubescent, pourvu d'un bourrelet basilaire ; aigrette longue, composée de squamellules nombreuses, unisériées, à peu près égales, entre-greffées à la base, filiformes, barbellulées, à partie supérieure tantôt point épaissie, tantôt épaissie et paroissant formée de barbelles entre-greffées ; corolle à cinq divisions ; étamines ayant l'article anthérifère long, l'appendice apicilaire de l'anthère obtus, les appendices basilaires longs, subulés ; style simple, cylindrique, à partie supérieure garnie de collecteurs papilliformes, à sommet arrondi, ordinairement très-entier. *Fleurs de la couronne* : Ovaire oblong, cylindracé, ou obovoïde et comprimé, pubescent, pourvu d'un petit bourrelet basilaire ; aigrette longue, caduque, composée de squamellules nombreuses, unisériées, à peu près égales, entre-greffées à la base, filiformes, barbellulées, non épaissies supérieurement ; corolle longue, grêle, tubuleuse, terminée par trois ou quatre dents inégales. = Calathides disposées en ombelle capituliforme : la calathide centrale sessile, à disque multiflore, à couronne unisériée ; les calathides extérieures courtement pédonculées, à disque pauciflore, à couronne plurisériée.

Léontopode des Alpes : *Leontopodium alpinum*, H. Cass. ; *Filago leontopodium*, Linn., *Sp. pl.*, edit. 3, p. 1312 ; *Antennaria leontopodium*, Gærtn., *de Fruct. et Sem. pl.*, vol. II, p. 410, tab. 167, fig. D ; *Gnaphalium leontopodium*, Pers., *Syn. pl.*, pars 2, p. 422. C'est une plante herbacée, haute de quatre pouces, médiocrement tomenteuse sur toutes ses parties ; ses tiges sont dressées, simples, cylindriques, garnies de feuilles ; celles-ci sont alternes, sessiles, semi-amplexicaules, longues d'un pouce et demi, oblongues-lancéolées, très-entières, uninervées ; les feuilles radicales, longues de plus de trois pouces, ont leur partie inférieure étrécie en forme de pétiole. Le sommet de la tige porte une ombelle capituliforme, composée d'environ neuf calathides ; la calathide centrale, qui fleurit la première, est sessile, dépourvue de bractées, subglobuleuse, à péricline subhémisphérique, composé de squames un peu inégales, irrégulièrement bisériées, à couronne de fleurs femelles unisériées, contiguës ; les calathides extérieures, qui fleurissent plus tard, sont élevées chacune sur un pédoncule court, lequel porte au sommet, sur le côté extérieur, un involucelle dimidié, composé de trois bractées foliiformes, dont la médiaire est très-grande, et les deux latérales très-petites ; tous ces involucelles extérieurs offrent par

leur rapprochement la fausse apparence d'un seul involucre
général complet, qui entoureroit la base des rayons de l'ombelle, mais qui n'existe pas réellement; le péricline des calathides extérieures est composé de squames vraiment imbriquées, disposées sur trois ou quatre rangs concentriques, et
les fleurs femelles de leur couronne sont disposées au moins
sur trois rangs. Toutes les corolles masculines et féminines,
de la calathide centrale et des calathides extérieures, sont
d'une couleur verte plus ou moins prononcée. Les squamellules de l'aigrette masculine ne sont pas sensiblement épaissies
vers le haut, en sorte qu'il n'y a point de différence entre les
aigrettes du disque et celles de la couronne; les ovaires sont
cylindracés; les corolles de la couronne sont terminées par
trois dents. Nous avons fait cette description spécifique, sur
un individu vivant, cultivé au Jardin du Roi, où il fleurissoit
au mois de mai. Cette plante, annuelle, suivant M. Decandolle, vivace, selon M. Loiseleur-Deslongchamps, habite les
pâturages pierreux et ombragés des Alpes et des Pyrénées,
où elle fleurit, dit-on, en juillet et août.

Léontopode de Sibérie : *Leontopodium sibiricum*, H. Cass.;
Gnaphalium leontopodioides, Pers., *Syn. pl.*, pars 2, pag. 422.
Cette seconde espèce, long-temps confondue avec la première, en a été distinguée parce qu'elle est plus tomenteuse,
que son ombelle capituliforme n'est composée que d'environ
trois calathides, entourées de trois bractées linéaires-lancéolées, et que ses aigrettes sont plus grandes et plus fortes; elle
habite la Sibérie, aux environs du lac Baïkal.

Nous ne rechercherons point si le *leontopodion* des anciens
est notre *leontopodium alpinum*, ou si c'est le *micropus erectus*.
Nos *leontopodium* étoient attribués au genre *Filago*, par Tournefort, Linnæus, M. de Jussieu; et au genre *Gnaphalium*, par
M. de Lamarck, Willdenow, Jacquin, M. Decandolle. En 1791,
Gærtner proposa un genre *Antennaria* caractérisé par le péricline arrondi, de squames imbriquées, scarieuses, obtuses,
inégales, la calathide composée de fleurs hermaphrodites et de
fleurs femelles entremêlées, le clinanthe creusé de fossettes
à bords denticulés, l'aigrette capillaire pénicillée au sommet.
Il admit dans ce genre les *gnaphalium dioicum* et *alpinum* de
Linnæus, nos *leontopodium*, et les *gnaphalium seriphioides*,

mucronatum et *muricatum* décrits par Bergius. En 1807, M. Per-
sóon forma dans le genre *Gnaphalium* un sous-genre *Leontopodium* caractérisé par les calathides involucrées, les périclines
enveloppés d'une laine épaisse, les corolles quinquéfides,
l'aigrette pénicillée ou pileuse ; et il admit dans ce sous-genre,
outre nos deux *leontopodium*, les *gnaphalium oculus-cati, lyco-
podium, arnicoides*. M. R. Brown, en 1817, a proposé de distribuer les *antennaria* de Gærtner en trois genres nommés
antennaria, leontopodium et *metalasia*. Cet habile botaniste a,
en même temps, tracé les caractères de l'*antennaria* et du
metalasia : mais il a négligé de caractériser le *leontopodium*, et
il s'est contenté de dire que ce genre, composé des *gnaphalium leontopodium* et *leontopodioides*, tient le milieu entre l'*antennaria* et le *gnaphalium*, et qu'il se distingue de l'un et de
l'autre par des caractères suffisans. (Voyez le Journal de Physique de juillet 1818, pag. 15.) Dans le Bulletin des Sciences
de septembre 1819 (pag. 141), nous avons publié un Examen
analytique du genre *Filago* de Linnæus : ce mémoire contient,
entre autres choses, la description des caractères génériques
du *leontopodinm*, tels que nous les avions observés sur un
échantillon sec de l'herbier de M. de Jussieu. Depuis cette
époque, nous avons étudié un individu vivant, cultivé au Jardin du Roi ; et la description générique exposée dans le présent
article résulte de la combinaison de nos observations sur la
plante sèche et sur la plante vivante, que nous croyons appartenir à deux espèces distinctes.

Les botanistes qui ont observé, avant nous, le *leontopodium*,
ne sont pas d'accord entre eux, ni avec nous. Linnæus (*Sp.
pl.*, pag. 1312) remarque que les caractères génériques de
cette plante ne sont pas entièrement conformes à ceux des
filago ni des *micropus*. Suivant lui, la calathide terminale est
composée uniquement de fleurs mâles, et elle est accompagnée de trois calathides plus petites, à disque masculiflore, et
à couronne féminiflore. Nous lisons dans le *Genera plantarum*
de M. de Jussieu (pag. 179), que, selon Scopoli, la calathide
centrale est composée de fleurs hermaphrodites à corolle
quinquéfide, et les calathides extérieures sont composées de
fleurs femelles à corolle quadrifide, et de fleurs neutres séparées par des squamelles. Gærtner attribue généralement et

sans exception, au *filago leontopodium* de Linnæus, des aigrettes pénicillées-plumeuses, et il paroît croire que la calathide est composée de fleurs hermaphrodites et de fleurs femelles, entremêlées confusément. M. Decandolle, dans la Flore Françoise (tom. IV, pag. 138), suppose que la calathide intérieure est composée de fleurs toutes hermaphrodites, et que les calathides extérieures sont plus petites, et composées de fleurs unisexuelles, les unes mâles et les autres femelles, mélangées sans ordre.

On peut remarquer quelques légères différences entre la description générique que nous avons proposée en 1819, et celle que nous présentons aujourd'hui. Ces différences résultent sans doute de ce que la plante que nous avions observée d'abord, et celle que nous avons observée récemment, ne sont pas de la même espéce. Chez la première (1), qui est probablement le *leontopodium sibiricum*, nous avons remarqué une différence notable entre les aigrettes du disque, dont les squamellules sont épaissies en la partie supérieure, qui semble formée de barbelles entre-greffées, et les aigrettes de la couronne, dont les squamellules ne sont point épaissies supérieurement; l'ombelle de cette même plante nous a paru être entourée à sa base d'un involucre général, indépendant des involucelles dimidiés situés au sommet des pédoncules monocalathides, et formés chacun d'une ou deux bractées. Chez l'autre plante, qui est notre *leontopodium alpinum*, nous n'avons point trouvé de différence entre les aigrettes du disque et celles de la couronne, parce que les squamellules de l'aigrette masculine ne sont pas sensiblement épaissies vers le haut; et nous avons reconnu qu'il n'y avoit réellement pas d'involucre autour de la base de l'ombelle, mais seulement des involucelles au sommet de ses rayons.

Dans notre tableau de la tribu des inulées (tom. XXIII,

---

(1) C'est sans doute celle qui a été observée par Gærtner, et dont il a pu dire que les aigrettes étoient pénicillées-plumeuses; mais il auroit dû restreindre ce caractère aux aigrettes du disque La plante dont nous parlons a ses fruits obovoïdes, comprimés, les aigrettes grandes et fortes, les corolles jaunes, celles de la couronne à quatre dents alongées, inégales.

pag. 565), nous avons placé le genre *Leontopodium* immédiatement après le *leontonyx*, à la fin de la section des inulées-gnaphaliées, laquelle est suivie par celle des inulées-prototypes, qui commence par le *filago*. En effet, le *leontopodium* doit se trouver sur la limite des deux sections, car il participe de l'une et de l'autre, ayant le péricline scarieux comme les inulées gnaphaliées, et les stigmatophores arrondis au sommet comme les inulées-prototypes. On peut voir, dans notre article Leontonyx, les rapports qui existent entre ce genre et le *leontopodium*, ainsi que les différences qui les distinguent. Quant au genre *Filago*, dont le vrai type est pour nous le *filago pygmœa*, il offre, dès le premier coup d'œil, une ressemblance frappante avec le *leontopodium*, par la disposition des calathides rapprochées en capitule terminal, et entourées d'un involucre; il y a, entre autres, un rapport assez remarquable, c'est que, chez le *filago*, la calathide centrale du capitule est plus grande que les latérales. Cependant, les deux genres que nous comparons diffèrent considérablement l'un de l'autre par le péricline, le clinanthe et l'aigrette. (Voyez notre article Filage, tom. XVII, pag. 2.) Mais ces deux genres, quoique placés par nous dans deux sections différentes, se trouvent immédiatement rapprochés sur la limite commune des deux sections, et forment ensemble la nuance indécise par laquelle on passe insensiblement de l'une à l'autre. Ceux qui sont familiers avec les principes et les procédés de la classification naturelle, ne blâmeront point ces dispositions. Ils ne nous reprocheront pas non plus d'avoir rangé le *leontopodium*, dont les calathides sont disposées en ombelle, dans un groupe caractérisé par les calathides rassemblées en capitule; et peut-être devineront-ils que si nous avons placé le genre *Leontopodium* à peu de distance du *richea*, c'est que nous avons observé dans celui-ci un rapport très-remarquable avec l'autre, et qui consiste en ce que, chez le *richea*, chaque calathide du capitule est élevée sur un pédoncule portant au sommet une bractée située sur le côté extérieur, et le rapprochement des bractées qui appartiennent aux calathides extérieures du capitule, offre la fausse apparence d'un involucre qui entoureroit la base de ce capitule. (Voyez notre article Craspédie, tom. XI, pag. 355.) Les considérations qui précèdent et le système de distribu-

tion adopté par nous pour la section des inulées-gnaphaliées,
ne nous ont point permis de suivre les vues de M. R. Brown,
qui paroît persuadé que le *leontopodium* doit être placé immédiatement entre l'*antennaria* et le *gnaphalium*. Mais nous ne
blâmons point cette disposition, parce que, dans un groupe
aussi naturel que celui des gnaphaliées, les affinités diverses
se croisent en tout sens de telle manière que chaque genre
devroit, s'il étoit possible, toucher immédiatement tous les
autres par quelques points.

Pour abréger cet article, nous nous abstenons de noter les
différences qui distinguent le genre *Leontopodium* de ceux avec
lesquels il a été confondu, et de quelques autres auxquels on
peut le comparer.

La différence de composition qui existe entre la calathide
centrale et les calathides extérieures du *leontopodium*, est,
quoique peu considérable, une particularité intéressante et
dont il y a peu d'exemples. Il est digne de remarque que,
dans l'ombelle capituliforme, composée de plusieurs calathides, comme dans la calathide composée de plusieurs fleurs,
le sexe masculin domine au centre, et le sexe féminin à la
circonférence. La véritable disposition des calathides et des
bractées du *leontopodium*, qui avoit été méconnue par les
botanistes, mérite aussi quelque attention, en ce qu'elle semble
nous révéler l'origine des capitules réguliers et de leurs invo-
lucres; car en comparant cette disposition avec celle que nous
avons pareillement observée dans le *richea*, il est difficile de
ne pas croire qu'un capitule régulier est une ombelle à rayons
excessivement courts, et que l'involucre de ce capitule est
l'assemblage des bractées situées au sommet des rayons extérieurs (1). Remarquez que la calathide centrale de l'ombelle
du *leontopodium* fleurit la première, ce qui est conforme à la

---

(1) Le Cnephosis peut cependant faire naître quelque doute sur la
situation des bractées : car, dans cette plante, il nous a paru qu'elles
naissoient, non au sommet, mais à la base des pédicelles, ou plutôt sur leur
axe commun, et qu'elles étoient greffées avec ces pédicelles. Voyez notre
article Cnéphoside, tom. XIX, pag. 127. Lorsqu'un pédoncule est excessivement court, il est souvent difficile de reconnoître si la bractée qui
l'accompagne est née sur lui-même ou sur l'axe qui le porte. Le plus ha-

loi reconnue par M. R. Brown dans l'ordre d'épanouissement propre aux capitules proprement dits. La couleur verte des corolles du *leontopodium alpinum* est encore une chose assez notable, mais qui n'est pas à beaucoup près sans exemple chez les synanthérées.

M. Persoon a rapporté cinq espèces au genre *Leontopodium*, considéré par lui comme un sous-genre. Nous n'en admettons que deux, comme M. Brown, parce que les trois autres, que nous n'avons pas vues, ne sont pas assez bien décrites pour être attribuées avec confiance au genre dont il s'agit.

Il seroit trop long de discuter les observations inexactes faites par les botanistes sur le *leontopodium*. Bornons-nous à relever une de leurs erreurs, parce que celle-ci a été commise non seulement à l'égard du *leontopodium*, mais encore à l'égard de quelques autres genres de synanthérées. Cette erreur consiste à croire que les fleurs pourvues d'étamines et celles qui en sont privées se trouvent mêlées ensemble confusément dans la calathide. Nous disons d'abord que cela n'est pas vrai; et nous osons ajouter que cela est presque impossible, parce que ce prétendu mélange, dont nous ne connoissons pas un seul exemple, seroit contraire à la loi physiologique dont nous avons parlé plus haut, et en vertu de laquelle le sexe masculin domine au centre de la calathide et s'affoiblit vers la cir-

---

bile peut s'y tromper, s'il n'y apporte pas la plus grande attention, et surtout s'il a l'esprit préoccupé de quelque idée systématique. Ainsi, M. Turpin, dans son Mémoire sur l'Inflorescence des graminées, prétend que, chez le LOLIUM PERENNE, la bractée nommée communément glume univalve, naît immédiatement sur l'axe même de l'épi, et que l'axe de l'épillet naît dans l'aisselle de cette bractée. Cette considération sur laquelle l'auteur a beaucoup insisté, et qu'il a présentée comme l'exemple le plus frappant des applications de son principe fondamental, est pourtant, selon nous, une erreur de fait. Nous ne craignons pas d'affirmer que chez les LOLIUM PERENNE et TEMULENTUM, que nous avons soigneusement examinés, la bractée dont il s'agit n'appartient point à l'axe de l'épi, mais à l'axe de l'épillet. La preuve de cette assertion et les conséquences qui en résultent se trouvent exposées dans notre second Mémoire sur la graminologie, que nous espérons bientôt publier pour faire suite au premier Mémoire inséré dans le Journal de Physique de novembre et décembre 1820.

conférence, tandis qu'au contraire le sexe féminin domine à la circonférence et s'affoiblit vers le centre.

Le nom de *leontopodium* est composé de deux mots grecs qui signifient pied de lion. (H. Cass.)

LEONTOPODIUM. (*Bot.*) La plante que Dioscoride et Matthiole nommoient ainsi est un *gnaphalium* de C. Bauhin, un *elychrysum* de Tournefort, le *filago leontopodium* de Linnæus. Le même nom a été donné par Lobel au *gnaphalium alpinum* ; par Camerarius à celui que M. Smith nomme *gnaphalium rectum;* par Brunsfels au pied de lion, *alchimilla vulgaris;* par Lonicer et Daléchamps au gremillet, *myosotis scorpioides;* par Clusius et Imperato au *plantago cretica.* (J.)

LEONTOSTOMON. (*Bot.*) *Gueule de lion*, en grec. Gesner désigne ainsi l'ancholie des jardins, *aquilegia vulgaris.* Le nom générique latin de cette plante, *aquilegia*, dérive, selon quelques auteurs, du latin, *aquam colligere*, et rappelleroit que les éperons ou cornets qu'on voit à la fleur sont propres à recevoir l'eau de la pluie ou la rosée. D'autres botanistes pensent qu'*aquilegia* signifie encore éperons (ou griffes) d'aigle, à cause de la forme de la fleur. (Lem.)

LEONURUS. (*Bot.*) Ce genre de Tournefort, connu en françois sous le nom de queue de lion, a été réuni par Linnæus au *phlomis*, dont il diffère cependant par son calice à sept dents, au lieu de cinq et plus, alongé ainsi que la lèvre supérieure de la corolle ; ce qui a déterminé Adanson et Mœnch à vouloir le conserver sous le même nom, mais Linnæus, regardant ce nom comme sans emploi, s'en étoit déjà emparé pour désigner un autre genre ancien, l'agripaume, en le substituant à celui de *cardiaca*, adopté par Tournefort, et qu'il a cru ne pouvoir conserver. Ces transpositions trop fréquentes ne tendent qu'à embarrasser la science par une nomenclature incertaine et trop variable. (J.)

LÉOPARD. (*Ichthyol.*) C'est le nom spécifique d'un *holocentre* que nous avons décrit dans ce Dictionnaire, tom. XXI, pag. 292. C'est aussi le nom d'une autre espèce de poisson, qui a été rangée par les uns parmi les *labres*, et par les autres parmi les *bodians.* Voyez Holocentre et Labre. (H. C.)

LÉOPARD. (*Mamm.*) Nom tiré de Leopardus. Voyez ce mot. (F. C.)

25.   51

.LEOPARDUS. (*Mamm.*) Nom latin du quatrième siècle que l'on a donné à une grande espèce de chat à poil tigré, à une époque où l'on croyoit que cette espèce étoit le produit du lion et de la panthère; mais on n'en a pas fait connoître les caractères précis, de sorte qu'on ignore encore à quelle espèce il appartenoit, et qu'on est resté long-temps incertain à quel animal on devoit l'appliquer. Ce n'est que depuis quelques années qu'on en a fait le nom d'un chat à pelage moucheté, qui paroît avoir été jusqu'alors confondu avec la panthère. C'est de cette espèce dont nous avons parlé sous ce nom de léopard, à l'article Chat. Nous pouvons ajouter, aux caractères que nous avons rapportés pour cette espèce, les anneaux de l'extrémité de la queue, alternativement blancs et noirs, très-étroits, et au nombre de trois ou de quatre. (F. C.)

LÉOPHANTE, LÉOFANTE. (*Mamm.*) Nom qui a été quelquefois donné en Italie à l'éléphant. (F. C.)

LEOTIA. (*Bot.*) Quelques espèces de champignons des genres *Helvella* et *Peziza* composent le genre *Leotia* de Hill, qui, à peu de chose près, est le même que le *fungoidaster* de Micheli. Le *leotia* a été adopté avec des modifications par Persoon, *Synops. Fung.* Cependant plusieurs botanistes le réunissent à l'*helvella*, ou le partagent en trois : *mitrula*, *leotia* et *verpa* qui ne sont que les trois coupes introduites par Persoon dans son *leotia;* ou bien enfin en divisent les espèces entre les genres *Helvella*, *Helotium*, *Clavaria* et *Phallus*. Persoon et les botanistes en général adoptent le *verpa*, dont l'établissement avoit été, pour ainsi dire, indiqué par Persoon; car il en rapportoit avec doute les espèces au genre *Leotia*. On lui doit aussi le *mitrula*, que depuis il avoit annulé.

Link réduit le *leotia* aux seules espèces de la première section, qui forment avec d'autres espèces étrangères à ce genre, selon Persoon, le *mitrula* de Fries. Ce dernier ne laisse dans le *leotia* que les espèces de la seconde section dont une est le type du genre *Hygromitra* de Nées, *Syst.*

Ce genre voisin donc des *helvella* est ainsi caractérisé par Persoon.

Champignon à chapeau ovale ou orbiculaire, dont le bord est relevé et entoure le stipe. Il comprend une douzaine d'espèces qui ont le port des *helvella*.

§. I. *Espèces charnues, ordinairement jaunâtres, ou rouge vif.* — *Mitrulæ sp.*, Fries ; *Leotia*, Link.

LEOTIA GRÊLE ; *Leotia gracilis*, Pers., *Mycol. Europ.*, 198. Chapeau orbiculaire, d'un roux-cannelle ; stipe long, un peu pubescent, comme farineux et enfumé. Cette espèce croît sur les rameaux et les branches desséchées. M. Chaillet l'a découverte auprès de Neufchâtel. Le stipe n'a guère plus d'une ligne d'épaisseur. Le *leotia circinans* est très-voisin de cette espèce, et peut-être en est une variété.

LEOTIA PETITE-MITRE : *Leotia mitrula*, Pers., *Icon. Pict.*, 4, tab. 22, fig. 5 ; ejusd., *Mycol. Europ.*, 1-199 ; *Mitrula Heyderi*, Pers., *Disp. Meth. fung.*, tab. 3, fig. 12. Chapeau ovale, couleur de cannelle ; stipe glabre. Cette espèce, la plus petite du genre, croît en touffes de quelques lignes de hauteur sur les feuilles desséchées du sapin. On la trouve à la fin de l'automne. Elle offre plusieurs variétés.

§. II. *Espèces terrestres tremelloïdes, ou d'une consistance charnue-gélatineuse, d'une couleur obscure ou rembrunie, olivâtre ou verdâtre ; chapeau court, un peu évasé.* — *Cuccularia*, Pers. ; *Leotia*, Fries ; *Helotii sp.*, Link et Swartz.

LEOTIA GÉLATINEUSE : *Leotia lubrica*, Pers., *Mycol. Europ.*, 1, pag. 201, pl. 11, fig. 4-7 ; *Helvella gelatinosa*, Bull., *Champ.*, tab. 473, fig. 2 ; Sow., *Engl. Fung.*, tab. 70 ; Vaill., *Bot. Par.*, tab. 13, fig. 7-9. D'un jaune verdâtre, chapeau voûté, comprimé, irrégulier, diversement plissé ou comme ondulé à sa surface inférieure ; stipe épais, cylindrique. Cette espèce, qu'on peut comparer à une vessie affaissée, croît par touffes à terre, en été et en automne, dans les bois ou sur leurs lisières, dans le gazon ; elle offre plusieurs variétés. Suivant Persoon, ce champignon est le même que le *phallus lubricus* de la Flore Danoise, tab. 719, et le *clavaria tremula*, de Holmskiold, qui est le *tremella tremula* de Nées. Voyez HYGROMITRA. (LEM.)

IMPRIMERIE DE LE NORMANT, RUE DE SEINE, N° 8.

www.ingramcontent.com/pod-product-compliance
Lightning Source LLC
LaVergne TN
LVHW011217170726
843501LV00002B/267